U0192116

[英] 斯蒂芬·弗莱彻·休森 著
邹建成 杨志辉 刘喜波等 译
朱惠霖 校

数学桥

对高等数学的一次观赏之旅

上海科技教育出版社

图书在版编目(CIP)数据

数学桥:对高等数学的一次观赏之旅/(英)斯蒂芬·弗莱彻·休森著;邹建成等译. —上海:上海科技教育出版社,2022.3(2024.7 重印)
(数学桥丛书)
书名原文:A Mathematical Bridge:An Intuitive Journey in Higher Mathematics
ISBN 978-7-5428-7714-7

Ⅰ.①数… Ⅱ.①斯…②邹… Ⅲ.①高等数学—普及读物 Ⅳ.①O13-49

中国版本图书馆 CIP 数据核字(2022)第 026406 号

责任编辑 李 凌
封面设计 李梦雪

数学桥丛书
数学桥——对高等数学的一次观赏之旅
[英]斯蒂芬·弗莱彻·休森 著
邹建成 杨志辉 刘喜波等 译
朱惠霖 校

出版发行 上海科技教育出版社有限公司
(上海市闵行区号景路 159 弄 A 座 8 楼 邮政编码 201101)
网 址 www.sste.com www.ewen.co
经 销 各地新华书店
印 刷 上海颛辉印刷厂有限公司
开 本 720×1000 1/16
印 张 34.5
版 次 2022 年 3 月第 1 版
印 次 2024 年 7 月第 3 次印刷
书 号 ISBN 978-7-5428-7714-7/O·1153
图 字 09-2016-237 号
定 价 118.00 元

献给亲爱的

玛丽亚和约瑟夫

数学桥的故事

这座数学桥位于剑桥大学王后学院. 作为架设在卡姆河一段狭窄河道上的一个小小的木结构建筑,数学桥连接着王后学院的古代部分和现代部分. 这座桥据传说是由三一学院的研究员牛顿设计的. 当初建造这座桥时没有用任何钉子和螺栓,它是一个用木梁相互连接而构成的复杂体,木梁以一种完全自支撑的方式装配在一起. 这归功于牛顿的天才设计. 这座桥经受了时间的考验,直到一个世纪后,这个学院的一群好奇的研究员决定拆解这座桥,以研究它的组成部件和内部结构. 不幸的是,由于这个设计十分复杂,要把这座桥重新建造起来,只能用上许多结实的螺栓了. 虽然这里不是证实或否定这个传说的地方,但它确实为本书所进行的数学讨论提供了一个有趣的比喻.

鸣　谢

许多人为这本书的诞生作出了贡献.在起始阶段,许多朋友和同事就本书的内容和风格提出了实质性的建议.在这方面,我尤其要感谢 Ed Holland 和 Dom Brecher,他们对全部初稿给出了非常详细的意见,这项工作绝非意志薄弱者所能胜任.还有许多朋友自始至终参与了或投入了各种关于抽象数学的谈话活动或者书评会.我谨在此向所有这些贡献者表示衷心的感谢,但是特别的感激之情要给予 Dave Pottinton, Darren Leonard, Philip Kinlen, Taco Portengen, Steve West, George Kaye, Ed Holland, Chris Harding, Anne Marie Winton, Aisling Metcalfe, Sally Parker, Andy Heeley, Lynette Holland 和 Sue Harding.在这一工作中我一直受到一种专业性不那么强的支持,为此我要感谢我的家人:妈妈,爸爸,Jamie,Cheryl,Faye 和 Martin,他们中大多数人对这本书的内容一点儿也不懂,但他们懂得它对我的意义.最后,我必须从心底深深地感谢我的妻子 Maria,在我写作这本书期间,她始终不渝地给予了超越她责任所在的支持.

序　言

大学数学难学是一个众所周知的事实. 但它到底有多难,直到我开始学习大学数学时,我才明白. 对于要把注意重点从高中数学中以重复性操练为基础的常规解题训练转移到作为真正数学的智力体操上来,我毫无准备. 庆幸的是,在我的奋力拼搏下,我通过了最初几个月的学习,而且逐渐地开始理解正式讲课中无处不在的大量符号的含义. 我发现,数学是一门既令人惊叹又让人愉悦的生机勃勃的学科,尽管它远在一条由形式化、简洁性和逻辑性构成的水流湍急、险象环生的大河的那一侧.

几年以后,我在从事研究和讲授数学的过程中,发现一代又一代的数学家苗子仍在与我当初面临的同样问题作战. 很自然,一些学生很突出,很快成了技巧娴熟的数学家. 一些学生没能完成向更高层次数学的过渡,于是放弃,不再继续学习数学. 其他一些学生很成功,这种"成功"在于能将符号搬来弄去,并在考试中取得高分,但是他们不具备任何有意义的数学悟性. 第四类由有可能成为既技巧娴熟又聪颖过人的数学家的学生组成,但他们仍然觉得向更高层次数学的过渡很困难. 这四类学生的共同之处是,他们都是有才能的学生,但他们在中学阶段没有接触更高层次的数学就进了大学. 有那么多的学生最终归于后两类,这让我一直感到吃惊.

进一步的调查发现,看来几乎没有一种图书资料能以一种清晰的、直观的,特别是以一种有趣的方式来提供这种过渡性材料. 一方面,我们有着标准的教材. 当然,这些教材是必需的,但从整体上讲它们也是内容非常密集、阅读非常困难、编排非常紧凑的东西,除了适用于专门的学习和参考外,其他什么都不适用. 另一方面,还有许多精彩的"普及性"数学图书. 然而,这些图书往往关注数学中十分前沿的尖端性研究论题,这种论题只与一小部分成功的数学家直接相关,而且只经过数年的研究. 此外,这些图书往往不包含任何实在的数学细节;它们有点像在对数学进行观光,或对人类智能进行探视,对一个景点拍一张照,然后赶往下一个景点. 虽然它们是长期灵感的重要来源,或者就是一种令人愉快的读物,但阅读这种图书几乎不需要数学技巧,人们也几乎不能从中得到任何数学技巧.

我觉得这两个极端之间肯定可以有一个折中点:一种真正的数学书,它表述内容的风格比通常的数学书更具有谈话性、更为直观而且更为亲切. 由于这些原因,我灵感迸发,着手写这本书——一本杂交型的"普及性教科书",一本我在从事数学家职业之前就应该乐于拥有的书. 本书的目标很简单:

以一种只需要基本的高中数学为起点的方式,发掘典型的数学学位课程中的核心元素和亮点. 强调许多令人惊叹的结果所具有的自然之美和实用价值,同时保持数学上的纯正性.

于是,经过数年的努力,这本书现已完成,我想让它适用于以下人群:

- 有抱负的数学家,他们想更多地了解关于数学的真正艺术.
- 数学专业本科毕业生,他们愿意阅读关于其大学数学课程中各个"亮点"的一种引人入胜的概览性读物.

- 科学家、工程师和热情的业余爱好者,他们想知道数学家到底是干什么的.
- 数学教师,他们希望对较高层次的内容有一种使人耳目一新的表述,以从中找到例子来激发自己和学生的灵感.
- 进修高等数学概要或适合诗人的数学等课程的学生.

就像刚才提到的,数学是难学的.这本书也不例外.由于所述概念的丰富性,阅读本书需要在脑力上付出高度的努力.在书中各个不同的地方,需要对附录中所详细叙述的数学知识有一个基本水平上的知晓或熟悉.然而,本书非常具有谈话性,而且各个部分相对独立,因此可以在不同的深度水平上阅读.而且,一个论题对另一个论题的依赖性也保持在最低水平.只要可能,每个新章节都从头讲起,所以如果某个领域变得太难懂了,或者不令你感兴趣了,你可以转到下一个领域.此外,为了避免破坏内容的流畅性或遗漏掉作为数学思想之基础的关键点,在一些地方我对某些技术性较强的细节略而不讲.但愿这些地方已被清楚地指明,而这些省略不会影响到大多数读者.

数学是一种激动人心而又充满活力的艺术形式,我希望本书能给你带来对数学之真正意义的某种领悟.

斯蒂芬·弗莱彻·休森

2003年4月

目　　录

第1章　数

当人类第一次着手计数的时候,抽象数学就诞生了.尽管在这是如何发生的或者何时开始的问题上还有着争议,但可以肯定的是,计数对人类的发展产生了一种深刻的影响.计数的过程本身是非常自然的,这是一个切实可行的过程.用这个过程人们可以预期得到绵羊的只数、苹果的只数、手指或者脚趾的根数.对于每个像这样由一些物品组成的集合,我们总可以指派一个整数,这个整数是通过在这个集合中进行遍数而求得的.当我们第一次着手计数的时候,我们被教会认识这样一串计数数:

$$1 \rightarrow 2 \rightarrow 3 \rightarrow 4 \rightarrow \cdots$$

要用这串数来对一个集合 S 进行计数,我们只要将 S 中一个任选的元素标记为1,再将另一个元素标记为2,依此类推,直到每一个元素都被标记为某个计数数.在这个标记过程中用到的最后一个数就准确地告诉了我们这个集合中有多少个物品(图1.1).

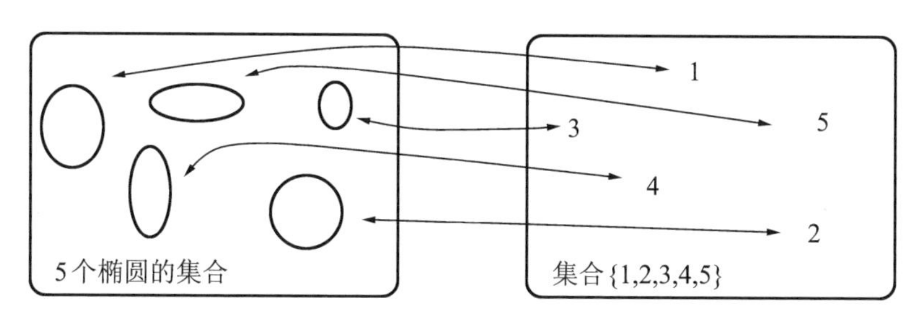

图1.1　如何计数.

更确切地,我们可以说:

- 如果我们能将一个集合 S 中的元素与 $\{1,2,3,\cdots,n\}$ 中的元素一一配对,而且每个元素只配对一次,我们就说 S 这个集合含有 n 个元素,同样我们也可以说 S 的大小是 n.

尽管这个定义非常合理,而且很直观,但是有一个关键性的问题需要处理:当我们写下 1,3 和 n 这些计数数时,我们到底要表达什么意思?它们有些什么性质?把数简单地定义为一个长串,这并不令人非常满意.例如,对于任意给定的一串数,如果我们到达了它的尽头,会发生什么情况?数学家要求精确和明晰.既然计数在很大程度上是一种最简单的数学过程,那么把它作为我们这次数学之旅的出发地是很理想的.

1.1 计数

在数学中出现的数有许多种不同的类型. 其中有一些是大家很熟悉的,比如分数和负数. 但也有一些不是那么众所周知,像复数和四元数. 这种类型的数,到时候我们都会遇上. 不过,一开始还是让我们考察一下我们用来计数的数,它们被称作*自然数*,所有这种数组成的集合记为$\mathbb{N}$.

1.1.1 自然数

初看上去,自然数的性质似乎是很明显的. 例如,如果我数一下我衣柜中的鞋子有多少只,答案不会因为我是先数左脚鞋子还是先数右脚鞋子而有所不同. 还有一个性质会是这样一条陈述:任何一个含有 15 个元素的集合都可以分成 5 个各含有 3 个元素的集合. 尽管像这样的陈述显然会有无穷多条,但它们都很可能是显而易见的. 或许我们只要这样说就够了:当我们说一个集合含有 n 个元素时,我们要表达的意思是很清楚的. 尽管对于许多实际的目的这样说是够了,但这种轻率的态度会导致危险:自然数的一些性质实际上根本*不是*显而易见的. 例如,我们*总是*可以在任何的集合中数元素吗? 为了能方便地把简单的想法应用于复杂的情况,数学家把一种理论的基本原理编制成一组清晰明确的规则,称之为*公理*. 这些公理既不能被否证也不能被证明——它们仅仅是*定义*了在一个给定的数学宇宙中什么事情是行得通的,而接下来要做的工作就是去努力发现这些规则在*逻辑上*是不是蕴涵着什么有趣的结果,而这些结果也许不会由这些规则的定义直接显现出来①. 数学世界就是这样演化的:从简单的起点衍生出复杂的推论.

1.1.1.1 自然数的构造

我们的目的是试图找出一组完整的自然数的基本性质,所有那些我们熟悉的自然数性质都可以由这组性质推演出来. 也许有许多逻辑上相

① 本书中我们不探究关于逻辑的抽象理论. ——原注

容的性质组合可以作为我们的起点,但我们想提供一个基本的尽可能小的规则组合.这些规则将是我们的公理.

让我们从计数的最简单性质开始,我们希望把它概括成一条公理.这就是:给出一个自然数 n,一定存在某个规则,让我们可以唯一地确定它在那个计数序列中的下一个数.而且,这个计数序列是以一个特殊的数为起点的,我们称之为1.于是我们如下开始构建我们的公理列表:

- 自然数系是一个集合$\mathbb{N}$,它的元素称为自然数,并配有一种计数规则 $+_1(n)$,这种计数规则把任一个自然数 n 联系上另一个自然数,后者记作 $n+1$,称为 n 的后继.
- $\mathbb{N}$包含一个最小元素1,它具有这样的性质:它不是任何自然数的后继.

尽管这两条规则是一种适宜的起点,但它们作为公理对于我们的目的来说还是太过宽泛:它们没有完全地概括计数的概念.为了说明为什么是这样,举个例子,请考虑钟面上对钟点的计数.既然1点接在12点后面,那么计数序列就是:

$$1 \rightarrow \underbrace{2}_{+_1(1)} \rightarrow \underbrace{3}_{+_1(2)} \rightarrow \underbrace{4}_{+_1(3)} \rightarrow \cdots \rightarrow \underbrace{12}_{+_1(11)} \rightarrow \underbrace{1}_{+_1(12)}$$

虽然我们当前的公理拒绝这种循环圈,因为1不允许是12或其他任何数的后继,但它们没有防止类似的循环圈会在这条线上更远的地方出现.我们必须给我们的计数规则添加另外的结构来消除出现这种循环圈的可能性.这个问题是这样解决的:在不断运用那个 $+_1$ 规则的过程中,决不可以返回到计数序列中某个先前的数值.我们再加一条公理:

- 任何两个不同自然数的后继也不同.

现在这些公理令人满意地总括了计数过程:我们从1开始,无限止地进行计数,而且不会有任何的自我重复.也许会让你吃惊的是,居然还有一个未解决的问题:我们必须确保这个从1开始的计数过程最终可以数到每一个自然数.对于目前这些公理来说,这其实并不是一个逻辑上必然的要求.要知道这是为什么,请考虑一个包含两套计数数的集合,我们可以沿着每个序列独立地计数,根本不必从一个序列跨到另一个序列.在直观上我们会认为这个集合在某种意义上是“太大了”，我们希望把$\mathbb{N}$作为服从各条计数规则的最小集合. 我们最后还需要有一条公理，这就是著名的数学归纳法原理：

- 假定S是$\mathbb{N}$的任意一个含有自然数1的子集，如果S包含了其所有元素的后继，那么S就是$\mathbb{N}$.

这四条公理以一种极其精确和最小化的方式完整地定义了自然数系. 现在让我们来研究一下这个我们精心构建起来的数系的算术性质.

1.1.1.2 算术

在通常的用法中，我们可以用加$+$、减$-$、乘$\times$、除$\div$这些运算把一对对数结合起来. 其中只有两种运算总是被完全定义在一个纯自然数的世界中：对于任意的自然数n和m，$n+m$和$n\times m$总是自然数，然而像$5-7$和$9\div 7$就不是自然数. 因此，就自然数系而言，我们将把注意力限制在加法和乘法上. 但是这些运算是怎样定义的呢？例如，给一个自然数“加上2”是什么意思呢？上面的公理只是明确地说到了$+_1(n)$规则，而对一种$+_2(n)$的规则却只字未提. 我们必须创建加法和乘法的定义，它们要从计数规则$+_1(n)\equiv n+1$的性质直接衍生出来. 这一点准备用一种递归的方法来做到，这意思是，我们可以根据$+_1(n)$规则创建一个$+_2(n)$规则，再根据$+_2(n)$规则创建一个$+_3(n)$规则，依此类推. 一旦对于任何自然数k，加法规则$+_k$都被定义了，我们就可以用一种类似的方式来定义乘法规则$\times_k$.

我们如下递归地定义“加上k”的运算$+_k(n)$和“乘以k”的运算$\times_k(n)$（其中k和n是任意的自然数），然后用$+_k(n)=n+k$和$\times_k(n)=n\times k$的记法将有关的算术规则转换成它们比较常见的书写形式.

1. $+_k(1)=+_1(k)\rightarrow 1+k=k+1$;
2. $+_k(+_1(n))=+_1(+_k(n))\rightarrow(n+1)+k=(n+k)+1$;
3. $\times_k(1)=k\rightarrow 1\times k=k$;
4. $\times_k(+_1(n))=+_k(\times_k(n))\rightarrow(n+1)\times k=(n\times k)+k$.

算术的所有性质都起源于这些规则. 作为怎样使用这些定义的一个

例子，我们可以如下来计算 $+_n(3)$ 的值：

$$+_n(3) = +_n(+_1(2)) = +_1(+_n(2)). \qquad (\text{根据规则 }2)$$

类似地，$+_n(2) = +_n(+_1(1)) = +_1(+_n(1)) = +_1(+_1(n))$

（根据规则 1）

$$\Rightarrow +_n(3) = +_1(+_1(+_1(n))).$$

这些形式化的规则使用起来是非常麻烦的. 甚至计算 $3+n$ 的值就已经够繁难的了. 请想象一下计算 $((3+n)\times(2+(3\times n))+2)+n$ 这种表达式的值所需要的逻辑步骤会有多少吧. 所幸有一些一般的算术规则可以让我们将复杂的算术表达式简约成较为简单的形式. 证明下面这些关于算术规则的一般性结果是一个冗长的过程.

(1) 我们把两个自然数加起来或乘起来时，顺序是没有关系的，因为有 $m+n=n+m, m\times n=n\times m$. 我们说加法和乘法都满足交换律.

(2) 我们把若干个自然数加起来或乘起来时，顺序是没有关系的，因为有 $(l+m)+n=l+(m+n), (l\times m)\times n=l\times(m\times n)$. 我们说加法和乘法都满足结合律.

(3) 乘法对加法满足分配律：$l\times(m+n)=l\times m+l\times n$.

1.1.2 整数

我们最开始是从计数和集合的角度来考虑数的. 在一个集合中放入元素，就增大了那个与这个集合相关联的数，而从这个集合中拿走元素，就减小了那个数. 如果我们把一个由物品组成的实际集合中的所有内容物都拿走，那会怎么样呢？这个集合现在空了，但是可以很方便地给这样的集合指派一个数：零. 更进一步，如果我们从一些集合里设法拿走过多的东西，就像从一个银行账户里透支那样，那么我们不仅可以使这个集合中什么东西也没留下，我们甚至可以使其中东西的数目是一个抽象的负数. 零和负数的概念超出了自然数系 $\mathbb{N}$ 的范围. 因此，我们要把 $\mathbb{N}$ 加以扩充，创建一个包含负数和那个特殊的数 0，同样也包含所有计数数的新数系. 我们将把这个扩充了的数系称为整数，用符号 $\mathbb{Z}$ 表示.

$$\mathbb{Z} = \{\cdots, -2, -1, 0, 1, 2, 3, \cdots\}.$$

我们在定义ℕ时做得如此细致,因此我们应该认真地考虑如何把关于负数和零的额外结构纳入这个大格局. 我们不能以一种因循守旧的方式简单地把负数和零加进来. 这些数是什么? 它们有些什么性质? 它们为什么有这些性质?

我们在努力考虑整数的定义时,最好是先从这里开始:注意到整数序列和自然数序列的唯一真正差别是整数没有“起点”. 除此以外,这两个数系看上去是一致的:它们都是通过在一个集合中每次一个地放入或拿走元素建立起来的. 因此,我们可以再次使用定义ℕ的公理,除了没有最小元素①.

- 整数系(或者简单地说,整数)是一个集合ℤ,它的元素称为整数,并配有一种计数规则 $+_1(n)$,这种计数规则把任一个整数 n 联系上另一个整数,后者记作 $n+1$,称为 n 的后继.
- 任何两个不同整数的后继也不同.
- 没有最小的整数:每个整数都是另一个整数的后继.

既然算术的各条规则根本没有用到 1 不是后继这件事,那么我们同样可以自由地再次使用定义 + 和 × 运算的所有算术规则.

1.1.2.1 零和负整数的性质

在关于整数的算术规则中,我们仍然保留我们用以计数的一个特殊元素 1 的概念. 自然数系与整数系的主要区别如下:关于ℕ的公理强调 1 是最小元素这个观念,与之相对的是,对于整数,我们明确地强调没有最小元素这一规定. 因此 1 这个特殊的数必定是另一个整数的后继,我们称这另一个整数为 0.

- $+_1(0)=1 \to 0+1=1$.

这一点仍然是计数方面的. 然而,根据 0 的定义,我们可以推断出下面这些除了自然数算术规则之外还要有的关于整数算术规则的一般性结果:

① 我们还是需要有某种形式的数学归纳法原理. ——原注

- 对于任意整数 n, $0+n=n$.
- 对于任意整数 n,我们总可以找到一个整数 x,它是方程 $n+x=0$ 的解. 我们称 x 这个数为 n 的*相反数* $-n$,并说整数有*加法逆元素*.

于是我们看到,通过计数的基本观念,整数跃然出世,并带着它们全部为人熟知的性质. 许多人认为这些规则奠定了数学最基本、最自然的基石. 19 世纪的数学家克罗内克清晰地表达了这一观点:"整数是上帝的杰作,而所有其他则是人做的工作."不管你是否认同这种观点,那些定义整数的形式规则是如此自然,它们提供了一个非常安全的跳板,让我们跳进更加危险的水中. 随着我们这个数学之旅的继续进行,我们就将看到这些规则是如何演化的.

1.1.3 有理数

我们都熟悉分数的概念. 从一个非常初等的水平上说,它出现在我们试图把一个物品,比如蛋糕,分成一些同样大小的块的时候. 如果这块蛋糕的质量为 1,那么我们应该能把它分成质量各为二分之一的两块,或者质量各为三分之一的三块,等等. 作为一种数学上的理想化,对于任意给定的自然数 n,我们都可以把这块蛋糕分成质量各为 n 分之一的 n 块. 在数学中,我们会说对于任意给定的自然数 n,我们都可以定义一个新的数 $1/n$,它的性质是 $n\times(1/n)=1$. 我们只要在整数的那些规则上再添加一个数学表达式,就可以创建一个把这些分数合并进来的新数系,这就是*有理数系*.

- 有理数集合 $\mathbb{Q}$ 遵循与整数相同的算术规则,但是另外我们还有:对于任意的非零有理数 q,我们还可以找到一个有理数 x,它是方程 $q\times x=1$ 的解. x 这个数就称为 q 的*乘法逆元素*,记作 $1/q$.

这个平淡无奇的过程有着一种激烈的雪崩效应,因为我们现在当然一定能够用算术规则把我们这些新的有理数任意地加起来和乘起来,使我们得到更多的新的有理数,而它们一定也有各自的加法逆元素和乘法逆元素. 这个过程是无穷无尽的. 有理数的这种激增的规模是值得思考的. 请想象把所有的有理数设法写成一个长列:如果我把其中任意两个数加起来或乘起来,那么得到的结果仍然在这个长列中. 而且,这个长列中的每个非零的数都有一个乘法逆元素. 这样的一列数会有多长呢?

1.1.4 序

确定一个集合中有多少个元素的通常方法是对它们计数. 但有时我们感兴趣的并不是一个集合中元素的确切个数,而是仅仅想把两个集合比较一下,看看哪一个集合包含的元素更多. 考虑比较一个由左脚鞋子组成的集合和一个由右脚鞋子组成的集合. 为了比较这两个集合的大小,我们着手给左脚鞋子与右脚鞋子配对. 如果鞋子刚好配完,那么左脚鞋子与右脚鞋子的只数是相同的. 如果有一些右脚鞋子多余下来,那么右脚鞋子本来就一定比左脚鞋子多(图 1.2).

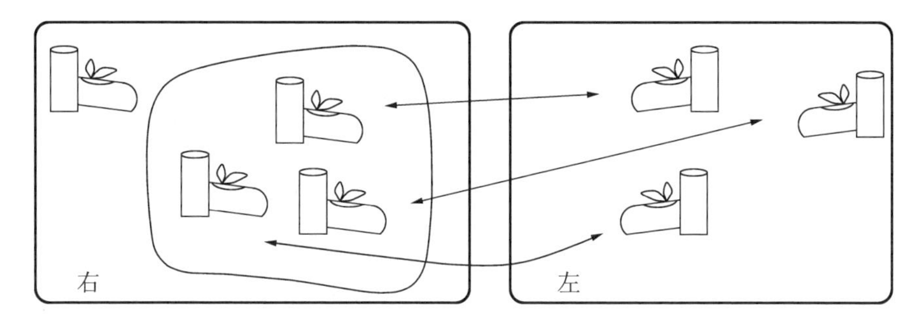

图 1.2　右脚鞋子比左脚鞋子多.

进行这样的比较总是有意义的吗? 自然数是一个非常有组织的集合,我们可以把它们排成一个明确定义的顺序. 比较两个自然数的大小是有意义的:m 比 n 大的充要条件是 m 在计数序列中排在 n 的后面. 而比较其他类型的数就不会是如此有意义了. 考虑时钟算术的例子. 7 点是不是比 2 点大? 既然 2 点既在 7 点的前面又在 7 点的后面,那么答案就是不确定的. 为了把这样的概念精确化,我们说:如果我们能设计一种小于关系 $<$,它对于一个集合 S 中的任意元素 l,m,n,服从下列规则,那么我们就可以使集合 S 有序,并且我们可以定义关于这个序的 $+$ 和 $\times$ 运算.

- $l=m, l<m$ 和 $m<l$ 这三个关系必有一个且仅有一个成立.
- $l<m \Rightarrow l+n<m+n$.

- $l < m$ 且 $m < n \Rightarrow l < n$.
- 对于正数 p(这里我们把一个集合中满足 $n < n + p$ 的元素 p 定义为正元素),$l < m \Rightarrow l \times p < m \times p$.

无论什么时候我们提及有关大于或小于的任何概念,我们都是不言而喻地回指这个关于序的定义.

1.1.4.1 使ℕ,ℤ 和ℚ有序

由于有着计数规则,自然数和整数是有序的,而有理数则如下继承了整数的序:

对于正数 b 和 d, $\frac{a}{b} < \frac{c}{d} \Leftrightarrow a \times d < b \times c$.

这样的序让我们想到用一条数轴上的点来表示ℕ,ℤ 和ℚ. 在这种表示中,只要在数轴上 a 位于 b 的左侧,那么 $a < b$(图 1.3).

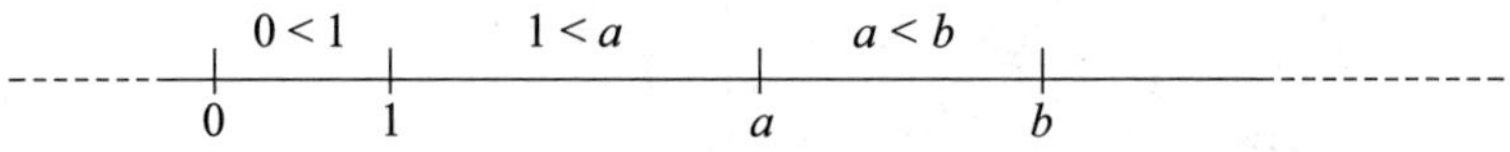

图 1.3 一条数轴.

ℕ 和ℤ 的表示是直接的,但用数轴来描述ℚ 就要微妙得多. 尽管在数轴上标出一个特定的有理数很容易,但我们怎样处理试图把它们全部表示出来的问题呢? 例如,假设我们希望把 0 与 1 之间的全部有理数都放到我们的数轴上. 显然 $0 < 1/2 < 1, 0 < 1/4 < 1/2, 0 < 1/8 < 1/4$,……这就要把大量额外的点放到数轴上,这些点与 2 的幂一样多. 另外,假设有两个有理数 a 和 b($a < b$)已经放到数轴上了,那么 $b - a$ 也是一个有理数,它代表 a 与 b 之间的距离. 因此如果我们把这个距离乘以一个真分数(小于 1 的正有理数),然后加到 a 上,那么得到的结果仍然在 a 与 b 之间. 准确地说,对于任意的正有理数 p 和 q,我们有:

由于 $0 < \frac{p}{p+q} < 1$,所以 $a < b \Rightarrow a < a + \frac{p}{p+q}(b - a) < b$.

这个式子表明,在任意两个有理数之间,不管它们之间的数值差有多么小,它们之间的有理数至少有 $\frac{p}{p+q}$ 这种形式的有理数那么多. 这种令人

头晕目眩的激增把我们远远带出了通常的直觉王国,不知不觉地引领我们进入对"无穷大"性质的研究.

1.1.5 从一到无穷大

我们关于计数的讨论最终引导我们得到了这样的结论:任意两个有理数之间的有理数至少有真分数那么多. 这当然就会让人觉得对有理数进行计数的任何努力都是徒劳的,因为这一过程将永无尽头. 粗略地说,我们可以就说数轴上任意一段间隔中都有"无穷"多个有理数. 但是自然数也有"无穷"多个. 我们能不能从这些想法中求得什么真正合理的见解呢? 也许我们可以假设无穷大是某个相当巨大的数,是所有数当中最大的数. 如果我们假设这个巨大的数可称为 $\mathbf{N}$,那么我们的算术规则告诉我们,我们总可以造出 $\mathbf{N}+1$,它比 $\mathbf{N}$ 大. 而且,我们还可以造出 $2\mathbf{N}$,它比 $\mathbf{N}$ 要大得多. 甚至 $\mathbf{N}\times\mathbf{N}$ 或者 $\mathbf{N}^{10\,000\,000}$,它们比 $\mathbf{N}$ 大得多得多了:如果我们任取一个自然数,那么我们总可以构造一个新的自然数,它比我们原来取的那个自然数大得不可想象. 这个推理告诉我们,无穷大不能被看作一个超级巨大的数. 从某种角度说,"自然数的个数"这个概念超越了自然数本身的概念.

1.1.5.1 无穷集的比较

尽管一个无穷集的大小并不是一个自然数,但也许我们可以尝试比较不同无穷集的大小. 有限集的比较很容易:两个有限集包含相同个数的元素的充要条件是它们的元素可以一一配对. 没有理由说这种比较方法不可以用于无穷集. 因此,我们将作出以下的定义,并称之为鸽笼原理:

- 两个集合(无论是有限还是无穷)所含元素个数相同的充要条件是:存在某种规则,使一个集合中的元素与另一个集合的元素全部配对,而且每个元素只配对一次.
- 我们用符号 $|S|$ 来表示一个集合 S 的大小. 元素个数相同的两个集合具有相同的大小. 对于有限集来说,$|S|$ 是一个自然数;对于无穷集来说,它是一个抽象但有用的概念.

当然,我们需要一个基准无穷集,让我们着手将其他的无穷集同它作比较. 全体自然数的集合为我们提供了这样一个可作为工作出发点的好基础,因为我们感觉到$|\mathbb{N}|$是一个我们可以"理解"的无穷形式,这要归功于构造集合$\mathbb{N}=\{1,2,3,\cdots\}$的那种既简单又令人熟悉的方式. 任何有限的或与$\mathbb{N}$相同大小的集合$S$将被称为可数的,因为我们可以用计数数来标记$S$的元素. 这种可数的无穷大是不是无穷大的唯一类型? 还有没有其他的类型? 让我们更仔细地探究一下这个融合各种想法的大熔炉.

1.1.6 无穷算术

要着手研究无穷大,让我们用符号∞来标记集合$\mathbb{N}$的大小,读作"无穷大". 我们可以用额外的元素来扩充自然数集合以试图理解∞有些什么性质. 这样做,我们就能为∞这个对象建立起一组抽象的"算术规则".

首先,让我们来看看如果我们用单独一个额外的数,比方说0,来扩充集合$\mathbb{N}$时会发生什么情况. 我们应该得到一个集合$\{0\}\cup\mathbb{N}$,它具有$\infty+1$个元素,即

$$|\{0\}\cup\mathbb{N}|=|\{0,1,2,3,\cdots\}|=\infty+1.$$

但是,把其中的正数重新标记如下:$1\to0,2\to1,\cdots,n\to(n-1),\cdots$,我们发现集合$\mathbb{N}$和$\{0\}\cup\mathbb{N}$的元素个数完全相同,因为我们可以把它们的元素一一配对(图1.4).

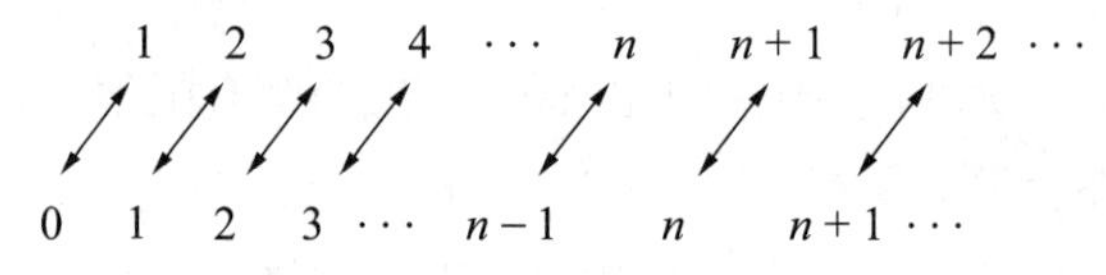

图1.4 把$\mathbb{N}$和$\{0\}\cup\mathbb{N}$的元素配对.

我们得出这样的结论,不管∞是怎么回事,它总是足够"大",以至于用一个元素来扩充一个大小为∞的集合,对于这个集合的大小没有什么影响. 用一种显然的方式扩展一下这个结论,我们就得到了这样一个不寻常的公式:

$$\text{对于任意给定的}n,\quad \infty+n=\infty.$$

因此,用一个有限的数集来扩充$\mathbb{N}$并不足以突破障碍以超越∞. 如果我们试图用一个无穷的数集来扩充$\mathbb{N}$会怎么样呢? 让我们通过考虑整数来做这件事. 简单地应用一下鸽笼原理,我们得知一定存在着∞个负整数,并且我们刚刚证明了非负整数的集合一定也有∞个元素. 因此,把集合$\mathbb{Z}$分成负的和非负的两大块,我们发现应该有$2\times\infty$个整数.

$$|\mathbb{Z}| = \left|\{\underbrace{\cdots, -(n+1), -n, \cdots, -2, -1}_{\infty}, \underbrace{0, 1, 2, \cdots, n, (n+1), \cdots}_{\infty}\}\right|$$

$$= 2\times\infty.$$

与前面的例子相比,确定$\mathbb{Z}$的大小稍稍有点复杂. 原因是不存在最小的整数让我们从它开始计数:整数朝着两个相反的方向无限延伸. 我们不能简单地先对正数计数然后再对负数计数,因为我们永远数不到正数的尽头,从而永远不能着手对负数计数.

$$0, 1, 2, 3, 4, \underbrace{\cdots}_{\text{没有尽头}}, -1, -2, -3, \cdots$$

类似地,我们可能选来作为计数起点的任何其他整数,总是既大于无穷多个整数又小于无穷多个整数. 另外,从$-\infty$开始计数也不是一个好尝试,因为"下一个数"$-\infty+1$也是$-\infty$. 我们哪儿也到不了. 避免这些问题的方式在于,注意到鸽笼原理并没有要求我们把我们希望比较的两个集合中的元素按什么特定的顺序配对:如果我们把一个集合中的元素全部打乱,这个集合中仍有这么多的元素. 利用这一事实,我们找到了一个聪明的方法,重新用所有的自然数进行标记,为我们给出所有的整数,这告诉我们整数仍然是正好∞个.

$$\mathbb{Z} = \{0, 1, -1, 2, -2, 3, -3, \cdots, n, -n, \cdots\}.$$

这表明,我们可以从0开始对$\mathbb{Z}$中的元素正规地进行计数,因为我们已经设计了一条规则,它告诉我们怎样从一个整数到下一个整数,而且对于任意选定的一个整数,我们总可以从0开始经过有限步数到它. 为了更清楚地理解自然数集和整数集具有相同的大小,我们如下写出精确的置换表达式$\rho(n)$,它以一种一对一的方式将自然数与整数联系了起来(图1.5):

$$\rho(n)=\begin{cases}-(n-1)/2, & n \text{ 为奇数;}\\ n/2, & n \text{ 为偶数.}\end{cases}$$

$$\begin{array}{cccccccccc} 1 & 2 & 3 & 4 & 5 & 6 & \cdots & 2n & 2n+1\cdots \\ \updownarrow & \updownarrow & \updownarrow & \updownarrow & \updownarrow & \updownarrow & \cdots & \updownarrow & \updownarrow \\ 0 & 1 & -1 & 2 & -2 & 3 & \cdots & n & -n & \cdots \end{array}$$

图 1.5　自然数与整数的对应.

因此我们可以把整数与自然数配对,这告诉我们$|\mathbb{Z}|=\infty$. 但是我们还论证了$|\mathbb{Z}|=2\times\infty$. 把表示$\mathbb{Z}$的大小的这两种表达式等同起来,就得到了表达式$2\times\infty=\infty$. 通过一种简单的推广,我们得到这样的结论:对于任意一个有限的自然数n,

$$n\times\infty=\infty.$$

这里,我们可以把$n\times\infty$这个量解释成代表一个包含着n个自然数集的集合的大小:$\left|\underbrace{\mathbb{N}\cup\ldots\cup\mathbb{N}}_{n\text{个}}\right|=n\times\infty=\infty$.

于是,我们知道了即使是乘上一个任意的自然数n都不能产生一个本质上大于∞的量. 那么∞自身相乘又会怎样呢? 考虑由所有的自然数序偶组成的集合$\mathbb{N}\times\mathbb{N}$,其定义如下:

$$\mathbb{N}\times\mathbb{N}=\{(n,m):n,m\in\mathbb{N}\}.$$

可把这个集合的大小合理地定义为$|\mathbb{N}\times\mathbb{N}|=\infty\times\infty$. 那么这个量与$\infty$相比又怎样呢? 这是一个非凡的事实:$|\mathbb{N}\times\mathbb{N}|$还就是等于$\infty$. 要表明为什么这条陈述是正确的,我们只需找到某种把$\mathbb{N}\times\mathbb{N}$的元素与$\mathbb{N}$的元素配对的方式. 这可以通过以下的构思实现:把$\mathbb{N}\times\mathbb{N}$的元素用一个点阵中的格点来表示,这样我们就能以一种有序的方式在这个点阵中曲折而行(图 1.6).

很容易看出这样的计数方式正好对每个格点仅数到一次,而且对于任何两个给定的格点,我们总可以通过有限步从一个格点数到另一个格点. 这个计数序列开头的几个数偶是

$(n,m)=(1,1),(1,2),(2,1),(3,1),(2,2),(1,3),(1,4),(2,3),(3,2),\cdots$

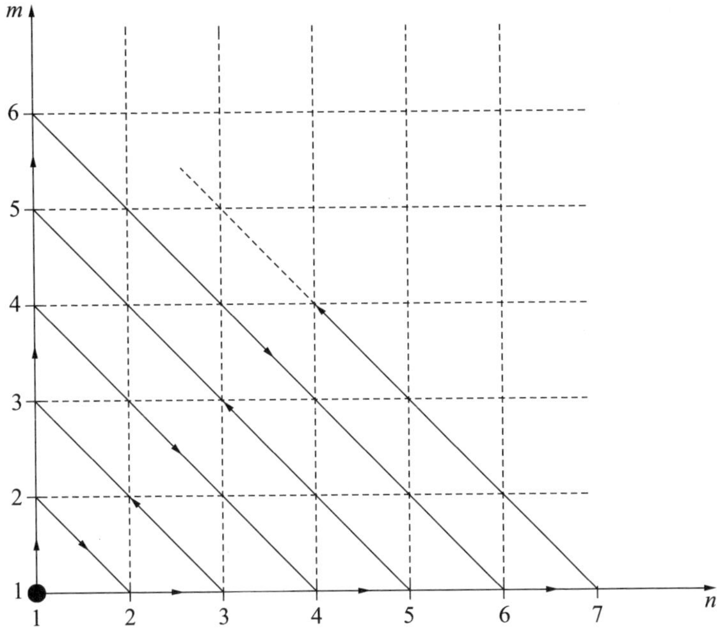

图 1.6　对$\mathbb{N}\times\mathbb{N}$计数.

用一种与此非常相似的计数方法可以表明有理数集合也是可数的：就是像$\mathbb{Q}$这样显然很巨大的集合也只有∞个元素.

- 自然数序偶的个数,与有理数的个数、整数的个数,以及自然数的个数,是一样的,因此

$$|\mathbb{N}|=|\mathbb{Z}|=|\mathbb{Q}|=|\mathbb{N}\times\mathbb{N}|.$$

尽管这是一个让人惊讶的结论,但我们仍可以把这根推论链条继续延伸下去. 让我们作出两个定义,它们涉及的是集合中元素的序列.

- 对于任意的集合 S 和 T,我们定义它们的笛卡儿积 $S\times T$ 为全部序偶(s,t)(其中 $s\in S,t\in T$)的集合,即 $S\times T=\{(s,t):s\in S,t\in T\}$.
- 一个集合 S 的 n 重笛卡儿积定义为

$$S^n\equiv\{(s_1,s_2,\cdots,s_n):s_1\in S,s_2\in S,\cdots,s_n\in S\}.$$

S^n 中的元素也可以看成是集合 S 中 n 个元素(可以重复)的序列.

与证明$\mathbb{N}\times\mathbb{N}$为可数的方法一样,我们可以推出,如果集合 S 和 T 都是可数的,那么 $S\times T$ 也是可数的. 我们可以把这个结论应用于集合$\mathbb{N}^2=$

$\mathbb{N}\times\mathbb{N}$ 和 $\mathbb{N}$，推出 $\mathbb{N}^3=(\mathbb{N}\times\mathbb{N})\times\mathbb{N}$ 也是可数的. 沿着这条推理路线继续前进，可以得出，对于 n 的任何有限值，

$$|\mathbb{N}|=|\mathbb{Z}|=|\mathbb{Q}|=|\mathbb{N}^n|=|\mathbb{Z}^n|=|\mathbb{Q}^n|=\infty.$$

用基本算术的术语，这就蕴涵着：对于任意的自然数 n，

$$\infty^n=\infty.$$

看来 ∞ 是一头相当奇怪的野兽！

1.1.7 超越 ∞

前面的讨论也许会诱导你认为无穷集总是有 ∞ 个元素. 无穷大就是 ∞. 这并不是事实：虽然确实不存在更小的无穷大，但一些集合所含元素的个数是如此巨大，以至于它们的大小用 ∞ 来描述也根本够不上，于是就需要有新的无穷大. 初看上去这是一个相当头痛的问题，但你只要用正确的方法来考虑这个问题，那么对怎样产生这样的集合并不会感到太难理解. 我们已经证明一个可数集合 S 的 n 重笛卡儿积（S 中 n 个元素的序列的集合）总是可数的. 为了找到一个所含元素的个数超过 ∞ 的集合，我们需要考虑一种比简单地取 n 次幂更为激烈的增加集合大小的方法. 根据算术，我们都知道指数的增长要远远超过多项式的增长，具体地说，任意取定 m 的一个值，则对于 n 的充分大的值，2^n 要比 n^m 大得多. 也许我们可以利用这个观念来研究无穷大，于是问：是否有 $|2^{\mathbb{N}}|>|\mathbb{N}^m|=|\mathbb{N}|$？为了利用这个想法，我们首先需要设法用一种有意义的方式把表达式 $2^{\mathbb{N}}$ 解释成用集合的元素所表示的东西，就像我们把 $\mathbb{N}^m$ 解释成所有序列 $(n_1,\cdots,n_m)$（其中每个 n_i 均为自然数）的集合那样. 幸运的是，集合论中有一个非常基本的对象，它挽救了我们，那就是幂集. 对于任意的集合 S，我们可以定义幂集 $\mathcal{P}(S)$ 为 S 的所有子集的集合.

- $\mathcal{P}(S)=\{X:X\subseteq S\}$.

一个幂集中有多少个元素呢？回答是一个字，“多”！不管你怎样理解这个字的含义. 我们以包含 n 个元素的有限集 X 为例来解释这一概念. 假设我想要构造 X 的一个子集. 为了构造我这个子集，对于 X 中的每一个元素，我都需要确定是不是把它包括进来. 因此我要作出 n 个是或不是

的选择. 我每面临一个选择,都表明可能的结果会加倍. 因此 X 一定有 2^n 个不同的子集. 这个数随 n 的增长而增长得确实非常快. 我们以下面的例子来表现这个增长率:

$\mathcal{P}(\{1\}) = \{\{1\}, \varnothing\}$;

$\mathcal{P}(\{1,2\}) = \{\{1,2\}, \{1\}, \{2\}, \varnothing\}$;

$\mathcal{P}(\{1,2,3\}) = \{\{1,2,3\}, \{1,2\}, \{1,3\}, \{2,3\}, \{1\}, \{2\}, \{3\}, \varnothing\}$.

对于一个无穷集 S,我们可以作出这样的定义:S 的幂集的大小为 $|2^S|$. 下面这个定理属于现代无穷大研究的奠基者,它证明了任何(非空)集合 S 的幂集总是严格大于 S.

- 康托尔定理

  对于任何的集合 S,它的元素与幂集 $\mathcal{P}(S)$ 的元素之间不可能存在一一对应的关系.

我们用来证明这一说法成立的方法是典型的抽象集合论方法,这也是反证法的一个实例. 反证法是一种极其简单但有效的数学证明方法,对于它在附录中有详细介绍. 从本质上说,就是我们先假设这个定理不成立,然后证明这将导致一个自相矛盾的说法,这就推出这个定理一定是成立的. 尽管我们给出的证明很简短,但请注意它需要某种先进的思想!

用反证法证明康托尔定理

假设这个定理不成立,于是我们可以找到一个集合 S 和一个函数 $f: S \to \mathcal{P}(S)$,它使 S 和 $\mathcal{P}(S)$ 的元素配对,而且每个元素仅配对一次. 好,幂集是由 S 中元素的集合组成的一个集合. 因此,对于 S 的任一元素 s,函数值 $f(s)$ 是 S 中元素的一个集合. 显然,s 或者属于集合 $f(s)$,或者不属于 $f(s)$. 为了导致矛盾,我们来考察由 S 中所有不属于其相应集合 $f(s)$ 的元素 s 所组成的抽象集合 T,即

$$T = \{s : s \in S \text{ 且 } s \notin f(s)\}.$$

在这个证明的开头,我们(不正确地!)假设了函数 f 是一个一一对应,它将 S 中每一个元素与幂集中的元素配对,反之亦然. 因此,既然 T 是 S 的一个子集,从而 T 属于 $\mathcal{P}(S)$,那么,一定存在集合 S 的一个元素 x,使得 $f(x) = T$. 当然,x 或者属于 T,或者不属于 T.

(1) 如果 $x \in T$,那么由 T 的定义,$x \notin f(x)$. 既然 $f(x) = T$,那么这就推出 $x \notin T$.

(2) 如果 $x \notin T$,那么由 T 的定义,$x \in f(x)$. 既然 $f(x) = T$,那么这就推出 $x \in T$.

两种可能情况都推出了 $x \in T$ 和 $x \notin T$ 可以同时成立,这是荒唐的①. 因此,我们关于存在函数 f 的假设是不成立的,从而证明定理成立.

康托尔定理是不同凡响的. 因为它表明,通过考察已知集合的幂集,总可创建一个比一个大的无穷集. 由于康托尔定理的彻底普遍性,我们可把它用于自然数集.

- $\mathbb{N}$ 的所有子集的集合所含的元素多于 ∞ 个.

我们终于突破了 ∞ 这一障碍. 任何一个所含元素多于 $\mathbb{N}$ 的集合被称作不可数无穷集:根本没有足够多的计数数来标记这个集合中的元素. 这个突破仅仅是研究无穷集的第一步. 现在我们先放下这些抽象的概念,回到对有限数的研究. 在那里,我们将意外地发现另一个我们相当熟悉的大于 $\mathbb{N}$ 的典型集合.

① 凸显这种荒唐性的一种比较人性化的方式是:考虑一个村庄,其中的理发师给每一个不给自己理发的人理发,而且只给这些人理发. 那么谁给理发师理发呢? ——原注

1.2 实数

考虑下面这个显然很简单的代数表达式:

$$x^2=2.$$

尽管这是一个很容易就写出的方程,但事实上它没有准确的有理数解. 换句话说,在所有的无穷多个有理数中,没有一个数的平方正好等于2,尽管我们可以找到有理数 x,它的平方 x^2 任意接近于2,例如 $x=\frac{1414213}{1000000}$,它的平方等于1.9999984.

- 对于任意的有理数 x, $x^2\neq 2$.

这实在是一个很强的结论:怎么会知道不存在有理数 x 使得 $x^2=2$ 呢?原来,一个有理数的平方等于2这件事其实是在逻辑上不可能的. 我们可以再次用反证法作为我们的主要武器,来证明情况确实是这样. 不问为什么这个结果成立,而是问为什么这个结果不可能不成立.

证明:首先,假设 $x^2=2$ 有着某个有理数解,它以 $x=a/b$ 的形式给出,其中,自然数 a 和 b 没有公因数. 既然 x 是方程 $x^2=2$ 的一个解,我们就得到 $(a/b)^2=2\Rightarrow a^2=2b^2$. 这证明 a^2 是一个偶数,于是 a 也是一个偶数,因为奇数的平方仍为奇数. 既然我们总可以将任何偶数除以2而得到一个整数,那么我们就能写 $a=2A$,其中 A 是某个整数. 用 $2A$ 代替 a,得 $(2A)^2=2b^2$,即 $4A^2=2b^2$, $b^2=2A^2$. $2A^2$ 一定是偶数,因此 b 也是一个偶数. 于是,a 和 b 一定含有一个公因数2,因为它们均为偶数. 这就与我们最初假设的 a 和 b 没有公因数矛盾. 于是,我们推出 $x=a/b$ 决不可能是方程 $x^2=2$ 的一个解. 因此 $x^2=2$ 在有理数集中没有解.

那么,现在我们准备做什么事呢?在一个层次上,我们可以感到骄傲,因为我们可以在我们的眼皮底下确凿无疑地看到:没有一个有理数的平方为2. 然而,在另一个层次上,我们可能会为我们所看到的情况而万分惊讶. 事实上,这个结论让毕达哥拉斯十分苦恼,据说他甚至将第一个提供证明的学生处死了①. 然而,这个结论是正确的,因此我们必须认真考虑一下它的含义或者说对它作认真的分析. 它确凿地指出了应该还存在着不是有理数的数这个事实. 然而,不同于从ℕ扩充到ℤ再到ℚ,这个

① 一种相当无理的反应. ——原注

问题绝对不是一件容易对付的事. 有一种解决办法是,就把那些没有有理数解的方程,例如 $x^2=2$,宣布为没有实际意义. 然而,很难否认这个方程确实有着两个非常合理的几何解释:x 或者是一个两条直角边长度均为 1 的直角三角形的斜边长度,或者是一个面积为 2 的正方形的边长(图 1.7).

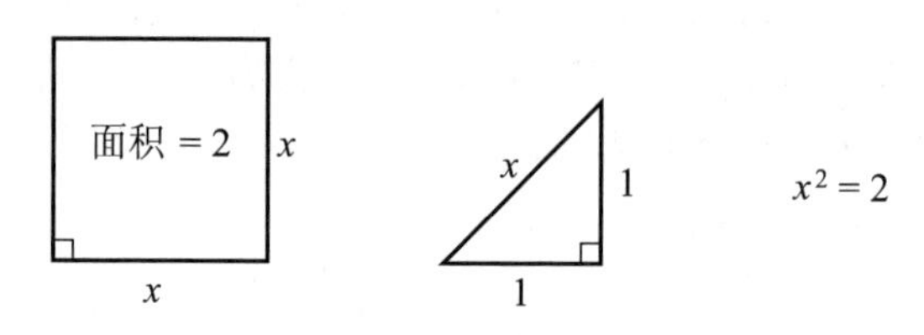

图 1.7　方程 $x^2=2$ 的几何解释.

既然这些图形看来不能算是过分病态的,那么我们采用另一种解决办法,即假定有理数缺乏足够的结构来满足我们所讨论的这种方程:方程 $x^2=2$ 的解必定是超出有理数范围的另外某种数. 我们以前曾走过一条类似的路:整数是为了给 $x+n=0$ 提供解而在自然数的基础上诞生的,有理数是为了给 $n\times x=1$ 提供解而在整数的基础上创建的. 找出$\mathbb{Q}$的一种扩充方法是一个比较棘手的问题,找到令人满意的解决方法很难. 例如,我们可以定义一个把方程 $x^2=2$ 的解并入其中的数集,而且所有因这种并入而必须引进的数都通过算术生成. 这种解决办法并不十分令人接受,因为这不是一个非常自然的过程:如果没有有理数解的方程只有 $x^2=2$,那可是太令人意外了;除了我们已经发现的这个方程外,可能还有着许多其他这样的方程. 它们应该怎样融入这幅图景呢? 我们不是简单地把 $x^2=2$ 的解 x 定义为一个新的数,而是应该寻找一条普遍的原理,它将自然地产生这个数,以及其他任何类似的数. 所产生的任何新的非有理数,将被称作无理数.

1.2.1　怎样产生无理数

尽管定义一个将 $\sqrt{2}$ 这样的无理数包括在内的新数系显然是值得期望的,但它是不是解决问题的最佳方法,这一点很不清楚. 事实上,在选定最自然的方法来定义这个新数系的问题上,许多数学家都感到头痛. 这些方法中有的很复杂，而且在本质上是几何的，但最终人们一致同意，对付无理数的最佳方法是仅用一条附加的公理或者说基本的“游戏规则”来扩展有理数的性质.我们可以用一个几何上的例子来揭示这条公理的存在理由.

考虑这样一个初等问题：已知一个圆的直径为 D，求它的周长 C. 如今人们都知道，值 C/D 是不受所讨论的圆的限制的. 这个常量被称作 $\pi=3.141\cdots$，它是个无理数，这一点并不那么众所周知[①]. 尽管有若干种分析学方法可以确定 π 的值（到时候我们将会遇上一些这样的方法），但我们在这里介绍的是最简单的几何方法. 如果我们取一个单位直径的圆，则它的周长就是无理数 π. 如果我们作这个圆的一个内接正多边形，那么这个正多边形的周长显然小于圆的周长. 对任何这样的多边形都是这样，但是增加多边形的边数可以缩小这两个周长之差. 如果我们记一个内接正 n 边形的周长为 a_n，那么我们得到一个递增的序列 $a_3, a_4, a_5, \cdots$，其中的每一项都比它前面的那项更接近于 π，但对于 n 的任何一个有限值，其中任何一项都决不会精确地等于 π. 人们往往会说，这个周长序列的终点是 π. 然而，在纯有理数的世界中这个极限不可能存在[②]. 那么这个序列将没有一个恰当的终点. 我们寻找到的新公理是一条非常合理的（尽管比较专业）陈述，它说这种序列的终点总是存在的. 将这条公理加到有理数中，就产生了实数系 $\mathbb{R}$. 我们定义 $\mathbb{R}$ 为由这样的元素所组成的集合：它们遵循有理数系赖以建立的所有算术公理，同时也遵循下面这条基本公理[③].

- 实数的基本公理

  假设我们有一个由递增的实数组成的无穷序列，这些实数都小于某个实数. 那么在不小于这个序列中任何一项的实数当中，总存在

---

① 关于 π 的无理性，证明相当复杂，我们在这里不做介绍. ——原注

② 这些多边形的周长可能不是有理数（这是有理数的另一个缺陷），这件事不会让我们忧虑. 只要不把每个多边形的最后一条边画完整，我们总可以建立起一组长度为有理数且不断增加的线段，它们同样可以被我们用于这里的论证. ——原注

③ 这条公理也被称作最小上界公理. 在分析这一章中我们将会看到这条公理的另外几种表述方式. ——原注

着一个最小的实数 u(图 1.8).

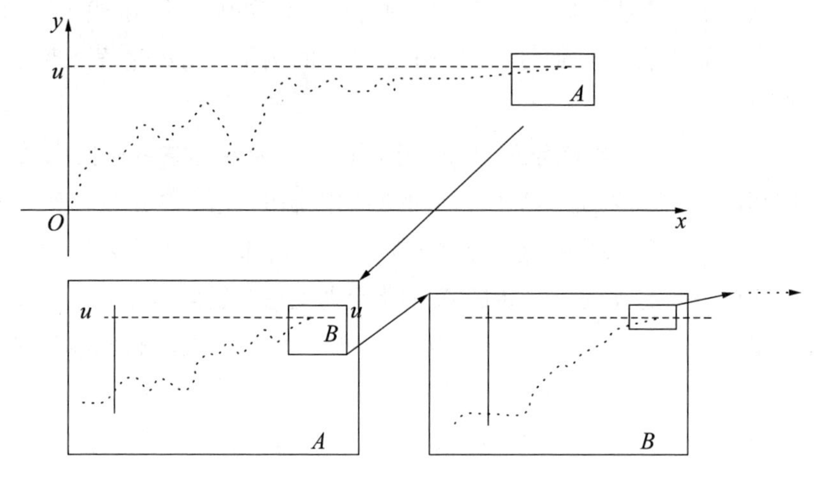

图 1.8　对于任意给定的一个有界实数序列，
在所有不小于其中任何项的实数中，有一个最小的实数 u.

- 任何不是有理数的实数被称为无理数.

我们已经证明了 $\sqrt{2}$ 不是有理数，现在要做的是用我们这个精确的新定义来证明 $\sqrt{2}$ 其实是一个实数. 我们来看所有满足 $x^2<2$ 的有理数 x，并且把它们按递增的顺序排列起来①. 那么根据基本公理，存在一个对于所有的 x 都有 $u\geqslant x$ 的最小实数 u. 现在假设 u 的平方略大于 2，即 $u^2=2+\varepsilon$，其中 ε 为非常小的正实数. 那么，根据有理数的稠密性，我们可以找出一个小于 u 的有理数，它的平方介于 2 和 u^2 之间. 要准确地理解这一点，我们需要做一点代数运算：

$$
\begin{aligned}
&(u-\varepsilon/(2u))^2=u^2-\varepsilon+\varepsilon^2/(4u^2)\\
&=2+\varepsilon^2/(4u^2) \qquad (\text{因为 } u^2=2+\varepsilon)\\
&<2+\varepsilon \qquad (\text{因为 } \varepsilon \text{ 充分小})\\
&=u^2.
\end{aligned}
$$

① 此说有误. 由于有理数的稠密性，所有满足 $x^2<2$ 的有理数是不可能按递增顺序排列起来的. 其实，这里应该用实数基本公理的一个等价形式：一个非空实数集，有上界必有最小上界. ——译校者注

因此 u 其实不是大于这序列中所有项的最小数. 将这个逻辑推理继续下去,即可得到 $u^2=2$. 所以,尽管在有理数系中不存在 $\sqrt{2}$ 这个数,但在实数系中,由于这条基本公理的慷慨应允,这个数有其一席之地.

1.2.1.1 实数的代数描述

从计数的基本概念出发,经过一段漫长的旅行,我们终于到达了实数. 虽然这个过程非常有教益,而且非常精巧,不过仅根据实数在加法和乘法下的代数性质来定义实数也是很有用的. 这是因为许多的数学体系都要用到实数的许多(但不是全部)性质,而从代数的角度来描述这些性质是很方便的. 因此除了这里已经陈述过的内容外,我们还提供一种可供选择的对于实数的等价描述:代数公理如下定义实数:对于任意的实数 x,y,z,我们有

R0) $x+y$ 和 $x\times y$ 均为实数(加法和乘法的封闭性);

R1) $(x+y)+z=x+(y+z)$(加法的结合律);

R2) $x+y=y+x$(加法的交换律);

R3) $x+0=x$(0 的存在性);

R4) $x+(-x)=0$(负数的存在性);

R5) $(x\times y)\times z=x\times(y\times z)$(乘法的结合律);

R6) $x\times y=y\times x$(乘法的交换律);

R7) $x\times 1=x$(1 的存在性);

R8) $x\times x^{-1}=1$,其中 $x\neq 0$(乘法逆元素的存在性);

R9) $x\times(y+z)=x\times y+x\times z$(分配律);

R10) $0\neq 1$(非平凡性);

R11) 序公理成立;

R12) 实数的基本公理成立.

满足公理 R1—R10 的数系称作域,再满足 R11 的称作有序域. 任何满足成为一个域的公理的数系都可看成是一个像有理数那样的数系,并且在许多情况下,一种数学上的分析会对任何一个域都有效. 请注意这样

一件有趣的事：如果我们用无理数 $\sqrt{2}$ 从代数的角度来扩充有理数，那么我们会遇到一种新型的域. 容易证明，由形式为 $p+\sqrt{2}q$（p 和 q 都是有理数）的数组成的集合是一个域.

1.2.2 有多少个实数

我们把"每个非零元素都有一个乘法逆元素"这个额外的要求加到整数上，结果产生了足足一大批的有理数. 同样，实数的基本公理产生了许多无理数，从而把有理数系扩充成实数系. 我们已经考察过两个这样的无理数：π 和 $\sqrt{2}$. 我们应该问这样一个问题：我们用这条基本公理在有理数的基础上作了增补后，我们又有了多少个新的数？尽管有 $|\mathbb{N}|=|\mathbb{Z}|=|\mathbb{Q}|$，但不一定会有 $|\mathbb{R}|=|\mathbb{N}|$. 事实上，情况确实不是这样：

- 实数集是不可数的.

我们再次用反证法来证明这个结论：我们首先假设 $\mathbb{R}$ 是可数的，然后证明这将导致一种逻辑上的不可能性.

证明：我们先看 0 与 1 之间所有实数的集合 I. 如果 I 是可数的，那么我们可以构造一个 I 中所有元素的序列. 假设我们有了这样一个序列，其中的每个元素 $x\in I$ 都以十进小数的形式表示①：

$$x=\sum_{i=1}^{\infty}\frac{a_i}{10^i},\ a_i\in\{0,\cdots,9\}.$$

序列中的前几个小数展开式比方说是：

1↔0.230985723845709 77⋯

2↔0.01298798470694876⋯

3↔0.10193740984778759⋯

4↔0.66785940867666698⋯

① 请注意这个过程中有一些模棱两可的地方，对此我们必须有清醒的认识. 例如，根据实数的基本公理，0.49999⋯实际上等于 0.5. 要严格地证明这个结论，我们必须考虑这些技术性的问题. ——原注

$5 \leftrightarrow 0.0001909874573947 6\cdots$

$6 \leftrightarrow 0.1640913387987073 7\cdots$

$7 \leftrightarrow 0.1256795123786434 3\cdots$

$8 \leftrightarrow 0.5670727323459874 5\cdots$

但是这个序列不可能写完全. 要知道这是为什么,可以考虑这样一个数 r 的小数展开式:

$$r = 0.10011011\cdots$$

它是这样构造出来的:如果我们的序列中第 n 个数的第 n 位小数是 1,那么 r 的第 n 位小数是 0;否则,r 的第 n 位小数是 1. 让人惊讶的是,r 这个数居然不可能出现在我们原本那个序列中,不管我们按怎样的顺序把这个序列中的各个数在理论上写下来. 这里的原因是,r 在第一位小数上不同于这个序列中的第一个数,在第二位小数上不同于第二个数,在第三位小数上不同于第三个数,如此等等. 这样,它实际上不同于这个序列中的每一个数,因此这个序列无论如何必定是写不完全的. 我们最初的假设必定是不正确的:所以 I 是不可数的. 这个独具一格的简单证明告诉我们,在自然数与从 0 到 1 的实数之间不存在一一对应. 因此,实数集不可能是可数的.

于是我们再次设法超越了∞,并且发掘出一种新型的无穷大:实数的个数. 我们称这种不可数的无穷大为连续统 $\mathcal{C} = |\mathbb{R}|$. 这里十分需要强调的是,从无穷大的角度看,$\mathcal{C}$ 要比∞大. 实数要比有理数多出好多好多. 事实上,在任何合理的定义下,几乎每一个实数都是无理数,因为我们可以证明任意两个实数之间都有不可数无穷多个无理数,而却只有可数无穷多个有理数. 因此,实数的基本公理开启了一道数的闸门,将有理数淹没在无理数的汪洋大海之中.

1.2.3 代数数和超越数

实数常常被画在一种几何的环境中,与一条理想化数轴上的所有点对应起来. 在这条轴上任取一点,它将对应于一个实数;任取一个实数,它将对应于这条轴上的一个点. 这两种想法如此密切地交织在一起,使得我们采用这样的假设作为定义：一条无限长的数轴就是ℝ 中所有实数的一种表示，而且它仅表示这些实数. 这是一种非常有用的直观表示，但它对怎样明确地构造出对应于数轴上不同点的各种实数几乎没有什么用处. 有些实数可以相当简单地构造出来：二次方程 $x^2=2$ 就给我们提供了我们称之为 $\sqrt{2}$ 的实数，而且任何有理数都有一种非常简单的表示 n/m，这是线性方程 $mx=n$ 的解 x. 我们可以把这些想法用到多大范围？由整数开始，并且仅用基本的代数运算，我们可以构造出多少个实数？让我们下一个定义：

- 所谓*代数数*，就是一个整系数多项式方程的实数解.

显然，所有的有理数，所有像 $\sqrt{n}$ 这样的数（n 为自然数），都是代数数. 此外，用一点儿多项式理论就可以证明，两个代数数通过加、减、乘、除得到的也是代数数. 在这个意义上，所有代数数的集合就形成了一个域，因此也可以被认为是一个明确定义的数系. 或许所有的实数都可以用这种方式由整数生成，这虽然是一个令人愉快的、在数学上很明确的想法，然而在事实上，实数系就是远远要比代数数集复杂得多. 存在着不是代数数的实数：

- 所谓*超越数*，就是任何不是代数数的实数.

我们其实已经遇到过这样的一个超越数：π. 证明 π 不是代数数甚至比证明它是无理数还要难，我们不准备到这个危险地带去冒险. 然而，证明存在着一些实数不是代数数却相当简单：为了做到这一点，我们证明整系数多项式的解有可数无穷多个.

- 代数数有可数无穷多个，但超越数却有不可数无穷多个.

证明：令 A 是所有代数数的集合，即所有满足任何一个如下形式的多项式方程的数 x 的集合：

$$P(x)=a_nx^n+a_{n-1}x^{n-1}+\cdots+a_1x+a_0=0,\ a_i\in\mathbb{Z}\ ,\ i=0,\cdots,n.$$

为了确定 A 的大小，我们首先要问：像 $P(x)$ 这样的各种多项式方程一共有多少个？考虑所有 n 次整系数多项式 P_n 的集合. 对于 P_n 的每一个元素，我们总可以用相应的一列整数 $(a_0,a_1,\cdots,a_n)$（其中 $a_n\neq0$）把它的特征完全表示出来. 因此 P_n 与 $\mathbb{Z}^{n+1}$ 大小相同,而我们知道后者是可数的. 于是我们可以将每个 n 次多项式用自然数来标记,P_n 中的第 m 个元素标记为 p_{nm}. 现在考虑所有集合 P_n 的并集 C:

$$C = \{p_{nm} : n, m \in \mathbb{N}\}.$$

既然 n 和 m 可以取任意自然数,那么我们看到,整系数多项式与自然数序偶同样多. 但我们知道 $\mathbb{N} \times \mathbb{N}$ 是可数的,这说明 C 也是可数的. 于是我们可以把 C 的元素写作 c_i(其中 i 是自然数). 最后考虑所有代数数的集合 A. 一个 n 次多项式最多有 n 个实数解. 因此,我们可以用 a_{ij} 来标记多项式 c_i 的解,这里自然数 j 所取值的个数等于多项式 c_i 的解的个数. 我们看到,所有满足任何一个整系数多项式的解的集合 $A = \{a_{ij} : i, j \in \mathbb{N}\}$ 中元素的个数不多于自然数序偶的个数. 因此 A 也是可数的. 既然实数集是不可数的,那么这就说明超越数有不可数无穷多个.

这个结论非常有力:我们不仅证明了一定存在着超越数,而且还知道了存在着不可数无穷多个超越数. 因此,基本上每一个实数都是超越数. 设想从概率的角度口语化地把这个结论表达出来是非常好玩的:在实数轴上"随机地"选取一个数,除了超越数外,你基本上就别想得到其他什么数了. 想想看,实数基本公理的内容表述起来是那样简单,但它却导出了实数集 $\mathbb{R}$ 这样一个复杂而难以捉摸的数系,很有意思.

1.2.3.1 超越数的例子

尽管几乎所有的实数都是超越数,但证明一个给定的数是不是超越数通常很难. 在 19 世纪即将结束的时候,大数学家希尔伯特提出了一系列的数学问题(即现在我们所称的"希尔伯特问题"),他认为这些问题在当时的数学理论下或许是不可能解决的. 其中的一个问题就是证明 $2^{\sqrt{2}}$ 是超越数. 现在已经证明:如果 a 是一个大于 1 的代数数,b 是一个无理数兼代数数,那么 a^b 就是一个超越数.

我们也可以直接构造出各种各样的超越数. 一个典型的例子就是刘维尔数 $l = 0.110\,001\,000\,000\,000\,000\,000\,001\,000\cdots$,它的第 $n!$ 位小数是 1,其余均为 0. 这是历史上第一个被证明是超越数的数:它是超越数的

证明是刘维尔在1844年给出的. 这个证明建立在下面这条也以刘维尔的名字命名的定理上:

- 设无理数 x 为某个 n 次整系数多项式的一个解,那么一定存在一个自然数 M,使得当 $|x-p/q|<M$(p,q 没有公因数)时总有

$$\left|x-\frac{p}{q}\right|>\frac{1}{q^{n+1}}.$$

怎样用这个定理来证明刘维尔数是超越数呢? 我们把刘维尔数 l 的小数展开式逢1截断,定义一系列有理数 $l_N(N=1,2,\cdots)$如下:

$$l_1=\frac{1}{10},l_2=\frac{11}{100},l_3=\frac{110\ 001}{1\ 000\ 000},\cdots,l_N=\frac{110001\cdots001}{10^{N!}},\cdots$$

现在假设 l 是一个满足 n 次整系数多项式的代数数. 根据刘维尔定理,对于足够大的 N,有

$$|l-l_N|>\frac{1}{(10^{N!})^{(n+1)}}.$$

我们也可以根据数 l 的形式直接算出 $|l-l_N|$的一个上界:

$$|l-l_N|<\frac{10}{10^{(N+1)!}}.$$

如果 l 是一个代数数,那么这两个不等式都成立. 然而,对于任何给定的 n,我们总可以取足够大的 N,使得 $(n+1)N!<(N+1)!-1$. 这就与这两个关于 $|l-l_N|$的不等式发生了矛盾. 于是我们得出结论:l 是一个超越数.

1.2.4 连续统假设和更大的无穷大

我们用一个困难的问题相当口语化地结束我们关于实数的讨论:是不是存在一个“中等”大小的无穷大,它大于有理数的个数,却小于0与1之间实数的个数,即所谓的连续统? 换句话说,我们能不能找到一个无穷集 X,使得 $\infty<|X|<\mathcal{C}$①? 连续统假设说,不存在这样的 X. 人们可能一

① 对于两个集合 X 和 Y,如果不存在从 Y 到 X 的一一对应的函数,我们就说 $|X|<|Y|$. ——原注

开始就相信情况就是如此. 要明白这是为什么,只要注意到:尽管对于 n 的任何有限值都有 $|\mathbb{N}^n| = |\mathbb{N}|$,但结果我们发现有 $|\mathbb{N}^{\mathbb{N}}| = |\mathbb{R}|$. 因此,很难设想会有一个较小的无穷大溜到了 $|\mathbb{N}|$ 和 $|\mathbb{R}|$ 之间. 但是,数学中必须时时处处保持严谨,尤其是在这种关于逻辑、集合和无穷大的讨论中. 非常有趣的是,哥德尔于20世纪40年代证明了数学的标准公理不足以证明连续统假设成立. 更为引人瞩目的是,科恩于1963年证明,连续统假设同样不可能被否证. 因此,这个假设是否成立的问题,不受产生这个假设的数学王国的管辖. 这个假设于是被称为*不可判定的*. 这是一个极其微妙复杂的论题. 然而,我们可以证明,与 $|\mathbb{N}^n| = |\mathbb{N}|$ 相类似,有

$$|\mathbb{R}^n| = |\mathbb{R}|.$$

从几何的角度看,它有一个非常有趣的推论:0与1之间的点,同一个无限平面——或者它那简单的 n 维推广物——上的点一样多. 这一观念背后的基本想法在于这样一个事实:我们可以创建一个从两个实数到单单一个实数的映射:

$$x = 0.\, x_1x_2x_3x_4\cdots,$$

$$y = 0.\, y_1y_2y_3y_4\cdots$$

$$\to z = 0.\, x_1y_1x_2y_2x_3y_3x_4y_4\cdots, \quad x_i, y_i \in \{0, 1, \cdots, 9\}.$$

根据这个映射的构造,它是完全可逆的①. 这个结果是如此令人意外,以至于这个证明的提出者康托尔首先是以他说的这样一句话而闻名于世的:"我理解它,但我不相信它."即使如此,这个结果还是正确的. 从物理学的角度粗略地想一想这个结论,那就是:一条线段上有多少个不同的位置,整个宇宙就有多少个点. 尽管这样,康托尔定理告诉我们,即使是连续统我们也可以超越,只要我们取实数集的所有可能的子集:

$$|\mathcal{P}(\mathbb{R})| \equiv |2^{\mathbb{R}}| > |\mathbb{R}^n| = \mathcal{C}.$$

应该说,是关于无理数性质的讨论迅速地把我们引到了某种非常抽象的地带. 下面的示意图(图1.9)显示了我们到达这里所走过的道路:

① 我们再次避而不谈某些实数有不止一种小数展开式这一复杂情况. ——原注

$$1 \xrightarrow{\text{归纳法}} \mathbb{N} \xrightarrow{n+m=0} \mathbb{Z} \xrightarrow{xy=1} \mathbb{Q} \xrightarrow{\text{实数的基本公理}} \mathbb{R}$$

$$|\{1\}| < |\mathbb{N}| = |\mathbb{Z}| = |\mathbb{Q}| < |\mathbb{R}| < |\mathcal{P}(\mathbb{R})|$$

图 1.9　从一到无穷大.

让我们就这样简单地假设实数的存在性. 现在我们改变方向,提出一个不同类型的问题:是不是还有其他什么有趣的数系?

1.3 复数及其高维同伴

在数学的各个领域中，看来没有一个对象取名取得像*复数*[①]这样糟的. 确实，具有讽刺意味的是，当人们用复数来取代实数时，许多数学内容会变得简单起来.

1.3.1 复数 i 的发现

在设法求解方程 $x^2=2$ 的过程中，我们发现了[②]无理数 $\sqrt{2}$. 正如我们前面看到的，在有理数系中，没有地方可让一个满足这个方程的数立足. 于是，我们就用实数的基本公理这个外加的结构扩展了有理数，以满足诸如此类的代数要求，这就形成了实数. 站在实数系的立场看，方程 $x^2=-1$ 向我们提出了一个十分类似的问题：写出这个方程看来是一件十分合理的事，然而没有一个实数的平方会等于一个负数. 尽管这样的方程往往被早期的数学家认为无意义而不予理会，原因是它们缺乏明显的几何应用，但人们逐渐意识到：让这种方程有一种特殊的仅作为符号的解，似乎在各种代数问题上很有用. 既然任何一个这样的解都绝对不可能是一个标准的、现实的数（实数），那么它们就被标记为*虚构的数*（*虚数*）[③]. 为了让我们能着手研究这些问题，我们定义一种新的数如下：

- 存在一个非实数的数 z，它满足 $z^2=-1$. 我们必须给这个数一个名称，于是让我们称它为 i.

我们可以把*复数系* $\mathbb{C}$ 定义为所有可由实数系 $\mathbb{R}$ 和这个外加的数 i 通过加法和乘法而生成的数的集合，其中在对 i 进行代数运算时把它视作一个与实数具有"同等地位"的数. 既然 $\mathrm{i}\times\mathrm{i}=-1$ 是一个实数，那么我们

---

① "复数"的英文是 complex number，意思是"复杂的数". ——译校者注

② 或者说"发明了"，这取决于你个人对这类事情的哲学观点. 许多数学家认为数学存在于某个地方，等待人们去发现；而另一些数学家则认为数学纯粹是人类心智的一种创造. ——原注

③ 在某种层次上说，要形象化地表现虚数比实数怎样不"现实"是很难的. ——原注

容易看出,任何一个复数都可以化作一个实部和一个虚部的和.更一般地,我们可以把一个复数写作 $z=(a\times1)+(b\times\mathrm{i})$(其中 a 和 b 为任意实数).利用与实数同样的交换律、结合律和分配律这些性质,复数的乘法可用一种合情合理的方式如下定义:

$$\begin{aligned}(a+\mathrm{i}b)\times(c+\mathrm{i}d)&=(a\times c)+((\mathrm{i}b)\times c)+(a\times(\mathrm{i}d))+((\mathrm{i}b)\times(\mathrm{i}d))\\&=ac+\mathrm{i}bc+\mathrm{i}ad+\mathrm{i}^2bd\\&=(ac-bd)+\mathrm{i}(ad+bc).\end{aligned}$$

这是一种有用的实际方法.然而,这里有一个问题,关系到能不能把 i 看作一个普通的数.我们已经习惯了实数中的序的概念:任给两个不同的实数 x 和 y,我们总可以确定哪一个比较大.但对于我们刚才定义的复数,这完全是不可能的,因为用我们的序公理可直接推出:对于一个有序集中的任何一个元素 m,都有 $m^2\geqslant0$.虚数 i 显然违反这个表达式.

为了精确和清晰,并作为我们在关注点上的一个重大转移,我们借助一点儿事后的认识,代数地定义复数如下:一个复数就是一个实数序偶 (x,y),它的加法和乘法有如下性质:

$$(x_1,y_1)+(x_2,y_2)=(x_1+x_2,y_1+y_2);$$

$$(x_1,y_1)\times(x_2,y_2)=(x_1x_2-y_1y_2,x_1y_2+y_1x_2).$$

这些乘法规则在内容上等价于那些把 i 当作一个实数处理而得到的规则.然而,这种代数方法的美在于,关于 -1 平方根之"意义"的任何异议都被排除了:我们只要注意到

$$\mathrm{i}^2=-1\rightarrow(0,1)\times(0,1)=(-1,0).$$

我们可以说 $(0,1)=\mathrm{i}$, $(-1,0)=-1$;在这个意义下, $\mathrm{i}=\sqrt{-1}$.

1.3.2 复平面

现在让我们把注意力转到复数的性质上①.既然复数在本质上是二维的,我们就可以考虑用一个平面来表示它们,就像我们用一条直线来表

① 在本节中,我们用到向量理论的一些非常基本的概念.关于向量理论,我们在附录中讨论.——原注

示实数那样. 这个平面叫做复平面或亚根图示. 这个平面具有通常的笛卡儿轴,而复数(x,y)可以取来作为它在这个平面中的对应点的坐标. 这是一个很好的表示:这个平面中的任意一点唯一地对应着一个复数,反之亦然. 有两个基本的复数,即$(1,0)$和$(0,1)$,所有其他的复数都可以由它们通过加法和标量乘法得出. 我们把这两个数所在的轴分别叫做实轴和虚轴. 现在我们面临着一个显然的问题:我们怎样在图上表示复数的加法和乘法? 让我们依次考察这两种运算. 把两个复数的加法规则翻译到图上,我们看到,在复平面上对应着$w+z$的点,就是对代表z和w的两个向量求向量和所得到的点. 这就给我们提供了一种从几何上观察复数加法的非常简单的方法(图 1.10).

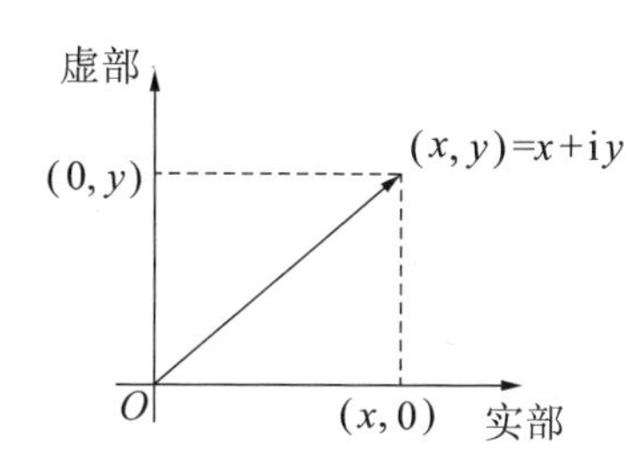

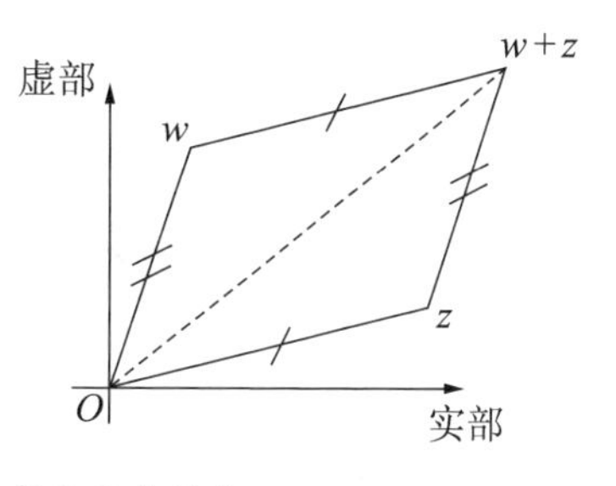

图 1.10　把复数表示为复平面上的点.

我们现在来讨论怎样解释看上去相当刻板的乘法规则的问题. 积的几何实现其实是非常简单的. 我们首先来考虑如下的简单乘法:

$$z=(x,y)\rightarrow(-1,0)\times(x,y)=(-x,-y).$$

从复平面的角度看,它具有将每个点围绕原点旋转 180 度或 π 弧度的作用. 既然$(-1,0)=(0,1)\times(0,1)$,那么我们可以猜想,乘以$\mathrm{i}=(0,1)$的作用就是旋转 π 弧度的一半. 诚然,$(x,y)\times(0,1)=(-y,x)$表明情况确实如此. 这种旋转特性提示我们,考虑用极坐标或称角坐标$z=(r,\theta)$ $(x=r\cos\theta, y=r\sin\theta)$来表示复数可能是明智的.

两个一般复数的乘法规则是这样定义的:

$$z_1z_2=(x_1,y_1)\times(x_2,y_2)=(x_1x_2-y_1y_2,x_1y_2+y_1x_2)=(X,Y).$$

用z_1和z_2的极坐标来计算X和Y的值,并借助于一些基本的三角公式,我们得到:

$$X = r_1\cos\theta_1 r_2\cos\theta_2 - r_1\sin\theta_1 r_2\sin\theta_2 = r_1 r_2\cos(\theta_1 + \theta_2);$$

$$Y = r_1\cos\theta_1 r_2\sin\theta_2 + r_1\sin\theta_1 r_2\cos\theta_2 = r_1 r_2\sin(\theta_1 + \theta_2).$$

因此我们发现,在极坐标下,如果 $z_1 = (r_1, \theta_1)$, $z_2 = (r_2, \theta_2)$,那么有 $z_1 z_2 = (r_1 r_2, \theta_1 + \theta_2)$. 用文字来表达就是:乘以一个用极坐标表示的复数 (r,θ) 会导致一个旋转角度为 θ 的旋转和一个伸缩率为 r 的伸缩. 注意这个乘法公式里的角具有可加性. 这就是说,对于任意一个复数 (r,θ),乘以 $(r,-\theta)$ 的结果是一个位于实轴上的复数 $(r^2,0)$,它等于复平面上点 (r,θ) 到原点的距离的平方 x^2+y^2. 长度的概念在几何应用上是非常有用的. 为了使这个概念正式化,我们定义 $z = x + \mathrm{i}y$ 的复共轭(写作 $\bar{z}$)为 $\bar{z} = x - \mathrm{i}y$. 于是模 $|z|$,即 z 到原点的距离,就用关系式 $|z|^2 = z\bar{z} = x^2 + y^2$ 来定义(图 1.11).

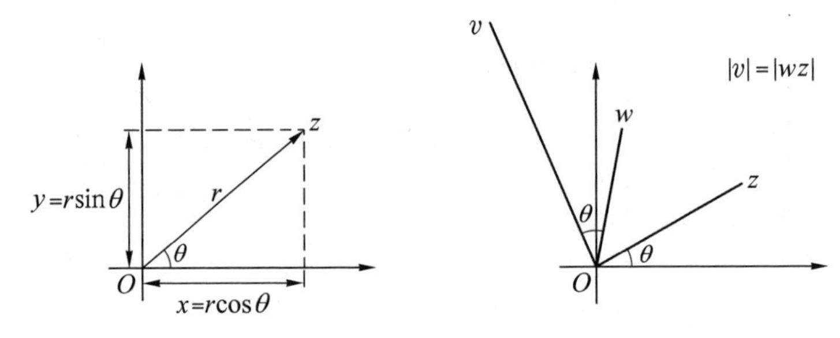

图 1.11　极坐标表示与复数的乘法.

1.3.2.1　复数在几何中的应用

到这里为止所述的内容,其真谛就在于复平面使复数变得简单. 用笛卡儿坐标解决有关加法的问题,而用极坐标解决有关乘法的问题. 这给我们提供了复数理论的一个坚实基础. 但是它们有什么用呢? 这些数的一个直接而且硕果累累的应用是在平面几何的研究中:使用复数的语言,任何一个平面几何问题都能以清晰的面貌重新呈现. 作为例子,我们列出一些结果,如果把这些结果回译到二维几何中,它们的证明从本质上说也就可以找到了. 然而,这种方法的美在于,一旦我们完成了这种重写工作,实数坐标 x 和 y 就很方便地被一起包进一个单一的变量 z 中,而这个 z 操作起来常常比操作相应的实变量表达式要来得简单. 况且,相当复杂的几何结果通常会有一个非常简洁优雅的复变量表达式,有了这种表达式,要将问题的性质或对称性予以形象化地显现出来,也会简单得多.

- 四个复数 z_1, z_2, z_3, z_4 在同一个圆周上或同一条直线上的充要条件是:它们的交比是一个实数. 这里我们定义交比 $C(z_1, z_2, z_3, z_4)$ 为

$$C(z_1, z_2, z_3, z_4) = \frac{(z_1 - z_3)(z_2 - z_4)}{(z_1 - z_4)(z_2 - z_3)}.$$

- 对于复平面上任何一个顶点为 α, β, γ 的三角形来说,它的重心,即各顶点与其对边中点连线的交点,在点 $z = \frac{1}{3}(\alpha + \beta + \gamma)$ 处. 这个三角形是等边三角形的条件是 $\alpha^2 + \beta^2 + \gamma^2 - \alpha\beta - \alpha\gamma - \beta\gamma = 0$.
- 默比乌斯变换是指一种如下形式的函数 $f(z)$:

$$f(z) = \frac{az + b}{cz + d}; \quad a, b, c, d \in \mathbb{C}, ad - bc \neq 0.$$

这种函数的主要性质是它们将复平面上的圆变成另外一个圆或一条直线①.

1.3.3 棣莫弗定理

通过棣莫弗定理,将复平面上关于乘法的基本几何结果作一个扩展,就让我们有了一种容易的方法来计算复数的幂. 棣莫弗定理是:对于任意一个有理数 p,有

$$z = (r\cos\theta, r\sin\theta) \Rightarrow z^p = (r^p \cos p\theta, r^p \sin p\theta).$$

用数学归纳法很容易证明这个结论对整数幂次 p 是成立的. 其要点是,我们将证明 $n = 1$ 时的结论以一种简单的方式可推出 $n = 2$ 时的结论,而后者又可推出 $n = 3$ 时的结论,依此类推.

棣莫弗定理的证明

假设 n 取某些数值时,下面的式子对每一个 $z = (r\cos\theta, r\sin\theta)$ 确实是

① 这个结果暗示了这样一个事实:在复分析的领域中,直线与圆实际上相互联系非常密切. 粗略地说,通常把一条直线当作一个通过一个"无穷远点"的圆来处理. ——原注

成立的：

$$z^n=(r^n\cos n\theta,r^n\sin n\theta).$$

那么这当然就推出

$$z^{n+1}=(r^n\cos n\theta,r^n\sin n\theta)\times(r\cos\theta,r\sin\theta).$$

用复数运算规则将右边的乘积展开，并用三角恒等式简化这个表达式，即可得到如下结果：

$$z^{n+1}=(r^{n+1}\cos(n+1)\theta,r^{n+1}\sin(n+1)\theta).$$

因此，如果棣莫弗定理对 $p=n$ 是成立的，那么它对 $p=n+1$ 也一定是成立的. 由 $(r^1\cos 1\theta,r^1\sin 1\theta)=(r\cos\theta,r\sin\theta)$ 这个简单事实，易得 $p=1$ 时棣莫弗定理显然成立. 于是，由数学归纳法原理，对任意自然数 p 这个定理都是成立的.

现在我们用稍稍不太正式的方法继续证明这个定理对负整数也是成立的. 注意到

$$(r^n\cos n\theta,r^n\sin n\theta)\times(r^{-n}\cos(-n\theta),r^{-n}\sin(-n\theta))=(1,0).$$

由 z^{-1} 的定义可知，这个式子表明 $z^{-n}=(r^{-n}\cos(-n)\theta,r^{-n}\sin(-n)\theta)$. 最后，为了把这个证明扩展到对所有有理数都适用，我们假设 $z^{1/n}=w$，其中 n 是一个整数，w 是另一个复数，其形式为 $w=(r\cos\theta,r\sin\theta)$. 由于 $w=z^{1/n}$，我们有 $z=w^n$. 利用这个定理对整数幂次 n 是成立的这个事实，我们可以将它简化为 $z=(r^n\cos n\theta,r^n\sin n\theta)$. 于是我们推得

$$(r^n\cos n\theta,r^n\sin n\theta)^{1/n}=(r\cos\theta,r\sin\theta)①.$$

这证明了这个定理对于 $z^{1/n}$ 也是成立的. 把幂次为 n 和 $1/m$ 的结果结合起来，我们就可以证明这个定理对于任意有理数次幂 $z^{n/m}$ 都是成立的，从而给我们提供了一个非常直截了当的方法来处理复数的幂.

1.3.4 多项式和代数基本定理

复数不仅仅作为便利的符号而对我们有用，它们还时常向我们提供

① 严格地说，这个式子的右边应该是 $\left(r\cos\left(\theta+\frac{2k\pi}{n}\right),r\sin\left(\theta+\frac{2k\pi}{n}\right)\right)$, $k=0,1,\cdots,n-1$. 请注意一个复数的 n 次方根应该有 n 个. ——译校者注

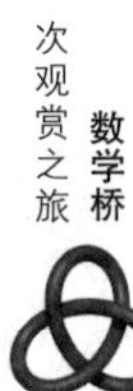

非常深刻而且意义重大的数学结果,这些结果我们单单使用实变量是完全不能得到的. 代数基本定理就是其中之一,我们现在就来介绍这条定理的产生动机,并作一番讨论. 顾名思义,这是一条伟大而重要的定理.

1.3.4.1 多项式方程的求解

数 i 最初被定义为多项式方程 $z^2+1=0$ 的解. 其他多项式方程的解是什么情况呢? 要解这些方程我们还需要创造新的数吗? 让我们以二次方程为例,从一个很简单的情况着手. 我们可以很准确地推导出任何一个二次多项式($a\neq 0$)的代数解如下:

$$p(z)\equiv az^2+bz+c=0,\ a\neq 0,b,c\in\mathbb{C}$$

$$\Leftrightarrow\left[a\left(z+\frac{b}{2a}\right)^2-a\left(\frac{b}{2a}\right)^2\right]+c=0$$

$$\Leftrightarrow\left(z+\frac{b}{2a}\right)^2=\left(\frac{b}{2a}\right)^2-\frac{c}{a}$$

$$\Leftrightarrow z=\frac{-b}{2a}\pm\sqrt{\frac{b^2-4ac}{4a^2}}.$$

既然从方程可推出解,而从解又可反推出方程,那么我们就知道,这个方程在复平面上总有一个或两个解. 因此对于任意一个二次多项式,我们总能求得一个复数解;在这种情况下,复数是足够的.

既然二次方程已经被解决了,我们现在来看三次多项式. 通过把每项都除以 z^3 的系数,这种类型的一般方程可以写成 $p(z)=z^3+az^2+bz+c$. 我们还可以把这个方程再简化一点. 令 $w=(z+a/3)$,我们发现可将这种方程写成一种没有二次项的形式$p(z)=p'(w)=w^3+pw+q$,其中 p 和 q 是可以很容易确定的复数. 因此,任何一个三次方程都可以容易地被简化为一种没有二次项的特殊形式 p'. 这种特殊形式的三次方程有一个精确解:

$$w_0=\sqrt[3]{\frac{q}{2}+\sqrt{\frac{p^3}{27}+\frac{q^2}{4}}}+\sqrt[3]{\frac{q}{2}-\sqrt{\frac{p^3}{27}+\frac{q^2}{4}}}.$$

利用这个解,我们可将原来的三次方程分解为$(w-w_0)\times$(一个二次多项式),然后用我们关于二次方程的结果再求出两个复数解.于是一般的三次方程被完全解决,它们有着明确的复数解.用一种类似的方法,我们还可以解出四次多项式方程.但是,对于求解多项式的这种程式来说,走到这里也就是尽头了,因为可以证明对于五次方程不存在一般的求解公式.尽管这个用到了伽罗瓦定理的证明相当巧妙,而且漂亮,但是它给出的这个结果却引发了人们的疑虑:由于我们不能明确地对一般的五次多项式求得一个解,我们就不能肯定所有这样的多项式都可以用复数解出来.这些多项式在复平面上总有解吗?这一点是完全不清楚的.举个例子,$z^5+\pi z^4+\frac{132}{\sqrt{2}}z^3+\frac{15}{79+\mathrm{i}}z^2+\mathrm{i}\sqrt{17}z-123325+21\mathrm{i}=0$ 有复数解吗?代数基本定理是一条非常重要的定理,它再次向我们保证,要完全解出任何一个多项式方程,复数确实是足够的;就基本的代数学要求而言,已没有必要去继续寻找其他的数了.考虑到这个问题的复杂性,这实在是一个令人钦佩的结果.

- 代数基本定理

  任何一个 n 次多项式 $p(z)=z^n+a_{n-1}z^{n-1}\cdots+a_1z+a_0$ 正好有 n 个有可能重复的复数解.这里 $a_0,a_1,\cdots,a_{n-1}$ 是任意的复数($a_0\neq0$).

这条定理的证明相当精巧,我们将不可避免地略掉一些技术细节.

证明概要

我们将用矛盾作为我们的主要武器.首先,假设这个多项式在复平面上根本没有根.这就是说,如果 z 是一个复数,$p(z)$ 就决不可能等于零.现在考察复数点集 $z(R,\theta)=(R\cos\theta,R\sin\theta)$,其中 $0\leqslant\theta<2\pi$,半径 R 取某个非零的固定值.这些点形成了一个环绕原点正好一次的圆周.现在考察点集 $p(z(R,\theta))$.随着我们将 θ 从 0 增至 2π,这个多项式将在复平面上描绘出一条闭路.请注意,既然我们已经假设了 $p(z)\neq0$,那么由这个多项式描绘出的闭路就不能经过原点,而是只能环绕原点 n_R 次,其中 n_R 是一个整数.现在考虑对原来那个圆周的半径 R 作一个非常微小的变化,变化量为 δR.显然,相应的闭路 $p(z(R+\delta R,\theta))$ 也只有非常微小的变化,因而这条闭路环绕原点次数的变化也非常微小.然而,环绕原点的次数必须总

是一个整数. 这意味着它不能有非常微小的变化：要么完全不变化，要么变化到另一个整数，但后者不是一个小变化. 于是对于 R 的任何值，n_R 是一个常数. 现在我们来考察半径 R 取非常大的值时的情况，这时多项式的首项 z^n 起主导作用，即有 $|p(z)| \approx |z^n|$. 这就是说，一个绕原点一次的圆周会被 $p(z)$ 映射为一条环绕原点 n 次的形状大致为圆周的闭路. 现在考察一个半径非常小的小圆周. 在这种情形下，对于 $n \geqslant 1$，z^n 的模 $|z^n|$ 也会非常小. 于是非零的常数项 a_0 起主导作用，从而小圆周上的每个点会被这个多项式映射到复平面上非常接近于 $p(0) = a_0 \neq 0$ 的点. 一条非常之小的闭路，其中心又是一个离原点有一定距离的点，那么它上面的点是不可能来到原点附近的. 因此我们看到，在这种特定情况下，这条小闭路实际上根本就不可能环绕原点，一次都不可能. 这样我们就面临一件荒唐的事：既然我们推出环绕原点的次数是常数，那么不管原来那个圆周是大是小，我们总可以令相应的闭路环绕原点的次数等于这个常数，结果得出 $0 = n$. 这就与常理发生了矛盾，这个矛盾说明我们一开始作出的那个没有解的假设事实上是错误的. 因此肯定至少有一个复数 z_1，使得 $p(z_1) = 0$. 直观地说，当我们把大圆周逐渐变为小圆周时，相应的闭路肯定至少有一条会经过原点，而正是在这里，我们找到了我们的解 z_1（图 1.12）. 要证明有 n 个解，我们注意到我们现在总能将这个多项式分解为 $(z - z_1)$ 和一个 $n - 1$ 次多项式的积. 于是用数学归纳法即可推得最终结论.

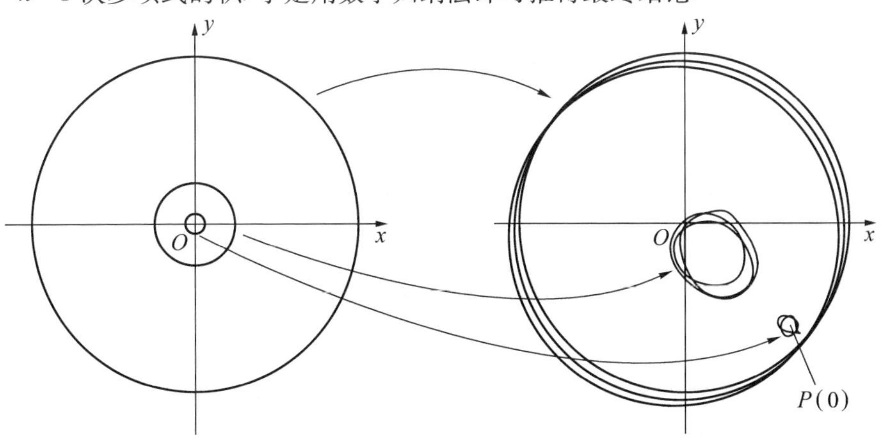

图 1.12　一个多项式 $p(z)$ 将复平面上的圆周映射成某种闭路，其中至少有一条会经过原点.

虽然代数基本定理的证明令人钦佩，但我们实际上只触及一座冰山的顶端：复数真是无处不在，而且作为阵容庞大的一系列数学理论的一种本质特征而出现；我们一次又一次地用到复数.

1.3.5　还有其他的数吗

复数系已经被证明是如此自然，如此有用，以至于许多数学家想知道是否还有什么更高维的数系. 由于实数是一维的，而复数本质上是活跃在一个二维的背景框架中，因此努力去寻找一个三维数的集合是很合理的. 或许这些三维数可以应用于三维几何. 但这样的一个过程其实包含着巨大的困难. 要对为什么会是这种情况有一个感觉，让我们天真地试图构造这样一个数集，我们可以称之为 X 数. 第一步，我们必须明确地引入某个新的 X 数 $\mathbf{j}$，它在复平面上是找不到的. 对于我们的三维 X 数系，任何一个 X 数都可以被分解成 $x=A+B\mathrm{i}+C\mathbf{j}$ 的形式，其中 A,B,C 都是实数，并且 $\mathrm{i}^2=-1$. 特别是，$\mathrm{i}\mathbf{j}$ 必须是一个 X 数，于是，我们必须能够找到实数 a,b,c，使得

$$\mathrm{i}\mathbf{j}=a+b\mathrm{i}+c\mathbf{j},\quad a,b,c\in\mathbb{R}.$$

实数 a,b,c 可以取哪些值呢？让我们假设我们这个新的 X 数系享有与复数一样的代数运算规则，并稍稍做一些代数运算. 在上面关于 $\mathrm{i}\mathbf{j}$ 的表达式两边同乘以 i，我们有

$$\begin{aligned}
&\mathrm{i}(\mathrm{i}\mathbf{j})=\mathrm{i}(a+b\mathrm{i}+c\mathbf{j})\\
\Rightarrow\ &-1\times\mathbf{j}=a\mathrm{i}-b+c(\mathrm{i}\mathbf{j})\\
\Rightarrow\ &-\mathbf{j}=a\mathrm{i}-b+c(a+b\mathrm{i}+c\mathbf{j})\\
&\qquad=(-b+ac)+(a+bc)\mathrm{i}+c^2\mathbf{j}\\
\Rightarrow\ &\mathbf{j}=(b-ac-(a+bc)\mathrm{i})/(1+c^2)\text{，这是一个复数.}
\end{aligned}$$

最后一个等式表明 $\mathbf{j}$ 居然只是一个复数. 这是一个矛盾. 所以假设 $\mathbf{j}$ 是一种新类型的数与我们的运算结果是不相容的. 那么，哪里出了错误呢？从基本上说，我们刚才作出了以下两个主要的假设：

（1）这个新的 X 数系包含着单单一个基本新类型数，叫做 $\mathbf{j}$.

（2）这个新的 X 数系遵从与复数一样的代数运算规则.

为了获得一个扩展了复数的新数集，我们必须以某种方式改变这些

假设. 出人意料的是,我们必须把这两条准则都加以改变:其实$\mathbb{C}$的自然后继者不存在于三维空间而是存在于四维空间中,而这就要求我们抛弃复数运算的一条基本公理. 这些数被称作四元数,它们要用四个不同"类型"的基本数($\mathbf{1},\mathbf{i},\mathbf{j},\mathbf{k}$)来表示. 为了纪念它们的发现者哈密顿,四元数集被标记为$\mathbb{H}$①.

1.3.5.1 四元数

我们写出一套形式上的规则,用一种纯代数的风格来定义基本四元数的乘法性质:

$$\begin{array}{lll} \mathbf{1i}=\mathbf{i1}=\mathbf{i}, & \mathbf{1j}=\mathbf{j1}=\mathbf{j}, & \mathbf{1k}=\mathbf{k1}=\mathbf{k}, \\ \mathbf{i}^2=-\mathbf{1}, & \mathbf{j}^2=-\mathbf{1}, & \mathbf{k}^2=-\mathbf{1}, \\ \mathbf{ij}=\mathbf{k}, & \mathbf{jk}=\mathbf{i}, & \mathbf{ki}=\mathbf{j}, \\ \mathbf{ji}=-\mathbf{k}, & \mathbf{kj}=-\mathbf{i}, & \mathbf{ik}=-\mathbf{j}. \end{array}$$

一个一般的四元数是通过取$\mathbf{1},\mathbf{i},\mathbf{j},\mathbf{k}$这四个数的实数倍数然后把它们加起来而求得的,即对任意的实数a,b,c,d,我们有四元数$q=a\mathbf{1}+b\mathbf{i}+c\mathbf{j}+d\mathbf{k}$. 加法和乘法以与复数系相同的方式交互作用. 如果我们稍稍仔细地考察一下这些四元数的运算方式,就会发现有奇怪的事情发生:$\mathbf{ij}\neq\mathbf{ji}$. 由此我们看到,维数的增加不是没有代价的:我们失去了实数和复数所享有的交换律性质;尽管对任何实数或复数a和b,都有$ab=ba$,但是四元数的乘法顺序是很重要的. 换句话说,对于两个一般的四元数q和r,有$qr\neq rq$. 尽管有着这个异乎寻常的性质,四元数还是形成了一个很好的数系,原因是每一个非零四元数q都有一个使得$qq^{-1}=\mathbf{1}$的乘法逆元素q^{-1},它由下列式子求得:

$$(a\mathbf{1}+b\mathbf{i}+c\mathbf{j}+d\mathbf{k})^{-1}=\frac{1}{(a^2+b^2+c^2+d^2)}(a\mathbf{1}-b\mathbf{i}-c\mathbf{j}-d\mathbf{k}).$$

事实上,四元数享有复数系的所有代数性质,除了交换律.

这种在形式上提出四元数乘法规则的方式,非常类似于人们把复数

---

① H 是哈密顿英文姓氏 Hamilton 的首字母. ——译校者注

定义为由一对数{1,i = $\sqrt{-1}$}通过 + 和 × 所生成的集合时所用的基本方式. 这样固然很好,但四元数是不是有着一种只用到复数和实数的严格的代数表述方式呢? 对这个问题的回答是肯定的,但是由于这个数系包罗更广,我们必须用到复数矩阵:

$$\underbrace{\begin{pmatrix}1 & 0\\0 & 1\end{pmatrix}}_{\mathbf{1}},\underbrace{\begin{pmatrix}0 & 1\\-1 & 0\end{pmatrix}}_{\mathbf{i}},\underbrace{\begin{pmatrix}0 & \mathrm{i}\\\mathrm{i} & 0\end{pmatrix}}_{\mathbf{j}},\underbrace{\begin{pmatrix}\mathrm{i} & 0\\0 & -\mathrm{i}\end{pmatrix}}_{\mathbf{k}}.$$

用关于矩阵乘法的标准代数规则来证明这些矩阵满足四元数乘法规则,是一件很简单的事.

作为一种抽象数学,这已经很完美了,但是四元数怎样做到有用呢? 我们通过与复数作类比的方式来讨论这个问题. 请回忆复平面上一个长度为 1 的复数可以分解为 $z_0 = \cos\theta + \mathrm{i}\sin\theta$,而且乘以这个数对应着在一个平面上绕原点作一个角度为 θ 的旋转. 一个四元数可以被分拆为一个标量部分和一个三维向量部分,这种做法很有用:

$$(\phi, \boldsymbol{v} = (x, y, z)) \leftrightarrow q = (\phi, x, y, z).$$

利用这种对应,我们可以把三维空间中的一个向量唯一地写成一个四元数,尽管许多四元数并不对应着这样的一个向量:

$$\boldsymbol{v} = (x, y, z) \leftrightarrow q_{\boldsymbol{v}} = (0, x, y, z).$$

假设我们有一个三维几何问题,其中我们希望环绕方向 $\boldsymbol{u}$ 作一个 θ 角度的旋转 R,即有 $\boldsymbol{v} \to \boldsymbol{v}' = R\boldsymbol{v}$. 我们可以构造一个"旋转四元数"$Q$ 如下:

$$Q = (\cos\theta/2, \boldsymbol{u}\sin\theta/2).$$

根据先前给出的定义构造出 Q^{-1},用它进行一次准确的计算,即可证明

$$q_{\boldsymbol{v}'} = Qq_{\boldsymbol{v}}Q^{-1} \leftrightarrow \boldsymbol{v}' = R\boldsymbol{v}.$$

从样子上看,这是一种简单的改写,它将一个三维的实数几何问题转化为一个一维的四元数问题. 于是我们不用矩阵和向量即可研究旋转. 然而,四元数几何中有着大量的结构,远非这个简单的例子所能概括,在这个例子中我们只是考虑了第一个元素为 0 的特殊四元数$(0, x, y, z)$. 三维几何中隐藏着许多迷人的特性,只有我们探究了四元数之后,这些特性才能向我们显现. 一个非常漂亮的事实是:为了在一个很基础的水平上描述

物质与空间相互作用的方式，人们势必要用到四元数几何的一些奇异特性. 更不用说，四元数的非交换性导致人们发现了物质基本粒子的一些非常奇异和反直观的性质. 这是量子力学理论所研究的内容.

1.3.5.2 凯莱数

现在我们用一条奇怪的定理来结束这一部分，我们将不太严格地叙述这条定理而不予证明：其他更高维的数系仅存一个，这是一个八维的数系，其中每一个非零元素都有一个乘法逆元素. 这些数称作凯莱数或八元数 $\mathbb{O}$. 就像四元数是四维的，复数是二维的那样，一个八元数被写成一个八维的量. 不出意料的是，八元数的结构果然比四元数的结构更具有限制性：首先，它们不服从交换律；其次，它们甚至不服从结合律，这意思是，对于三个一般的八元数 O_1, O_2, O_3 来说，$O_1 \times (O_2 \times O_3) \neq (O_1 \times O_2) \times O_3$. 因此，写 $O_1 \times O_2 \times O_3$ 是没有意义的，因为乘法顺序的不同会导致运算结果的不同.

从本质上说，为什么没有更高维数系的直观原因是，已经没有像实数的交换律和结合律那样的“多余性质”来供人们挥霍了. 八元数代表了一个数系在被限制得令人绝望之前所能达到的复杂度极限. 我们可以从下面的表格看到这一点：

	实　数	复　数	四元数	八元数
乘法逆元素	有	有	有	有
结合律	有	有	有	–
交换律	有	有	–	–
序	有	–	–	–

最后，我们要提请注意，尽管八元数已在纯粹数学中用于解决少数关于七维几何和八维几何的问题，但还没有在自然界中找到这种数的立足之地. 然而，很有意思的是，我们注意到基础物理的许多现代理论要求宇宙有远大于 3 的空间维数. 我们已知道，这样的理论通常有一种八维空间的对称性. 或许这里就是这种最终最极端形式的数与自然界相接触的地方.

1.4 素数

我们已经看到了怎样着手开发数的各种复杂概念. 现在是改变着重点,开始更深入地探讨我们的最初出发点——常用的有限自然数——的性质的时候了. 自然数结构的中心是*素数*. 它们是只能被自己和1整除的大于1的整数 p,如2,13,29和53. 我们不把1归为素数是因为它有太多的只属于它本身的特殊性质,它应该自成一类. 对素数的研究导致了当代数学中一个最迷人的领域的发展,那就是数论. 数论的魅力部分在于它的问题常常能很简单地表述出来,但是要证明或否证就极其困难. 另外,它的证明可以非常简单和精巧,也可以极其冗长和复杂. 由于这个原因,稚嫩的业余爱好者常常试图用非常简单的方法去解决数论中的著名问题,而专业的数学家则背负着所有的"谋生工具"去设法劈开特别坚硬的坚果. 数论中的许多问题是用*猜想*来表述的,猜想就是既没有被证明也没有被否证的陈述. 例如"哥德巴赫猜想",250多年来,它抵挡住了所有想证明它成立的进攻. 这个猜想说道:

- 所有大于2的偶数都可以写成两个素数的和.

这条陈述是正确的还是错误的呢? 尽管没有人确切地知道,但是很容易看到一些让哥德巴赫猜想成立的例子:

$$18 = 11 + 7,\ 46 = 43 + 3,\ 450 = 223 + 227.$$

要否证哥德巴赫猜想只需要一个*反例*. 就是明确地举出一个大于2的偶数,我们可以检验这个猜想对于它是不成立的. 然而,尽管有数以百万计的例子,我们可以确切地证明哥德巴赫猜想对于它们是成立的,却从没有人能够设法举出一个反例来. 或许它们根本不存在,或许人们只是没有到正确的地方去寻找. 这条陈述是正确是错误至今悬而未决,尽管看起来天平向正确这一侧严重倾斜.

另一个很容易陈述的结论是*费马大定理*. 它是说,关于自然数 a,b 和 c 的方程 $a^n + b^n = c^n$ 仅当自然数 n 取值1或2时有解. 当 $n>2$ 时没有解. 许多人认为应该存在着某种简单巧妙的考察这个问题的窍门或方式,使得这条陈述的正确性变得显然. 费马本人在他那本关于丢番图的书中写下了一条评注,集中体现了这种看法:“我已经发现了这条定理的一个真正绝妙的证明,这里的空白处不够大,无法容纳它.”可以肯定,费马认为自己已经为这个猜想找到了一个非常简单的证明.令人悲哀的是,他还没有向任何人揭示他的证明,就于1665年逝世了.三个世纪过去了,成千上万人的努力失败了.到20世纪90年代,这条定理的一个完整而天才的证明终于由剑桥大学的怀尔斯给出.这个发表年代与现在非常近的证明有几百页长,它无论如何说不上是简单的,并且用到了数论中极其先进的概念.尽管如此,并不是说不会存在另一个非常简单的证明.也许有一天,一位年轻的数学家会发现一个机智的窍门,干净利落地证出费马这个结论的正确性.

1.4.1 计算机、算法和数学

随着计算机的处理能力日渐强大,它们在数学研究中变得越来越有用.它们是如此有用,以至于许多对数学有着一种天真理解的人相信大多数数学问题肯定可以在计算机上得到解决.对于那些喜欢数学的人来说,幸运的是,计算机能够处理的问题,即使是在原则上能够处理的问题,也只是十分有限的一类.这里的原因是计算机需要被准确地告知它们应该怎样做.它们要求把问题表述为算法,即精准而明确的、可一步一步执行的方法或方案.为了显示计算机的局限性,我们指出下面这个想法可能是很诱人的:用上一台极其巨大的计算机,哥德巴赫猜想就有可能被证明成立或者不成立,因为对每一个 n,很容易检验这个猜想是否成立,只要检验不大于 n 的所有可能的素数和就可以了.但是如果这个猜想的结论是成立的,那么这种方法不可能奏效,因为决不可能对所有的偶数都作检验,要知道,存在着无穷多个偶数.我们或许可以检验开头的大约10000亿个偶数,但即使我们检验的每一个偶数都可以写成两个素数的和,也不能证明这个猜想成立:谁能保证不会突然出现一个更大的数,比如第20000亿个偶数,使得这个结论不成立呢?因此,如果这个结论事实上是成立的话,计算机是不能帮助我们的.反过来,现在假设这个结论是不成立的.如果是这种情况,那么必定存在至少一个偶数,它不是两个素数的和. 但是第一个这样的数就可能大得惊人，大到连人们能想象到的最大的计算机都无法处理. 因此，计算机不能帮助我们证明像哥德巴赫猜想这样的数学陈述，除非我们非常幸运，而且有一个反例恰好是一个相对较小的数. 然而，计算机在证明这类猜想的*似真性*上倒是非常有帮助的：哥德巴赫猜想的确看上去是合理的，因为所有被检验过的几百万个数都符合这个猜想.

因此，计算机不能帮助我们处理关于无穷大的陈述，而且如果要让计算机对我们有用的话，那么任何一个好算法都必须在最后能够*终止*. 这就把我们引向一个非常重要的实际问题. 计算机总是以有限的速度运行，因此在计算机执行操作的速度与一个算法在终止前所需要的步骤数之间有一个协调关系. 数论中有大量的算法，它们使我们能以一种非常系统的方式确定自然数的各种各样的性质. 但是，随着所研究的数的不断增大，一些算法到达终止所用的时间会飞速增长. 步骤数以指数增长的算法将迅速地使任何一台计算机败下阵来. 这几乎成了数论的一个特征：对于计算一些有趣的数，比如第 n 个素数，常常有着理论上的漂亮算法. 不幸的是，在实践中，一旦数开始变得很大，这些算法执行起来往往需要有长到不可能的时间. 我们很快就会遇到这种算法的例子.

1.4.2 素数的性质

素数在数论中有着至高无上的重要性. 为什么是这样呢？这是因为这些数的基本性质蕴涵着*算术基本定理*：

- 每一个大于 1 的自然数都可*唯一地*分解成一些素数的积，这些素数称为这个自然数的*素因数*.

因此，从某种意义上说，素数在乘法中扮演着与 1 在加法中所扮演的同样角色：每一个自然数可唯一地表示成一系列 1 的*和*，而每一个自然数又可唯一地表示成一些素数的*积*. 素因数分解是很有用的，因为一个给定数的除法性质有可能因此而一目了然，而除法性质在理论上和实际应用上都是很重要的. 用一个简单的例子就可以很好地说明怎样得到因数分解. 考虑 7540：

$7540 \div 2 = 3770$,

$3770 \div 2 = 1885$,

$1885 \div 2 \neq$ 整数,于是看下一个素数,

$1885 \div 3 \neq$ 整数,于是看下一个素数,

$1885 \div 5 = 377$,

$377 \div 5 \neq$ 整数,于是看下一个素数,

$377 \div 7 \neq$ 整数,于是看下一个素数,

$377 \div 13 = 29$,这是一个素数.

$\Rightarrow 7540 = 2 \times 2 \times 5 \times 13 \times 29$.

把这个过程全部写出来,是为了强调:尽管求因数分解的过程确实是非常简单的,但在实际操作上完成这个过程需要很长的时间,即使对于像7540这样非常小的数也是如此. 事实上,上面这个用来执行对一个数N求因数分解的过程的算法,其步骤数是以N为指数而增长的. 为了强调这种增长进行得到底有多快,我们指出,现在对一个300位的数,哪怕是在最快的计算机上,也要用数十亿年的时间来完成因数分解①. 即使有一台计算机能设法完成对这样一个数的因数分解,每增加一个数位也会使计算时间有急骤的增长. 稍稍再增加几个数位就会再次使得这个计算实际上成为不可能. 这个算法本质上也是检验一个给定数n是否为素数的一种基本方法:我们必须用所有小于$\sqrt{n}+1$的素数来试除n这个数. 提请大家注意下面这一点是很有意思的:尽管人们相信本质上不存在比上面所给过程更快的方法来对数进行因数分解,但是却存在着极其迅速的方法来检验一个数是否几乎肯定为素数. 因此,从实践的角度看,寻找相对较大素数的问题是容易处理的,而对大数进行因数分解的问题则不然. 这种差异性在数论对密码学的一些非常重要的应用中得到开发. 这一点在后面将会讨论到.

① 在2000年,对150位的数要用好几年的计算时间来完成因数分解. ——原注

1.4.3 素数有多少个

开头的一些素数可以很容易地写出来:

2,3,5,7,11,13,17,19,…,1193,1201,1213,…,10 627,10 631,10 639,…

这些数除了它们本身和 1 外没有任何因数. 这列数会永远延续下去吗? 还是会终止于某个很大的最大素数呢? 对第二个问题的回答是否定的,这已在古代被希腊数学家欧几里得所证明.

- 素数有无穷多个.

这条陈述的证明过程如下,这又是一个利用矛盾来推出结论的经典证明.

<u>证明</u>:假设这条陈述是错误的,而且实际上只存在着有限的 n 个素数,我们可以把它们列为 $\{p_1, \cdots, p_n\}$. 现在考虑数 $P = p_1 \times p_2 \times \cdots \times p_n + 1$. 用我们这列素数中的第 i 个素数 p_i 除这个数,得到下面这个数:

$$P/p_i = (p_1 \times p_2 \times p_3 \times \cdots \times p_{i-1} \times 1 \times p_{i+1} \times \cdots \times p_n) + 1/p_i.$$

这个数不可能是整数,因为前一部分是个整数,而 $0 < 1/p_i < 1$. 这一点对我们这列素数中的每一个素数都是成立的,因此这列素数中没有一个能整除 P. 这就意味着,必然还有其他的素数,它们不在我们这列素数中,这是因为要么 P 本身是素数,要么它有着一些其他的素因数. 这就与我们最初假设素数的个数为有限发生了矛盾. 因此无论如何必定有无穷多个素数.

1.4.3.1 素数的分布

现在我们知道素数有无穷多个:不管你数到多大,你还是会遇到不能被任何小于其自身的非 1 自然数整除的数. 尽管欧几里得证明了我们总会不断地找到新的素数,但是对于新素数以怎样的频率出现,这个证明什么直接的话也没说. 这是一个难度高得多的问题. 要解决这样一个问题,困难之一在于,素数看来并不是以一种特别均匀的方式分布在自然数中:当沿着开头的一些自然数一个一个地数下去时,我们会发现,有时候许多素数密集地聚在一起,有时候又出现分布相对稀疏的区域. 事实上,在素

数序列中存在着任意大的间隔. 虽然没有已知的单一公式能给出素数的精确分布,而且也不可能有,但我们要提到一个归功于勒让德的近似表示,它的证明是相当复杂的. 这就是*素数定理*:

- 小于一个任意数 N 的素数大约有 $\frac{N}{\ln N}$ 个,而且随着 N 的增大,其近似程度也越来越好.

1.4.4 欧几里得算法

虽然对于一个任意给定的自然数找出它的所有素因数是很费时的,但是数学家常常要对两个自然数作相互比较,看看它们有哪些因数是公共的. 用最大的公因数分别去除这两个数,就会得到两个*互素*的数. 既然这样得到的两个数没有公因数,那么这对互素的数相互之间表现得就像素数那样. 为了把这一点描述得更加清楚,我们考虑两个数 $546=2\times3\times7\times13$ 和 $7540=2^2\times5\times13\times29$. 好,尽管每个数都包含许多因数,但通过观察,我们可以知道它们都包含的最大因数是 $26=2\times13$. 用 26 分别去除这两个数,我们得到 $21=3\times7$ 和 $290=2\times5\times29$ 这两个数. 它们没有公因数,所以是互素的. 互素的概念在数论中是非常重要的,而且相当幸运的是,其实有着一个非常有效的算法,它使我们能够非常迅速地算出两个自然数的最大公因数,而且实际上不必预先知道各个数的素因数. 为了理解这一点怎样才能做到,让我们退后一步,来看看数学中的一个漂亮简单的小玩意儿:长除法. 长除法向我们呈献了一种用一个自然数除另一个自然数的方法. 例如,我们可以用 8 去除 74,得到

$$74=8\times9+2.$$

一般地,如果用自然数 b 去除一个比它更大的自然数 a,我们将得到下列形式的结果:

$$a=b\times q+r,$$

其中正的余数 r 比除数 b 小. 让我们来考虑这个表达式. 假设 a 和 b 有一个公因数,我们称之为 n,并且假设 $r\neq0$. 用这个公因数遍除各项,得

$$a/n=(b\times q)/n+r/n.$$

既然 n 是 a 和 b 的因数,所以这个方程的前两项一定是整数. 因此第三项 r/n 也必定是整数. 由于 $r \neq 0$,这说明 n 也是 r 的一个因数. 既然这一点对任何一个公因数 n 都必定成立,于是我们得出结论:a 和 b 这两个数的最大公因数,记为 $\text{hcf}(a,b)$,一定也可以整除余数 r. 设 $\text{hcf}(a,b)$ 为 N. 令 $a=NA,b=NB,r=NR$,则我们有

$$A=Bq+R,\ \text{其中}\ A\ \text{和}\ B\ \text{互素(没有公因数)}.$$

现在假设 B 和 R 有一个公因数 $m>1$. 既然 A 和 B 互素,那么 m 不可能整除 A. 因而,用 m 去除上述等式的各项,在右边可得到一个整数,而在左边则得到一个真分数,这是荒谬的. 所以 B 和 R 必定也互素. 于是,我们推出两个数 a 和 b 的最大公因数必定也是 b 和余数 r 的最大公因数:

$$\text{hcf}(a,b)=\text{hcf}(b,r).$$

这一点非常有用,因为寻求原来那两个数(a,b)的最大公因数的问题已被简化为关于两个较小的数(b,r)的问题. 我们现在可以对这两个新的数重新实施一次长除法,以求得一个新的余数,这样就会得到两个更加小的数. 这个过程一直持续到余数为零,$A=Bq$,这时我们可以推出原来那两个数的最大公因数就是 B;或者持续到除数为 1,在这种情况下那两个数原本就是互素的.

1.4.4.1 欧几里得算法的速度

我们刚才描述的算法最早是由欧几里得发现的,它的一个特别漂亮之处是它非常迅速地给我们提供了一个答案. 为了表明它到底有多迅速,假设我们着手试着去求两个一般自然数 a_1 和 a_2 的最大公因数,其中 $a_1>a_2$.

欧几里得计算过程的第一步为

$$a_1=a_2\times q+a_3.$$

由于 a_3 是余数项,我们可以假设它小于除数 a_2,即 $a_2>a_3$. 另外,数 q 至少等于 1,因而我们有

$$a_1=a_2\times q+a_3>2a_3.$$

重复应用欧几里得算法,我们可以得到一系列不等式:

$$a_1 > 2a_3, \ a_1 > 4a_5, \ a_1 > 8a_7, \ \cdots$$

于是我们发现,一般地有

$$\frac{a_1}{2^k} > a_{2k+1} \geqslant 0.$$

这意味着,对于任意的初始值 a_1,我们可以找到 k 的一个值,使得 $a_{2k+1} < 1$. 由于 a_n 必须总为一个整数,因此 a_{2k+1} 事实上必须等于0. 在这种情况下,这个算法必定经过至多 $2k-1$ 步就终止了,虽然在实际上答案来得比这还要快. 从计算上说,这是令人愉快的,因为我们发现,对本质上以指数增长的数求最大公因数,所用的时间也只是呈一种线性增长而已. 为了演示这个算法的执行情况,让我们来看看先前那个例子中的两个数(7540,546).

(1) $7540 = 546 \times 13 + 442 \Rightarrow \text{hcf}(7540, 546) = \text{hcf}(546, 442)$;

(2) $546 = 442 \times 1 + 104 \Rightarrow \text{hcf}(546, 442) = \text{hcf}(442, 104)$;

(3) $442 = 104 \times 4 + 26 \Rightarrow \text{hcf}(442, 104) = \text{hcf}(104, 26)$;

(4) $104 = 26 \times 4 + 0 \Rightarrow \text{hcf}(7540, 546) = 26$.

1.4.4.2 连分数

求两个数的最大公因数的欧几里得方法也向我们提供了一种相当有趣且非同寻常的方式来把两个整数的比表示为一个连分数. 这实质上是分数的一种"嵌套"序列. 下面是连分数的一个简单例子:

$$\cfrac{1}{1+\cfrac{2}{1+\cfrac{1}{3}}} = \cfrac{1}{1+\cfrac{2}{\cfrac{4}{3}}} = \cfrac{1}{1+\cfrac{3}{2}} = \cfrac{1}{\cfrac{5}{2}} = \frac{2}{5}.$$

借助于欧几里得算法,我们可以很容易地把任何一个真分数写成连分数的形式. 用一种稍稍不同的方式把我们先前用欧几里得算法得到的结果重写一下,我们发现有:

(1) $\dfrac{7540}{546} = 13 + \dfrac{442}{546}$;

(2) $\dfrac{546}{442} = 1 + \dfrac{104}{442}$;

(3) $\frac{442}{104}=4+\frac{26}{104}$;

(4) $\frac{104}{26}=4+0$.

稍稍想一下就会明白,我们可以写成

$$\frac{7540}{546}=13+\cfrac{1}{1+\cfrac{1}{4+\cfrac{1}{4}}}.$$

一个连分数可以包含任意多个子分数,但对于任意给定的有理数来说,最后都会终止.对数论家来说,更为令人感兴趣的是永远不会终止的连分数,因为这些连分数可以用来定义无理数:任何一个无理数都有一个无穷的连分数展开式.虽然我们将不证明这一点,但为了表明为什么这是一条看来合理的陈述,让我们来做一点儿计数的工作.一个一般的连分数可表示为

$$x=\cfrac{a}{b+\cfrac{c}{d+\cfrac{e}{f+\cdots}}}.$$

这里涉及一个由$\mathbb{N}$中整数构成的无穷串$(a,b,c,d,e,f,\cdots)$.虽然$\mathbb{N}^n$对于任何有限的n是可数的,但我们发现$\mathbb{N}^{\mathbb{N}}$的大小是不可数无穷大.因而肯定有足够多的连分数来满足需要.存在性只是一个方面.我们能不能在实际上为任意一个无理数找到这种无穷连分数呢?换句话说,是不是有可能写出一个详细表述这种数的式子,然后据此确定这个连分数所对应的是什么无理数呢?答案绝对是肯定的,而且有一个来自整系数二次方程研究的特别丰富的源泉.这是因为一个像$x^2=ax+1$这样的方程,被x遍除各项后(由于$x=0$不满足这个方程),可以重新整理为$x=a+1/x$,其中$a>0$.于是我们可以马上看出,这个方程的解x一定是一个很规则的连分数:

$$x=a+\cfrac{1}{a+\cfrac{1}{a+\cfrac{1}{a+\cdots}}}=\begin{cases}(a+\sqrt{a^2+4})/2,\text{如果 } a>0;\\(a-\sqrt{a^2+4})/2,\text{如果 } a<0.\end{cases}$$

对 a 的不同值求出这个二次方程的精确解，我们就可以将其中出现的平方根化为连分数. 例如，$a=1$ 时是所谓“黄金比例”$x=(1+\sqrt{5})/2$ 的连分数展开式，它出现在数学对自然界的各种应用中. 令 $a=2$，则得到 $1+\sqrt{2}$ 的连分数展开式. 这些展开式是引人瞩目的，因为我们马上就感觉到：我们可以知道怎样“写下”取这些无穷连分数形式的无理数，并且在整体上理解它们. 不像小数展开式中那些看似随机的各位数字杂乱无章地堆砌成一排，我们看到的是一个简单的、规则的新模式正在浮现.

$$1.618033989\cdots\leftrightarrow\frac{1+\sqrt{5}}{2}\equiv 1+\cfrac{1}{1+\cfrac{1}{1+\cfrac{1}{1+\cfrac{1}{1+\cfrac{1}{1+\cdots}}}}}.$$

$$2.414213562\cdots\leftrightarrow 1+\sqrt{2}\equiv 2+\cfrac{1}{2+\cfrac{1}{2+\cfrac{1}{2+\cfrac{1}{2+\cfrac{1}{2+\cdots}}}}}.$$

虽然在全体连分数中只有很少一部分能取这种简单的形式，但令人愉快的是，对于重要的超越数 e 和 π，就有着非常简单的表达式. 有好几个这样的展开式，我们列出其中的两个，证明就略去了.

$$e=2+\cfrac{1}{1+\cfrac{1}{2+\cfrac{2}{3+\cfrac{3}{4+\cfrac{4}{5+\cdots}}}}},\qquad \pi=\cfrac{4}{1+\cfrac{1^2}{2+\cfrac{3^2}{2+\cfrac{5^2}{2+\cfrac{7^2}{2+\cdots}}}}}.$$

在某处截断这种连分数，就可得到相应无理数的有理数近似值. 对连分数截断得越往后，近似程度往往越好.

1.4.5 贝祖引理和算术基本定理

欧几里得算法使我们能很容易地检验一对数的互素性. 我们已经提

过,这样的一对数有着许多美妙的性质.贝祖引理就是其中之一,我们将把它用作一个工具来探究数论中一些有趣的基本结果.

- 对于任意两个不都为零的整数 a 和 b,我们可以找到整数 u 和 v,使得它们是下列方程的解的充要条件是 a 和 b 互素:

$$au+bv=1.$$

同欧几里得算法一样,证明这个有用的小结果,所依据的也是长除法的基本性质.

证明:我们当然知道,a 和 b 只有当它们互素时,才能满足 $au+bv=1$;否则的话,我们可以用 a 和 b 的最大公因数去除这个方程的两边,这样会使左边成为一个整数而右边则成为一个小于 1 的分数,而这是不可能的.因此,我们可以将注意力限制在那些是互素的 a 和 b 上.现在考虑选取这样的 u 和 v,它们使得 $au+bv$ 是所有这种形式的数当中的最小正整数 s.我们要证明 $s=1$.为了做到这一点,我们将证明 s 同时整除互素的数 a 和 b;这一点只有当 $s=1$ 时才能实现.为此,我们求助于长除法,它告诉我们,可以找到整数 q 和 r,使得

$$a=sq+r,\quad 0\leqslant r<s$$

$$\Rightarrow 0\leqslant r=a-sq=a-(au+bv)q=a(1-uq)+b(-vq)<s.$$

于是我们找到了新的整数 $U=1-uq$ 和 $V=-vq$,它们给出了一个非负整数 $r=aU+bV$,这个 r 小于假定为最小的正整数 s.这件事要成为可能,唯一的方式是 $r=0$,在这种情形下有 $a=sq$,于是 s 整除 a.同理可证,s 也一定整除 b.这样,s 就是 a 和 b 的公因数.既然 a 和 b 互素,那么我们推出 $s=1$,于是结论得证.

现在让我们用贝祖引理帮助我们证明下列关于素数的基本结果:

(1) 假设自然数 a 与 $b_1,b_2,\cdots,b_n$ 中的每个数互素,那么 a 与积 $b_1b_2\cdots b_n$ 也互素.

(2) 假设素数 p 整除两个自然数 a 和 b 的积 ab,那么 p 一定至少整除 a 和 b 中的一个.

这些结果是如此基本,以至于我们可以不假思索地直接拿来使用.但是,这两个结果中的任何一个对所有可能选择到的自然数都成立这一点

并不是很显然. 虽然有关的证明非常短，但知道如何将“显然”这个词转化为一个严谨的数学证明还是非常有启发的. 因此，让我们证明如下：

(1)的证明

既然 a 与 $b_1, b_2, \cdots, b_n$ 中的每个数互素，那么我们可以将贝祖引理依次应用于每一对数：我们可找到整数 u_i, v_i，它们满足方程 $au_i + b_i v_i = 1$，$i = 1, \cdots, n$. 把其中每个方程重写为 $b_i v_i = 1 - au_i$，然后取它们的积，可得

$$(b_1 v_1)\cdots(b_n v_n) = (b_1 \cdots b_n)(v_1 \cdots v_n) = (1 - au_1)\cdots(1 - au_n).$$

将这个表达式右边的括号展开，可得 $1 - aU$，其中 U 是某个整数. 如果我们令 $v_1 \cdots v_n = V$，则可得到

$$aU + (b_1 \cdots b_n)V = 1.$$

这就证明了 a 一定与 $b_1 \cdots b_n$ 也互素.

(2)的证明

假设对于一对自然数 a, b 和一个素数 p，ab/p 是自然数. 再假设 p 不能整除 a. 既然 p 是素数，那就意味着 a 与 p 互素，因此我们可以应用贝祖引理，找到整数 u 和 v，使得 $au + pv = 1$. 这使得我们可以写

$$b = b \times 1 = b(au + pv) = (ab)u + bpv.$$

用 p 遍除各项，可得

$$b/p = (ab/p)u + bv.$$

好，既然 p 整除 ab，那么这个等式的右边是一个整数，所以它的左边也是一个整数，这就意味着 p 必定整除 b.

我们是用算术基本定理开始我们对素数的讨论的，现在我们可以利用这些结果给出这条定理的一个证明，从而结束本节. 这条定理说：每一个大于 1 的自然数都有唯一的素因数分解式. 这是素数理论的主要结果.

算术基本定理的证明

为了证明这个结果，我们首先必须证明：每一个大于 1 的自然数至少有一个素因数分解式. 然后我们可以接着讨论唯一性的问题.

假设存在一个大于 1 的自然数，它没有素因数分解式. 那么在不能写成素数积的大于 1 的自然数当中，一定存在一个最小的数 n. 显然，n 一定是至少两个比它小但大于 1 的因数的积，否则它本身就是个素数. 但是每

个比它小的因数一定可以表示为一个素数积,因为我们已假定 n 是最小的没有素因数分解式的数. 因此 n 的因数的积一定也是一个素数积. 这跟我们最初的假设是矛盾的,这就证明了每个自然数都至少有一个素因数分解式.

现在我们假设这些素数分解式不一定是唯一的:存在一个自然数 a,它有如下的多于一个的素因数分解式:

$$a = p_1 \cdots p_n N = q_1 \cdots q_m N, \text{ 每个 } p_i \text{ 和 } q_i \text{ 都是素数.}$$

其中所有的 p_i 都不同于所有的 q_i,而 N 是包含所有公因数的部分. 我们知道 $N \neq a$,这是因为 a 的两个分解式是不同的. 这表明 n 和 m 都是正数指标. 两边同除以 N,我们得到等式 $p_1 \cdots p_n = q_1 \cdots q_m$. 两边同除以 p_1,可知 p_1 一定整除 q_j 中的一个. 这是不可能的,因为没有一个 q_j 会等于 p_1. 因此我们最初的假设一定是不正确的:没有一个自然数会有多于一个的素因数分解式.

1.5 模整数

我们许多人学习的数论入门知识之一,并不是基本的算术,而是模为 n 的整数的算术. 比如,考虑一块指针式手表. 随着时间的运行,手表对小时进行计数,但是每过 12 个小时,计时重新开始循环. 如果现在是 8 点,那么 3 小时后就是 11 点,而 5 小时后则是 1 点,而不是 13 点. 这是一个模为 12 的算术的例子. 虽然这个关于"时钟算术"的例子非常简单,但我们知道模算术在高等数论的研究中起着基础的作用,因而理解这种数系以什么方式运作是重要的. 一般地说,当做模为 n 的算术时,我们就以通常的方式处理这些整数,只是要把固定的 n 值与 0 视作同一:$n \equiv 0 \pmod n$. 这就给了我们一条规则:对任意整数 m,有

$$m + pn \equiv m \pmod n,\ \text{其中 } p \text{ 是任意整数.}$$

好,既然整数 n 与 0 是一回事,那么在模为 n 的整数世界中进行计数就会取这样的形式:

$$\cdots, n-1, 0, 1, 2, \cdots, n-1, 0, 1, 2, \cdots, n-1, 0, 1, \cdots$$

因此,如果要处理这样的一个数系,那么本质上只有 n 个不同的数. 漂亮且简洁. 然而,从一系列无穷多个整数转到一组有限多个模整数并不是不需要代价的:处理模整数时,说一个数小于或大于另外一个数再也没有意义了. 为了说明为什么会是这样,请看下面的逻辑推理:

$$3 < 9 \pmod{24}.$$

由此,　$3 \times 3 < 3 \times 9 (=27) \equiv 3 \pmod{24}$,

所以,　$9 < 3 \pmod{24}$.

于是我们得到了一个矛盾,这表明我们不能在模为某数的整数中定义一个序. 这是我们为享用有限性而付出的代价.

1.5.1 模为素数的算术

毫无疑问,当模为一个素数时,模算术便如鱼得水了. 这个数系拥有几个非常美妙的性质. 如果古代的计时者将一天分成 13 个小时的话,或许这些性质会更为我们所熟悉! 主要的结果如下:

- 如果p是素数,那么每一个正整数$m(0<m<p)$有唯一的一个 mod p 乘法逆元素.

<u>证明</u>:显然p和$m<p$互素.因此贝祖引理告诉我们,可以找到整数u和v,使得$mu+pv=1$.既然$p(\bmod p)\equiv 0$,这就推出$1=mu+pv\equiv mu(\bmod p)$.因此$u$确实是$m$的一个 mod p 乘法逆元素.当然,贝祖引理中提到的u只是某个通常的整数,它对应着唯一的一个 mod p 整数.因此为了我们的模算术,我们可以假设$0<u<p$.这就证明了存在着m的一个 mod p 乘法逆元素.我们还可以证明这个逆元素是唯一的.为此,我们假设m有两个 mod p 乘法逆元素,即$mu\equiv mu'\equiv 1$,其中$0<u,u'<p$.两边同乘以u可得$(um)u\equiv(um)u'$.由于$um\equiv 1$,可见$u\equiv u'$.所以我们假设的两个逆元素是相同的,因此逆元素必定是唯一的.

这个结论意味着,已知一个正整数m不能被p整除,我们总能找到一个整数u,使得$mu\equiv 1(\bmod p)$.例如$3\times 4\equiv 1(\bmod 11)$.当然,在处理整数时,两个自然数相乘一般不可能等于1,除非它们同为1或同为-1.这条陈述的模算术版本是:

- 如果p是一个素数,而$0<m<p$,那么$m^2\equiv 1(\bmod p)$的充要条件是$m=1$或$p-1$.

<u>证明</u>:哪些满足$0<m<p$的m具有其平方为1的性质?如果$m^2\equiv 1(\bmod p)$,那么$m^2-1=(m+1)(m-1)\equiv 0(\bmod p)$.这意味着$(m+1)(m-1)$是素数$p$的一个倍数.这一点只有当这两个因数之一是$p$的一个倍数时才有可能,而这又只有当$m=1$或$m=p-1$时才有可能.这就证明了:如果$m^2\equiv 1(\bmod p)$,那么$m=1$或$p-1$.我们还可以证明逆命题也是成立的:显然,$1^2$总是1,而$(p-1)^2=p^2-2p+1\equiv(0\times 0)-(2\times 0)+1=1(\bmod p)$.

这是一个相当有用的小结果,作为一个例子,我们有把握地知道28是1的一个 mod 29“平方根”,而不需要做进一步的计算.

1.5.1.1 一个关于素数的公式

模算术在数论的许多应用中是极其重要的.18世纪,威尔逊爵士证明了下面这个漂亮简洁的素性检验法:

- 如果 p 是素数,那么 $(p-2)!\equiv 1 \pmod p$.
- 如果 $p>4$ 不是素数,那么 $(p-2)!\equiv 0 \pmod p$.

证明:考虑乘积 $(p-2)!\ \equiv 2\times 3\times\cdots\times(p-2) \pmod p$. 我们已经知道,当 p 是素数时,只有 1 和 $p-1$ 是自身为其乘法逆元素的模整数. 所有其他的 mod p 整数有一个唯一的不等于自身的乘法逆元素. 于是 $(p-2)!$ 的 mod p 展开式可分解成一对一对的 mod p 互逆元素,它们合起来给出了许多个 1 的一个积. 因此如果 p 是个素数,那么 $(p-2)!\equiv 1 \pmod p$. 如果 p 不是素数又会怎么样呢? 这时我们必定有两个满足 $1<A,B<p-1$ 的正整数 A,B,使得 $p=AB$. 如果 $A\neq B$,那么 A 和 B 都是 $(p-2)!$ 的展开式中的因数. 因此 $(p-2)!$ 是 p 的一个倍数,即 $(p-2)!\equiv 0 \pmod p$. 如果 $A=B$,那么当 $p>4$ 时 $p-2>2A$. 因此 $2A$ 和 A 都是 $(p-2)!$ 的展开式中的因数,从而仍然有 $(p-2)!\equiv 0 \pmod p$. 这就证明了结论.

威尔逊定理是令人惊奇的,因为我们在原则上可以计算出所有的素数,而不需要像人们通常所做的那样去检查因数的情况;模算术的方法把这一切都包了下来. 况且,我们只用几行证明就得出了这个结论. 所产生的实际问题却是,计算出阶乘然后除以 p 要花极其长的时间:例如,要确定 17 是素数,我们必须证明 $15!\equiv 1 \pmod{17}$,这相当于用 17 去除 1.3×10^{12};要知道 61 是否为素数,我们必须试着用 61 去除 1.386×10^{80}. 显然,这样的一种过程是非常冗长的,而且对于很大的素数来说,要在实际上执行这个过程是完全不可能的. 这些数的庞大性很快就会使任何一台计算机败下阵来. 因此,虽然威尔逊定理是一个很漂亮的理论结果,但在实际上,检验一个大数是否有因数还是不能采用威尔逊的这个方法. 然而,作为数学家,我们仍然可以为它那简洁的美而欢欣鼓舞.

1.5.1.2 费马小定理

另一个让人感受到模素数 p 算术之风味的美妙结果是费马小定理. 这个结果证明起来比费马大定理要远远简单得多. 它告诉我们:

- 如果 p 是一个素数,那么对于任意整数 m,有 $m^{p-1}\equiv 1 \pmod p$.

证明:首先注意到,当 m 是 p 的一个倍数时,结论显然成立,因为这时这条陈述化为$0^p \equiv 0$. 接下来,我们现在可以仅仅考察m不是p的倍数的情形. 显然,不失一般性,我们可以把我们的注意力限制在介于0与p之间的m值上. 好,考虑所有 mod p 非零的不同整数组成的集合$S=\{n_1,n_2,\cdots,n_{p-1}\}\equiv\{1,2,\cdots,p-1\}$. 那么对于任何满足$0<m<p$的整数$m$,我们必定有:集合$mS=\{mn_1,mn_2,\cdots,mn_{p-1}\}$中所有的数 mod p 相互不同. 要证明为什么是这样,现假定集合mS中有两个数 mod p 相同,即对于某个i和某个j,有$mn_i\equiv mn_j \pmod p$. 既然p是素数,那么我们知道m必定有一个 mod p 乘法逆元素,这意味着我们可以在方程$mn_i\equiv mn_j \pmod p$的两边约去m,这就推出了$n_i=n_j$. 因此,当n_i和n_j不相同时,mn_i和mn_j也一定不相同. 既然集合S与mS分别包含了介于0与p之间的所有整数,那么它们必定是一回事. 于是S中所有数的积必定等于mS中所有数的积:

$$
\begin{aligned}
& n_1 n_2 \cdots n_{p-1} \\
\equiv & (mn_1)(mn_2)\cdots(mn_{p-1}) \\
\equiv & (m^{p-1})(n_1 n_2 \cdots n_{p-1}) \qquad \pmod p .
\end{aligned}
$$

既然$n_1,\cdots,n_{p-1}$中所有的数都在0与p之间,那么它们每个都有自己的乘法逆元素. 因此,它们的积也有一个乘法逆元素. 将方程两边同除以有逆元素的数$n_1n_2\cdots n_{p-1}$,我们就得到了表达式$m^{p-1}\equiv 1$,这就证明了结论.

我们就将在迷人且使用广泛的 RSA 编码方法的开发中实质性地用到费马小定理.

1.5.2 RSA 密码

我们以我们所论述的数论中的一个高度实际且非常有益的应用——密码学来结束关于数的讨论. 密码学研究的是如何处理数据,并把它们转换成一种编码形式,这种形式除了那些知道对这些数据如何解码的人之外是不可读的. 我们来讨论一个叫做 RSA 密码的相当出色的编码方法,它是以它的发明者里韦斯特、沙米尔和阿德尔曼的名字命名的①. 他们的

① RSA 分别是里韦斯特、沙米尔和阿德尔曼的英文姓氏 Rivest, Shamir 和 Adelman 的首字母. ——译校者注

编码充分利用了这个事实:虽然对大数进行因数分解要花费极其长的时间,但从实际的角度看,生成几乎可以保证是素数的大数是相对容易的.

RSA 密码有两个有趣的性质.首先,在合理的时间内要破解它是极其困难的.这里的原因在于,可以证明,任何一个能很快破解这个密码的算法都在本质上相当于找出一种对非常大的数快速进行因数分解的新方法.一般认为,不可能存在任何比人们已知的因数分解方法本质上更快的方法,即使是理论上的,因此这个密码显然是非常强的.这个密码的第二个特色是它是一个公钥密码.我们来解释一下这个术语的意义.一种密码过程有两个部分:首先,信息必须要由发送者变为加密形式;其次,接收者必须对之解密.在一个公钥密码体制中,密码被设计成:尽管可以得知对一条信息加密所必需的方法,但并不能让你由此得知对这条信息解密的方法.这是一个十分有用的性质.比如说,一个网上企业或者一家网上银行,可以让它所有的客户都知道如何将他们各人的详细财务信息加密后在网上发送,客户们会高兴地得知,除了这家银行,没有人可以解读他们的加密信息①.这个过程可用图 1.13 来形象地说明.

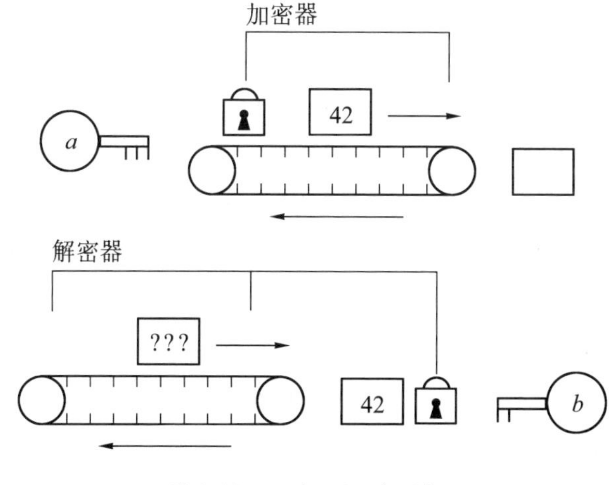

图 1.13　一套 RSA 密码机.

① 实际上,由于带宽有限,对于拥有一台巨型计算机的人来说,情况或许不一定是如此.——原注

对于电子商务来说,幸运的是,存在着大量的 RSA 密码,它们的单个实例很容易构造. 我们将显示这些密码的理论基础是怎么回事. 实质上,这种密码基于对一个数取一个幂然后取这个幂的方根以还原输入数在模算术中的推广. 在模算术中,这个过程化为取两个不同的整数幂,其中一个是公开的,但另一个是保密的.

1.5.2.1 建立 RSA 体制

为了建立一个 RSA 体制,我们选取两个非常大的素数 p 和 q,它们的量级大约在 2^{250}. 由于有着很好的方法来快速生成几乎可以保证是素数的数①,所以这会是一个很简单的过程. 然后我们把这两个素数乘起来,得到一个很大的数 $N = pq$. 我们将处理mod N下的整数. RSA 密码采用一种将这 N 个整数完全打乱的方法. 关键在于,把这些数搅乱的方法与把这些数理顺的方法实际上是不相同的. 这就是为什么知道了加密过程仍无法知道解密方法的原因所在. 请注意,这些数被搅和得如此彻底,以至于不知道有关的方法而想要把这些数理顺,就好像要把一碗蛋糕糊还原为它的成分蛋和面粉一样. 为了让你明白这一切是怎样才能实现的,我们必须再介绍一点数论知识. 首先定义

$$\phi(N) = (p-1)(q-1).$$

其中我们看到了欧拉函数$\phi(N)$,稍稍想一下,就知道它是小于 N 且与 N 互素(即与 N 没有公因数)的自然数的个数. 现在我们选取一个与$\phi(N)$没有公因数的整数 a. 如果能找到一个小于$\phi(N)$但大于 p 和 q 的素数,这件事就最容易地完成了. 由 a 的选取方式可知 a 和$\phi(N)$互素,那么借助于 mod N 下的贝祖引理,我们现在可以找到自然数 b 和 r,使得

$$ab = 1 + \phi(N)r.$$

于是,这个密码的核心就是下列模算术等式:

- $u^{ab} \equiv u \pmod{(N = pq)}$,其中 u 是任意整数.

---

① “几乎可以保证”的意思是,不是素数的概率大约不超过 $1/2^{500}$. 从实际的角度说,我们可以将这个概率视为 0. ——原注

要证明这个表达式成立，我们需要用到费马小定理.

证明：将费马小定理中的那个表达式重复自乘，最后两边同乘以 u，可以推出，对任意整数 u 和自然数 s，有

$$u^{s(p-1)+1} \equiv u(\bmod p) \Rightarrow p \text{ 是 } u^{s(p-1)+1}-u \text{ 的一个因数.}$$

同理，我们知道对任意自然数 t，q 一定是 $u^{t(q-1)+1}-u$ 的一个因数. 由于这些表达式对任意自然数 s 和 t 都成立，所以我们可以自由地选择这两个自然数，使得对另外某个自然数 r，有 $s=r(q-1)$ 和 $t=r(p-1)$. 于是我们看到，素数 p 和 q，从而积 $N=pq$，将同时整除 $u^{r(p-1)(q-1)+1}-u$. 于是我们推出

$$u^{r(p-1)(q-1)+1}-u \equiv 0 \ (\bmod (N=pq)).$$

由于 $(p-1)(q-1)=\phi(N)$，我们可以运用我们从贝祖引理得来的那个结果证明，对任意整数 u，$u^{ab} \equiv u(\bmod (N=pq))$.

现在我们有了进行加密解密所需要的全部机器. 任何的 RSA 体制都可以简单地归结为选定三个数 $(N=pq, a, b)$. 密码的实现如下：

(1) 选取两个素数 p 和 q.

(2) 构造某种三元组 $(N=pq, a, b)$. 对每一个 N，a 和 b 的选择有许多种可能.

(3) 公开 N 和 a. 有了这两个数，任何人都可以将一条信息变为加密形式. 我们假定这条信息可以化为介于 1 和 N 之间的一串数. 要加密一个数 u，我们会取

$$u \to v \equiv u^{a}(\bmod N).$$

实际上，这次加密的结果是某个介于 1 和 N 之间的本质上随机的数. 由于这个原因，要将一条加密信息进行解密真是超常困难.

(4) 现在假定我们收到了所有的加密信息. 我们能够将它们还原为原来的形式，因为我们知道那个保密的数 b. 要将一个数 v 解密，我们只要取 v 的 b 次幂：

$$v \to v^{b} \equiv u^{ab} \equiv u(\bmod N).$$

我们可以看到，这个过程唯一地还原了原来的数.

由于对大数进行因数分解实际上是不可能的，所以没有人能算出

b. 于是这个密码是安全的. 然而,我们现在可以看到,如果有人能够想出某种迅速对大数进行因数分解的聪明方法,那么这个密码就很容易被破解:通过对 N 的因数分解,一名破译者会直接求出 p 和 q,而由于 a 是公开的,所以他或她就能求出解密数 b. 反过来,如果用其他某种方式直接获得 b,从而破译了这个密码,那么这将马上泄露 p 和 q,从而泄露 N 的因数分解. 一般地说,看来所有在一段现实的时间内破解一个 RSA 密码的方法都最终归结为快速对数 N 进行因数分解的问题. 幸运的是,人们认为本质上不存在很快的方法来对大数进行因数分解. 由于这个原因,RSA 密码被许多数学家认为是完美的.

1.5.2.2 一种 RSA 密码体制

我们来看一个"玩具"式的例子,它显示了我们怎样来构造一种 RSA 密码体制.

(1) 选两个素数 $p=2,q=11$,于是 $N=22$.

(2) 构造数 $\phi(22)=(2-1)\times(11-1)=10$,这是小于 22 且不含因数 2 和 11 的自然数的个数.

(3) 选一个小于 $\phi(22)=10$ 且与 10 互素的数 a,可选的数有 3,7 和 9. 我们选 $a=3$.

(4) 求方程 $ab\equiv 1+\phi(22)r(\mathrm{mod}\ N)$ 的自然数解,从而求出 b. 在我们这个情况下,求得

$$3\times 7-10\times 2=1.$$

于是我们选择的 a 使得 $b=7$.

(5) 为了让人们能够对一串小于 22 的自然数 u 加密,我们公开 $(a,N)=(3,22)$. 加密过程的操作如下:

$$u\to v\equiv u^3(\mathrm{mod}\ 22).$$

(6) 我们知道数 b,就可以对数 v 解密;别人谁也做不到.

$$u\equiv v^7(\mathrm{mod}\ 22).$$

现在来看我们这个私密的 RSA 密码是如何运作的. 首先让我们对数 173124 进行加密,然后将加密的结果解密. 我们把这个数分裂成

(17)(3)(12)(4),然后如下加密：

$$17 \to 17^3 = 223 \times 22 + 7,$$
$$3 \to 3^3 = 22 \times 1 + 5,$$
$$12 \to 12^3 = 78 \times 22 + 12,$$
$$4 \to 4^3 = 22 \times 2 + 20.$$

加了密的数串于是为 $v=(7)(5)(12)(20)$. 通过规定的方法对它解密如下：

$$7 \to 7^7 = 37433 \times 22 + 17,$$
$$5 \to 5^7 = 3551 \times 22 + 3,$$
$$12 \to 12^7 = 1\ 628\ 718 \times 22 + 12,$$
$$20 \to 20^7 = 58\ 181\ 818 \times 22 + 4.$$

于是还原出原来的数串(17)(3)(12)(4)=173 124.

第2章　分析

考虑下面这个分数无穷序列的和[①]：

$$\begin{aligned}S &=1-\frac{1}{2}+\frac{1}{3}-\frac{1}{4}+\frac{1}{5}-\frac{1}{6}+\cdots\\&=\frac{1}{2}+\left(\frac{1}{3}-\frac{1}{4}\right)+\left(\frac{1}{5}-\frac{1}{6}\right)+\cdots\\&=1-\left(\frac{1}{2}-\frac{1}{3}\right)-\left(\frac{1}{4}-\frac{1}{5}\right)-\left(\frac{1}{6}-\frac{1}{7}\right)+\cdots\end{aligned}$$

尽管这个级数无限延续，含有可数无穷多个项，但我们可以看到，所有的括号项都是正的，这似乎可以推出

$$\frac{1}{2}<S<1.$$

现在让我们考虑将原来的和式重新整理为正负两个部分：

$$\begin{aligned}S &=\left(1+\frac{1}{3}+\frac{1}{5}+\cdots\right)-\left(\frac{1}{2}+\frac{1}{4}+\frac{1}{6}+\cdots\right)\\&=\left(1+\frac{1}{3}+\frac{1}{5}+\cdots\right)-\frac{1}{2}\left(1+\frac{1}{2}+\frac{1}{3}+\cdots\right)\\&=\frac{1}{2}\left(1-\frac{1}{2}+\frac{1}{3}-\frac{1}{4}+\frac{1}{5}-\frac{1}{6}+\cdots\right)\\&=\frac{S}{2}.\end{aligned}$$

① 这个表达式正是 ln2 的级数展开式，我们到时候将遇到它. ——原注

不幸的是,表达式 $S=S/2$ 意味着 S 是零或者无穷大,而前面的论述向我们表明 $\frac{1}{2}<S<1$. 因此,一定在什么地方犯了逻辑上的错误. 这个问题之所以会产生,是因为尽管这个级数中的项变得要多小就有多小,但仍然总有无穷多个项要相加. 我们确实还不知道如何处理把无穷多个无限变小的项加起来这样一个细致敏感的问题. 在本章稍后我们将开出一个针对此类问题的药方,但这里需要记录在案的是,在我们这个例子中,第一种处理方法是正确的,而第二种是错误的. 不管怎么说,应当明确的是,我们应该研究出一个关于极限的规范理论,使得我们能有把握地推演出涉及任意小量的结果. 这就是分析理论的基础. 请注意,即使作为数学中的一门学科,分析学的精确性和严格性也是首屈一指的,其结论和概念在几乎所有现代数学的发展中起着决定性的作用. 这种严格是必需的,因为所讨论的问题具有精细性. 我们将对本章所涉及的激动人心的关键思想作详细论述.

2.1 无穷极限

2.1.1 三个例子

理解极限的概念是一位初出茅庐的数学工作者必须跨越的最主要障碍之一. 在这引导性的一节中,我们给出三个非常不同但都具有启发性的例子,它们一个比一个复杂,其中无穷极限的出现非常自然. 我们用来处理这些例子中出现的无穷极限问题的方法,将以清晰而准确的定义在下一节具体呈现.

2.1.1.1 阿基里斯和乌龟

有一个关于极限过程的简单例子,从古一直流传到今. 芝诺描述了乌龟和阿基里斯之间的一场赛跑. 阿基里斯是古代跑得最快的运动员,乌龟的名字无从考证. 这两者之间要进行一场赛跑其实是很荒唐的,因此允许乌龟先跑一段距离. 尽管阿基里斯显然将获胜,但芝诺却论证乌龟永远不会被这位运动员超过. 支持这个说法的理由是,为了追上乌龟,阿基里斯必须首先将他们之间一开始的距离缩短一半. 这一阶段完成后,他又必须将余下的距离缩短一半,如此等等,*以至无穷*. 于是,阿基里斯必须经过无穷多个"缩短一半距离"的阶段,才能在实际上赶上乌龟. 芝诺宣称,既然人们不可能在一段有限的时间内经历无穷多个阶段,那么阿基里斯永远不可能领先. 让我们对这种情况进行更仔细的分析,并运用数学而不是语言作为我们表达信息的媒介. 如果我们假设这两位参赛者都以匀速赛跑,而且阿基里斯将一开始乌龟先跑的距离缩短一半要用半小时,那么我们看到,赶上乌龟的总时间 T 就可以表示为

$$T=\frac{1}{2}+\frac{1}{4}+\frac{1}{8}+\frac{1}{16}+\cdots\to\sum_{n=1}^{\infty}\frac{1}{2^n}$$

能对这样的表达式作出合理的定义吗? 写出一个表达式,其中有无穷多个无限变小的项,确实是有意义的吗? 尽管芝诺的论证会认定这没有意义,但是在一个不同的情景中更仔细地考察我们这个等式,就会使我们确

信情况并非如此. 既然每一项都是其前一项的一半大小,那么就有一个很好的方法可将这个特定表达式背后的一种具体的几何意义形象地表现出来. 暂且将阿基里斯和乌龟放到一边,考虑对一个单位正方形分步着色,每一步我们都将余下的未着色部分的一半着色(图 2.1).

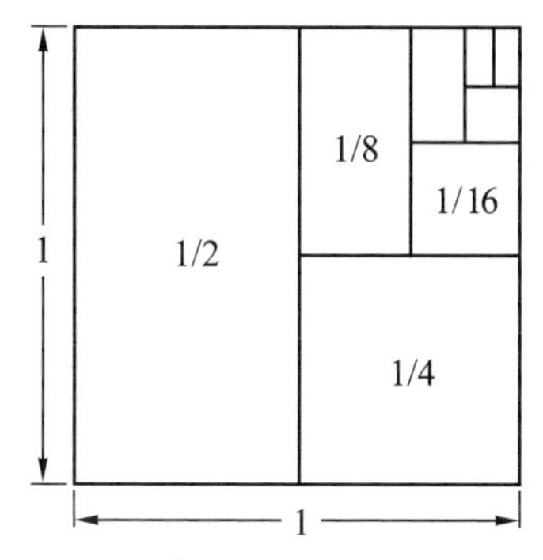

图 2.1　级数 $S=\sum_{n=1}^{\infty}\frac{1}{2^n}$的一种形象化的几何描述.

在直观上,我们看到,随着我们把和式中越来越多的项加起来,得到的和就越来越接近这个单位正方形的面积. 如果我们只把有限多项加起来,那么得到的和就等于 1 减去余下部分的面积,这部分面积越来越小,然而决不会等于零:

$$\sum_{n=1}^{N}\frac{1}{2^n}=1-\frac{1}{2^N}.$$

既然这个式子是一个有限的代数表达式,那么它显然一定对我们愿意指定的任何 N 值都成立,不管这个值有多大. 况且,余部$\frac{1}{2^N}$总是随 N 的增大而减小. 因此我们可以选择 N 的一个值,使得余部$\frac{1}{2^N}$小于我们愿意指定的任何实数. 既然可以使余部比我们给出任意正数都小,那么在这种特定的情况中,允许 N 可以变得无穷大,并通过这个极限过程把余部项实际上取为零,这看来肯定是合理的. 这就是实数基本公理的本质. 因此可以定义:

$$\sum_{n=1}^{\infty}\frac{1}{2^n}=1.$$

我们说，通过把 N 变得无穷大的极限过程，这个级数收敛于 1. 因此阿基里斯将用不多不少一个小时赶上乌龟.

2.1.1.2 连续复合利率

利率向我们提供了无穷极限过程的一个比较现代且十分实用的例子. 假设我们出手大方地在一家银行投资 1 英镑(£1)巨款，这家银行提供的利率为 R，按年计复利. 这意味着在一年中我们这 1 英镑的投资将如下增长：

$$£1 \xrightarrow{1\text{年}} £1 \times X_1,\ X_1 = 1 + R.$$

换句话说，就是到这年年末，我们得到的利息为$£1 \times R$. 假定不是这样，而是我们可以把我们的利息分两期等额收取，6 个月一期. 在这种情况下，前 6 个月过后我们获得$£1 \times R/2$的利息，全年过后又获得同样数额的利息. 当然，我们也可以在 6 个月过后不取出第一笔利息，而是把它留在银行作为后 6 个月的存款，从而获得利息的一点儿利息：

$$£1 \xrightarrow{6\text{个月}} £1 \times (1 + R/2) \xrightarrow{1\text{年}} £1 \times X_2,\ X_2 = (1 + R/2)(1 + R/2).$$

可以把这个过程直接推广为可以把我们的利息分为 n 期等额收取，在这种情况下，我们发现，一年过后，我们的投资将以下面这个因子增长：

$$X_n = \left(1 + \frac{R}{n}\right)^n.$$

如果把我们的分期数 n 弄得越来越大，那么我们获得的利息会怎么样呢？随着 n 的递增，我们看到，对于各种不同的 R 值，以 X_n 为项的序列也在递增，但是增长速度越来越慢(图 2.2).

看起来，随着 n 的递增，对各种 R 值，X_n 都越来越接近于某个固定的数. 因此让我们研究一下是不是能万无一失地定义极限 X_∞，它应该对应于源源不断的一连串利息支付额. 为了确保万无一失，我们首先要研究严格的有限表达式，使它变得绝对清晰，好让我们能够有意义地取一个无穷极限. 我们可以通过一系列复杂的推导证明，只要$0 < R \leqslant 1$，X_n 总是小于 3. 过程如下：

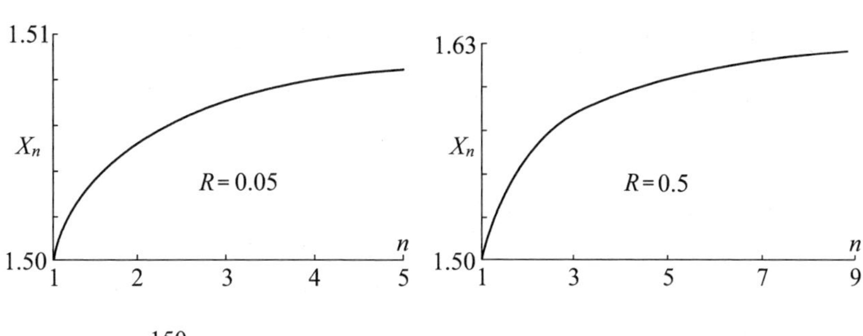

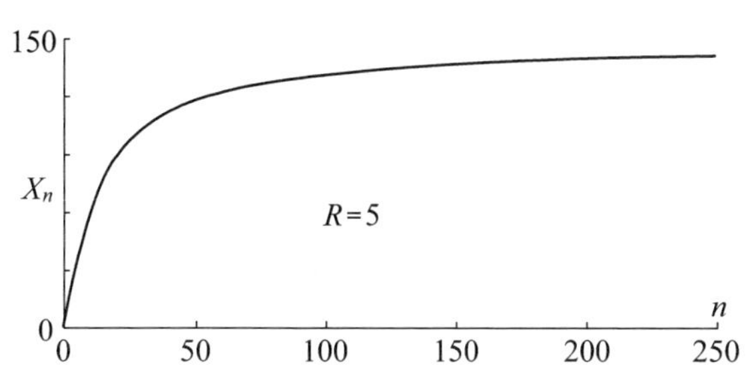

图 2.2　利率.

$$\left(1+\frac{R}{n}\right)^n=1+\frac{n}{1!}\left(\frac{R}{n}\right)^1+\frac{n(n-1)}{2!}\left(\frac{R}{n}\right)^2+\frac{n(n-1)(n-2)}{3!}\left(\frac{R}{n}\right)^3+\cdots+\frac{n(n-1)\cdots(n-(n-1))}{n!}\left(\frac{R}{n}\right)^n$$

（利用二项式定理）

$$=1+R+\frac{1\left(1-\frac{1}{n}\right)}{2!}R^2+\frac{1\left(1-\frac{1}{n}\right)\left(1-\frac{2}{n}\right)}{3!}R^3+\cdots+\frac{1\left(1-\frac{1}{n}\right)\cdots\left(1-\frac{n-1}{n}\right)}{n!}R^n$$

$$<1+R+\frac{R^2}{2!}+\frac{R^3}{3!}+\cdots+\frac{R^n}{n!}$$

（因为对于有限的 n，前一行中所有的括号项都小于 1）

$$<1+R+\frac{R^2}{2}+\frac{R^3}{2^2}+\cdots+\frac{R^n}{2^{n-1}}.$$

（因为 $n!\equiv 2\times 3\times\cdots\times n>\underbrace{2\times 2\times\cdots\times 2}_{(n-1)\text{个}}(n>2)$）

因此对于利率 R 的任意值,我们把 n 个项的积与 n 个项的和联系了起来.在利率 R 满足 $0<R\leqslant 1$ 这个特定条件下,注意到 $R^n\leqslant 1$,我们可进一步简化如下:

$$\left(1+\frac{R}{n}\right)^n<1+\left(1+\sum_{i=1}^{n}\frac{1}{2^i}\right)=2+\sum_{i=1}^{n}\frac{1}{2^i},\ 0<R<1.$$

幸运的是,前面我们已经遇到过这个式子右边的和式:在对阿基里斯和乌龟的赛跑进行分析时,它已经被证明总是小于1. 因此可以推导出

$$1<\left(1+\frac{R}{n}\right)^n<3,\ 0<R\leqslant 1.$$

由于对任意的 n,不管它有多大,这个表达式总成立,因此我们可以理所当然地不断获得利息. 在这当中,我们发现了一个非常重要的新数:欧拉数 e,它被定义为当 n 趋于无穷大时 $\left(1+\frac{1}{n}\right)^n$ 的极限,它介于1和3之间.

2.1.1.3 方程的迭代解法

假设有某个方程 $f(x)=0$,我们希望求得它的解. 再假设我们对解的数值已有一个大致的估计,但不能求得精确解. 我们该如何办呢? 方法之一就是先对解作出一个初始的猜测 a_1,然后通过一系列迭代来试着改进这个猜测. 解方程的牛顿-拉弗森方法为我们提供了以下迭代方案:

$$a_{n+1}=a_n-\frac{f(a_n)}{f'(a_n)}.$$

其中 $f'(a_n)$ 是 $f(x)$ 的导数. 从图上容易看出,对于一个良好的函数,如果有一个理想的初始猜测,序列 $a_1,a_2,\cdots$ 会在数值上越来越接近于方程 $f(x)=0$ 的解(图2.3). 在其他情况下,近似值序列 a_n 则可能不收敛于方程的解.

在有些情况下,很容易分析牛顿-拉弗森方法给出的近似值是不是逼近于解. 例如,考虑简单的多项式方程 $(x-1)^2=0$. 这个多项式的导数就是 $2(x-1)$,在这种情况下,牛顿-拉弗森序列是

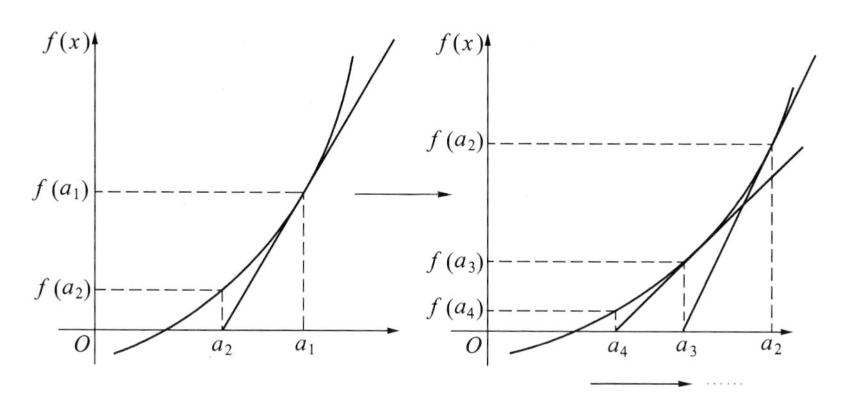

图 2.3　牛顿-拉弗森方法.

$$a_{n+1}=a_n-\frac{(a_n-1)^2}{2(a_n-1)}=\frac{a_n+1}{2}.$$

如果我们取 $a_1=1/2$ 作为我们对解的初始猜测,那么牛顿-拉弗森方法将给出一个序列,它在数值上越来越接近于理论解 $x=1$.

$$a_1=\frac{1}{2}\to\frac{3}{4}\to\frac{7}{8}\to\frac{15}{16}\to\cdots\frac{2^n-1}{2^n}\to\cdots$$

在这个例子中,如下说法显然会是合理的:这个序列的无穷极限就是 1,而且我们知道,在这种简单的情况下,对每一个初始猜测 a_1 都会产生收敛于 $x=1$ 的序列. 然而,在一般情况下,迭代序列的项可能会变得越来越错综复杂,并且迭代序列的整体性质会以一种令人吃惊的敏感性依赖于初始项的选择. 展示这种敏感性的基本序列如下:

$$a_{n+1}=a_n^2+a_1,\ a_1\in\mathbb{C}.$$

迭代过程如下:

$$a_1=c\to c^2+c\to(c^2+c)^2+c\to((c^2+c)^2+c)^2+c\to\cdots$$

分析这个序列并不是一件容易的事. 对于某些 c 值,这个序列中的项将趋近于一个固定的复数,因为序列中各项的模与某个固定复数 z_0 的模的差会越来越小;而对于另外一些 c 值,这个序列中的项的模会增大,离原点越来越远. 还有一些 c 值,它们导致的序列将陷入复平面上的一个有限区域,但永远不会趋于某个特定的值. 对于一个给定的初始点,它导致的序列是不是会永远地离原点越来越远,这是一个很敏感的问题. 如果复

平面上的一个点 c，它所对应的序列总是与原点保持在一个有限的距离内，我们就给它着上黑色；而对于那些最终导致趋于无穷大的点，我们就着以白色. 这样我们就得到了以奇异而闻名的芒德布罗集(图 2.4). 这个集合的两个主要部分近似于一个半径为 1/4 的圆加上一个由心脏线所围的区域，心脏线的参数方程为：

$$\begin{cases}4x=2\cos t-\cos 2t,\\4y=2\sin t-\sin 2t,\end{cases}\quad 0\leqslant t<2\pi.$$

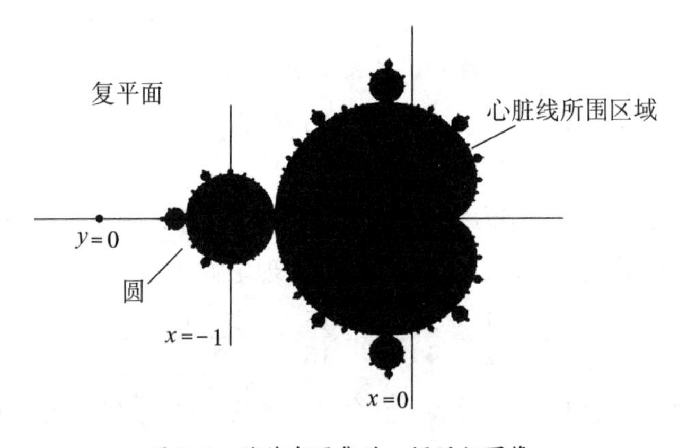

图 2.4　芒德布罗集的一幅近似图像.

然而，这个区域的真正边界实际上是*无限细致的*，因为无论在什么尺度上，它决不会是光滑的[①]. 有这种性质的曲线称为*分形*. 此外，复平面上靠得要多近就多近的两个点，经过迭代会变得相距要多远就多远. 这种对初始条件有一种极端敏感性的性态，称为*混沌*，这种现象非常频繁地出现在许多不同的、看似简单的问题中. 简单良好的函数竟会产生如此复杂的性态，这确实让数学家感到惊讶. 甚至对性态最为良好的实函数或复函数进行重复迭代，也可能把输入的数据搅得乱七八糟，无可救药，并且在某些区域表现出无限细致的性态差异. 在迭代序列这个论题中，混沌是主宰.

① 用专业术语说，这条边界是处处连续但不可微的. 我们很快就会遇上这些概念. ——原注

2.1.2 极限的数学描述

我们已经看到,在某些情况下写出包含无穷极限的过程可以是合理的. 现在我们将精确地给出一个量趋于一个极限的概念. 自然,我们想要得到这样一个关于极限的数学概念:它与前面例子中我们对极限的直观想法相符. 让我们考察一下在赛跑这个简单例子中提出的序列. 在那个分析中,我们认为下面这个序列通过无穷极限过程趋于1:

$$1-\frac{1}{2},1-\frac{1}{4},1-\frac{1}{8},1-\frac{1}{16},\cdots,1-\frac{1}{2^n},\cdots$$

尽管这个例子可以被认为是非常显然而且明确的,但其他例子却表明关于无穷极限的讨论可以非常复杂. 在分析中,"显然"这个词我们必须小心使用. 首先我们必须弄清楚为什么上面这个序列"显然"趋于极限1. 所得到的"为什么"可以被总结为一个适用于更复杂情况的极限定义. 如果我们费点脑筋思考一下这种情况,就会明白本质上有两个较着劲的无穷:序列中各项 a_n 的下标 n 无止境地增大,同时当 n 足够大时,项 $a_n=1-\frac{1}{2^n}$的取值与1要多近就有多近. 有一段时期,数学家们动足脑筋,争论不休,想用最好的方法精确地概括这些想法. 在最后得到的定义中,我们应该细心地注意到,序列的项 a_n 仅以 $|a_n|$ 的形式出现. 由于这个原因,这个定义对实数序列和复数序列同样适用.

- 实数或复数的*无穷序列*是一个函数 $f(n)$,它对每个自然数 n 相应地取实数值或复数值. 通常把它写成一个序列,如 $f(1)=a_1,f(2)=a_2,f(3)=a_3,\cdots$.
- 假设我们有一个实数或复数的无穷序列 $a_1,a_2,a_3,\cdots$,我们说这个序列*趋于* S 的充要条件是,对于任意的实数 $\varepsilon>0$,不管它有多小,我们可以找到一个充分大的 N 值,使得当 $n>N$ 时,有 $|a_n-S|<\varepsilon$. 我们记为

$$a_n\to S\ (n\to\infty)\text{或}\lim_{n\to\infty}a_n=S.$$

另一方面,我们说一个序列趋于无穷大的充要条件是,这个序列中的项

的绝对值(模)最终变得大于你愿意选择的任何实数(图2.5,图2.6).

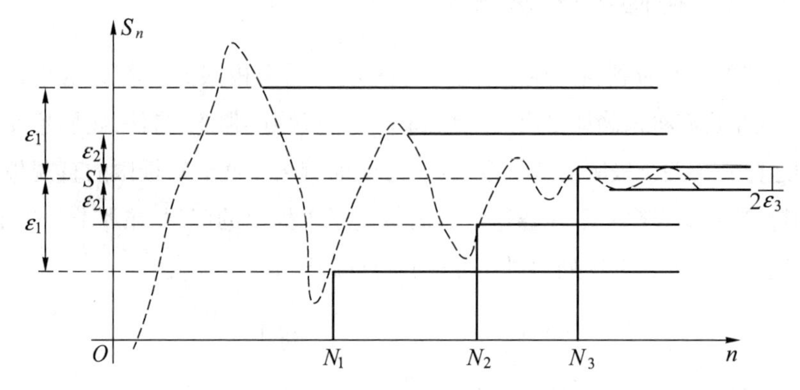

图2.5　一个趋于一有限极限 S 的实数序列.

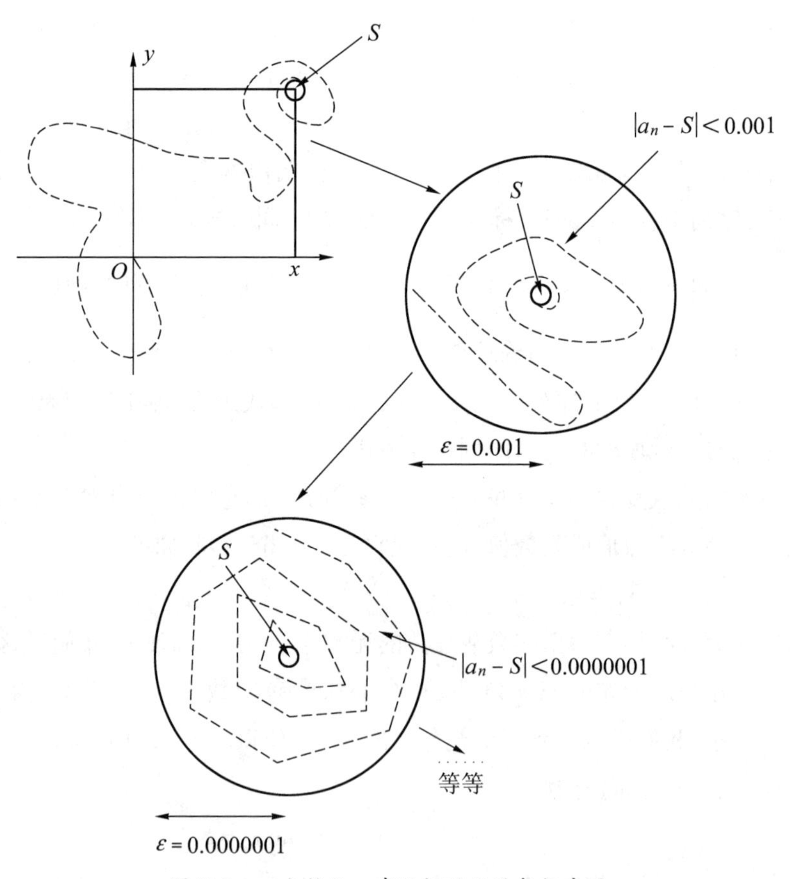

图2.6　一个趋于一有限极限 S 的复数序列.

虽然关于趋于一个有限极限的这种专业表述看起来十分吓人，但它实际上非常合理，因为它只不过是说，要趋于某个极限，序列中的项最终必须与这个极限要多近就有多近，否则，其他的数更有可能是极限. 这可以通过下面这段对话来理解.

逻辑克斯：我有一个实数无穷序列 $a_1, a_2, a_3, \cdots. a_n$ 的表达式可写成 $n/(2n-5)$. 我认为当 n 趋于无穷大时，这个序列趋于一个极限——$\frac{1}{2}$.

严格鲁斯：啊，对于 n 的非常巨大的值，我能明白 $2n-5$ 与 $2n$ 差不多相等. 因此，这个序列当然会看上去趋于$\frac{n}{2n}=\frac{1}{2}$. 但这并不能使我信服. 我给你一个正数 ε，这个序列中的项与你认为的极限$\frac{1}{2}$之间的距离最终会保持在 ε 以内吗?

逻辑克斯：让我来看一下. 第 n 项与$\frac{1}{2}$之差的绝对值为

$$\left|\frac{n}{2n-5}-\frac{1}{2}\right|=\frac{5}{4n-10}.$$

显然，要使这个差小于你所给的正数 ε，我就得找出满足下列不等式的 n 值：

$$\frac{5}{4n-10}<\varepsilon.$$

我推出这个不等式对每个这样的 n 值成立：

$$n>\frac{\frac{5}{\varepsilon}+10}{4}\Rightarrow n>\frac{1}{\varepsilon}.$$

对于你给我的任意一个正数 ε，我将选取一个自然数 $N>1/\varepsilon$. 对于我这个序列中的所有在第 N 项之后的项 a_n，a_n 与$\frac{1}{2}$之间的差均小于 ε.

严格鲁斯：我明白了. 这个序列中在某一项之后的所有项最终都能比我任意指定的数更接近$\frac{1}{2}$. 如果我说极限是另外的一个什么数，即不是

$\frac{1}{2}$,那么我这个另外假定的极限与$\frac{1}{2}$比起来,最终你这个序列中在某一项之后的所有项会更接近于$\frac{1}{2}$. 因此我承认这一点:这个序列必定趋于$\frac{1}{2}$这个极限.

在前面所讨论的内容中,这个论题可能看起来有点儿学究气. 不错,在许多简单的情况下,人们考虑极限问题通常并不需要如此细致入微. 然而,当一位数学家发现自己在有关极限的问题上陷入困境时,这个定义的精确细节将是一种本质上的向导.

2.1.2.1 收敛的一般准则

在前面的例子中,我们发现那个序列是收敛的,因为序列中的项会变得与极限 1/2 要多近就有多近. 这固然很好. 但如果我们其实不知道这个极限值,也无法对这个极限值可能是什么试作一猜,那该怎么办呢? 在这种情况下,我们很难应用现有的这个定义,因为其中明确提到了极限的数值. 我们怎样来判断一个序列是否收敛,而不必在实际上去断定这个序列收敛于什么数呢? 对这个问题的聪明回答来自对这个说法的仔细探究:一个序列收敛的充要条件是,序列中某一项之后的所有项与某个固定值的距离小于任何你愿意指定的数. 既然某一项之后的所有项变得与某个固定的数要多近就有多近,那么这就可以推出,这些项中的任意两项之差必定趋于零. 这个基本的想法就是收敛的一般准则的基础,我们予以直接陈述而不予证明. 值得一提的是,这个结果其实在实质上与实数基本公理是逻辑等价的.

- 令 a_n 为一实数或复数的序列. 这个序列收敛于某个值的充要条件是,对于任意的正实数 ε ,存在一个 N,使得当 $n>m>N$ 时,有 $|a_m-a_n|<\varepsilon$.

通俗地说,这个定理告诉我们,收敛的序列就是那些在其中某一项之后的任意两项之差值必定会变得要多小就有多小的序列. 这个收敛的一般准则与我们先前给出的收敛定义在实质上是完全等价的. 就这一点而言,它们可以视方便相互交换使用. 我们将在接下来的一些极限应用中好好利用这个关于收敛概念的新表述.

2.1.3 极限应用于无穷和

既然我们已经详细描述了如何考虑实数序列和复数序列的极限,那么我们就可以充分利用我们努力工作的成果,来探讨一个序列的各项之和——我们称之为**级数**——的性质. 给定一个实数或复数的序列 $a_1, a_2, \cdots, a_n, \cdots$,我们可以定义一个新的序列 S_n 如下:

$$S_n = a_1 + \cdots + a_n \equiv \sum_{i=1}^{n} a_i .$$

我们称 S_n 为级数 $S = \sum_{i=1}^{\infty} a_i$ 的**部分和**. 把我们关于一个序列之极限的定义应用于级数的情况,是一件很简单的事. 于是我们可以有意义地问:级数 $\sum_{i=1}^{\infty} a_i$ 是否收敛?

- 当 $n \to \infty$ 时,部分和 $S_n = \sum_{i=1}^{n} a_i$ 趋于某个有限数 S 的充要条件是,对于任意的正实数 ε,存在着一个 N,使得对任意的 $n > N$,都有 $|S_n - S| < \varepsilon$. 于是我们记

  $$\sum_{i=1}^{\infty} a_i = S ,$$

  并称这个级数收敛于 S. 为了定义的清晰性,请注意我们把不收敛的级数定义为**发散**级数. 由此,举例来说,一个各项交替为 1 和 −1 的级数应该说是发散级数.

关于这种极限的理论有着很广泛的应用.

2.1.3.1 一个例子:几何级数

首先,根据我们的定义,用我们那精确的形式体系来证明:众所周知的几何级数确实收敛于那个众所周知的极限,即使 a 是一个复数.

$$\sum_{i=0}^{\infty} a^i = \frac{1}{1-a}\text{,如果} |a| < 1 \text{ 的话;否则,这个级数发散.} (a \in \mathbb{C})$$

证明：

我们不是马上去考察整个无穷级数，而是需要考察各个部分和 $S_n=\sum_{i=0}^{n} a^i$. 既然这些和对每个 n 都是有限的，那么在代数上对它们进行有把握的处理是很容易的. 我们看到，如果 $a\neq 1$，则有

$$aS_n=S_n+a^{n+1}-1$$
$$\Rightarrow S_n-\frac{1}{1-a}=\frac{-a^{n+1}}{1-a}.$$

这蕴涵着

$$\left|S_n-\frac{1}{1-a}\right|=\left|\frac{a^{n+1}}{1-a}\right|.$$

这个等式成立的条件是 $a\neq 1$. 让我们分别考察 $|a|<1$ 和 $|a|\geq 1$ 这两种情况. 首先，假设 $|a|<1$. 在这种情况下，上述等式的右边随着 n 的增大变得越来越小，最终总会小于任意给定的正数①. 更准确地说，任意给定一个数 $\varepsilon>0$，总能找到一个 N 值，使得当 $n>N$ 时，有

$$\left|S_n-\frac{1}{1-a}\right|<\varepsilon.$$

所以，部分和与 $1/(1-a)$ 要多近就有多近. 因此根据定义，这个级数收敛. 反过来，如果 $|a|\geq 1$，那么这个级数中的项对于很大的 N 不会变小，在这种情况下级数一定发散. 结论得证.

① 证明当 $|a|<1$ 时有 $|a^n|\to 0(n\to\infty)$ 则是另一回事. ——原注

2.2 无穷和的收敛与发散

我们用一个定义和几个例子刚刚开始了我们在极限世界中的旅游. 这些例子中有一些处理起来相当简单,因为我们对其中所讨论的极限值已经有了一种非常好的直观感觉. 在比较现实的情形中,如果面对一个无穷和,我们可能连它是收敛还是发散都不知道,更不用说会知道极限值了,而且我们经常连两个部分和 $\sum_{i=1}^{N} a_i$ 与 $\sum_{i=1}^{M} a_i$ 的数值差都说不清楚. 要对付这种情形,往往就要用到一些重量级最高的分析工具和推理手段. 因此让我们迅速走向关于无穷级数性质的一些更为普遍的结果. 我们将把我们的注意力集中实数级数上,但在处理方便的地方我们将提出对复数级数也适用的普遍性结果.

2.2.1 调和级数

有一个基本而且迷人的例子,我们用它来开头. 那就是调和级数:

$$\sum_{n=1}^{\infty} \frac{1}{n} = \frac{1}{1} + \frac{1}{2} + \frac{1}{3} + \frac{1}{4} + \cdots + \frac{1}{N} + \cdots$$

它是否收敛到某个有限的数? 我们可以用计算机来调查一下这个级数是如何增长的. 通过一种准确的计算,你可以看到,这个级数的前 10 亿项加起来只有 20 左右,前 100 亿亿项加起来大约是 40. 所以,这个级数看来是在增长,但增长速度真的是非常非常之慢. 当然,计算机只能计算这个级数的有限多个项,因此在证明收敛和发散的问题上没有用处. 然而,采用一个聪明的技巧,我们其实可以证明,这个级数最终会大到比任何实数都大,所以它事实上是发散的. 这或许让人感到意外. 我们所采用的狡猾方法是把全体自然数分成块,每一块包含从 2^r 到 $2^{r+1}-1$ 的所有整数,这样,每一块所含整数的个数是其前一块的两倍.

$r=0$	1	含小于 2 的自然数 1 个
$r=1$	2,3	含小于 4 的自然数 2 个
$r=2$	4,5,6,7	含小于 8 的自然数 4 个
$r=3$	8,9,10,11,12,13,14,15	含小于 16 的自然数 8 个

第 r 块含 2^r 个整数，每个都小于 2^{r+1}. 因此在调和级数中，第 r 块中整数所对应的各项之和大于 $2^r/2^{r+1}$：

$$\sum_{n=2^r}^{2^{r+1}-1} a_n > \left(\frac{1}{2^{r+1}}\right)2^r = \frac{1}{2}.$$

因此，对于任意的正整数 n，我们发现这个级数中前 2^n 项之和总是大于 $n/2$.

这意味着，对于 n 的任何给定值，部分和最终会大到超过 $n/2$：因此整个和是发散的. 调和级数确实是一个非常特殊的级数，因为它就在收敛和发散之间的界线上晃悠，具体地说就是

$$\sum_{n=1}^{\infty} \frac{1}{n^{1+\delta}} \begin{cases} \text{发散到无穷大}, & \text{如果 } \delta \leqslant 0; \\ \text{收敛到一个固定的实数}, & \text{如果 } \delta > 0. \end{cases}$$

在下节中，我们将利用一些关于收敛的一般判别法来部分地证明这个结果.

2.2.2 收敛判别法

我们不得不用大量的智慧来证明调和级数是发散的. 幸运的是，生活并不总是这样为难我们，有许多相当简单的方法可以用来试着判定一个给定级数是收敛还是发散. 我们将先看看一些最有用的方法，这些方法虽然操作简单，但功能十分强大，而且适用于非常广泛的一大类级数. 一个美中不足之处是，这些判别法对级数收敛到什么数值根本没有给出任何提示，而这个值一般极其难以确定. 尽管这听起来像一个严重的缺陷，但对于数学家来说，一个级数是不是收敛到某个东西的问题，比这个东西实际上取什么值通常要远为重要得多.

2.2.2.1 比较判别法

- 比较判别法是一种直观上合理而且非常有用的判别法. 假设我们有两个实数序列 a_n 和 b_n，且对所有的 n，有 $0 \leqslant a_n \leqslant b_n$. 如果级数 $\sum b_n$ 收敛，那么级数 $\sum a_n$ 也收敛. 反过来，如果级数 $\sum a_n$ 发散，

那么 $\sum b_n$ 也发散.

证明:下式肯定是成立的:

$$0 \leqslant \sum_{n=1}^{N} a_n \leqslant \sum_{n=1}^{N} b_n.$$

现在可以观察到,这两个级数的部分和的数值是递增的,这是因为它们都由一些正项累加而构成. 如果级数 $\sum b_n$ 收敛到某个数 S,那么级数 $\sum a_n$ 的值不可能超过 S. 既然级数 $\sum a_n$ 的部分和递增,但永远不会大到超过一个固定值,那么它一定趋于一个极限,这是实数基本公理的一个结论①. 我们可以同样地推出,如果 $\sum a_n$ 发散, $\sum b_n$ 也发散.

通俗地说,这个结果看起来是显然的:如果一个正项级数的和是一个有限的数,那么一个由更小正项组成的级数的和也是如此;反过来,如果一个正项级数的和是无穷大,那么一个由更大正项组成的级数也是如此. 比较判别法虽然推导简单,但往往十分有用. 例如,注意到

$$\sum_{n=2}^{N} \frac{1}{n(n-1)} = \sum_{n=2}^{N} \left(\frac{1}{n-1} - \frac{1}{n}\right) = 1 - \frac{1}{N},$$

我们可以看出,级数 $\sum \frac{1}{n(n-1)}$ 收敛于 1,这是因为当 N 趋于 ∞ 时,余项 $1/N$ 趋于 0. 好,对于每一个 $n>1$,我们有

$$0 < \frac{1}{n^{\alpha}} < \frac{1}{n(n-1)}, \quad \alpha \geqslant 2.$$

既然我们刚刚证明了 $\sum_{n=2}^{\infty} \frac{1}{n(n-1)}$ 收敛于 1,那么用比较判别法马上就可以证明

$$\sum_{n=1}^{\infty} \frac{1}{n^{\alpha}} \text{收敛, 如果 } \alpha \geqslant 2.$$

用一种非常类似的方式,在我们知道级数 $\sum_{n=1}^{\infty} \frac{1}{n}$ 发散的前提下,用比

① 我们不证明这个结论. ——原注

较判别法可以证明

$$\sum_{n=1}^{\infty}\frac{1}{n^{\alpha}}\text{ 发散，如果 }\alpha<1.$$

2.2.2.2 交错级数判别法

交错级数判别法是一种非常简单的方法，它可以证明一类特殊的实数级数的收敛性.

- 假定我们有一个单调递减的正实数序列 $a_0>a_1>\cdots>0$，而且当 n 趋于无穷大时它趋于0，那么交错级数判别法告诉我们：

$$\sum_{n=0}^{\infty}(-1)^n a_n\text{ 总是收敛于某个有限的数.}$$

证明：把这个级数的部分和记作

$$S_n=a_0-a_1+a_2-a_3+\cdots+(-1)^n a_n.$$

很容易看出这些项有这样的性质：

$$S_{2n+1}-S_{2n-1}=-a_{2n+1}+a_{2n}>0,\ S_{2n}-S_{2(n-1)}=a_{2n}-a_{2n-1}<0.$$

因此，序号为奇数的部分和 S_{2n+1} 总是递增的，而序号为偶数的部分和 S_{2n} 总是递减的，即有

$$S_0>S_2>S_4>\cdots>S_{2n},\ S_1<S_3<S_5<\cdots<S_{2n+1}.$$

好，既然奇数项 S_{2n+1} 总是递增的，那么它必定趋于一个极限或者无限递增趋于 $+\infty$. 类似地，偶数项 S_{2n} 递减，因此也必定趋于一个极限或者无限递减趋于 $-\infty$. 现在看我们设置的机关. 相邻的一对奇数项和偶数项之差的绝对值由 $|S_{2n}-S_{2n-1}|=|a_{2n}|$ 给出. 但是当 n 趋于无穷大时，a_{2n} 趋于0. 这就说明奇数项和偶数项必定趋于同一个极限，因而这个极限必定是有限的.

交错级数判别法是最简单实用的收敛判别法. 例如，考察下面这个级数：

$$1-\frac{1}{\sqrt{2}}+\frac{1}{\sqrt{3}}-\frac{1}{\sqrt{4}}+\frac{1}{\sqrt{5}}-\frac{1}{\sqrt{6}}+\frac{1}{\sqrt{7}}-\cdots$$

根据交错级数判别法，这个级数是收敛的，因为就绝对值来说，其中每一

项都小于其前一项,而且它们符号交错地逐渐趋于零. 就这么简单,不需要再多说什么了.

2.2.2.3 绝对收敛

交错级数判别法所考虑的和式之所以往往是收敛的,完全是因为其中一个接一个的正项和负项不断相互抵消的结果. 如果这种和式中的每个项 a_n 都不是负项,那么它就不一定收敛. 然而,如果有一个收敛的正项级数,那么我们可以肯定,即使其中有一些正项变成了负项,而且这些负项到处散布,这个级数仍然收敛. 这就是接下来要介绍的收敛判别法的实质,它对实数级数和复数级数都适用.

如果级数 $\sum |a_n|$ 收敛,则称级数 $\sum a_n$ 为绝对收敛级数.

- 绝对收敛级数总是收敛的.

证明:假设级数 $S = \sum |a_n|$ 收敛. 尽管我们可能不知道其极限值,但是将收敛的一般准则应用于这个级数,我们得知:对于任意的正数 ε,我们可以找到一个 N,使得只要 $n > m > N$,就有 $\sum_{i=m}^{n} |a_i| < \varepsilon$. 对于已选定的 m 和 n,这是一个有限的表达式,由此我们可以推出 $\left|\sum_{i=m}^{n} a_i\right| \leqslant \sum_{i=m}^{n} |a_i| < \varepsilon$. 因此,根据收敛的一般准则,级数 $S = \sum a_n$ 也收敛.

绝对收敛的级数收敛得非常坚决,它具有几个非常重要的性质,特别是在复数级数的研究中. 这种判别法常用于证明较一般结论的过程. 我们将在接下来的分析中多次采用它.

2.2.2.4 比率判别法

在实践中最有用的判别法或许是比率判别法了. 这个判别法完全是用级数中各项的模(绝对值)来定义的,因此能直接用于实数级数和复数级数. 考虑一个实数级数或复数级数 $S = \sum_{n=1}^{\infty} a_n$. 比率判别法说:

$$\lim_{n\to\infty}\left|\frac{a_{n+1}}{a_n}\right|<1\Rightarrow S \text{ 收敛};$$

$$\lim_{n\to\infty}\left|\frac{a_{n+1}}{a_n}\right|>1\Rightarrow S \text{ 发散}.$$

证明:假设是这种情况:对于某个正实数 k,有 $\lim\limits_{n\to\infty}\left|\frac{a_{n+1}}{a_n}\right|<k<1$. 那么对于充分大的 n,比方说 $n>n_0$,前后两项之比的模一定小于 k:

$$\left|\frac{a_{n+1}}{a_n}\right|<k<1, \text{ 对所有的 } n>n_0.$$

将一系列这样的不等式乘起来,我们看到,对于任何正整数 r,有 $|a_{n_0+r}|<|a_{n_0}|k^r$. 我们知道 $\sum\limits_{r=1}^{\infty}k^r$ 收敛,因为这是一个几何级数,而且有 $0<k<1$. 进一步,既然每项的大小 $|a_{n_0+r}|$ 都比 k^r 乘上一个固定的部分 $|a_{n_0}|$ 小,那么根据比较判别法,我们知道级数 $\sum\limits_{r=1}^{\infty}|a_{n_0+r}|$ 一定也收敛. 因此级数 $\sum\limits_{r=1}^{\infty}a_{n_0+r}$ 绝对收敛. 最后,考虑下面的分解:

$$\sum_{n=0}^{\infty}a_n=\sum_{n=1}^{n_0}a_n+\sum_{n=n_0+1}^{\infty}a_n.$$

因为右边第一部分仅仅是有限多项的和,而我们刚才又证明了第二部分绝对收敛,所以这个级数收敛. 这样我们就证明了如果级数中后项与前项之比的模的极限小于 1,那么这个级数收敛. 用类似的方法可以证明,如果这个比率的模的极限大于 1,那么这个级数发散.

关于比率判别法,应该有两个说明:首先,要使这个判别法有效,比率的模的极限必须严格小于 1 或严格大于 1. 例如,我们不能用比率判别法来判定级数 $\sum\limits_{n=1}^{\infty}n^{\alpha}$ 是收敛还是发散. 要知道为什么,请看比率

$$\left|\frac{a_{n+1}}{a_n}\right|=\frac{(n+1)^{\alpha}}{n^{\alpha}}=\left(1+\frac{1}{n}\right)^{\alpha}.$$

尽管对于任何有限的 n 值右边都不等于 1,但通过无穷极限过程,这个比

率实际上将变得等于1,这一点可以将右边的括号项展开而得到证明①.因此,既然这个比率的极限是1,那么比率判别法在收敛性质方面就什么也没有告诉我们:就比率判别法而言,对于α的任何值,这个级数或许是收敛的,或许是发散的.

其次,为了说明比率判别法的正面功效,我们来看看非常重要的指数级数的展开式:

$$S(z)=\sum_{n=0}^{\infty}\frac{z^n}{n!},\ z\in\mathbb{C}.$$

这是一个研究起来很有趣的级数,因为对于大的$|z|$,$|z^n|$和$n!$的值都十分巨大.这个和是否有限,是完全不清楚的.然而,这个乘幂项与阶乘项之间的战斗,结果是阶乘项胜了:用比率判别法,我们可以立即证明这个级数对z的任何复数值都收敛.要着手这个证明,请注意前后两项的比率$\left|\frac{a_{n+1}}{a_n}\right|=|(z^{n+1}\cdot n!)/(z^n\cdot(n+1)!)|=|z/(n+1)|$.对$z$的任何特定值,这个比率的极限是零.因此,不必再忙乎什么,比率判别法告诉我们,指数级数对于z的任何有限值都收敛.

2.2.3 幂级数及其收敛半径

我们现在将证明复数级数研究中令人瞩目的主要结果.这个结果是关于幂级数$\sum_{n=0}^{\infty}a_nz^n$的.

- 假设幂级数$S=\sum_{n=0}^{\infty}a_nz^n$对于某个非零复数$z=z_0$是收敛的.那么对于任何满足$|z|<|z_0|$的复数$z$,幂级数$\sum_{n=0}^{\infty}a_nz^n$绝对收敛.

这个结论是令人惊讶的,因为已知幂级数在仅仅一点上收敛竟然可

① 当α不是正整数时,相应的展开式也是个无穷级数,证明起来并不方便.事实上,只要注意到$1/n\to0(n\to\infty)$,即可在形式上得知这个等式的右边趋于1.——译校者注

以让我们推导出在整整一个圆盘内的所有点上都收敛. 把我们关于实数序列的结果用到各个复数项的模上,这个结论的证明就会很简单.

证明:显然有 $|a_n z^n| = |a_n z_0^n| |z/z_0|^n$. 既然幂级数 $\sum_{n=0}^{\infty} a_n z_0^n$ 收敛,那么当 n 增大时,项 $a_n z_0^n$ 一定趋于零. 特别是,这意味着对于充分大的 n,它们一定都小于 1. 因此,一定有

$$0 < |a_n z^n| < |z/z_0|^n, \text{ 对于充分大的 } n \text{ 值.}$$

但 $\sum |z/z_0|^n$ 是一个实数的几何级数,而且因为 $|z| < |z_0|$,它是收敛的. 因此将比较判别法应用于由级数各项的模构成的实数序列,可知 $\sum |a_n z^n|$ 收敛.

利用上述结论,我们可以如下定义一个非常有用的对象,即幂级数的收敛半径. 假定一个幂级数在某处发散. 既然收敛总是发生在以原点为圆心的圆盘内,那么我们可以推论,一定存在着让这个幂级数在其内部总是收敛的某个半径最大的圆. 我们就把收敛半径定义为这个圆的半径. 如果一个幂级数到处都不发散,那么称这个幂级数的收敛半径为∞. 我们有以下结论:

- 复数幂级数在收敛半径内的每一点总是绝对收敛,而在收敛半径外的每一点发散.

函数在收敛半径处的性态问题通常是一个很难回答的问题,随着函数的不同而有很大的不同,任何情况都可能发生(图 2.7).

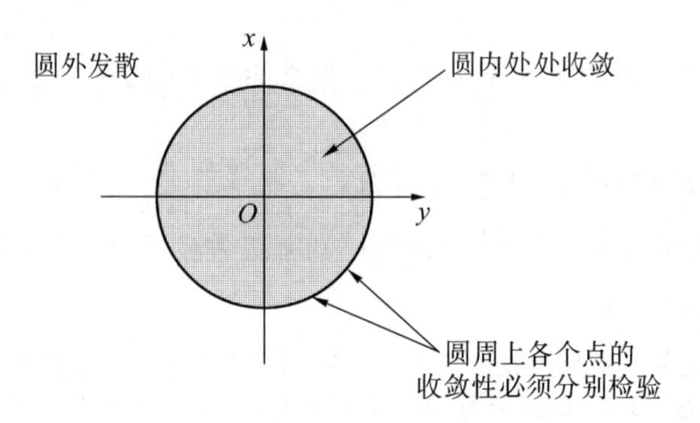

图 2.7　一个复数幂级数的收敛圆.

2.2.3.1 确定收敛半径

我们可以用比率判别法来试着确定一个幂级数的收敛半径的值：

$$\lim_{n\to\infty}\left|\frac{a_{n+1}z^{n+1}}{a_n z^n}\right| = \lim_{n\to\infty}\left|\frac{a_{n+1}}{a_n}\right||z|\begin{cases}<1\Rightarrow \text{收敛;}\\ =1\Rightarrow \text{不确定;}\\ >1\Rightarrow \text{发散.}\end{cases}$$

尽管这一点是显然的，但值得注意的是，$|a_{n+1}/a_n|$的极限是一个固定值，它与 z 值的选择无关. 假定$|a_{n+1}/a_n|$有某种定义明确的极限，那么我们可以用它来确定收敛半径 R.

$$\frac{1}{R} = \lim_{n\to\infty}\left|\frac{a_{n+1}}{a_n}\right|,\ \text{如果这个极限存在并为正.}$$

作为一种特殊情况，如果这个比率的极限是零，那么我们定义 $R=\infty$. 这意味着这个幂级数对 z 的任何值都收敛；另一方面，如果这个比率的极限是无穷大，那么这个幂级数的收敛半径就是零：即这个幂级数对于 z 的任何非零值都发散.

2.2.4 无穷级数的重新排列

我们已经开始真正深入到极限过程的理论中，而且在关于一个给定无穷序列是收敛还是发散的问题上有了明确的指导原则. 但是如果我们动一动所讨论级数中各项的排列次序，能保证不出问题吗？本章开头讨论了一个无穷级数，承交错级数判别法惠助，它收敛到一个有限的实数：

$$S = 1-\frac{1}{2}+\frac{1}{3}-\frac{1}{4}+\frac{1}{5}-\frac{1}{6}+\cdots$$

当我们试着将这个级数重新排列为一个无穷多个正项的和与一个无穷多个负项的和时，就产生了一个矛盾. 这是为什么呢？基本原因就在于这个交错级数的收敛只是由于其中正的部分和负的部分之间不断地内部抵消. 这个级数中有着这样的一些项，如果把这些项独立出来考虑，那么它们加起来会给出一个非有限的答案. 因此下面的重新排列从本质上说是没有意义的：

$$S = \underbrace{\left(1+\frac{1}{3}+\frac{1}{5}+\cdots\right)}_{\infty} - \frac{1}{2}\underbrace{\left(1+\frac{1}{2}+\frac{1}{3}+\cdots\right)}_{\infty} = \infty - \frac{1}{2}\infty = ?$$

实际上可以证明,通过重新排列,S 可以取到任何的实数值!对一个级数中的无穷多个项①进行重新排列而保证不出问题的唯一情况是,其中不可能有一种“内部无穷大”出现.直观地说,就是 $\sum |a_n|$ 收敛这种情况.这帮助我们接受下面这个非常重要的结论:

- 如果一个实数级数或复数级数 S 绝对收敛,那么我们总可以在这个级数中对其无穷多个项进行重新排列,而不会影响这个和式的总值.

下面的证明是一段令人敬畏的分析推理.

证明:考虑采用某种置换 $\{a_n\} \to \{b_n = a_{\rho(n)}\}$ 对序列 a_n 中的项所进行的一次重新排列,它给出了一个新的序列 b_n.尽管这次“洗牌”可能把序列 a_n 完全搅乱,但是它的前 N 项 $a_1, \cdots, a_N$ 在置换后的序列 b_n 中一定会在一个有限的“距离”内终止.设 M 是 $\rho(1), \rho(2), \cdots, \rho(N)$ 中的最大值.那么我们可以肯定,序列 b_n 的前 M 项中包括了序列 a_n 的所有这前 N 项,而且可能还包括许多其他的项:

$$\{a_1, a_2, \cdots, a_N\} \subseteq \{b_1, b_2, \cdots, b_M\}.$$

好,让我们考察原来级数与重新排列后级数的前 n 项和的差 $\Delta(n)$:

$$\Delta(n) = \left| \sum_{i=0}^{n} a_i - \sum_{i=0}^{n} b_i \right|, \quad n > M.$$

既然我们选择的 n 是大于 M 的,那么我们就知道,这两个级数的前 n 项都包括 $a_1, \cdots, a_N$.因此,$\Delta(n)$ 的表达式中不包括 $a_0, \cdots, a_N$ 这些项,而只包括级数中的其他一些项,但每个项最多出现一次,或保持原来符号,或符号反了过来.因此,既然其中没有重复的项,只是在项序号上或许有些空缺,那么我们就有

$$\Delta(n) \leqslant \sum_{i=N+1}^{X} |a_i|, \text{ 其中 } X = \max\{\rho(N+1), \rho(N+2), \cdots, \rho(n)\}.$$

但是我们一开始假定级数 $\sum a_i$ 绝对收敛.于是我们可以用收敛的一般

① 当然,对于任何级数,将其中有限多个项进行重新排列总是允许的,这不会影响这个无穷收敛问题的结果或者说这个和式的值.——原注

原则证明,$\Delta(n)$ 要多小就有多小,只要 N 和 n 的值充分大. 因此这两个级数之差的极限是零. 既然 $\Delta(n)$ 被定义为原来级数与重新排列后级数的差,那么我们就推出,重新排列后级数收敛到原来级数的极限.

在本章开头的例子中,各项的模的和就是调和级数,它是发散的. 这个级数不绝对收敛,这就是把它重新排列后产生矛盾的原因.

2.3 实函数

到目前为止,我们把我们对极限概念的讨论限制在离散的情况下:我们至今所论述的过程,都是其中有一个自然数 n 趋于无穷大. 我们所考虑的序列是一个离散变量 n 的函数:

$$a_n = f(n): n \in \mathbb{N}.$$

在数学中,我们常常是对以实数为自变量的函数感兴趣. 因此,把极限的概念推广到趋于一极限的变量 x 是任何实数的情况,是十分重要的. 于是,可数序列 $a_1, a_2, \cdots$ 的类似物就是一个实值函数 $f(x)$,我们可以在不可数无穷多个点 $x \in \mathbb{R}$ 上取它的函数值:

$$a_1, a_2, \cdots \leftrightarrow f(x): x \in \mathbb{R}.$$

正如我们在对于数的调查研究中所看到的,实数系 $\mathbb{R}$ 比自然数系 $\mathbb{N}$ 要远远复杂得多. 把极限过程推广到实变量的情况,这同样给我们提供了大量的新结构. 我们将看到,实函数可以是不连续的,可以是连续的,甚至是可微的. 实数极限的最为重要的应用是微积分理论. 我们先讲一点儿必要的预备知识,然后将阐述这个理论. 尽管实数序列和复数序列在它们的性质方面有许多共同的地方,但实函数和复函数有着非常不同的性态. 因此我们将仅考虑实函数,直到在本章的结尾处,在那里我们将展示在复平面上解析的基本函数之间的一个深刻联系.

2.3.1 实值函数的极限

$\mathbb{R}$ 与 $\mathbb{N}$ 的最令人马上就想到的区别是实数具有一种叫做稠密的性质,这就是说,任何两个实数之间总存在着不可数无穷多个其他的实数. 不仅如此,实数的基本公理告诉我们,任何有界递增的实数序列总有极限. 这使得我们能够把一类不同的极限过程考虑成我们迄今已经考虑过的那种极限过程:我们不是单单让自然数变量 n 趋于 ∞,而是允许一个实变量可以越来越接近于任何一个固定的有限的实数值. 这就打开了许多前途光明的通道. 把我们现有的极限定义加以推广,我们就能在这种新的情况下规定极限的意思.

- 当实数 x 趋近于一个固定值 a 时,实函数 $f(x)$ 趋近于一个极限 l,其意思是,对于任何实数 $\varepsilon>0$,不管它多么小,我们总能找到一个正数 δ,使得下式成立:

  $$|f(x)-l|<\varepsilon\text{,只要 }0<|x-a|<\delta.$$

  于是我们记作 $\lim\limits_{x\to a}f(x)=l$.

注意在这种极限过程中,我们不需要知道 $f(x)$ 在取极限的点 $x=a$ 的函数值. 事实上这个定义根本没提到 $f(a)$. 这正与一个离散序列的无穷极限类似:我们从来不考虑"终端项" a_∞,只是考虑 n 无限增大时 a_n 的极限. 这是一件非常重要的事,它让我们可以考察在取极限的点没有正规定义的函数. 作为一个例子,考虑函数 $x\sin(1/x)$ 在 x 趋近于零时的极限性态. 这个函数有着非常极端的行为:当 x 变得越来越小时,它振荡得越来越激烈,激烈得这个函数在原点 $x=0$ 处没有定义,因为我们无法解释 $\sin(1/0)$ 的意义. 虽然这样,但是当 x 趋近于零时,我们的这个函数仍然趋近于一个极限 $l=0$. 要弄明白为什么这一点会成立,请注意对 x 的任何非零值,我们知道,虽然 $\sin(1/x)$ 可以令人吃惊地迅速变化,但它肯定在 -1 和 1 之间取值. 因此,对任何的 $x\neq0$,有 $|f(x)-0|\leqslant|x|$. 于是,如果你任意给我一个正数 ε,那么我就考虑 x 的值,比方说,使得 $0<x<\varepsilon/2$,从而有 $|f(x)-0|\leqslant|x|<\varepsilon$. 这就证明了这个函数当 x 趋近于零时趋近于极限 0,即使 $f(0)$ 没有被定义(图 2.8).

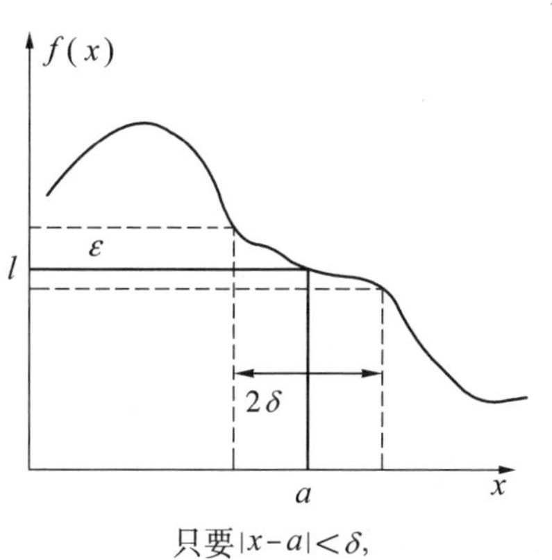

只要 $|x-a|<\delta$,
f 总是与 l 保持接近

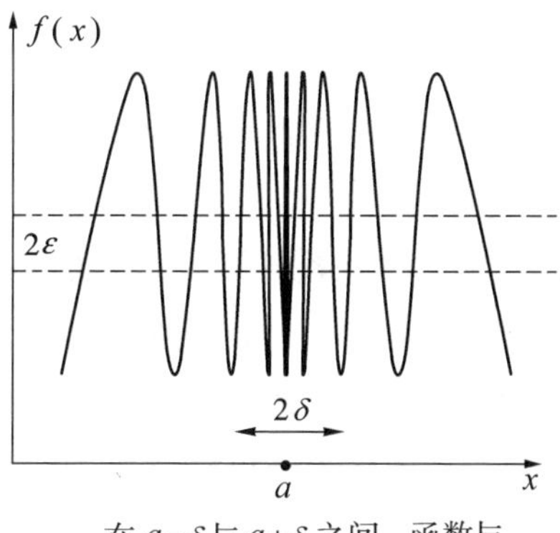

在 $a-\delta$ 与 $a+\delta$ 之间, 函数与
任何一个固定值都不能保持接近

图 2.8 函数的极限.

2.3.2 连续函数

当然,在大多数情况下,函数$f(x)$在一个取极限的点处会被适当地定义. 假设我们已经确定函数$f(x)$当x趋近于a时的极限存在而且是个有限的数. 函数值$f(a)$或者等于这个极限值或者不等于这个极限值. 在取极限的点处取极限值为函数值的函数是有其特点的,它们被称为在这个点处是连续的;否则,它们在这个取极限的点处就是不连续的(图2.9).

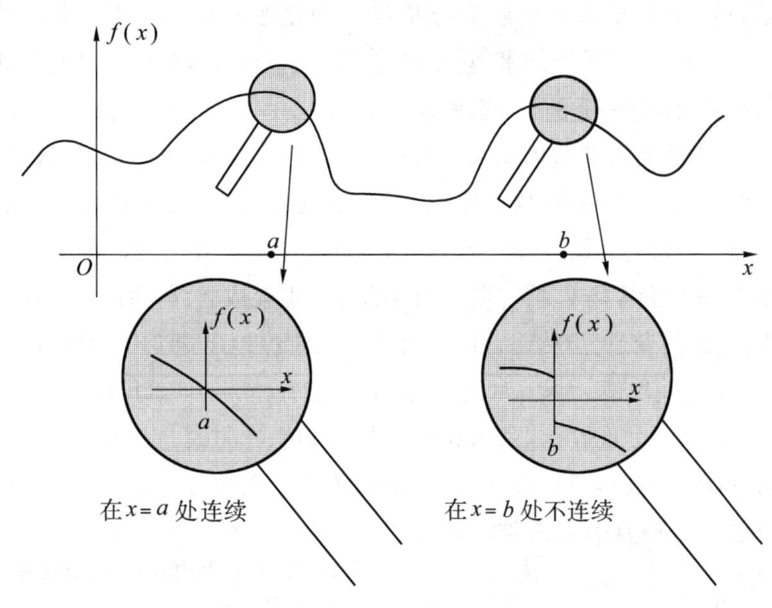

图2.9 在某点连续和在某点不连续的例子.

- 一个函数$f(x)$当$x \to a$时有$f(x) \to f(a)$,就称这个函数在$x=a$点处连续.

如果一个函数在某个区间(a,b)内的所有点处都连续,那么我们就称这个函数在(a,b)上连续. 基本上说,一个处处连续的函数在一个点变化到另一个点时,没有跳跃,也没有间隙. 我们可以想象,这种函数的图像可以笔不离纸地画出来. 粗略地说,这种连续函数性态良好,因为我们知道,对自变量x作一个很小量的改变,这个函数的值也只会有很小量的改变. 我们熟悉的函数,只要它们取有限值,大多是连续的.

- 对于所有的自然数 n, x^n 处处连续.
- 对于所有的实数 α, x^α 在所有的正数 x 处连续.
- 多项式函数, $\exp x$, $\sin x$ 和 $\cos x$ 在所有的点 x 处连续.

证明一个函数的连续性有时会相当劳心费神,令人厌烦. 幸运的是,我们有一个一般性的结果,它说:

- 连续函数的连续函数都仍然为连续函数;两个连续函数的和、积还有商(分母不为零)也仍然为连续函数.

利用这个结果,推导出非常复杂的函数(例如 $\exp(2-\sin^6(x^{14}-5x-2))^{1/2}$)在所有点的连续性,就是一件简单的事了. 当然不可能一下子就看出这样的函数从一点到另一点是连续地变化的! 且不说特例,有一个性质是所有连续函数都具有的,它把连续函数与它们那些不连续的劣等对应物区别了开来,这就是介值定理.

- 如果对于某两个实数 a 和 b,一个实函数 $f(x)$ 在所有满足 $a \leqslant x \leqslant b$ 的点 x 上连续,而且我们知道有 $f(a)<0<f(b)$,那么我们可以找到一个介于 a 与 b 之间的数 c,使得 $f(c)=0$(图 2.10).

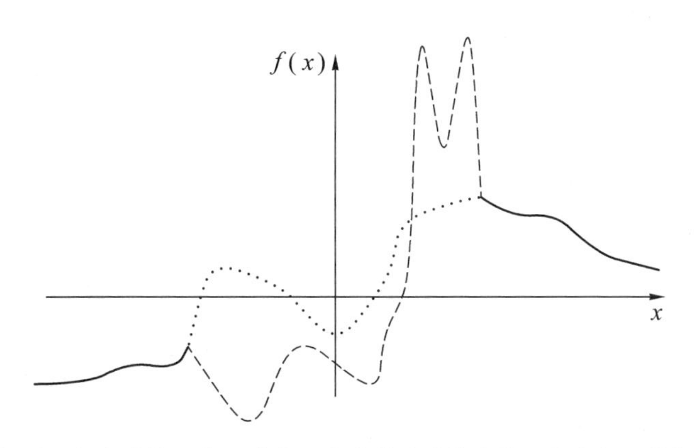

图 2.10 任何连接一个正值和一个负值的连续曲线一定会与 x 轴相交.

这个十分有用的定理只是说:任何我们已知在某些点取正值而在某些点取负值的连续函数,一定会在什么地方与 x 轴相交. 这表明我们对一个连续函数的直觉观念,即它的图像可以"笔不离纸"地画出来,与我们数学上的定义十分吻合. 然而,这种"用笔在纸上画"的想法只能把我们带到这里为止,有些连续曲线可以有非常古怪的性质. *科赫雪花曲线*就是其中之一. 这条曲线是通过迭代的方式作出来的. 最开始是一个正三角形,然后我们将每边的中间三分之一线段用另一个等边三角形替代,并将这中间三分之一线段去掉. 这个过程重复无穷多次(图 2. 11). 最后得到的曲线有下面这些性质:

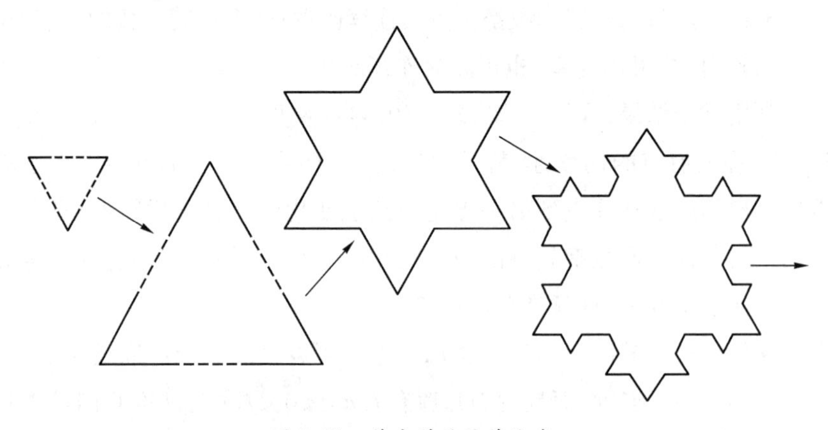

图 2. 11　作出科赫雪花曲线.

(1) 这条曲线处处连续.

(2) 这条曲线是*无限细致的*,因为在无论我们怎样选择的长度尺度下,我们都能看到一连串无穷多个越来越小的三角形尖突;这条曲线决不会在高分辨率下显示出任何平滑的迹象. 因此不可能在这条曲线上的任何一点作出一条唯一的切线.

(3) 在这条曲线上,任意两点间的距离是*无穷大*. 要知道这是为什么,请注意一条长为 x 的直线段,在它的中间三分之一线段上加了一个等边三角形之后,就产生了一条总长度为 $4x/3$ 的折线段. 在这条折线段的所有直线段的中间加上等边三角形,就产生了一条总长度为 $16x/9$ 的折线段. 显然,不断重复这个过程将导致在任意两点间有一条要多长就有多长的曲线.

科赫雪花曲线是一条分形曲线,就像芒德布罗集的边界. 这个例子给我们的教益应该是:要以慎重的态度对待连续性! 现在让我们走向*微积分*这个有趣的论题. 它处理的是函数的*光滑性*概念.

2.3.3 微分

假设我们有一个函数,它在某个区间$[a,b]$上连续. 在这样一种性态良好的环境下,我们或许可以把我们对函数极限性质的调查研究再进一步:通过我们的放大镜来观察曲线,我们可以争取弄清楚函数从一点到另一点变化得有多快. 为此,我们必须设法把握一个点的函数值与其邻近另一个点的函数值之间的*微差*. 这两个相邻点上的函数值之差除以这两点之间的距离,将为我们给出一种对函数变化率的量度(图 2.12).

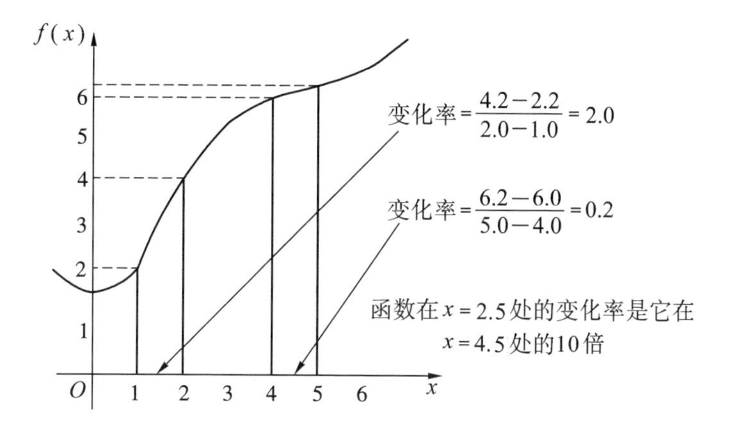

图 2.12　通过比较相邻两点的性态来求一个函数的变化率.

这个说法在某种意义上来说是有缺陷的,因为并不清楚相邻的点需要有多近才能使得对变化率的这种近似是可以接受的. 因此我们理想化地想要确定函数在每个固定点 x 上的瞬时变化率. 在深入研究这个问题之前,让我们像往常一样,首先看看对这个问题的一种用有限值表示的近似:我们通过考察函数在某个区间$[x,x+h]$上的变化来估计这个瞬时变化率. 为此,我们构建函数的一个变化值 $\delta f=f(x+h)-f(x)$ 与相应差值 h 的比率. 随着我们所用放大镜的倍数越来越高,并且随着 x 和 $x+h$ 这两点之间的距离被缩得越来越小,我们所得到的对点 x 处瞬时变化率的近似就越来越好.

$$x\text{ 处的变化率}\approx\frac{\delta f}{\delta x}\equiv\frac{f(x+h)-f(x)}{(x+h)-x}.$$

既然我们已经详细地研究过极限,那么当两点之间的差值 h 变得无限小时,这个过程的无穷极限我们就能有把握地予以探究. 这给了我们精确的瞬时变化率,即微分①,我们用符号$\frac{\mathrm{d}f(x)}{\mathrm{d}x}$来表示,或把它简写为$f'(x)$:

$$对\frac{\delta f}{\delta x}取极限,有\frac{\mathrm{d}f(x)}{\mathrm{d}x}\equiv f'(x)=\lim_{h\to 0}\frac{f(x+h)-f(x)}{h}.$$

当然,这个极限可能存在,也可能不存在. 如果它存在,而且是有限的②,那么由上式的构造,这个导数的数值就是这条曲线上所讨论点处的唯一切线③的斜率,这个斜率给出了在这点的瞬时变化率的值. 于是就有了一种考虑可微函数的几何方式,就是人们可以求出这条曲线上每一点的唯一切线,尽管我们的分析学定义要比这种方式有力得多(图 2.13).

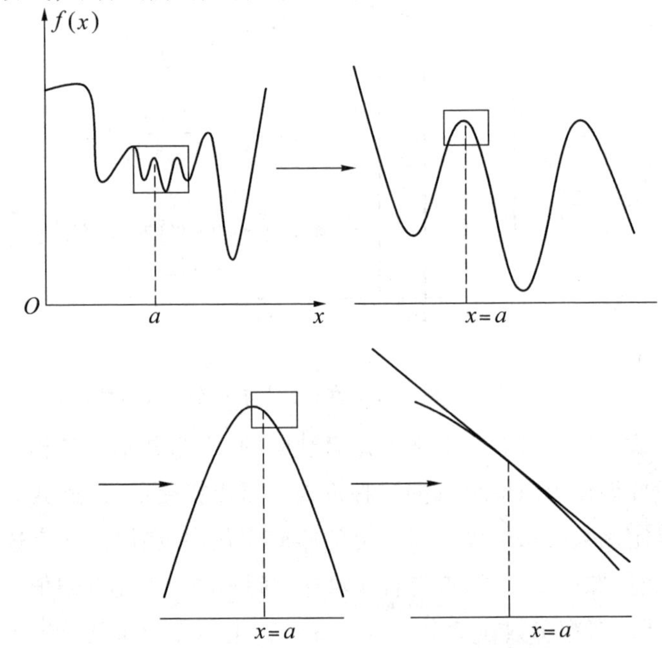

图 2.13 瞬时变化率由曲线上切线的斜率给出.

① 一般称"导数"(如下文所称),或者"微商"."微分"应该有另外的定义,可参见我国任何一本微积分教科书. 在下文中,我们一般将把原文中的 differentiation(微分)译作"导数",把 differentiate(求微分)译作"求导"——译校者注

② 这时称这个函数在 x 点可微,或者可导. ——译校者注

③ 切线就是一条与这条曲线仅接触于一点的直线. ——原注

有两点值得强调：

- 尽管$\frac{\delta f}{\delta x}$确实是实数 δf 和 δx 之比，但至少在我们目前正在考察的标准分析中，这个表达式的无穷极限不能被拆成两个“无穷小的数”$\mathrm{d}f$ 与 $\mathrm{d}x$. 认识到这一点是很重要的.
- 一个函数的导数本身也是一个函数. 于是我们可以对导数再求导而得到二阶导数，即这个函数的“变化率之变化率”. 把这个过程反复不断地进行下去，就可以定义 n 阶导数——它是 $n-1$ 阶导数的导数.

2.3.3.1 例子

根据前面用极限给出的关于导数的正式定义，很容易证明导数的所有常见性质. 让我们通过几个展示了各种不同可微程度的例子来看看这个过程是怎样进行的.

- **处处可微的函数**

  我们首先看一个简单的例子：我们将证明对于任意正整数 n，函数 x^n 的导数是 nx^{n-1}.

$$
\begin{aligned}
\frac{\mathrm{d}(x^n)}{\mathrm{d}x} &= \lim_{h\to 0}\frac{(x+h)^n - x^n}{h} \\
&= \lim_{h\to 0}\frac{\left(x^n + nx^{n-1}h + \frac{n(n-1)}{2}x^{n-2}h^2 + \cdots + nxh^{n-1} + h^n\right) - x^n}{h} \\
&= nx^{n-1} + \lim_{h\to 0}\left(\frac{n(n-1)}{2}x^{n-2}h + \cdots + nxh^{n-2} + h^{n-1}\right).
\end{aligned}
$$

  为了得到上面这个代数运算式的最后一行，我们用二项式定理把括号展开，并且利用了在极限过程中 h 从未准确地等于零这个事实. 很明显，对于 n 的任意给定值和 x 的某一确定值，我们可以找到 h 的一个值，使得最后一行中的求极限部分要多小就有多小. 因此当 h 趋于零时，我们求得结果是

$$
\frac{\mathrm{d}(x^n)}{\mathrm{d}x} = nx^{n-1}.
$$

这个结果可以很容易地得到推广，事实上它对 n 的任何实数值成立. 一个特殊情况是，常数 $x^0=1$ 的导数为0.

- **除了一点外处处可微的函数**

数学家经常用光滑这个词来代替“可微”. 从语言意义上说，光滑意味着在函数的图像中没有“转折点”，这是一个很好的描述. 从几何上说，函数在转折点是不可微的，因为不能在这里唯一地指派一条切线. 为了更准确地理解这个意思，让我们来看绝对值函数 $f(x)=|x|$. 尽管这是个连续函数，而且看上去有很好的性质，但我们不能在转折点 $x=0$ 处求出一个导数. 直观上，这是因为我们可以画出许多条仅在这个转折点与图像接触的直线. 让我们利用正式的定义来证明情况确实如此：

$$f'(0)=\lim_{h\to 0}\frac{f(0+h)-f(0)}{h}=\lim_{h\to 0}\frac{|h|-|0|}{h}=\begin{cases}-1, & \text{如果 } h<0;\\ 1, & \text{如果 } h>0.\end{cases}$$

于是我们看到，当 h 从一个要多小就有多小的负数变化到一个要多小就有多小的正数时，这个极限从 -1 突然跳跃到1. 这样它就没有明确的定义，因此我们得知，$f(x)=|x|$ 在 $x=0$ 处不可微.

- **只在一点可微的函数**

对于那些复杂得我们画不出来的函数，情况又怎样呢？我们仍然可以抽象地利用导数的定义，甚至可以用到如下这个相当极端的例子上：

$$f(x)=\begin{cases}x^2, & \text{如果 } x \text{ 为有理数};\\ 0, & \text{如果 } x \text{ 为无理数}.\end{cases}$$

这个函数完全是明确定义的，因为它对每个自变量 x 都提供了一个唯一的函数值 $f(x)$. 但是对于任意的数 h，不管它有多么小，在 x 与 $x+h$ 之间总有无穷多个有理数和无穷多个无理数. 因此在任何给定的区间内，这个函数会在0与 x^2 之间跳跃不可数无穷多次. 显然，在不是原点的地方，这个可怕的函数甚至不是连续的，所以也不可能是可微的. 但是，它在原点处的导数怎样呢？这是一个不那么一目了然的问题，所以我们最好还是回到前面精确的定义，用它考察这个特殊点：

$$f'(0)=\lim_{h\to 0}\frac{f(0+h)-f(0)}{h}=\lim_{h\to 0}\begin{cases}h^2/h=0, & \text{如果 } h\in\mathbb{Q},\\ 0/h=0, & \text{如果 } h\notin\mathbb{Q}.\end{cases}$$

因此，这个在原点处的所求极限毫无歧义地为0，从而这个函数在 $x=0$ 处可微.

- **处处有一阶导数但并非处处有二阶导数的函数**

正如我们曾经告诫在考虑连续函数时要小心那样，在处理可微性问题时也要多加注意，因为即使看上去很合理的函数也会有令人意外的性质.

考虑这个"剪贴"出来的函数：

$$f(x)=\begin{cases}0, & \text{如果 } x<0;\\ x^2, & \text{如果 } x\geqslant 0.\end{cases}$$

这个函数在 $x=0$ 处看上去性态光滑. 然而结果是，尽管这个函数有一阶导数，但要对它求二阶导数却产生了一个无穷大的变化率，原因是函数 $f'(x)$ 在原点有个转折点. 让我们来看看为什么是这种情况. 我们可以充分利用这样一个事实：导数的定义是*局部的*，因为它仅依赖于所考虑点的一个要多小就有多小的邻域内的数值. 因此，为了计算函数 $f(x)$ 的导数，我们可以分别考察三种情况：$x<0$，$x=0$ 和 $x>0$. 对于 x 取正值的情况，这个函数的性态就如同 x^2. 因此对于 x 的正值来说，这个函数的导数是 $2x$. 类似地，对于 x 的负值，这个函数是常函数，所以我们求得函数在这里的导数为零. 原点的情况如何呢？由于这个函数在原点两侧的性态并不相同，在这点的可微性问题是不清楚的. 于是我们必须完全采用我们的定义来解决这个问题. 在 $x=0$ 处的导数由下式给出：

$$f'(0)=\lim_{h\to 0}\frac{f(0+h)-f(0)}{h}=\lim_{h\to 0}\begin{cases}h^2/h=h, & \text{如果 } h>0\\ 0/h=0, & \text{如果 } h<0\end{cases}=0.$$

因此，无论从正值一侧还是从负值一侧逼近原点，都给出同样的极

限值,尽管逼近的路径稍有不同. 从而这个函数在原点也是可微的:

$$f'(x)=\begin{cases}0, & \text{如果 } x\leqslant 0;\\ 2x, & \text{如果 } x>0.\end{cases}$$

然而,这个导函数本身在原点是不可微的. 我们可以再次利用定义来证明这一点,但是在这里只要指出下面这些就够了. 对于 x 的任何正值,不管它多么小,导数将是 2,而对于 x 的任何负值,导数将是 0. 于是我们会发现,在原点的一个要多小就有多小的邻域内,这个导数将在 0 和 2 之间突然跳跃. 因此这个导函数在原点不可微. 从几何上说,这意味着在原点没有唯一的切线(图 2.14).

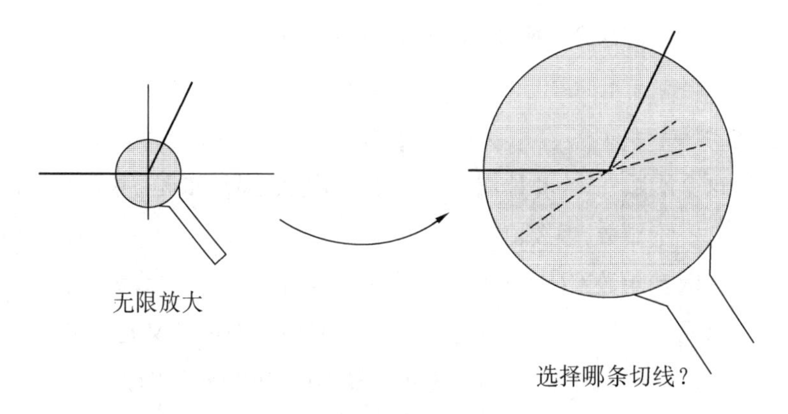

图 2.14 不可微函数没有唯一的切线.

现在我们知道了怎样去求函数的导数,也知道了怎样用曲线的切线来给出一个几何学上的解释. 在许多分析学的情形中,我们对几何学问题没有兴趣. 在这些情形中可微性会令我们感兴趣吗? 对这个问题的回答绝对是肯定的. 下面这条定理促使我们走上一条非常重要的分析学金光大道.

2.3.3.2 微分中值定理

虽然连续函数足够幸运地拥有着介值定理,但可微函数可以走到一个更高的台阶:它们可以享用微分中值定理. 这条重要的定理是这么说的：

- 假设实函数$f(x)$对于满足 $a<x<b$ 的任何 x 是可微的（其中 a 和 b 是某两个实数），那么我们总能找到一个满足 $a<c<b$ 的实数 c，使得

$$f'(c)=\frac{f(b)-f(a)}{b-a}.$$

从表面上看，这个结论可能显得相当有技术性. 然而，对它有两个十分有趣的解释（图 2.15）.

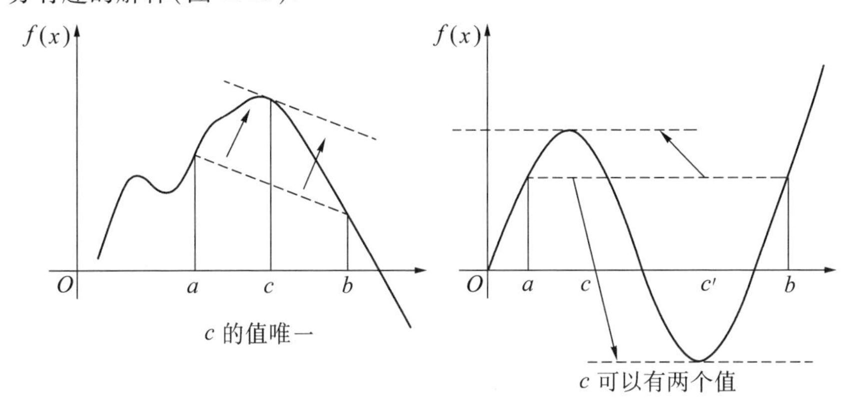

图 2.15　微分中值定理的几何学解释.

<u>几何学的解释</u>

如果一个函数$f(x)$在 a 和 b 这两点之间可微，那么这个函数不仅一路经过 a 和 b 之间的所有点，而且在它的切线方向一点一点地发生变化的过程中，它在某一点的切线将与连接$(a,f(a))$和$(b,f(b))$这两点的直线平行.

<u>分析学的解释</u>

对定理中的等式稍作一下改写，我们就能把一个函数在一点的值与这个函数在另外一点的值联系起来. 我们假定 $b=a+\delta x$，其中 δx 是某一个正数，那么在$f(x)$具有适当可微性的前提下，我们看到微分中值定理说，我们可以找到一个介于 a 和 b 之间的数 c，使得

$f(a+\delta x)=f(a)+\delta x f'(a+\theta\delta x)$，其中 θ 是满足 $0<\theta<1$ 的某个数.

于是，知道了函数在一点的值，就让我们同时得到了关于这个函数在其他

点情况的某种信息. 因此,可微性意味着一个函数的各个点一定是以某种方式联系在一起的. 这可以用来推断可微函数的各种性质. 例如,如果一个函数 $f(x)$ 的导数是正的,那么用微分中值定理就可推出这个函数随 x 的增加而增加.

现在让我们来推导这个微分中值定理. 这个证明方法在分析学上是很典型的,其中的关键想法涉及某个等式,这个等式多少有点像凭空造出来的. 只有看了证明,我们才会对为什么这个等式原来就与此相关有点感觉. 伟大的数学家们好像有着创造这种证明的特殊技巧.

证明[①]:考虑下面的函数

$$F(x)=f(b)-f(x)-\frac{b-x}{b-a}(f(b)-f(a)).$$

由这个式子的构造,可知 $F(x)$ 在 $x=a$ 和 $x=b$ 处都为零. 如果函数 $F(x)$ 在这个区间内是个常数,那么我们的结论马上可推出. 因此让我们假设 $F(x)$ 不为常数. 这说明函数在 a 和 b 之间一定会取一些正值和(或)负值. 假设有一些是正值[②]. 既然 $f(x)$ 是可微的,那么它一定是连续的,因此 $F(x)$ 也一定是连续的. 好,既然 $F(x)$ 在 a 和 b 之间是连续的,那么它在这两个点之间的最大值就决不会是无穷大,因此一定至少有一个满足 $a<c<b$ 的数 c,使这个函数在 $x=c$ 处取到最大值. 在这一点,导数必然为零,因为如果不是这样,这个函数会在最大值的某一侧取到一个更大的值. 这证明我们能找到一个点 c, $a<c<b$,使得 $F'(c)=0$. 那么原来那个函数 $f(x)$ 在这点的导数值是什么呢? 回头看看 $F(x)$ 的表达式,我们即可得到它的导数

$$F'(x)=-f'(x)+\frac{f(b)-f(a)}{b-a}.$$

取 $x=c$,使这个等式为零,即给出结论.

---

① 这个有用结论的证明相当直截了当,然而,连续函数在定义区间端点之间能取到一个有限的最大值这件事的详细证明却相当费事. ——原注

② 如果我们假设有一些是负值,下面的推理不会有本质上的改变. ——原注

我们正在构建分析学中的一组令人敬佩的结果. 根据这些结果我们可以推导出一个非常实用的,而且为着纪念一个人而命名的结论.

2.3.3.3 洛必达法则

假设我们有两个可微函数 f 和 g,它们具有性质 $f(a)=g(a)=0$. 我们假定这两个函数的导函数也是连续的,且在 $x=a$ 附近不为零. 我们现在提出这样一个问题:当 x 趋于 a 时,$f(x)/g(x)$ 的极限是什么?

一看上去,这两个函数都性质良好而且连续,我们会忍不住想把这个极限处理成 $f(a)/g(a)$. 但是这就成了 0/0,没有意义. 幸运的是,微分中值定理前来施援手了. 让我们看看在一些与 $x=a$ 非常接近的点上这个函数值之比的情况. 由于我们可以将微分中值定理分别应用于 $f(x)$ 和 $g(x)$,所以我们就看到,对于任意正数 ε,我们可以找到 c_1 和 c_2,它们具有性质:

$$\frac{f(a+\varepsilon)}{g(a+\varepsilon)}=\frac{f(a)+\varepsilon f'(c_1)}{g(a)+\varepsilon f'(c_2)},\ 其中\ a<c_1,c_2<a+\varepsilon.$$

好,既然 $f(a)=g(a)=0$,我们得到

$$\frac{f(a+\varepsilon)}{g(a+\varepsilon)}=\frac{f'(c_1)}{f'(c_2)},\ 其中\ a<c_1,c_2<a+\varepsilon.$$

我们现在知道了这个用两个未知数 c_1 和 c_2 表示出来的比值. 令 ε 趋于0,我们迫使 c_1 和 c_2 越来越接近 a. 这个最后的一步推导为我们给出了最后的结果:

$$\lim_{x\to a}\frac{f(x)}{g(x)}=\lim_{x\to a}\frac{f'(x)}{g'(x)}=\frac{f'(a)}{g'(a)}.$$

对于具有连续导数的函数来说,这是一个十分有用的性质. 例如,考虑函数 $f(x)=x/\sin x$. 既然分子分母都可微,且它们的导函数 1 和 $\cos x$ 都连续,那么我们立即就能推出

$$\lim_{x\to 0}\frac{x}{\sin x}=\frac{1}{\cos 0}=1.$$

由于这个原因,把 1 作为函数 $x/\sin x$ 在 $x=0$ 处的值是非常合理的.

2.3.4 面积与积分

我们已经在某种程度上仔细考虑过函数作为曲线 $y=f(x)$ 的性质. 曲线的一个重要应用是在*面积*的定义中:可以很方便地把 $x-y$ 平面上一个由下列曲线围成的区域定义为一个*简单区域*:

$$y=f(x),y=0,x=a,x=b.$$

例如,矩形就是一个被四条直线围成的简单区域,圆则由两个这样的简单区域组成,它们分别以曲线 $y=\pm\sqrt{a^2-x^2}$ 为边界(图 2.16). 较为复杂的区域可以化为一些简单区域的和.

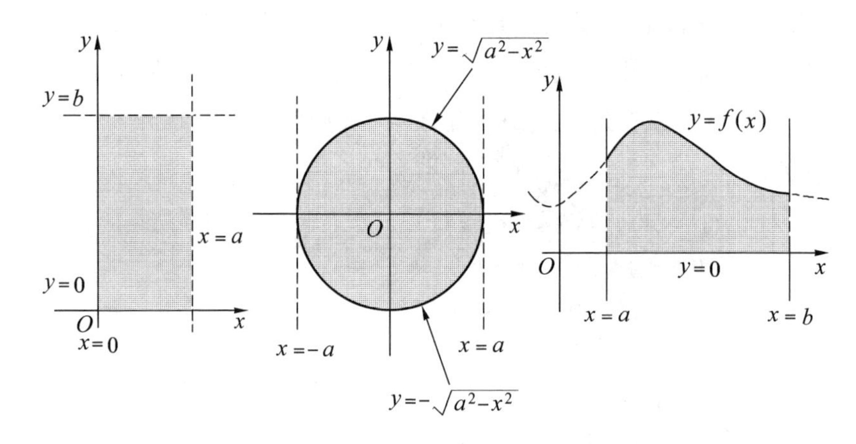

图 2.16 通过边界曲线描述简单区域.

接下来,让我们假设我们有某个实函数,其图像曲线上点的坐标为 $(x,f(x))$,定义域限制在区间 $I=\{x:a\leqslant x\leqslant b\}$ 上,我们把这种区间记为 $I=[a,b]$. 介于这条曲线和从 a 到 b 的 x 轴之间的简单区域的面积,我们将用符号 $\int_a^b f(x)\,\mathrm{d}x$ 来表示,并称之为 $f(x)$ 的从 a 到 b 的*积分*. 从直觉上说,我们对这个面积应该是什么有一种感觉. 现在,我们需要把我们的想法转变为一个严格的定义. 既然科赫曲线告诉我们,一条曲线的长度可能以一种非常不直观的方式表现出来,那么我们就应该非常谨慎地对待我们关于面积的定义. 于是让我们考虑一下“曲线下方区域的面积”这句话的实际意思是什么. 恰当的做法是选择一个非常简单、清晰,而且毫无歧义的出发点:我们假设矩形的面积是个公认的、无可争议的概念,并定义一个边长为 a 和 b 的矩形的面积是 ab. 为了把这个直接的观念推广到曲线下方区域的面积,我们利用这样一个基本概念:如果一个面积为 A 的区域完全被另一个面积为 B 的区域所包含,那么我们必定有 $A\leqslant B$. 因此,如果就一个区间 I 上的某个函数 $f(x)$ 讨论其曲线下方区域的面积是合理的,那么我们当然会期望这个面积一定大于这条曲线下方区域所包含的任何一个矩形的面积;由于同样的原因,它也一定小于任何一个包含这条曲线下方区域的矩形的面积. 我们用 $\min\limits_{[a,b]} f$ 和 $\max\limits_{[a,b]} f$ 来分别表示函数 $f(x)$ 在区间 $[a,b]$ 上的最小值和最大值,则可以得到

$$(b-a)\min_{[a,b]} f\leqslant \underbrace{\int_a^b f(x)\,\mathrm{d}x}_{\text{面积}} \leqslant (b-a)\max_{[a,b]} f.$$

当然,这只不过提供了面积的一个非常粗糙的近似,所以接下来我们着手把这个过程精细化. 如果我们把区间 I 分割成两个相邻的小区间 $I_1=[a,c]$ 和 $I_2=[c,b]$,其中 $a<c<b$,那么我们可以假设

$$(b-c)\min_{[c,b]} f+(c-a)\min_{[a,c]} f\leqslant \int_a^b f(x)\,\mathrm{d}x \leqslant (b-c)\max_{[c,b]} f+(c-a)\max_{[a,c]} f.$$

无论把区间 I 怎样分割成两个小区间,这个关系式都应该保持成立,至少对于任何性质良好的连续曲线下方区域的面积来说应该如此. 现在我们十分清楚地看到怎样通过一组组简单的、无可争议的矩形来合理地定义面积了. 我们首先把区域 I 分割成 n 个小区间 $I=\{I_1, I_2, \cdots, I_n\}$,其中 $I_j=[x_{j-1}, x_j]$,$x_0=a$,$x_n=b$. 对于区间 I 的这个给定的分割 $\mathcal{D}$,我们可以定义下和 $L(\mathcal{D})$ 和上和 $U(\mathcal{D})$ 如下:

$$L(\mathcal{D}) = \sum_{k=1}^{n}\left(\left(\min_{[x_{k-1},x_k]} f\right)\times(x_{k-1}-x_k)\right),$$

$$U(\mathcal{D}) = \sum_{k=1}^{n}\left(\left(\max_{[x_{k-1},x_k]} f\right)\times(x_{k-1}-x_k)\right).$$

随着我们所取的 n 值越来越大,这两个量在数值上将会变得越来越接近. 如果能把面积定义得合理,那么最小的上和与最大的下和将会相等. 当然,为了得到这些最小值和最大值,我们必须考虑要多精细就有多精细的

分割.

- 如果一个函数 $f(x)$ 在实轴的一个区间 I 上的最大下和与最小上和等于同一个数,那么我们说这个函数在 I 上是可积的[①]. 那个数称为曲线下方区域的面积(图2.17),记作

$$A = \int_b^a f(x)\,dx.$$

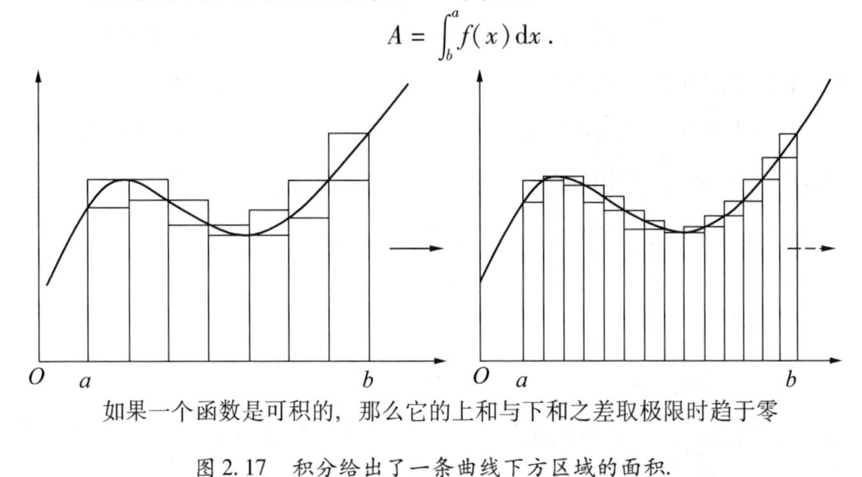
O
a
b
O
a
b
如果一个函数是可积的，那么它的上和与下和之差取极限时趋于零

图 2.17　积分给出了一条曲线下方区域的面积.

2.3.5　微积分基本定理

我们以一种在非常自然而且直观上合理的方式定义了积分和曲线下方区域的面积. 面积的所有基本性质可以马上从这个定义推演出来. 但是,除了极其简单的情况,运用定义去直接求出实际的面积通常是非常困难的. 构造分割,算出上和与下和的值,然后设法在所有可能的分割中确定哪一个分割为我们给出了最大下和 L 与最小上和 U,这整个过程自然是相当繁难的,而且在大多数情况下其实是不可行的. 幸运的是,我们几乎从不需要去搅这团烂泥巴,因为有一条非常著名的定理,即所谓的微积分基本定理. 从本质上说,这个结果宣称,求导和积分是互逆的过程. 于是,我们可以通过对边界曲线求导来求出函数的积分(图像曲线下方区域的面积). 由于从定义出发求导比从定义出发求积分要简单得多,所以这

---

① 这种类型的积分称为黎曼积分,这种积分对于分析学中的标准函数很有效. 对于比较复杂怪异的函数,我们必须采用更为抽象的勒贝格积分方法. ——原注

个结论的有用性怎么强调都很难说是过分的. 考虑到积分与求导在几何学解释上的巨大差异,人们在初遇这个结论时真是大吃一惊. 这条定理有两个部分:

(1) 假设$f(x)$是$[x_0,x]$上的一个连续的、可积的函数,那么,

$$F(x)=\int_{x_0}^{x} f(y)\,\mathrm{d}y \Rightarrow F'(x)=f(x).$$

(2) 假设$F(x)$在$[a,b]$上可微,那么,

$$F'(x)=f(x) \Rightarrow \int_{a}^{b} f(y)\,\mathrm{d}y = F(b)-F(a).$$

虽然不能马上就清楚地看出面积怎么会通过这种方式与切线相联系,但是上述结论可以相当简单地从基本定义得到. 我们证明其第一部分.

<u>(1)的证明</u>:考虑定理中所描述的函数$F(x)$. 让我们根据基本定义来试图求出它的导数. 当然,要表达$F(x+h)$的值,我们只要在明确出现x的地方用$x+h$代入即可.

$$F'(x)=\lim_{h\to 0}\frac{F(x+h)-F(x)}{h}$$

$$\Rightarrow F'(x)=\lim_{h\to 0}\frac{\int_{x_0}^{x+h} f(y)\,\mathrm{d}y-\int_{x_0}^{x} f(y)\,\mathrm{d}y}{h}$$

$$\Rightarrow F'(x)=\lim_{h\to 0}\frac{1}{h}\int_{x}^{x+h} f(y)\,\mathrm{d}y.$$

现在让我们把注意力集中在这个代数运算式的最右边的项,这是一个在很小范围$[x,x+h]$上的积分. 好,既然$f(x)$是连续函数,可知对任何被包含在小区间$[x,x+h]$中的y,我们有$f(y)=f(x)+\varepsilon(y)$,其中误差项$\varepsilon(y)\to 0$(当$h\to 0$时). 于是有

$$\begin{aligned}\lim_{h\to 0}\frac{1}{h}\int_{x}^{x+h} f(y)\,\mathrm{d}y &= \lim_{h\to 0}\frac{1}{h}\int_{x}^{x+h}\left(f(x)+\varepsilon(y)\right)\mathrm{d}y\\ &= \lim_{h\to 0}\frac{1}{h}\Big(f(x)\underbrace{\int_{x}^{x+h} 1\,\mathrm{d}y}_{=h}+\underbrace{\int_{x}^{x+h}\varepsilon(y)\,\mathrm{d}y}_{\to 0}\Big)\\ &= f(x).\end{aligned}$$

结论得证.

作为微积分基本定理的一个基本应用例子,请注意 x^{n+1} 的导数为 $(n+1)x^n$,因此我们得知,曲线 $y=x^n$ 下方介于 a 和 b 之间的区域的面积为 $(b^{n+1}-a^{n+1})/(n+1)$. 这个结果如果仅用积分的定义来推导是很困难的.

2.4 对数函数和指数函数以及 e

在这一节中,我们将展示两个极其重要而且迷人的数学对象:对数函数和指数函数. 它们无疑是分析学中的基本函数,并且经常出现在各个数学分支中,把整个数学世界联系在一起. 这两个函数如此有用,是因为它们可以用一种极其自然的方式被定义出来;它们只是在等待着人们去发现它们. 指数函数和对数函数是无所不在的,因此可以通过多种方式去着手研究它们. 我们将通过考察导数来展示它们. 在这一节中,我们将不加证明地随时采用关于积分运算和导数运算的基本结论. 我们还假定我们对这两个函数的性质一无所知(它们可能已为你所熟知):这些性质可以全部从我们即将给出的定义推导出来.

我们首先检视一下,对于各种不同的 n 值,x^n 的导数都是些什么.

n	…	4	3	2	1	0	-1	-2	-3	…
$\frac{dx^n}{dx}$	…	$4x^3$	$3x^2$	$2x^1$	x^0	0	$-x^{-2}$	$-2x^{-3}$	$-3x^{-4}$	…

仔细观察这张表,立刻就会清楚地看到,没有一项的导数会是 x^{-1},尽管对于 n 的其他任何整数值人们可以通过求导而得到相应的 x^n. 这是什么意思呢? 既然导数就是曲线上切线的斜率,而且 $1/x$ 除了在 $x=0$ 外是一个完全合理的连续函数,那么应该有某个函数,其导数为 x^{-1},即对于很小的 x,这个函数的值增长得很快,而当 x 很大时,这个函数的值几乎不增长(图 2.18).

2.4.1 $\ln x$ 的定义

在这个明显空缺的启发下,让我们发明一个新的函数,称为 $\ln x$,它的导数是 $1/x$. 我们可以用微积分基本定理把这个函数定义为一个积分①:

① 请注意积分区间的端点 1 是个任意的选择;任何正实数同样可以作为这个端点. ——原注

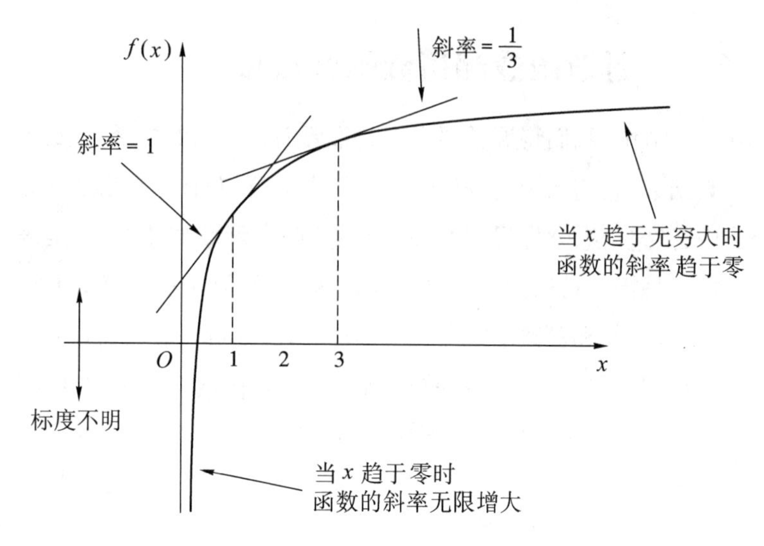

图 2.18　一个导数为 $1/x$ 的函数.

$$\ln x = \int_1^x \frac{1}{u}\mathrm{d}u .$$

根据上述定义式的构造,这是一个可微函数,它的导数正好弥补了上表中的空缺. $\ln x$ 的所有性质必须由这个定义推演出来. 值得指出的是,这个函数是如此重要,以致人们写了整本整本的书来讨论它的结构. 我们将仅仅考察几个相对来说马上就能得到的结果. 这是个有趣的发现之旅.

- 我们首先应该试着推导出我们这个函数的一些值. 容易看出 $\ln 1$ 是当积分区间端点相同时的积分值. 因此在曲线下方没有区域,于是可以推出

$$\ln 1 = 0.$$

  进一步容易看出

$$\ln x > 0, \text{如果 } x > 1;$$
$$\ln x < 0, \text{如果 } x < 1.$$

  这个对数函数在值 $x = 0$ 处发散,因而对任何负数都没有定义. 于是我们把注意力限制在自变量仅为正数的对数函数上. 既然对于

x 的正值被积函数总为正,那么 $\ln x$ 是个总在递增的函数.

- 如果 a 是某个常数,那么 $\ln(ax)$ 是什么呢?用链式法则求导,我们可以看到,$\ln(ax)$ 的导数与 $\ln x$ 的相同,这意味着它们仅相差一个常数,即 $\ln(ax)=\ln x+c$. 将特殊值 $x=1$ 代入,立刻得知这个常数一定是 $\ln a$. 因此,对于任意的 a 和 b,我们有

$$\ln(ab)=\ln a+\ln b.$$

令 $a=b=x$,我们推出 $\ln x^2=2\ln x$. 重复这一过程即可证明

$$\ln x^n=n\ln x.$$

这也顺便证明了当 $x\to\infty$ 时 $\ln x\to\infty$.

- 利用前面得到的结论,以及 $\ln 1=0$ 这个事实,我们可以证明

$$0=\ln 1=\ln\left(x\cdot\frac{1}{x}\right)=\ln x+\ln\frac{1}{x}.$$

将这一结果作一推广,可以用来证明,对任意的数 a 和 b,有

$$\ln(a/b)=\ln a-\ln b.$$

- 利用上面这两个结论,我们可以计算对数函数作用于实数的有理数幂时的结果. 例如:

$$n\ln x^{1/n}=\underbrace{\ln x^{1/n}+\cdots+\ln x^{1/n}}_{n\text{项}}=\ln(\underbrace{x^{1/n}\times\cdots\times x^{1/n}}_{n\text{项}})=\ln x.$$

现在,推导出关于任意有理数幂的更一般的公式是一件简单的事了:

$$\ln x^{n/m}=\frac{n}{m}\ln x.$$

最后,既然对数函数是一个没有“间隙”的连续函数,那么把这个结果推广到对所有的实数幂次 p 都成立是合理的. 事实上,我们可以利用这个过程来定义实数的任意次幂:

对于任何实数 p,x^p 也是一个实数,它满足 $\ln x^p=p\ln x$.

- 我们现在已有许多方式来对函数 $\ln x$ 进行操作,并且知道它是从 $-\infty$ 到 $+\infty$ 连续递增的. 可惜的是,我们仅仅知道它在单个点 $x=1$ 处的精确值. 作为改进这种状况的一种努力,让我们来试着精确地算出这个积分,以确定对数函数在某个普通点 x 处的函

数值①.

$$
\begin{aligned}
\ln(1+x) &= \int_1^{1+x} \frac{1}{u}\mathrm{d}u \quad \text{(根据定义)} \\
&= \int_0^x \frac{1}{1+v}\mathrm{d}v \quad \text{(变量代换 } u = 1+v\text{)} \\
&= \int_0^x (1 - v + v^2 - v^3 + \cdots)\mathrm{d}v \quad (|v| < 1, \text{二项式定理}) \\
&= x - \frac{x^2}{2} + \frac{x^3}{3} - \frac{x^4}{4} + \cdots \quad (|x| < 1)
\end{aligned}
$$

这是一个伟大的结果:我们已经设法将我们关于 $\ln x$ 的表达式转换成了关于 x 的一个简单的收敛幂级数. 这就让我们能够仅用简单的算术对介于0和2之间的 x 求出 $\ln x$ 的任意精确度的值.

- 这个把 $\ln x$ 展开成级数的推导过程仅对介于0和2之间的 x 有效. 但有一个聪明的技巧可让我们定出一个关于 $\ln x$ 的表达式,它对 x 的任何正实数值都适用:由于当 $-1 < x < 1$ 时函数 $X = (1+x)/(1-x)$ 从零变化到无穷大,因此我们可以写

$$
\ln X = \ln \frac{1+x}{1-x} = \ln(1+x) - \ln(1-x),\ 0 \leqslant X < \infty,\ |x| < 1.
$$

于是,要对任何正数计算对数函数值,把它化为两个介于0与2之间的数的对数函数值之差即可.

2.4.2 exp$x$ 的定义

我们现在已经构建了关于对数函数主要性质的一幅美丽图景. $\ln x$ 的一个非常美妙的性质是,由于它的定义,它是一个总在递增的连续函数. 而且,对于越来越大的 x,这个函数的递增没有上界,而当正变量趋于0时,它的递减没有下界. 由于这些原因,$\ln x$ 取每个实数值正好一次. 因此,它当然会有一个定义合理的*反函数*:给出 $\ln x$ 的一个值,我们可以将 x 唯一地还原

① 要在实际上证明我们可以用这种方式来操作这个等式,我们应该更为规范地进行我们的分析. 然而,在这一阶段,我们更为关注的是有关的思想,而不是极限过程中的复杂细节. ——原注

出来. 指数函数 $\exp x$ 就被定义为这个反函数(图 2.19).

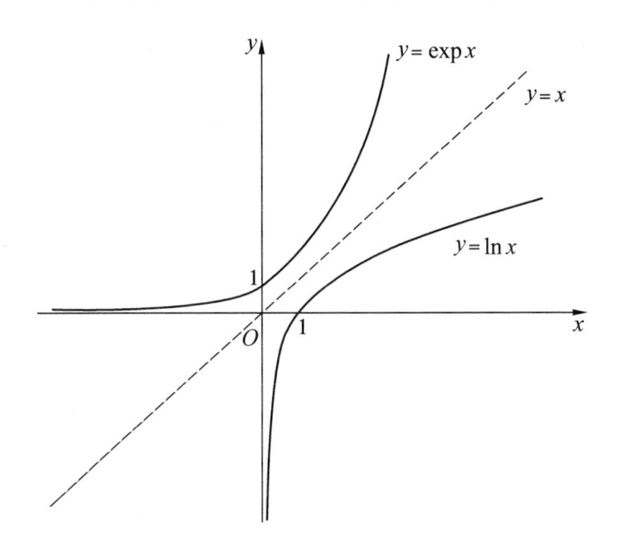

图 2.19 指数函数是对数函数的反函数.

那么,我们如何来确定这个反函数的形式呢? 有两种做法.

(1) 首先注意到,我们可以用链式法则对定义 $\exp x$ 的表达式求导,即

$$\frac{1}{\exp x}(\exp x)' = 1 \Rightarrow (\exp x)' = \exp x.$$

这表明指数函数的导数就是它本身. 而且,我们可以看到, $\exp 0 = 1$. 结果是,这个信息让我们为这个函数构造了一个唯一的级数展开式. 我们将稍后研究这个问题,但是请注意下述展开式满足指数函数的导数就是它本身的要求:

$$\exp x = 1 + \frac{x}{1!} + \frac{x^2}{2!} + \frac{x^3}{3!} + \cdots = \sum_{n=0}^{\infty} \frac{x^n}{n!}.$$

(2) 我们已经证明,对于任意的正实数 x 和 y,对数函数有以下性质:

$$\ln y^x = x \ln y.$$

既然 $\ln x$ 是一个从 $-\infty$ 变化到 $+\infty$ 的连续实函数,那么介值定理告诉我们,存在一个数 $e > 1$,有 $\ln e = 1$ 成立. 既然我们推演出 $\ln x$ 的反函数

是唯一的,那么在上述等式中令 $y=\mathrm{e}$,我们得出结论:

对于某个固定的实数 e(这里 $\ln \mathrm{e}=1$),有 $\exp x \equiv \mathrm{e}^x$.

于是,我们可以用两种不同的方式来表示这同一个函数,一种用到一个显式无穷和,另一种则把它作为某个目前尚未知晓的固定数的幂. 我们怎样来确定在这里出现的 e 的值呢? 可以有两种方式,一种是通过计算级数 exp1 的和,另一种是通过隐含在定义对数函数的那个积分中的关系,即

$$\mathrm{e}=\exp 1=\sum_{n=0}^{\infty} \frac{1}{n!};$$

或

$$\mathrm{e} \text{ 是一个使得 } \int_1^{\mathrm{e}} \frac{1}{u} \mathrm{d} u=1 \text{ 的数.}$$

e 这个数极其重要. 我们即将研究它的一些其他性质. 最重要的是,在这里的讨论中出现的数 e 原来就是欧拉数 e.

2.4.3 欧拉数 e

在某种情况下,人们可以用无穷序列来定义一个新的数. 其中最著名的就是欧拉数 e,它被定义为表达式 $\left(1+\frac{1}{n}\right)^n$ 当 n 趋于无穷大时的极限. 我们最早是在研究利率时遇到它的. 欧拉数 e 与在指数函数研究中出现的那个可被表示成一个无穷和的 e 就是同一个数,这是数学中的一个基本事实. 两个非常不同但是基本的极限过程产生了同一个数,这一点令人瞩目. 在这一节中,我们将充分利用我们关于极限的基本概念来证明它们相等. 虽然这个证明很长(这合乎情理),但每一步本身都相对简单. 这个结论是数学中的一个经典.

$$\mathrm{e} \equiv \lim_{n \rightarrow \infty}\left(1+\frac{1}{n}\right)^n=\sum_{n=0}^{\infty} \frac{1}{n!} \equiv \exp 1.$$

证明:由二项式定理,我们知道,对于每一个 n,有

$$
\begin{aligned}
e_n &= \left(1+\frac{1}{n}\right)^n \\
&= 1+\frac{n}{1!}\frac{1}{n}+\frac{n(n-1)}{2!}\frac{1}{n^2}+\frac{n(n-1)(n-2)}{3!}\frac{1}{n^3}+\cdots+\frac{n!}{n!}\frac{1}{n^n} \\
&= 1+\frac{1}{1!}+\frac{1}{2!}\left(1-\frac{1}{n}\right)+\frac{1}{3!}\left(1-\frac{1}{n}\right)\left(1-\frac{2}{n}\right)+\cdots \\
&\quad +\frac{1}{n!}\left(1-\frac{1}{n}\right)\left(1-\frac{2}{n}\right)\cdots\left(1-\frac{n-2}{n}\right)\left(1-\frac{n-1}{n}\right).
\end{aligned}
$$

比较前后两项 e_{n+1} 和 e_n，可知序列 e_n 随着 n 的递增而递增. 另外注意到展开式中每个由括号相乘而形成的乘积都是小于 1 的正数，这是因为每个括号中都是小于 1 的正数. 因此这个二项展开式的第 m 项是某个小于 $\frac{1}{m!}$ 的正数. 于是我们有

$$1 < e_n < \sum_{r=0}^{n} \frac{1}{r!} < \exp 1.$$

既然根据比率判别法，级数 $\sum_{r=0}^{\infty} \frac{1}{r!}$ 收敛，那么我们知道 e_n 决不会比 exp1 大，不管 n 取什么值. 而且，既然 e_n 总在递增，又决不会超过某个固定的值，那么我们知道 e_n 一定趋于某个至多是 exp1 的极限(图 2.20).

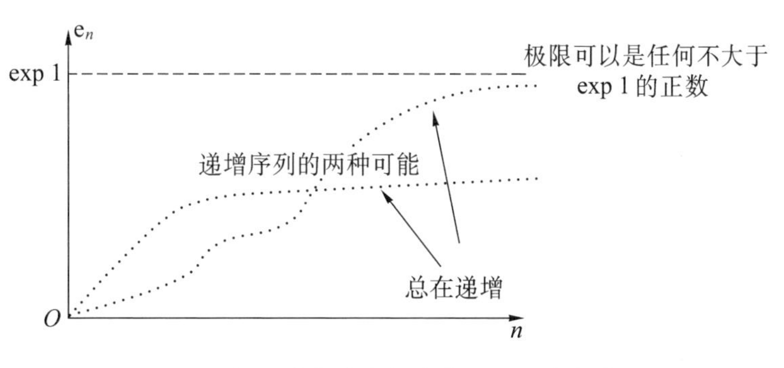

图 2.20　项为 e_n 的序列总在递增，又决不会超过 exp1.

然而，这并没有证明这个极限就是 exp1. 要得出这个结论，我们必须没法把 exp1 限制在两个不同的级数之间，这两个级数都趋于 e，但一个从下面趋于 e，一个从上面趋于 e. 为了形成这种格局，我们来分析 e_{-n} 的二

项展开式：

$$
\begin{aligned}
e_{-n} &\equiv \left(1-\frac{1}{n}\right)^{-n} \\
&= 1+\frac{n}{1!n}+\frac{n(n+1)}{2!n^2}+\frac{n(n+1)(n+2)}{3!n^3}+\cdots \\
&= 1+\frac{1}{1!}+\frac{1}{2!}\left(1+\frac{1}{n}\right)+\frac{1}{3!}\left(1+\frac{1}{n}\right)\left(1+\frac{2}{n}\right)+\cdots \\
&> \sum_{n=0}^{\infty}\frac{1}{n!}.
\end{aligned}
$$

这明显大于 exp1，因为现在所有的括号项都大于 1. 我们于是推出“瓮中捉鳖”不等式

$$1<e_n<\exp 1<e_{-n}.$$

最后一步是设法证明当 n 趋于无穷大时 e_n 和 e_{-n} 趋向于同一个数. 为此，我们考察这两项之比，并证明它趋于 1.

$$\frac{e_n}{e_{-n}}=\left(1+\frac{1}{n}\right)^n\left(1-\frac{1}{n}\right)^n=\left(1-\frac{1}{n^2}\right)^n.$$

为求出这个比率的极限，我们再次求助于二项式定理：

$$
\begin{aligned}
\left(1-\frac{1}{n^2}\right)^n &= 1+\sum_{r=1}^{n}\frac{n(n-1)\cdots(n-r+1)}{r!}\left(\frac{-1}{n^2}\right)^r \\
&< 1+\sum_{r=1}^{n}\underbrace{n\times n\times\cdots\times n}_{r\text{个}}\frac{1}{r!}\frac{1}{n^{2r}} \quad \text{（通过与一个相应的正项和进行比较）} \\
&= 1+\sum_{r=1}^{n}\frac{1}{r!n^r} \\
&< 1+\sum_{r=1}^{n}\frac{1}{n^r}.
\end{aligned}
$$

类似地，通过与一个相应的负项和进行比较，我们可以求得 e_n/e_{-n} 的一个相应下界. 这就得到不等式：

$$1-\sum_{r=1}^{n}\frac{1}{n^r}<\frac{e_n}{e_{-n}}<1+\sum_{r=1}^{n}\frac{1}{n^r}.$$

显然，当令 $n\to\infty$ 求极限时，我们得到 $e_n/e_{-n}\to 1$，这是因为它被夹在两个

都是靠 1 要多近就有多近的级数之间. 所以,当 $n \to \infty$ 时,$e_n - e_{-n} \to 0$. 于是不等式 $e_n < \exp 1 < e_{-n}$ 让我们得到结论 $e = \exp 1$.

2.4.3.1 e 的无理性

分析学是一门到处布满危险陷阱的学科. 作为一个人们可能陷入的数学误区,请考虑下面的例子. 对于任何整数 n,e_n 都是有理数. 类似地,对于 n 的任何值,$1 + 1/1 + 1/2! + \cdots + 1/n!$ 作为对 $e = \exp 1$ 的近似,也是有理数. 下面这个发现或许让人们意外:在从有限的 n 到无穷的极限的转移中,这个有理性消失了——e 是个无理数,它的存在多亏了那条让我们创造出 $\sqrt{2}$ 的实数基本公理. 我们现在用反证法来证明这一点. 正如在证明一个数的无理性时常见的那样,这个结果显示了大智慧.

证明:

$$
\begin{aligned}
e &= \sum_{n=0}^{\infty} \frac{1}{n!} \\
&= \sum_{n=0}^{N} \frac{1}{n!} + \sum_{n=N+1}^{\infty} \frac{1}{n!} \\
&< S_N + \frac{1}{(N+1)!}\left(1 + \frac{1}{N+1} + \frac{1}{(N+1)^2} + \frac{1}{(N+1)^3} + \cdots\right).
\end{aligned}
$$

在这个表达式中,我们引入了一个有限和 $S_N = \sum_{n=0}^{N} \frac{1}{n!}$. 显然,对于任何有限的 N,$S_N < e$. 好,利用关于几何级数的结果,我们可以求得下式的和:

$$
\sum_{k=0}^{\infty} \frac{1}{(N+1)^k} = \frac{1}{1 - \frac{1}{N+1}} = \frac{N+1}{N+1-1} = \frac{N+1}{N}.
$$

这告诉我们:

$$
S_N < e < S_N + \frac{1}{N!N}.
$$

将各项乘以 $N!$,得

$$
N!S_N < N!e < N!S_N + \frac{1}{N}.
$$

这对于任何自然数 N 都成立. 我们现在作出一个将导致矛盾的假设:假

设 e 是一个有理数. 那么对于 N 的足够大的值,我们一定有 $N!\mathrm{e}$ 是一个整数. 而且,$N!S_N$ 总是一个整数. 因此 $X = N!\mathrm{e} - N!S_N$ 也是一个整数,而且一定是正整数,这是由于 $\mathrm{e} > S_N$. 于是我们的不等式就意味着

$$0 < X < \frac{1}{N} < 1.$$

这样,X 就是一个夹在 0 与 1 之间的整数. 这是荒谬的:根本不存在这样的整数! 这个矛盾的说法意味着我们原来的假设其实肯定是不成立的. 因此我们得出结论:e 是个无理数.

2.5 幂级数

至今我们已考虑了离散和的收敛性和单变量实函数的极限性质. 在本节中,我们把从分析学的这两个领域中得到的结果结合起来,得出一个最有用的工具——幂级数. 在关于对数函数和指数函数的讨论中,我们发现了这样两个级数:

$$\exp x = 1 + x + \frac{x^2}{2!} + \frac{x^3}{3!} + \frac{x^4}{4!} + \cdots$$

$$\ln(1+x) = x - \frac{x^2}{2} + \frac{x^3}{3} - \frac{x^4}{4} + \cdots$$

当然,这样的表达式仅当它们能产生确定的有限结果时才有意义. 因此我们需要知道对给定的 x 值这些和式是否收敛. 既然比率判别法的机件已安装到位,这应该是一个简单的练习. 对指数函数来说,这个判别法如下运用:

$$a_n = \frac{x^n}{n!} \Rightarrow \left|\frac{a_{n+1}}{a_n}\right| = \frac{x^{n+1}n!}{x^n(n+1)!} = \frac{x}{n+1}.$$

因此,对我们愿意选择的任何特定的 x 值来说,我们发现当 n 越来越大时,这个比率趋于零. 我们就证明了对任何有限的数 x, $\exp x$ 的展开式是收敛的. 现在让我们来看一下对于对数函数的同样证明. 我们发现

$$a_n = (-1)^{n+1}\frac{x^n}{n} \Rightarrow \left|\frac{a_{n+1}}{a_n}\right| = \frac{|x|^{n+1}n}{(n+1)|x|^n} = |x|\frac{n}{n+1}.$$

这是一个有趣得多的情形. 由于当 n 趋于无穷大时, $n/n+1$ 趋于 1,我们发现这个前后项比率的极限是 $|x|$. 比率判别法告诉我们,如果这个比率的极限——从而就是 $|x|$——小于 1,那么这个级数收敛;如果 $|x|$ 大于 1,那么级数发散. 因此只有当 x 在一个有限范围内取值时,这个级数才能产生一个确定的结果. 而且,比率判别法无法告诉我们这个比率正好为 1 时的收敛情况. 因此我们应该更为细致地考察 $x = \pm 1$ 这两种特殊情况,以完成这个分析. 如果 $x = -1$,那么这个级数展开式将变成调和级数的 -1 倍,我们知道这是发散的. $x = +1$ 的情况让我们得到如下级数:

$$1-\frac{1}{2}+\frac{1}{3}-\frac{1}{4}+\frac{1}{5}-\frac{1}{6}+\cdots$$

因为所有的项在大小上递减趋于零,而符号则交替变化,所以由交错级数判别法可知这个级数收敛. 总结一下:

(1) $\ln(1+x)$的展开式当且仅当 $-1<x\leqslant 1$ 时收敛;

(2) $\exp x$ 的展开式对任意的 x 都收敛.

让我们稍稍思考一下这些收敛的结果. $\exp x$ 的幂级数对任何 x 值来说都是有限数,而 $\ln(x+1)$的幂级数对 $|x|>1$ 是发散的. 这是否意味对 $\ln x$ 来说在点 $x=2$ 处有不寻常的事发生呢? 没有! 看看 $\ln x$ 的定义,我们知道它对于 x 的任何有限正值来说都是定义明确的有限数. 既然在点 $x=2$ 处并没有什么戏剧性的事件发生,而且我们了解当 x 处在从 0 到 2 这个范围内时 $\ln x$ 的性状,那么我们就能根据这个函数在这个范围内的数据推导出它在这个范围外的性状. 假设我们根据 $\ln(1+1)$的级数展开式知道了 $\ln 2$ 的值. 我们希望能设法估计出 $\ln(2+\varepsilon)$的值,其中 ε是一个非常小的增量. 为了算出在点 $x=2$ 附近的值,我们需要知道函数在这点附近的变化有多快. 我们已经知道,$y=\ln x$ 的变化率就是导数 $\mathrm{d}y/\mathrm{d}x=1/x$,而且在点 $x=2$ 处等于 1/2. 因此,我们推断:

$$\ln(2+\varepsilon)\approx\ln 2+\frac{\varepsilon}{2}.$$

对于非常小的 ε值来说,这确实是一个很合理的近似. 例如:

$$\ln 2.01=0.698135\cdots$$

$$\ln 2+\frac{0.01}{2}=0.698147\cdots$$

我们的这次成功令人鼓舞,于是我们想知道:能不能把这个近似再改进一些? 既然导数本身是从一点变化到另一点的,那么就存在着由二阶导数给出的某种"加速度". 在 $x=2$ 处二阶导数的值是 $-1/4$. 这为我们给出了对 $\ln(2+\varepsilon)$的值的一个更好的近似[①]:

---

① 想一下常加速度下的运动方程 $s=vt+\frac{1}{2}at^2$,可以帮助我们理解这个近似式。——原注

$$\ln(2+\varepsilon)\approx\ln 2+\frac{\varepsilon}{2}-\frac{\varepsilon^2}{2\cdot 4}.$$

这开始让人觉得有点像一个以 ε 为变量的幂级数的前几项了，正是如此. 幂级数是写出一个函数在一点——比方说 x_0——附近的值的简单方法，这一点你已经知道了. 如果这个函数有着性态足够好的导数，那么我们就可以不断地加上越来越高阶的导数修正项来获得越来越好的近似. 通过无穷极限，近似就可能变成精确了. 这个过程称为*函数 $f(x)$ 在 x_0 点处展开*. 在一些情况中，以 $\exp x$ 和 $\sin x$ 为例，可以通过在单单一点处的展开而求得整个函数. 在其他情况中，如 $\ln x$，在 x_0 处的展开只能给我们提供这个函数在点 x_0"附近"的信息. 因此，那个关于 $\ln(1+x)$ 的式子其实是一个在点 $x=1$ 处的展开式，它只提供了关于函数在 $0<1+x\leqslant 2$ 范围内的信息. 要在另一个范围内求得这个函数，我们需要在另一个点处展开 $\ln x$.

2.5.1 泰勒级数

所有这些关于幂级数和函数的论述可以在极其著名的*泰勒定理*的帮助下被精确化. 泰勒定理是微分中值定理在可被无穷多次求导的函数上的推广. 请注意，我们在这里所介绍的泰勒定理的这个版本，是一个更为一般性的结果的一个特例.

- 假设我们有一个函数，它有着非常合理的性质，即在某个范围 $a<x<b$ 内，它的各阶导数都是连续的，而且以某个常数 M 为界：

  $$\left|\frac{\mathrm{d}^n f(x)}{\mathrm{d}x^n}\right|<M,\ a<x<b,\text{对任何的 } n\geqslant 0.$$

  那么，如果知道在 $x=a$ 点处各阶导数的值，我们就能从 $x=a$ 唯一地外推出函数在点 $x=b$ 处的值. 这个值由一个收敛的无穷级数给出：

  $$f(b)=\sum_{n=0}^{\infty}\frac{\mathrm{d}^n f(a)}{\mathrm{d}x^n}\frac{(b-a)^n}{n!}.$$

泰勒说过大意如下的话："不但可微函数有幂级数展开式，而且我还能告诉你每个系数的精确形式.”这句话的影响非常深远,而且牢固地扎根在现代纯粹数学和应用数学的许多学科之中.其实,你可能已在很多情况下用过了泰勒定理,你可能甚至都没有意识到这一点.现在我们来看一下这条定理是怎样应用于实际的.当然,这些应用都假定所讨论的函数足够良好,满足这条定理中关于导数的条件.

(1) 假设我们正在试图画出一个函数的图像,而且已经求得了一个驻点 $x=a$.如果我们想要确定驻点 $x=a$ 是什么类型,那么一个美妙的处理方法是考察 $x=a$ 点两侧附近的函数值.这将告诉我们这个点是极大值点、鞍点还是极小值点.因此我们需要考察 $f(b)=f(a+h)$ 和 $f(b)=f(a-h)$,这里 h 是一个非常小的数.我们可以用泰勒定理来估计函数在这些点的值.我们发现

$$f(a+h)=f(a)+\frac{\mathrm{d}f(a)}{\mathrm{d}x}h+\frac{\mathrm{d}^2f(a)}{\mathrm{d}x^2}\frac{h^2}{2!}+\cdots$$

请注意既然 h 实际上是一个非常小的数,那么我们可以忽略由…表示的高阶项;又因为我们讨论的是驻点,所以一阶导数是零.假设二阶导数不为零,结果我们发现这个函数的变化量由下式给出:

$$f(a\pm h)-f(a)\approx\frac{\mathrm{d}^2f(a)}{\mathrm{d}x^2}\frac{(\pm h)^2}{2!}=\frac{\mathrm{d}^2f(a)}{\mathrm{d}x^2}\frac{h^2}{2!}.$$

于是我们看到,如果二阶导数在 a 点是正数,那么函数在 $x=a$ 点两侧的值都比在这点的值有所增加,这意味着 $x=a$ 是函数的极小值点;如果二阶导数在 a 点是负数,那么函数在 $x=a$ 点两侧的值都比在这点的值有所减少,这意味着 $x=a$ 是一个极大值点.当然,这个结论大家从基本微积分中已经知道了,但我们现在来看一下,如果二阶导数也是零,我们该怎么处理:我们应该仅考察泰勒级数的接下来那一项:

$$f(a\pm h)-f(a)\approx\pm\frac{\mathrm{d}^3f(a)}{\mathrm{d}x^3}\frac{h^3}{3!}.$$

在这第二种情况下,我们看到函数在 a 的一侧比 $f(a)$ 大,而在另一侧比 $f(a)$ 小,这意味着这是个“鞍点”.外推这些结果,我们看到如果第一个非零导数的阶数 n 是偶数,那么我们得到一个极大值点或极小值点;而如果

n 是奇数,那么我们得到一个鞍状的驻点(图 2.21).

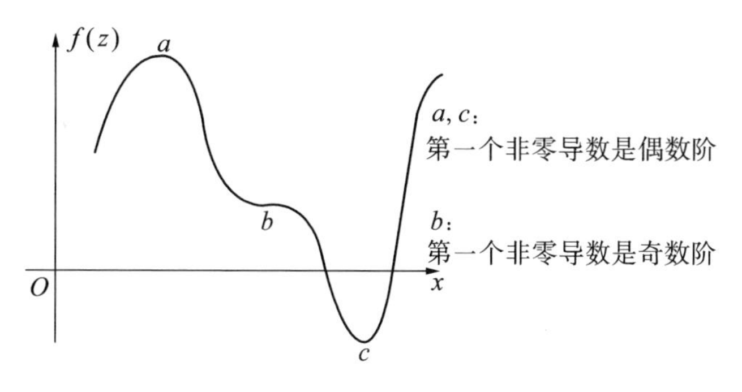

图 2.21 三种不同类型的驻点.

(2) 假设我们有一个未知函数,它是某个方程的解. 在通常情况下,不妨设这个解 $f(x)$ 的性态足够良好,可以应用泰勒定理. 然而,我们不能明确地写出它的泰勒级数,因为对这个函数或其导数的值什么也不知道. 但我们知道它们肯定是某种东西. 因此我们可以写:

$$f(x) = \sum_{n=0}^{\infty} a_n x^n.$$

把这个表达式代入描述有关问题的方程,令方程两边的 x^n 的系数相等,有时候我们就能推导出系数 a_n,它们将是 n 阶导数在 a 点的值. 这种有用技巧的实际例子将在微分方程那章中给出.

(3) 如果考察 $a=0$ 和 $h=x$ 这种特殊情况,那么对任何符合要求的可微函数,其幂级数公式如下:

$$f(x) = \sum_{n=0}^{\infty} \frac{\mathrm{d}^n f(0)}{\mathrm{d}x^n} \frac{x^n}{n!}.$$

举个例子,假设我们希望抽象地定义一个有着如下简单性质的可微函数 $E(x)$:它在原点处的所有各阶导数都等于 $E(0)=1$. 于是我们有

$$\frac{\mathrm{d}^n E(0)}{\mathrm{d}x^n} = E(0) = 1.$$

利用这个信息和泰勒级数,我们可以把整个函数重现出来:

$$E(x) = 1 + x + \frac{x^2}{2!} + \frac{x^3}{3!} + \frac{x^4}{4!} + \cdots + \frac{x^n}{n!} + \cdots$$

我们看到,在 $x=0$ 处具有给定导数性质的函数只可能有一个,而且它一定有着这样的幂级数. 当然,这正是我们所熟悉的函数 $\exp x$. 值得注意的是,我们只是规定了它在单单一个点 $x=0$ 处的各阶导数,就把整个函数 $\exp x$ 在任意点 x 处的性质推导出来了. 换句话说,我们根据可数无穷多个数据得到了这个函数在不可数无穷多个点处的值.

2.5.1.1 作为警示的例子

在运用泰勒定理的时候,有好几个地方是要注意的. 如果所讨论函数的导数增加得太快的话,这个结论就不成立了,因为我们不能让区间 $a<x<b$ 上所有导数的值被一个有限的数 M 所界. 例如,考虑这个函数:

$$f(x)=\begin{cases}\exp\left(-\dfrac{1}{x^2}\right), & x\neq 0;\\ 0, & x=0.\end{cases}$$

通过计算导数,可知对 n 的任何有限值来说,有

$$f(0)=0,\quad \frac{\mathrm{d}^n f(0)}{\mathrm{d}x^n}=0.$$

草率地使用幂级数公式,推出的结果似乎应该是

$$f(x)=\sum_{n=0}^{\infty}0\times\frac{x^n}{n!}=0.$$

这显然与原函数不一致,但问题出在哪呢? 回答是问题出在原点附近. 这个函数在满足 $0<x=\varepsilon<1$ 的点 x 处的 n 阶导数含有主项

$$\frac{2^n}{\varepsilon^{3n}}\exp\frac{1}{-\varepsilon^2}.$$

对于满足 $0<\varepsilon<1$ 的 ε 的一个给定值,我们可以找到 n 的这样一个值,使得这项的值大于任何事先给定的实数. 由于这个原因,我们无法把这个函数在包含原点的任何区间上的所有各阶导数限制在一定范围内,我们的结论不再有效.

2.5.1.2 实函数的复扩张

一旦一个实函数被表示成泰勒级数的形式,我们就能在这个泰勒级

数中用 z 代替 x，从而轻易地生成 $f(x)$ 的一个复扩张. 这对于 z 的许多值来说是一个定义明确的过程：如果实泰勒级数对于区间 $a<x<b$ 内的实数收敛，那么关于收敛半径的有关结果表明，这个复扩张在圆盘 $|z-(a+b)/2|<(b-a)/2$ 内肯定收敛. 举个例子，我们知道实对数函数的一个泰勒级数展开式是这样给出的：

$$\ln(1+x)=x-\frac{x^2}{2}+\frac{x^3}{3}-\frac{x^4}{4}+\cdots$$

既然这个展开式当 $|x|<1$ 时收敛，那么我们就知道，用 z 代替了 x 后这个展开式当 $|z|<1$ 时也将收敛. 反过来我们知道，它对于任何 $|z|>1$ 都将发散. 请考虑下列表达式：

$$\begin{aligned}\ln\frac{1+\mathrm{i}}{2}&=\ln\left(1+\frac{\mathrm{i}-1}{2}\right)\\&=\left(\frac{\mathrm{i}-1}{2}\right)-\frac{1}{2}\left(\frac{\mathrm{i}-1}{2}\right)^2+\frac{1}{3}\left(\frac{\mathrm{i}-1}{2}\right)^3-\frac{1}{4}\left(\frac{\mathrm{i}-1}{2}\right)^4+\cdots\end{aligned}$$

我们现在知道，不管关于 $\ln((1+\mathrm{i})/2)$ 的这个无穷和实际上取什么值，它肯定会是某个有限的、固定的复数，这是因为 $|(\mathrm{i}-1)/2|=1/\sqrt{2}<1$.

有一个微妙之处隐藏在这个过程的背后. 这样来定义对数函数的复数版本是自然的吗？或者说有没有其他合理的复函数版本，它在实轴上与实对数函数是一回事？我们只是在 $\ln(1+x)$ 的幂级数中做了代换 $x\to z=x+\mathrm{i}y$. 然而，有着无穷多种方式来形成一个与相应实函数保持一致的函数扩张. 例如，我们可以令 $\ln(1+x)\to\ln(1+|z|)$，或者 $\ln(1+x)\to\ln|1+z|$，甚至像 $\ln(1+x)\to\ln(1+x+2\mathrm{i}y)$ 这种更为怪异的东西. 所有这些扩张在实轴上对于正数 x 来说都归为 $\ln(1+x)$. 虽然有着这些扩张，但其中哪一个是我们应该选择的呢？幸运的是，我们不需要冥思苦想地考虑选择哪个扩张：其实我们原来的那个选择就是唯一能在正实轴上与实对数函数保持一致的复可微扩张，所有其他的表达式都不是对数函数的光滑扩张. 这是复可微函数的一个普遍特性：它们总是可以用幂级数来描述.

2.6 π与分析学观点下的三角学

正如任何一位工程师都会告诉你的,正弦函数和余弦函数有着巨大的实用价值.这些函数的基本性质我们在学校的几何课上已经学过了,在那里,我们知道了基于直角三角形边长的简单定义(图2.22).

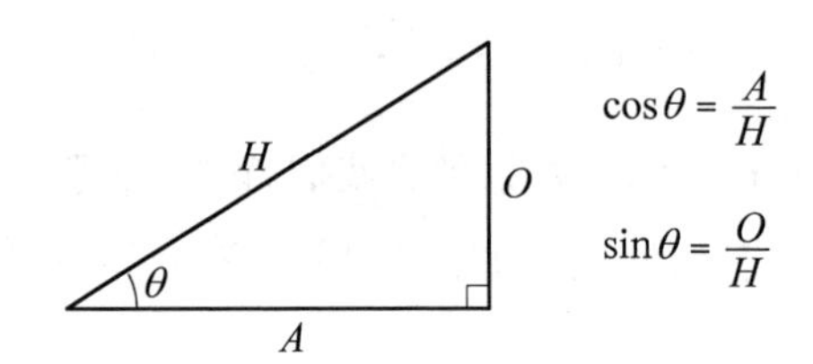

图2.22 用一个直角三角形定义正弦和余弦.

正弦函数和余弦函数拥有一些非常美妙的性质,例如,$\sin^2\theta + \cos^2\theta = 1$,这是毕达哥拉斯定理的结论.有这种知识来武装,人们就能攻克真的很复杂的几何问题①.然而,我们知道,由于正弦和余弦的美妙性质,它们经常出现在许多非常不同的数学问题的研究中.由于这个原因,我们想写下关于这些函数的清晰而精确的定义.例如,一位数学家在证明某个相当抽象的定理时,他需要对他所采用的正弦函数的性质很有把握.用三角形和角的图形作出的定义是不充分的.如果 θ 不是角,而是别的什么东西,那会怎样呢?因此,准确地说,角是什么呢?我们需要着手仔细地考察角和三角函数的性质.然后我们才能给出三角函数的精确定义,让人们可以根据这些定义放心地工作.

2.6.1 角度与扇形面积

三角学与角和圆的概念是内在地联系在一起的.不定义我们对问题的基本输入信息就进行讨论将是愚蠢的.我们需要一个关于角度之含义的清晰定义,这个定义要从我们对角度变化和作用的直观理解出发.假定

① 事实上,这些问题往往会比高等数学中的问题复杂得多,后者更多地依赖于概念性的想法,而不是煞费苦心地解大量方程.——原注

我们画了一个单位圆并画了其中的两条半径. 那么由这两条半径所张成的圆心角可以用两种基本的几何学方法来考虑:

- 连接这两条半径的弧长与这个圆心角的角度成正比.
- 在这两条半径之间的扇形的面积与这个圆心角的角度成正比.

从这两种观点的任一种出发,我们都能很顺利地讨论下去. 在这一章里我们已经提出了一种对于面积的高级解释,因而我们将从第二种观点出发进行讨论. 我们可以使用我们的微积分来把角度的定义化成一个实积分. 为了做成这件事,假设我们对三角学一无所知,但是确实知道一些基本的积分和关于直线的欧几里得几何学①. 我们必须算出由直线 $y=0$ 和 $y=mx$ 以及以原点为圆心的单位圆周所围成的面积 $A(m)$. P 是 $y=mx$ 与单位圆周的一个 x 坐标为正的交点,而 R 是过 P 点垂直于 x 轴的直线与 x 轴的交点. Q 是单位圆周与正 x 轴的交点(图 2.23).

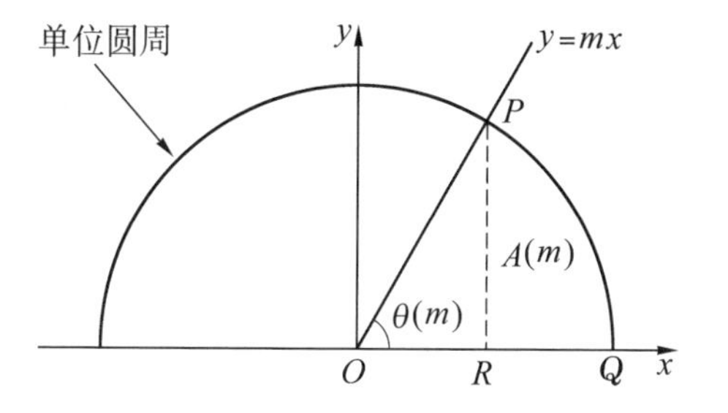

图 2.23 通过面积定义角.

运用毕达哥拉斯定理,我们可以推导出内接直角三角形 OPR 的以变量 m 表示的顶点坐标. 如果我们假设 P 点的坐标是(X,Y),那么我们一定有 $Y=mX$,因为它是直线 $y=mx$ 上的一点. 另外,我们可以利用毕达哥拉斯定理证明 $X^2+Y^2=1$. 把这两个条件放在一起,可以得出

$$R=\left(\frac{1}{\sqrt{1+m^2}},0\right),\ P=\left(\frac{1}{\sqrt{1+m^2}},\frac{m}{\sqrt{1+m^2}}\right),\ Q=(1,0).$$

---

① 有着许多种可能的几何学,其中有一些我们将在后面的章节中遇到. 标准的"欧几里得"几何学有这样一条公理,它宣称平行线永不相交. 在这样一种几何系统中,毕达哥拉斯定理成立. ——原注

现在我们来对付算出面积 $A(m)$ 这个主要问题. 我们可以将 $A(m)$ 分成两块面积的和:一块是三角形 OPR 的面积,它是一个矩形的一半面积;另一块是圆周上 P 点和 Q 点之间那条圆弧下方区域的面积,它是单位圆周的表达式 $y=\sqrt{1-x^2}$ 的一个从 $x=R$ 到 $x=1$ 的积分. 这让我们得到关系式:

$$A(m)=\frac{1}{2}\times\frac{1}{\sqrt{1+m^2}}\times\frac{m}{\sqrt{1+m^2}}+\int_{1/\sqrt{1+m^2}}^{1}\sqrt{1-x^2}\mathrm{d}x.$$

现在我们有了一个关于这个扇形面积的表达式. 然而,它并非十分"用户友好". 我们采用一种相当大胆的方法继续进行讨论:为了得到一个简化的表达式,我们首先借助于微积分基本定理对面积函数 $A(m)$ 求导,并对求得的结果进行简化,然后再次使用这个定理,把这个表达式再积分回来. 这个过程并不是完全直接的:对上面这种样子的表达式求导是很难的,因为积分下限不是单单的 m,而是 m 的一个并非平凡的函数,所以我们不能直接应用微积分基本定理. 为了对这个表达式求导,我们必须定义一个新的变量 $M=1/\sqrt{1+m^2}$. 这就把面积函数转化为

$$A(M)=\frac{1}{2}M\sqrt{1-M^2}-\int_{1}^{M}\sqrt{1-x^2}\,\mathrm{d}x.$$

现在对这个表达式求导,稍经化简,得

$$\frac{\mathrm{d}A}{\mathrm{d}M}=-\frac{1}{2\sqrt{1-M^2}}.$$

接下来逆转这个求导过程,以还原出作为变量 m 的一个函数的面积. 我们利用关于求导的链式法则并做一点儿代数运算,推出

$$\frac{\mathrm{d}A}{\mathrm{d}m}=\frac{\mathrm{d}A}{\mathrm{d}M}\frac{\mathrm{d}M}{\mathrm{d}m}=\frac{1}{2(1+m^2)}.$$

我们现在可以对这个表达式进行积分,以给出一个远为简单的扇形面积公式,从而给出直线 $y=mx$ 和 $y=0$ 所夹角的角度公式:

$$\theta(m)\propto\int_{0}^{m}\frac{\mathrm{d}u}{1+u^2}.$$

这是一个十分漂亮的结果. 余下要做的事就仅仅是确定比例常数了.

这个常数是一种约定的东西,或者说就是所取的单位. 我们选择自然数1,可以证明它与我们通常约定一个直角有 $\pi/2$ 弧度是相一致的. 因此我们给出这样的定义:

- 直线 $y=mx$(m 是任意实数)和 $y=0$ 所夹角的角度由这样一个积分来确定:

$$\theta(m)=\int_0^m \frac{\mathrm{d}u}{1+u^2}.$$

容易证明这个角度从 $\theta(-\infty)$ 到 $\theta(+\infty)$ 不断递增,而且 $\theta(-\infty)=-\theta(\infty)$. 我们分别用数值 $-\pi/2$ 和 $\pi/2$ 来标记这两个数,这就为我们给出了 π 的分析学定义. 从这个定义出发,角度的所有一般性质就浮现出来了.

2.6.1.1 π的一个级数展开式

取值 $m=1$,就会给出一个特殊的角度,它等于 $\pi/4$:

$$\frac{\pi}{4}=\int_0^1 \frac{\mathrm{d}u}{1+u^2}.$$

这是一个极好的关键点,在这里,通过把这个表达式设法准确地积分出来,我们的极限理论将融入实践. 为了做成这件事,从本质上说,我们希望把 $1/(1+u^2)$ 展开成一个无穷的二项式级数,并对其中每一项单独进行积分,然后把积分得出的所有结果加起来. 然而,应当清楚这个过程充满着潜在的危险. 因此我们在处理时必须多加小心. 首先我们指出:

$$\frac{1-y^n}{1-y}=1+y+y^2+\cdots+y^{n-1}.$$

它意味着

$$\frac{1}{1-y}=1+y+y^2+\cdots+y^{n-1}+r_n(y).$$

其中的"余项"如下:

$$r_n(y)=\frac{y^n}{1-y}.$$

很明显,前面那个表达式对于任何我们想要选择的 n 或 $y(\neq 1)$ 都是

精确成立的. 将 $y=-x^2$ 代入就让我们得到了"部分的二项式展开式":

$$\frac{1}{1+x^2}=1-x^2+x^4-x^6+\cdots+(-1)^{n-1}x^{2(n-1)}+r_n(-x^2).$$

很自然,我们可以对这个有限的表达式进行逐项积分而给出准确的结果:

$$\frac{\pi}{4}=\int_0^1\frac{1}{1+x^2}\mathrm{d}x=S_n+R_n,$$

其中

$$S_n=1-\frac{1}{3}+\frac{1}{5}-\frac{1}{7}+\cdots+(-1)^{n-1}\frac{1}{2n-1},\ R_n=\int_0^1\frac{(-1)^n x^{2n}}{1+x^2}\mathrm{d}x.$$

因为 R_n 的被积函数的分母总是大于或等于 1,所以这个余项的绝对值小于 x^{2n} 的积分:

$$|R_n|<\int_0^1 x^{2n}\mathrm{d}x=\frac{1}{2n+1}.$$

这让我们可以推出

$$0\leqslant\left|\frac{\pi}{4}-S_n\right|=|R_n|<\frac{1}{2n+1}.$$

因此,当 $n\to\infty$ 时,$\frac{\pi}{4}-S_n\to 0$. 于是我们就证明了下面这个非常简单的结果,它最早是由莱布尼茨发现的:

$$\frac{\pi}{4}=1-\frac{1}{3}+\frac{1}{5}-\frac{1}{7}+\frac{1}{9}-\cdots$$

尽管这个结果十分漂亮,但是真的要用它来计算 π,却是很不实用,因为它收敛得非常慢. 例如,把它前一百万项加出来只能让答案精确到小数点后第 5 位或第 6 位!

2.6.2 正切、正弦和余弦

现在我们有了关于角度的一个清晰的分析学定义. 到这一步,我们可以开始用一种崭新的眼光来看三角函数了. 基本出发点将是正切函数. 要知道为什么这样做,请注意我们的函数 $\theta(x)$ 是连续的,而且它的大小随着 x 从 $-\infty$ 递增到 $+\infty$ 而在递增. 这意味着它应该有一个定义合理的反

函数. 我们就是这样来定义一个角度的正切函数 $\tan\theta$ 的:

- 角度函数 $\theta(x)$ 有反函数. 我们称这个反函数为 $\tan\theta$.

  如果 $\theta(x)=\int_0^x \frac{\mathrm{d}u}{1+u^2}$,那么对于任意的实数 x,$\tan(\theta(x))\equiv x$.

  根据构造,可知 $\tan\theta$ 只是在 $(-\pi/2,\pi/2)$ 的范围中取实数值作为自变量.

怎样把 $\sin(\theta(x))$ 和 $\cos(\theta(x))$ 合适地放入这幅图景呢? 以我们关于三角形的几何知识为向导,可以定义这两个函数满足下列关系式:

$$\frac{\sin(\theta(x))}{\cos(\theta(x))}=\tan(\theta(x))=x,\ \sin^2(\theta(x))+\cos^2(\theta(x))=1.$$

可以把两个联立方程解出来,让我们得到

$$\sin(\theta(x))=\frac{x}{\sqrt{1+x^2}},\ \cos(\theta(x))=\frac{1}{\sqrt{1+x^2}}.$$

这些式子让人非常不舒服,你看在这些表达式的右边,变量 θ 还带着变量 x,乱作一团. 我们非常希望能找到一种方式,把 $\sin\theta$ 和 $\cos\theta$ 确定为一种以 θ 表示的简单表达式,不要涉及用以确定一给定值 θ 的 x. 求一下导数就让我们又一次摆脱了困境:

$$\begin{aligned}\frac{\mathrm{d}(\cos(\theta(x)))}{\mathrm{d}\theta}&=\frac{\mathrm{d}}{\mathrm{d}x}\left(\frac{1}{\sqrt{1+x^2}}\right)\Big/\frac{\mathrm{d}(\theta(x))}{\mathrm{d}x}\\&=\frac{-x}{(1+x^2)^{3/2}}\Big/\frac{1}{1+x^2}\\&=-\sin(\theta(x)).\end{aligned}$$

$$\begin{aligned}\frac{\mathrm{d}(\sin(\theta(x)))}{\mathrm{d}\theta}&=\frac{\mathrm{d}}{\mathrm{d}x}\left(\frac{x}{\sqrt{1+x^2}}\right)\Big/\frac{\mathrm{d}(\theta(x))}{\mathrm{d}x}\\&=\frac{1}{(1+x^2)^{3/2}}\Big/\frac{1}{1+x^2}\\&=\cos(\theta(x)).\end{aligned}$$

这让我们可以把变量 x 全部扔掉,写出下面这两个简单的微分方程:

$$\sin'\theta=\cos\theta,\ \cos'\theta=-\sin\theta.$$

这两个方程非常重要,因为通过反复求导可以证明,它们的 n 阶导数

不是变量 θ 的正弦函数就是变量 θ 的余弦函数，至多相差一个负号. 另外，我们知道这样的函数总是介于 -1 和 1 之间，因为有关系式 $\sin^2\theta+\cos^2\theta=1$. 于是，这些导数的绝对值也总是以 1 为上界. 这证明这两个函数都有着能收敛到函数自身的泰勒级数展开式. 因此，用不着再费什么心，我们可以令

$$\sin(\theta+h)=\sin\theta+h\cos\theta-\frac{h^2}{2!}\sin\theta-\frac{h^3}{3!}\cos\theta+\frac{h^4}{4!}\sin\theta+\cdots$$

$$\cos(\theta+h)=\cos\theta-h\sin\theta-\frac{h^2}{2!}\cos\theta+\frac{h^3}{3!}\sin\theta+\frac{h^4}{4!}\cos\theta-\cdots$$

如果我们注意到，根据定义有 $\cos 0=1$ 和 $\sin 0=0$，那么容易得出它们的幂级数形式：

$$\sin\theta=\sum_{n=0}^{\infty}\frac{(-1)^n\theta^{2n+1}}{(2n+1)!},\ \cos\theta=\sum_{n=0}^{\infty}\frac{(-1)^n\theta^{2n}}{(2n)!}.$$

2.6.2.1　用幂级数定义 sin*x* 和 cos*x*

幂级数是一种非常有力的数学工具. 尽管我们在构造函数 $\sin x$ 和 $\cos x$ 时只考虑了介于 $-\pi/2$ 和 $+\pi/2$ 之间的辐角，但是没有理由说我们不可以将其他实数代入它们的幂级数展开式. 从这个意义上说，我们能够超越产生这两个函数的几何学研究. 从此以后，我们将采用幂级数本身来作为推广的三角函数的定义，这种推广的三角函数可以取任何实数作为自变量. 这种函数对于 $(-\pi/2,\pi/2)$ 这个范围之外的实数会有怎样的表现呢？为清晰起见，我们列出函数 $\sin x$ 和 $\cos x$（其中的 x 可以是任何实数）的一些性质. 这些推演结果中有一些（但不是全部）可以直接根据几何背景得出. 其余的就是分析学的结果了.

- 首先要注意的一点是，这些幂级数对所有的实自变量都有明确的定义，因为我们可以借助比率判别法或交错级数判别法来证明它们对 x 的任何值都收敛. 这意味着 $\sin x$ 和 $\cos x$ 总是有限值，而且对于 x 的任何值，它们还满足求导规则 $\sin' x=\cos x$ 和 $\cos' x=-\sin x$.
- 让我们考虑函数 $f(x)=\sin^2 x+\cos^2 x$. 如果我们对 $f(x)$ 求导，然后

将关于 $\sin'x$ 和 $\cos'x$ 的表达式代入求导结果，那么可以发现 $f(x)$ 的值是一个常数. 既然有 $\cos 0=1$ 和 $\sin 0=0$，那么我们可以推出，对于 x 的所有实数值，有

$$\sin^2 x+\cos^2 x=1.$$

作为推论，我们还可以推出对任意实数 x 有 $|\sin x|\leqslant 1$ 和 $|\cos x|\leqslant 1$. 这是一个干净利落的结果，对相应的幂级数不作一番检视是完全看不清这一点的.

- 现在我们知道我们的函数处处都被限制在 1 和 -1 之间. 然而，目前我们只知道余弦函数和正弦函数在一点的精确值. 为了试图改进这种情况，我们注意到 $\cos 2$ 是负项的一个和：

$$\cos 2=\underbrace{\left(1-\frac{2^2}{2!}+\frac{2^4}{4!}\right)}_{<0}+\underbrace{\left(-\frac{2^6}{6!}+\frac{2^8}{8!}\right)}_{<0}+\cdots$$

我们现在可以得出结论：不管 $\cos 2$ 是多少，它一定是个负数. 既然 $\cos 0$ 是一个正数，那么我们由介值定理得知，连续函数 $\cos x$ 一定与坐标轴相交在 0 与 2 之间的某个地方（图 2.24）.

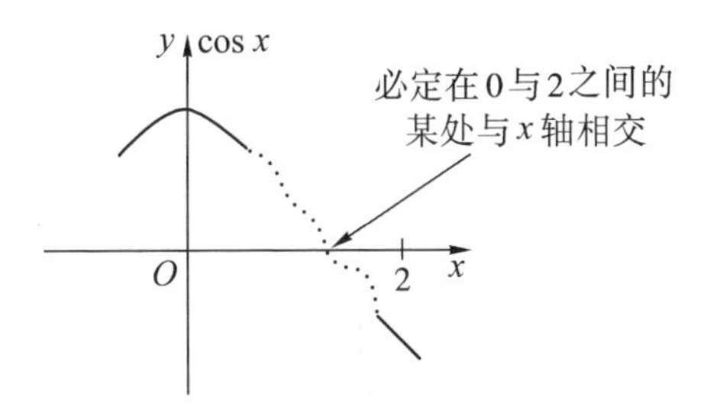

图 2.24　存在 x 的一个值，使得 $\cos x$ 为零.

我们现在可以给出数 π 的另一个定义，它根本不涉及角度和几何学：$x=\dfrac{\pi}{2}$是使得 $\cos x=0$ 的最小正数.

- 通过使用公式 $\sin^2 x+\cos^2 x=1$，我们现在发现 $\sin\dfrac{\pi}{2}$必定取值 $+1$ 或 -1. 然而，我们知道 $\sin x$ 随着 x 从 0 到 $\pi/2$ 的增加而增加，这是因为 $\sin x$ 的导数 $\cos x$ 在这个区间内是正的. 于是我们得出结论：

$\sin(\pi/2) = +1.$

- 利用泰勒级数的完整形式,我们立即看到

$$\sin\left(\frac{\pi}{2}+x\right)=\sin\frac{\pi}{2}+x\cos\frac{\pi}{2}-\frac{x^2}{2!}\sin\frac{\pi}{2}-\frac{x^3}{3!}\cos\frac{\pi}{2}+\frac{x^4}{4!}\sin\frac{\pi}{2}+\cdots$$

$$=1+0-\frac{x^2}{2!}\cdot 1-0+\frac{x^4}{4!}\cdot 1+\cdots$$

$$=\cos x.$$

类似地,我们可以证明

$$\cos\left(x+\frac{\pi}{2}\right) = -\sin x.$$

把这两个结果结合起来,就证明了这些幂级数定义的函数是以 2π 为周期的周期函数:

$$\sin(x+2\pi)=\sin x,\ \cos(x+2\pi)=\cos x.$$

值得注意的是,我们可以用如此简单的一种方法证明这些无穷级数的周期性(图 2.25).

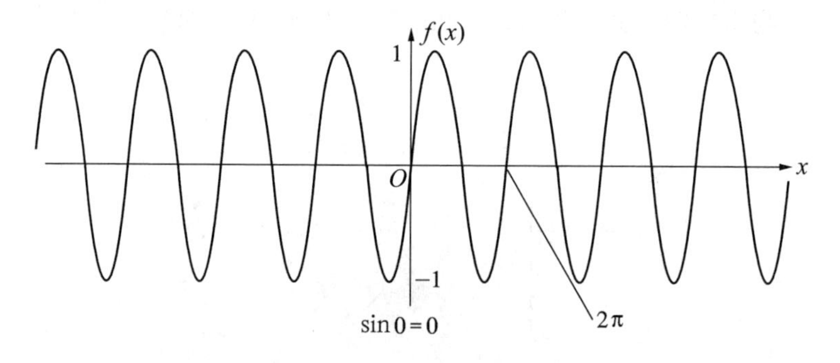

图 2.25　三角函数 $\sin x$.

2.6.3　傅里叶级数

我们现在考虑一种看待函数的非常新奇的方式,它是由傅里叶在研究描述有限长金属杆中热流的方程的过程中发现的. 我们已经看到,性态适当良好的函数可以表示成以 x^n 为变量的级数. 傅里叶在努力解他那个很难的方程时,发现任何一个这样的函数也可以写成以

sin(nx)和 cos(nx)为变量的级数. 换句话说,给定某个适当的函数$f(x)$,

$$f(x)=\sin x=-\cos(x+\pi/2)=-\sin(x+\pi)$$

我们可以找到常数A_n和B_n,使得

$$f(x)=\underbrace{\frac{A_0}{2}+\sum_{n=1}^{\infty}(A_n\cos(nx)+B_n\sin(nx))}_{\text{傅里叶级数}}\leftrightarrow\underbrace{\sum_{n=0}^{\infty}a_nx^n}_{\text{泰勒级数}},\ -\pi<x\leqslant\pi.$$

尽管这个表达式看起来相当复杂,但求出函数$f(x)$的傅里叶级数其实非常简单. 这里的原因在于,如果我们对级数中的余弦函数项和正弦函数项以$-\pi$和π为上下限如下进行积分,它们就形成了一个正交系,这是相互垂直的直线在函数领域的等价物:

$$\int_{-\pi}^{\pi}\cos(mx)\sin(nx)\mathrm{d}x=0,\ \text{对所有的}\ m,n;$$

$$\int_{-\pi}^{\pi}\cos(mx)\cos(nx)\mathrm{d}x=\int_{-\pi}^{\pi}\sin(mx)\sin(nx)\mathrm{d}x=\begin{cases}0,\ \text{如果}\ m\neq n;\\ \pi,\text{如果}\ m=n.\end{cases}$$

三角函数的这个美妙性质意味着,只要执行如下所示的积分,我们就可以把傅里叶级数解出来,即求得$f(x)$的傅里叶展开式中的系数:

$$A_n=\frac{1}{\pi}\int_{-\pi}^{\pi}f(x)\cos(nx)\mathrm{d}x,$$

$$B_n=\frac{1}{\pi}\int_{-\pi}^{\pi}f(x)\sin(nx)\mathrm{d}x.$$

思考傅里叶级数的一个好方法是认识到级数中的每一项都是频率为n的振荡. 把所有这些振荡加起来,我们就得到了所讨论的函数. 要看到这种情况在实际中是如何发生的,我们来考虑$f(x)=x^2$这个简单的函数. 既然这是一个偶函数,即有$f(-x)=f(x)$,那么正弦项的系数就都自动地为零,这使得傅里叶级数化为

$$x^2=\frac{A_0}{2}+\sum_{n=1}^{\infty}A_n\cos(nx).$$

要得到傅里叶级数的系数,我们只需采用分部积分法执行下列积分:

$$A_n=\frac{1}{\pi}\int_{-\pi}^{\pi}x^2\cos(nx)\mathrm{d}x=\frac{4}{n^2}(-1)^n,\ n>0;$$

$$A_0=\frac{1}{\pi}\int_{-\pi}^{\pi}x^2\mathrm{d}x=\frac{2\pi^2}{3}.$$

于是,在 $-\pi < x \leqslant \pi$ 的范围内,函数 x^2 可以写作(图 2.26)

$$x^2 = \frac{\pi^2}{3} + 4\sum_{n=1}^{\infty} \frac{(-1)^n \cos(nx)}{n^2}.$$

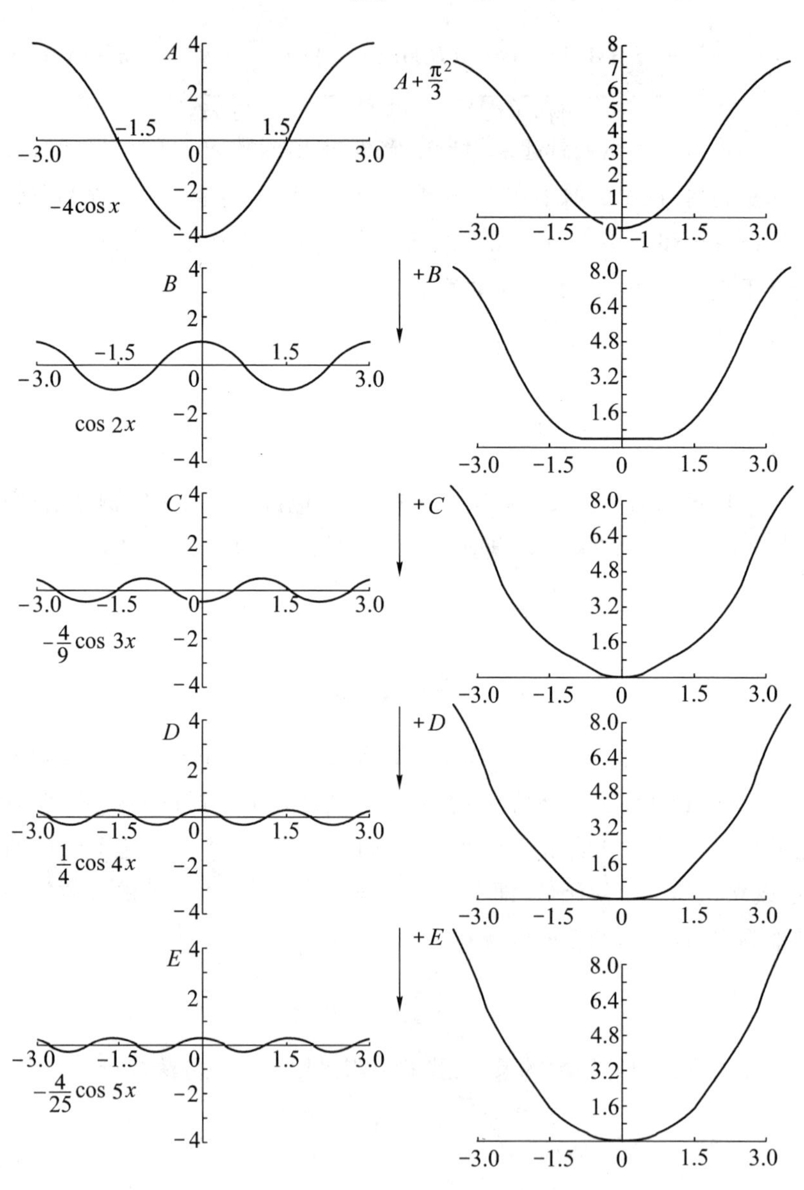

图 2.26　将 $f(x) = x^2$ 表示成傅里叶级数.

正如傅里叶所指出的,物理学和工程技术中的某些问题适于用傅里叶级数来解决. 主要的例子是那些涉及声波和热波的问题. 然而,傅里叶理论的意义已远远超出了这种应用,实际上它导致了一个完整数学分支的产生. 另外,由于数 π 与三角函数 $\sin x$, $\cos x$ 之间的密切联系,我们可以找出各种各样含有 π 的公式. 例如,如果将 $x = \pi$ 这个特殊点代入函数 $f(x) = x^2$ 的傅里叶级数,我们就发掘出了整数与无理数 π 之间的一个不同凡响的联系:

$$\pi^2 = \frac{\pi^2}{3} + 4\sum_{n=1}^{\infty} \frac{1}{n^2} \Rightarrow \sum_{n=1}^{\infty} \frac{1}{n^2} = \frac{\pi^2}{6}.$$

请注意,作为一个和,这个级数收敛得相当快. 例如,前 5 项就给出了精确度在 90% 以内的答案,而前 20 项则给出了一个精确度为 97% 的答案. 这个公式本身的存在就是数论中的一项令人惊喜的额外奖励,它居然来自对 $f(x) = x^2$ 这个简单函数的分析. 这是现代数学的一个美丽的特性,这个特性就是,存在着这样的缎带,它们将看来无关的对象联系在一起.

2.7 复函数

在前面各节中,我们主要的焦点是实函数分析. 我们已经领会了数学家是怎样以一种严格和直观的方式来处理涉及无穷极限的过程的. 事实上这只是分析学故事的开始:有实分析的基本地图和罗盘在手,我们就可以开始探索复分析的奇妙世界了. 这是对活跃在复平面上的函数 $f(z)$ 的研究. 尽管把关于极限的基本概念转换到复数背景下是一个相当简单的过程,但复值函数的性质在很多方面与它们的实数对应物有很大的不同. 我们将对函数 $\sin x,\cos x,\exp x,\ln x$ 的自然复扩张的性质作一些调查研究,以简单地接触一下现代数学的这个美丽领域. 前三个函数处理起来很简单,而最后一个则把我们引向了有趣的新疆域.

2.7.1 指数函数和三角函数

在我们的实分析研究中,我们发现了关于函数 $\exp x,\sin x,\cos x$ 的幂级数展开式. 既然这些展开式对于任何实数 x 都收敛,那么我们可以立即写出在整个复平面上都收敛的复幂级数①. 我们把它们取来自然而然地定义我们这些实函数的复函数版本:

$$\exp z=1+z+\frac{z^2}{2!}+\frac{z^3}{3!}+\cdots$$

$$\sin z=z-\frac{z^3}{3!}+\frac{z^5}{5!}+\cdots$$

$$\cos z=1-\frac{z^2}{2!}+\frac{z^4}{4!}-\cdots$$

注意到 $\mathrm{i}^2=-1$,我们发现

$$\begin{aligned}\exp(\mathrm{i}z)&=1+\mathrm{i}z+\frac{(\mathrm{i}z)^2}{2!}+\frac{(\mathrm{i}z)^3}{3!}+\frac{(\mathrm{i}z)^4}{4!}+\frac{(\mathrm{i}z)^5}{5!}+\cdots\\&=1+\mathrm{i}z-\frac{z^2}{2!}-\mathrm{i}\frac{z^3}{3!}+\frac{z^4}{4!}+\mathrm{i}\frac{z^5}{5!}-\cdots\end{aligned}$$

① 其实,这些复幂级数是相应实函数在复平面上的唯一可微扩张. ——原注

好，既然 exp$z$ 的复幂级数展开式处处绝对收敛，那么我们可以把这个表达式重新排列成实部和虚部的和，这样做不会对这个和的值产生影响. 因此我们可以得出结论：

$$\exp(\mathrm{i}z) = \left(1 - \frac{z^2}{2!} + \frac{z^4}{4!} - \cdots\right) + \mathrm{i}\left(z - \frac{z^3}{3!} + \frac{z^5}{5!} - \cdots\right)$$

$$= \cos z + \mathrm{i}\sin z, \text{ 对任何复数 } z.$$

于是我们看到，貌似无关的实指数函数和实三角函数扩张到复平面上后紧密地联系在一起了. 这个关系式向我们提供了一些有趣的性质. 例如，既然这个表达式对任何 z 都成立，那么它当然对任何实数 $z=\theta$ 也成立，从而引出：

$$\exp(\mathrm{i}\theta) = \cos\theta + \mathrm{i}\sin\theta.$$

由于 $\cos\theta$ 和 $\sin\theta$ 是以 2π 为周期的周期函数，这就意味着指数函数是以虚数 $2\pi\mathrm{i}$ 为周期的周期函数：

$$\exp(z + 2\pi\mathrm{i}) = \exp z.$$

假设我们把复数表示成极坐标的形式：

$$z(r,\theta) = r(\cos\theta + \mathrm{i}\sin\theta).$$

于是我们看到

$$z(r,\theta) = r\exp(\mathrm{i}\theta)$$

2.7.2 复函数的几个基本性质

尽管把我们的实函数推广成复平面上的函数是非常简单的，但要把实函数的性质按到它们的复数伙伴身上，还必须时时多加小心. 余弦函数和正弦函数给我们提供了很好的例子：

$$\cos z = \frac{\exp(\mathrm{i}z) + \exp(-\mathrm{i}z)}{2}, \quad \sin z = \frac{\exp(\mathrm{i}z) - \exp(-\mathrm{i}z)}{2\mathrm{i}}.$$

沿着虚轴 $z=\mathrm{i}y$，我们看到正弦函数和余弦函数的模都像指数函数 $\exp(|y|)/2$ 那样无限止地增长. 这与它们沿着实轴表现出的振荡性截然相反. 实际上，这种性态相当普遍：任何能表示成一个幂级数的非常值复函数都不可能在复平面上让它的模有一个上界. 此外，最大模原理告诉我

们,在复平面的任何区域 X 上,任何一个这样的函数都是在 X 的边界上取到它的最大模和最小模的(图 2.27).

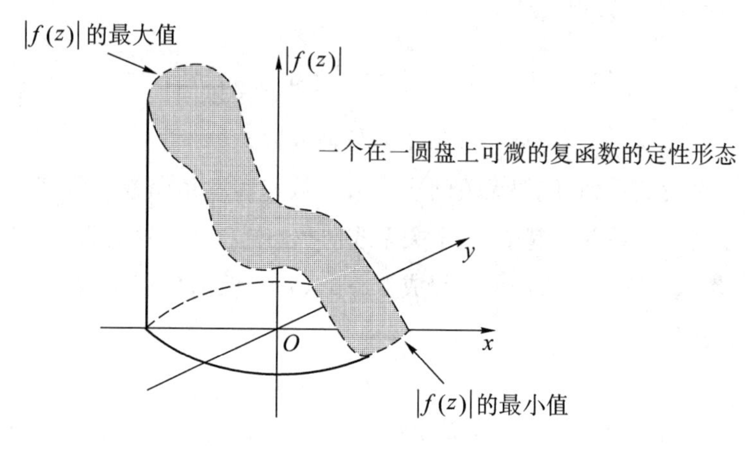

图 2.27　最大模原理.

2.7.3　对数函数及多值函数

对数函数的情况怎么样呢? 这是一个比 $\exp z$ 难处理得多的函数,因为它根本没有在原点收敛的幂级数:当 $x\to 0$ 时 $\ln x\to -\infty$. 至少可以说,这个函数在原点没有定义这件事导致了一些相当不寻常的性质. 主要的结论是在复平面上 $\ln z$ 甚至根本不是一个真正的函数:对任意选定的 z, $\ln z$ 可以取无穷多个值! 当然,要明白为什么会是这样,我们必须首先考虑应该怎样定义复对数函数. 它在实分析中的基本定义是作为一个积分给出的,而指数函数则被定义为它的反函数:

$$\ln x = \int_1^x \frac{\mathrm{d}u}{u}, \quad \exp(\ln x) = x.$$

要把积分的规则推广到复平面上是很难做到令人满意的,因为在复平面上有无穷多条连接积分下限 1 和积分上限 x 的积分路径. 尽管我们可以用这种方式来推广 $\ln x$,但是采用这个函数是指数函数的反函数这一事实会比较简单,而且可达到同样目的,因为我们手中有着 $\exp z$ 的一个直接的幂级数定义.

那么,一个复数 $z = r\exp(\mathrm{i}\theta)$ 的对数有怎样的表现呢? 既然我们可以直接证明对任何的复数 x 和 y 都有 $\exp(x+y) = \exp x \cdot \exp y$,那么我们就知道可以像下面那样将一个复数积的对数 $\ln(AB)$ 分解成一个和 $\ln A + \ln B$:

$$\exp(\ln A + \ln B) = \exp(\ln A)\exp(\ln B) = AB = \exp(\ln(AB)).$$

把这个结果应用到复数 $z = r\exp(\mathrm{i}\theta)$ 上,我们推出:

$$\ln z = \ln(r\exp(\mathrm{i}\theta)) = \ln r + \ln(\exp(\mathrm{i}\theta)) = \ln|z| + \mathrm{i}\theta.$$

这是很不寻常的. 请注意尽管 $z(r,\theta+2\pi)$ 和 $z(r,\theta)$ 对应于复平面上的同一个点,但它们的对数值却相差 $2\pi\mathrm{i}$. 我们把对数函数称为一种*多值函数*:我们在复平面上把一个点 z 沿着任意一条环绕原点一次的闭路按逆时针方向移动时,它的辐角会连续地增加,但是当我们差不多回到出发点时,对数的值就会发生差不多是 $2\pi\mathrm{i}$ 的跳跃. 然而,如果这条闭路不是环绕原点的话,对数的值就不会变化,因为辐角会回到它原来的值. 这是复分析的一个*拓扑*特性:当我们在复平面上沿着闭路行进时,定义在这些闭路上的可微函数的值可能会以某个离散的量发生突然的跳跃. 由于这个原因,对数函数在某种意义上超出了复平面. 它确实需要一个更大的结构来容纳它. 这个结构被称为*黎曼面*. 在对数函数的情况下,它是由可数无穷多个仅在原点相连的复平面构成的. 这些复平面被一层一层地"叠堆"着,就像一个多层的停车场. 当我们环绕原点行进时,我们会从这个黎曼面的各层之间上上下下. 在分析学中,从这里开始,这一切都变得相当复杂. 然而,关于复对数函数却什么也没有丢失. 要把这个多值性问题排除掉,我们可以只是明确地要求 z 的每一个值都取它的*主值*:规定它的辐角必须介于 $-\pi$ 和 π 之间. 为了防止我们定义出什么环绕原点的闭路,我们将在一个略经宰割(我们割去了负实轴和原点)的复平面上讨论问题. 这个*分支切割*一旦形成,每一个特定点上的对数值就不会有歧义了(图 2.28).

2.7.4 复数幂

在本章的最后,我们用对数来定义复数幂. 我们的定义方式与定义无理数幂的方式相同:

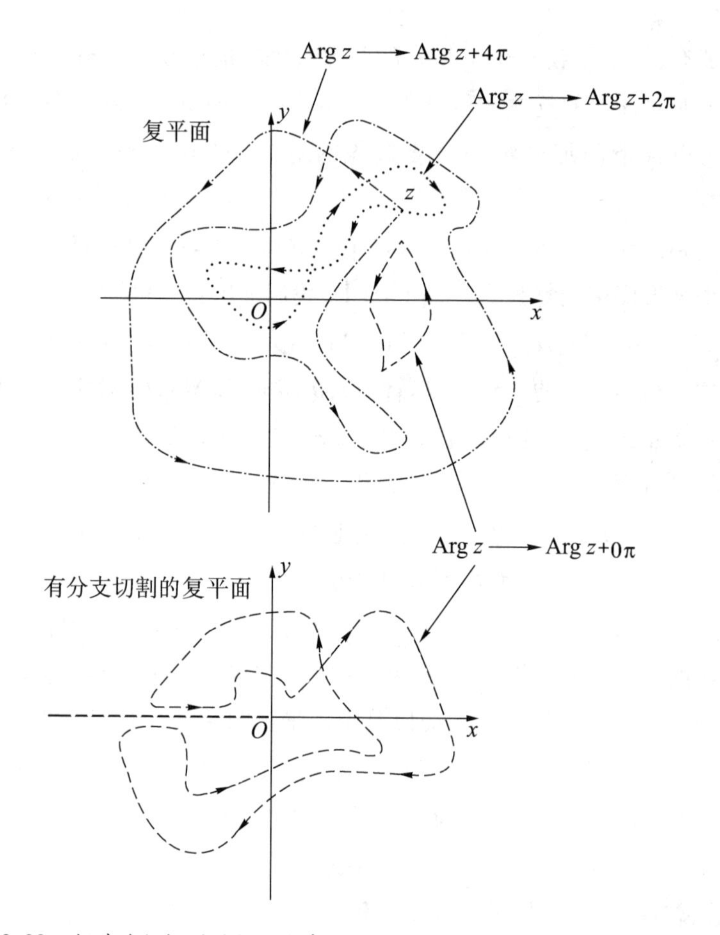

图 2.28　行进路径按逆时针方向每环绕原点一圈，对数函数的值就跳跃 2πi.

$$a^b = \exp(b\ln a),\text{ 对于任何的 } a, b \in \mathbb{C}.$$

请注意，如果不强令辐角取主值的话，$\ln a$ 的多值性就会转移到幂 a^b 上：

$$\begin{aligned} a^b &= \exp(b\ln a) \\ &= \exp(b\ln a + b2n\pi i) \\ &= \exp(b\ln a)\exp(b2n\pi i),\text{ 对于任何整数 } n. \end{aligned}$$

由于仅当 bn 为整数时才有 $\exp(b2n\pi i)=1$，因此我们看到，如果 b 不是整数，那么这个幂函数就是多值函数，而如果 b 不是有理数的话，这个幂函数就可以取无穷多个值. 尽管这听起来可能很荒谬,但也有着一些我们相当熟悉的例子. 考虑对一个正实数取平方根的简单过程,结果总会有两个实数根. 从这个意义上说,平方根函数是多值函数,它有两个值,一个是正的,一个是负的.

$$a^{\frac{1}{2}}=\exp\left(\frac{1}{2}\ln a\right),$$

或者

$$\begin{aligned}a^{\frac{1}{2}}&=\exp\left(\frac{1}{2}(\ln a+2\pi\mathrm{i})\right)\\&=\exp\left(\frac{1}{2}\ln a\right)\exp(\pi\mathrm{i})\\&=-\exp\left(\frac{1}{2}\ln a\right).\end{aligned}$$

可见,要求我们仅采用辐角的主值与限制我们只取正平方根是同一回事.

现在我们能对欧拉数 e 作一个最后的考察了. 我们可以这样推出 $\mathrm{e}^{\mathrm{i}z}$ 的主值:

$$\mathrm{e}^{\mathrm{i}z}=\exp(\mathrm{i}z\ln\mathrm{e})=\exp(\mathrm{i}z\cdot 1)=\exp(\mathrm{i}z)=\cos z+\mathrm{i}\sin z.$$

因此,尽管 $\mathrm{e}^{\mathrm{i}z}$ 通常是多值的,而 $\exp(\mathrm{i}z)$ 是单值的①,但当 z 的辐角取主值时它们是一致的. 把 $z=\pi$ 代入这个公式,我们可以推出一个把五个基本数 0,1,e,π,i 联系在一起的等式. 这个表现了数学统一性的代表作为我们的分析学学习提供了一个合适的结尾:

$$\mathrm{e}^{\pi\mathrm{i}}+1=0.$$

① 在这里,$\mathrm{e}^{\mathrm{i}z}$ 被认为是复数幂 a^b 当 $a=\mathrm{e}$, $b=\mathrm{i}z$ 时的值. 根据定义,$\mathrm{e}^{\mathrm{i}z}=\exp(\mathrm{i}z\cdot\ln\mathrm{e})=\exp[\mathrm{i}z\cdot(1+2n\pi\mathrm{i})]=\exp(\mathrm{i}z+\mathrm{i}z2n\pi\mathrm{i})=\exp(\mathrm{i}z)\cdot\exp(\mathrm{i}z2n\pi\mathrm{i})$. 如果 $\mathrm{i}z$ 不为整数,它就是多值的. 而 $\exp(\mathrm{i}z)$ 作为指数函数,总是单值的. ——译校者注

第 3 章　代数

数值问题或几何问题可以用方程来表示的想法已经伴随我们几千年了. 一个典型的方程只不过表述了两个数值量是相等的,但如果在方程一边的表示式中含有一个原本未知的量,那么它的威力就显现出来了. 利用算术运算法则来重新整理方程,就能让我们把这个表达形式变换为另一个方程(或许要通过一长串中间步骤),这个方程令这个未知量(通常用 x 表示)与一个已知量相等. 这样 x 就变成了已知量. "代数"(algebra)的字面意思是"将破碎的部分重新合起来",这门学科就是讨论这种过程的抽象形式和符号运算. 一个经典的例子可由毕达哥拉斯定理提供给我们. 这条定理是说(图 3.1):

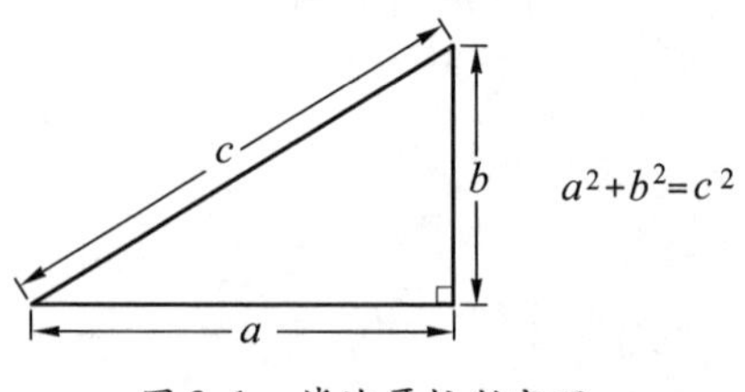

图 3.1　毕达哥拉斯定理.

- 对于任何一个直角三角形,斜边长度 c 的平方等于另两条边长度 a 和 b 的平方和:$a^2+b^2=c^2$.

在暂时假定我们知道"直角三角形"是指什么(这一点我们稍后将在

本章论述)的前提下,证明这条定理是一件简单的事.

<u>证明</u>:作为我们这个证明的开始,让我们考虑内接于一个边长为 $a+b$ 的大正方形的一个边长为 c 的小正方形(图 3.2).

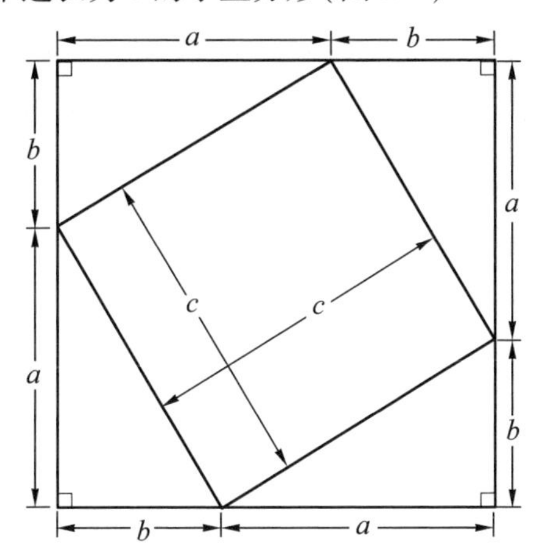

图 3.2　毕达哥拉斯定理证明的出发点.

显然,大正方形的面积等于小正方形的面积加上一个边长为 a,b,c 的直角三角形的面积的 4 倍. 既然这样一个直角三角形的面积等于边长为 a,b 的长方形面积的一半,那么我们可以将大正方形的面积 A 写成一个代数表达式:

$$A=(a+b)\times(a+b)=c\times c+4((a\times b)/2).$$

我们的几何问题现在用三个实数 a,b,c 以代数方式表示了出来. 为了证明毕达哥拉斯定理,我们需要利用关于实数的熟知性质来处理上述等式. 省去写起来有点儿麻烦的乘法符号"×",我们有

$$(a+b)(a+b)=c^2+4(ab/2)$$
$$\Rightarrow a^2+b^2+2ab=c^2+2ab$$
$$\Rightarrow a^2+b^2=c^2.$$

这条定理的上述证明展示了代数的用处,其中我们采取了以下步骤:

(1) 对于一个给定的问题,设法做一个变换,将它变换为一个等价的代数表示.

(2) 利用有关的代数规则,例如实数在加法和乘法下的性质,我们

可以将问题的代数表示形式进行化简,从而解出所求未知量的值.

(3) 将代数运算的结果变换回来,成为原来问题的说法.

为了构造毕达哥拉斯定理的这个证明,对于这个涉及实数算术的几何问题,我们用了它的一个代数表示. 正如我们将看到的,存在着许多不同的代数系统,可让我们用来表示各种各样非常不同的问题. 在本章中,我们从头到尾都将研究这些代数思想和结构的一些最基本的内容.

3.1 线性性

作为我们研究的起点，我们首先考虑线性系，它们是描述直线和平面的基础. 尽管线性系在许多方面是我们所研究的最简单的代数系统，但它们仍然具有许多特殊的性质，这些性质使我们可以进行扎实的数学分析.

3.1.1 线性方程

我们在代数上首先遇到的往往是像下面这样简单的例子：求 x 的值，使得

$$2x+3=10.$$

这个问题的解就是实数 $x=3.5$. 在几何上，我们可以认为实数形成了一条直线，而数 x 是这条直线上的某个点. 如果我们考虑有不止一个未知量，那就会发生比较复杂的情况：

$$2x+y=6.$$

这个方程有无穷多个解 $(x,y)=(\lambda,-2\lambda+6)$，其中 λ 取任意实数值. 方程的所有可能解的集合称为解空间. 请注意，λ 的实数值有多少个，方程的不同解就有多少个；我们可以在几何上这样解释：方程 $2x+y=6$ 的解空间在由实数偶 (x,y) 构成的平面中形成了一条直线. 接下来考虑如下的方程：

$$x+2y+z=1.$$

在这种情况下，通解可以用两个任意实数 λ 和 μ 写出来：方程 $x+2y+z=1$ 的解可以写成

$$(x,y,z)=(\lambda,\mu,1-\lambda-2\mu),\ \lambda,\mu \text{ 为任意实数.}$$

这个解空间形成了一个处在 (x,y,z) 的可能值空间中的无限平面.

一般地，我们可以写出具有任意多个变量的线性方程：

$$a_1x_1+a_2x_2+\cdots+a_nx_n=c,\ c \text{ 为常数}, a_i\neq 0.$$

尽管它可以被不太严格地解释成直线或平面的一种高维形式，但是从代数的角度看，这种形象化是不必要的. 关键之点是我们可以用 $n-1$ 个实数写出它的通解：

$$(x_1,\cdots,x_{n-1},x_n)=(\lambda_1,\cdots,\lambda_{n-1},(c-a_1\lambda_1-\cdots-a_{n-1}\lambda_{n-1})/a_n).$$

3.1.1.1 线性方程组

在数学这本动物寓言集中,一个单独的线性方程并不是十分令人感兴趣的动物:对于一个具有 n 个变量且系数非零的线性方程来说,在 $x_1,x_2,\cdots,x_{n-1}$ 这 $n-1$ 个点上规定了任意值后,总是唯一地决定了最后一个变量 x_n 的值. 因此它的解空间仅由 $n-1$ 个自由参数所标明,其中每个参数可以取任何实数值. 值 $n=1,2$ 和 3 分别对应于解为点、线和平面这三种情况. 人们对线性代数的兴趣在于设法去求得同时满足一组(多个)线性方程的解.

一个简单的具体例子如下:

$$\begin{aligned} x+\ y+\ z&=3, &\text{(i)}\\ 2x+3y-\ z&=-2, &\text{(ii)}\\ x+\qquad 2z&=5. &\text{(iii)}\end{aligned}$$

我们可以系统地解这些方程,去求出同时满足各个方程的数 x,y,z. 首先我们利用第一个方程将第二个和第三个方程中的 x 消去:

$$\begin{aligned} x+\ y+\ z&=3, &\text{(i)}\\ y-3z&=-8, &\text{(iv)}=\text{(ii)}-2\times\text{(i)}\\ -y+\ z&=2. &\text{(v)}=\text{(iii)}-\text{(i)}\end{aligned}$$

然后我们可以利用方程(iv)消去方程(v)中的 y,得

$$\begin{aligned} x+y+\ z&=3, &\text{(i)}\\ y-3z&=-8, &\text{(iv)}\\ -2z&=-6. &\text{(vi)}=\text{(v)}+\text{(iv)}\end{aligned}$$

现在我们可以迅速读出解是什么. 首先,方程(vi)告诉我们,z 必定取值 3. 然后我们可以将这个值代入方程(iv),这就唯一地解出了 $y=1$. 将 y 和 z 的值代入第一个方程,这告诉我们 $x=-1$. 因此,上述三个方程的联立解是$(x,y,z)=(-1,1,3)$. 我们能不能在几何上解释这种情形? 我们所解的每个方程表示一个平面. 联立解是一个点集,其中的点正好同时处在这三个平面上:换句话说,方程组的完全解由这些平面的交点给出. 一般

地说,我们现在可以定性地看出,对于任意三个表示平面的方程的联立解可能会有什么情况:它们可能是一个交点,也可能是一条交线. 另外还有两种特殊情况:这些平面可能根本不会相交于同一个点,这种情况下就没有联立解;它们也可能全部相互重叠,这种情况下有整整一个平面的解. 请注意这些解空间本身是线性的. 这是线性方程组的一个一般性质:它们总有线性的解.

在实际生活中,解线性方程组极其重要:金融上的应用可能涉及几千个变量,而物理上的应用,例如天气预报,可能需要解有着几百万个变量的联立方程. 我们怎样来处理这些问题呢? 很自然,对于如此复杂的实例,我们希望构想出一种*系统*的方法来求得其解. 幸运的是,这种系统的过程是存在的,窍门在于将我们用来求得三个平面之交的那个过程加以推广,产生一个称为*高斯消元法*的方法. 一般地说,假设我们有 n 个含有 n 个不同变量 $(x_1, x_2, \cdots, x_n)$ 的线性方程①:

$$
\begin{aligned}
a_{11}x_1 + a_{12}x_2 + \cdots + a_{1n}x_n &= b_1,\\
a_{21}x_1 + a_{22}x_2 + \cdots + a_{2n}x_n &= b_2,\\
&\vdots\\
a_{n1}x_1 + a_{n2}x_2 + \cdots + a_{nn}x_n &= b_n.
\end{aligned}
$$

从本质上说(或许要做某种重新整理的工作),我们利用第一个方程将所有其他方程中的 x_1 消去,然后利用第二个方程将所有后续方程中的 x_2 消去,如此等等. 最终,我们将得到如下的一组方程:

$$
\begin{aligned}
A_{11}x_1 + A_{12}x_2 + A_{13}x_3 + A_{14}x_4 + \cdots + A_{1n}x_n &= B_1,\\
A_{22}x_2 + A_{23}x_3 + A_{24}x_4 + \cdots + A_{2n}x_n &= B_2,\\
A_{33}x_3 + A_{34}x_4 + \cdots + A_{3n}x_n &= B_3,\\
&\vdots\\
A_{nn}x_n &= B_n.
\end{aligned}
$$

① 如果方程个数比变量个数多,就会发生另外的复杂情况,不过求解的方法在本质上是一样的. ——原注

由这些方程,我们可以迅速读出问题的所有可能解,即从 $x_n = B_n/A_{nn}$ 开始,系统地将每个方程中的变量一个接一个地消去. 在这个消去过程中,可能会出现两种特殊类型的方程. 如果我们得到一个 $0 \times x_i = B_i \neq 0$ 形式的方程,那么方程组无解,因为0乘以任何数总是0. 因此,这样的方程根本不可能成立. 另一方面,像 $0 \times x_i = 0$ 这样的方程则总是成立的. 因此,变量 x_i 取任何实数都行. 于是解空间包含着不可数无穷多个值. 如果只有一个变量可以取任意值,那么我们可以求得一条解直线;如果有两个变量取任意值,那么这个方程组将有一个解平面,如此等等.

3.1.2 向量空间

在上一节中,我们将线性方程组的解用空间中处于直线和平面上的点作了几何上的解释. 尽管这种解释就方程组的纯代数解法而言并不是必要的,但它确实提供了一种有用的形象化描述. 为了继续讨论下去,我们应该努力理解词儿"直"和"平"的意思. 为此,我们将揭示现代数学的最有用且应用最广的基石之一:向量和向量空间的理论.

我们首先考虑直线. 对于是什么使得一条线成为直线,我们都有一种直观上的想法,但我们能不能将这个想法提炼成一种精确的数学概念呢? 我们当然应该把这条线看成是点的一种结集物. 在这些点的任意两点之间取这条线的一个线段. 这条线之所以是直的,是因为我们可以将一个方向与这条线段相联系,而这一整条线通过无定限地延伸这条线段而产生. 现在考虑平面. 从平面上任何一对点之间的直线段出发,我们可以创建一条完全处于这平面中的直线. 其次,任何两对平行直线要么全部平行,要么在这平面上围成一个平行四边形区域. 如果这些直线没有围成一个平行四边形区域,那么就应该存在着某种内在的"弯曲". 我们可以把这样的讨论延伸到"高维"的情形. 例如,考虑从你所在空间抽象出来的一种数学空间. 它之所以是平直的,是因为这空间中的任何三对平行平面会围成一个"规则的"立方体.

我们看到在这里有某种等级结构正在建立. 在"三维"的情形中,围成立方体的平面是用直线的性态定义的,直线又是用直线段的性态来定义的，而这种直线段是通过一个起点、一个方向和一个终点来描述的. 这些直线段将成为我们这个理论中的基本建筑模块（图 3.3）. 我们将称这些直线段为向量①.

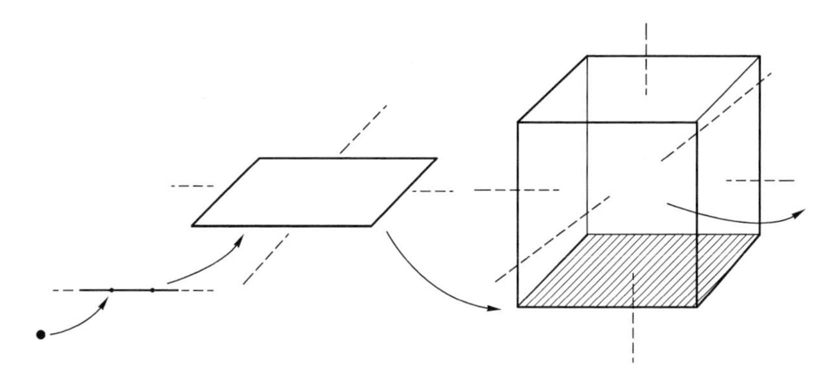

图 3.3　构造平直空间.

由这些向量组成的一种空间必定会有哪些行为方式？对此我们建立一个公理系统. 在这种特定的情况下，比较容易的做法是：先是简单地陈述公理，然后证明它们以正常的方式发挥效用，而不是设法通过例子来引出每条公理. 我们给出的公理都是深思熟虑的结果，它们以一种相当简洁的方式体现了平直性的本质特性. 况且，由于线性性经常以不同的面貌出现，所以这种公理化描述比仅从几何上考虑向量要有力和有用得多. 这些公理如下：

- 向量空间 V 是由被称为**向量**的对象所构成的一个集合 $\{\boldsymbol{u},\boldsymbol{v},\boldsymbol{w},\cdots\}$. 向量可以相加或者乘以标量② $\lambda,\mu,\nu,\cdots$，从而给出 V 中的一个新向量. 要成为一个向量空间，$\boldsymbol{u},\boldsymbol{v},\boldsymbol{w},\cdots$ 中的任何一个元素必须遵循如下关于加法和标量乘法的法则：

  (1) 这个空间在加法和标量乘法下是封闭的：

① “向量”（vector）一词是一个字母对一个字母地从拉丁语翻译过来的，意为“携带者”，用在这里是恰当的，因为我们从某个起点出发，被“携带”到一个终点. ——原注

② 这里讨论的标量集合可以是任何含有乘法逆元素的数系 $\mathcal{F}$（如 $\mathbb{Q},\mathbb{R},\mathbb{C},\mathbb{H},\mathbb{O}$）. 通常我们将考虑实数集. ——原注

$\boldsymbol{u}+\boldsymbol{v}\in V,\lambda\boldsymbol{v}\in V.$

（2）加法满足交换律：

$\boldsymbol{u}+\boldsymbol{v}=\boldsymbol{v}+\boldsymbol{u}.$

（3）加法满足结合律：

$\boldsymbol{u}+(\boldsymbol{v}+\boldsymbol{w})=(\boldsymbol{u}+\boldsymbol{v})+\boldsymbol{w}\equiv\boldsymbol{u}+\boldsymbol{v}+\boldsymbol{w}.$

（4）这个空间中必须有一个零向量 $\mathbf{0}$,使得：

$\boldsymbol{v}+\mathbf{0}=\boldsymbol{v}.$

（5）任何向量 $\boldsymbol{v}$ 在这个空间中均有一个逆元素 $-\boldsymbol{v}$,使得：

$\boldsymbol{v}+(-\boldsymbol{v})=0.$

（6）我们要求标量乘法满足下面这些自然而然的法则：

$(\lambda+\mu)\boldsymbol{u}=\lambda\boldsymbol{u}+\mu\boldsymbol{u},\lambda(\boldsymbol{u}+\boldsymbol{v})=\lambda\boldsymbol{u}+\lambda\boldsymbol{v},\lambda(\mu\boldsymbol{v})=\lambda\mu\boldsymbol{v},1\boldsymbol{v}=\boldsymbol{v}.$

人们通常将向量形象化地描绘成空间中的一个有箭头方向的线段. 然而,这个表述精确的公理系统的美在于,其他许多更为抽象的系统以完全与向量一样的方式运作. 向量空间在数学中的大规模应用是如此之频繁,真是令人啧啧称奇.

3.1.2.1 直线、平面和其他向量空间

定义向量空间的诱因是直线和平面的直观性态. 我们来验证这些对象可以根据我们的准确定义被描述为向量空间.

首先考虑直线. 我们通常会给出直线的方程 $y=mx+c$. 于是直线 $L(m,c)$ 是点偶的一个集合：

$$L(m,c)=\{(x,mx+c):x\in\mathbb{R}\}.$$

这些点偶应该就是我们的向量. 我们可以对这些向量定义加法和标量乘法如下：

$$\lambda(x,mx+c)=(\lambda x,\lambda mx+\lambda c),$$

$$(x_1,mx_1+c)+(x_2,mx_2+c)=(x_1+x_2,m(x_1+x_2)+2c).$$

为了证明这个点集及其运算形成一个向量空间,我们必须检验是不是每条公理都被满足. 我们需要考察的第一件事就是封闭性：加法和标量乘法

的结果是不是仍然在集合$L(m,c)$中？换句话说，这种结果是不是$(X,mX+c)$的形式（其中X是某个实数）？容易看出，假如我们取$c=0$（这对应于过坐标原点的直线），那么情况确实如此. 只要我们作出了这个限定，就容易证明其他所有的向量空间公理都能得到满足. 在我们定义的加法和标量乘法下，集合$L(m,0)$是实向量空间. 既然这些向量空间仅用单单一个实参数就可以确定，那么我们就称它们为$\mathbb{R}^1$，或$\mathbb{R}$，并用点(x)标记向量.

我们继续以完全同样的方式来讨论平面. 平面是用下面这种点集来描述的：

$$P(m,n,d)=\{(x,y,d+mx+ny):x,y\in\mathbb{R}\}.$$

这些点集对应于平面$z=mx+ny+d$. 加法和标量乘法定义如下：

$$\lambda(x,y,d+mx+ny)=(\lambda x,\lambda y,\lambda(d+mx+ny)),$$

$$(x_1,y_1,d+mx_1+ny_1)+(x_2,y_2,d+mx_2+ny_2)$$
$$=(x_1+x_2,y_1+y_2,2d+m(x_1+x_2)+n(y_1+y_2)).$$

我们再次看到，为了让这个空间在加法和标量乘法下是封闭的，我们必须取$d=0$，这对应于过原点的平面. 既然每一个这样的空间用两个实参数就可以确定，那么我们就称它们为$\mathbb{R}^2$，通常用点偶(x,y)标记这种空间中的点.

将这种构造推广到任意维数是一件简单的事. 让我们作出一个定义来精简这个过程：

- 实向量空间$\mathbb{R}^n$是由实数的n元数组$(x_1,x_2,\cdots,x_n)$构成的集合，其中加法和标量乘法定义如下：

$$\lambda(x_1,x_2,\cdots,x_n)=(\lambda x_1,\lambda x_2,\cdots,\lambda x_n),$$

$$(x_1,x_2,\cdots,x_n)+(y_1,y_2,\cdots,y_n)=(x_1+y_1,x_2+y_2,\cdots,x_n+y_n).$$

在几何上，我们可以把这些空间看为直线和平面的推广. 此外，值得一说的是我们还可以定义一个“平凡的”向量空间，它仅包含一个向量：$\mathbb{R}^0=\{\mathbf{0}\}$.

3.1.2.2 向量空间的子空间和交

无论有多少个平面，可以同处在一个空间中，无论有多少条直线，也可以同处在一个平面中. 由此我们看到,一个向量空间可以处在另一个向量空间中,这是一个很自然的观念. 一个向量空间 V 的一个子空间是由 V 的向量所组成的一个子集,而且它本身也是一个向量空间. 显然,一个向量空间,并非它所有的子集都一定是向量空间:不含零向量的子集不可能是向量空间,那些对于加法和标量乘法不封闭的子集同样也不可能是向量空间. 然而,子集却自动地从母空间那儿继承了其他所有的向量空间性质,因此看一个子集是不是子空间,我们只要检验它是不是含有零向量而且是不是具有封闭性即可. 有一个一般性的结果,极容易证明,它告诉我们如下结论:

- 一个向量空间的两个子空间之交仍是一个子空间.

证明:设 U_1 和 U_2 是某个向量空间 U 的两个子空间. 既然 U_1 和 U_2 都是向量空间,那么它们必定都包含 $\mathbf{0}$,这意味着 $\mathbf{0}$ 也在它们的交当中. 交 $U_1 \cap U_2$ 的封闭性如何? 假设 $\boldsymbol{u}$ 和 $\boldsymbol{v}$ 都在这个交当中,那么它们也都在 U_1 和 U_2 中. 既然 U_1 和 U_2 都是向量空间,那么我们知道 $\boldsymbol{u}$ 与 $\boldsymbol{v}$ 的和因此也会在 U_1 和 U_2 中. 同样,标量乘法的积 $\lambda\boldsymbol{u}$ 也是这样. 因此 $\boldsymbol{u}+\boldsymbol{v}$ 和 $\lambda\boldsymbol{u}$ 也会在这个交当中. 于是交 $U_1 \cap U_2$ 是 U 的一个子空间.

这个结果的一个非常有趣且几乎直接的推论是,一组线性方程的解也可用一个线性方程来表示. 假设我们要解 m 个联立的方程:

$$A_{i1}x_1 + A_{i2}x_2 + \cdots + A_{in}x_n = 0,\ i = 1, \cdots, m, A_{ij} \in \mathbb{R}^n.$$

这 m 个方程的每一个可以被认为是$\mathbb{R}^n$ 的一个向量子空间. 这些方程的联立解是同时处于每个子空间的点的集合. 这就是这些子空间的交,我们现在知道它一定也是$\mathbb{R}^n$ 的一个向量子空间. 既然如此,那么它也可写成一个线性方程.

3.1.2.3 向量的物理学例子

向量的概念是通过学习物理学而让我们熟悉的. 在物理学中,我们定义标量和向量如下:

- 标量是一个有大小(或者多少)但没有方向与之相联系的量. 标量的例子有温度、体积和实数.

- 向量是一个不仅有大小而且有一个固有方向的对象. 向量的例子有力、速度和地图上从阿伯丁指向伯明翰的箭头.

向量的运用在工程和物理学的研究中最为明显. 在物理学中,人们希望研究某种有着各种各样的力和速度在起作用的系统. 我们通过考察一个牛顿方程来讨论一下向量的直观性质. 我们将看到,我们熟悉的向量概念与我们刚才描述的形式公理系统是精确地一致的. 牛顿第二运动定律 $F=ma$ 可以用向量的语言重新改写为

$$\boldsymbol{a}=\frac{\boldsymbol{F}}{m},$$

其中用黑体写出的量是向量. 这个式子意味着在任何给定的方向上一个物体的加速度等于在那个方向上作用于这个物体的合力除以这个物体的质量.

那么力遵循什么性质呢?

(1) 如果我们考虑同时作用的多个力 $\boldsymbol{F}_1,\boldsymbol{F}_2,\cdots,\boldsymbol{F}_n$,那么所产生的加速度就如同我们根据平行四边形法则把每个力的效应加起来一样. 此外,这些力的和显然也是一个力,而且我们把它们加起来的顺序是无关紧要的. 因此力的集合遵循公理(1)、(2)和(3).

(2) 我们总可以在任何方向上根本不施加力,即 $\boldsymbol{F}=\boldsymbol{0}$. 而且,我们总可以抵消掉任何一个力,方法是在物体上作用一个与这个力大小相同、方向相反的力. 因此对于任何一个力 $\boldsymbol{F}$,我们可以找到一个力 $-\boldsymbol{F}$,使得 $\boldsymbol{F}+(-\boldsymbol{F})=\boldsymbol{0}$. 这证明力遵循公理(4)和(5).

(3) 请注意,一个力作用于一个物体所产生的效应被这个物体的质量所调节,这对应着标量乘法,它已被形式地编制为公理(6).

这些物理学上的考虑恰如其分地凸显了人们可以对向量执行的两种不同的运算:首先我们可以将两个向量加起来而产生一个新的向量;其次我们可以将一个向量乘以一个标量而产生一个新的向量. 它们是我们编制在公理中的性质. 既然我们有了这些精确的数学公理,我们就可以着手探索向量的一些更为精巧的性质,并且将向量的概念推广到并应用于我们所不熟悉的情形. 我们将着手探讨的理论在几乎所有的数学分支中有

着广大的应用领域. 让我们做进一步的研究吧.

3.1.2.4 有多少个向量空间

有多少个不同的向量空间？其实，少得令人惊奇. 我们将看到，一个向量空间完全由它的维数和用来与向量做标量乘法的数系所刻画. 所有具有相同维数和相同标量集合的向量空间在数学上是相互等同的. 我们可能会用另一种名称来称呼向量，但其内在结构是一致的. 例如，就平面的向量空间结构而言，一个平面与任何其他的平面完全是一回事.

我们生活在一个三维的空间. 这一点可由以下这件事得到最为简单的刻画（这件事是由笛卡儿实现的）：相对于某个坐标原点，我们需要三个数来规定我们在空间中的位置. 我们可以从原点出发，通过向上、向前和向旁各移动一个唯一确定的距离，到达任何一个给定的点 $\boldsymbol{r}$. 我们可以称这些方向为 $\boldsymbol{i},\boldsymbol{j},\boldsymbol{k}$，并把我们在各个方向上需要移动的距离记为 x,y,z，我们称它们为 $\boldsymbol{r}$ 的坐标. 既然向量的加法满足结合律，那么我们先沿哪个方向移动后沿哪个方向移动是无关紧要的. 点 $\boldsymbol{r}$ 因此而毫无歧义地由下述向量之和所确定：

$$\boldsymbol{r}=x\boldsymbol{i}+y\boldsymbol{j}+z\boldsymbol{k}.$$

但是谁说我们非得用向量 $\boldsymbol{i},\boldsymbol{j},\boldsymbol{k}$ 来作为我们的基本方向？如果我们选用某组新的轴作为基本方向，那么代表着空间中这个点的底向量 $\boldsymbol{r}$ 是不会变的. 例如，我们可以如下定义一组新的轴：

$$\boldsymbol{e}_1=\boldsymbol{i}+\boldsymbol{j},\ \boldsymbol{e}_2=3\boldsymbol{j},\ \boldsymbol{e}_3=\boldsymbol{i}-\boldsymbol{j}+\boldsymbol{k}.$$

对于这第二组坐标轴，同一向量 $\boldsymbol{r}$ 可写为

$$\begin{aligned}\boldsymbol{r}&=X\boldsymbol{e}_1+Y\boldsymbol{e}_2+Z\boldsymbol{e}_3\\&=X(\boldsymbol{i}+\boldsymbol{j})+Y(3\boldsymbol{j})+Z(\boldsymbol{i}-\boldsymbol{j}+\boldsymbol{k})\\&=(X+Z)\boldsymbol{i}+(X+3Y-Z)\boldsymbol{j}+Z\boldsymbol{k}.\end{aligned}$$

令这两个关于 $\boldsymbol{r}$ 的表达式相等，我们就可以用这组新的基本方向和原来的坐标写出 $\boldsymbol{r}$：

$$\boldsymbol{r}=(x-z)\boldsymbol{e}_1+\frac{2z-x+y}{3}\boldsymbol{e}_2+z\boldsymbol{e}_3.$$

尽管这第二组基本向量 $\boldsymbol{e}_1,\boldsymbol{e}_2,\boldsymbol{e}_3$ 看上去不如第一组 $\boldsymbol{i},\boldsymbol{j},\boldsymbol{k}$ 那样讨人喜欢，但它们仍然唯一地确定了三维空间中的每一个向量(图3.4).

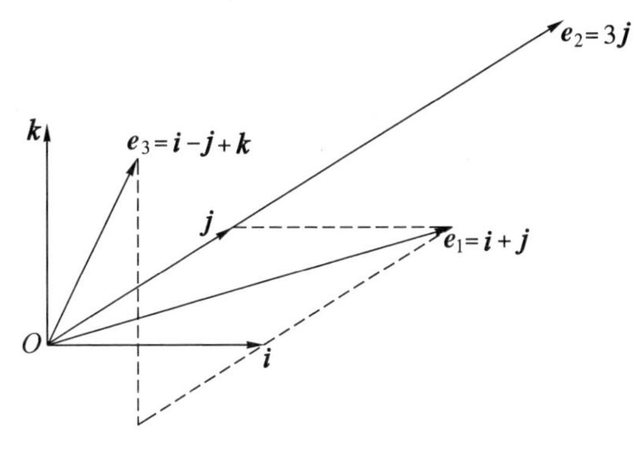

图3.4　两个不同的坐标系.

这本质上就是我们定义维数的一般概念的方式:维数相当于唯一地确定空间中每个向量所需的基本方向的个数. 我们称这些基本方向为一组基:

- 向量空间 V 的一组基是任何一个这样的向量组 $E=\{\boldsymbol{e}_1,\boldsymbol{e}_2,\cdots,\boldsymbol{e}_N\}$：这个向量空间中的所有向量都可以用它唯一地表示出来. 这意味着,对于任何的向量 $\boldsymbol{v}\in V$,我们都可以找到唯一的一组标量 λ_i,使得

$$\boldsymbol{v}=\sum_{i=1}^{N}\lambda_i\boldsymbol{e}_i,$$

其中的数 λ_i 称为 $\boldsymbol{v}$ 关于这组基 E 的坐标.

事实上,对于一个给定的向量空间,所有的基都包含相同个数的向量. 虽然对于许多简单的向量空间来说这一点在直观上似乎是合理的,但我们能不能保证每一个向量空间都是这种情况？对这种说法我们需要有一个正式的证明. 下面这个证明在方法上是非常典型的,我们在处理向量空间理论中的问题时常用这种方法.

<u>证明</u>:假设我们有一个向量空间,它有两组基,所含向量的个数不同: $E=\{\boldsymbol{e}_1,\ldots,\boldsymbol{e}_N\}$ 和 $F=\{\boldsymbol{f}_1,\ldots,\boldsymbol{f}_M\}$,其中 $M>N$. 于是取 V 中的某个向量 $\boldsymbol{v}$,它不是 F 中任何一个向量的纯量倍数①. 既然集合 E 和 F 都是基,那么

① 即对于 F 中的任何一个 $\boldsymbol{f}_i$, $\boldsymbol{v}\neq\lambda\boldsymbol{f}_i$,其中 λ 是任意的标量. ——译校者注

我们可以唯一地找到标量 λ_i 和 μ_j，使得

$$\boldsymbol{v} = \sum_{i=1}^{M} \lambda_i \boldsymbol{f}_i,\ \boldsymbol{v} = \sum_{j=1}^{N} \mu_j \boldsymbol{e}_j.$$

既然 $\boldsymbol{v}$ 不是 F 中一个向量的直接倍数，那么系数 λ_i 中至少有两个不为零. 因此，不失一般性①，我们可以假设 $\lambda_1 \neq 0$ 和 $\lambda_M \neq 0$. 好，既然集合 E 是一组基，那么我们也可用 E 中的向量将 F 中的向量唯一地表示如下：

$$\boldsymbol{f}_i = \sum_{j=1}^{N} c_{ij} \boldsymbol{e}_j,$$

其中 c_{ij} 是固定的标量. 将 F 中前 N 个向量按这种展开式代入 $\boldsymbol{v}$ 的表达式中，我们有

$$\boldsymbol{v} = \sum_{i=1}^{N} \left(\lambda_i \sum_{j=1}^{N} c_{ij} \boldsymbol{e}_j\right) + \sum_{i=N+1}^{M} \lambda_i \boldsymbol{f}_i.$$

因为向量的加法满足结合律，我们就可以将含 $\boldsymbol{e}_j$ 的项集中在一起，得到

$$\boldsymbol{v} = \sum_{j=1}^{N} \Lambda_j \boldsymbol{e}_j + \sum_{i=N+1}^{M} \lambda_i \boldsymbol{f}_i \quad \left(\Lambda_j = \sum_{i=1}^{N} \lambda_i c_{ij}\right),$$

其中 Λ_j 是唯一的一组标量，且不全为零②. 然而，$\boldsymbol{v}$ 可以仅用 E 中的向量来表示，这就等于在上式中取 $\lambda_{N+1} = \cdots = \lambda_M = 0$ 和 $\Lambda_j = \mu_j$③. 这与 $\lambda_M \neq 0$ 的假设矛盾. 因此我们有结论 $N = M$.

既然我们现在知道，对于任何一个给定的向量空间，它的任何一组基

① 在代数中，注意到这样一点往往是有用的：一个问题的某种符号表示可以被限制或简化而不影响对其基本结构的描述. 当给出这样一种简化性限制时，我们就说它“不失一般性”地可行. ——原注

② 如果 Λ_j 全为零，则有 $\boldsymbol{v} = \sum_{i=N+1}^{M} \lambda_i \boldsymbol{f}_i$，从而 $\lambda_1 = 0$，与我们的假设 $\lambda_1 \neq 0$ 矛盾. ——译校者注

③ 作者的意思是：现在 $\boldsymbol{v}$ 有一种仅用 $\{\boldsymbol{e}_1, \cdots, \boldsymbol{e}_N\}$ 表示的表达式 $\boldsymbol{v} = \sum_{j=1}^{N} \mu_j \boldsymbol{e}_j$，但这也可以看作是 $\boldsymbol{v}$ 的用 $\{\boldsymbol{e}_1, \cdots, \boldsymbol{e}_N, \boldsymbol{f}_{N+1}, \cdots, \boldsymbol{f}_M\}$ 表示的表达式，而上面已经说明，$\boldsymbol{v}$ 可用 $\{\boldsymbol{e}_1, \cdots, \boldsymbol{e}_N, \boldsymbol{f}_{N+1}, \cdots, \boldsymbol{f}_M\}$ 唯一地表示为 $\boldsymbol{v} = \sum_{j=1}^{N} \Lambda_j \boldsymbol{e}_j + \sum_{i=N+1}^{M} \lambda_i \boldsymbol{f}_i$，因此必有所述结论. 请注意这个证明没有用到向量的“线性无关”等概念，颇具特色. ——译校者注

所含向量的个数相同,那么我们就可以如下定义维数:

- 向量空间的维数就定义为它的一组基所含向量的个数. 如果这组基包含有限多个向量,那么这个向量空间就称为有限维的.

这是关于维数的一个很好的定义. 例如,我们所生活的空间是三维的,因为我们总需要三个基向量来唯一地描述一个点. 平面是二维的,因为只要有两个基方向就足以从一个给定的原点出发通过恰恰一种方式抓到这平面中的任何一点. 当然,我们有无穷多种方式来取定一组基,但是向量空间的维数总是相同的. 而且,既然任何一组基都可以唯一地确定一个向量,那么我们总可以构造一个映射,它告诉我们怎样把取某一组基时的坐标与取另一组基时的坐标联系起来. 例如,在前面那个例子中,我们可以推得:

$$
\begin{aligned}
X &= x - z,\\
Y &= -x/3 + y/3 + 2z/3,\\
Z &= z.
\end{aligned}
$$

所以,已知向量的(x,y,z)坐标,将它变换为(X,Y,Z)坐标是一件很简单的事. 有些向量用第一个坐标系表示时样子很讨人喜欢,但有些向量用第二个坐标系表示时样子更讨人喜欢. 既然底向量本身是不变的,那么这两个式子包含着完全相同的信息;具体选择哪一组基完全是任意的. 将上述推理做一个简单的推广即可以让我们得到下述结论:

- 本质上只有一个 n 维的实向量空间,我们称这个空间为$\mathbb{R}^n$. 所有的有限维实向量空间在数学上与维数为某个 n 的$\mathbb{R}^n$ 是一回事,尽管在每种情况下都存在着无穷多组基供我们使用.

虽然这个定义在技术上十分简单,但是,要将某种向量空间(我们所说的是像$\mathbb{R}^4$ 这样的向量空间)恰当地可视化,如果说不是不可能的话,那么还是很棘手的;如果甚至想要把$\mathbb{R}^{2167}$这样的空间可视化,那就变得毫无意义了. 在研究高维空间时,数学家因此而往往把问题化为抽象的代数问题;即使如此,这些高维空间在那些行外人看来仍然是非常令人敬畏的!

3.1.2.5 向量的进一步例子

既然我们已经阐述了向量空间的基本概念,我们就可以来看看它们是怎样应用于许多不同场合的.这种方法的美在于,许多系统有着符合向量空间公理的性质,我们可以把它们作为$\mathbb{R}^n$的一个复制品来考虑,而$\mathbb{R}^n$中的点则以某种方式代表着这个理论系统中的对象.向量空间的例子对我们来说往往是相当熟悉的:

- 考虑由所有次数不大于 n 的多项式组成的集合:

$$P(a_0,a_1,\cdots,a_n)(x)=a_0x^0+a_1x^1+\cdots+a_nx^n,\ a_i\in\mathbb{R}.$$

把两个多项式加起来便给出另一个这样的多项式,用一个实数乘整个多项式同样产生一个多项式.我们可以容易地看出,这个加法和乘法的过程以一种符合所有向量空间公理的方式运作.因此所有这种多项式的集合形成一个向量空间.那么这个空间的维数是多少?为求这个维数,我们首先得自己来找出一组基.请回忆一组基就是向量的一个最小集合,其中的向量可以被唯一地组合起来为我们给出这个空间中其他任何一个向量.很容易看出,我们可以选 $\boldsymbol{e}_1=x^0,\boldsymbol{e}_2=x^1,\cdots,\boldsymbol{e}_{n+1}=x^n$ 这样一组简单的多项式作为基.每个多项式的"分量"于是由向量$(a_0,a_1,\cdots,a_n)$唯一地给出.因此我们可以将这个由次数不大于 n 的多项式组成的集合看作与向量空间$\mathbb{R}^{n+1}$是一样的,一个"向量"就是一个"多项式".我们推导出来的任何关于空间$\mathbb{R}^{n+1}$的定理都可应用于多项式理论.

然而请注意,一个特定多项式 $P(x)=0$ 的解的集合不能形成一个向量空间.要看出这一点,我们需要用到反证法.假设我们有了一个解 x_0.如果解的集合会是一个向量空间,那么定义向量空间的所有公理都必须被满足.特别是,我们应该要求对所有可以选取的 λ,λx_0 也是一个解.但 $P(x_0)=0$ 不能推出$P(\lambda x_0)=0$.因此这种解不能用向量空间的理论来描述.

- 考虑描述简谐运动的微分方程

$$\frac{\mathrm{d}^2y(x)}{\mathrm{d}x^2}+\omega^2y(x)=0.$$

这个方程的通解为

$$y(x)=A\cos(\omega x)+B\sin(\omega x),\ A,B\in\mathbb{R}.$$

请注意,这个解是 $\cos(\omega x)$ 和 $\sin(\omega x)$ 这两个基本函数的线性组合. 我们实际上可以认为这些解组成的集合形成了一个二维向量空间. 最简单的一对基向量应该是 $\boldsymbol{e}_1=\cos(\omega x)$ 和 $\boldsymbol{e}_2=\sin(\omega x)$. 这是一个相当有用的结果,因为它可被推广到任何线性微分方程的解:n 阶线性微分方程的解集合就是 n 维向量空间. 这使我们在分析那些我们实际上不知道解是什么的方程时有了强大的力量:不管这些解是什么,我们就是知道它们的性质必定符合向量空间的规则和结论.

- 在原点的某个邻域内各阶导数都有界的函数可以写成一个关于 x 的幂级数:

$$f(x)=\sum_{n=0}^{\infty}a_nx^n.$$

我们可以用一种自然的方式在这些函数组成的空间上定义加法和标量乘法:对于两个函数 f 和 g,定义 $(f+g)(x)=f(x)+g(x)$ 和 $(\lambda f)(x)=\lambda f(x)$. 我们可以看到,这种处处可微的函数组成的空间形成了一个可数无穷维的向量空间,其中的基向量集合是可数无穷集 $\{x^n:n=0,1,\cdots\}$. 与往常一样,当开始出现无穷大时,我们必须对我们的推理万分小心. 无穷维向量空间的理论不出意料地相当微妙,对此我们将不再多说什么,只是说它在当今的数学上十分重要. 在物理学上,无穷维向量空间被用来描述关于物质的量子力学.

3.1.3 将向量空间投入应用:线性映射和矩阵

我们现已定义了向量空间,并且设法用这种恰当的语言重新叙述了范围较广的一些问题. 然而,数学家没有把他们的时间只花在创造精美的形式体系上;任何新的结构,要被认为是有用的,就不能仅仅停留在定义上,而必须有超越定义的结果. 于是问题产生了:我们用向量空间其实可以做些什么？主要的成果产生于我们考虑函数或者说映射之时:映射将一个向量空间 U 中的向量联系上另一个向量空间 V 中的新向量. 一类非常自然的函数就是那些以一种线性的方式将向量联系起来的映射;这些映射称为线性映射,而且根据定义,它们服从如下的线性性约束:

- $A(\lambda x+\mu y)=\lambda A(x)+\mu A(y)$, 对任意的 λ,μ,x,y.

要知道这些映射是怎样自然地产生的,让我们回到我们原来那个解线性方程组的问题.

3.1.3.1 再探联立线性方程组

我们在本节开头讨论了线性方程组的联立解问题. 现考虑这种方程组的一般形式:

$$\begin{aligned}
a_{11}x_1+a_{12}x_2+\cdots+a_{1n}x_n&=y_1,\\
a_{21}x_1+a_{22}x_2+\cdots+a_{2n}x_n&=y_2,\\
&\vdots\\
a_{m1}x_1+a_{m2}x_2+\cdots+a_{mn}x_n&=y_m.
\end{aligned}$$

如果我们将这些方程的右边集中在一起,那么我们就有了$\mathbb{R}^m$ 中的一个向量$(y_1,y_2,\cdots,y_m)$. 我们可以将其中每一个分量看作另一个向量空间$\mathbb{R}^n$ 中某个向量的各个分量$(x_1,x_2,\cdots,x_n)$的函数. 于是这些方程可以被认为是从向量空间$\mathbb{R}^n$ 到向量空间$\mathbb{R}^m$ 的一个映射 A:

$$A\boldsymbol{x}=y,\ \boldsymbol{x}\in\mathbb{R}^n,\ \boldsymbol{y}\in\mathbb{R}^m.$$

我们准备怎样来描述这个映射 A? 一个方便的做法是把它表示为一个矩阵,其中的元素即这个联立线性方程组的系数:

$$\begin{pmatrix}
a_{11} & a_{12} & \cdots & a_{1n}\\
a_{21} & a_{22} & \cdots & a_{2n}\\
\vdots & \vdots & \cdots & \vdots\\
a_{m1} & a_{m2} & \cdots & a_{mn}
\end{pmatrix}.$$

如果我们接受这样的惯例:A_{ij}是这个矩阵第 i 行第 j 列的元素,那么这个线性方程组就可写成

$$\sum_{j=1}^{n} A_{ij}x_j = y_i.$$

尽管在某种程度上说这是对方程组的一种简单的重写,但是它非常有用,因为它使我们可以撇开向量 $\boldsymbol{x}$ 和 $\boldsymbol{y}$ 的具体情况而独立地研究映射的性质. 这样得到的矩阵有着一种属于其本身的优美代数结构.

3.1.3.2 矩阵代数的性质

矩阵出现在我们设法将一个向量空间映到另一个向量空间之时. 我们可以利用向量在加法和标量乘法下的性质,迅速得到"类似的"矩阵在加法和标量乘法下的下列自然而然的运算法则:如果 A, B 和 C 都是 $n \times m$(n 行 m 列)矩阵,那么

$$C = A + B \Rightarrow C_{ij} = A_{ij} + B_{ij};$$

$$C = \lambda A \Rightarrow C_{ij} = \lambda A_{ij}.$$

这些性质都是从向量空间"继承"下来的. 不过,我们对矩阵可以比对向量做得更多:既然矩阵可以用来表示向量函数,那么我们就可以将它们结合起来产生表示其他向量函数的矩阵. 这就让我们可以用一种抽象的方式定义矩阵乘法. 当然,既然 $n \times m$ 矩阵给我们提供的是从 $\mathbb{R}^m$ 到 $\mathbb{R}^n$ 的映射,那么这些矩阵只能作用于这样的矩阵:这种矩阵所对应的映射把我们从其他某个向量空间带到 $\mathbb{R}^m$. 反过来,它们只能被这样的矩阵所作用:这种矩阵所对应的映射把我们从 $\mathbb{R}^n$ 带到其他某个向量空间. 由所有这种"到"和"从"的行为所得的结论是,我们可以用一个 $n \times p$ 矩阵 A 去乘上任何一个 $p \times m$ 矩阵 B 而给出一个 $n \times m$ 矩阵 C:

$$C = AB,\ C_{ij} = \sum_{k=1}^{p} A_{ik}B_{kj},\quad i = 1, \cdots, n; j = 1, \cdots, m.$$

既然矩阵乘法与线性映射的函数复合有关,那么我们就知道矩阵乘法满足结合律,因此 $A(BC) = (AB)C$. 这意味着我们可以毫无歧义地写矩阵 ABC:我们在其中做乘法的顺序不影响结果. 作为最后一点,请注意显然有:仅当 A 和 B 都是"方"阵($n = m$)时,AB 和 BA 才能有定义,而且即使在这种情况下,我们一般不会有 $AB = BA$.

3.1.4 解线性方程组

我们已经阐述了将线性方程组看为下列简明矩阵方程的观念：

$$A\boldsymbol{x}=\boldsymbol{y}.$$

这种方程不管在数学上还是在现实世界中都有许多重要的应用. 因此下面让我们来考察一下解这种方程的一般方法.

3.1.4.1 齐次方程

在本章的开头，我们通过从几何上考虑直线和平面的性态，暗示了一个线性方程要么有 0 个或 1 个解，要么有无穷多个解. 尽管线性映射是一个远比这种几何考虑更为一般的概念，但是同样的结论对于任何线性映射方程仍然成立. 为了清楚地证明情况确实如此，我们将这个问题分为两部分. 我们首先考虑解齐次问题，即把右边设为零向量的方程：

$$A\boldsymbol{x}_0=\boldsymbol{0}.$$

假设 $\boldsymbol{x}_0$ 是一个非零向量，它是这组方程的解，并假设我们有一个完全问题的特解 $\boldsymbol{x}_p$，即有 $A\boldsymbol{x}_p=\boldsymbol{y}$. 利用这个映射的线性性条件，我们有

$$A(\boldsymbol{x}_p+\lambda\boldsymbol{x}_0)=A(\boldsymbol{x}_p)+\lambda A(\boldsymbol{x}_0)=\boldsymbol{y}+\lambda\boldsymbol{0}=\boldsymbol{y}.$$

这证明对于任意的 λ，$\boldsymbol{x}_p+\lambda\boldsymbol{x}_0$ 也是完全问题的一个解. 因此，如果有齐次问题的一个解，另外又有完全问题的一个解，那么完全问题将有无穷多个解. 类似地，如果我们能找到完全问题的两个解，那么完全问题也将有无穷多个解. 为了证明这一点，假设 $\boldsymbol{x}_p$ 和 $\boldsymbol{x}_q$ 都是完全问题的解，那么由于 $A(\boldsymbol{x}_p-\boldsymbol{x}_q)=A(\boldsymbol{x}_p)-A(\boldsymbol{x}_q)=\boldsymbol{y}-\boldsymbol{y}=\boldsymbol{0}$，差 $\boldsymbol{x}_p-\boldsymbol{x}_q$ 将满足齐次方程. 由前面的结论，这意味着完全问题有无穷多个解. 需要回想的基本事实是，线性方程组的解本身就构成向量空间，因此线性方程 $A\boldsymbol{x}=\boldsymbol{y}$ 有 0 个、1 个或无穷多个解.

3.1.4.2 线性微分算子

线性映射的这个性态不仅在几何上是有用的，而且在微分方程的研究中也是人们所熟知的，只是在形式上稍有点伪装. 考虑非齐次方程

$$\left(\frac{\mathrm{d}^2}{\mathrm{d}x^2}+\omega^2\right)y(x)=\omega^2 x.$$

在这个例子中,线性映射是"算子"$\left(\frac{\mathrm{d}^2}{\mathrm{d}x^2}+\omega^2\right)$,向量是可微函数 $y(x)$ 及 x. 容易看出这个方程的一个特解由 $y(x)=x$ 给出. 然而,既然 $\cos(\omega x)$ 和 $\sin(\omega x)$ 是相应齐次方程的解,那么这个方程的完全解就由下列组合给出①:

$$y(x)=x+A\cos(\omega x)+B\sin(\omega x).$$

这是任何线性问题的一个普遍性质:我们总可以把相应齐次问题的解加到我们求得的任何一个特解上. 实际上,考虑到有一个齐次问题存在是很重要的:忘记这一点,可能意味着有无穷多个解被疏忽大意地遗漏了!

3.1.4.3 非齐次线性方程

齐次方程至少总有一个解:零解. 非齐次方程 $A\boldsymbol{x}=\boldsymbol{y}\neq\boldsymbol{0}$ 是不是有解的问题就不是那么容易处理. 为了使这个讨论更为清晰,让我们把精力集中在向量 $\boldsymbol{x}$ 和 $\boldsymbol{y}$ 具有相同维数 n 的情况上;在这种情况下,矩阵 A 是有着 n 行数和 n 列数的 $n\times n$ 方阵. 为解出这样一个方程组,我们采用高斯消元法. 请注意在这个方法所产生的解中,$\boldsymbol{x}$ 的分量是 $\boldsymbol{y}$ 的分量的线性函数. 因此我们可以把这个矩阵方程的解用另一个常数矩阵 B 写为

$$\boldsymbol{x}=B\boldsymbol{y}.$$

这差不多就好像我们用 A 去"除"原矩阵方程的两边一样. 然而,A 是一个数阵,我们不能简单地用来做除法. 不过,我们可以用另一个矩阵来乘 A. 于是让我们称 B 为 A 的逆阵,并把它记为 A^{-1}. 因此这个逆阵是用一个乘法关系定义的:

$$A^{-1}A=I,$$

其中 I 是一个方阵,称为单位矩阵,它的元素是:如果 $i=j$,则 $I_{ij}=1$;如果

---

① 我们将在"微积分与微分方程"这一章中详细考察这类方程的解法. ——原注

$i \neq j$,则$I_{ij}=0$. 一旦求得 A 的逆阵,只要用 A^{-1}乘 $\boldsymbol{y}$,就能很容易地构造出线性方程 $A\boldsymbol{x}=\boldsymbol{y}$ 的一个解. 于是问题就有效地化为解矩阵方程 $A^{-1}A=I$. 这是一个非常美妙的结果,因为一旦我们求得 A^{-1},那么对 $\boldsymbol{y}$ 的任何值都可以很容易地构造出方程 $A\boldsymbol{x}=\boldsymbol{y}$ 的解,只要如下采用矩阵乘法:

$$A\boldsymbol{x}=\boldsymbol{y}_1 \Rightarrow \boldsymbol{x}=A^{-1}\boldsymbol{y}_1,$$

$$A\boldsymbol{x}=\boldsymbol{y}_2 \Rightarrow \boldsymbol{x}=A^{-1}\boldsymbol{y}_2.$$

既然解线性方程的本质实际上就是求矩阵 A 的逆阵,那么就让我们把注意力转移到对矩阵之逆阵的探究上.

3.1.4.4 求方阵的逆阵

我们想要解出矩阵方程 $A^{-1}A=I$. 我们准备怎样来对付这个困难的问题呢?着手从几何上来考虑这些矩阵量是一种有效的方法. 既然 $A^{-1}A=I$,那么对于任意的向量 $\boldsymbol{x}$①,我们一定有 $A^{-1}(A\boldsymbol{x})=I\boldsymbol{x}=\boldsymbol{x}$. 于是 A^{-1}"取消"了 A 对任意向量的作用. 这个逆过程只有当 $\boldsymbol{x}$ 到 $A\boldsymbol{x}$ 的映射是一一的时候才能实现:换句话说,必须是对于任何一个给定的 $\boldsymbol{y}$,只有一个 $\boldsymbol{x}$ 使得 $A\boldsymbol{x}=\boldsymbol{y}$. 因此,一个矩阵 A 为可逆的充要条件是没有一个非零向量 $\boldsymbol{x}_0$ 会使得 $A\boldsymbol{x}_0=\boldsymbol{0}$②.

什么时候会是这种情况?让我们假设向量由基$\{\boldsymbol{e}_1,\boldsymbol{e}_2,\cdots,\boldsymbol{e}_n\}$表示. 于是,如果 $\boldsymbol{x}_0$ 的分量为$(x_1,\cdots,x_n)$,那么我们有

$$A\boldsymbol{x}_0=A\left(\sum_{i=1}^{n}x_i\boldsymbol{e}_i\right)=\sum_{i=1}^{n}x_iA\boldsymbol{e}_i.$$

我们清晰地看到,$A\boldsymbol{x}_0$ 是如下 n 个向量的和:

$$A\boldsymbol{x}_0=x_1\begin{pmatrix}a_{11}&\cdots&a_{1n}\\a_{21}&\cdots&a_{2n}\\\vdots&&\vdots\\a_{n1}&\cdots&a_{nn}\end{pmatrix}\begin{pmatrix}1\\0\\\vdots\\0\end{pmatrix}+x_2\begin{pmatrix}a_{11}&\cdots&a_{1n}\\a_{21}&\cdots&a_{2n}\\\vdots&&\vdots\\a_{n1}&\cdots&a_{nn}\end{pmatrix}\begin{pmatrix}0\\1\\\vdots\\0\end{pmatrix}+\cdots$$

① 当然,假设 $\boldsymbol{x}$ 和矩阵 A 具有相容的维数,否则乘法没有定义. ——原注

② 如果有一个非零向量 $\boldsymbol{x}_0$ 使得 $A\boldsymbol{x}_0=\boldsymbol{0}$,那么根据前面的讨论,方程 $A\boldsymbol{x}=\boldsymbol{y}$ 将有无穷多个解(或者没有解),$\boldsymbol{x}$ 到 $A\boldsymbol{x}$ 的映射也就不是一一的了. ——译校者注

$$+x_n\begin{pmatrix}a_{11}&\cdots&a_{1n}\\a_{21}&\cdots&a_{2n}\\\vdots&&\vdots\\a_{n1}&\cdots&a_{nn}\end{pmatrix}\begin{pmatrix}0\\0\\\vdots\\1\end{pmatrix}.$$

化简得

$$A\boldsymbol{x}_0=x_1\begin{pmatrix}a_{11}\\a_{21}\\\vdots\\a_{n1}\end{pmatrix}+x_2\begin{pmatrix}a_{12}\\a_{22}\\\vdots\\a_{n2}\end{pmatrix}+\cdots+x_n\begin{pmatrix}a_{1n}\\a_{2n}\\\vdots\\a_{nn}\end{pmatrix}=x_1\boldsymbol{c}_1+x_2\boldsymbol{c}_2+\cdots+x_n\boldsymbol{c}_n,$$

其中 $\boldsymbol{c}_i$ 是矩阵 A 的第 i 个列向量. 我们因此而推得, A 为可逆的充要条件是 A 中列向量的任何一个线性组合① 都不是零. 虽然这是一个美妙而简洁的结果,但我们怎样来判断一个矩阵是不是会有列向量的一个线性组合为零? 这个问题看起来十分困难,还不如我们直接去求解线性方程. 不过,稍经一番认真思考,我们发现有一个令人瞩目的对象,称为矩阵的行列式,它将让我们得知什么时候会有这种等于零的列向量线性组合. 作为这个思考过程的开始,请注意矩阵中所有列向量的一个线性组合不管是不是零,它肯定是矩阵中所有列向量的一个函数. 而且,矩阵有一个列向量线性组合为零的最明显情况是这个矩阵已经有一列全是零或者有两列完全相同. 反过来,矩阵的任何一个列向量线性组合都不可能等于零的最明显情况是这个矩阵是单位矩阵的一个纯量倍数. 因此让我们寻找矩阵 A 中列向量的函数 $f(\boldsymbol{c}_1,\boldsymbol{c}_2,\cdots,\boldsymbol{c}_n)$,它可以让我们判断这种等于零的线性组合是不是存在. 不管这样一个函数会是什么样子,它必须具有刚才所讨论的性质:

(1) 如果矩阵 A 有任何两列 $\boldsymbol{c}_1,\boldsymbol{c}_2$ 相同,则 $f(\boldsymbol{c}_1,\cdots,\boldsymbol{c}_n)=0$.

(2) $f(\boldsymbol{c}_1,\cdots,\boldsymbol{c}_n)$是每个列向量的一个线性函数,即有

$$f(\boldsymbol{c}_1,\cdots,\boldsymbol{c}_i,\cdots,\boldsymbol{c}_n)+\lambda f(\boldsymbol{c}_1,\cdots,\boldsymbol{c}_i',\cdots,\boldsymbol{c}_n)=f(\boldsymbol{c}_1,\cdots,\boldsymbol{c}_i+\lambda\boldsymbol{c}_i',\cdots,\boldsymbol{c}_n).$$

---

① 严格地说,应该是"任何一个系数不全为零的线性组合". 下同. ——译校者注

(3) $f(\lambda I)$不为零. 我们规定$f(I)=1$,并以此按比例确定f的值.

一个引人注目的事实是:存在着唯一的一个函数满足这些条件. 我们称这个函数为方阵A的行列式$\det(\boldsymbol{c}_1,\cdots,\boldsymbol{c}_n)$,或简记为$\det A$.

3.1.4.5 行列式

利用我们赋予函数$f(A)$的前两个条件,可以迅速推导出行列式的主要性质. 利用线性性,可以立即证明

$$\begin{aligned}&\det(\boldsymbol{c}_1+\boldsymbol{c}_2,\boldsymbol{c}_1+\boldsymbol{c}_2,\cdots,\boldsymbol{c})\\&=\det(\boldsymbol{c}_1,\boldsymbol{c}_1,\cdots,\boldsymbol{c})+\det(\boldsymbol{c}_1,\boldsymbol{c}_2,\cdots,\boldsymbol{c})+\det(\boldsymbol{c}_2,\boldsymbol{c}_1,\cdots,\boldsymbol{c})+\det(\boldsymbol{c}_2,\boldsymbol{c}_2,\cdots,\boldsymbol{c}).\end{aligned}$$

现在我们可以利用行列式有两列相同则为零这个条件来证明

$$\det(\boldsymbol{c}_1,\boldsymbol{c}_2,\cdots,\boldsymbol{c}_n)=-\det(\boldsymbol{c}_2,\boldsymbol{c}_1,\cdots,\boldsymbol{c}_n).$$

这个逻辑推理对于任何两列都成立,于是我们看到,对于任何矩阵,只要其中有两列互换,它的行列式就会改变符号. 一旦推出这个具有本质意义的反对称性质,理解行列式是由下列式子所唯一定义(尽管写出来确实比较复杂)就是一件简单的事了:

$$\det A=\sum_{i_1,i_2,\cdots,i_n=1}^{n}\varepsilon(i_1,\cdots,i_n)a_{i_11}a_{i_22}\cdots a_{i_nn},$$

其中符号ε定义如下:只要$i_1,i_2,\cdots,i_n$中有两个相同,$\varepsilon(i_1,i_2,\cdots,i_n)$就为零,$\varepsilon(1,2,\cdots,n)=1$,且$\varepsilon(i_1,i_2,\cdots,i_n)$中任何两个自变数位置互换,$\varepsilon(i_1,i_2,\cdots,i_n)$就改变符号. 我们说$\varepsilon$是完全反对称的.

3.1.4.6 行列式的性质

行列式的一个关键性质是:一个方阵A有一个逆阵的充要条件是$\det A\neq 0$. 作为一个例子,考虑下面这个3×3矩阵:

$$A=\begin{pmatrix}1&2&3\\-1&0&2\\-1&1&4\end{pmatrix}.$$

A是不是有个逆阵? 辛苦地进行了行列式表达式中的求和运算后,我们看到

$$
\begin{aligned}
\det A &= +a_{11}a_{22}a_{33}-a_{11}a_{32}a_{23}-a_{21}a_{12}a_{33}+a_{21}a_{32}a_{13}+a_{31}a_{12}a_{23}-a_{31}a_{22}a_{13}\\
&=1\cdot 0\cdot 4-1\cdot 1\cdot 2-(-1)\cdot 2\cdot 4+(-1)\cdot 1\cdot 3\\
&\quad +(-1)\cdot 2\cdot 2-(-1)\cdot 0\cdot 3\\
&=-1\\
&\neq 0.
\end{aligned}
$$

因此,通过这个算法过程,我们推出 A 的等于零的列向量线性组合一个都不存在:A 确实有一个逆阵.

除了这个我们可以用来判断一个矩阵是不是有逆阵的简明方法外,行列式函数还有一些非常有用的性质,它们几乎可从定义直接推出:

- 如果将 A 的一列乘上一个数加到另一列,其行列式不变.
- A 的转置矩阵的行列式与 A 的行列式相等.
- (主要性质)对于两个同样大小的方阵 A 和 B,我们有

$$\det(AB)=\det A\det B.$$

3.1.4.7 方阵的求逆阵公式

行列式不仅让我们知道一个方阵什么时候可逆什么时候不可逆,而且有一个紧密相关的构思结果让我们能按照一定的步骤实际上算出这些逆阵:

- 一个具有非零行列式的矩阵 A 的逆阵由下式给出:

$$A^{-1}=\frac{1}{\det A}\begin{pmatrix}\Delta(1,1) & \cdots & \Delta(n,1)\\ \vdots & \cdots & \vdots\\ \Delta(1,n) & \cdots & \Delta(n,n)\end{pmatrix},$$

其中 $\Delta(i,j)$ 是在矩阵 A 中令元素 a_{ij} 为 1 而令第 i 行的其他元素为 0 后所形成的行列式再乘以 $(-1)^{i+j}$.

3.2 最优化

在线性代数的许多应用中,我们不仅对求解线性方程组感兴趣,我们常常更关注在给定一些约束方程的条件下求得某个量的一个最优值或者最大值. 让我们专门讨论约束为线性、基本方程也为线性的情况.

3.2.1 线性约束

我们首先来看一个几何上比较容易理解的简单例子. 考虑$\mathbb{R}^2$中的区域$\mathcal{D}$,它由下列四条直线围成:

$$-2x+3y=3,\ 2x+3y=6,\ x=0,\ y=0.$$

让我们设法求出线性函数$5y-3x$在这个区域$\mathcal{D}$上的最小值和最大值. 这看起来像是一个非常困难的代数问题:原则上我们需要检查函数在这个区域每一点上的值. 然而幸运的是,有一种非常简单的图形方法可用以求得我们所需的答案. 为说明这一点,我们注意到不管这个线性函数取什么值,它总会是一条$5y-3x=c$形式的直线. 这条直线交y轴于$y=c/5$这个值. 于是这个函数的最大值就对应着与约束条件相容的c的最大值. 因此,为了求出服从约束条件的最优值,我们就要在通过区域$\mathcal{D}$的直线中找出c达到最大值或最小值的直线:作出每个约束条件的图像,然后画出一族直线$5y-3x=c$. 根据常数c的变化,很容易看出这个函数的最大值是$21/4$,最小值是-9(图3.5).

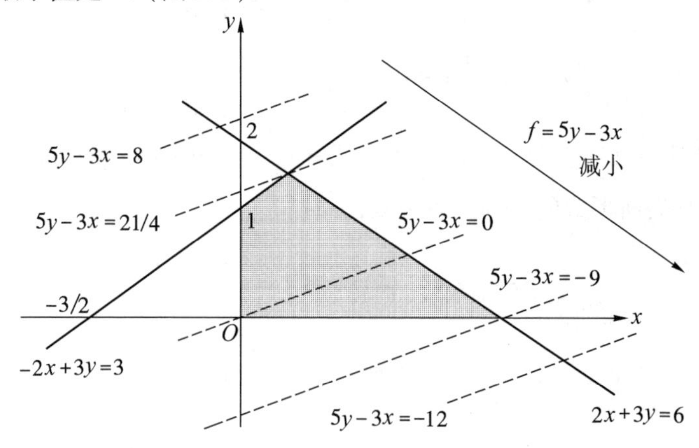

图3.5　求一个线性函数在一个有限区域内的最大值和最小值.

尽管这个过程相当简单,但它提示了这样一个有趣而重要的事实:这个函数的最大值和最小值都出现在区域$\mathcal{D}$的顶点上①. 我们的几何方法为证明这个问题的一个一般性的而且极其实用的高维版本作了铺垫:

- 假设我们有一个$\mathbb{R}^n$中的闭区域$\mathcal{D}$,它被若干个 $n-1$ 维线性约束所围. 那么定义在$\mathbb{R}^n$中的任何一个线性函数在$\mathcal{D}$的一个顶点上取到它在$\mathcal{D}$上的最大值或最小值.

这个结论的美在于,要在一组给定的线性约束下让一个线性函数达到最优化,我们只需遍查这个函数在区域$\mathcal{D}$的有限的顶点集上的值即可. 这个顶点集称为单纯形. 而且,有着一个非常干净利落的方法来系统地检查所有这些顶点并查出哪一个顶点对应着最大值. 这个方法称为单纯形法,它在工业上有很多的应用.

3.2.2 单纯形法

假设我们希望求出函数$f=c_1x_1+c_2x_2+\cdots+c_nx_n$ 在下面这组线性约束下的最大值:

$$\sum_{j=1}^{n} A_{ij}x_j \leqslant b_i,\ \ x_j \geqslant 0.$$

不等式处理起来颇为棘手,因此我们引入一组新的变量 s_i,暂时将这个表达式转化为一个等式. 这些变量反映了每个约束不等式距相应的等式有多远,或者说每个约束的"松弛"程度正好有多大. 例如,我们要这样重写:

$$\begin{aligned} &A_{11}x_1+A_{12}x_2+\cdots+A_{1n}x_n \qquad \leqslant b_1 \\ \to &A_{11}x_1+A_{12}x_2+\cdots+A_{1n}x_n+s_1=b_1,\ \ s_1\geqslant 0. \end{aligned}$$

现在我们可以研究这组等价的扩充线性方程的解:

$$\sum_{j=1}^{n} A_{ij}x_j+s_i=b_i,\ \ x_j,s_i \geqslant 0.$$

---

① 从技术上说,我们要求这个区域是凸的,这意味着,区域中的任何两点都可以被一条不与边界相交的直线段连接起来. ——原注

请注意这是一组有 $2n$ 个变量的 n 个联立线性方程. 假设这些方程是相容的,这意味着存在无穷多个可能的解. 在这种最优化问题中,我们特别感兴趣的是那些对应于由这些线性不等式所定义的单纯形的某个顶点的解,因为这里就是函数 f 必定会取得最大值和最小值的地方. 尽管我们可以随机地遍查每一个顶点上的解,但是单纯形法把这个过程简化成一个既定的程序.

单纯形法的思想就是从任意一个顶点上的解着手,这将给出 f 的一个具体值. 然后我们利用一种高斯消元法过程,沿着这个单纯形的一条边朝着一个方向移动,这个方向将使 f 的值增大,直至我们到达另一个顶点. 重复上述过程,直至我们到达使这个函数取最大值的顶点(图 3.6).

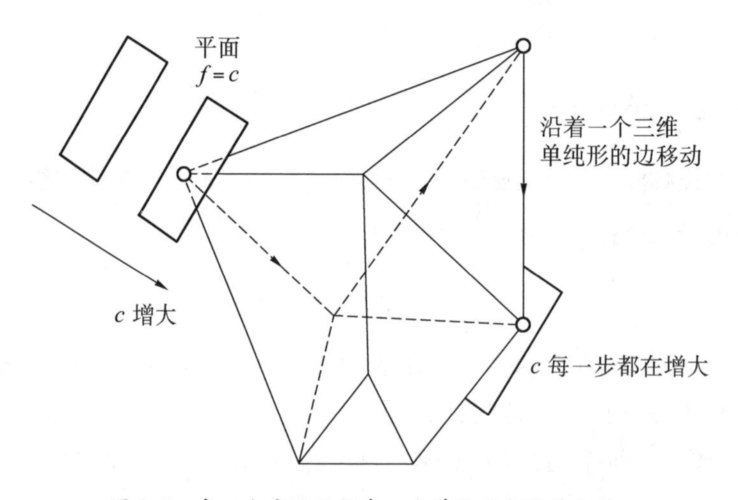

图 3.6 求一个线性函数在一个单纯形上的最大值.

单纯形法的第一步是选一个顶点作为这个过程的起点. 最简单的顶点是 $x_1=x_2=\cdots=x_n=0$,在这儿 f 取零值. 于是扩充线性方程组的解为 $s_i=b_i$. 在这个解中有着非常宽松的上升空间可让 f 的值增大:移到单纯形的另一个顶点很有可能会得到一个更大的值. 问题是我们应该沿着哪一个方向移到另一个顶点? 显然,如果可能的话,我们希望把函数 f 中具有正系数 c_i 的变量 x_i 增大,因为这样会使 f 的值增大;如果 c_i 是负的,那么 x_i 的任何增大都会导致函数 f 的值减小. 我们决定把注意力集中在具有

最大正系数 c_p 的变量 x_p 上. 由于我们只对函数在单纯形顶点的值感兴趣,因此我们直接移到扩充线性方程组在一个相邻顶点上的解. 将这个使 f 增大的过程接连进行有限步,直到获得最优值.

在开始之前,让我们先介绍一个写出方程组和松弛变量的非常方便的简略方式. 扩充方程组和 f 的表达式可以如下写出:

$$\begin{array}{l} A_{11}x_1+A_{12}x_2+\cdots+A_{1n}x_n+s_1=b_1 \\ A_{21}x_1+A_{22}x_2+\cdots+A_{2n}x_n+s_2=b_2 \\ \qquad\vdots \\ \underline{A_{n1}x_1+A_{n2}x_2+\cdots+A_{nn}x_n+s_n=b_n} \\ c_1x_1+c_2x_2+\cdots+c_nx_n-f=0 \end{array}$$

为清晰起见,我们可以将这个信息记录在一张表格中:

x_1	x_2	$\cdots$	x_n	s_1	s_2	$\cdots$	s_n		
A_{11}	A_{12}	$\cdots$	A_{1n}	1	0	$\cdots$	0		b_1
A_{21}	A_{22}	$\cdots$	A_{2n}	0	1	$\cdots$	0		b_2
		$\vdots$				$\ddots$			$\vdots$
A_{n1}	A_{n2}	$\cdots$	A_{nn}	0	0	$\cdots$	1		b_n
c_1	c_2	$\cdots$	c_n	0	0	$\cdots$	0	$-f$	0

请注意这张表格的主要部分是把扩充约束方程组用一种简单的方式重写出来. 从这个排列格局显然可见,方程组的一个基本解是 $x_i=0, s_i=b_i$, $-f=0$.

现在描述这个算法,它把我们从一个顶点移到下一个顶点的方案付诸实现. 在描述了这个十分抽象的算法之后,我们将讨论一个作为延伸阅读的例子.

(1) 选取这张表格中有着最宽松上升空间的列,即底行中最大正数所在的列. 这个列称为主列 p. 这个算法告诉我们要在主列中选取这样一个元素 A_{ip}:它使得 b_i/A_{ip}成为这列中最小的正数. 这个元素称为主元. 我们选取这个元素的理由是,它为我们给出了函数 f 的一步所能达到的最大增长.

（2）对包含主元的那一整行按比例进行调整，使得主元为1. 这样做不会对问题有丝毫改变，因为我们所做的一切只不过是将我们的一个扩充方程按比例进行调整，即在方程的两边同时乘上某个因数.

（3）对这些方程进行如下操作：将主元行的一个适当倍数从表格中其他每一行中减去，使得主列中除了主元之外其他元素均为零.

（4）我们已经生成了对应于单纯形一个新顶点的一个新的基本解，在这个解当中，一般是既有非零的 x_i，又有非零的 s_i，混合杂处. 为了读出那个潜在的基本解，我们依次考察每个变量 x_i 和 s_i 下方的列. 如果某一列除了一个单位元之外均为零，那么我们就令相应变量的值等于表格中这个单位元所在行最右边的那个数. 如果所考察的列不具有这种形式，那么我们就令相应的变量 x_i 或 s_i 为零. 表格右下角的那个数为我们给出了 $-f$ 在这个解下的值. 请注意，要清楚地理解这些步骤，我们只需将这张表格改回完整的方程组形式即可.

（5）如果表格最底行中所有的元素均为负数，那么右下角给出的 $-f$ 值就给出了最大值. 然而，如果最底行中还有正元素，那么我们的方程组中还有一点儿上升空间. 于是就要重复这个主元过程. 如果这个问题有一个最大值，那么这个算法将在有限步后终止.

从理论上说，到这个算法终止所需的步骤数随变量的个数 n 呈指数增长. 然而，真正呈指数增长的例子是相当错综复杂的，或者是人为制造的. 其实我们发现，在实践中用单纯形法产生一个答案所花的时间随 n 呈线性增长. 由于这个原因，这个算法在许多实际的经济环境中是一个极其有用的工具.

3.2.2.1 一个例子

假设有一位矿业大王，他拥有三个矿，生产三种不同等级的矿石 X，Y，Z. 经过精炼，每种矿石将产生一定数量的黄金和白金. 此外，作为生产过程中的副产品，也会产生一些无用的有毒废物. 这位矿主每年对每种金属只能以某个固定的每吨价格最多卖出一定的数量，而且他也只能处理一定数量的有毒废物. 精炼厂在提取黄金上效率最高，产生出来的每吨黄金卖掉以后获利 200 万英镑. 每吨白金获利 300 万英镑,但每吨有毒废物需要花费 100 万英镑来安全地处理掉①. 这位矿主每年能卖掉 32 吨黄金和 8 吨白金,但是在处理废物上只能完成他的年额定量 12 吨. 经过精炼,每单位矿石产生如下数量的利润(百万英镑)、废物(吨)、黄金(吨)和白金(吨):

	X	Y	Z
废物	4	2	9
黄金	1	2	6
白金	2	2	1
利润	4	8	6

于是,放在这位矿主面前的最优化问题可以叙述为:在如下关于市场购买力和废物处理能力的约束下,求利润 $f=4X+8Y+6Z$ 的最大值:

$$4X+2Y+9Z\leqslant 12,\quad (\text{最大废物处理量})$$
$$X+2Y+6Z\leqslant 32,\quad (\text{最大黄金销售量})$$
$$2X+2Y+Z\leqslant 8.\quad (\text{最大白金销售量})$$

为了实施这个算法,我们引入三个松弛变量 s_1, s_2 和 s_3,每个不等式一个,并写出那种表格. 请注意在每张表格中我们用黑体凸显主元,用下划线凸显最底行的最大元. 请回忆这种表格只是一种重写这个问题的方便而紧凑的形式:

X	Y	Z	s_1	s_2	s_3		
4	2	9	1	0	0		12
1	2	6	0	1	0		32
2	**2**	1	0	0	1		8
4	$\underline{8}$	6	0	0	0	$-f$	0

① 这是一位有道德原则的矿主,他不会把多余的废物倾倒在附近的生态环境中. ——原注

这种单纯形表格算法像机械那样驱动着我们在这个问题的极值解中行进. 首先我们选择包含最底行中最大正数 8 的列. 我们必须选择那个 2 作为主元,因为它给出了最小的比率 $8/2<12/2<32/2$. 接着我们对主元行进行调整,方法是将这行的每个元素除以 2. 当然,这样做对这个约束的效果毫无影响:

X	Y	Z	s_1	s_2	s_3		
4	2	9	1	0	0		12
1	2	6	0	1	0		32
1	**1**	$\frac{1}{2}$	0	0	$\frac{1}{2}$		4
4	$\underline{8}$	6	0	0	0	$-f$	0

为了把主列的其他元素化为零,我们将第一行和第二行分别减去主元行的 2 倍,并将第四行减去主元行的 8 倍,这使我们得到新的表格

X	Y	Z	s_1	s_2	s_3		
2	0	**8**	1	0	−1		4
−1	0	5	0	1	−1		24
1	1	$\frac{1}{2}$	0	0	$\frac{1}{2}$		4
−4	0	$\underline{2}$	0	0	−4	$-f$	−32

这张表格的基本解是

$$X=0,\ Y=4,\ Z=0,\ s_1=4,\ s_2=24,\ s_3=0.$$

相应的最大值为 $f=32$. 然而,我们知道在这个单纯形的什么地方必定有着更大的值,因为在这张表格的最底行还有一个正元素:我们可以加上若干单位的矿石 Z 来增大函数 f 的值. 为此我们重复这个以主元为中心的过程. 这次的主元为 8,这是因为 $4/8<24/5<4/(1/2)$. 经过按比例调整和行与行的减法以使主列中的其他元素为零,我们得到了表格

X	Y	Z	s_1	s_2	s_3		
$\frac{1}{4}$	0	**1**	$\frac{1}{8}$	0	$-\frac{1}{8}$		$\frac{1}{2}$
$-\frac{9}{4}$	0	0	$-\frac{5}{8}$	1	$-\frac{3}{8}$		$\frac{43}{2}$
$\frac{7}{8}$	1	0	$\frac{1}{16}$	0	$\frac{9}{16}$		$\frac{15}{4}$
$-\frac{2}{9}$	0	0	$-\frac{1}{4}$	0	$-\frac{15}{4}$	$-f$	-33

既然表格的最底行没有正数,那么我们就不可能再增大f了,于是我们终于找到了最大值. 因此我们可以读出这个最优解为 $X=0, Y=15/4, Z=1/2$. 松弛变量 s_1 和 s_3 为零,这意味着废物处理量和白金销售量已达到不等式约束的极限. 关于黄金的松弛变量 s_2 取值 43/2,这意味着黄金销售量只是 $32-43/2=10\frac{1}{2}$吨. 这样就得到了这些约束下的最大利润 33(百万英镑).

在结束本节之前,我们简略介绍一下最优化问题的三个进一步的例子,它们可以用与我们刚才所述相类似的技术来解决.

3.2.2.2 食谱问题

假设有一位饮食学家,他想设计一份价钱便宜而且搭配均衡的食谱. 我们有一张食品挑选单,其中每种食品含有各种不同量的人体必需营养. 此外,每种食品都会有某种相应的价格. 于是这个最优化问题就是,在这份食谱对每种营养的含有量必须达到最小必需量的要求(约束)下,使得总费用最小. 请注意,这个问题在某种意义上对偶于上面我们研究过的例子,因为我们要让费用最小化,但我们又希望营养摄入量大于某种最小的每日推荐量.

3.2.2.3 运输问题

当初发明单纯形法的原因之一是为了帮助解决运输问题. 这个问题说的是:现要把一定数量船只的货物从北美洲的一组联运港口运送到欧洲的

一组联运港口，如果在北美洲和欧洲的任两个港口之间直接运输一船货物的费用为已知，那么最廉价的运输方案是什么？首先我们假设在北美洲的港口 A_i 有 a_i 船货物要运送. 我们决定把 X_{ij} 船货物从港口 A_i 运送到欧洲的港口 E_j. 如果有 e_j 船货物规定在港口 E_j 卸下，那么我们必须有

$$\sum_i X_{ij} = e_j. \qquad \text{(i)}$$

另外，既然我们从北美洲的港口 A_i 发送的货物显然不能超过这个港口原本拥有的货物，那么我们还必须有约束

$$\sum_j X_{ij} \leqslant a_i. \qquad \text{(ii)}$$

接下来假设把一船货物从 A_i 运送到 E_j 的费用为 C_{ij}. 那么这个最优化问题就是：

- 在约束(i)和(ii)下，求总运费 $C = \sum_i \sum_j C_{ij}X_{ij}$ 的最小值.

由于所有的约束都是线性的，因此这个问题可以很容易用单纯形法解决.

3.2.2.4 博弈

许多由两名局中人进行的策略博弈可用线性最优化技术来分析. 在一个基本的博弈中，两名局中人进行某种类型的移步，或者是轮流进行，或者是同时进行. 每个移步都会影响到另一名局中人赢得或输掉这个博弈的机会. 因此你可以通过系统地分析对手为对付你的移步而可能采取的各种移步的效果来形成一个策略. 各种各样的策略是否成功，依赖于对手采用什么类型的对抗策略. 为了从数学上分析博弈，人们把策略 s_i 与每个对抗策略 c_j 的对抗结果制成表格. 在这个背景下，一个"策略"就是一个完整系列的移步，它们把这个博弈带向结束. 显然，一个如象棋那样的博弈有着极其大量的策略！在对策略的分析中有一个重要的思想，就是信息和随机步的概念. 具有全信息的博弈就是那些其中两名局中人严格地轮流移步，而且先前所有的移步都为双方所知的博弈. 具有随机步的博弈含有某种随机因素，例如抛硬币或者掷骰子. 对于任何具有全信息而没

有随机步的博弈来说,所谓的"博弈论主定理"断言,人们总可以找到一个毫无歧义的最优策略. 换言之,假设每位局中人都遵循一种完美策略,那么在一开始就可以马上下结论说谁会赢下这个博弈,或者是不是会出现平局. 这些博弈在数学上是平凡的. 一些全信息博弈的结果总是某一位局中人赢,但其他的博弈,例如"圈与叉"游戏,结果总会是平局. 甚至如象棋这样的博弈也属于此类,尽管在象棋这种情况中,移步组合的庞大数目使得做分析在目前是不可能的. 当我们探究含有一种随机因素的博弈的时候,最优化方法便发挥作用了. 在这种情形下,一个给定的策略只有某种机会赢得博弈,可能没有最优策略可供采用. 因此人们必须寻找一种混合策略,其中每个策略以一定的频率被用到,假定我们想把这个博弈玩上许多次的话. 于是这个最优化问题就是要求找出这样一个使赢的次数最多的频率分布.

3.3 距离、长度和角度

毕达哥拉斯定理告诉我们,一个直角三角形的斜边的平方等于它其余两边的平方和. 尽管我们可以把三角形想象成由$\mathbb{R}^2$中三条直线围成的区域,但目前我们还不能用我们的向量空间理论来完整描述这个问题. 为什么不能? 因为定义向量空间的公理只要求我们能把向量加起来和将它们乘以实数. 给出两个向量的分量,我们对它们所能做的只是看其中一个向量是不是另一个向量的纯量倍数,以判断它们是不是指向同一个方向. 因此向量空间$\mathbb{R}^2$中并没有关于长度和角度的先验概念,因为向量空间公理只是把线性性编制在内:为了从一个向量得到一个长度(它是标量),我们显然需要某种从一个向量到一个标量的运算. 为了得到两个向量间的距离(它也是标量),我们需要一种从两个向量到一个标量的运算. 向量空间的运算,不管是加法还是标量乘法,都没有为我们配备这种技术. 由于在数学的许多领域中,大小确实是举足轻重的,因此我们需要在我们的向量空间中再增加一些结构,以纠正这个问题.

3.3.1 纯量积

这里看来有着两个密切相关的问题要讨论:长度的问题和距离的问题. 我们可以将一个向量$\boldsymbol{x}$的长度看作$\boldsymbol{x}$与原点的距离;我们也可以将两个向量$\boldsymbol{x}$和$\boldsymbol{y}$之间的距离看作这两个向量之差$\boldsymbol{x}-\boldsymbol{y}$的长度. 既然这些运算涉及的其实都是两个向量——$\boldsymbol{x}$与$\boldsymbol{y}$,以及$\boldsymbol{x}$与原点$\boldsymbol{0}$,那么我们就应该寻求某种自然的方式,可让我们用来定义两个向量间的距离:我们需要某种运算 ·,我们将称之为*纯量积*,又称*点积*,它把两个向量映射成一个标量:

$$\boldsymbol{x}\cdot\boldsymbol{y}\to\text{一个标量}.$$

尽管有好多方式可以让我们进行下去,但作为数学家,我们喜欢一个自然的(如果可能,越简单越好)纯量积定义. 加在运算 · 上的合理条件会是什么呢? 让我们假设有两个向量$\boldsymbol{x},\boldsymbol{y}$,它们可以用某组基$\{\boldsymbol{e}_1,\boldsymbol{e}_2,\cdots,\boldsymbol{e}_n\}$表示为

$$\boldsymbol{x}=\sum_{i=1}^{n}x_i\boldsymbol{e}_i,\ \boldsymbol{y}=\sum_{j=1}^{n}y_j\boldsymbol{e}_j.$$

于是$\boldsymbol{x}$和$\boldsymbol{y}$的纯量积就表示为

$$x \cdot y = \left(\sum_{i=1}^{n} x_i e_i\right)\left(\sum_{j=1}^{n} y_j e_j\right).$$

现在这是一个向量和与另一个向量和的纯量积了. 如果我们想要有什么总体上的进展,就应该假设我们能将这种表达式展开成它们的分量部分. 让我们采用最简单的方法. 这需要我们假设纯量积对于每个向量是线性的,而且我们可以将因子提出来. 于是我们会发现

$$x \cdot y = \sum_{i=1}^{n} \sum_{j=1}^{n} x_i y_j (e_i \cdot e_j).$$

这就把事情变得简单多了,因为这样一来,这个问题就被简化为考察纯量积在基向量$\{e_1, e_2, \cdots, e_n\}$之间的作用了. 现在我们可以设法来定义纯量积在基向量上的作用. 假设我们希望我们关于距离的定义并不依赖于基的特别选取,我们就遇到了一个潜在的问题:如果我们选取这个空间的另一组基$\{f_1, f_2, \cdots, f_n\}$,那么我们那些简单的纯量积 $e_i \cdot e_j$ 在这组新的基下就成了一些复杂的表达式. 显然,在定义纯量积的这个关键点上,向量空间的基的特别选取就变得十分重要,而且看来对于一般性的情况我们也只能走到这里了:为了进行下去,我们将需要知道关于那种作为底座的基向量的一些性质. 因此让我们先来设法考虑标准几何或者说直线和平面的组织结构.

3.3.1.1　标准几何与欧氏纯量积

我们需要设法确定空间中两点间的标准长度标尺. 如果我们从来不知道毕达哥拉斯定理和刻度尺,就好像毕达哥拉斯年轻时的情况那样,那么作为一种基本的观察结果,作出这样的假设应该是合理的:一条直线段的长度不依赖于它在空间中所处的位置和它所指的方向. 我们应该能选择一种纯量积,它在某种标准基下对向量一视同仁. 让我们选择这组关于纯量积的最简单规则,对它来说,没有哪个"方向"是优先的:

$$e_i \cdot e_j = \begin{cases} 0, 如果\ i \neq j, \\ 1, 如果\ i = j. \end{cases}$$

关于纯量积的这种最简单的选择有什么含义?显然,如果向量 $x = (x_1, x_2, \cdots, x_n)$和$y = (y_1, y_2, \cdots, y_n)$是在标准基下的写法,那么这两者的纯量积就成为

$$\boldsymbol{x}\cdot\boldsymbol{y}=x_1y_1+x_2y_2+\cdots+x_ny_n.$$

令人欣慰的是,这个纯量积给我们提供了关于长度的“通常”观念. 为说明这一点,我们考察 $\sqrt{\boldsymbol{x}\cdot\boldsymbol{x}}=\sqrt{x_1^2+\cdots+x_n^2}$. 当 $n=2$ 时,右边化为 $\sqrt{x_1^2+x_2^2}$,根据毕达哥拉斯定理,这就是直角边为 x_1 和 x_2 的直角三角形的斜边长度! 于是我们看到,在关于空间统一性的某种合理的观念下,通过为纯量积选择一种最简单的函数形式,毕达哥拉斯关于长度的观念就出现了. 因此我们定义向量 $\boldsymbol{x}$ 的长度(记为 $|\boldsymbol{x}|$)如下:

$$|\boldsymbol{x}|=(\boldsymbol{x}\cdot\boldsymbol{x})^{1/2}.$$

这是一个很大的成功. 我们能不能希望对于距离也有同样的收获? 我们在前面得出过结论,可以把两个向量 $\boldsymbol{x}$ 和 $\boldsymbol{y}$ 之间的距离与向量 $\boldsymbol{x}-\boldsymbol{y}$ 的长度相联系. 我们要把这与 $\boldsymbol{x}$ 和 $\boldsymbol{y}$ 的纯量积相联系. 我们注意到一个向量的长度的平方不可能为负数,因为长度仅是一个实数,于是有 $(\boldsymbol{x}-\boldsymbol{y})\cdot(\boldsymbol{x}-\boldsymbol{y})\geqslant 0$. 我们可以把这个纯量积展开,从而看到

$$(\boldsymbol{x}-\boldsymbol{y})\cdot(\boldsymbol{x}-\boldsymbol{y})=\left(|\boldsymbol{y}|-\frac{\boldsymbol{x}\cdot\boldsymbol{y}}{|\boldsymbol{y}|}\right)^2-\frac{(\boldsymbol{x}\cdot\boldsymbol{y})^2}{\boldsymbol{y}\cdot\boldsymbol{y}}+\boldsymbol{x}\cdot\boldsymbol{x}\geqslant 0.$$

由于平方部分是正的,因此我们有结论:

$$-|\boldsymbol{x}||\boldsymbol{y}|\leqslant\boldsymbol{x}\cdot\boldsymbol{y}\leqslant|\boldsymbol{x}||\boldsymbol{y}|①.$$

① 由 $\left(|\boldsymbol{y}|-\frac{\boldsymbol{x}\cdot\boldsymbol{y}}{|\boldsymbol{y}|}\right)^2-\frac{(\boldsymbol{x}\cdot\boldsymbol{y})^2}{\boldsymbol{y}\cdot\boldsymbol{y}}+\boldsymbol{x}\cdot\boldsymbol{x}\geqslant 0$ 和平方部分 $\left(|\boldsymbol{y}|-\frac{\boldsymbol{x}\cdot\boldsymbol{y}}{|\boldsymbol{y}|}\right)^2$ 为正(应为非负),似不足以推出 $-|\boldsymbol{x}||\boldsymbol{y}|\leqslant\boldsymbol{x}\cdot\boldsymbol{y}\leqslant|\boldsymbol{x}||\boldsymbol{y}|$. 虽然这个不等式可用其他简单的方式证明,但这里沿袭作者的思路,试作如下考虑:由于显然还有 $(\boldsymbol{x}+\boldsymbol{y})\cdot(\boldsymbol{x}+\boldsymbol{y})\geqslant 0$,上述不等式可改进为 $\left(|\boldsymbol{y}|-\frac{|\boldsymbol{x}\cdot\boldsymbol{y}|}{|\boldsymbol{y}|}\right)^2-\frac{(\boldsymbol{x}\cdot\boldsymbol{y})^2}{\boldsymbol{y}\cdot\boldsymbol{y}}+\boldsymbol{x}\cdot\boldsymbol{x}\geqslant 0$. 对任意给定的 $\boldsymbol{x}$ 和 $\boldsymbol{y}$,取 $\boldsymbol{y}'=\left(\frac{|\boldsymbol{x}\cdot\boldsymbol{y}|}{|\boldsymbol{y}|^2}\right)\boldsymbol{y}=\left(\frac{|\boldsymbol{x}\cdot\boldsymbol{y}|}{|\boldsymbol{y}|}\right)\frac{\boldsymbol{y}}{|\boldsymbol{y}|}$,于是 $|\boldsymbol{y}'|=\frac{|\boldsymbol{x}\cdot\boldsymbol{y}|}{|\boldsymbol{y}|}$. 请注意总有 $\frac{\boldsymbol{x}\cdot\boldsymbol{y}}{|\boldsymbol{y}|}=\boldsymbol{x}\cdot\frac{\boldsymbol{y}}{|\boldsymbol{y}|}=\boldsymbol{x}\cdot\frac{\boldsymbol{y}'}{|\boldsymbol{y}'|}$,故 $|\boldsymbol{y}'|=\left|\boldsymbol{x}\cdot\frac{\boldsymbol{y}'}{|\boldsymbol{y}'|}\right|=\frac{|\boldsymbol{x}\cdot\boldsymbol{y}'|}{|\boldsymbol{y}'|}$. 将 $\boldsymbol{x}$ 和 $\boldsymbol{y}'$ 代入上述改进的不等式,易知平方括号项为零,于是得 $-\frac{(\boldsymbol{x}\cdot\boldsymbol{y}')^2}{\boldsymbol{y}'\cdot\boldsymbol{y}'}+\boldsymbol{x}\cdot\boldsymbol{x}\geqslant 0$. 但由于 $\frac{(\boldsymbol{x}\cdot\boldsymbol{y}')^2}{\boldsymbol{y}'\cdot\boldsymbol{y}'}=\frac{(\boldsymbol{x}\cdot\boldsymbol{y}')^2}{|\boldsymbol{y}'|^2}=\left(\boldsymbol{x}\cdot\frac{\boldsymbol{y}'}{|\boldsymbol{y}'|}\right)^2=\left(\boldsymbol{x}\cdot\frac{\boldsymbol{y}}{|\boldsymbol{y}|}\right)^2=\frac{(\boldsymbol{x}\cdot\boldsymbol{y})^2}{\boldsymbol{y}\cdot\boldsymbol{y}}$,于是有 $-\frac{(\boldsymbol{x}\cdot\boldsymbol{y})^2}{\boldsymbol{y}\cdot\boldsymbol{y}}+\boldsymbol{x}\cdot\boldsymbol{x}\geqslant 0$,进而即得所证. 请参见3.3.2.1节“柯西-施瓦茨不等式”.——译校者注

由分量展开式 $\boldsymbol{x}\cdot\boldsymbol{y}=x_1y_1+x_2y_2+\cdots+x_ny_n$ 很容易看出,上述不等式在向量 $\boldsymbol{x}$ 和 $\boldsymbol{y}$ 指向同一方向或相反方向时分别取相应的等号. 我们可以自然地利用这个想法,通过一个余弦函数(它在 -1 和 1 之间连续取值)来定义两个向量之间的角度:

$$\boldsymbol{x}\cdot\boldsymbol{y}=x_1y_1+x_2y_2+\cdots+x_ny_n=|\boldsymbol{x}||\boldsymbol{y}|\cos\theta.$$

请注意这个表达式对于任意维空间中的向量 $\boldsymbol{x}$ 和 $\boldsymbol{y}$ 都有意义,这是因为任何两个向量在一个较大空间 $\mathbb{R}^n$ 内总是位于一个二维平面中. 角度 θ 就是那个平面中向量的夹角. 在这个背景下,直角 $\pi/2$ 由纯量积为零的两个向量所确定. 我们称这个纯量积为欧氏的,因为它提供了欧氏几何中使用的距离和长度,而欧氏几何乃是毕达哥拉斯定理的家乡. 配有欧氏纯量积的向量空间 $\mathbb{R}^n$ 称为欧氏空间.

3.3.1.2 多项式和纯量积

另一个简单的向量空间是由项数不大于 n 的实多项式构成的,其中每个向量可写成

$$P(x)=\sum_{i=1}^{n}a_ix^i,\ \ a_i\in\mathbb{R}.$$

是不是有一种合理的方式可让我们用来为这个空间加上一种"距离"结构? 正如我们曾看到的,定义纯量积的问题化成了关于基向量的问题. 在我们这种情况下,基向量为 $\{x^0,\cdots,x^n\}$. 我们需要对每一对 $i,j=0,1,\cdots,n$ 定义关系 $x^i\cdot x^j$. 首先会有猜想说这就是 x^{i+j}. 然而,这个结论并没有什么意义. 要知道为什么,请注意 $x^0,x^1,\cdots,x^n$ 实际上是这个向量空间的向量,而不是标量;更糟糕的是,当 $i+j>n$ 时 x^{i+j} 什么意义也没有. 为了定义一种纯标量的积,我们必须构想一种运算,它将 x^i 和 x^j 映为实数. 能做到这一点的一种简单方式就是通过积分. 因此让我们定义作用于基向量的纯量积如下:

$$x^i\cdot x^j=\int_A^B x^{i+j}\mathrm{d}x.$$

我们看到这是一个很好的定义,因为它满足关于纯量积线性性的一般条

件,这又是因为积分是线性的:

$$P_1(x)\cdot P_2(x)=\int_B^A\Big(\sum_{i=1}^n a_ix^i\Big)\Big(\sum_{j=1}^n b_jx^j\Big)\mathrm{d}x$$
$$=\sum_{i=1}^n\sum_{j=1}^n a_ib_j\int_A^B x^{i+j}\mathrm{d}x$$
$$=\sum_{i=1}^n\sum_{j=1}^n a_ib_j(x^i\cdot x^j).$$

虽然这样定义纯量积已经足够了,但我们仍然可以设法把这个积分的上下限 A 和 B 自由地选择为我们愿意选择的某种东西. 一种明显的自然选择是 $A=1,B=0$:

$$x^i\cdot x^j=\int_0^1 x^{i+j}\mathrm{d}x=1/(i+j+1).$$

尽管这在逻辑上完全是相容的,但这种纯量积关系也完全是相互纠缠、错综复杂的:基向量与基向量的纯量积没有一个为零. 如果我们能够为这种纯量积找到一组“标准”基$\{p_1(x),p_2(x),\cdots,p_n(x)\}$,满足

$$p_i(x)\cdot p_j(x)=\begin{cases}1,\text{如果 } i=j,\\0,\text{如果 } i\neq j,\end{cases}$$

那就很讨人喜欢了. 稍稍计算一下就能清楚地表明,我们总可以选择一组基向量满足上述关系:既然 $p_i(x)\cdot p_j(x)=p_j(x)\cdot p_i(x)$,那么就有$(n+1)+(n+1)n/2=(n+1)(n+2)/2$ 个不同的约束方程,但我们那 $n+1$ 个标准基向量 $p_i(x)$ 的每一个都有关于 $x^0,\cdots,x^n$ 的 $n+1$ 个系数,从而有$(n+1)^2$ 个自由度供操作.

虽然这些基向量可以系统地构建出来,但是存在着一个从 $p_0(x)=1$ 开始的非凡公式供我们计算出第 n 个基向量:勒让德多项式 $L_n(x)$定义如下:

$$L_n(x)=\frac{1}{2^n n!}\frac{\mathrm{d}^n}{\mathrm{d}x^n}(x^2-1)^n.$$

这些函数的主要性质是:如果 $m\neq n$,则纯量积 $L_n(x)\cdot L_m(x)=0$;如果 $m=n$,则它是一个正数. 这个结论的证明需要我们用分部积分法准确地算出这些纯量积.

证明:

$$L_n(x) \cdot L_m(x) = \frac{1}{2^{n+m} n! m!} \int_{-1}^{1} \frac{\mathrm{d}^n}{\mathrm{d}x^n} (x^2 - 1)^n \frac{\mathrm{d}^m}{\mathrm{d}x^m} (x^2 - 1)^m \mathrm{d}x$$ ①.

好，不失一般性，让我们假设 $n \geqslant m$. 然后用分部积分法 n 次，我们可以得到

$$L_n(x) \cdot L_m(x) = \frac{(-1)^n}{2^{n+m} n! m!} \int_{-1}^{1} (x^2 - 1)^n \frac{\mathrm{d}^{m+n}}{\mathrm{d}x^{m+n}} (x^2 - 1)^m \mathrm{d}x.$$

显然 $(x^2 - 1)^m$ 是一个 $2m$ 次多项式. 因此，当 $n + m > 2m$ 时它的 $n + m$ 阶导数为零. 既然我们假设 $n \geqslant m$，那么除非 $n = m$，这个积分都当然等于零. 而当 $n = m$ 时，我们利用 $(x^2 - 1)^n = (x^{2n} + \cdots)$ 这个事实，可以看到

$$L_n(x) \cdot L_n(x) = \frac{1}{2^{2n} n! n!} \int_{-1}^{1} (1 - x^2)^n (2n)! \mathrm{d}x.$$

做变量代换 $x = 1 - 2u$，再次用分部积分法，可得

$$L_n(x) \cdot L_n(x) = \frac{2}{2n + 1}.$$

这是正数，我们可以用 $\sqrt{2/(2n+1)}$ 将 $L_n(x)$ 按比例调整，从而得到我们的第 n 个正规化基多项式.

采用这些向量，我们于是可以为具有我们这种积分式纯量积的由不大于 n 次的多项式构成的空间创建一组标准基.

我们正在开始看到，关于距离和把一对向量用点号结合起来的简单想法有着比初看上去多得多的内涵！

3.3.2 一般纯量积

我们仅仅考察了两种特殊的纯量积，它们差别极大. 然而，从某种层次上说，这两者在数学上是非常相似的：在这两种情形中，我们都可以将一对向量的纯量积的概念归结为这个纯量积在一组标准基向量上的作用. 我们现在可以倒退一步，写出任何合理的距离度量所应该具有的关键

① 请注意，这儿的积分限是 1 和 -1，与前面的选择不一致. 但这关系不大，因为通过线性的变量代换，任何有限的积分限都可以互换，而多项式在线性的变量代换下仍是多项式. ——译校者注

性质. 向量空间中向量偶之间的任何一种运算 · 只要满足下列条件,即被称为纯量积:

(1) $\boldsymbol{x}\cdot\boldsymbol{x}\geqslant 0, \boldsymbol{x}\cdot\boldsymbol{x}=0\Leftrightarrow\boldsymbol{x}=\boldsymbol{0}$.

(2) $\boldsymbol{x}\cdot\boldsymbol{y}=\boldsymbol{y}\cdot\boldsymbol{x}$.

(3) $(\boldsymbol{x}+\boldsymbol{z})\cdot(\lambda\boldsymbol{y})=\lambda(\boldsymbol{x}\cdot\boldsymbol{y}+\boldsymbol{z}\cdot\boldsymbol{y})$.

然后我们作出如下三个定义:

- 我们定义一个向量 $\boldsymbol{x}$ 的模为

$$|\boldsymbol{x}| = \sqrt{\boldsymbol{x}\cdot\boldsymbol{x}}.$$

这推广了长度的概念. 两个向量 $\boldsymbol{x}$ 和 $\boldsymbol{y}$ 之间的距离于是由模 $|\boldsymbol{x}-\boldsymbol{y}|$ 给出.

- 当 $\boldsymbol{x}\cdot\boldsymbol{y}=0$ 时,我们说向量 $\boldsymbol{x}$ 和 $\boldsymbol{y}$ 是正交的. 这推广了直角的概念.

- 一个向量空间不一定拥有纯量积. 为了强调这个区别,我们定义任何具有纯量积的向量空间为纯量积空间. 标准几何以欧氏空间为活动场所.

验证欧氏纯量积和多项式纯量积均满足这些规则是一件简单的事. 不过,还是让我们探究这些定义的进一步结果,以表明它们总是意味着关于距离的一种"合理"概念;毕竟,数学家不会用一种随意的方式去试图推广人们熟悉的概念.

3.3.2.1 柯西-施瓦茨不等式

讨论关于纯量积的更深刻结果的一个好起点就是下面这个普遍而有用的定理:所有的纯量积均服从柯西-施瓦茨不等式:

- $(\boldsymbol{x}\cdot\boldsymbol{y})^2<(\boldsymbol{x}\cdot\boldsymbol{x})(\boldsymbol{y}\cdot\boldsymbol{y})$,只要向量 $\boldsymbol{x}$ 和 $\boldsymbol{y}$ 都不为零且互不为纯量倍数.

这个结果显然是我们希望成立的那种:关于通常的欧氏纯量积,我们发现对于夹角为 θ 的两个向量有

$$\boldsymbol{x}\cdot\boldsymbol{y}=|\boldsymbol{x}||\boldsymbol{y}|\cos\theta<|\boldsymbol{x}||\boldsymbol{y}|.$$

因此，柯西-施瓦茨不等式实质上是说："两个长度为$|\boldsymbol{x}|$和$|\boldsymbol{y}|$的向量要得到最大的纯量积，它们必须指向同一方向."换句话说，这个不等式是说一个向量在某个方向上的分量决不可能比这个向量本身长. 从直觉上说，这些都是任何合理的向量理论的"本质"特性. 让我们来看看怎样证明这个结论对任何纯量积都成立. 证明的细节相当简单，但是它们有效地刻画了我们在解决抽象的代数问题时所用的方式.

证明：考虑向量$\boldsymbol{z}=\boldsymbol{x}+\lambda\boldsymbol{y}$. 由于向量$\boldsymbol{x}$和$\boldsymbol{y}$都不为零且指向不同方向，所以向量$\boldsymbol{z}$决不会等于零向量$\mathbf{0}$. 根据定义纯量积性质的第一条规则，我们知道有

$$(\boldsymbol{x}+\lambda\boldsymbol{y})\cdot(\boldsymbol{x}+\lambda\boldsymbol{y})>0.$$

我们可以利用所有这三条规则将这个不等式的左边展开，得到

$$\boldsymbol{x}\cdot\boldsymbol{x}+2\lambda\boldsymbol{x}\cdot\boldsymbol{y}+\lambda^2\boldsymbol{y}\cdot\boldsymbol{y}>0.$$

由于所有的纯量积均为正数（标量！），所以我们可以"配平方"①，得

$$\underbrace{\left(\lambda\,(\boldsymbol{y}\cdot\boldsymbol{y})^{1/2}+\frac{\boldsymbol{x}\cdot\boldsymbol{y}}{(\boldsymbol{y}\cdot\boldsymbol{y})^{1/2}}\right)^2}_{\text{为正}}+\boldsymbol{x}\cdot\boldsymbol{x}-\frac{(\boldsymbol{x}\cdot\boldsymbol{y})^2}{\boldsymbol{y}\cdot\boldsymbol{y}}>0.$$

既然平方项为正，$\boldsymbol{x}\cdot\boldsymbol{x}$和$\boldsymbol{y}\cdot\boldsymbol{y}$也为正，那么我们对这个不等式进行重新整理即可得结果②. 最后要提出一个简单的但是技术性的练习：请证明如果所考虑的两个向量中有一个为零或者它们互为纯量倍数，那么相应的等式成立.

数学家在定义结构（在这里是纯量积）和证明结果时如此严谨，是因为一个定理一旦建立起来，就立即可以用来推导出许多推论，几乎不要再做什么工作. 有人会想到去证明某个看上去很抽象的定理，其根本缘由在

① 其实，只要$\boldsymbol{y}\cdot\boldsymbol{y}>0$，就可进行下面的配平方，何况$\boldsymbol{x}\cdot\boldsymbol{y}$也不一定为正数. ——译校者注

② 与前面脚注〔6〕所指出的一样，这里仅由平方项为正似不足以推出结果. 事实上，应该令$\lambda=-\frac{x\cdot y}{y\cdot y}$，使得平方项为零，即得所证. 不然的话，引入$\lambda$这个参数也没什么作用. 这是一个很经典的证明. ——译校者注

于实践和不经意地处理各种例子而得到的经验. 一位数学家最终会想:“我考察的所有这些例子看来具有同样类型的性态. 我想能不能把这个想法提升到一般定理的地位……”让我们借用柯西和施瓦茨的智慧,将这个不等式应用于我们先前已经写出的两种纯量积. 我们马上就会发现关于实数和积分的两个结果,它们用任何其他方式都是很难证明的:

(1) 将柯西-施瓦茨不等式应用于欧氏纯量积,我们看到,对于任何实数 x_i 和 y_i,我们有

$$\left(\sum_{i=1}^{n} x_i y_i\right)^2 \leqslant \sum_{i=1}^{n} x_i^2 \sum_{j=1}^{n} y_j^2 \text{(当且仅当 } x_i \propto y_i \text{ 时等号成立)}.$$

(2) 将柯西-施瓦茨不等式应用于多项式纯量积,我们证得,对于任何多项式 f 和 g,有

$$\left(\int_0^1 f(x) g(x) \mathrm{d}x\right)^2 \leqslant \int_0^1 (f(x))^2 \mathrm{d}x \int_0^1 (g(x))^2 \mathrm{d}x \text{(当且仅当 } f \propto g \text{ 时等号成立)}.$$

这个结果可以自然地推广到任意可微函数.

3.3.2.2 长度和距离的一般性质

对于相关的长度定义,纯量积公理蕴涵着一些什么结论? 我们希望这些结论是合理的. 通过一系列与证明柯西-施瓦茨定理时所用相类似的操作,人们可以发现:

- 用一个因子 λ 对一个向量做标量乘法,就把这个向量的长度以 $|\lambda|$ 为比例因子作了伸缩.
- 连接任意两点的最短线总是将它们直接相连的那个向量. 这就是著名的三角不等式,它代数上表示为(图 3.7)

$$|\boldsymbol{x}+\boldsymbol{y}| < |\boldsymbol{x}| + |\boldsymbol{y}|.$$

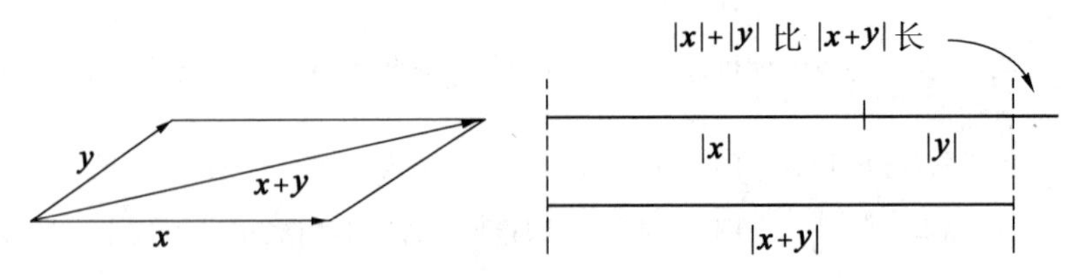

图 3.7 一个具有纯量积的向量空间中的三角不等式.

这个结论的证明由下列推理链给出：

$$\begin{aligned}|\boldsymbol{x}+\boldsymbol{y}|^2 &= (\boldsymbol{x}+\boldsymbol{y})\cdot(\boldsymbol{x}+\boldsymbol{y})\\ &= \boldsymbol{x}\cdot\boldsymbol{x}+2\boldsymbol{x}\cdot\boldsymbol{y}+\boldsymbol{y}\cdot\boldsymbol{y}\\ &= |\boldsymbol{x}|^2+2\boldsymbol{x}\cdot\boldsymbol{y}+|\boldsymbol{y}|^2\\ &< |\boldsymbol{x}|^2+2|\boldsymbol{x}||\boldsymbol{y}|+|\boldsymbol{y}|^2 \quad \text{（对 } \boldsymbol{x}\cdot\boldsymbol{y} \text{ 运用柯西-施瓦茨定理）}\\ &= \big||\boldsymbol{x}|+|\boldsymbol{y}|\big|^2.\end{aligned}$$

- 尽管毕达哥拉斯定理通常在欧氏几何的环境下被引用，但我们可以创建它在任何纯量积空间中的版本：对于任何正交向量 $\boldsymbol{x}$ 和 $\boldsymbol{y}$，我们有

$$|\boldsymbol{x}-\boldsymbol{y}|^2=|\boldsymbol{x}|^2+|\boldsymbol{y}|^2.$$

很容易证明这个一般的表达式成立：

$$\begin{aligned}|\boldsymbol{x}-\boldsymbol{y}|^2 &= (\boldsymbol{x}-\boldsymbol{y})\cdot(\boldsymbol{x}-\boldsymbol{y})\\ &= \boldsymbol{x}\cdot\boldsymbol{x}-2\boldsymbol{x}\cdot\boldsymbol{y}+\boldsymbol{y}\cdot\boldsymbol{y}\\ &= \boldsymbol{x}\cdot\boldsymbol{x}+\boldsymbol{y}\cdot\boldsymbol{y}\\ &= |\boldsymbol{x}|^2+|\boldsymbol{y}|^2.\end{aligned}$$

3.3.2.3 不是由纯量积导出的长度

看起来我们所给的关于纯量积的抽象定义总是能导出直观上可接受的长度概念. 即使如此，实际上人们还可以创建并非来自纯量积的长度定义. 例如，有如下这样两个系列的抽象长度：

(1) $|\boldsymbol{x}|_p=\left(\sum_{i=1}^{N}|x_i|\right)^{1/p}, 1\leqslant p<\infty$；

(2) $|\boldsymbol{x}|=\begin{cases}1, \text{如果 } \boldsymbol{x}\neq\boldsymbol{0},\\ 0, \text{如果 } \boldsymbol{x}=\boldsymbol{0}.\end{cases}$

如果我们不让自己因我们看来生活在其中的世界是使用欧氏长度①

① 事实上，这个宇宙只是在低重力区域而且是用较小的相对速度来比较事件时才是近似欧氏的. 当重力和速度增加时，这个宇宙的几何发生重大变化. 这一点将在关于相对论的章节中讨论. ——原注

这件事而产生先入之见的话,那么这些长度作为距离的一种度量,作用发挥得非常良好. 无论怎么说,现在如果有人问"一根线有多长?",那么我们完全可以有理由回答:"这依赖于你在这根线所处的向量空间上定义了什么特定的'距离'结构."

3.4 几何与代数

既然现在我们有了关于长度和距离之意义的一种良好观念,那么我们就可以开始研究几何,或者说研究形状了. 几何典型地发生在配有纯量积结构的向量空间中,或者说所谓的纯量积空间中. 虽然可以探究任何一个纯量积空间中的几何,或者可以研究与任何特定距离结构无关的形状性质,即所谓拓扑,但我们暂时还是把自己限制在研究标准欧氏几何上,其中我们将使用我们熟悉的纯量积,对于这种纯量积,有

$$(\text{向量 } \boldsymbol{x} \text{ 的长度})^2 \equiv \boldsymbol{x} \cdot \boldsymbol{x} = \sum_{i=1}^{n} x_i x_i .$$

为开始我们的几何世界之旅,我们取$\mathbb{R}^2$中地位卑微的单位圆周,那是一条与坐标原点的距离为 1 的曲线. 它由下述最简单的平方关系所定义:

$$\boldsymbol{x} \cdot \boldsymbol{x} = 1.$$

尽管“圆周”可以如此由任何纯量积定义,但用标准笛卡儿坐标,这个方程取人们熟悉的形式:

$$x^2 + y^2 = 1.$$

现在假设这个圆周不以原点为圆心,而是以某个另外的点 $\boldsymbol{x}_0 = (x_0, y_0)$ 为圆心,则控制方程将是(图 3.8):

$$\begin{aligned}&(\boldsymbol{x} - \boldsymbol{x}_0) \cdot (\boldsymbol{x} - \boldsymbol{x}_0) = 1\\ \Leftrightarrow &(x - x_0)^2 + (y - y_0)^2 = 1\\ \Leftrightarrow &x^2 - 2xx_0 + y^2 - 2yy_0 = 1 - x_0^2 - y_0^2.\end{aligned}$$

圆周总是由两个变量 x 和 y 的二次方程所定义,这样的方程称为二

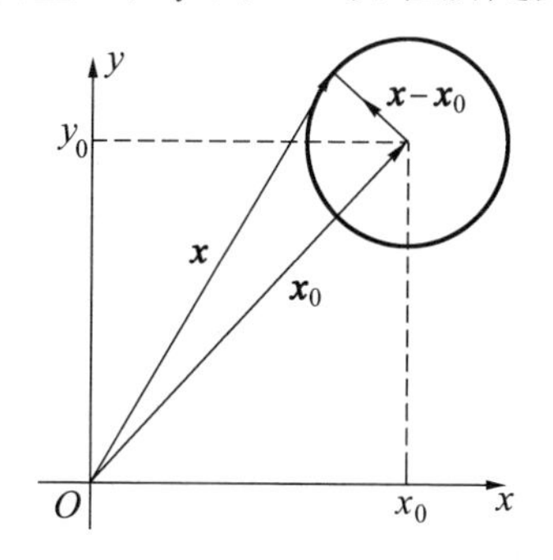

图 3.8 二维空间中的一个圆周.

次型. 这里要问一个有趣的问题:在二维空间中,由最一般的二次型所定义的几何形是什么?

3.4.1 二维空间中的二次型

在二维空间中,最一般的二次型的坐标形式是:

$$ax^2+bx+cy^2+dy+exy=f,$$

其中 a,b,c,d,e,f 为任意实常数. 这种方程会代表什么几何形? 我们有六个可能的自由度,因此会有十分丰富的结构. 为着手研究,我们假设这种方程对两个变量都确实是二次的,即 a 和 c 都不为零. 于是我们可以通过"配平方"把 x,y 的线性项消去:

$$ax^2+bx=a(x+b/(2a))^2-b^2/(4a),\ cy^2+dy=c(y+d/(2c))^2-d^2/(4c).$$

这只不过相当于坐标原点的一个移位:我们可以选择新的坐标原点 $(-b/(2a),-d/(2c))$ 来重新写出关于这种几何形的方程,但其中没有线性项. 明确地说,这是通过下述坐标变换完成的:

$$x\to x-\frac{b}{2a},\ y\to y-\frac{d}{2c}.$$

于是,不失一般性,我们可以把我们的努力集中在下列形式的方程上:

$$Ax^2+Bxy+Cy^2=D,\ A,C\neq 0.$$

利用著名的二次方程求解公式,这种方程可以很容易解出. 将 x 表示为 y 的函数,我们看到

$$x(y)=\frac{-By\pm\sqrt{(B^2-4AC)y^2+4AD}}{2A}.$$

尽管这是对上述定义方程的一个简单的变形,但现在很容易看出这种方程的解有多个在定性上不同的类型,这是因为 $x(y)$ 的表达式中有个平方根:要让 $x(y)$ 取实值,我们必须有

$$(B^2-4AC)y^2+4AD\geqslant 0.$$

对应于 B^2-4AC 和 $4AD$ 的符号,有四个不同的体系:

(1) 如果 B^2-4AC 与 $4AD$ 均非负,那么对于 y 的任何实值,$x(y)$ 都有相应的实值. 因此这个二次型在 y 的两个方向上均无界. 而且,从 $x(y)$

的表达式一眼就可看出，这也意味着 x 无界①.

（2）如果 $B^2-4AC>0$ 而 $4AD<0$，那么要让 $x(y)$ 取实值，我们必须有

$$y^2\geqslant -4AD/(B^2-4AC)>0.$$

这意味着 y 可以为一个绝对值大得没有限制的正数或者负数，但它与原点的距离不能在 $\sqrt{-4AD/(B^2-4AC)}$ 之内. 这也意味着 $x(y)$ 同样是无界的.

（3）如果 $B^2-4AC<0$ 而 $4AD>0$，那么 y 只能在

$$-\sqrt{4AD/(4AC-B^2)}<y<\sqrt{4AD/(4AC-B^2)}$$

的范围内取值. 在这种情况下，我们看到 x 和 y 均被限制在某个有限区域内.

（4）如果 B^2-4AC 与 $4AD$ 均为负数，那么对于任意的 y，$x(y)$ 没有实数解. 因此这个二次型是不成立的.

上述枚举只是覆盖了常数 a 和 c 不为零的情形. 对所有的情形作一次彻底的检验，可证明在对原点位置作了适当的改变和对坐标轴尺度作了适当的调整之后，这些解可归结为圆周、椭圆、双曲线、抛物线②、直线和点（图 3.9）.

一个古希腊数学家所熟知的有趣事实是：如果用一个平面去切割一个圆锥，那么正好就得到这些曲线，只是不同的曲线由不同的切割方向所得来（图 3.10）.

尽管这是一种有趣的分类，但这种确定二次型所代表的几何形是什么的直接方法并不特别透明. 况且，当我们考察高于二维的二次型时，事

① 一般来说，x 的绝对值可能会有下界. 例如，将 y 表示为 x 的函数，即可知当 $B^2-4AC>0$ 和 $CD<0$（这个条件与这里的（1）、（2）均能相容）时，必须有 $x^2\geqslant -4CD/(B^2-4AC)>0$. 其实，从圆锥曲线的形状可知，除了双曲线的一种退化情况，即两条相交直线外，x 或 y 不能取到所有的实数值. ——译校者注

② 值得注意的是，椭圆、抛物线和双曲线给出了天体绕太阳运行轨道的仅有的可能形状，我们将在最后一章证明这一点. ——原注

椭圆

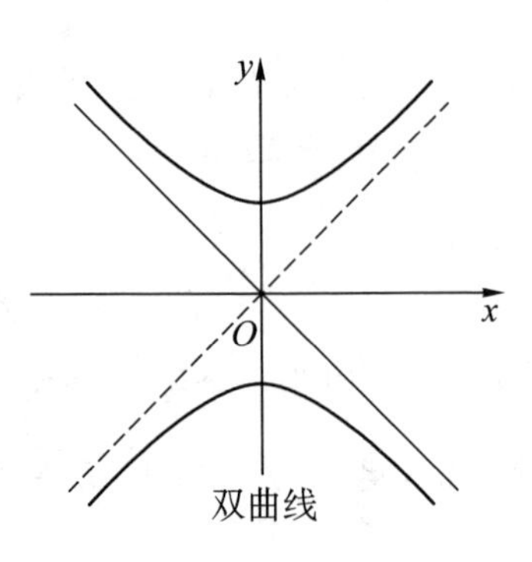

图 3.9 椭圆和双曲线是二维的二次曲线.

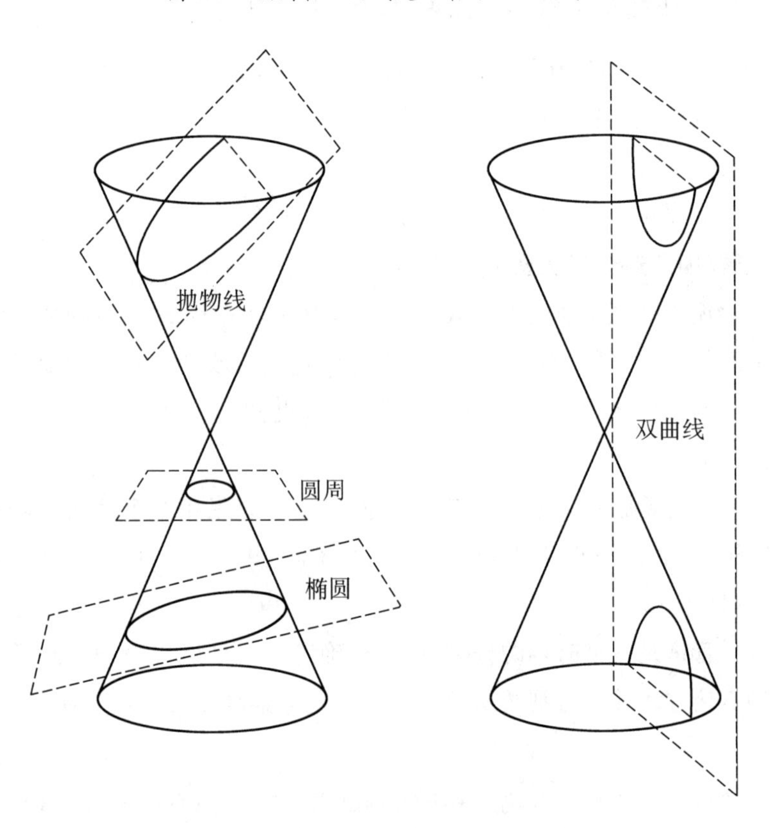

图 3.10 作为圆锥曲线的二维二次型.

情就会复杂得令人绝望. 例如,下列二次型会为我们给出什么几何形呢?

$$x^2+4xy+2xz+y^2+2yz+4z^2=1.$$

二次型出现在从数论到广义相对论的大量数学领域中,因此从定性的层面来理解二次曲面的形式显得十分重要：它是像球或者椭球那样呈封闭且有限的几何形，还是多少有点像双曲线那样朝着一个或多个方向一去不回？于是我们应当寻找一个比较简洁的方式来对付这个一般性的问题. 这一点将在下一节中通过一个三维的例子来讨论.

3.4.2 三维空间中的二次曲面

考虑球心在原点的单位球面这个明显的例子，它由纯量积直接定义：

$$\boldsymbol{x}\cdot\boldsymbol{x}=1\Leftrightarrow x^2+y^2+z^2=1.$$

尽管这是一个二次方程，但线性代数知识让我们可以在这个问题中纳入一个方阵，将它重新写成一种稍有不同的形式：

$$(x\ \ y\ \ z)\left[\begin{pmatrix}1&0&0\\0&1&0\\0&0&1\end{pmatrix}\begin{pmatrix}x\\y\\z\end{pmatrix}\right]=1.$$

用类似的方式，那个比较复杂的例子 $x^2+4xy+2xz+y^2+2yz+4z^2=1$ 可以表示为

$$(x\ \ y\ \ z)\left[\begin{pmatrix}1&2&1\\2&1&1\\1&1&4\end{pmatrix}\begin{pmatrix}x\\y\\z\end{pmatrix}\right]=1.$$

在这些例子中，矩阵作用于列向量；然后我们取这个作用所得的结果与行向量 $(x\ \ y\ \ z)$ 的纯量积. 我们希望发现对应于这个二次型的曲面是什么样子. 结果怎么样？原来有一个非常简单的方法来回答这个问题，解决办法就在于为这个系数矩阵选取“自然的”基.

3.4.3 特征向量和特征值

我们到底怎样来为某个任意的矩阵 M 找一组“自然的”基呢？请回忆，$\mathbb{R}^3$ 中的一组基就是由三个向量组成的一个集合，任何向量都可以用这三个向量唯一地构造出来. 于是我们必须搜寻被矩阵 M 以某种方式所“偏爱”的向量. 可以保证，如果人们找到了三个这样的向量，那么问题将会自动简化. 经过一些思考，你会确信这些特殊的向量应该是特征向量，

即在这个矩阵的作用下保持方向不变的向量:每一个特征向量 $\boldsymbol{v}$ 由定义必须满足方程:

$$M\boldsymbol{v}=\lambda\boldsymbol{v},$$

其中 λ 称为 $\boldsymbol{v}$ 的特征值. 特征向量有很多特殊的性质. 可以证明,如果 M 是关于对角线对称的,那么我们总可以找到一组单位长特征向量基 $\{\boldsymbol{v}_1,\boldsymbol{v}_2,\boldsymbol{v}_3\}$,它们形成一个右手三元组,就像 $\{\boldsymbol{i},\boldsymbol{j},\boldsymbol{k}\}$ 那样. 让我们探究这些有用的向量的性质,以理解它们为什么会这样有用.

3.4.3.1 求特征向量和特征值

对于任意的 $n\times n$ 矩阵 M,我们通过下列方程定义特征向量 $\boldsymbol{v}$ 及相应的特征值 λ_v:

$$M\boldsymbol{v}=\lambda_v\boldsymbol{v}.$$

尽管这个式子写出来很简单,但我们怎样从中解出 $\boldsymbol{v}$ 和 λ_v 呢? 一般来说会有很多的解. 要知道为什么,请注意这个方程包含一个未知向量 $\boldsymbol{v}$,它有 n 个分量和一个未知标量 λ_v. 因此一共有 $n+1$ 个变量,而这个矩阵方程仅表示 n 个方程. 发生这种退化情况是因为如果 $\boldsymbol{v}$ 是这个方程的解,那么 $\boldsymbol{v}$ 的纯量倍数也是这个方程的解. 幸运的是,我们不需要预先知道 $\boldsymbol{v}$ 是什么就能解出 λ_v! 要明白个中原委,第一步先如下提出因子 $\boldsymbol{v}$:

$$(M-\lambda_v I)\boldsymbol{v}=\boldsymbol{0},$$

其中 I 为单位矩阵或者说幺矩阵. 当然,既然这是一个向量方程,那么我们不可以用 $\boldsymbol{v}$ 来遍除. 然而,正如我们在线性代数的学习中看到的,矩阵方程 $A\boldsymbol{x}=\boldsymbol{0}$ 有一个非零解的充要条件是 $\det A=0$. 我们可以利用这个结论来找出一个关于特征值 λ_v 的方程:矩阵 M 有一个非零特征向量 $\boldsymbol{v}$ 的充要条件是

$$\det(M-\lambda_v I)=0.$$

这个表达式将化为一个关于 λ_v 的 n 次多项式. 于是,代数基本定理告诉我们,一个 $n\times n$ 矩阵总是有 n 个复特征值(可能重复). 一旦特征值已知,就可以直接求解等价的线性方程组,从而确定特征向量的方向.

3.4.3.2 实对称矩阵的特殊性质

当我们考虑实对称矩阵 M 时,特征向量就变得威力特别强大. 这里有着两个关键性的结果:

(1) 实对称矩阵的特征值总是实数.

对这个结论有一个非常简洁的证明.

<u>证明</u>:考虑一个实对称矩阵 M. 其特征向量 $\boldsymbol{v}$ 和相应的特征值 λ_v 通过式子 $M\boldsymbol{v} = \lambda_v \boldsymbol{v}$ 定义. 我们可以取这个表达式的复共轭,得 $M\boldsymbol{v}^* = \lambda_v^* \boldsymbol{v}^*$. 这里用到了 $M_{ij}^* = M_{ij}$这个事实,因为 M 是一个实对称矩阵. 好,既然这些表达式的两边都是向量,那么我们可以将一个表达式的每一边与 $\boldsymbol{v}^*$ 取纯量积,将另一个表达式的每一边与 $\boldsymbol{v}$ 取纯量积. 这就给了我们两个方程(其中用到了 $\boldsymbol{v}^* \cdot \boldsymbol{v} = \boldsymbol{v} \cdot \boldsymbol{v}^* = |\boldsymbol{v}|^2$):

$$\boldsymbol{v}^* \cdot (M\boldsymbol{v}) = \lambda_v |\boldsymbol{v}|^2, \ \boldsymbol{v} \cdot (M\boldsymbol{v}^*) = \lambda_v^* |\boldsymbol{v}|^2. \qquad (\dagger)$$

好,既然 M 是关于对角线对称的,那么我们有 $M_{ij} = M_{ji}$. 这蕴涵着

$$\begin{aligned}\boldsymbol{v}^* \cdot (M\boldsymbol{v}) &= \sum_{i=1}^{n} v_i^* \sum_{j=1}^{n} M_{ij} v_j \\ &= \sum_{i=1}^{n} v_i^* \sum_{j=1}^{n} M_{ji} v_j \\ &= \sum_{j=1}^{n} v_j \sum_{i=1}^{n} M_{ji} v_i^* \\ &= \boldsymbol{v} \cdot (M\boldsymbol{v}^*).\end{aligned}$$

现在我们可以将这个等式代入(†),得到 $\lambda_v |\boldsymbol{v}|^2 = \lambda_v^* |\boldsymbol{v}|^2$. 这证明 $\lambda_v = \lambda_v^*$,因此特征值为实数.

(2) 对称矩阵的两个特征向量如果所对应的特征值不同,那么它们正交.

这个结论的证明思路与前一个定理完全一样:我们写出一个向量表达式,展开成分量,做交换 $M_{ij} = M_{ji}$,然后重新诠释分量表达式. 证明过程如下:

<u>证明</u>:假设我们有两个特征值 λ 和 μ,且 $\lambda \neq \mu$. 如果它们对应的特征向量分别为 $\boldsymbol{u}$ 和 $\boldsymbol{v}$,则我们有

$$Mu = \lambda u \quad 和 \quad Mv = \mu v.$$

我们将一个方程的两边与 v 取纯量积,将另一个方程的两边与 u 取纯量积,得到

$$v \cdot Mu = \lambda v \cdot u \quad 和 \quad u \cdot Mv = \mu u \cdot v.$$

现在我们注意到,由于 M 是对称的,所以有 $v \cdot Mu = u \cdot Mv$;此外,我们还有 $u \cdot v = v \cdot u$,这是因为根据定义纯量积总是对称的. 将一个方程减去另一个方程,得

$$(\lambda - \mu) u \cdot v = 0.$$

既然我们选取的 λ 与 μ 是不相等的,那么必定有 $u \cdot v = 0$. 因此这两个特征向量正交.

(3) 从任何一个 $n \times n$ 实对称矩阵 M 的特征向量集合中,总是可以为 $\mathbb{R}^n$ 选取一组标准正交基.

有了前两个结论,当 M 有 n 个不同的特征值时,这个结论是显然的. 当然,不一定总是这种情况:方程 $\det(M - \lambda I)$ 化为一个多项式

$$(\lambda - \lambda_1)(\lambda - \lambda_2)\cdots(\lambda - \lambda_n) = 0.$$

没有理由说 λ_i 一定不能等于 λ_j. 然而,可以证明方程 $Mv = \lambda_v v$ 的解 v 形成一个向量空间,这个空间的维数等于这个关于特征值的行列式展开式中 λ_v 的重数. 因此,如果一个特征值重复出现 m 次,就可以找到 m 个正交的特征向量,它们都对应于这个特征值. 于是我们仍然可以为 $\mathbb{R}^n$ 找到一组正交的特征向量基.

3.4.3.3 再探二次型

我们已经证明,对于任何一个对称矩阵,从而对于任何一个二次型,都可以找到一组正交的实特征向量基. 因此,这只是标准笛卡儿基的一个旋转. 然而,相当讨人喜欢的是,在这组新的基下,任何一个二次型的系数矩阵 M 将取非常简单的对角形式:

$$M_{ij} = \begin{cases} 0, & 如果 \ i \neq j; \\ \lambda_i, & 如果 \ i = j. \end{cases}$$

要明白这一点，请注意矩阵 M 是通过二次型方程 $\boldsymbol{x}\cdot(M\boldsymbol{x})=1$ 定义的. 如果我们将 $\boldsymbol{x}$ 用单位特征向量基 $\{\boldsymbol{v}_1,\boldsymbol{v}_2,\cdots,\boldsymbol{v}_n\}$ 写出来，那么有 $\boldsymbol{x}=\sum_{i=1}^{n}x_i\boldsymbol{v}_i$. 代入这个二次型，得

$$\begin{aligned}\boldsymbol{x}\cdot(M\boldsymbol{x}) &= \Big(\sum_{i=1}^{n}x_i\boldsymbol{v}_i\Big)\cdot\Big(M\sum_{j=1}^{n}x_j\boldsymbol{v}_j\Big)\\ &= \sum_{i=1}^{n}\sum_{j=1}^{n}x_ix_j(\boldsymbol{v}_i\cdot(M\boldsymbol{v}_j))\\ &= \sum_{i=1}^{n}\sum_{j=1}^{n}x_ix_j\lambda_j(\boldsymbol{v}_i\cdot\boldsymbol{v}_j)\\ &= \sum_{i=1}^{n}x_ix_i\lambda_i\\ &=1.\end{aligned}$$

明确地说，这个二次型变成了下面这个非常简单的形式：

$$\lambda_1x_1^2+\lambda_2x_2^2+\cdots+\lambda_nx_n^2=1.$$

在这种坐标系中确定曲面的形状真是容易得多了！另外，由于特征向量基只是标准基的一个旋转，因此要得到在原坐标系中的形状，我们只要进行逆向旋转，而这只不过是改变了曲面的取向而已. 这就是几何的精髓所在：一个几何对象总是独立于用来描述它的坐标系；我们可以选择我们喜欢的任何坐标系来描述这个对象，因此为什么不去选取最自然最容易处理的坐标系呢？况且，从许多方面来说，如果我们只是想确定对象的形状，那么特征向量的确切形式就是无关紧要的；我们只需要算出特征值即可，即通过求解行列式方程 $\det(M-\lambda I)=0$ 而算出.

作为一个例子，假设我们有一个二次曲面，相应的特征值是 $\lambda_1=1$，$\lambda_2=1$ 和 $\lambda_3=3$. 那么这个信息直接告诉我们，这个潜在的曲面将是一个三维空间中的椭球面，它由 $X^2+Y^2+3Z^2=1$ 所描述，是一个有点像橄榄球那样的东西. 在这组新的基下，特征向量的方向沿着这个椭球的对称轴，而标准基向量则指向另外的方向，可见在标准基下，这个对象的对称性并不显然（图 3.11）.

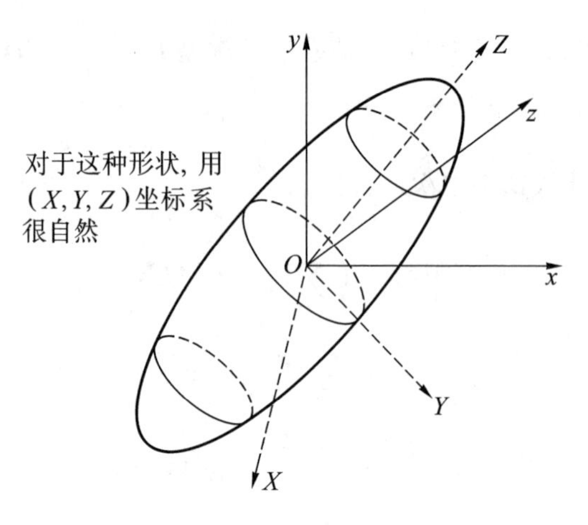

图 3.11　椭球在一组特征向量基下显得十分简单.

3.4.3.4　例子再探

让我们把这个新的理论应用于我们最初的那个二次型例子:要确定对应于方程$x^2+4xy+2xz+y^2+2yz+4z^2=1$的曲面形状,我们只需要通过解下列方程来求出相应矩阵的特征值:

$$\begin{vmatrix} 1-\lambda & 2 & 1 \\ 2 & 1-\lambda & 1 \\ 1 & 1 & 4-\lambda \end{vmatrix}=0 \Rightarrow \lambda=2,5,-1.$$

因此,在特征向量基下,这个二次型取下述形式:

$$2X^2+5Y^2-Z^2=1$$
$$\Leftrightarrow 2X^2+5Y^2=1+Z^2.$$

于是我们可以看到,这个曲面被(X,Y)平面截得一个椭圆,而且随着Z^2的增大,它被相应平面截得的椭圆也越来越大. 但它被(X,Z)和(Y,Z)平面截得的几何形是一对双曲线. 由于这个原因,这个曲面称为双曲面(图 3.12).

除了简洁性之外,这种确定几何形的特征值方法的美还在于,它适用于任意维空间$\mathbb{R}^n$中的二次曲面;以正确的方式看待一个问题,我们往往可以有广泛的结果. 有了我们这种新技术,还可以让我们回头重新分析一

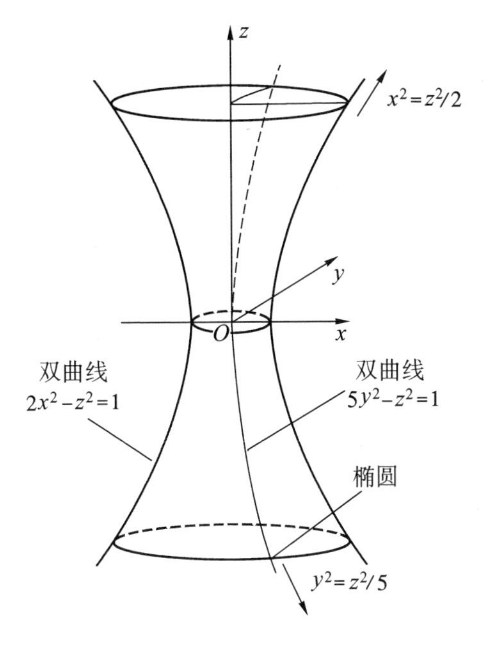

图 3.12　双曲面.

下当初那种二维情形：

$$Ax^2+Bxy+Cy^2=1.$$

把这个方程变为矩阵形式：

$$(x\ \ y)\begin{pmatrix} A & B/2 \\ B/2 & C \end{pmatrix}\begin{pmatrix} x \\ y \end{pmatrix}=1.$$

为了求出这个矩阵在自然基下的形式,我们需要求出特征值. 解特征值方程

$$\begin{vmatrix} A-\lambda & B/2 \\ B/2 & C-\lambda \end{vmatrix}=0$$

等价于解二次方程

$$(A-\lambda)(C-\lambda)-(B/2)^2=0$$

$$\Rightarrow\lambda=\frac{(A+C)\pm\sqrt{(A-C)^2+B^2}}{2}.$$

这是一个非常有用的结论:既然特征值总是实数,那么曲线的形状就仅由特征值的符号所确定. 现在二次曲线变为

$$\lambda_1 X^2 + \lambda_2 Y^2 = 1.$$

让我们考察解可能有的不同形式. 我们可以不失一般性地假设 $\lambda_1 \leqslant \lambda_2$.

(1) $\lambda_1 \leqslant \lambda_2 \leqslant 0$：这种二次型无实数解.

(2) $\lambda_1 < 0 < \lambda_2$：这种二次型代表一对双曲线.

(3) $\lambda_1 = 0, \lambda_2 > 0$：这是一种退化情形，这时的二次型代表一条抛物线①.

(4) $0 < \lambda_1 < \lambda_2$：这种二次型代表一个椭圆.

(5) $0 < \lambda_1 = \lambda_2$：这种二次型代表一个圆.

如果两个特征值都为正，我们就得到一个椭圆. 如果一个为正，一个为负，我们就得到一对双曲线. 如果两个都为负，那么方程无解. 就这么简单.

3.4.4 等距变换

在对二次曲面理论的阐述中，我们不受任何约束地采用了这样一个事实：如果我们旋转所讨论的对象，那么问题的内在几何不会改变. 旋转有一个使它俯视其他类型变换的独特性质，那就是旋转保持向量空间的距离关系不变，而且由于这个原因，它被称为刚性变换或者等距变换. 旋转可以由一个作用于所讨论向量的线性映射表示如下：

$$\boldsymbol{v}' = R\boldsymbol{v},$$

而且在二维空间中取人们熟悉的形式：

$$R_2 = \begin{pmatrix} \cos\theta & -\sin\theta \\ \sin\theta & \cos\theta \end{pmatrix}.$$

导出这个变换的一个简单方法(图 3.13)是，首先考察基向量的变换，然后调用线性性来求出一般向量的变换：

① 此说似有误，这时的二次型显然应该是仅代表两条平行直线. 抛物线的情况由于最初规定 a 和 c 都不能为零而没有被包括在考虑范围内. ——译校者注

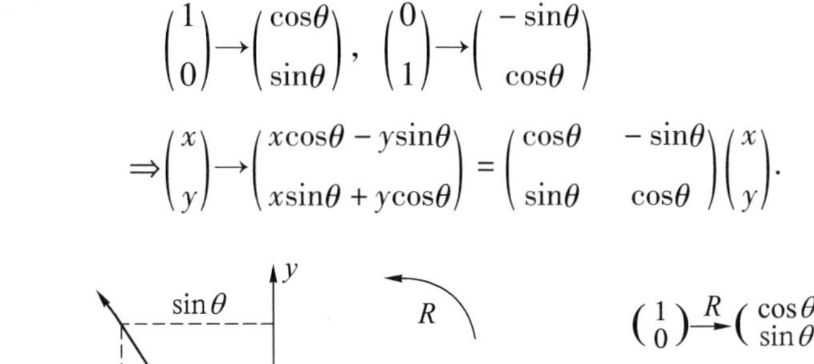

$$\begin{pmatrix}1\\0\end{pmatrix}\to\begin{pmatrix}\cos\theta\\ \sin\theta\end{pmatrix},\ \begin{pmatrix}0\\1\end{pmatrix}\to\begin{pmatrix}-\sin\theta\\ \cos\theta\end{pmatrix}$$

$$\Rightarrow\begin{pmatrix}x\\y\end{pmatrix}\to\begin{pmatrix}x\cos\theta-y\sin\theta\\ x\sin\theta+y\cos\theta\end{pmatrix}=\begin{pmatrix}\cos\theta & -\sin\theta\\ \sin\theta & \cos\theta\end{pmatrix}\begin{pmatrix}x\\y\end{pmatrix}.$$

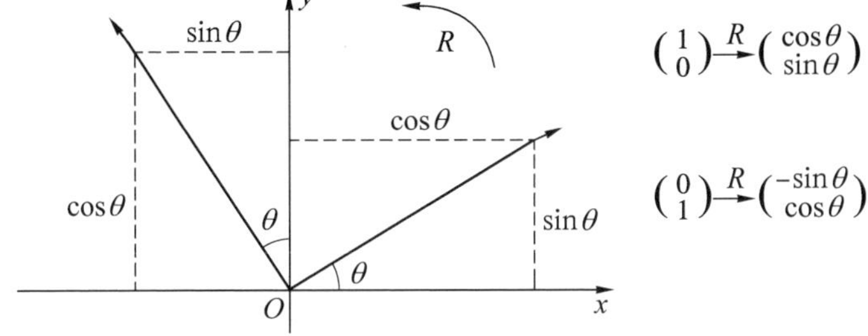

图 3.13　二维空间中一个旋转对笛卡儿基向量的作用.

是不是还有什么其他类型的线性变换能保持所有的距离不变？如果有,它们当然必须满足

$$\boldsymbol{v}'\cdot\boldsymbol{v}'=(R\boldsymbol{v})\cdot(R\boldsymbol{v})=\boldsymbol{v}\cdot\boldsymbol{v}.$$

这可化为这样一个等式:

$$RR^T=I,$$

其中 R^T 是 R 的转置,它是将矩阵 R 以主对角线(即从矩阵左上角出发而形成的对角线)为轴作反射而形成的. 如果取 $R=\begin{pmatrix}a & b\\ c & d\end{pmatrix}$,那么我们发现

$$RR^T=\begin{pmatrix}a & b\\ c & d\end{pmatrix}\begin{pmatrix}a & c\\ b & d\end{pmatrix}=\begin{pmatrix}a^2+b^2 & ac+bd\\ ac+bd & c^2+d^2\end{pmatrix}=\begin{pmatrix}1 & 0\\ 0 & 1\end{pmatrix}.$$

这为我们给出了对于数 a,b,c,d 的四个约束. 显然,$a^2+b^2=1$ 和 $c^2+d^2=1$ 意味着矩阵 R 的所有元素都介于 -1 和 1 之间. 因此它们可以写成一些角的正弦和余弦. 现在容易看出,在二维空间中只有两种基本的等距线性映射. 第一种就是旋转矩阵 R_2. 另一种是以一条直线 L 为轴的反射,这里的 L 过原点且与 x 轴的夹角为 $\alpha/2$. 它有一种矩阵形式:

$$R=\begin{pmatrix}\cos\alpha & \sin\alpha\\ \sin\alpha & -\cos\alpha\end{pmatrix}.$$

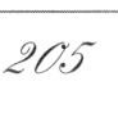

为了容易地理解为什么这个 R 代表了所描述的变换,我们把以直线 L 为轴作反射这个操作看成是由以下一系列步骤合成的:第一步,将平面绕原点旋转一个 $-\alpha/2$ 角度,把直线 L 变换为 x 轴;第二步,利用一种简单的反射矩阵,作一个以 x 轴为轴的反射;第三步,将平面旋转一个 $+\alpha/2$ 角度,将它旋转回去. 这一系列三个操作为我们提供的效果与直接以直线 L 为轴作反射完全相同.

$$R=\underbrace{\begin{pmatrix}\cos(\alpha/2) & -\sin(\alpha/2)\\ \sin(\alpha/2) & \cos(\alpha/2)\end{pmatrix}}_{\text{第三步}}\underbrace{\begin{pmatrix}1 & 0\\ 0 & -1\end{pmatrix}}_{\text{第二步}}\underbrace{\begin{pmatrix}\cos(-\alpha/2) & -\sin(-\alpha/2)\\ \sin(-\alpha/2) & \cos(-\alpha/2)\end{pmatrix}}_{\text{第一步}}$$

$$=\begin{pmatrix}\cos^2(\alpha/2)-\sin^2(\alpha/2) & 2\cos(\alpha/2)\sin(\alpha/2)\\ 2\sin(\alpha/2)\cos(\alpha/2) & -\cos^2(\alpha/2)+\sin^2(\alpha/2)\end{pmatrix}$$

$$=\begin{pmatrix}\cos\alpha & \sin\alpha\\ \sin\alpha & -\cos\alpha\end{pmatrix}.$$

这个结论的美在于,将旋转与单独一个标准反射耦合起来,就可以生成一个以我们中意的任何一条直线为轴的反射(图 3.14).

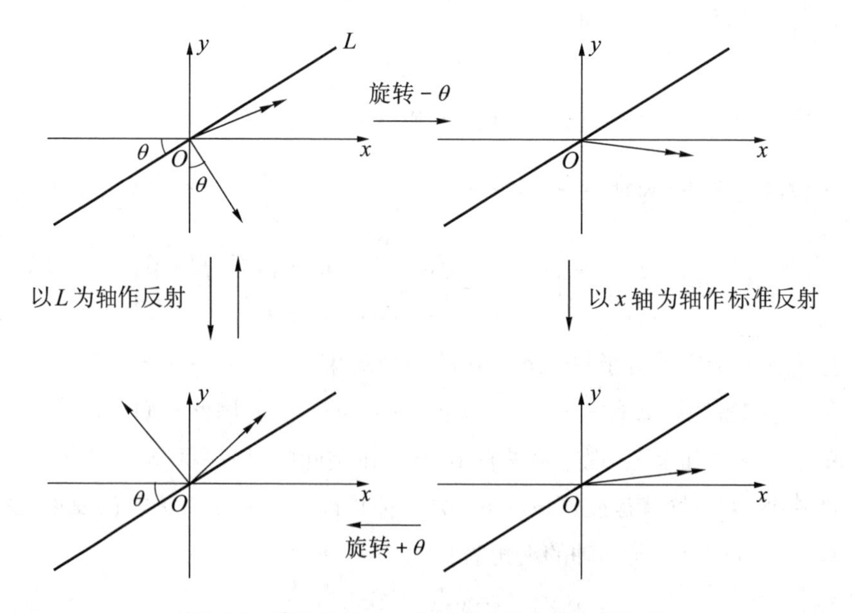

图 3.14　借助旋转和一个标准反射生成任何反射.

关于二维矩阵的这些评注很容易被推广，这让我们得到一个一般性的结论：

- 在任何 n 维空间中，这种独一无二的等距变换矩阵仅由旋转和反射给出.

而且，一个一般的旋转或反射还可以通过多次应用较小的一组基本旋转和反射而求得. 例如，在三维空间中，最一般的等距变换是将三个分别绕 x 轴、y 轴和 z 轴的基本旋转以及单单一个以某条直线为轴的反射结合起来而给出的. 我们说这四个基本变换生成了所有的等距对称，这使问题得到了大大简化.

3.4.4.1 平移

有趣的是，请注意还有一个保持纯量积不变的变换，那就是平移. 平移将任意的一个向量 $\boldsymbol{x}$ 变为另一个向量 $\boldsymbol{x}+\boldsymbol{c}$，其中 $\boldsymbol{c}$ 为常向量. 任何两个向量 $\boldsymbol{x}$ 和 $\boldsymbol{y}$ 之间的距离在平移下保持不变，这是因为

$$\text{距离} = |\boldsymbol{x}-\boldsymbol{y}| \to |(\boldsymbol{x}+\boldsymbol{c})-(\boldsymbol{y}+\boldsymbol{c})| = |\boldsymbol{x}-\boldsymbol{y}|.$$

然而，尽管平移可能看似简单，但它不是线性映射：要明白为什么，请注意线性映射必定将零向量 $\mathbf{0}$ 映为自身. 既然平移不是线性映射，那么它就不能像旋转和反射那样用矩阵表示.

3.4.4.2 行列式、体积和等距变换

线性等距变换的行列式有一个非常有意思的性质：它们要么为 1，要么为 −1. 要明白为什么会是这样，请注意既然一个线性映射成为等距变换的充要条件是 $RR^T=I$，那么我们必定有 $\det(RR^T)=\det I=1$. 由于对任何 $n\times n$ 矩阵 A 和 B，有 $\det(AB)=\det A\cdot\det B$ 和 $\det A=\det A^T$，于是我们可以利用这些事实推得对于任何等距的 R，有

$$(\det R)^2=1.$$

这是下面这个更一般定理的一个特例：

- 线性映射 M 的行列式① 是 n 维单位立方体的体积在 M 作用下发

---

① 本节中提到的行列式都应该是行列式的绝对值. ——译校者注

生伸缩的比例因子.

在$\mathbb{R}^2$的情况下证明相对简单:一个由向量$\boldsymbol{i}=(1,0)$和$\boldsymbol{j}=(0,1)$张成的正方形,在一个列向量为$\boldsymbol{c}_1=(a,c)$和$\boldsymbol{c}_2=(b,d)$的矩阵的作用下,被映成一个由向量$\boldsymbol{c}_1$和$\boldsymbol{c}_2$张成的简单平行四边形. 用简单的几何推理即能证明这个平行四边形的面积可用$|\boldsymbol{c}_1|$,$|\boldsymbol{c}_2|$和这两个向量间的夹角θ写出:

$$A(\boldsymbol{c}_1,\boldsymbol{c}_2)=|\boldsymbol{c}_1||\boldsymbol{c}_2|\sin\theta.$$

用明确的计算即可证明这个列向量为$\boldsymbol{c}_1$和$\boldsymbol{c}_2$的矩阵的行列式就等于面积$A(\boldsymbol{c}_1,\boldsymbol{c}_2)$. 值得注意的是,对这个面积表达式作一些简单的代数变形,我们就能将它仅用纯量积表示如下:

$$(A(\boldsymbol{c}_1,\boldsymbol{c}_2))^2=(\boldsymbol{c}_1\cdot\boldsymbol{c}_1)(\boldsymbol{c}_2\cdot\boldsymbol{c}_2)-(\boldsymbol{c}_1\cdot\boldsymbol{c}_2)^2.$$

这是一种表示平行四边形面积的更为“几何”的方式(图 3.15).

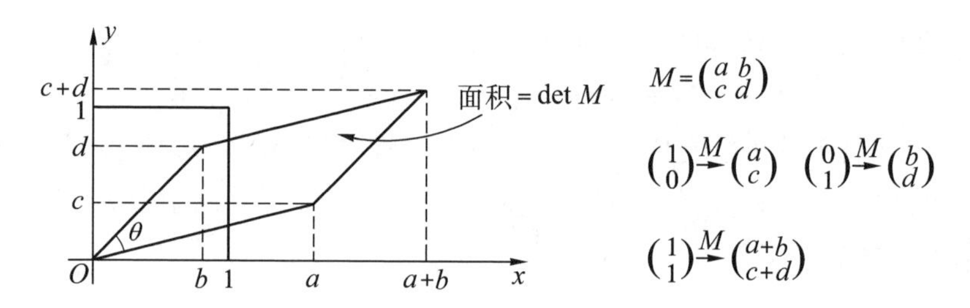

图 3.15 行列式是二维空间中面积伸缩的比例因子.

这个过程在高维空间中是怎样进行的呢? 考虑$\mathbb{R}^n$中由n个向量的集合$\{\boldsymbol{i}_1,\boldsymbol{i}_2,\cdots,\boldsymbol{i}_n\}$所张成的一个区域. 作出这样的假设看来是自然的:这个被张成的区域的大小可看作是体积的某种推广,比方说是一种n维体积. 这个n维体积应该是某种与向量集合$\{\boldsymbol{i}_1,\boldsymbol{i}_2,\cdots,\boldsymbol{i}_n\}$相联系的标量. 这个标量会有什么性质呢? 我们可以利用低维情况进行类推来求得帮助. 例如,二维空间中的一个平行四边形是$\mathbb{R}^2$中由两个向量$\boldsymbol{i}_1,\boldsymbol{i}_2$张成的区域,而三维空间中的一个平行六面体是$\mathbb{R}^3$中由三个向量$\boldsymbol{i}_1,\boldsymbol{i}_2,\boldsymbol{i}_3$张成的区域. 这些几何形的二维体积和三维体积分别就是通常的面积和体积.

- $\mathbb{R}^2$中一个由两个向量$\boldsymbol{i}_1,\boldsymbol{i}_2$张成的区域,其二维体积(即面积)是平行对边之间距离(一共 2 个,相互垂直)的乘积.

- $\mathbb{R}^3$ 中一个由三个向量 $\boldsymbol{i}_1,\boldsymbol{i}_2,\boldsymbol{i}_3$ 张成的区域,其三维体积是相对面之间距离(一共 3 个,两两垂直)的乘积.
- ⋮
- $\mathbb{R}^n$ 中一个由 n 个向量 $\boldsymbol{i}_1,\boldsymbol{i}_2,\cdots,\boldsymbol{i}_n$ 张成的区域,其 n 维体积是相对的 $n-1$ 维面之间距离(一共 n 个,两两垂直)的乘积. 对于每一个向量 $\boldsymbol{i}_m$ 来说,相应地有两个相对的 $n-1$ 维面,它们都是由张成这个区域的向量中除 $\boldsymbol{i}_m$ 之外的所有其他向量张成的,但是一个经过 $\boldsymbol{i}_m$ 的顶点,另一个经过原点.

在这个分级系统中,标准的 n 维立方体被定义为$\mathbb{R}^n$ 中由 n 个向量 $(1,0,\cdots,0),(0,1,\cdots,0),\cdots,(0,\cdots,0,1)$ 所张成的区域. 计算这些体积量看来相当棘手,不过我们可以用一点儿花招来得出一个关于 n 维体积的非常美妙的形式. 这里有五个要点需要注意:

(1) 由向量 $\boldsymbol{i}_1,\boldsymbol{i}_2,\cdots,\boldsymbol{i}_n$ 张成的几何形的 n 维体积 V 是而且仅是这些向量的一个函数 $V(\boldsymbol{i}_1,\boldsymbol{i}_2,\cdots,\boldsymbol{i}_n)$.

(2) 只要向量 $\boldsymbol{i}_1,\boldsymbol{i}_2,\cdots,\boldsymbol{i}_n$ 中有两个互为纯量倍数,那么这个体积就降为零,因为这时有两对相对面的距离将变成零.

(3) 标准的 n 维立方体的 n 维体积当然等于 1.

(4) 如果我们将向量 $\boldsymbol{i}_1,\boldsymbol{i}_2,\cdots,\boldsymbol{i}_n$ 中的一个按比例因子 λ 作伸缩,那么体积 $V(\boldsymbol{i}_1,\boldsymbol{i}_2,\cdots,\boldsymbol{i}_n)$ 也按比例因子 λ 发生伸缩.

(5) 我们可以将体积以一种加性的方式堆在一起:

$$V(\boldsymbol{i}_1,\cdots,\boldsymbol{i}_{m-1},\boldsymbol{i}_m+\boldsymbol{j}_m,\boldsymbol{i}_{m+1},\cdots,\boldsymbol{i}_n)$$
$$=V(\boldsymbol{i}_1,\cdots,\boldsymbol{i}_{m-1},\boldsymbol{i}_m,\boldsymbol{i}_{m+1},\cdots,\boldsymbol{i}_n)+V(\boldsymbol{i}_1,\cdots,\boldsymbol{i}_{m-1},\boldsymbol{j}_m,\boldsymbol{i}_{m+1},\cdots,\boldsymbol{i}_n).$$

令人十分高兴的是,这些性质迫使 n 维体积只能等于相应张成向量的行列式:

$$V(\boldsymbol{i}_1,\boldsymbol{i}_2,\cdots,\boldsymbol{i}_n)=\det(\boldsymbol{i}_1,\boldsymbol{i}_2,\cdots,\boldsymbol{i}_n).$$

既然一个 $n\times n$ 矩阵 M 将 n 维单位立方体映成一个由矩阵 M 的列向量所张成的 n 维超平行体,那么这就证明矩阵 M 以一个等于其行列式的比例因子对 n 维体积作伸缩.

3.5 对称

保距映射,或者说等距变换,可被认为是配有某种纯量积的$\mathbb{R}^n$中的对称,人们用这种纯量积来度量距离. 这种映射使得两点之间的距离在变换前后保持不变.

在一个特定的向量空间内所描述的曲面可能会对这种对称有所继承. 一般来讲,如果一个对象被某种变换不折不扣地映射成自身,那么它就被称为在这种变换的作用下是对称的或不变的. 显然,球面在关于其中心的任何反射或旋转下是不变的. 另一方面,旋转双曲面只有一种连续的绕其中心轴的旋转对称,但是它在关于$x-z$平面、$x-y$平面和$y-z$平面的反射下也是对称的. 考虑双曲面对称结构的一个巧妙方式是,它就同$x-y$平面上一个圆的对称一样,只是再加上一个在关于$z=0$平面的反射下的对称.

球面和双曲面都有无穷多个对称,因为旋转可以是关于0与2π之间任何角度的. 有些几何形只有有限多个对称. 让我们考虑$z=0$平面上一个刚性正方形的例子. 有多少个等距变换使它的结构保持不变? 我们可以认为正方形是由它的四个顶点所定义的. 对于一个单位正方形来说,相邻顶点的距离为1,而相对顶点的距离为$\sqrt{2}$. 如果这个正方形要被一个保距映射不折不扣地映射成自身,那么相对的顶点必须被映射成相对的顶点(图3.16).

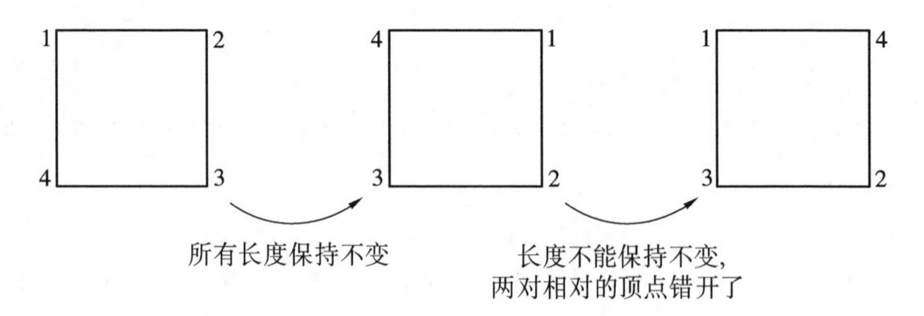
1
2
4
3
4
1
3
2
1
4
3
2
所有长度保持不变
长度不能保持不变,
两对相对的顶点错开了

图3.16 刚性限制了顶点的可能置换.

现在我们可以推导出这个正方形的不同刚性变换的个数了. 一对相

对的顶点可以被放置到四种可能位置中的一种；而对于这些位置的每一种来说，另外两个顶点可以有两种定位. 因此总共有 8 种不同的保距对称. 事实上，这些对称都可以从最初的正方形出发，仅仅借助于一个反射 r 和一个角度为 $\pi/2$ 的旋转 ρ 而得到. 我们说正方形的刚性对称群包含 8 个元素，它由一个角度为 $\pi/2$ 的旋转 ρ 和一个反射 r 生成. 类似地，一个正 n 边形的刚性对称的集合包含 $2n$ 个不同的元素，它由一个反射和一个角度为$2\pi/n$ 旋转生成（图 3.17）.

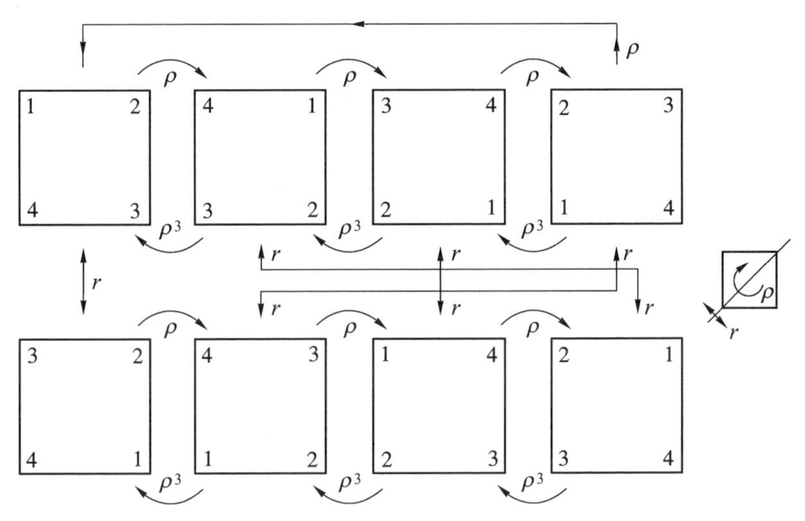

图 3.17　一个正方形的八种刚性对称.

我们可以用缩略的记号把本质上不同的对称的集合简明地描述成：

$$S=\{e,\rho,\rho^2,\rho^3,r,\rho r,\rho^2 r,\rho^3 r\}\text{，其中 } e \text{ 保持所有顶点不动.}$$

变换 r 和 ρ 的所有其他的组合或者说乘积必定能化成我们列出的这 8 个变换之一，具体是哪个变换，可利用表达式 $r^2=e$，$\rho^4=e$ 和 $r\rho=\rho^3 r$（这些表达式由上图很容易验证）进行抽象的代数操作而求得. 例如：

$$\begin{aligned}\rho r\rho^3 r\rho^2 &=(\rho)(r\rho)(\rho^2)(r\rho)(\rho)\\&=(\rho)(\rho^3 r)(\rho^2)(\rho^3 r)(\rho)\\&=(\rho^4)(r\rho)(\rho^4)(r\rho)\\&=(e)(r\rho)(e)(\rho^3 r)\end{aligned}$$

$$
\begin{aligned}
&= (r)(\rho^4)(r) \\
&= (r)(e)(r) \\
&= r^2 \\
&= e.
\end{aligned}
$$

因此,对称运算的这个具体组合就是恒同映射:正方形的所有顶点都映射成它们自身.

3.5.1 对称群

现在应该是我们正式明确对称这个概念的时候了. 确实,我们可以利用我们对正方形和几何形的理解来设法确定有关的本质特征. 与往常一样,我们得益于事后的认识,从而知道哪些是重要的性质:过多的限制使得这个理论无法应用或者没有深度,但过少的技术规定则意味着这个理论笼统得令人绝望.

(1) 既然一个对称将一个系统或几何形映射成它自身,那么两个对称的接续作用还是将系统映射成它自身.

(2) 对一个系统什么运算也不执行,这个系统便保持不变. 因此什么也不做就被提升到一种特殊对称的地位,称为恒同.

(3) 对于每个对称运算,都有一个"镜像"运算,它将这个对称的作用结果抵消.

(4) 给出一系列接续的对称,它们对系统的作用结果不应该受到我们对这一系列对称进行归并时所取顺序的影响.

有了这些规定,我们就可以定义任何*对称群*(或简称*群*)必须满足的规则. 下面就是这些规定的数学表述.

3.5.1.1 群公理

群是对象的一个集合$\{g,h,\cdots\}$,或为有限集合或为无穷集合,其成员可通过某种运算 $*$ 结合起来. 我们通常称集合 G 的成员为 G 的*元素*,并称一个有限集合 G 的元素个数为这个群的*阶*. 任何群都必须服从下面的规则:

（1）$g * h$ 总是群的一个元素. 我们说这个集合在运算 $*$ 下是封闭的.

（2）每个群都包含一个特殊的元素,称为单位元 e. 群的每个元素在与单位元的运算 $*$ 下保持不变:$g * e = e * g = g$.

（3）群的每个元素 g 都伴有一个逆元素 g^{-1},它具有性质 $g * g^{-1} = g^{-1} * g = e$.

（4）无论按怎样的顺序添加括号都没有关系,因此 $f * (g * h) = (f * g) * h$. 这个性质称为结合律.

群论就是研究这些公理蕴涵着什么. 为了证明一个给定系统是一个群,人们必须检验所有这些规则是否被满足. 从直观上看,任何满足群公理的系统均可被认为是一个由对称组成的相容集合.

群论在数学上的重要性怎么强调也不过分. 虽然我们关于曲面和几何形之等距变换的启动性例子当然形成了真正的对称群,但是显然非常不同的大量数学结构也是植根于群论的. 这种公理化表述的美在于,关于群公理性质的任何一般性定理均能应用于其他任何以某种抽象方式满足这些公理的系统.

对称的这种内在数学结构给我们以很大的研究和发展的空间. 我们接下来将考察来自数论的两个抽象结构,它们直接有资格成为数学上的群. 或许令人意外的是,这些系统有着与一个由旋转组成的集合同样的基本数学结构.

3.5.1.2　再说四元数

让我们考察非零四元数集这个例子. 如果我们采用乘法把这些非零四元数结合起来,它们就形成了一个无穷的抽象群. 请回忆每个四元数可以写成 $q = a\mathbf{1} + b\mathbf{i} + c\mathbf{j} + d\mathbf{k}$,其中 a,b,c,d 为实数,而且基本四元数 $\mathbf{1},\mathbf{i},\mathbf{j},\mathbf{k}$ 满足:

$$\mathbf{1i} = \mathbf{i1} = \mathbf{i},\quad \mathbf{1j} = \mathbf{j1} = \mathbf{j},\quad \mathbf{1k} = \mathbf{k1} = \mathbf{k},$$
$$\mathbf{i}^2 = -\mathbf{1},\quad \mathbf{j}^2 = -\mathbf{1},\quad \mathbf{k}^2 = -\mathbf{1},$$
$$\mathbf{ij} = \mathbf{k},\quad \mathbf{jk} = \mathbf{i},\quad \mathbf{ki} = \mathbf{j},$$
$$\mathbf{ji} = -\mathbf{k},\quad \mathbf{kj} = -\mathbf{i},\quad \mathbf{ik} = -\mathbf{j}.$$

要证明这个非零四元数集在乘法下形成一个群，我们必须检验四个群公理的每一个是否被满足：

（1）两个非零四元数的乘积也是一个非零四元数. 因此这个集合在乘法下是封闭的.

（2）取 $a=1$ 和 $b=c=d=0$，我们看到 $\mathbf{1}$ 也是一个四元数，对它来说有 $\mathbf{1}q=q\mathbf{1}=q$ 对任何 q 成立. 因此四元数 $\mathbf{1}$ 非常出色地扮演着单位元的角色.

（3）通过不断尝试和修正，我们看到有

$$\begin{aligned}&(a\mathbf{1}+b\mathbf{i}+c\mathbf{j}+d\mathbf{k})(a\mathbf{1}-b\mathbf{i}-c\mathbf{j}-d\mathbf{k})\\=&(a\mathbf{1}-b\mathbf{i}-c\mathbf{j}-d\mathbf{k})(a\mathbf{1}+b\mathbf{i}+c\mathbf{j}+d\mathbf{k})\\=&(a^2+b^2+c^2+d^2)\mathbf{1}.\end{aligned}$$

因此，如果一个四元数$(a\mathbf{1}+b\mathbf{i}+c\mathbf{j}+d\mathbf{k})$不为零，那么我们总能形成一个逆元素：

$$(a\mathbf{1}+b\mathbf{i}+c\mathbf{j}+d\mathbf{k})^{-1}=\frac{1}{a^2+b^2+c^2+d^2}(a\mathbf{1}-b\mathbf{i}-c\mathbf{j}-d\mathbf{k}).$$

现在我们可以看到为什么我们必须规定所讨论的四元数不为零：如果为零，那么$a=b=c=d=0$，于是这个逆元素将涉及除以零，这是一个绝对非法的运算.

（4）证明结合律比较繁琐：我们必须明确地算出三个一般四元数的乘积，并且验证我们做乘法的顺序是无关紧要的. 我们真幸运，结果证明情况正是这样.

3.5.1.3　模为 p 的整数乘法

只要 p 是一个素数，模为 p 的非零整数的集合连带着乘法运算就形成了一个有限的抽象群，记为$\mathbb{Z}_p^{\times}$. 让我们核查一下有关的公理以验证情况确实是这样：

（1）如果我们对 $a\neq0$ 与 $b\neq0$ 做 mod p 乘法，那么结果也是一个模为 p 的非零整数. 这个积不为零是因为 $ab\equiv0(\mathrm{mod}\ p)\Rightarrow ab=Np$，其中 N 是某个整数. 这将推出 p 与 a 或 b 有一个公因子，但 a 和 b 都是小于 p 的.

这与 p 为素数矛盾. 因此模为 p 的非零整数的集合在乘法下是封闭的.

(2) 我们当然知道对任何整数 a 有 $1a = a1 = a$. 因此 1 扮演着乘法单位元的角色.

(3) 假设我们有某个整数 $a, 0 < a < p$. 正如我们在讨论模算术时所证明的,每一个整数 a 都伴有一个乘法逆元素 a^{-1},它满足

$$aa^{-1} \equiv a^{-1}a \equiv 1 \pmod{p}.$$

这样的逆元素是唯一的,因为当 a 可逆时(即当 $a \neq 0$ 时),$ab = ac \Rightarrow b = c$,对于模 p 算术来说总是这种情况.

(4) 整数的乘法满足结合律,因此模为 p 的整数乘法也是如此.

定义了群并写了几个例子后,现在让我们探究一下群论的一些简单的但是功能强大的一般性结论.

3.5.2 对称中的对称——子群

人们常常看到有些几何对象的对称在某种意义上与其他对象的对称是相容的. 例如,双曲面的任何对称同时也是其内接球面的对称. 另外,任何正 n 边形在复平面上可以内接于一个圆,它的顶点在复数点 $z = e^{2m\pi i/n}$, $0 \leqslant m \leqslant n-1$. 所有的正 n 边形对称本身都是这个圆的对称. 类似地,一个等边三角形的对称是正六边形所有对称的一个子集,因为这个三角形可以恰如其分地嵌在这个六边形内,而且顶点配合. 反过来的例子是,我们直观地看到,等边三角形的对称与正五边形的对称不相容,因为人们不可以将这个有三条边的几何形嵌在有五条边的几何形内使得顶点配合(图 3.18).

这些想法自然地把我们引向关于*子群*的概念. 一个子群是某个群的一个子集,而且它本身是一个配备齐全的群. 子群那么有用的一个原因是它们使得一个大而不当的对称群被分解成比较容易处理的小块,就好比一个大分子可由一系列不同的原子构成. 让我们考察三个例子:

(1) 正方形的一些对称子群如下:

$$H_0 = \{e\},\ H_1 = \{e, \rho, \rho^2, \rho^3\},\ H_2 = \{e, \rho^2\},\ H_3 = \{e, r\}.$$

这些子群当然是整个群的子集,而且它们各自都满足所有的群公理.

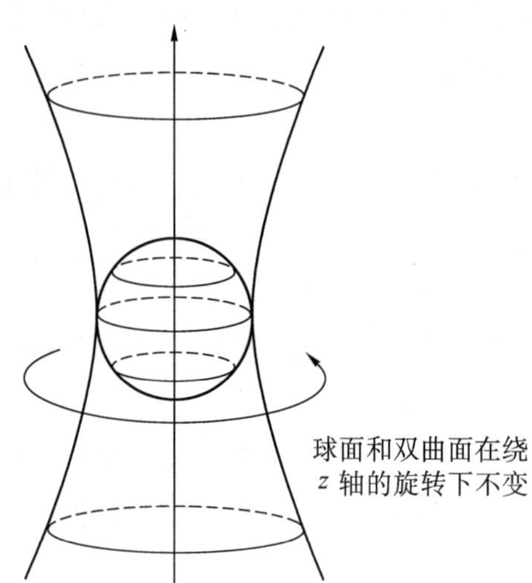

球面和双曲面在绕
z 轴的旋转下不变

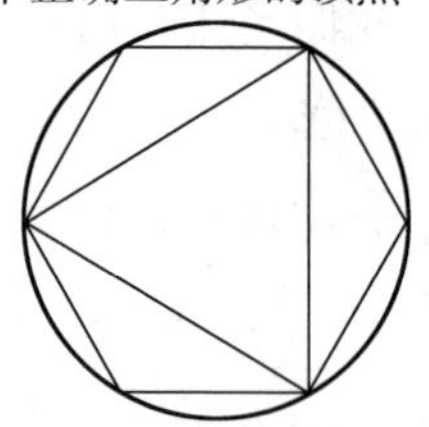

正六边形的顶点上可放一
个正确三角形的顶点

正五边形的顶点上不能
放一个正三角形的顶点

图 3.18　相容的对称.

像$\{e,\rho\}$这样的子集不是子群,因为它不是封闭的:$\rho^2=\rho\rho$不在$\{e,\rho\}$中.

(2) 考虑三维空间的旋转群. 于是由绕 z 轴的旋转组成的子集就是一个无穷子群,它由集合 $H=\{M(\theta):0\leqslant\theta<2\pi\}$构成,其中

$$M(\theta)=\begin{pmatrix}\cos\theta & -\sin\theta & 0\\ \sin\theta & \cos\theta & 0\\ 0 & 0 & 1\end{pmatrix}.$$

H 这个矩阵集合是封闭的,这是因为 $M(\theta_1)M(\theta_2)=M(\theta_1+\theta_2)$. 单位元矩阵由$M(1)$给出,而 $M(\theta)$ 的逆元素由 $M(-\theta)$ 给出. 另外,我们知道矩阵的乘法总是满足结合律的. 既然 H 满足所有的群公理,而且它也是整个旋转群的一个子集,那么我们就推得 H 为三维空间中由所有可能的旋转构成的群的一个子群. 请注意这是一个无穷子群,因为对于 θ 有着不可数无穷多个选择. 从结构上讲,这个子群等同于二维空间的一个旋转群.

(3) 四元数群是无穷的. 然而,它有着一个非常自然的有限子群,其中只有 8 个元素:$H=\{\pm\mathbf{1},\pm\mathbf{i},\pm\mathbf{j},\pm\mathbf{k}\}$. 对于这个简缩集合,很容易验证它满足群公理.

（4）考虑所有的行列式不为零的实值 $n \times n$ 矩阵. 它们在矩阵乘法下形成一个群. 规定行列式不为零使得我们可以求这种矩阵的逆阵. 这个矩阵群有两个自然的子群,它们分别由行列式为 $+1$ 的矩阵和行列式为 ± 1 的矩阵构成.

3.5.2.1 有限群的特殊性质

刚才我们写下了一个刚性正方形的对称群的若干子群. 我们是怎样写出来的呢? 在一般情况下我们怎样来对付这种问题呢? 一种直接的算法式方法就是考虑对一个群的所有可能的子集逐一进行检验,看看它们是否满足群公理. 然而,除了最简单的情况外,这个过程将会长得不可能实现. 例如,考虑名副其实的大魔群,它包含着一个 196883 维空间中的所有旋转. 这个群的元素个数虽然是个有限数,但是大得骇人:

$X = 2^{46} \cdot 3^{20} \cdot 5^{9} \cdot 7^{6} \cdot 11^{2} \cdot 13^{3} \cdot 17 \cdot 19 \cdot 23 \cdot 29 \cdot 31 \cdot 41 \cdot 47 \cdot 59 \cdot 71.$

这个大魔群的子集浩如烟海,总共有 2^{X} 个. 它们当中哪一些是群呢? 我们显然需要某种普遍性的理论来帮助我们前进. 幸运的是,对于有限群来说,有着一些关于子群大小的非常简洁的定理. 尽管这些定理的证明相当简短,但是它们需要我们对群公理的抽象操作有一定的熟悉. 因此我们将仅表述最基本的结果. 此外,我们提供一种人们总可以用来仅借助一个群元素就生成一个子群的方法.

（1）拉格朗日定理

假设一个群 G 有 N 个元素,那么 N 必定被 G 的任何子群的元素个数整除.

拉格朗日定理的证明概括了解决许多有限群论问题的基本方法.

证明:假设我们有 G 的一个子群 H, G 和 H 分别含 N 和 n 个元素. 那么对于每一个 $x \in G$,构造集合 xH,称为 H 的陪集,其定义是 $xH = \{xh_1, xh_2, \cdots, xh_n\}$. 每个陪集 xH 所含元素的个数与 H 相同,这是因为 $xh_1 = xh_2 \Leftrightarrow h_1 = h_2$. 而且,任何两个陪集 xH 和 yH 要么是同一个集合,要么完全没有公共元素. 要明白这一点,假设我们可以找到 xH 的一个元素 xh_1,它同时又是 yH 的某个元素 yh,即有 $xh_1 = yh$. 从这个等式出发,我们可以对

H 的任何一个元素 h_i 导出一个关于 xh_i 的表达式，方法是在这个等式两边右乘 $h_1^{-1}h_i$：

$$\begin{aligned}&xh_1=yh\\ \Rightarrow&(xh_1)(h_1^{-1}h_i)=(yh)(h_1^{-1}h_i)\\ \Rightarrow&x(h_1h_1^{-1})h_i=y(hh_1^{-1}h_i)\\ \Rightarrow&x(e)h_i=yh'\ (\text{对某个 } h'\in H)\\ \Rightarrow&xh_i\in yH.\end{aligned}$$

因此，如果 xH 有一个元素被包含在 yH 中，那么 xH 的所有元素就都被包含进去了，这就证明了集合 xH 和 yH 要么不相交要么恒同. 集合 G 将是 m 个这种陪集的不相交并集①，m 为某个正整数. 既然每个陪集含有 n 个元素，于是我们有 $N=nm$. 因此 n 整除 N.

（2）循环子群

考虑集合

$$H=\{g,g^2,g^3,\cdots,g^n,\cdots\},$$

其中 g 是一有限群 G 的任意一个元素. 既然 G 是有限的，那么我们知道 H 只能含有有限个元素. 因此，存在着使一个元素重复出现的第一个 n 值：$g^n=g^m$，其中 m 是某个满足 $0<m<n$ 的整数. 既然元素 g^m 在 G 中必定有一个逆元素，那么我们看到有 $g^{n-m}=e$. 令 $N=n-m$，我们即推得 g 生成了下述循环集，它显然是 G 的一个子群：

$$H=\{g,g^2,g^3,\cdots,g^{N-1},e\}.$$

这种子群称为循环群. 在 N 等于 G 的元素个数的情况下，这个群本身就是循环群，它仅由一个元素生成. 如果这个群不是循环群，那么这个过程总会产生 G 的一个真子群(即一个既不等于单位元群也不等于 G 本身的子群).

（3）柯西定理

假设一个群 G 有 N 个元素，并假设 N 被一个素数 p 整除，那么 G 有一个含有 p 个元素的循环子群.

---

① 即一族不交叠子集的并集. ——原注

让我们来看一看这些思想结果的实际应用. 最直接的应用就是元素个数为素数的任何对称群没有除单位元群和它本身之外的子群. 因此,如果一个对称群有 53 个元素,那么要寻找更小的非平凡对称子群连门儿都没有:它们根本不存在. 而且,拉格朗日定理也蕴涵着元素个数为素数的群必定总是*循环群*:既然我们知道,当 g 不是单位元时,$H=\{g,g^2,g^3,\cdots,g^n,\cdots\}$ 永远不可能形成一个真子群,那么它必定为我们给出整个群 G. 这一点从某种意义上说不同寻常,因为它不涉及有着这种对称性的具体背景系统,这充分展示了群论的威力.

让我们考察一下这些结果在我们关于正方形对称群的例子中的表现. 这样的对称有 $8=2^3$ 个,因此有 $2^8=256$ 个子集,这是因为这个群的 8 个元素的每一个可以属于也可以不属于一个给定的子集. 柯西定理告诉我们,肯定至少有一个含 2 个元素的子群,而拉格朗日定理告诉我们,任何子群只可能有 1 个、2 个或者 4 个元素,这与我们前面的结果相容. 如果我们想要找出这些子群,我们就必须不断地尝试和修正. 不过,我们可以利用我们的理论来简化这种搜寻:由于每个子群都必须含有单位元,稍稍计算一下即可知,含有 2 个元素的可能子群只有 7 个,含有 4 个元素的有 $C_7^3=7\cdot6\cdot5/3\cdot2\cdot1=35$ 个. 这就大大减少了需要检验的情况. 然而,这些结果的威力比这个简单例子所体现的要大得多. 例如,大魔群不可能有元素个数为 37 的子群,但确实有着一个 31 阶子群. 考虑到这个群是如此复杂,这真是一个令人吃惊的推论.

3.5.3 群作用

我们一开始讨论对称时,考虑的是旋转和反射对球和正方形这样的几何形的作用. 如果旋转或反射将某个几何形准确地映成自身,那么这个几何形就被称为是对称的. 而且有一个简单的观察结果:相同的对称可以作用于不同的几何形,而不同的对称可以作用于同一个几何形. 对称群的作用是一个非常普遍的概念,我们没有必要将自己局限于对几何形和曲面的作用. 关键在于我们将每个群元素看成是一个作用于集合 X 的元素的函数. 如果作用在 X 上的两个对称(函数)能以恰当的方式结合成一个对称,那么我们就能合理地定义群作用,而且集合 X 可以被认为展现了某种对称性.

- 一个群 G 作用于集合 X 是指对于每个 $g \in G$ 和 $x \in X$,我们可以定义函数 $g(x) \in X$,它具有下列性质:

  (1) 对所有的 $x \in X$,有 $e(x) = x$;

  (2) 对所有的 $g_1, g_2 \in G$ 和 $x \in X$,有 $(g_1 * g_2)(x) = g_1(g_2(x))$.

群与集合之间的这种分离是非常有用的,因为这可以让我们脱离任何具体应用来研究对称群. 而且,我们还可以推得关于群作用本身的相当有趣的性质. 我们将考察这个定义的主要推论,这是拉格朗日定理的一个适用于一般群作用的版本. 它涉及集合 X 中一个元素在 G 的作用下的轨道和稳定化子这两个重要概念. 它们的定义如下:

- 任何元素 $x \in X$ 的轨道是 X 的这样一个子集:

$$\mathrm{Orbit}(x) = \{g(x) : g \in G\} \subset X.$$

- 任何元素 $x \in X$ 的稳定化子是 G 的这样一个子集:

$$\mathrm{Stab}(x) = \{g \in G : g(x) = x\} \subset G.$$

这些名称取得很合理:$\mathrm{Orbit}(x)$ 是 X 中可以在任意一个群元素的作用下从 x 一步"到达"的点的集合;$\mathrm{Stab}(x)$ 是使得 x 稳定或者说固定不动的群元素的集合. 我们可以非常迅速地证明一个关于群作用、轨道和稳定化子的非常有威力的定理,即轨道-稳定化子定理:

- *如果一个群 G 作用于一个集合 X,那么对于 X 的每一个元素,我们必定有*

$$|G| = |\mathrm{Orbit}(x)||\mathrm{Stab}(x)|.$$

这个定理的证明与拉格朗日定理的证明非常相似:

证明:对于每个元素 $x \in X$,考虑由所有陪集 $g\mathrm{Stab}(x)$ 组成的集合. 我们称这个集合为 $G/\mathrm{Stab}(x)$. 既然 $\mathrm{Stab}(x)$ 是 G 的一个子群①,那么在证明拉格朗日定理时所采用的推理告诉我们

$$|G| = |G/\mathrm{Stab}(x)||\mathrm{Stab}(x)|.$$

而且,我们还可以证明 $|\mathrm{Orbit}(x)| = |G/\mathrm{Stab}(x)|$. 要明白这一点,请注意

① 这一点读者可自行证明. ——译校者注

$$
\begin{aligned}
&g_1(x)=g_2(x)\\
\Leftrightarrow&(g_2^{-1}*g_1)(x)=x\\
\Leftrightarrow&g_2^{-1}*g_1\in \mathrm{Stab}(x)\\
\Leftrightarrow&g_1\mathrm{Stab}(x)=g_2\mathrm{Stab}(x).
\end{aligned}
$$

将这两个结论放在一起,便得到所期望的结果.

我们可以利用这个轨道-稳定化子定理迅速导出一些有趣的结论. 例如,一个立方体有多少个不同的旋转对称? 如果我们将立方体看成是由它的 8 个顶点所定义的,那么一个一般的旋转将以某种方式置换这些顶点. 要将所有可能的置换都表示出来是极其不便的. 因此我们将利用轨道-稳定化子定理. 首先,取其中一个顶点 D_1:于是这个顶点的稳定化子将是绕通过这个点的长对角线的 3 个简单的旋转(试着捏住一颗骰子的一对相对顶点,看看为什么这样说). 所有其他的旋转都使得这个顶点发生变动. 因此 $|\mathrm{Stab}(D_1)|=3$. 显然,这个点可以被旋转到其他任何一个顶点,因此 $|\mathrm{Orbit}(x)|=8$. 这意味着一个立方体共有 $24=8\times 3$ 个不同的旋转对称.

利用轨道-稳定化子定理我们可以开始理解刚性对象的各种对称群. 然而,轨道-稳定化子定理只是为我们提供了关于群的总体大小的信息,而对其子群结构却几乎没有提示. 幸运的是,我们可以借助于轨道和稳定化子证明一个(相当难的)定理,它将有助于我们把一个较大的对称群分解为子群. 西罗定理是有限群研究中的一个标准工具,它的证明是群论中一道有相当难度的练习题:

- (**西罗定理**①)*假设一个群 G 有 $p^n r$ 个元素,其中 p 为素数而 r 不能被 p 整除. 那么 G 有 $1(\mathrm{mod}\ p)$ 个元素个数为 p^n 的子群. 而且,G 中任何一个元素个数为 p 的子群都是这些子群之一的子群.*

西罗定理的证明是一种构造性证明,这意味着我们将直接构造出这个 p^n 阶子群. 这有点儿自说自话,因为我们将把这个定理纯属“无中生有”地变为现实,而几乎不解释究竟为什么我们可以沿着这样一条证明思

① 这里仅仅是西罗定理的部分陈述. 完整的定理还包括关于所述子群之性质的一些细节. ——原注

路大胆前进. 有时候数学就是这个样!

第一部分的证明:既然我们想找出一个 p^n 阶子群,那么第一步就应该考察 G 中所有含 p^n 个元素的子集所组成的集合 X:

$$X=\{S\subset G:|S|=p^n\}.$$

集合 X 的大小就是含 p^n 个元素的子集 S 的个数:

$$|X|=\binom{p^nr}{p^n}=\frac{p^nr(p^nr-1)\cdots(p^nr-p^n+1)}{p^n(p^n-1)\cdots 1}.$$

证明中的关键一步是注意到 p 不是 $|X|$ 的因子①. 由此可推出必定有 X 的一个元素 S_0 使得 p 不整除 $|\mathrm{Orbit}(S_0)|$②. 好,轨道-稳定化子定理告诉我们, $|G|=p^nr=|\mathrm{Orbit}(S_0)||\mathrm{Stab}(S_0)|$. 既然 p 不整除 $|\mathrm{Orbit}(S_0)|$,那么我们必定有 $|\mathrm{Stab}(S_0)|$ 是 p^n 的一个倍数. 任意选定一个 $s_0\in S_0$,构造 $\mathrm{Stab}(S_0)$ 的(右)陪集 $\mathrm{Stab}(S_0)s_0=\{gs_0:g\in\mathrm{Stab}(S_0)\}$,那么有 $|\mathrm{Stab}(S_0)|=|\mathrm{Stab}(S_0)s_0|$. 然而我们知道,如果 $g\in\mathrm{Stab}(S_0)$,那么根据定义,对于每一个元素 $s\in S_0$,有 $gs\in S_0$. 因此,如果 $gs_0\in\mathrm{Stab}(S_0)s_0$,那么 $gs_0\in S_0$,这

① 事实上,我们有 $|X|\equiv r(\mathrm{mod}\ p)$. 但就"$p$ 不是 $|X|$ 的因子"而言,可以这样考虑:注意上式中分母的各个乘数,其中含 p 因子的是而且仅是: $p,2p,3p,\cdots,p^2,p^2+p,\cdots,p^n$;而分子各乘数中含 p 因子的是而且仅是: $p^nr-p^n+p,p^nr-p^n+2p,p^nr-p^n+3p,\cdots,p^nr-p^n+p^2,p^nr-p^n+p^2+p,\cdots,p^nr-p^n+p^n=p^nr$. 上下一一对应,而且相应 p 因子的指数相同,正好全部约去. ——译校者注

② 这句话照原文译出应是"由此可推出必定有 X 的一个元素 S_0 使得 $|\mathrm{Orbit}(S_0)|$ 整除 $|X|$". 似误. 此外,还需要补充以下内容:

(1) 定义群 G 在 X 上的作用:对于每个 $g\in G$ 和 $S\in X$,定义 $g(S)=\{gs:s\in S\}$.

(2) 对于 X 的任意两个元素 S_1 和 S_2,存在 $g\in G$ 使得 $g(S_1)=S_2$ 或者说 $S_2\in\mathrm{Orbit}(S_1)$ 是一个等价关系. 因此 X 可表示为等价类的不相交并集,且每个等价类是某个 $S\in X$ 的轨道 $\mathrm{Orbit}(S)$,即 $X=\mathrm{Orbit}(S_1)\cup\mathrm{Orbit}(S_2)\cup\cdots\cup\mathrm{Orbit}(S_k)$, $\mathrm{Orbit}(S_i)\cap\mathrm{Orbit}(S_j)=\varnothing\ (i\neq j)$. 于是有

$$|X|=|\mathrm{Orbit}(S_1)|+|\mathrm{Orbit}(S_2)|+\cdots+|\mathrm{Orbit}(S_k)|.$$

(3) 如果 p 整除其中每个 $|\mathrm{Orbit}(S_i)|$,那么 p 就整除 $|X|$,但这与前面的结论矛盾.

因此,存在 X 的一个元素 S_0 使得 p 不整除 $|\mathrm{Orbit}(S_0)|$. ——译校者注

就推出 $\mathrm{Stab}(S_0)s_0 \subseteq S_0$. 于是 $|\mathrm{Stab}(S_0)| = |\mathrm{Stab}(S_0)s_0| \leqslant |S_0| = p^n$[①]. 把这一点与 $|\mathrm{Stab}(S_0)|$ 是 p^n 的倍数这件事结合起来,就证明了 $|\mathrm{Stab}(S_0)| = p^n$. 这就是我们所要寻找的子群.

我们正在开始看到,群论是一个有力的工具,用它可以得到广泛的结果. 为总结我们对代数的学习,我们来考察两个相当有趣而且涉及颇广的例子:一个在根本上与平面上的几何相关,另一个则是关于三维空间晶体的. 作为本章的一个恰当的总结,这些应用把来自向量空间理论、几何和群论的许多逻辑视角结合在一起.

3.5.4 二维和三维的墙纸

现在我们对墙纸图案作一番研究,以考察群论的艺术方面. 正如室内装饰设计师都知道的,有许多种墙纸展现出对称性:如果墙纸贴得恰当,那么墙壁将被一个规则地自我重复的主题图形所覆盖. 也许知道下面这一点的室内装饰工作者就比较少了:事实上墙纸可以具有的对称类型正好有 17 种. 我们怎样来证明甚至说怎样来着手证明这个结论呢?

尽管对我们来说什么时候一种墙纸图案是对称的在直觉上可能是显然的,但数学家的职能是弄清楚为什么呈现了对称以及这种对称是怎样呈现的. 因此让我们设法将各种不同类型的对称解构成它们的组成部分. 一旦对称的基本类型弄清楚了,我们就可以着手探究把它们结合起来的可能方式. 这将得出这个问题的答案.

让我们首先考虑将墙纸仔细分类的问题;我们需要找到一个好的数

---

① 从"任意选定一个 $s_0 \in S_0$"开始到脚注编号所在处的这段文字,由译者改写. 此处的英文原文为:"However, we know that if $g \in \mathrm{Stab}(S_0)$ then $gs \in S_0$ for every element $s \in S_0$, by definition. Moreover, the S is actually a set of elements of the group G. Thus $gs \in S_0$ implies that $gs = s_1$ for $s_1 \in S$. Thus $g = s_1 s^{-1} \in S$. This shows that the members of the stabiliser of S_0 are also member of S_0: there are consequently at most $|S_0|$ members of $\mathrm{Stab}(S_0)$."这里至少有两处疑问:(1) S 是什么? (2) S_0 的稳定化子的元素也是 S_0 的元素,这一点似不一定成立. ——译校者注

学表示. 为什么不假设墙壁是平的而且是无限延伸的呢? 于是我们可以将墙壁模型化,把它看作平面$\mathbb{R}^2$,图案就画在它上面. 墙纸的各种对称因此必定形成某个由平面上所有可能的保距对称构成的子群,它由平移、旋转和反射生成. 我们还将需要用到*滑移*,它由一个关于一条直线的反射后接一个沿同一条直线的平移构成. 我们有如下定义:

- 由平面上所有可能的对称构成的一个子群,如果是由两个独立的平移和有限个旋转、反射和滑移生成的,就称为*墙纸群*.

我们的数学墙纸有一个单一的非对称主题图形,形式不拘,整个墙纸图案将以它为基础. 于是图案的具体对称性就通过对这个主题图形混合地作用旋转、平移、反射和滑移,将它复制到无穷多个其他位置而创建出来. 为了使图案到处都能恰当地拼接起来,对生成元的可允许组合有相当大的限制. 而且,初始的主题图形只可以画在平面上有限多个形状特殊的区域内. 结果就只能有 17 种不同的相容组合.

3.5.4.1 点阵上的墙纸

我们所有的墙纸图案应该在沿着两个基本向量($\boldsymbol{S}$ 和 $\boldsymbol{T}$)方向的平移下保持不变. 显然,这个图案将以*点阵* L 为基础,我们可以通过向量 $\boldsymbol{S}$ 和 $\boldsymbol{T}$ 的不同线性组合将这个点阵构造出来,它看起来就像一种格子篱笆. 换个说法,这个背景骨架构造 L 由所有的点 $m\boldsymbol{S}+n\boldsymbol{T}$(相对于某个任意选定的原点而言)构成,其中 m,n 为整数. 这与平面上用边为 $\boldsymbol{S}$ 和 $\boldsymbol{T}$ 的常规平行四边形构成的镶嵌图完全一个样(图 3.19).

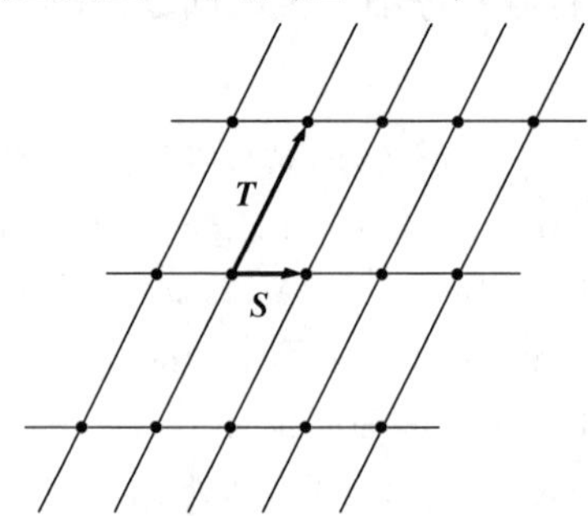

图 3.19　由两个向量生成的一个点阵.

根据构造,任何点阵都是平移不变的. 另外还有一种对称:任何点阵在绕任何顶点的 180 度旋转下将保持不变. 我们能不能找出任何具有更多内在对称性的点阵特例? 还有两种不同的可能性. 第一种,点阵可能在某种另外的旋转对称下保持不变,这也蕴涵着这个点阵将在一组反射下保持不变. 第二种,点阵不可能再有什么旋转不变性,但在反射下仍具有某种不变性. 容易看到,当基向量长度相等或者基向量相互垂直时,点阵就具有反射对称性. 下面让我们仔细考察一下旋转对称. 可以证明平面上一个点阵可以具有的其他旋转对称的数量相当有限:

- 一个平面点阵只可能有 2,3,4 或 6 个旋转对称.

证明这个结论的方法是通过一个矛盾(图 3.20):

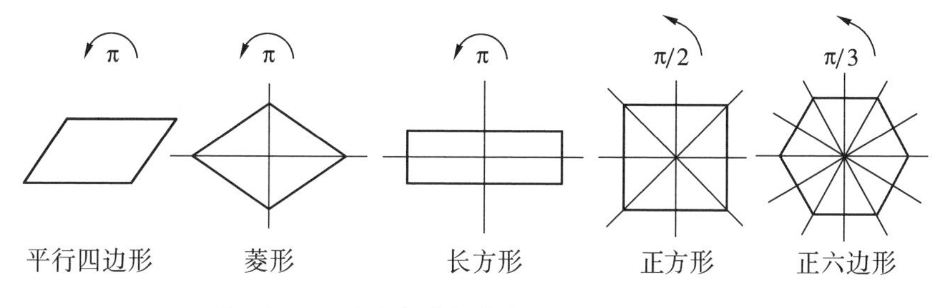

图 3.20　五种基本的点阵胞腔以及它们的对称.

<u>证明</u>:在连接点阵中两点的向量中选定一个最短向量 $\boldsymbol{s}$. 如果有 n 个旋转对称,那么从旋转的对称性可推出这个最短向量在旋转后必定产生一个正 n 边形. 这意味着连接这个正 n 边形任意两个顶点的向量也必定在这个点阵中. 如果 $n>6$,那么两个相邻顶点之间的距离将小于这个最初选定的向量的长度,这与我们假设 $\boldsymbol{s}$ 是这个点阵中的最短向量矛盾. 因此最多可能有 6 个旋转对称. 如果有 5 个旋转对称,那么向量 $\boldsymbol{s}$ 在旋转后必定会映成一个正五边形的各个顶点. 把向量 $\boldsymbol{s}$ 与这些顶点的每一个相加,必定还会产生点阵中的其他点. 然而,人们可以容易看出 $|R^2\boldsymbol{s}+\boldsymbol{s}|<|\boldsymbol{s}|$①,这再次与我们假设 $\boldsymbol{s}$ 是最短向量矛盾. 最后,人们可以容易地构造出具有 2,3,4,6 个旋转对称的点阵实例.

---

① 这里 $R^2\boldsymbol{s}$ 表示 $\boldsymbol{s}$ 经两次旋转后得到的向量. ——译注

因此对称的点阵可以用平行四边形、菱形、矩形、正方形或者正六边形进行镶嵌而构造出来①.

这就完成了解构的过程. 从这些建筑模块出发,我们现在可以着手创建种类尽可能多的墙纸了. 为了创建一种基本的墙纸图案,我们在一个基本的点阵胞腔内放上某个主题图形,然后将这个图形的一个副本平移到其他每个由 $\boldsymbol{S}$ 和 $\boldsymbol{T}$ 给出的顶点处. 在一般情况下,这个特定的主题图形会破坏背景点阵的旋转对称性和反射对称性. 然而,选择一个与点阵的一些或全部其他对称相容的图形,这些对称性就可以得到部分或者全部的恢复. 此外,在某种类型的基本胞腔内,任何一种图形都可以在一个滑移(关于某条直线的一个反射后接沿同一条直线的一个平移)下保持不变(图 3.21).

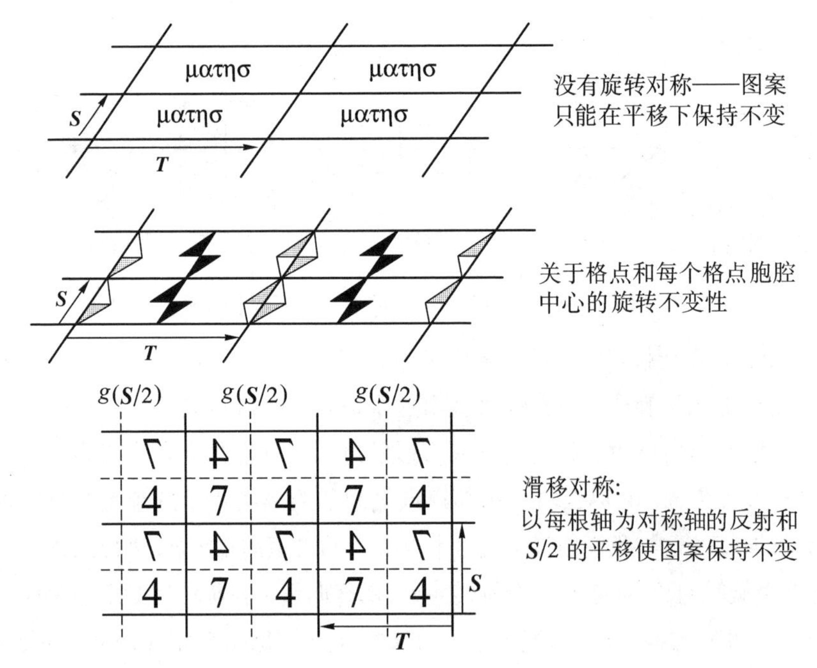
ματησ
ματησ
ματησ
ματησ
S
T
没有旋转对称——图案
只能在平移下保持不变
S
T
关于格点和每个格点胞腔
中心的旋转不变性
g(S/2)
g(S/2)
g(S/2)
S
T
滑移对称:
以每根轴为对称轴的反射和
S/2 的平移使图案保持不变

图 3.21　具有不同类型对称的三种点阵.

① 了解这些对象的对称怎样相互关联是有趣的:平行四边形的对称形成了一个矩形对称子群或者菱形对称子群;尽管菱形与矩形并不具有相同的对称结构,但它们都形成了正方形对称群的子群. ——原注

既然只有有限种点阵,而且对于每种点阵来说只有有限个对称类型子集,那么显然只有有限种本质上不同①的图案. 数一数这些类型一共有几个,结果得出神奇的数 17. 为了保证一种具体图案的对称结构的内部相容性,方便的做法是把每种图案看作是由某个小小的"基本单元"生成的,这个基本单元借助于有关的对称在平面上无限多次地重复(图 3.22).

3.5.4.2 贴墙纸

现在我们给出在数学上创建一种墙纸图案的操作指南:

(1) 在 17 种点阵类型中选择一种,图案将以它为背景基础.

(2) 划出一个基本点阵单元. 在这种点阵类型的基本区域里画出某个主题图形.

(3) 将所有可能的旋转、反射和滑移作用在这个主题图形上,在这个基本点阵单元里生成图案.

(4) 将这个基本点阵单元的一个副本平移到其他每一个格点处.

尽管各种对称类型的图案实例其实到处都有,放眼可见,但是最卓著的对称阐释者非摩尔人建筑师莫属:西班牙的阿罕布拉宫② 美轮美奂,富丽堂皇,你在那里可以找到每一种对称类型的图案.

3.5.4.3 对晶体学的应用

晶体是什么? 它无非就是原子或分子在某种刚性结构中的一种规则排列. 这些结构用群论来分析是再好也不过了.

对三维"墙纸群"进行的一种计算,为我们给出了许多对称的晶体结构. 这种计算与上述对二维情况的计算本质上是相同的,只是对于点阵有着更多的可能性要处理. 结果是,存在着 32 种可能的三维旋转对称点阵,

---

① "本质上不同"的意思是从有关对称的角度来看不相同. 显然,从一种对称的角度来看,任何两个矩形点阵是相同的,任何两个"雪花"主题图形也是相同的. ——原注

② 在西班牙南部城市格拉纳达,是 13 至 14 世纪的摩尔人宫殿. ——译校者注

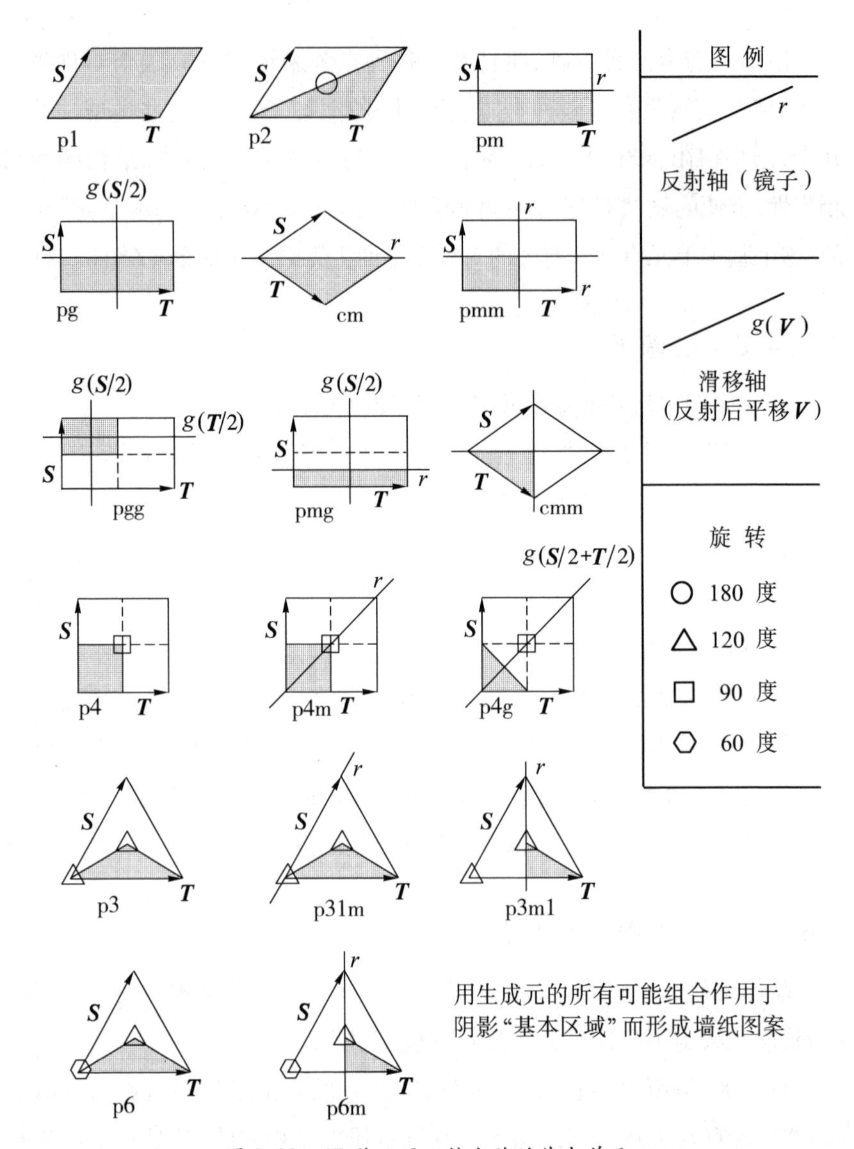

图 3.22　17 种不同二维点阵的基本单元.

连同三维平移,一共产生了正好 230 种不同的晶体结构. 对于这些可能点阵中的一种,有一个很好的实例,那就是氯化铯晶体. 其中每 8 个铯原子位于一个立方体的顶点,而这个立方体本身则以一个氯原子为中心. 同样,每个铯原子被一个立方体所围,这个立方体则以氯原子为顶点. 由于这个原因,这被称为"体心立方"结构,或者 bcc(body centred cubic). 从数学上来说，这种晶体的原子处在一个点阵的格点上，这个点阵由三个向量(2,0,0)，(0,2,0)，(1,1,1)（相对于通常的笛卡儿基本量 $\boldsymbol{i},\boldsymbol{j},\boldsymbol{k}$ 而言）生成. 当 $l+n+m$ 为偶数时，点(l,m,n)上为氯原子；而当 $l+n+m$ 为奇数时，点(l,m,n)上为铯原子. 说到对称性，整个结构在三个平移向量(2,0,0)，(0,2,0)(0,0,2)的整系数线性组合的作用下是不变的. 另外，既然每个原子都被一个立方体构形所包围，那么这个氯化铯晶体就拥有同立方体一样的旋转对称性和反射对称性（图 3.23）.

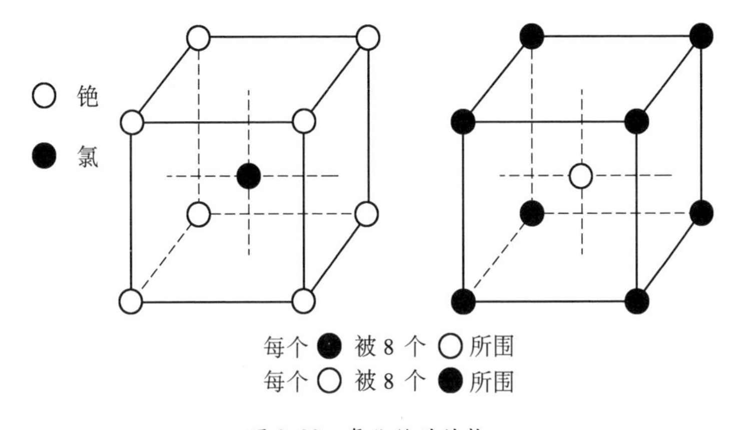

图 3.23　氯化铯的结构.

这样的一种抽象是非常有用的，因为知道了一种晶体的对称结构，就能让人们理解这种固体的其他许多物理性质. 有一种工业应用涉及有关固体的塑性或者说"延展性"：某些对称结构允许晶体在某些方向上发生形变或者滑动而不致散架；相反，其他的晶体结构则导致非常刚性的复合物，重压之下就会折断. 要理解这些过程，把晶体看作一系列以平衡状态处于格点的原子是非常有帮助的. 晶体形变的最初等形式是一层原子相对于相邻的一层发生运动，内部的原子力则抵制这种形变. 当原子越来越远离它们的平衡点时，内部的回复力与偏离的距离大约成比例地增大①. 然而，由于点阵是对称的，对于沿着一个点阵方向的剪切来说，这个回复力将最终达到一个最大值，然后开始减小，直至到达一个新的平衡位置.

① 这就是著名的胡克定律. ——原注

某些固体和结构在回复力达到最大值之前往往会碎裂,要不晶体就会顺当地形变到一个新的平衡位置.(图 3.24)

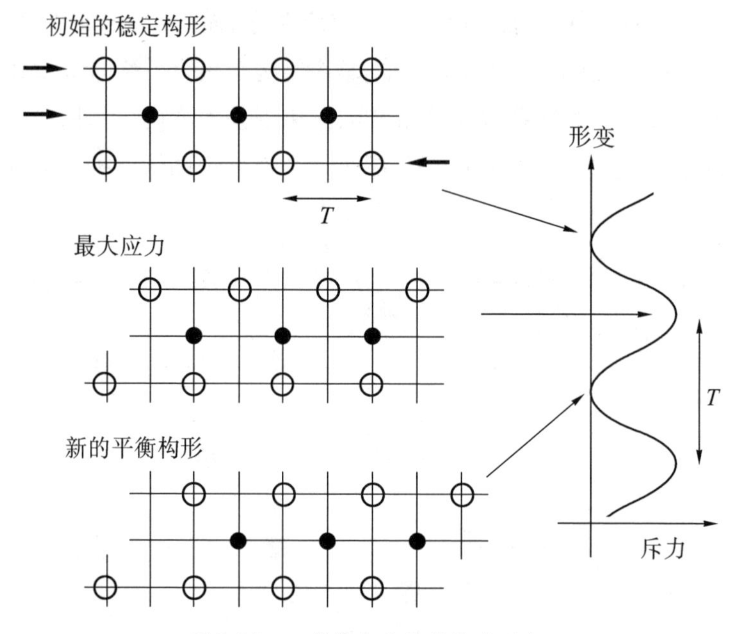

图 3.24　一种基本晶体结构的形变.

晶体学家的职能是确定一种给定晶体在什么情形下将是自然可塑的,而这种特定的晶体结构通常可以通过一种 X 射线衍射模式的分析而得到确定.结果往往是相当有趣的.例如,bcc 晶体在低温下往往呈脆性,这时原子以平衡点为中心的自然振荡不大;这种晶体在高温下呈塑性,这时存在着大量的内部运动.这两种物相之间的转移通常发生在某个较小的固定温度范围内.铁提供了一个非常有趣的例子.在室温下它的晶体结构是 bcc.在 900 摄氏度左右,这种结构发生了一种迅速的相移,从 bcc 变到 fcc(face centred cubic),即“面心立方”结构.在这种结构中,原子采用了一种偏于局部的排列,就像一颗每个面都是 5 个点子的骰子:在立方体的每个顶点上各有一个原子,而且每个面的中心也有原子.这是一种可塑性十分大的构形.相当有趣的是,这种结构在 1400 摄氏度左右,即铁就要熔化时,又变回 bcc.运用这样的思想,懂得晶体群论的材料科学家可以事先预知,对于不同温度下的各种应用目的,哪些材料将是适用的.

第 4 章　微积分与微分方程

1687 年,牛顿发表了他那部伟大而不朽的著作《自然哲学的数学原理》. 在这部皇皇巨著的开头,是对牛顿第二运动定律的一个陈述,这个定律可以这样说:力等于质量乘以加速度. 令人震惊的是,一个表达如此简单的物理定律竟然催生了一个数学分支,这个分支后来在数学和自然科学的大部分领域的进一步发展中起到了如此本质的作用. 这门数学就是微积分和微分方程的理论. 除了从数学美的角度来看,微分方程很有魅力之外,在各种各样的学科中,比如在经济学与生物学中,微分方程都是基本的研究工具. 在本章中,我们首先对牛顿第二定律作一番讨论,从而引发出导数和微分方程的概念,再次发现并扩展我们学习分析学时讨论过的微积分思想.

4.1 微积分的起因和内容

从弹道学到行星动力学,牛顿运动定律有着无穷无尽的有效应用. 为了根据牛顿第二定律得出一个关于空间中一物体在每一时刻之位置的方程,我们需要探索加速度与位置的关系.

4.1.1 加速度、速度和位置

加速度是什么? 如果一辆在 t_0 时刻以每小时 $v(0)$ 英里的速度行进的汽车,把它的速度平稳地增加到 t_1 时刻的每小时 $v(1)$ 英里,那么在这段时间内,它的加速度的大小 a 由速度的变化 $\delta v = v(1) - v(0)$ 除以发生这个变化的时间 $\delta t = t_1 - t_0$ 给出:

$$a = \frac{\delta v}{\delta t}.$$

这是一个精确的公式,因为这辆汽车在 t_0 到 t_1 这段时间内一直在均匀地加速. 如果这辆汽车不是在稳步加速,于是加速度就变成时间的一个非常量函数 $a(t)$,那又会怎么样呢? 像牛顿做过的那样,我们可以假设,在很小的一段时间变化 δt 内,一个物体的加速度大致上是不变的,在这种情况下,我们可以合理地给出一个近似式:

$$a(t) \approx \frac{v(t+\delta t) - v(t)}{\delta t}.$$

我们可以通过取越来越小的 δt 值来提高它的近似程度. 虽然在实际应用中只要选取一个较小的 δt 值就足够了,但我们感兴趣的是求出关于每一时刻之加速度的数学形式. 一个精确的瞬时加速度是通过在数学上取极限而求得的. 速度的导数定义如下①:

$$a(t) \equiv \frac{\mathrm{d}v}{\mathrm{d}t} = \lim_{\delta t \to 0}\left(\frac{v(t+\delta t) - v(t)}{\delta t}\right).$$

加速度 $a(t)$ 是用速度 $v(t)$ 的变化率来定义的:一个加速度本质上是

① 请回忆符号 $\lim\limits_{\delta t \to 0}$ 实际上是指"取 δt 越来越接近零时的极限,而不是真正达到零". ——原注

通过比较一个物体在两个时刻的速度来刻画的. 与此非常相似的是,要确定一个物体在一特定位置 $x(t)$ 的速度 $v(t)$,非得对这个物体在两个时刻的位置之间的微差取极限才行:

$$v(t) \equiv \frac{\mathrm{d}x}{\mathrm{d}t} = \lim_{\delta t \to 0}\left(\frac{x(t+\delta t)-x(t)}{\delta t}\right).$$

把这两个结果放到一起,我们可以看到,某一瞬间的加速度事实上由这一瞬间的位置的变化率的变化率给出,我们把它表示为一个"第二次的"导数$\frac{\mathrm{d}^2 x(t)}{\mathrm{d}t^2}$:

$$a(t) = \frac{\mathrm{d}v(t)}{\mathrm{d}t} = \frac{\mathrm{d}}{\mathrm{d}t}\left(\frac{\mathrm{d}x(t)}{\mathrm{d}t}\right) \equiv \frac{\mathrm{d}^2 x(t)}{\mathrm{d}t^2}.$$

4.1.1.1 积分

尽管用关于导数的极限公式从位置过渡到速度再到加速度是很容易的,但是我们将要稍稍扩展一下思路,以弄清楚怎样从加速度过渡到速度再到位置. 首先让我们问:怎样确定一个速度为 $v(t)$ 的运动在某个从 t_0 到 t_1 的时间段上的相应位置变化? 先设这个速度在从 t_0 到 t_1 的时间段上是常量,即 $v(t)=v$,那么

$$v = \frac{x(t_1)-x(t_0)}{t_1-t_0}, \text{ 如果 } t_0 \leqslant t \leqslant t_1.$$

因此,从 t_0 到 t_1 所行进的距离就是速度乘以行进时间. 这个距离可以解释为速度随时间变化的图像下方区域的面积(图 4.1).

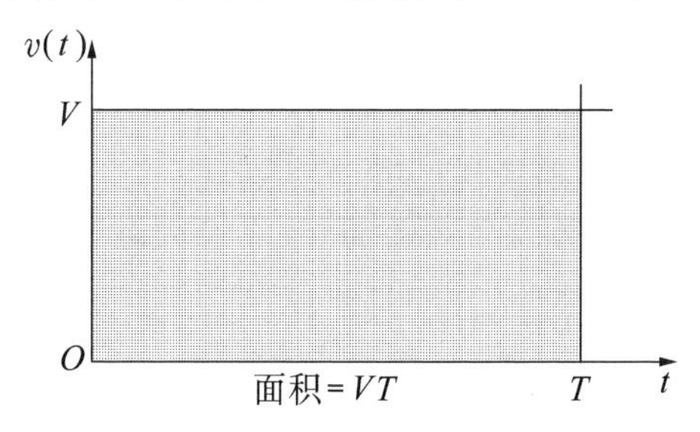

图 4.1　将一个物体的运动距离与速度-时间曲线下方区域的面积联系起来.

我们可以用这个简单的结论来推导一个以非定常速度运动的物体的行进距离,方法是:请注意如果我们研究一个确实非常小的时间间隔上的运动,那么在这个时间间隔上,速度将几乎是常量.这使得我们可以算出这个时间小间隔上的行进距离的一个近似值.把整个运动分成一系列极小的时间间隔,将每个这种小间隔上的小行进距离全部加起来求和,我们就可以算出整个行进距离的近似值.虽然这种求和方法只能提供整个行进距离的一个近似值,但是我们有把握地知道,在每个小间隔 δt 上,相应的小行进距离将大于这个间隔上的最小速度 $v_{\min}$ 与 δt 的乘积,而小于这个小时间间隔上的最大速度 $v_{\max}$ 与 δt 的乘积.分别将所有这些下界和上界加起来,我们就推出精确的距离应该介于一个上和 U 与一个下和 L 之间,即(图 4.2)

$$L = \sum_{\text{时间间隔}} \delta t \times v_{\min} \leqslant \text{精确距离} \leqslant \sum_{\text{时间间隔}} \delta t \times v_{\max} = U.$$

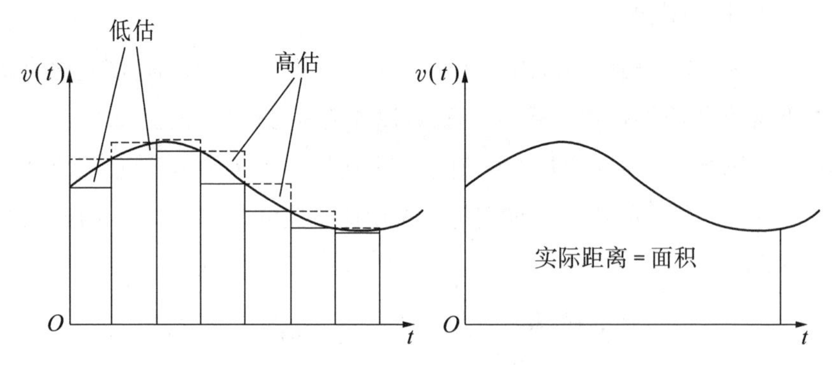

图 4.2 一个一般性运动的精确行进距离的上界和下界.

显然,如果我们减小每个时间间隔的长度,对于任何合理的速度 $v(t)$ 来说,U 和 L 都会变得更接近于行进距离.为了得出精确的距离,我们必须令每个小时间间隔的长度都趋于零而取一个极限;这自然需要我们考虑这个极限过程中的无限多个间隔.如果这两个近似值 U 和 L 趋于同一个数,那么这个速度函数就是可积的,这个极限就是我们所要的距离,记为 $\int_{t_1}^{t_2} v(t)\,\mathrm{d}t$①.这个对无穷多个无穷小的上下界进行求和的过程就被形

---

① 积分符号 $\int$ 是一种按特定风格设计的求和符号.——原注

式地称为积分. 我们因此而推出

$$距离 = x(t_2) - x(t_1) = \int_{t_1}^{t_2} v(t)\,\mathrm{d}t = \int_{t_1}^{t_2} \frac{\mathrm{d}x(t)}{\mathrm{d}t}\mathrm{d}t.$$

既然除了可积性和关系式 $v = \frac{\mathrm{d}x}{\mathrm{d}t}$ 之外,我们对距离函数的形式没有作过任何假设,那么我们就可以扩展这个表达式,为我们给出微积分基本定理,这个定理我们在讨论分析学时已经部分地予以证明:

$$如果 \quad F(x) = \frac{\mathrm{d}f(x)}{\mathrm{d}x},$$

$$那么 \quad \int_{x_0}^{x} F(u)\,\mathrm{d}u = f(x) - f(x_0),$$

$$且 \quad \frac{\mathrm{d}}{\mathrm{d}x}\left(\int_{x_0}^{x} F(u)\,\mathrm{d}u\right) = F(x).$$

这意味着积分与求导是一对互逆的过程. 因此,要对一个含有导数的表达式进行积分,一个完全可采用的方法就是试着猜出一个函数,它的导数能对上号. 我们将会多次使用这个技巧.

4.1.2 多亏牛顿

我们现在已装备就绪,不管给出什么随意选定的力,我们都可以对付牛顿定律了:要求出粒子或物体在各个时刻的位置 $x(t)$,我们只要借助于积分来解出牛顿的微分方程即可:

$$\frac{\mathrm{d}^2x(t)}{\mathrm{d}t^2} = \frac{F(t,x)}{m(t)}$$

$$\Rightarrow \frac{\mathrm{d}x(t)}{\mathrm{d}t} = \int_{t_0}^{t} \frac{F(t',x)}{m(t')}\mathrm{d}t'$$

$$\Rightarrow x(t) = \int_{t_0}^{t}\left(\int_{t_0}^{t''} \frac{F(t',x)}{m(t')}\mathrm{d}t'\right)\mathrm{d}t''.$$

作为牛顿定律的第一个应用实例,让我们试着建立一个简单的运动方程,它展示了可以创建一个微分方程来作为一个特定物理装置之模型的过程.

4.1.2.1　一种单摆

设想我们希望研究一个简单的竖直摆,它由一个质量为 m 的摆锤系在一根弹簧上构成. 我们把摆锤稍稍提高一下,然后放手;于是摆锤就上下振荡. 利用牛顿定律,我们可以建立一个关于这个摆锤相对于平衡点的位移 x 的式子. 第一步:建立描述这个运动的方程. 这个问题中有两个力在起作用:重力和弹簧的张力. 当这个摆处于平衡状态时,这两个力相互抵消;当摆锤处于运动状态时,就会有一个与从平衡点算起的位移成比例的力在努力恢复平衡①. 因此,作用在摆锤上的力等于 $-k^2x$,其中 k 是某个常数,它与弹簧的劲度有关(图 4.3).

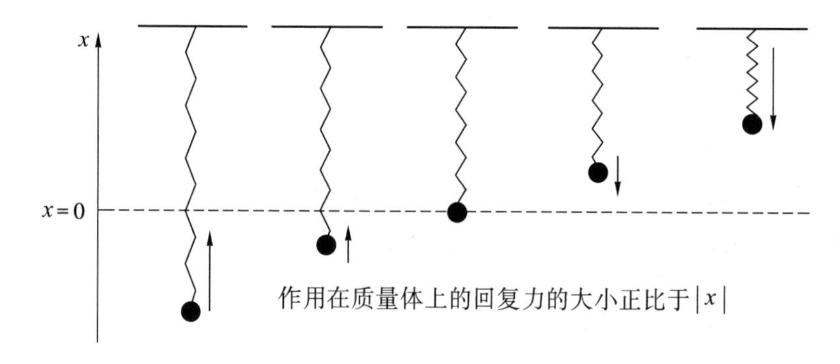

x
$x=0$
作用在质量体上的回复力的大小正比于 $|x|$

图 4.3　一种单摆.

我们现在可以让我们这个关于力的表达式等于摆锤质量乘以加速度,从而给出一个关于位移的方程:

$$-k^2x = m\frac{\mathrm{d}^2x}{\mathrm{d}t^2}.$$

既然我们已经建立了我们的方程,我们就得求出它的解 $x(t)$. 在这个简单的情况中,我们注意到 x 的二阶导数与 x 本身成比例;这是一种由函数 $x=\sin t$ 和 $x=\cos t$ 所享有的性质. 因此我们假设这个方程的解会是三角函数的某种组合. 通过审视,我们可以看出函数 $x(t) = A\sin\left(kt/\sqrt{m}\right) +$

① 这就是著名的胡克定律. 当位移相对于弹簧的耐受度来说较小时,很容易用实验证实这一点. ——原注

$B\cos(kt/\sqrt{m})$满足这个方程，其中 A 和 B 为任意常数. 我们现在可通过考虑这个摆的初始状态来确定系数 A 和 B：既然摆锤是从静止开始释放的，那么 $t=0$ 时的速度必定为零，这意味着 $A=0$；B 就取初始位移的值 $x(0)$. 这个描述摆锤在各个时刻的运动位置的解因而就是：

$$x(t)=x(0)\cos(kt/\sqrt{m}).$$

既然函数 $\cos(kt/\sqrt{m})$是时间的周期函数，这就给出了一个纯粹的振荡解，相应的运动称为简谐运动，简写为 SHM.

4.1.2.2 从单摆到复摆

作为对摆的实际行为的一个初步近似，这个关于 $x(t)$ 的式子可以说相当成功，因为它准确地抓住了摆的振荡运动. 对于较小的位移，这个式子确实相当有效. 然而，我们这个解显然至少存在一个缺陷：一个真实摆的振荡最终会逐渐停止，但我们的解却会一直振荡下去. 既然这个方程的基本结构是正确的，那么我们可以试着把它精细化，以作为摆的这种阻尼效应的模型. 我们需要考虑怎样有效地纳入一个阻尼过程. 作出这样的假设看来肯定是合理的：摆的阻尼本质上归因于运动过程中所导致的摩擦. 因此，我们将假设阻尼力 F_d 是摆锤速度的一个函数. 此外，阻尼力总是减弱运动，因此总是沿着与速度相反的方向作用. 控制这个效应的力的最简单形式由 $F_d=-\varepsilon\frac{dx}{dt}$ 给出，其中 ε是某个较小的正常数. 把这个力加到拉压弹簧所导致的力上，根据牛顿第二定律，我们就得到了一个新的方程：

$$-k^2x-\varepsilon\frac{dx}{dt}=m\frac{d^2x}{dt^2}.$$

我们准备怎样来解这个方程呢？虽然其中的二阶导数不再与位移成正比，但 x 以及它的每个导数都是线性地出现在方程中. 如果 x 用 $e^{\lambda t}$给出，其中 λ 为某个常数，那么$\frac{dx}{dt}=\lambda e^{\lambda t}$和$\frac{d^2x}{dt^2}=\lambda^2e^{\lambda t}$都与 $e^{\lambda t}$成比例；于是依赖于 t 的项将作为因子从方程中消掉，这让我们可以解出 λ. 通过一些代数

运算,可知通解由下式给出:

$$x = e^{-\frac{\varepsilon t}{2m}}(A\cos(\Lambda t) + B\sin(\Lambda t)), \quad \Lambda = \sqrt{\frac{k^2}{m} - \frac{\varepsilon^2}{4m^2}}.$$

我们的初始状态把 A 限制为等于 $x(0)$ 而 B 等于 0. 我们这个新解讲得通吗? 讲得通:这个运动仍然是振荡运动,但振荡的幅度随时间呈指数式衰减(图 4.4). 而且,当 ε 趋于零时,这个新解就化成关于无阻尼摆的解. 然而,有趣的是,由于阻尼,振荡的频率发生了变化:对于简谐运动,振荡频率为 $2\pi/\sqrt{k^2/m}$,而对于阻尼振荡,频率稍有减小,为 $2\pi/\sqrt{k^2/m-\varepsilon^2/4m^2}$.

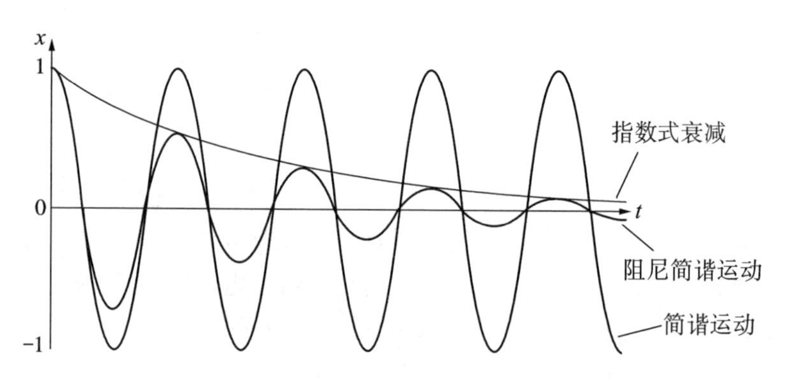

图 4.4 简谐运动的一个典型例子以及随时间衰减的解.

4.1.2.3 基于牛顿定律的微积分的发展

不用说,由牛顿第二定律生成的方程可能一下子就变得非常复杂. 证明这一点的一个很好的例子就是从地球表面发射的一枚火箭. 随着火箭高度的增加,来自地球的重力就非线性地减小;当火箭穿越大气层时,随着火箭速度的增加,抵制运动的摩擦力也会增加,然后当火箭进入太空的真空环境时,摩擦力又会减小到零. 因此,作用在火箭上的力既依赖于火箭的位置又依赖于火箭的速度. 当然,这个运动还发生在三维空间中. 似乎这还不够,因为随着火箭燃料的燃烧,火箭的总质量在飞行过程中会明显减小.

仅仅对牛顿第二定律的特殊例子设法猜出解是不够的. 我们需要某种一般的系统理论来让我们取得实质性的进展. 本章中我们将巡视微分

方程的基本理论,并沿途开发出描述和求解这些方程所需要的微积分必要工具. 有两类区别明显的系统需要考虑:线性系统和非线性系统. 线性方程就是那些不含未知变量及其导数的乘积和非平凡幂的方程,它们通常可精确求解. 而且,有着各种各样的技术可把它们的解剥离出来,即使是在高维的情况中. 非线性方程确实包含着未知变量的乘积和幂,它们往往极其复杂. 一般来说,这样的方程不能精确求解.

我们首先展开一个讨论,其中我们得到只含有一个变量的线性常微分方程的解. 然后我们进一步阐述有着多个基本自由度的高维微分方程的理论,并求解一些线性的例子. 下一步我们就涉足非线性微分方程的领域. 这种方程的分析之难,可说众所周知,因此它们对搞研究的数学家提出了一个很大的挑战. 鉴于这种困难,我们对非线性微分方程的研究学习是从考察一些例子入手,这些例子与我们已知怎样求解的线性方程仅有稍许不同. 我们这个微分方程之旅的最后一站是这样一个地点:在这里我们探究一些方法,这些方法让我们对一个完全非线性系统其实根本不需要去求得任何解就能得到关于这些解的有效信息! 这些定性方法是微分方程中混沌现象研究的基础.

4.2 线性常微分方程

设我们已知一个关于变量 $y(t)$ 的一般二阶线性微分方程，它或许得自牛顿第二运动定律的一个应用：

$$\mathcal{D}(y) \equiv p(t)\frac{\mathrm{d}^2y}{\mathrm{d}t^2}+q(t)\frac{\mathrm{d}y}{\mathrm{d}t}+r(t)y=0,$$

其中 $p(t)$，$q(t)$，$r(t)$ 是 t 的任何已知函数，而 $\mathcal{D}(y)$ 是这个方程整个左边部分的简略表达. 作为数学家，我们对这样一个问题感兴趣：哪些函数 $y(t)$ 满足 $\mathcal{D}(y)=0$. 理想地说，我们想求得每一个可能的解.

4.2.1 线性常微分方程的全解

方程 $\mathcal{D}(y)=0$ 被称为线性的是因为解的线性组合也是解：

$$\mathcal{D}(y_1)=\mathcal{D}(y_2)=0 \Rightarrow \mathcal{D}(\lambda y_1+\mu y_2)=0,\ \ \lambda,\mu\in\mathbb{R}.$$

因此我们看到，只要能求得这个微分方程的两个解，我们就能构造出无穷多个解. 而且，我们将证明，这个方程的任何解都可仅由两个基本解生成：对于这个方程的任何三个解 u，v，w，它们中的一个必定等于其他两个解的线性组合：

证明：设对某个二阶线性微分方程 $\mathcal{D}(y)=p(t)\ddot{y}+q(t)\dot{y}+r(t)y=0$ 有 $\mathcal{D}(u)=\mathcal{D}(v)=\mathcal{D}(w)=0$，其中我们采用了标准符号：在一个变量上方每放一个小点，就表示对时间求一次导数. 为简单起见，我们将假设函数 p，q，r，y 不等于零，尽管我们要证明的这个结论在一般情况下确实是成立的. 既然 u，v，w 都是这个微分方程的解，那么我们有

$$p\ddot{u}+q\dot{u}+ru=0,$$
$$p\ddot{v}+q\dot{v}+rv=0,$$
$$p\ddot{w}+q\dot{w}+rw=0.$$

将这些方程两个两个地做减法，就产生了不含函数 r 的表达式：

$$p\left(\frac{\ddot{u}}{u}-\frac{\ddot{v}}{v}\right)=-q\left(\frac{\dot{u}}{u}-\frac{\dot{v}}{v}\right),$$

$$p\left(\frac{\ddot{v}}{v}-\frac{\ddot{w}}{w}\right)=-q\left(\frac{\dot{v}}{v}-\frac{\dot{w}}{w}\right).$$

将这两个方程做除法,就把函数 p 和 q 从这组方程中完全消除. 经某种重新整理,我们求得

$$\frac{\ddot{u}v-u\ddot{v}}{\dot{u}v-u\dot{v}}=\frac{\ddot{v}w-v\ddot{w}}{\dot{v}w-v\dot{w}}.$$

既然 $f\dot{g}-\dot{f}g$ 的导数是 $f\ddot{g}-\ddot{f}g$,而且 $\frac{\mathrm{d}\ln f}{\mathrm{d}t}=\frac{\dot{f}}{f}$,那么我们看到

$$\ln(\dot{u}v-u\dot{v})=\ln(\dot{v}w-v\dot{w})+\lambda,\ \ \lambda\text{ 是某个常数.}$$

把这个方程再重新整理一下,我们可得到

$$\frac{\dot{u}+\mathrm{e}^{\lambda}\dot{w}}{u+\mathrm{e}^{\lambda}w}=\frac{\dot{v}}{v}.$$

对这个表达式两边积分,得到

$$\ln(u+\mathrm{e}^{\lambda}w)=\ln v+\mu,\ \ \mu\text{ 是某个常数.}$$

两边取指数函数以消除对数,即证得 $u=\mathrm{e}^{\mu}v-\mathrm{e}^{\lambda}w$. 因此 u 实际上是 v 和 w 的线性组合.

这是一个非常有力的结论:求出了两个解,这个二阶线性问题就完全解决了. 作为应用这个结论的一个例子,考虑方程 $t^2\ddot{y}-2y=0$. 通过不断尝试和修正,我们可以知道 t^2 和 $1/t$ 是这个方程的解. 因此我们知道每个解都是 At^2+B/t 的形式,其中 A 和 B 是任意常数.

4.2.2 非齐次方程

对于任意函数 $f(t)$,一个更为一般的问题由关于变量 $y(t)$ 的非齐次方程给出:

$$\mathcal{D}(y)=f(t),\ \text{其中}\ \mathcal{D}(y)=0\ \text{是一个关于变量}\ y(t)\ \text{的线性方程.}$$

这种类型的方程通常产生于对一种受迫运动的考虑,其中 $f(t)$ 代表一个质量体在其整个运动过程中所受到的某个外力. 这种方程的可能解是什么? 对于线性系统,我们总可以把原有解的倍数加起来生成新的解. 不幸的是,我们的非齐次问题不是线性的:如果 y_{p} 和 y'_{p} 是 $\mathcal{D}(y)=f(t)$ 的特解,那么

$$\mathcal{D}(\lambda y_{\mathrm{p}}+\mu y'_{\mathrm{p}})=\lambda f(t)+\mu f(t)\neq f(t)\quad(\text{除非 }\lambda+\mu=1).$$

这意味着我们不能简单地把一个非齐次方程的已知解相加成常规的线性组合来构造新解. 然而,我们并非一无所获,因为取 $\lambda = -\mu = 1$ 就可推出任何两个特解的差其实就是齐次方程 $\mathcal{D}(y) = 0$ 的一个解. 因此我们得出:任何非齐次方程的最通用的解由这个完全方程的任何一个特解加上满足相应齐次方程的任何一个表达式给出. 这两个部分分别称为特别积分和余函数:

$$y(t) = \underbrace{\lambda y_1(t) + \mu y_2(t)}_{\text{余函数}} + \underbrace{y_p(t)}_{\text{特别积分}},$$

$$\mathcal{D}(y_1) = \mathcal{D}(y_2) = 0, \mathcal{D}(y_p) = f(t).$$

一旦求得非齐次方程的单单一个解,为了求出这个方程的所有解,我们的注意力可以再次放在求得相应齐次线性方程的解上. 因此求解齐次线性方程将形成接下来几节的主要关注点. 在我们继续下去之前,先看一个简单的例子. 我们考虑非齐次方程 $t^2\ddot{y} - 2y = 1$. 容易看出 $y = -\frac{1}{2}$是这个一般方程的解,而 t^2 和$\frac{1}{t}$是相应齐次方程的解. 因此完全的微分方程的最通用的解就是 $y(t) = At^2 + \frac{B}{t} - \frac{1}{2}$.

4.2.3 解齐次线性方程

二阶线性微分方程$\mathcal{D}(y) = 0$ 有无穷多个解. 然而,这些解是由仅仅两个基本解的线性组合生成的. 求出两个并非互为线性倍数的解,这个问题就完全解决了. 取得合适的解显然是一个需要战胜的重大挑战. 让我们首先考察二阶微分方程的最简单类型,即表达式$\mathcal{D}(y) = 0$ 中的系数为常数的方程.

4.2.3.1 常系数方程

考虑线性方程

$$\mathcal{D}(y) = a\frac{\mathrm{d}^2 y}{\mathrm{d}t^2} + b\frac{\mathrm{d}y}{\mathrm{d}t} + cy = 0, \quad a, b, c \text{ 为常数,且 } a \neq 0.$$

有一个按部就班的方法来求出这个方程的通解,这个方法利用了 e^t 是一个本身就是其导数的特殊函数这个事实:

(1) 令 $y=e^{\lambda t}$,其中 λ 是一个未确定的常数.

(2) 将 y 的这种形式代入微分方程,求出"特征多项式":

$$(a\lambda^2+b\lambda+c)e^{\lambda t}=0.$$

既然 $e^{\lambda t}$ 总是正的,这个方程就意味着 $a\lambda^2+b\lambda+c=0$. 这就让我们确定了 λ 的相容值.

(3) 解这个关于 λ 的二次方程,得到解 $\lambda=\lambda_1,\lambda_2$,它们可能是实数也可能是复数:

$$\lambda=\frac{-b\pm\sqrt{b^2-4ac}}{2a}.$$

有两种不同的情况要考虑:$\lambda_1\neq\lambda_2$ 和 $\lambda_1=\lambda_2$.

(4) 如果 $\lambda_1\neq\lambda_2$,那么 e^{λ_1} 和 e^{λ_2} 互不为常数倍数,因此我们可以写出这个微分方程的通解:

$$y=Ae^{\lambda_1 t}+Be^{\lambda_2 t},\text{ 其中 } A \text{ 和 } B \text{ 是任意常数.}$$

(5) 如果 $\lambda_1=\lambda_2=\lambda$,那么我们的方法目前只产生了一个解 $u=e^{\lambda t}$,其中 $\lambda=-b/2a$. 为产生另一个解,令 $y=uv$,其中 v 是某个函数. 将 y 的这种形式代入微分方程,并利用当 $\lambda_1=\lambda_2$ 时有 $b^2-4ac=0$ 这个事实,证得 $\ddot{v}=0$. 因此 $v=At+B$. 于是这种特殊情况下的最通用的解是

$$y=(At+B)e^{\lambda t},\text{ 其中 } A \text{ 和 } B \text{ 为任意常数.}$$

这种常系数的情况就完全解决了. 现在我们有了一种按部就班的方法来确定简谐运动型方程的任何解了.

虽然这为许多线性方程提供了解法,但是对于一个关于 y 的线性方程,如果其中的系数都是时间的函数,那我们该怎么做呢? 既然我们有了微积分基本定理,一个想法可以是利用像 $t,e^t,\sin t,\ln t$ 这样的常见函数的组合来试着猜出解的可能形式. 尽管有时候借着几分运气,这样做可以产生正确的答案,但是有许多例子,它们的答案根本就不是这些熟知函数的组合. 要了解这一点,请看贝塞尔方程:

$$t^2\frac{\mathrm{d}^2y}{\mathrm{d}t^2}+t\frac{\mathrm{d}y}{\mathrm{d}t}+(t^2-p^2)y=0，\text{其中 } p \text{ 是一个实常数.}$$

虽然这个方程表面上看来十分简单,但是你无论怎样不断尝试和修正,也无法猜出它的解. 幸运的是,有一种普遍的解析方法让我们能够求出像这个方程那样的复杂线性微分方程的解. 我们将要利用的事实是,如果一个函数在点 $t=0$ 处的各阶导数性态良好,那么正如我们在学习分析学时所知道的,它就有一个关于原点的幂级数展开式. 先把一个微分方程化成一个关于幂级数的方程,这个方程就有可能解出.

4.2.4 幂级数解法

在许多物理问题中,作出这样的假设并非不合理:一个微分方程的解 $y(t)$ 在时间 $t=0$ 处有着有界的各阶导数. 于是我们可以把这个函数写成一个幂级数:

$$\mathcal{D}(y)=0 \text{ 且 } \left|\frac{\mathrm{d}^n y}{\mathrm{d}t^n}\right|_{t=0}<\text{某个常数 } M$$

$$\Rightarrow y(t)=\sum_{n=0}^{\infty}a_n t^n\ (a_n\in\mathbb{R}).$$

当然,如果我们已经知道函数 $y(t)$ 的形式,那么就可以利用泰勒级数公式算出所有的系数:

$$a_n=\frac{1}{n!}\frac{\mathrm{d}^n y}{\mathrm{d}t^n}.$$

事实上,通常我们并不知道 $y(t)$ 的形式,于是首要的任务是借助于这个控制微分方程来求出所有的系数 a_n. 这个幂级数解便会对那些使级数收敛的 t 有效. 为了展示这种技术,我们来考察一个关于单摆的简单方程:

$$\frac{\mathrm{d}^2y}{\mathrm{d}t^2}+\omega^2y=0，\ \omega^2=k^2/m.$$

将 $y(t)=\sum_{n=0}^{\infty}a_n t^n$ 代入这个方程并对幂级数逐项求导,我们发现有如下关系式:

$$\sum_{n=2}^{\infty}n(n-1)a_n t^{n-2}+\omega^2\sum_{n=0}^{\infty}a_n t^n=0.$$

我们可以将 t 的同次幂合并起来①,得

$$\sum_{n=2}^{\infty}(n(n-1)a_n+\omega^2 a_{n-2})t^n=0.$$

既然这个关系式必须对 t 的所有值都成立,那么 t 的每个幂项必须分别等于零. 因此我们令 t 的每个幂的系数分别等于零,从而求得一个递推关系或者说迭代序列:

$$n(n-1)a_n+\omega^2 a_{n-2}=0,\ n=2,3,4,\cdots$$

在这个关系式中,我们可以自由地为 a_0 和 a_1 这两个项选取任何值;一旦这个选取工作做完,所有其他的系数 a_n 就被唯一地确定了. 值得强调的是,既然有两个参数可以自由选取,那么我们可以合乎常理地期望这个方法将为我们提供微分方程的两个不同的幂级数解. 根据上述递推关系,我们可以通过给 a_0 和 a_1(它们是那个序列的开头两项)选取不同的初始值来构造原初微分方程$\mathcal{D}(y)=0$ 的所有可能解. 例如,如果我们取 $a_0=1$ 和 $a_1=0$,那么就可利用 a_n 和 a_{n-2}之间的关系求出所有其他的系数:

$$a_0=1\Rightarrow a_2=-\frac{1}{2}\omega^2\Rightarrow a_4=+\frac{1}{2\cdot3\cdot4}\omega^4\Rightarrow\cdots$$

$$a_1=0\Rightarrow a_3=0\Rightarrow a_5=0\Rightarrow\cdots$$

认出了偶数项的模式后,我们就可以写出关于初始条件 $a_0=1,a_1=0$ 的全解:

$$y(t)=1-\frac{(\omega t)^2}{2!}+\frac{(\omega t)^4}{4!}-\frac{(\omega t)^6}{6!}+\cdots$$

不仅这个级数对 t 的任何值收敛,而且我们还能认出它就是 $\cos(\omega t)$的幂级数展开式. 同样,我们也可以取 $a_0=0,a_1=1$. 在这种情况下,我们得到第二个解 $\sin(\omega t)$. 现在容易看出,设系数可被随意选择,就产生了下面这个完全解:

$$y(t)=a_0\cos(\omega t)+a_1\sin(\omega t).$$

这其实很令人惊奇:我们只用了正弦函数和余弦函数的抽象幂级数,并没有用到它们任何我们所熟知的性质,也没有用到任何关于这个方程当初

---

① 我们可以这样重新整理各项,是因为幂级数是绝对收敛的. ——原注

是怎样建立的事先知识,就获得了解. 对于某种更为纯粹的数学应用,事实证明,把 $\sin(\omega t)$ 和 $\cos(\omega t)$ 定义为这个微分方程的两个独立解其实是很方便的.

幂级数解法之美在于它可以应用于任何一维的线性微分方程,产生了多种多样的新函数,它们是用其收敛幂级数定义的. 而且,这个方法也可以用于求受迫运动方程 $\mathcal{D}(y)=f(t)$ 的特解,方法是将函数 f 展开成它的幂级数,从而产生一个比较复杂的递推关系. 虽然这个幂级数解法就其样子来看可能像是一帖包治百病的灵药,但实际上有着三个缺点:

(1) 幂级数必须在这样的一个点处取:在这个点上,解的所有各阶导数都以某个固定的常数 M 为界.

(2) 迭代过程有时可能只产生一个基本解而不是我们要求的两个.

(3) 这个方法对于求解关于变量 y 是非线性的方程没有用,因为幂级数展开式中的所有系数 a_n 变得以乘积的形式不可救药地缠在一起,使得剥离出一个迭代序列的任务复杂得无法完成.

虽然前两个问题通常可以通过将这个方法稍作推广来解决,但是完全非线性方程需要一种不同的方法来处理这个问题,到时候我们将会知道.

4.2.4.1 贝塞尔函数

二阶线性微分方程是令人感兴趣的函数的一个巨大来源. 为展示不寻常的新函数是怎样被发现的,让我们用这个新方法来解一类贝塞尔方程 $t\ddot{y}+\dot{y}+ty=0$. 我们设这个方程的解有着足够良好的性态①,可以展开成幂级数,这使得我们可以写 $y(t)=\sum_{n=0}^{\infty}a_nt^n$. 将这个幂级数形式代入方程,我们得到

$$t\sum_{n=2}^{\infty}n(n-1)a_nt^{n-2}+\sum_{n=1}^{\infty}na_nt^{n-1}+t\sum_{n=0}^{\infty}a_nt^n=0.$$

① 这种方法的美就在于它是构造性的. 因此如果我们求得一个解,那么我们就会知道我们这个关于解的良好性态的假设是正确的. ——原注

将 t 的同次幂分别合并,可得

$$a_1 = 0 \text{ 和 } n(n-1)a_n + na_n + a_{n-2} = 0,\ n = 2,3,4,\cdots$$

再稍稍努力一下,这些关系式可简化为:对 n 的每个奇数值,$a_n = 0$;对 n 的每个偶数值,$a_n = (-1)^{n/2}a_0/(2^n(n/2)!(n/2)!)$. 因此,我们可以将贝塞尔方程的解写为

$$y(t) = \sum_{n=0}^{\infty} \frac{(-1)^n}{n!n!}\left(\frac{t}{2}\right)^{2n}.$$

不幸的是,我们的幂级数方法只能求得贝塞尔方程的一个解. 既然贝塞尔方程是线性的,那么我们知道必定还有一个独立解. 既然这个另外的解不是幂级数形式,那么我们可以试着寻求形式稍为广泛一点的解:

$$y(t) = t^{\alpha}\sum_{n=0}^{\infty} b_n t^n \text{ , } \alpha \text{ 是某个未知的数.}$$

一般来说,增加这个 α 项会导致这样的解:它在原点附近有着无界的导数,但除此之外性态良好. 这个放宽措施大大增加了可用幂级数方法求解的方程的数量. 代入贝塞尔方程,得到下列级数解:

$$y(t) = \frac{1}{t} - \frac{t}{1^2} + \frac{t^3}{(3\cdot 1)^2} - \frac{t^5}{(5\cdot 3\cdot 1)^2} + \frac{t^7}{(7\cdot 5\cdot 3\cdot 1)^2} - \cdots$$

这个线性方程现在就被完全解决了. 然而,由于我们完全是用代数方法处理这个解的生成问题的,因此对于这个解实际上是什么样子我们一点儿概念都没有. 因此让我们分别把这两个幂级数展开式逐项加起来,直到获得可以接受的近似收敛函数,从而作出这个函数的图像. 从图像可看出,贝塞尔方程的解定性地相似于正弦函数和余弦函数的衰减形式(图 4.5).

4.2.4.2 一般的级数求解法

我们只可以把一个微分方程在一给定点处所有导数都以某固定常数 M 为界的解在这个点处展开成幂级数. 然而,有许多在一给定点不能表示为幂级数的函数可被认为与一个幂级数成比例. 我们可以把一个函数 $f(x)$ 的广义幂级数定义为

$$f(x) = x^{\alpha}\sum_{n=0}^{\infty} a_n x^n,\ a_0 \neq 0.$$

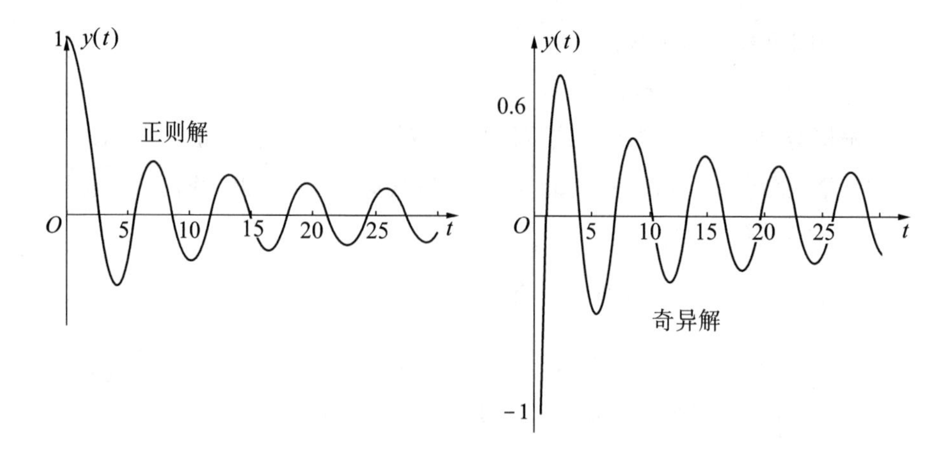

图 4.5　贝塞尔函数.

显然,对于 $n>0$,令 $a_n=0$,x 的简单幂于是都可以表示成这种形式. 而且,这个广义幂级数让我们能用以表示“几乎”有幂级数的函数,如 $\sqrt{x}\sin x$. 将这个广义幂级数代入一个二阶微分方程,解出 x 的最低次幂,就产生一个关于 α 的二次多项式方程,即所谓指标方程. 有一个一般性的结论,即富克斯定理. 它告诉我们,如果 $\ddot{y}+f(t)\dot{y}+g(t)=0$ 且 $tf(t)$ 和 $t^2g(t)$ 在原点有收敛的幂级数,那么当指标方程的两个根不是相差一个整数时,这个微分方程的通解将由两个广义幂级数构成. 当指标方程的两个根相差一个整数时,这个解可能由两个广义幂级数构成,也可能由一个广义幂级数 $S_1(t)$ 和另一个形式为 $S_1(t)\ln t+S_2(t)$ 的解构成,其中 $S_2(t)$ 是另一个广义幂级数. 反之,如果富克斯定理的条件不能满足,那么必定至少有一个解不是广义幂级数.

4.3 偏微分方程

这种幂级数解法可以对整整一类各种各样的常见方程反复使用,并导致了灿烂辉煌的一系列"标准函数",它们对微分方程的实用研究和理论研究都很有用. 尽管这个方法令人赞叹,但它只是为我们提供控制$x(t)$这个量的微分方程的解,而 $x(t)$ 只依赖于一个通常解释为时间的变量. 在许多情况下,我们当然对作为多变量函数的量感兴趣. 有一个典型的问题,即振动弦问题. 设想有一根吉他弦被人拨动了一下,于是这根弦在不同时刻被拍下的快照如图 4.6 所示.

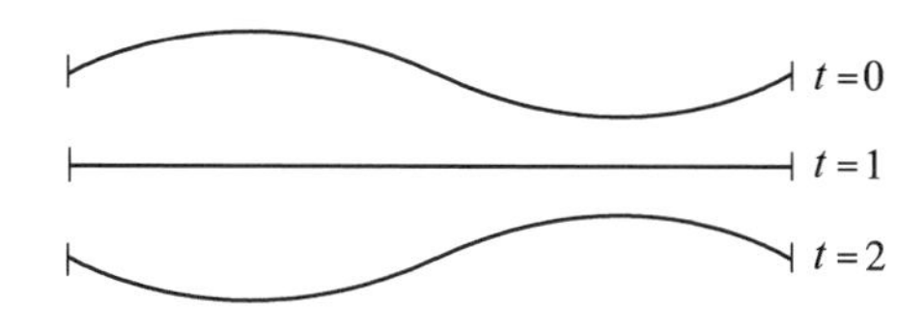

图 4.6 一根两端被固定的弦的运动.

在每一时刻,我们可以用一个单变量函数 $f(x)$ 来描述这根弦的形态;相应的运动方程将描述这个函数随时间的演化. 这样,基本的未知量将是一个二变量函数 $f(x,t)$.

4.3.1 偏导数的定义

到目前为止,我们只考虑了单变量函数的导数. 然而,对这根吉他弦的描述涉及两个变量. 每一时刻我们都可以观察这根弦的曲线形态;于是我们可以看到它是怎样随时间演化的. 为了继续讨论下去,我们必须确定怎样求多变量函数的导数. 请回忆一个函数 $f(x)$ 的导数是通过对 $x+\delta x$ 和 x 这两个点上的函数值之差 $f(x+\delta x)-f(x)$ 考虑极限而确定的. 我们准备怎样来定义一个二变量函数 $f(x,t)$ 的导数呢? 看来作出这样的假设是合理的:我们采用的定义需要考虑对点 $(x+\delta x, t+\delta t)$ 和 (x,t) 上的函数值之微差取极限. 然而,这里涉及一个另外的复杂性层面,因为我们可以分别就 δx 和 δt 取极限,这就可能有不同的收敛速度和不同的收敛阶. 这件事到底该怎样做呢? 为了消除这方面的疑虑,我们只是考虑 x 和 t

的值分别被固定时的微差,从而偏袒一方地求$f(x,t)$分别关于x和t的导数:

$$\frac{\partial f}{\partial x}\equiv\lim_{\delta x\to 0}\left(\frac{f(x+\delta x,t)-f(x,t)}{\delta x}\right),$$

$$\frac{\partial f}{\partial t}\equiv\lim_{\delta t\to 0}\left(\frac{f(x,t+\delta t)-f(x,t)}{\delta t}\right).$$

我们可以把这些偏导数看作函数$f(x,t)$在另一个变量的值固定时的变化率. 这是一个非常简单的思想:要对函数求偏导数,你只要暂时把另一个变量看成常数,像一维情况那样求导数就行了. 我们将看到,偏导数在微分方程理论中有着根本上的重要性,而且自然地出现在许多应用中. 现在让我们继续讨论振动弦的例子,这当中建立的方程将只包含一个偏导数项.

4.3.2 弦振动方程

在现实中,任何一根弦都会是一个相当复杂的物体:如果你仔细观察一根弦,你就会发现各种各样不完美和不规则的地方. 要在数学上完整地描述一根弦,那是一件不可能完成的事. 然而,一根弦的关键特征是它细而长,而且被拉长时会努力把自己恢复到一种平衡形态. 为了让我们能够进行数学上的分析,我们可以取这些特征并对它们进行抽象,从而给出一根在数学上理想化的弦①. 这是一条直线,它有着均匀的线密度(每单位长度质量)ρ,以及在平衡状态下有着均匀的沿弦张力T_0.

现在让我们来考虑确定弦振动方程的问题. 我们可以设这根弦最初是沿着x轴放置,而且时间为t时的位移由某个函数$y(x,t)$给出. 如通常那样,当要建立一个微分方程时,我们首先探究这个问题的一个离散化近似,然后取极限以确定精确解. 因此让我们将这个问题离散化,只考虑这根弦处于平衡时在弦上相隔某个小距离δx的一些点. 在运动过程中,这

① 应用数学家的工具箱有着各种各样有用的设备,比方说无摩擦的表面、无质量的杆、一维的弦. ——原注

些点的每一对相邻点之间的弦会形成某种曲线形态. 我们可以在每一对相邻点之间用两条在居中处相连接的直线段来近似地代表这段曲线. 这将使我们能为每一个离散点的运动建立模型而不必考虑其附近那些点的运动. 现在让我们在弦上取一个点,探究由 x 左右两边直线段上的张力变差所导致的垂直运动. 既然弦上的回复张力与它的伸长程度成比例,那么在邻接着的每一条直线段上,张力就是个常量(图 4.7).

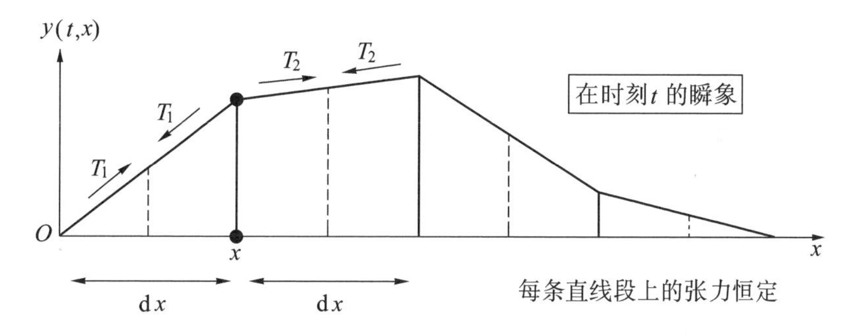

图 4.7　用一些直线段来近似地代表振动弦.

让我们考察点 x 右边那条直线段上的力,这条直线段的两端位于 $y(x,t)$ 和 $y(x+\delta x/2,t)$. 相对于初始形态来说,它的伸长程度由这条线段的长度 L 与 $\delta x/2$ 之比给出. 因此,其内部张力就由 $T=2T_0L/\delta x$ 给出. 这个力的竖直分量由 $T\sin\theta$ 给出,其中 θ 是这段弦与水平线的夹角. 用简单的三角学知识即可证明

$$T_{\mathrm{v}}(x,t)=T_0\left(\frac{y(x+\delta x/2,t)-y(x,t)}{\delta x/2}\right)\approx T_0\frac{\partial y}{\partial x}.$$

于是作用在点 x 上的净竖直力由来自 x 左右两边的竖直力之差给出:

$$T_{\mathrm{v}}(x,t)\approx T_0\left(\left.\frac{\partial y}{\partial x}\right|_{x+\delta x/2}-\left.\frac{\partial y}{\partial x}\right|_{x-\delta x/2}\right).$$

到这一步,取 δx 趋于零时的极限以尽量提高近似程度可能很有诱惑力. 然而,我们必须牢记这样一件事:我们正在设法用牛顿第二定律来确定这根弦的运动. 这涉及质量,而且我们这里刚算出来的力是对一小段弦而言的. 在令 δx 趋于零取极限时,所考虑的这一小段弦的质量也趋于零. 因此我们要在取极限之前运用牛顿定律. 既然弦的线密度是 ρ,那么在 $x-\delta x/$

2 与 $x+\delta x/2$ 之间的弦的质量就是 $\rho\delta x$. 于是 x 点的竖直加速度 $A(t)$ 是

$$A(x,t)=\frac{T_0}{\rho}\lim_{\delta x\to 0}\frac{1}{\delta x}\left(\frac{\partial y}{\partial x}(x+\delta x/2,t)-\frac{\partial y}{\partial x}(x-\delta x/2,t)\right).$$

这个表达式的右边可化成一个偏导数的偏导数,我们记为 $\frac{\partial^2 y}{\partial x^2}$. 这等于在某个给定时刻的纯竖直加速度,它是关于时间的二阶导数. 我们的运动方程因此就成为

$$\frac{\partial^2 y}{\partial t^2}=c^2\frac{\partial^2 y}{\partial x^2},\quad c^2=T_0/2\rho.$$

这样,我们就证明了一根弦的运动可以用一个简单的二维线性方程来近似表示. 我们将会发现,这个方程有着一种比它的一维伙伴丰富得多的结构,并有许多特殊而有趣的性质.

4.3.2.1 波动解释

这个控制弦运动的方程是非常重要的,而且它频繁地以许多面貌出现. 但是我们怎样来解它呢? 请注意这个方程关于 x 和 ct 是对称的. 因此自然地猜想到它的一个解会把 y 表示成 $x\pm ct$ 这个组合的一个函数. 这就导出

$$y(x,t)=g(x+ct)+f(x-ct).$$

令人震惊的事实是,对于绝对任意的可微函数 f 和 g, $y(x,t)$ 的这个形式总是满足这个方程. 借助于链式法则进行求导,这一点便可获得证明. 怎样解释这个结论呢? 让我们考察 $f(x-ct)$ 部分. 当时间 $t=0$ 时,这个函数的样子就像函数 $f(x)$,但是在一个较晚的时刻,比方说当 $t=1$ 时,除了向右移动了一个距离 c 之外,这个解的样子一点儿也没变(图 4.8).

因此,我们可以把这个解的 $f(x-ct)$ 部分看作一个以速度 c 向右行进的波,而 $g(x+ct)$ 则是一个向左移动的波. 为了向这个特殊性质表示敬意,我们这个方程被称为*波动方程*. 波动方程的各个不同版本被用来作为数量庞大的一系列物理过程的模型. 我们将在最后几章里遇到这方面的几个例子.

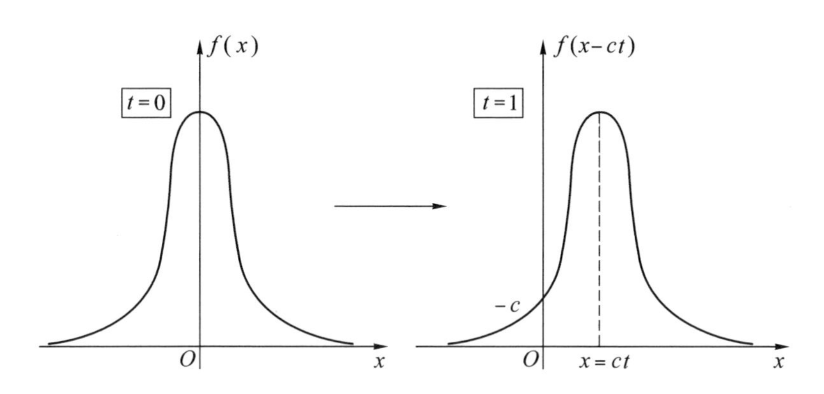

图 4.8　一个 $x-ct$ 的函数的行波解释.

4.3.2.2　分离变量法

虽然波动方程的行波解包罗极其广泛,但是还有一种方法可让我们用来求解,那就是分离变量法. 这种情况的出发点是,请注意这个方程的对称性还表明有着一种形式为 $y(x,t)=X(x)T(t)$ 的乘积解,其中 X 和 T 是某种函数. 这样我们就把依赖于 t 的项与依赖于 x 的项完全分离了. 因此让我们假设 $y(x,t)$ 的确是这种形式,然后探究这个方程对 $X(x)$ 和 $T(t)$ 所加的限制. 我们发现

$$y(x,t)=X(x)T(t)$$
$$\Rightarrow\frac{1}{c^2}\frac{1}{T}\frac{\partial^2 T}{\partial t^2}=\frac{1}{X}\frac{\partial^2 X}{\partial x^2}.$$

虽然我们看到在第二个方程中 X 和 T 之间仍然有着一种相互依赖性,但我们可以机灵地注意到$\frac{1}{c^2}\frac{1}{T}\frac{\partial^2 T}{\partial t^2}$只是 t 的函数,而$\frac{1}{X}\frac{\partial^2 X}{\partial x^2}$只是 x 的函数. 因此它们要相等,只有都等于一个常数才行. 因此我们可以将这个系统分解开来,成为一个关于 X 的方程和一个关于 T 的方程:

$$\frac{\partial^2 X}{\partial x^2}+\lambda^2 X=0,\ \frac{\partial^2 T}{\partial t^2}+\lambda^2 c^2 T=0,\ \lambda \text{ 为某个常数.}$$

既然 X 只是 x 的函数,那么我们可用$\frac{\mathrm{d}X}{\mathrm{d}x}$代替$\frac{\partial X}{\partial x}$. 对于含有 t 的那个方程,也可做类似的代替. 于是我们得到

$$\frac{d^2X}{dx^2}+\lambda^2X=0,\quad \frac{d^2T}{dt^2}+\lambda^2c^2T=0.$$

幸运的是,这些方程正是关于一维空间中简谐运动的方程,对它们我们现在已经知道在一般情况下怎样解了. 而且,波动方程也是一种线性方程,因此两个解之和也是一个解. 于是我们可推出波动方程的最通用的乘积形式解(其中 $A_i, B_i, C_i, D_i, \lambda_i$ 是任意常数):

$$y(x,t)=\sum_i(A_i\sin(\lambda_i x)+B_i\cos(\lambda_i x))(C_i\cos(\lambda_i ct)+D_i\sin(\lambda_i ct)).$$

4.3.2.3 初始条件和边界条件

我们现在已经为波动方程开发了解的一个丰富来源. 然而,这并不意味着这个故事的终结,因为我们通常对一些特例感兴趣,这些特例的解被要求具有某种*初始形态*. 在振荡弦的例子里,我们在 $t=0$ 时拉起这根弦,使它取一个特定的初始形态,然后放手,看看它的运动怎样随时间演化. 解也可能要服从某些*边界条件*. 这些都是要求解在 x 的某些值上每时每刻都要服从的条件. 例如,在一种弦乐器上,弦的两端一直是固定着的. 这个求解过程如下:

(1) 求出所考虑的波动方程的一个通解.

(2) 取一个满足初始条件和边界条件的特解.

一旦我们把这些约束加在通解上,那么可能解的数量变得十分有限,甚至只有唯一解.

4.3.2.4 弦乐器

考虑一根具有有限长度 L 的弦,它的两端被固定下来,就像任何一种弦乐器那样. 在数学上这就意味着这根弦在这些被固定的端点处永远不会有任何的位移. 我们可以把这些限制编成一组边界条件①:

① 请注意当端点固定时,空间偏导数 $\frac{\partial y}{\partial x}$ 在运动过程中保持连续变化. 还有一种不太常用的边界条件,其中包括:让端点自由运动,并对空间偏导数加一个限制. 它们分别对应着所谓的狄利克雷边界条件和诺伊曼边界条件. ——原注

$$y(0,t)=y(L,t)=\frac{\partial y}{\partial t}(0,t)=\frac{\partial y}{\partial t}(L,t)=0.$$

当把这认为是对乘积形式通解的限制时,这些条件迫使我们在上一节求得的波动方程通解中取 $B_i=0$ 和 $\lambda_i L=n\pi$,其中 n 是任意整数. 这就推出 $X(x)=\sum_n A_n\sin(n\pi x/L)$. 如果我们还要求这根弦从静止开始运动(如果你拨弦,就会有这种情况),那么弦上每一点的初始速度都为零,即有 $\frac{\partial y}{\partial t}(x,0)=0$. 这意味着常数 D_i 都为零. 最后,既然这个方程是线性的,那么我们可以把因对 n 的不同选择而形成的各个解全部加起来:

$$y(x,t)=\sum_{n=0}^{\infty}A_n\sin\frac{n\pi x}{L}\cos\frac{n\pi ct}{L}.$$

这个解中唯一留下的自由度就是系数 A_n. 这些系数依赖于这根被拉伸的弦的初始形状,可利用傅里叶级数方法很容易地求得它们. 让我们选择一种非常简单的初始形态,如图 4.9 所示.

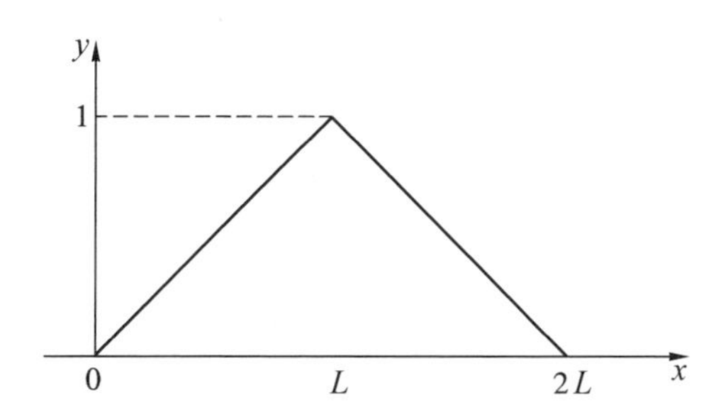

图 4.9　一根两端被固定的弦的一种初始形态.

对于这个初始设置,做一个直接的计算就能得到这些系数有如下形式:

$$A_n=\frac{(-1)^{\frac{n-1}{2}}}{n^2\pi^2}.$$

波动方程的这个解有着许多有趣的性质,而且有着真正的预测力. 我们指出如下结论:

(1) 这个级数解的每一项各是一个不同的谐波. 我们已经证明,通过拨动一根弦,我们得到了无穷多个谐波. 这些谐波受到一个因子 $1/n^2$

的抑制,所以只有开头没几个谐波有着可说能起作用的振幅.

(2) 一个谐波代表一个波形解,这个波沿着这根弦来回行进. 这些波并不相互干涉,因为这个方程是线性的:这个解是各项的直接叠加. 因此一个高频波实质上会是沿着一个低频波振荡(图 4.10).

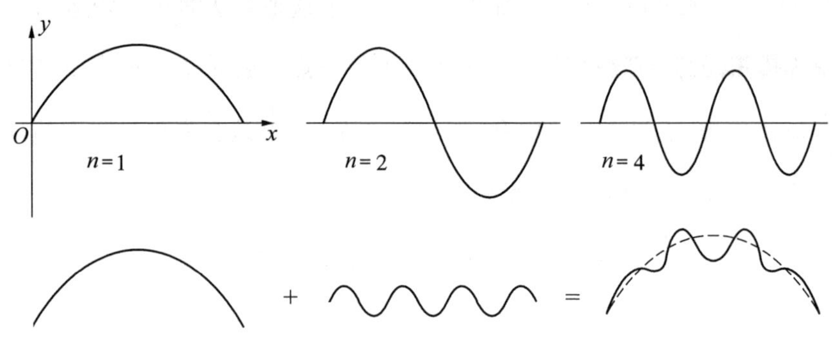

图 4.10 一根弦的各种振动模式.

(3) 改变初始形态,或者说改变拨动弦或敲击弦的方式,系数 A_n 就会改变. 这让我们得出其中一些谐波完全缺失而另一些谐波得到放大的解. 例如,如果我们敲击一根弦上距端点 L/n 的点,那么解将不包含第 n 个谐波. 在一架钢琴上,琴槌敲击的是每根弦上距端点 $L/7$ 的点. 这是因为在西方古典音乐中,第 7 个谐波被认为是刺耳的.

(4) 每个波的频率由 $f = cn/2L$ 给出. 因此如果我们增大 L 的值,波的频率就会减小. 在音乐中,相继两个 C 音的音高之比总是 2. 因此如果我们将一根弦的长度变成原来的两倍,而其他的物理特性保持不变,那么这根弦发出的音就会降低一个八度. 在实际中,人们通过把弦加粗来改变线密度 ρ,从而改变波速 $c^2 = T_0/\rho$. 这样就不必用过长的吉他和过于高大的钢琴了. 通过调节弦的张力,可以精细地为乐器调音.

4.3.3 扩散方程

偏微分方程的一个基本例子来自*扩散方程*. 这种方程是通过对热流的研究而产生的. 假设我们有一根均匀的金属杆,它的侧面被完全地热绝缘,有一端则受到加热. 当这个系统达到一种稳定状态时,热就会不断地沿着这根杆流动并从另一端逸出. 傅里叶通过一系列实验注意到:在冷端,热的散失率与杆的两端温度差和端面面积成正比,而与这根杆的长度成反比:

$$\text{热量的变化率} = -kA\frac{T_L - T_0}{L}.$$

其中出现负号是因为热是从热端流到冷端,比例常数 k 被称为这种材料的热导率(图 4.11).

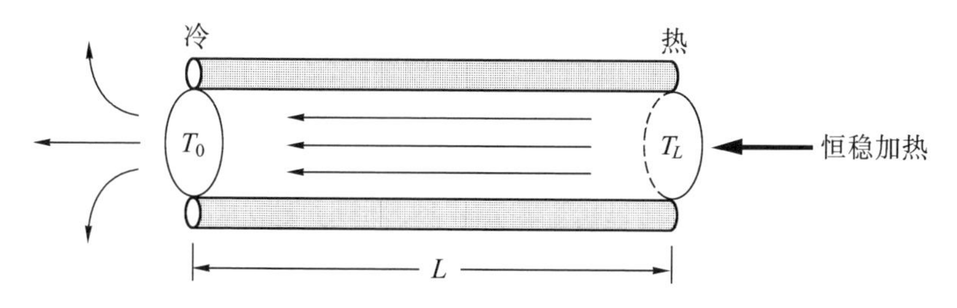

图 4.11　热沿着一根金属杆扩散.

现在让我们假设,沿着这根杆的温度 T 无论在时间上还是在位置上其实都不是均匀的. 于是为了给这个热流建立模型,我们必须将这根杆分成长度为 δx 的小段,每一小段被看作是温度均匀的,而且每一小段所包含的热量 $H(t)$ 与这一小段的平均温度 $T(x,t)$ 和体积的乘积成正比. 既然这根杆的侧面是热绝缘的,那么热只能从两端进出(图 4.12). 如果我们将杆分成 n 等分,就会求得①

$$\begin{aligned}\frac{\mathrm{d}}{\mathrm{d}t}H(t) &= \frac{\mathrm{d}}{\mathrm{d}t}\left(\sum_{i=1}^{n}\pi R^2 c\delta x T(i\delta x,t)\right)\\ &= -kA\left(\frac{T(0,t)-T(\delta x,t)}{\delta x}+\frac{T(L,t)-T(L-\delta x,t)}{\delta x}\right).\end{aligned}$$

令 n 增大取极限,我们得到一个微分关系:

$$\frac{\mathrm{d}}{\mathrm{d}t}\int_0^L cT(x,t)\,\mathrm{d}x = k\frac{\partial T}{\partial x}\bigg|_L - k\frac{\partial T}{\partial x}\bigg|_0.$$

① 这里我们引进了材料的比热容 c 这个量,它将一种介质所储存的热能与其温度相联系;但从数学上看,这只是一个比例常数. ——原注

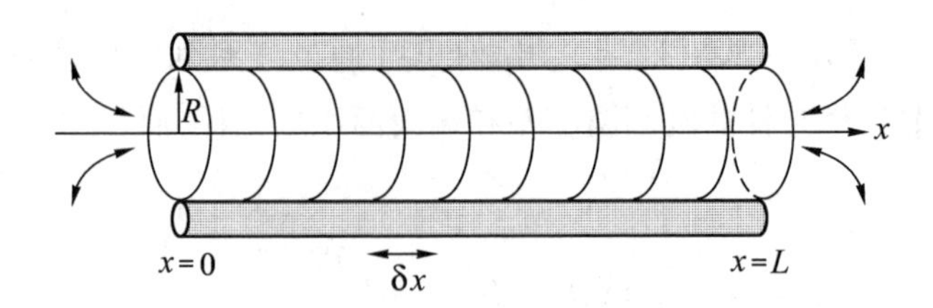

图 4.12　用一系列均匀的小段来近似代表一根不均匀的杆.

这是一个关于杆中热量变化的积分方程. 就其本身而论,这个方程是非局部的,因为它依赖于这根杆上所有点的温度. 然而,每一个点上温度的动态是局部的,因为它们完全由附近点的温度所决定. 于是我们就想建立一个以温度为变量的局部微分方程. 我们可以根据这个积分方程做到这一点,关键是注意到方程右边其实正是一个积分. 而且,方程左边仅是 t 的函数. 因此可以用时间偏导数来代替时间全导数. 我们得到

$$c\frac{\partial}{\partial t}\int_0^L T(x,t)\,\mathrm{d}x = k\int_0^L \frac{\partial^2 T}{\partial x^2}\mathrm{d}x.$$

既然这个表达式对 L 的任何值都成立,那么我们可以去掉积分号而得到一维的扩散方程:

$$\frac{\partial T}{\partial t} = \kappa\frac{\partial^2 T}{\partial x^2},\quad \kappa = k/c.$$

这个扩散方程在数学物理中有着根本的重要性,我们将在本书中许多地方遇到它的多种形式. 虽然这是一个线性方程,但它有着非常丰富的结构,而且大家都知道它一般来说是非常难解的. 但是,有一种把解剥离出来的方法,那就是利用分离变量法. 如果我们假设 $T(x,t)=f(x)g(t)$,就可求得

$$\kappa\frac{\partial^2 f}{\partial x^2}+\lambda f=0,\quad \frac{\partial g}{\partial t}+\lambda g=0,\quad \lambda\text{ 为常数}.$$

既然我们兼有一阶导数和二阶导数,那么解将会兼有指数函数和三角函数. 再者,因为正弦函数和余弦函数被定义为指数函数的一个线性组合,所以可以完全用指数函数简单地写出这个可分离解,而指数函数操作起来是非常方便的:

$$T(x,t) = \sum_\lambda \left(A_\lambda \exp(\mathrm{i}\sqrt{\lambda/\kappa}x)+B_\lambda\exp(-\mathrm{i}\sqrt{\lambda/\kappa}x)\right)C_\lambda\exp(-\lambda t).$$

4.3.3.1 太阳能加热

我们可以利用解扩散方程的分离变量技巧来帮助解决一个有趣的问题:太阳能加热地球的问题.一年从头到尾地球表面的温度我们都是知道的,但在表面以下某个深度,温度会怎样变化呢?

让我们假设地球表面的温度按照表达式 $T_0\cos(\omega t)$ 随着季节而变化,其中 T_0 为某个常数,而 $\omega=2\pi/365$.如果我们把地球表面设置成 $x=0$,而往地底下是 x 的正方向,那么在地球表面的边界条件就是 $T(0,t)=T_0\cos(\omega t)$.虽然把这个条件直接塞入上述通用的可分离解是绝对地直截了当,但这在代数运算上非常复杂,因为这里兼有一阶导数和二阶导数.如果注意到可以把 $T_0\cos(\omega t)$ 写成 $T_0\exp(\mathrm{i}\omega t)$ 的实部 Re,那我们可就省力多了:

$$T_0\cos(\omega t)=\mathrm{Re}(T_0\exp(\mathrm{i}\omega t)).$$

我们可以利用边界条件 $T(0,t)=T_0\exp(\mathrm{i}\omega t)$ 来解我们的方程,然后在这个过程的最后,取解的实部.应用这个含虚数的边界条件,很快就得出这个复数表达式:

$$\begin{aligned}T(x,t)&=\exp(\mathrm{i}\omega t)\left(A\exp\left(\sqrt{\frac{\mathrm{i}\omega}{\kappa}}x\right)+B\exp\left(-\sqrt{\frac{\mathrm{i}\omega}{\kappa}}x\right)\right)\\&=\exp(\mathrm{i}\omega t)(A\exp((1+\mathrm{i})\Omega x)+B\exp(-(1+\mathrm{i})\Omega x)),\ \Omega=\sqrt{\omega/2\kappa}.\end{aligned}$$

请注意在第一行转成第二行的时候我们用了关系式 $\sqrt{\mathrm{i}}=(1+\mathrm{i})/\sqrt{2}$.在这个化简了的形式中,我们看到,为避免解在 x 增大时发生指数式增长,必须取 $A=0$.这又迫使 $B=T_0$.既然我们已经解出了所有的常数,那么相应实数问题的解就通过取余下部分的实部而求得,它由下式给出:

$$T(x,t)=T_0\exp(-\Omega x)\cos(\omega t-\Omega x),\ \ \Omega=\sqrt{\frac{\omega}{2\kappa}}.$$

这个解在直觉上是很令人满意的:温度随着离地表的距离呈负指数式下降,并且在温度的峰值与谷值间有一个时滞 Ωx.于是一年中地面上最冷的日子将与地底下各点最冷的日子不一致,而实际可达温度的范围将以 $\exp(-\Omega x)$ 为比例尺度.

作为一个粗略的数值例子,假设在我们的花园里有一个地窖.我们的

实验家朋友告诉我们：我们花园中土地的 κ 是 0.02 平方米每天. 由此可算出 $\Omega x=(\omega/(2\kappa))x=((2\pi/365)/(2\times0.02))x\approx\frac{x}{2}$；因此实际可达的最高温度的相位大约滞后 $\Omega x/2\pi\approx x/12$. 这样，一个深约 6 米的地窖的温度将与地面温度完全异相；它将在仲冬时最热而在仲夏时最冷.

4.3.4 从实数看复导数

偏导数的使用并不仅限于有关空间和时间的问题：只要在一个微积分问题中含有多个变量，偏导数就会有一种明星般的表现. 既然任何复数都可以通过关系式 $z=x+\mathrm{i}y$ 写成两个实数对象的和，那么复函数的求导本质上归结为分别在 x 方向和 y 方向的求导也就不会太令人意外了. 据定义，一个复函数在某个点 z 是可微的，条件是下列极限能被顺理成章地确定：

$$f'(z)=\lim_{|c|\to0}\left(\frac{f(z+c)-f(z)}{c}\right),\quad z,c\in\mathbb{C}.$$

需要强调的是这样一件事：这个复极限要存在，它必须不依赖于复数 c 趋于零时的方向. 既然我们同时提到了“导数”和“方向”这些词，我们就应该立即自动想到“偏导数”. 为了给这个想法提供实质性内容，我们需要将复函数在复平面的每个点上分解成一个实函数 u 和一个纯虚数函数 $\mathrm{i}v$：

$$f(z)=u(x,y)+\mathrm{i}v(x,y).$$

为了让 $f(z)$ 有资格成为一个复可微函数，至少应该有：沿虚轴求导所得的值与沿实轴求导所得的值必须相同. 这对于我们的实函数 u 和 v 意味着什么？ 让我们试着沿实轴取极限 $c\to0$：y 保持不变而让 x 变化，方法是取 $c=h+0\mathrm{i}$，其中 h 是一个正实数：

$$\begin{aligned}f'(z)&=\lim_{h\to0}\left(\frac{u(x+h,y)+\mathrm{i}v(x+h,y)-(u(x,y)+\mathrm{i}v(x,y))}{h}\right)\\&=\underbrace{\lim_{h\to0}\left(\frac{u(x+h,y)-u(x,y)}{h}\right)}_{\frac{\partial u}{\partial x}}+\mathrm{i}\underbrace{\lim_{h\to0}\left(\frac{v(x+h,y)-v(x,y)}{h}\right)}_{\frac{\partial v}{\partial x}}.\end{aligned}$$

于是我们看到，下面这个关于 u 和 v 的实偏导数的表达式就自然地出现了：

$$f'(z)=\frac{\partial u}{\partial x}+\mathrm{i}\frac{\partial v}{\partial x}.$$

用一种非常类似的方式，我们可以沿虚轴求导，方法是取 $c=0+\mathrm{i}h$. 这导出了这样一个结论：如果 $f'(z)$ 存在，那么

$$f'(z)=-\mathrm{i}\frac{\partial u}{\partial y}+\frac{\partial v}{\partial y}.$$

既然求导必须与极限过程的方向无关，那么我们就得让这两个我们求得的关于 $f'(z)$ 的表达式相等：

$$\frac{\partial u}{\partial x}+\mathrm{i}\frac{\partial v}{\partial x}=-\mathrm{i}\frac{\partial u}{\partial y}+\frac{\partial v}{\partial y}.$$

分别考察这个复数等式的实部和虚部，就让我们得到了柯西-黎曼方程，任何在复平面上可微的函数都必须满足这两个方程：

$$\frac{\partial u}{\partial x}=\frac{\partial v}{\partial y},\quad \frac{\partial u}{\partial y}=-\frac{\partial v}{\partial x}.$$

证明这个定理的逆定理是一道相对简单的练习，虽然这里要用到二维实空间的泰勒定理. 这个定理让我们把一个函数在两点的差与它的偏导数相联系. 展开到一阶偏导数，我们得到

$$u(x+h,y+k)-u(x,y)=\frac{\partial u}{\partial x}h+\frac{\partial u}{\partial y}k+O(h,k)^2,$$

$$v(x+h,y+k)-v(x,y)=\frac{\partial v}{\partial x}h+\frac{\partial v}{\partial y}k+O(h,k)^2.$$

如果我们假设 u 和 v 满足柯西-黎曼方程，并令 $f(z)=u(x,y)+\mathrm{i}v(x,y)$，那么经过一些代数运算后，我们就得到

$$\frac{f(z+h+\mathrm{i}k)-f(z)}{h+\mathrm{i}k}=\left(\frac{\partial u}{\partial x}+\mathrm{i}\frac{\partial v}{\partial x}\right)+O(h,k)^2.$$

取极限即可证明 $f(z)$ 的导数不依赖于对 h,k 的选择. 因此 $f(z)$ 是一个复可微函数.

4.3.4.1 拉普拉斯方程

虽然柯西-黎曼方程可让我们用来检验一个复函数是否可微，但初遇

这组方程时，它们可能显得相当神秘. 这组方程意味着什么？什么样的函数可以满足它们？一个丰富的来源是实可微函数：如果 $f(x)$ 是一个实可微函数，那么 $f(z)=f(x+iy)$ 便是复可微函数. 这种函数可被看成是波动方程行波解的复数推广. 要知道为什么，我们只要对柯西-黎曼方程求导即可：我们看到任何复可微函数的实部和虚部都必定各自满足同样的二阶偏微分方程：

$$\frac{\partial^2 u}{\partial x^2}+\frac{\partial^2 u}{\partial y^2}=0,$$

$$\frac{\partial^2 v}{\partial x^2}+\frac{\partial^2 v}{\partial y^2}=0.$$

这些方程叫做*拉普拉斯方程*，它们非常频繁地出现在数学物理和微分几何的研究中. 尽管在波动方程和拉普拉斯方程之间肯定存在着某些对偶性，但我们还是要深入挖掘，以发现拉普拉斯方程的真正意义. 答案是相当漂亮的，而且是在微积分与几何的数学交集中发现的，我们将在接下来的一节中详细讨论.

4.4 微积分与几何相遇

从表面意义上看,可能觉得微积分和几何这两门学科完全是不相交的:一个是描述变化的语言,而另一个则是研究形状和曲面. 然而,这两个数学领域之间有着一种非常深刻的联系. 要让这一点清晰地显示出来,让我们仔细地思考一下关于面的特征,比如三维空间中的球面和立方体表面. 是什么使得这些面相互不一样? 直觉上我们会说立方体的表面是平坦的,而球的表面是弯曲的. 我们可以利用我们注意到的这样一个事实来刻画一个面的曲率:一个面变得越弯曲,面上两个接近点上的切向量在方向上差别就越大. 于是我们可以在一种非常现实的意义下把曲率的大小规定为一个面上的切向量的变化率. 所以,看来微积分确实在几何研究中有一种很重要的作用(图 4.13).

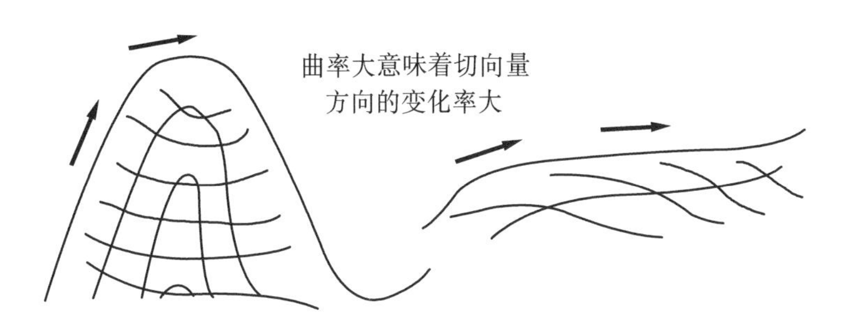

曲率大意味着切向量
方向的变化率大

图 4.13 微积分与几何的基本关系.

要探索这些意义深远的思想,我们需要把我们关于导数的思想发展到高维的情景中. 自然地,我们还将遇到相应的积分概念. 眼下要达到的目标是弄清楚高维空间中曲面的切向量的性质. 与切向量携手而来是法向量,它们是在曲面上一给定点处垂直于这个曲面的向量.

4.4.1 切向量与法向量

要弄清楚高维空间中的问题,通常有一个好主意,就是首先考察一个较简单的低维类似物,以期能有所领悟. 因此让我们先来考察二维空间中的一个曲面,它其实只是 $x-y$ 平面上的一条曲线,由某个函数 $y=f(x)$ 所

描述. 这条曲线上每一点的梯度,或者说斜率,即由下面这个量给出:

$$梯度 = \frac{\mathrm{d}y}{\mathrm{d}x}.$$

这个量不是向量,因为它不"指向"任何一处. 然而,我们确实知道它表示倾斜程度的大小,由此我们可以通过构造一个两直角边之比为导数$\frac{\mathrm{d}y}{\mathrm{d}x}$的直角三角形来求得方向. 这就给出了切向量的方向,它与一个在 x 方向为单位长度而在 y 方向为$\frac{\mathrm{d}y}{\mathrm{d}x}$单位长度的向量 $\boldsymbol{t}$ 平行(图 4.14):

$$\boldsymbol{t} = \left(1, \frac{\mathrm{d}y}{\mathrm{d}x}\right).$$

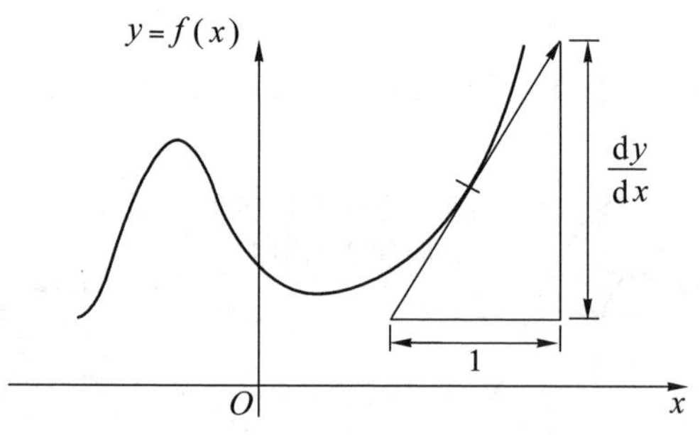

图 4.14　导数和切向量.

虽然我们这样构造出曲线的切向量在数学上是精确的,但是这种做法对于坐标 x 和 y 来说不是十分对称,而且实际也没有给出任何线索来让我们探知应该怎样写出关于三维空间中曲面的切向量的方程. 因此让我们通过一条特殊曲线 $y = -x^2 + 2$(它有着指向 $\boldsymbol{t} = (1, -2x)$ 方向的切向量)来做进一步的探究,并且通过图像考察两个不同点 1,2 处的倾斜程度(图 4.15).

直观上很清楚,1,2 两处的切向量指向不同的方向. 在数学上,我们看到沿着斜坡 1 的运动使得 y 方向上的增加比 x 方向上的大,而对于斜坡 2 来说,情况正好相反. 这给了我们一个提示:要测定切向量的变化,我们对曲线在 x 方向和 y 方向的变化率都必须单独地考察一下. 我们怎样来求得在一个特定方向上的变化率呢? 用偏导数. 请回忆,为求得函数

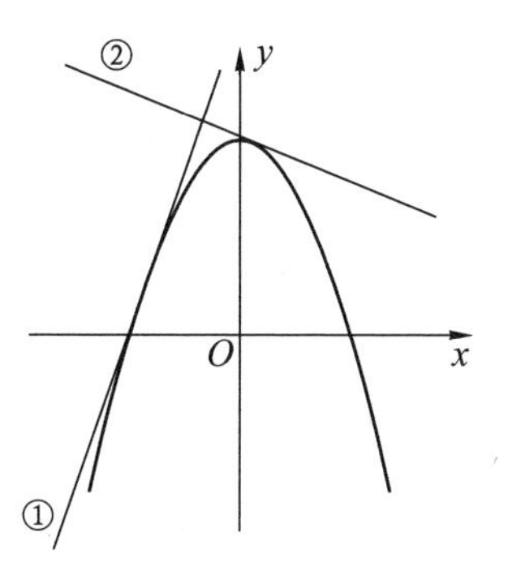

图 4.15　曲线 $y=-x^2+2$ 的切向量.

$f(x,y)$ 在 x 方向的变化率 $\frac{\partial f(x,y)}{\partial x}$，我们用常规法则求导，同时把 y 暂时看成一个常量. 让我们把这些思想应用于手头这个案例. 首先我们将描述这条曲线的方程改写为

$$f(x,y)=y+x^2-2=0.$$

函数 $f(x,y)$ 在 x 方向和 y 方向的变化率由下式给出：

$$\frac{\partial f(x,y)}{\partial x}=2x,\quad \frac{\partial f(x,y)}{\partial y}=1.$$

这里的美在于由这些变化率构造出来的向量 $\left(\frac{\partial f}{\partial x},\frac{\partial f}{\partial y}\right)$ 在每一点与切向量 $\boldsymbol{t}=(1,-2x)$ 垂直. 我们把这个向量叫做 **grad**f，并给予符号 ∇f：

$$\nabla f=\left(\frac{\partial f}{\partial x},\frac{\partial f}{\partial y}\right)=(2x,1)$$

$$\Rightarrow \nabla f\cdot\boldsymbol{t}=(2x,1)\cdot(1,-2x)=0.$$

于是我们现在有了一个关于曲线 $f=0$ 的法向量或者说垂直向量的方程，由此我们能算出任何点的切向量. 你会奇怪为什么我们在讨论曲面时应该对法向量而不是对切向量更感兴趣，这一点可以谅解. 第一个原因是：在三维空间中，一个曲面的法向量是一个唯一的向量(不计正负号)，然而却有无穷多个向量与这个曲面相切. 第二个原因(它在某种程度上是第一个原因的一个结果)是：我们刚才得出的结果关于 x 和 y 是对称的；我们可以清楚地看到怎样把这个结果推广到三维或更高维的空间去. 我们

得到以下这个三维空间的结果：

- 与一个曲面$f(x,y,z)=0$垂直的向量由f的梯度给出：

$$\nabla f(x,y,z)\equiv\left(\frac{\partial f}{\partial x},\frac{\partial f}{\partial y},\frac{\partial f}{\partial z}\right)\quad（如果\ \nabla f\neq\mathbf{0}）.$$

这种与曲面垂直的向量叫做法向量.

为了完整地证明这个结果，我们需要考察泰勒定理或者说幂级数展开的高维版本. 于是让我们考察一个令人信服的说明，它解释了这个证明的关键思想而没有过多地涉及有关的细节：

说明：

考虑空间中两个非常接近的点(x,y,z)和$(x+\delta x,y+\delta y,z+\delta z)$. 于是函数在这两个点上所取值的差将是

$$\delta f(x,y,z)=f(x+\delta x,y+\delta y,z+\delta z)-f(x,y,z).$$

事实上我们可以用偏导数重写这个关于函数变化量的表达式. 要知道怎样重写，请注意如果我们只打算考虑x轴上两个非常接近的点，那么这个函数的变化量就会近似于这两点的距离乘以函数在这个方向的变化率；在其他的坐标方向上情况类似. 假设f光滑地变化，那么对于足够小的位置变化，f将近似地线性变化. 因此，为了求出函数f的总变化量，我们只要将所有这些小变化量加起来，再带上一个与那些小距离的平方为同阶无穷小量的误差项①：

$$\delta f(x,y,z)=\frac{\partial f}{\partial x}\delta x+\frac{\partial f}{\partial y}\delta y+\frac{\partial f}{\partial z}\delta z+O(\delta x^2,\delta y^2,\delta z^2).$$

接下来假定我们选取两个都在曲面$f(x,y,z)=0$上的点，由定义可知这个函数在每一个点的值都是零. 因此函数的变化量δf也就是零，因为$0-0=0$：

$$\begin{aligned}0&=\frac{\partial f}{\partial x}\delta x+\frac{\partial f}{\partial y}\delta y+\frac{\partial f}{\partial z}\delta z+O(\delta x^2,\delta y^2,\delta z^2)\\&=\left(\frac{\partial f}{\partial x},\frac{\partial f}{\partial y},\frac{\partial f}{\partial z}\right)\cdot(\delta x,\delta y,\delta z)+O(\delta x^2,\delta y^2,\delta z^2).\end{aligned}$$

① 这就是证明中需要用到有关高维泰勒定理的知识的部分. ——原注

好，假设我们取这个表达式的极限，即令 $\delta x \to 0, \delta y \to 0, \delta z \to 0$，误差项就会消失，而且小向量$(\delta x, \delta y, \delta z)$经这个极限过程将取曲面的一个切向量 $\boldsymbol{t}$ 的方向. 因此我们推出

$$\nabla f \cdot \boldsymbol{t} = 0.$$

既然两个非零向量的纯量积为零的充要条件是这两个向量正交，那么我们就证明了 ∇f总是垂直于曲面$f(x,y,z)$ = 常数的任何切向量.

因此，要构造一个曲面的切向量，第一件事就是计算垂直向量或者说法向量 ∇f. 在这个法向量与曲面$f=0$ 的交点上，与这个法向量垂直的任何向量都是切向量.

4.4.2 梯度、散度和旋度

我们通过考虑切线和垂线，"发现"了这个自然的向量 ∇f. 就像在数学中经常发生的那样，一个好的发现必定导致另一个好的发现，而在这个案例中，我们已经划开了一个关于思想和应用的矿藏的表层. 稍稍挖掘一下，我们就会挖到数学的金矿. 我们首先把符号 ∇看作一个向量算子：

$$\nabla \equiv \left(\frac{\partial}{\partial x}, \frac{\partial}{\partial y}, \frac{\partial}{\partial z}\right).$$

算子只有同某个函数结合起来才能圆满，所以事实上它们是对某个确定的东西求导. 例如，我们可将 ∇f看成

$$\nabla f \equiv \left(\frac{\partial}{\partial x}, \frac{\partial}{\partial y}, \frac{\partial}{\partial z}\right)(f) \equiv \left(\frac{\partial f}{\partial x}, \frac{\partial f}{\partial y}, \frac{\partial f}{\partial z}\right).$$

当然，这纯粹是形式上的. 我们用这个新的算子 ∇实际上能做些什么呢? 既然我们把 ∇当作一个向量，那么考虑取它与三维空间中其他向量的纯量积(点积)或向量积(叉积)①就是一种自然的扩展. 我们可以有：

(1) 向量 $\boldsymbol{v}(\boldsymbol{x})$的散度被定义为 ∇和 $\boldsymbol{v}(\boldsymbol{x}) = (u,v,w)$的纯量积：

$$\operatorname{div} \boldsymbol{v} \equiv \nabla \cdot \boldsymbol{v} = \frac{\partial u}{\partial x} + \frac{\partial v}{\partial y} + \frac{\partial w}{\partial z}.$$

---

① 关于向量积(叉积)，请参见本书附录 C"基本数学知识"的 C.4.1"向量的运算". ——译校者注

当然,由于我们取了一个纯量积,所以向量的散度 $\nabla\cdot\boldsymbol{v}$ 只是空间中每个点上的某个数.

(2) 向量的旋度由下式给出

$$\mathbf{curl}\ \boldsymbol{v}\equiv\nabla\times\boldsymbol{v}=\begin{vmatrix}\boldsymbol{i} & \boldsymbol{j} & \boldsymbol{k}\\ \dfrac{\partial}{\partial x} & \dfrac{\partial}{\partial y} & \dfrac{\partial}{\partial z}\\ u & v & w\end{vmatrix}=\left(\frac{\partial w}{\partial y}-\frac{\partial v}{\partial z},\frac{\partial u}{\partial z}-\frac{\partial w}{\partial x},\frac{\partial v}{\partial x}-\frac{\partial u}{\partial y}\right).$$

其中的行列式以通常的方式计算. 自然,向量的旋度也是向量.

我们之所以引入这些对象,是为了把算子 ∇的作用发挥到极致. 但是"旋度"和"散度"是不是同"梯度"一样具有合宜的几何意义呢? 对这个问题的回答是绝对肯定的,而且有一种解释与曲面上和立体上的积分理论密切相关①.

4.4.3 面积分与体积分

我们对偏导数的探索已经将我们引入了一个高维导数的世界. 在一维空间中,我们有微积分基本定理,它让我们把求导与积分联系了起来. 现在应该是探索这个定理的高维版本的时候了. 第一步是定义曲面上和立体上的积分. 我们无论如何也不会采取我们处理一维积分时的严格态度来对待这个困难的课题,而是代之以集中考虑支撑这个过程的基本思想②. 积分的关键思想在于,它是一种简单求和的极限版本. 在一维空间中,一个函数的积分本质上是通过将积分范围划分成长度为 δx 的 N 个小段,然后将函数在这些小段上的值用小段长度加权后简单地加起来而求得的:

$$\int_{x=0}^{1}f(x)\,\mathrm{d}x=\lim_{N\to\infty}\sum_{i=0}^{N}f(i\delta x)\,\delta x,\quad \delta x=1/N.$$

① 请注意梯度和散度的概念可容易地推广到高维空间,但旋度是三维空间中才有的一种特殊情况,它具有一种较为复杂的结构. 如果没有某种新的理论,它是不能被推广的. ——原注

② 严格处理当然是可以的,但非常难. ——原注

我们可以把连接 $x=0$ 和 $x=1$ 的线段 L 看成是由 N 个长度为 δx 的小线元组成的. 尽管像我们在本章开头所看到的那样,通常把积分看作一条曲线下方区域的面积,但这种一维积分其实也是对函数 f 在线段 L 上的值的一种求和. 只有把积分看成一种求和时,积分的概念才能容易地推广到高维空间. 例如,$x-y$ 平面上的一个正方形可被分解成一组面积为 $\delta x\delta y$ 的小正方形. 我们可以把函数 $f(x,y)$ 在这个大正方形上的积分定义为函数在小正方形上的值之和的一种极限:

$$\begin{aligned}\int_A f(x,y)\,\mathrm{d}A &= \int_{x=0}^{1}\int_{y=0}^{1} f(x,y)\,\mathrm{d}x\mathrm{d}y \\ &\equiv \lim_{N\to\infty}\lim_{M\to\infty}\sum_{i=0}^{N}\sum_{j=0}^{M} f(i\delta x, j\delta y)\,\delta x\delta y,\end{aligned}$$

$$\delta x = 1/N,\quad \delta y = 1/M.$$

当然,既然积分仅仅是一种求和,那么在函数是可积的前提下,我们把各项加起来的顺序必定是无关紧要的. 同样,并没有严格规定那个区域必须被分解成面积为 $\delta A=\delta x\delta y$ 的小格子;我们同样可以用一种极坐标系下面积为 $\delta A=(\delta r)(r\,\delta\theta)$ 的小块来分解这个区域. 应该指出的是,这里我们隐含地假设我们在其上进行积分的区域是平坦的. 然而,我们可以很容易地设想这个区域是一个包围着某个立体的曲面. 为了准确地体现这个想法,我们不仅需要考虑小面积元 $\mathrm{d}A$ 的大小,还要考虑 $\boldsymbol{n}$ 在空间中的定向,这里 $\boldsymbol{n}$ 是面积元的单位法向量. 于是我们的面积分变成了对被积函数值与一个向量面积元 $\boldsymbol{n}\mathrm{d}A$ 的乘积的一种求和. 由于一个立体与空间有相同的维数,所以这种复杂情况不会进入关于体积分的图景:一旦我们理解了积分从一维到二维的基本推广过程,再把它推广到立体上的积分就很简单了.

高维积分的复杂之处在于,有着大量各种各样的不同曲面和立体要让我们求函数在它们上面的积分. 例如,假定我们希望求某个函数 $f(x,y)$ 在以原点为圆心的单位圆盘上的积分. 既然描述这个曲面的方程是 $x^2+y^2\leqslant 1$,那么我们就知道,对于介于 -1 和 1 的一个给定值 x,y 的相应范围是 $-\sqrt{1-x^2}\leqslant y\leqslant\sqrt{1-x^2}$. 于是我们会有

$$\int_A f(x,y)\,\mathrm{d}A = \int_{x=-1}^{1}\left(\int_{-\sqrt{1-x^2}}^{\sqrt{1-x^2}} f(x,y)\,\mathrm{d}y\right)\mathrm{d}x.$$

当然,我们对这些不同的小区域进行相加时所采取的顺序完全由我们任意选择. 因此,对于 x 的每一个值,我们用一维积分的标准技术来算出这个积分中的 y 部分. 这将得出某个纯粹是关于 x 的函数. 于是我们可以在这些不同 x 值的整体上进行积分,从而得到最终结果(图 4.16).

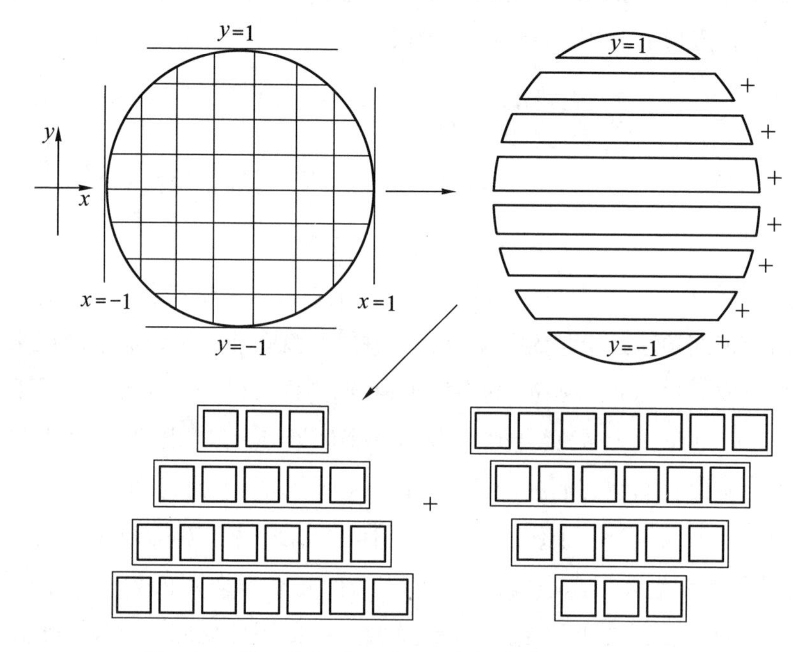

图 4.16　将一个区域上的积分分解为两个一维积分.

4.4.3.1　高斯积分

我们可以利用平面上的积分来证明关于表达式 $\mathrm{e}^{-x^2/2}$ 之积分的一个非凡结果. 这种"高斯积分"在许多领域都至关重要,在概率论中尤其如此,这一点我们在后面将会看到. 它利用高维微积分的方法,为我们提供了一件迷人的数学珍品:

$$I = \int_{-\infty}^{\infty} \mathrm{e}^{-x^2/2}\,\mathrm{d}x = \sqrt{2\pi}.$$

这个式子的巧妙证明需要将一维的积分转化为一个平面上的积分.

证明:考虑 I^2 这个量,将它的第一个因子写成一个关于 x 的积分,而第二个因子写成一个关于 y 的积分:

$$I^2 = \left(\int_{-\infty}^{\infty} \mathrm{e}^{-x^2/2}\mathrm{d}x\right)\left(\int_{-\infty}^{\infty} \mathrm{e}^{-y^2/2}\mathrm{d}y\right).$$

既然变量 x 和 y 是被分开积分的,那么它们就是完全相互独立的. 这意味着我们可以将这两个积分合并起来:

$$I^2 = \int_{-\infty}^{\infty}\left(\int_{-\infty}^{\infty} \mathrm{e}^{-y^2/2}\mathrm{d}y\right)\mathrm{e}^{-x^2/2}\mathrm{d}x = \int_{x=-\infty}^{\infty}\int_{y=-\infty}^{\infty} \mathrm{e}^{-(x^2+y^2)/2}\mathrm{d}x\mathrm{d}y.$$

现在我们可以把 I^2 看成是一个在整个平面 $\mathbb{R}^2$ 上的以笛卡儿坐标表示的面积分. 既然笛卡儿坐标系没有什么独特地位,那么现在就让我们(因为我们完全可以这样做)把 $\mathbb{R}^2$ 的笛卡儿坐标变量变成极坐标形式 $x = r\cos\theta, y = r\sin\theta$. 这就推出

$$I^2 = \int_{\mathbb{R}^2} \mathrm{e}^{-r^2/2}\mathrm{d}A.$$

这个求积分过程的下一步是得出小正方形面积元 $\mathrm{d}A$ 在极坐标系中的形式. 在笛卡儿坐标系中,$\mathrm{d}A$ 只不过是小面积元 $\delta x\delta y$ 的极限版本. 我们需要求出面积元 $\delta x\delta y$ 的极坐标版本(图 4.17).

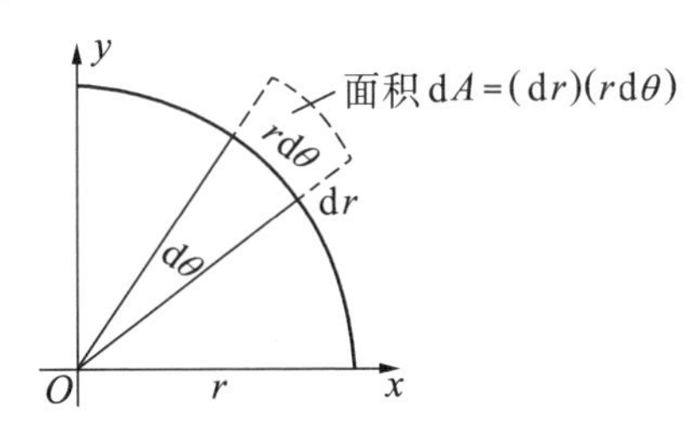

图 4.17 在平面极坐标系中构造 dA.

所形成的这个小楔形区域具有面积 $\delta A = (\delta r)(r\delta\theta)$,其中 δr 和 $\delta\theta$ 均取一阶无穷小. 积分 I^2 就化成在所有这些小区域上的一种求和. 结果我们求得

$$\begin{aligned} I^2 &= \int_{r=0}^{\infty}\int_{\theta=0}^{2\pi} \mathrm{e}^{-r^2/2}(r\mathrm{d}r\mathrm{d}\theta) \\ &= \left(\int_{\theta=0}^{2\pi}\mathrm{d}\theta\right)\left(\int_{r=0}^{\infty} r\mathrm{e}^{-r^2/2}\mathrm{d}r\right) \\ &= \left(\int_{\theta=0}^{2\pi}\mathrm{d}\theta\right)\left(\int_{r=0}^{\infty} \frac{\mathrm{d}}{\mathrm{d}r}(-\mathrm{e}^{-r^2/2})\mathrm{d}r\right). \end{aligned}$$

整个系统正好又化回成两个一维积分的乘积. 关于 θ 的积分显然是给出 2π,而由微积分基本定理可知关于 r 的积分等于 1. 于是我们求得 $I^2 = 2\pi \Rightarrow I = \sqrt{2\pi}$.

让我们另外还感兴趣的是函数 e^{-t^2}在某个小区间$[0,x]$上的积分. 虽然这些积分没有特别美妙的积分形式,但是我们可对关于 e^{-t^2} 的幂级数逐项积分. 我们把求得的函数称为 erf$x$,而 e^{-t^2} 在整条实数轴上的积分值为我们给出了这个函数的一个自然的比例因子:

$$\operatorname{erf}x = \frac{2}{\sqrt{\pi}}\int_0^x e^{-t^2}dt = \frac{2}{\sqrt{\pi}}\left(\int_0^x \sum_{n=0}^{\infty} \frac{(-t^2)^n}{n!}dt\right) = \frac{2}{\sqrt{\pi}}\sum_{n=0}^{\infty} \frac{(-1)^n x^{2n+1}}{n!(2n+1)}.$$

4.4.3.2 散度的几何解释

考虑一种向量,它是位置的一个函数 $\boldsymbol{v} = \boldsymbol{v}(\boldsymbol{x})$,也称向量场:我们在空间的每一个点 $\boldsymbol{x}$ 定义一个向量 $\boldsymbol{v}(\boldsymbol{x}) = (u(\boldsymbol{x}), v(\boldsymbol{x}), w(\boldsymbol{x}))$. 我们不仅对向量场每一点上向量的长度感兴趣,而且也对它们的方向感兴趣. 请想象一下把直发梳理而成的不同发型,或者一场暴风雨前后一块玉米地里的玉米,以对各种可能的向量场有一个感觉. 而向量场的散度是一个标量函数,或者说就是一个数,它给出了在一给定点处向量线收拢或散开的快慢程度. 为了说明这一点,我们考虑一个体积为 δV 的小立方体,它沿着三个小向量 $\delta\boldsymbol{x}, \delta\boldsymbol{y}, \delta z$ 放置. 在这个小立方体非常小的情况下,如果这个向量场是可微的,那么 $\boldsymbol{v} = \boldsymbol{v}(\boldsymbol{x})$ 在小立方体每一个面上的值就近似地不变(图 4.18).

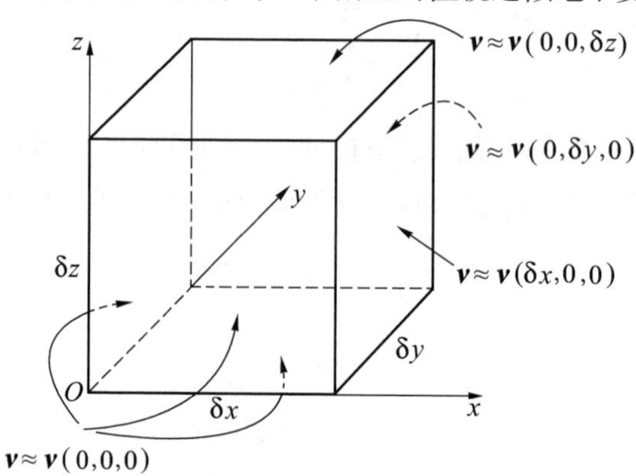

图 4.18 在一个小立方体的面上,向量场的值可以被看成不变.

而且,我们可以将 $\boldsymbol{v}=\boldsymbol{v}(\boldsymbol{x})$ 在原点的散度近似地表示为

$$\begin{aligned}\nabla\cdot\boldsymbol{v}&=\frac{\partial u}{\partial x}+\frac{\partial v}{\partial y}+\frac{\partial w}{\partial z}\\&\approx\left(\frac{\boldsymbol{v}(\delta x,0,0)-\boldsymbol{v}(0,0,0)}{\delta x}\right)\cdot(1,0,0)\\&\quad+\left(\frac{\boldsymbol{v}(0,\delta y,0)-\boldsymbol{v}(0,0,0)}{\delta y}\right)\cdot(0,1,0)\\&\quad+\left(\frac{\boldsymbol{v}(0,0,\delta z)-\boldsymbol{v}(0,0,0)}{\delta z}\right)\cdot(0,0,1).\end{aligned}$$

在两边乘上 $\delta x\delta y\delta z$,这让我们得到六个项,它们对应于这个函数在立方体每个面上的近似值与这个面的面积的乘积,负号表示相应面上的外向法向量指向一根坐标轴的负方向. 这让我们可以把散度重写成这个函数在一个立方体的表面上进行的一种求和:

$$\nabla\cdot\boldsymbol{v}\delta V\approx\sum_{\text{面}}\boldsymbol{v}\cdot\boldsymbol{n}\delta A.$$

在这个式子中,$\boldsymbol{n}$ 是立方体某一个面的单位外向法向量,δA 是这个面的小小的面积. 于是向量在这个立方体中的散度总量只要考察这个向量场从立方体里出来的“流”量即可求得. 对于任何更大和更复杂的立体 V,可将这个立体分解成一系列较小的立方体,然后把每个小立方体上的分析结果加起来. 在这个立体的内部,所有小立方体面上的结果都会抵消掉,因为任何两个对合的面的外向法向量方向相反. 我们求得这样的结论:在一个立体上的求和可化成在一个表面上的求和:

$$\sum_{V}\nabla\cdot\boldsymbol{v}\delta V\approx\sum_{\text{表面}}\boldsymbol{v}\cdot\boldsymbol{n}\delta A.$$

对上述求和式取无穷极限,我们就得到了一个数学上准确的表达式,它将一个体积分与一个面积分联系了起来(图 4.19):

$$\int_V\nabla\cdot\boldsymbol{v}\mathrm{d}V=\int_A\boldsymbol{v}\cdot\boldsymbol{n}\mathrm{d}A,\quad A\text{ 是 }V\text{ 的边界}.$$

这个结论叫做散度定理,它是微积分基本定理向三维空间的一个自然推广. 要看出其中的类似性,请注意下面的说明:一维空间中的一个“立体”就是一条线段,所以 $\mathrm{d}V=\mathrm{d}x$;“一条线段的边界面”就是它的端点;而“一

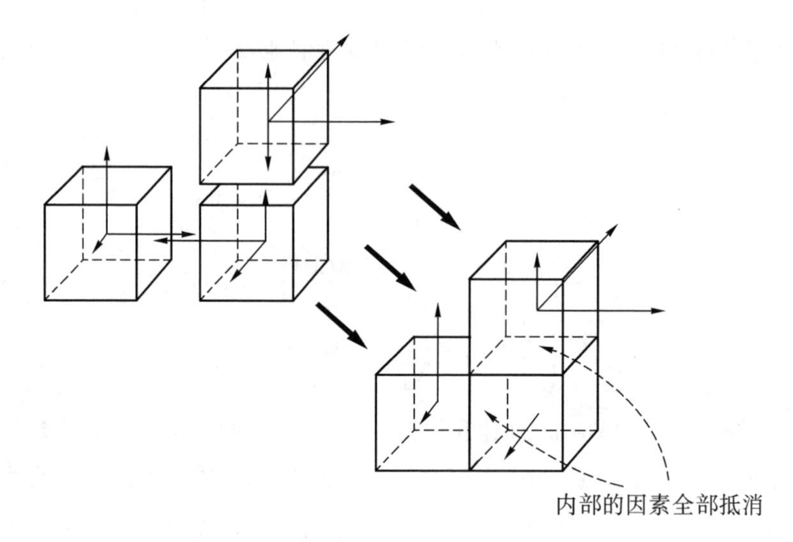

图 4.19　一个关于散度的体积分化成了一个在表面上的积分.

维向量的散度"正是一个函数的普通导数. 这让我们得到

$$\int_{\text{线段}} \frac{\partial v}{\partial x} \mathrm{d}V = \int_a^b \frac{\mathrm{d}v}{\mathrm{d}x} \mathrm{d}x = \sum_{\text{端点}} v \mathrm{d}A = v(b) - v(a).$$

4.4.3.3　旋度的几何解释

以一种与我们分析散度意义时所用方式非常类似的方式,我们注意到对于一个非常小的正方形区域来说,向量场的旋度可用一个沿着围绕这个正方形的闭路的积分写出来:

$$(\nabla \times \boldsymbol{v}) \cdot \boldsymbol{n} \delta A \approx \sum_{\text{边缘}} \boldsymbol{v} \cdot \delta \boldsymbol{x}.$$

其中 $\delta \boldsymbol{x}$ 是构成这个小正方形边界的小向量. 于是关于旋度的理论以一种与关于散度的理论非常相似的方式得到发展,并在闭路积分的理论上达到高潮.

4.4.3.4　重访傅里叶

傅里叶关于热流方面的工作将我们在几何和微积分中遇到的思想非常合宜地结合在了一起. 虽然到目前为止我们只考虑了绝热棒环境下的热流,但傅里叶定律可用一种更为一般的方式叙述如下:

- 在任何立体 V 内,热是沿着温度梯度 $\nabla T(\boldsymbol{x},t)$ 以一个与这个梯度的大小成比例的速率流动的.

现在我们用微积分中的技术在更为复杂的环境中追踪这个定律.考虑一个立体 V.那么这个立体内所含的热量就是 $cT(\boldsymbol{x},t)$ 在 V 上的积分.热从这个立体流出的速率为 $k\nabla T(\boldsymbol{x},t)$ 在 V 的表面 S 上的积分.用符号表示,我们求得

$$\frac{\mathrm{d}}{\mathrm{d}t}\int_V cT\mathrm{d}V = \int_S k\ \nabla T \cdot \boldsymbol{n}\mathrm{d}A.$$

现在我们可以用散度定理将右边转化为一个体积分:

$$\int_S k\ \nabla T \cdot \boldsymbol{n}dA = k\int_V \nabla\cdot\nabla T\mathrm{d}V = k\int_V \nabla^2 T\mathrm{d}V.$$

既然这个式子对任何一个立体 V 都是成立的,那么我们可以去掉积分号而得到三维的扩散方程:

$$\frac{\partial T}{\partial t} = \boldsymbol{\kappa}\nabla^2 T.$$

这个方程是三维背景下任何一点处的热流模型,也是傅里叶定律的一个直接的数学推导结果.

4.4.3.5 散度定理的应用

散度理论在几何和物理学中都是很重要的.然而,高维积分的技术细节看起来可能有点吓人.因此让我们处理一个相当复杂的例子:设有向量场 $\boldsymbol{v} = (xz, yz, z^2/2)$,我们要将它的散度 $z + z + (2z)/2 = 3z$ 在一个由平面 $z = 0, 2$ 和圆柱面 $x^2 + y^2 = 1$ 围成的圆柱体上积分.进攻计划是把这个在立体上的积分化为三个独立的一维积分,这样我们就可以把它们一个一个地算出来(图 4.20).为了做这件事,我们必须先将这个圆柱体分成许多小立体.最自然地完成这件事的方法是:把这个圆柱体看成是由一系列无限薄的圆片叠成的.对于每个圆片,我们必须在从 $x = -1$ 到 $x = +1$ 的所有值上进行积分.对于 x 的一个特定值,我们要对 $\pm\sqrt{1-x^2}$ 之间的 y 进行积分.最后,必须对代表各个圆盘的 z 分量在 $z = 0$ 和 $z = 2$ 之间进行

积分.

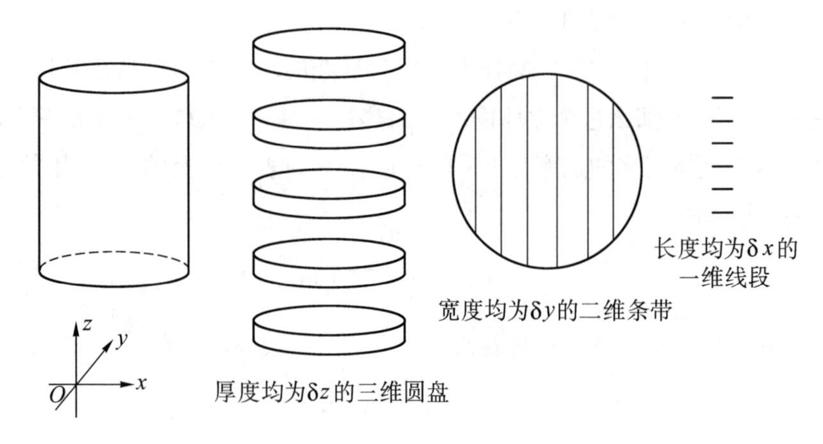

图 4.20　将一个立体分解为基本的小立体.

于是我们可以将这个体积分分解成三个普通的积分. 在对一个变量积分时,就把其余的变量看成常量,就像在求偏导数那样.

$$\int_V \nabla\cdot\boldsymbol{v}\mathrm{d}V = 3\int_{z=0}^{2} z\left(\int_{x=-1}^{1}\left(\int_{y=-\sqrt{1-x^2}}^{y=\sqrt{1-x^2}}\mathrm{d}y\right)\mathrm{d}x\right)\mathrm{d}z$$

$$= \left(3\int_{z=0}^{2} z\mathrm{d}z\right)\left(\int_{x=-1}^{1} 2\sqrt{1-x^2}\mathrm{d}x\right) = 6\pi.$$

其中第二个积分就是单位圆盘的面积,通过换元 $x=\sin\theta$ 可以得出答案是 π. 于是在这个立体上的总积分就是 6π. 接下来让我们考虑在表面上的积分. 这里本质上有三个可相互分离的面,即顶面、底面和圆柱体的侧面. 顶面和底面的外向法向量显然就是 $(0,0,1)$ 和 $(0,0,-1)$. 然而,在圆柱体的底面,这个向量场为零,因为这里 $z=0$. 在圆柱体的顶面,我们必须进行下面这个积分:

$$I_{\text{顶面}} = \int_{\text{顶面}}(2x,2y,2)\cdot(0,0,1)\mathrm{d}A = 2\int_{\text{顶面}}\mathrm{d}A = 2\pi.$$

其中 π 这个因子对应于圆柱体顶面的面积. 现在考虑余下的圆柱体侧面,它的法线方向就是 $(x,y,0)$ 的方向,而且 $(x,y,0)$ 本身就是一个单位向量. 将这个侧面分成许多面积为 $\mathrm{d}z\mathrm{d}\theta$ 的小方块,其中 θ 是极角,它是通过 $x=\cos\theta, y=\sin\theta$ 定义的. 于是这个面积分为

$$\int_{\text{侧面}} \boldsymbol{v} \cdot \boldsymbol{n} \mathrm{d}A = \int_{z=0}^{2}\int_{\theta=0}^{2\pi} (xz, yz, z^2/2) \cdot (x, y, 0) \,\mathrm{d}\theta \mathrm{d}z$$

$$= \int_{z=0}^{2}\int_{\theta=0}^{2\pi} \underbrace{(x^2 + y^2)}_{=1} z \,\mathrm{d}\theta \mathrm{d}z$$

$$= \left(\int_{z=0}^{2} z\mathrm{d}z\right)\left(\int_{\theta=0}^{2\pi} \mathrm{d}\theta\right) = 2 \times 2\pi.$$

于是在这个表面上的总积分就是 $4\pi + 2\pi$,它等于在整个立体上对 $\boldsymbol{v}$ 的散度求积分而得到的值 6π. 这样,散度定理在这个例子中就得到了验证.

我们已经在某种详细程度上探索了高维积分的结果. 现在让我们考察一下由算子 ∇构造的主要微分方程.

4.4.4 拉普拉斯方程和泊松方程

请回忆,一个复可微函数的实部 u 和虚部 v 必须满足二维的拉普拉斯方程:

$$\frac{\partial^2 u}{\partial x^2} + \frac{\partial^2 u}{\partial y^2} = \frac{\partial^2 v}{\partial x^2} + \frac{\partial^2 v}{\partial y^2} = 0.$$

利用向量算子 $\nabla = \left(\frac{\partial}{\partial x}, \frac{\partial}{\partial y}\right)$,这些方程可以非常简洁地重写成

$$\nabla^2 u = \nabla^2 v = 0, \quad \nabla^2 \equiv \nabla \cdot \nabla.$$

其中 ∇^2就是向量 ∇与其本身的纯量积. 可以用一种类似的方式在任意维空间中定义拉普拉斯方程. 例如,在三维空间中,拉普拉斯方程可以写成

$$\nabla^2 \phi(x, y, z) = \nabla \cdot (\nabla \phi) = \frac{\partial^2 \phi}{\partial x^2} + \frac{\partial^2 \phi}{\partial y^2} + \frac{\partial^2 \phi}{\partial z^2} = 0.$$

这个拉普拉斯方程的解释是,由曲面ϕ = 常数的法向量所构成的向量场的散度为零;从直观上说,这意味着这种向量进入空间某个区域的速率与它们离开这个区域的速率相等. 在物理问题中,ϕ可以是空间中某个粒子由于某种引力或静电力的存在而具有的势能. 势能的梯度将给出在空间每一点处力作用于粒子的方向;这些力线在某个区域里没有聚散这件事,就表示在这个区域里根本没有什么物体或者说源头来给出这个力. 我们将在讨论关于宇宙的数学时再次遇到这些概念. 让我们先来处理怎样解

拉普拉斯方程的问题.

4.4.4.1 解拉普拉斯方程

拉普拉斯方程的一个重要特征是,它是线性的:

$$\nabla^2(\lambda\phi+\mu\psi)=\lambda\nabla^2\phi+\mu\nabla^2\psi,\ \lambda \text{ 和 } \mu \text{ 是常数.}$$

由于这个线性性,拉普拉斯方程将继承线性常微分方程的许多优良性质.尤其是,两个解的线性组合还是解:

$$\nabla^2\phi=\nabla^2\psi=0$$

$$\Rightarrow \nabla^2(\lambda\phi+\mu\psi)=0,\ \lambda \text{ 和 } \mu \text{ 是任意常数.}$$

这个方程的基本解的一个丰富来源,将借助于我们曾经用以解波动方程的分离变量法来找到. 例如,在三维空间中,有一组解就是下列形式,其中 A,B,C,D,E,F,λ,u 为任意常数:

$$\phi=(Ae^{\lambda x}+Be^{-\lambda x})(Ce^{\mu y}+De^{-\mu y})\left(E\cos\left(\sqrt{\lambda^2+\mu^2}z\right)+F\sin\left(\sqrt{\lambda^2+\mu^2}z\right)\right).$$

4.4.4.2 泊松方程

当然,一般来说拉普拉斯方程所描述的系统会被某个力所驱动. 因此我们也经常需要解一种相应的关于一个函数 f 的非齐次方程:

$$\nabla^2\phi=f.$$

这样的方程叫做泊松方程. 虽然泊松方程是非线性的,但我们仍可用 $f=0$ 的拉普拉斯方程的线性性来构造非常通用的解如下:

$$\phi=\underbrace{\phi_1}_{\text{特别积分}}+\underbrace{\lambda\sum\phi_0}_{\text{余函数}},\ \text{其中 } \nabla^2\phi_1=f,\ \nabla^2\phi_0=0.$$

于是 ϕ_1 是完全问题的一个特解,或者说一个“特别积分”,而 $\lambda\sum\phi_0$ 是由相应齐次问题所有解的一个普通线性组合构成的“余函数”. 这完全类似于一维的情况.

4.4.4.3 边界条件与解的唯一性

一个给定的泊松方程通常有着一个非常通用的解. 然而,我们往往对具有各种边界条件并以这些条件为特征的特解感兴趣. 在一维空间中，$\frac{d^2y}{dx^2}=1$ 这个简单的泊松方程有一个通解 $y=Ax+B$. 规定两个边界条件 $y(x_0)=a$ 和 $y(x_1)=b$,就唯一地确定了解的形式. 可以这样来考虑这个限制条件:解是被定义在 x_0 和 x_1 之间的线段上的,这条线段显然以 x_0 和 x_1 这两个点为它的边界(图 4.21).

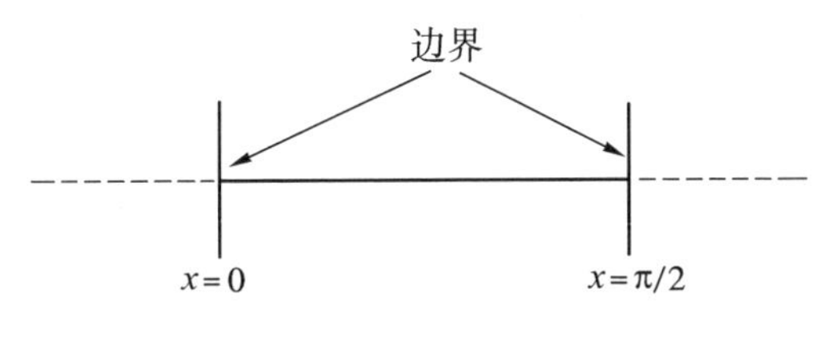

图 4.21　一个一维问题的边界.

因此,为了求出定义在某条线段上的一维泊松方程的一个唯一解,我们就必须在这条线段的端点上加以边界条件. 这个结论可以很容易地推广到高维空间:对于某个立体 V 上的泊松方程的一个唯一解 $\phi(x)$,我们必须在包围这个立体 V 的表面 A 上规定边界条件 $\phi(x)=\phi_0(x)$.

- 设在某个区域 V 上的泊松方程 $\nabla^2\phi=f(x)$ 有一个解 $\phi(x)$,而且对 V 的边界面 A 上的每一点 x 有 $\phi(x)=\phi_0(x)$,那么这个解必定是唯一的.

这是一个真正有用的结果:如果我们能以某种方式猜出这个方程的仅仅一个解,那么这个唯一性就证明它必定是仅有的一个解. 于是这个问题就会被完全解决. 采用散度定理,并运用一种复杂的反证法,我们可以巧妙地证明解的唯一性.

证明:设有两个不同的函数 ϕ_1 和 ϕ_2,它们是在某个区域 V 的边界 A 上要求有 $\phi(x)=\phi_0(x)$ 的边值问题 $\nabla^2\phi=f(x)$ 的解.

让我们考虑这两个解的差 $\psi=\phi_1-\phi_2$. 于是,由于 ∇^2 是一个线性算子,我们求得

$$\nabla^2\psi=\nabla^2(\phi_1-\phi_2)=\nabla^2\phi_1-\nabla^2\phi_2=f-f=0.$$

这告诉我们这两个解的差 ψ 总满足拉普拉斯方程 $\nabla^2\psi=0$. 好,应用散度

和梯度的定义进行一次准确的计算,证明有①

$$\nabla \cdot (\psi \ \nabla\psi) = \psi \ \nabla^2\psi + (\nabla\psi) \cdot (\nabla\psi).$$

将这个表达式在立体 V 上积分,并应用散度定理,我们即得知

$$\int_V (\psi \ \nabla^2\psi + (\nabla\psi) \cdot (\nabla\psi)) \mathrm{d}V = \int_A (\psi \ \nabla\psi) \cdot \boldsymbol{n} \mathrm{d}A.$$

好,既然 ϕ_1 和 ϕ_2 在边界面 A 上必须等于 ϕ_0,那么可推出 ψ 这个差在边界面上的任何一点都必定等于零. 这意味着那个面积分就是零,因为它化成了零在边界面上的一个积分. 而且,我们已经证明到处都有 $\nabla^2\psi = 0$. 因此上述方程告诉我们

$$\int_V (0 + \underbrace{(\nabla\psi) \cdot (\nabla\psi)}_{\geqslant 0}) \mathrm{d}V = 0.$$

其中的被积函数是非负的,因为它是向量 $\nabla\psi$ 的长度的平方. 而且,这个非负函数在这个立体上的积分是零. 当然,这就意味着这个被积函数实际上处处为零,这又意味着 $\nabla\psi$ 是零向量(0,0,0). 既然 ψ 在每一个方向上的变化率是零,那么我们必须认为 ψ 在 V 内部是一个常值函数;而且,既然它在边界面上为零,那么我们最后得出,在立体 V 的内部 $\psi = 0$. 因此 $\phi_1 = \phi_2$,这与这两个解不同的假设矛盾.

关于线性微分方程的讨论尽管迷人,但到这里便迅速地开始变得相当复杂. 因此让我们朝着另一个微分方向运动,开始探索与简单的非线性性有关的问题. 然而,我们在本书的余下部分中经常会在各处遇到拉普拉斯方程、泊松方程和扩散方程.

① 这个表达式是 $\frac{\mathrm{d}}{\mathrm{d}x}\left(f\frac{\mathrm{d}g}{\mathrm{d}x}\right) = f\frac{\mathrm{d}^2 g}{\mathrm{d}x^2} + \frac{\mathrm{d}f}{\mathrm{d}x} \cdot \frac{\mathrm{d}g}{\mathrm{d}x}$ 这个一维等式的高维等价物. ——原注

4.5 非线性性

线性微分方程的理论往往非常简单和清晰,在这个理论中,控制方程在本质上总是完全可解的. 然而,生活中的一个事实是,控制我们所生活的世界中实际行为的方程由于存在着导致非线性性的项而往往很复杂. 从数学理论研究的角度看,这既是一件幸事也是一件祸事:这样的系统研究起来是饶有兴趣,然而它们在本质上却永远不能被精确求解.

4.5.1 关于流体运动的纳维-斯托克斯方程

为了着手理解非线性性的复杂性,让我们考察一个基本的例子:纳维-斯托克斯方程,它控制着任何流体介质的流动. 在这个方程中,主变量 $\boldsymbol{v}(\boldsymbol{x},t)$ 是某时刻 t 正好处于空间中一点 $\boldsymbol{x}$ 的流体粒子的速度:

$$\underbrace{\boldsymbol{F}+\mu\nabla^2}_{\text{力}}\boldsymbol{v}=\underbrace{\rho\left(\frac{\partial\boldsymbol{v}}{\partial t}+(\boldsymbol{v}\cdot\nabla)\boldsymbol{v}\right)}_{\text{质量}\times\text{加速度}}.$$

这个方程本质上是牛顿第二定律的一个复杂的推导结果,它涉及有关流体的密度 ρ 和黏度 μ,还有驱动流体流动的特定力 $\boldsymbol{F}$. 纳维-斯托克斯系统可用来作为大量层出不穷的现象的模型,从火山喷发的熔岩到刚搅动过的一杯茶中的流动模式. 我们之所以观察到从定常流到湍流的如此多不同类型的流体运动,原因之一就是,非线性问题中一些特定数值常量取不同值可以在解的形式上导致意义极其重大的差异. 例如,考虑一种流体以一种平面样式流经某个刚体的情形,其中除了一个恒定驱动力外,没有任何外力(图 4.22).

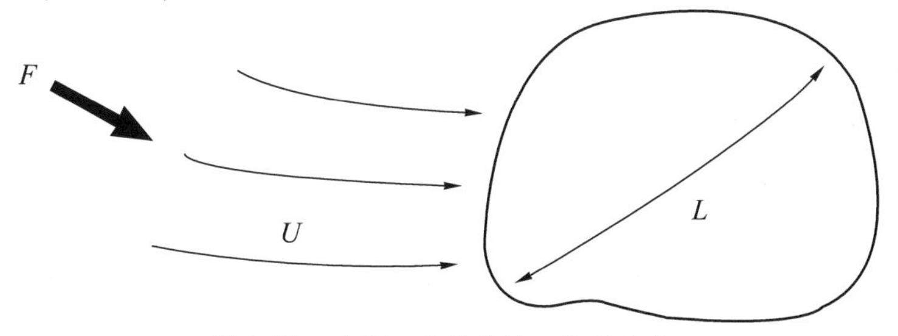

图 4.22 流经一个物体的一般平面流.

当流体经过这个障碍物时,流型被扰乱了.流的下游被扰乱的程度只能依赖于如下三个定性性质:

(1) 流体接近这个物体时的速度大小 U 以及这种流体的密度 ρ,后者产生了这种流体的惯性,或者说对运动状态变化的抵抗.

(2) 黏度 μ,它是对这种流体有多么"黏"的一种量度,因而也就是相互邻近的流体粒子想要粘在一起的程度.

(3) 障碍物对于这个流的特征尺寸 L 相对于构成这种流体的粒子的尺寸来说越大,这个流受到的扰动也越大.

这三个相互竞争的因素结合起来就为我们给出了雷诺数 R. 这个数是一个无量纲量,这意味着它的数值不受 U,μ 和 L 的量度单位所影响:

$$R = \frac{\rho}{\mu} \times UL \sim \frac{\text{惯性力}}{\text{黏滞力}}.$$

事实上,绕过物体的流的定性形式往往仅依赖于这个系统的雷诺数.这是一个非常有趣的实际观察结果.例如,熔岩流可以借用糖浆作为模型,而熔融铝的雷诺数与水差不多相等.于是,涉及熔岩和熔融铝的实验就可代之以用糖浆和水做的实验,这样既比较安全又比较便宜.不管怎么说,你可以通过观察在不同的 R 值下实际流体流经一个圆柱体时的流型而领略到非线性纳维-斯托克斯方程的复杂性(图 4.23).

请注意共有五类在性质上非常不同的体系.对这个"流经圆柱体"问题不可能求得一个代数解也就不足为奇了;这种问题简直是太复杂了,无法用函数表示.它们是产生于非线性性的问题:对一个给定的问题可能会有许多类令人感兴趣的解,但是对于这些解根本没有代数表达式.我们怎样继续下去呢?在考察一些可用以研究完全非线性问题的方法之前,我们先考虑一些"驿站"式的例子,我们在其中考察我们所熟悉的线性方程,但是带一个小小的非线性附加项.

4.5.2 微分方程的扰动

扰动微分方程在应用数学和微分方程的研究中经常出现.在扰动理论中,我们考虑的方程非常接近于我们已知怎样精确处理的线性方程:原

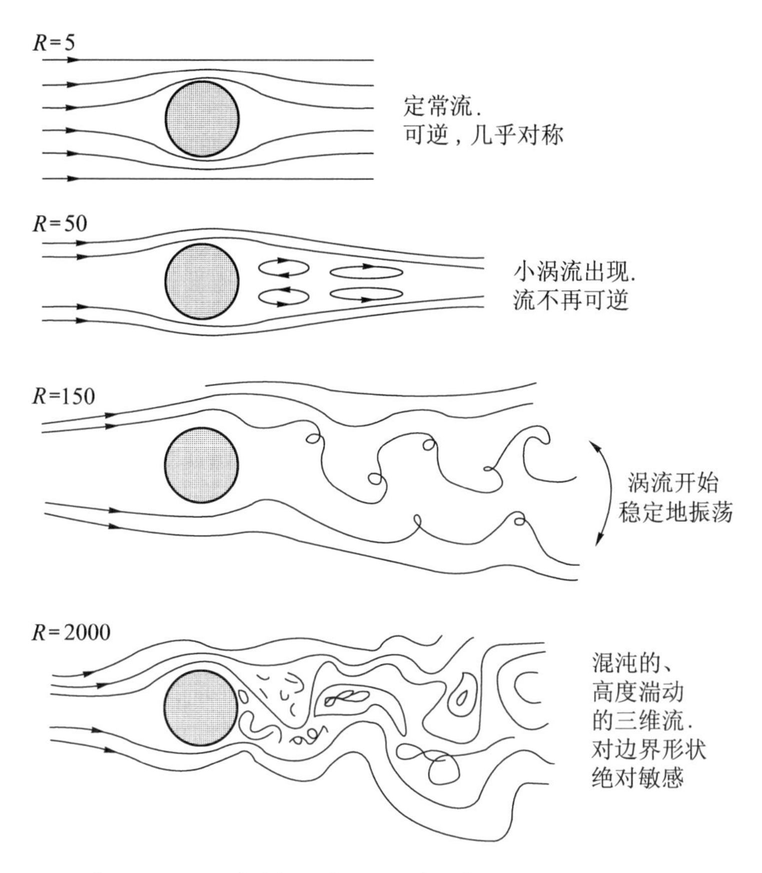
R=5
定常流.
可逆，几乎对称
R=50
小涡流出现.
流不再可逆
R=150
涡流开始
稳定地振荡
R=2000
混沌的、
高度湍动
的三维流.
对边界形状
绝对敏感

图 4.23　不同雷诺数下的流经一个圆柱形物体的平面流型.

来的方程由于加了新的乘有一个非常小因子的部分,因而受到了扰动. 我们在习惯上把那个小因子记为 ε. 这样做的目的通常是想施加一个小小的"修正"以把一个方程改造得能更好地作为一个物理系统的模型.

这一节的基本思想是:如果一个非线性方程与一个线性方程差不多相同,那么它的解在开始部分将与那个线性问题的解差不多相同. 这场狩猎的目标是将线性解与非线性解的差测定到某种事先规定的精确水平. 要理解扰动一个方程意味着什么,最好的方法是考察几个例子. 我们将始终采用这样的标准符号:在一个变量上每加一点就表示对时间求导一次,因此有 $\dot{x}=\frac{\mathrm{d}x}{\mathrm{d}t}$ 和 $\ddot{x}=\frac{\mathrm{d}^2x}{\mathrm{d}t^2}$.

4.5.2.1　弹道学

考虑求关于一枚导弹的运动方程的问题. 这枚导弹的质量为 m,速度为 v,竖直射向天空. 如果忽略空气阻力,那么我们通常说作用在这枚导弹上的力是一个常量,等于 mg,其中 g 是由于近地表的重力而产生的加速度 $10\mathrm{ms}^{-2}$. 于是牛顿第二定律为我们给出了关于这枚导弹离地面高度 $x(t)$ 的简单方程:

$$m\ddot{x} = -mg$$

$$\Rightarrow x = -\frac{gt^2}{2} + At + B,\ A,B \text{ 是某两个常数.}$$

请注意导弹的质量在这个方程中被消掉了. 这是因为所有的物体在重力作用下以同样的加速度下落. 加上两个边界条件 $x(0)=0$ 和 $\dot{x}(0)=v$,我们求出解为

$$x(t) = -\frac{gt^2}{2} + vt.$$

然而在现实中,重力不是常量:它随着 $1/r^2$ 的变化而变化,其中 r 是距离地心的距离. 控制这枚导弹运动的真正方程是

$$\ddot{x} = -g\frac{1}{(1+\varepsilon x)^2},\ x(0)=0, \dot{x}(0)=v.$$

其中 x 是导弹离地面的高度,ε是地球半径的倒数(图4.24),它相对于 x 来说极其小①.

我们怎样求得这个方程的一个解呢? 它关于 x 是非线性的,因此精确求解可能会很困难. 然而,既然 ε 是如此之小,那么这个方程与原来那个将重力看成常量的问题仅有细微的差别. 因此可以非常合理地假设,这个扰动方程的解将与恒定重力问题的基本解仅有细微的差别. 这就为我们给出了下述箴言:

对于足够小的时间,类似的方程意味着类似的解.

当然,随着时间的流逝,这两个解的差别可能会扩大也可能会缩小. 然而,

---

① 在本书的最后一章中,重力会被全面阐述. 在那之前,请记住重力随离地球距离的增加而减弱. ——原注

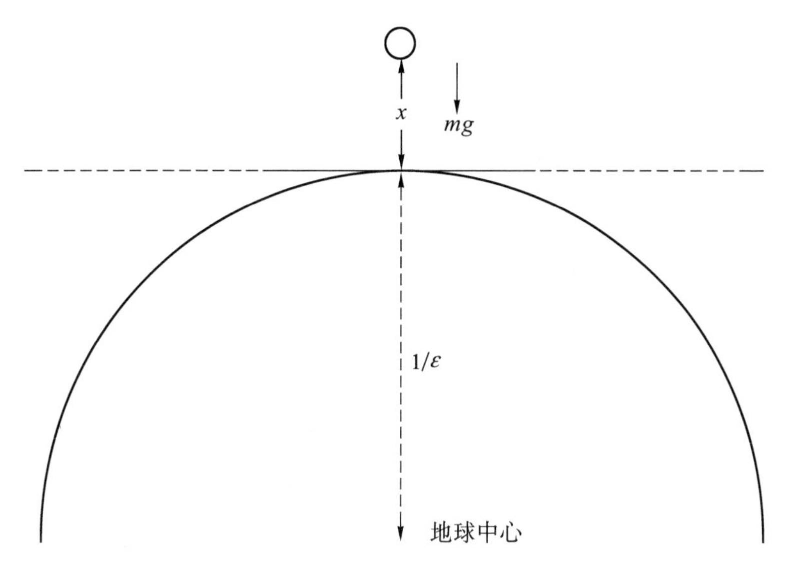

图 4.24　物体在重力作用下下落.

对于很小的时间值来说,这两个解将近似相同. 我们说这个完全的非线性方程是比较简单的恒定重力线性方程的一个扰动. 我们可以用某个关于 ε 的多项式来逼近精确解,而这个多项式我们可以认为是一个幂级数展开式中的开头少数几项. 可以明智地把这个幂级数设成是在那个未扰动问题的解 $x_0(t)$ 的附近展开的:

$$x(t)=x_0(t)+\varepsilon x_1(t)+\varepsilon^2 x_2(t)+\cdots+\varepsilon^n x_n(t).$$

对于非常小的 ε,这个解在本质上很像那个未扰动解;x_0 是线性问题的解,而 $x_i(t)$ 部分为我们给出了一系列小修正项. 当然,这仍是对完全非线性问题的精确解的一种近似,但是如果我们所取的修正项 $x_n(t)$ 越来越多,那么这种近似就越来越好. 在实践中,只要展开式中取两项往往就可以有一种很好的近似.

为了给手头这个例子实施这个过程,我们首先用二项式定理将控制方程中的括号部分展开:

$$\begin{aligned}\ddot{x}&=-g(1+\varepsilon x)^{-2}\\&=-g\left(1-2\varepsilon x+\frac{(-2)(-3)}{2!}(\varepsilon x)^2+\cdots\right).\end{aligned}$$

然后我们将扰动解

$$x(t)=x_0(t)+\varepsilon x_1(t)+\varepsilon^2 x_2(t)+\cdots,$$

$$x_0(t)=-\frac{gt^2}{2}+vt$$

代入这个方程.

首先让我们假设,我们只想将修正项计算到 ε 的前两阶. 这就意味着我们忽略了方程中所有在大小级别(阶)上相当于或小于 ε^3 的项,这些项记做 $O(\varepsilon^3)$,其中 O 代表"阶". 将 ε 的各次幂分别合并,我们求得

$$\begin{aligned}\ddot{x}(t)&=\ddot{x}_0(t)+\varepsilon\ddot{x}_1(t)+\varepsilon^2\ddot{x}_2(t)+O(\varepsilon^3)\\&=-g(1-2\varepsilon x_0(t)+\varepsilon^2(3x_0^2(t)-2x_1(t))+O(\varepsilon^3)).\end{aligned}$$

现在用一个技巧,让 ε^0, ε^1, ε^2 的系数分别对应相等,从而得出三个微分方程,我们可以依次把它们解出来. 对于 ε 的各次幂,还有着其他的方程,但举例来说,如果 $\varepsilon=0.001$,那么这些另外的部分将由于有着小于 10^{-9} 的因子而起不了什么作用. 在大多数情况下,算到 ε^2 这个阶通常就给出了极其足够的精确度①.

$$\begin{aligned}\ddot{x}_0(t)&=-g,\\ \ddot{x}_1(t)&=2gx_0(t),\\ \ddot{x}_2(t)&=g(2x_1(t)-3x_0^2(t))\\ &\vdots\end{aligned}$$

为了完成这个扰动问题的表述,我们注意到可假设所有的修正项和它们的导数在 $t=0$ 时都为零,因为解的开始部分由 $x(0)$ 和 $\dot{x}(0)$ 所准确地刻画.

我们现在终于可以着手解这个系统了. 既然已经知道了关于 $x_0(t)$ 的解,那么我们就可将它代入第二个方程,从而得到一个关于 $x_1(t)$ 的表达式:

① 当然,如果 ε 只是比 1 稍微小一点,那么就需要非常多的项才能获得一个合理的近似:理论应用与实际价值并不总是一回事! ——原注

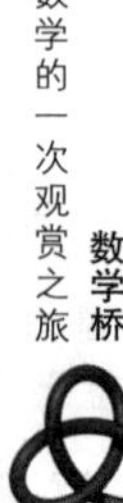

$$\ddot{x}_1(t)=2g\left(-\frac{gt^2}{2}+vt\right)=2gvt-g^2t^2.$$

可以简单地对它进行积分而得出

$$x_1(t)=\frac{gvt^3}{3}-\frac{g^2t^4}{12}.$$

于是可将这个表达式和关于 $x_0(t)$ 的表达式代入关于 $x_2(t)$ 的方程，如此等等. 代入现实世界中的值 $\varepsilon^{-1}=R\approx 6\times 10^6\mathrm{m}, g\approx 10\mathrm{m/s^2}$，就可以从数值上看出我们的修正做得如何：

$$\begin{aligned}x(t)&=vt-5t^2+\frac{1}{6\times 10^6}\left(\frac{10}{3}vt^3-\frac{100}{12}t^4\right)+O(\varepsilon^2)\\&\approx vt-5t^2+5.6\times 10^{-7}vt^3-1.4\times 10^{-6}t^4+\cdots\end{aligned}$$

现在考虑一枚速度非常快的导弹，以 100m/s 的速度向上发射. 到导弹落回地面要用多长时间？取零阶近似（恒定重力）会给出飞行时间为 20s，总飞行距离为 500m. 我们实际上发现，经过 20 秒后，取一阶修正显示这枚导弹离地面其实还有 75cm. 然而，这个误差仅占飞行总距离的 0.0015%. 因此我们得出结论：零阶近似其实是个非常好的近似，通过一阶修正它得到了精细的调整. 显然，在这种情况下，二阶和更高阶修正的影响的确是非常小的. 因此，虽然我们没有为这个非线性重力方程设法构造出一个精确解，但是我们总可以在任何我们想要的精确度上逼近它.

4.5.2.2 单摆并不简单

一个稍稍有点与众不同而且经典的扰动问题就是一个摆在重力作用下来回摆动的问题（图 4.25）. 在我们努力求解这个系统的过程中会遇到一些思想，这些思想可以有效地应用于许多非线性扰动问题.

作用在摆锤上的竖直向下的力就是重力 mg. 既然在整个运动过程中那根细绳总是绷紧的，那么细绳上的张力正好抵消了重力沿细绳方向的分量. 重力的另外一个分量沿着摆锤运动划出的圆弧作用，大小为 $mg\sin\theta$. 既然在任何给定时刻圆弧的长度 s 由 $s=\theta L$ 给出，那么牛顿运动定律就让我们得出一个关于摆锤角位置的运动方程：

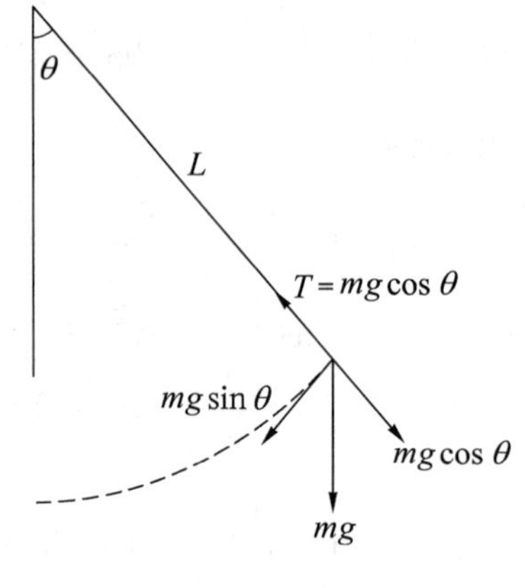

图 4.25　单摆.

$$\ddot{\theta} + \omega^2 \sin\theta = 0, \quad \omega = \left(\frac{g}{L}\right)^{1/2}.$$

这个摆是从 $\theta = A$ 由静止开始释放的,所以有 $\theta(0) = A, \dot{\theta}(0) = 0$. 虽然看上去这像是一个非常容易解的方程,但在这里表象是骗人的,因为变量 θ 不可救药地被缠在 $\sin\theta$ 项中:精确地求解这个方程其实是极其困难的. 为了克服这个障碍,我们通常作这样的简化假设:摆只是稍稍摆动,所以 θ 很小. 既然对于很小的 θ 有 $\sin\theta \approx \theta$,那么我们就可以写出线性化方程,它就像那个控制简谐运动的方程,让我们眼熟:

$$\ddot{\theta} + \omega^2 \theta = 0.$$

计及初始条件,即给出了这个简化系统的下述解:

$$\theta_0 = A\cos\omega t, \quad A << 1.$$

这个解多少是一个成功,因为 θ 来回振荡,就像人们对摆所预期的那样. 然而,这里有一个潜在的缺陷,就是这个解只是从假设出发对非常小的振荡有效. 如果振荡不是那么小又会怎样? 或许我们可以对这种情况加以改进,求得一个更接近于真正描述摆运动的解的答案? 在求得这个线性化解的过程中,我们作了 $\sin\theta \approx \theta$ 的假设. 我们可以对这个近似加以改进,方法是把关于 $\sin\theta$ 的泰勒展开式中的下一项 $-\theta^3/3!$ 加进来. 包含着 θ 的这个最低次非线性幂的方程是对摆运动方程的一个改进了的近似方程,于是我们可以试图对它求解:

$$\ddot{\theta} + \omega^2 \theta = \omega^2 \frac{\theta^3}{3!}.$$

既然我们对这个问题有了经我们改进的近似描述,那么我们就需要求出一个改进了的解.但如何求解呢?要知道这个新的近似方程本身就是一个非线性方程啊.我们采用一种迭代法:通过下面的关系式定义一个函数序列 θ_n:

$$\ddot{\theta}_{n+1} + \omega^2 \theta_{n+1} = \omega^2 \frac{\theta_n^3}{3!}.$$

这个迭代方案简化了这个问题的原因是:现在这个关于 θ_{n+1} 的方程只是一个非齐次简谐运动方程.我们还有一个自然的函数作为这个迭代序列的第一项:$\theta_0 = A\cos\omega t$.它是线性化摆运动方程的基本解.如果这个迭代序列收敛①,那么 θ_n 和 θ_{n+1} 最终就会趋于某个固定的函数 θ_*,它就是这个非线性方程的精确解.让我们考察这个序列中的第一个方程:

$$\ddot{\theta}_1 + \omega^2 \theta_1 = \omega^2 \frac{\theta_0^3}{3!} = \omega^2 A^3 \frac{\cos^3 \omega t}{3!}.$$

做一些基本的三角学运算即可将右边化成 $\omega^2 A^3(\cos 3\omega t + 3\cos\omega t)/24$,于是这个方程的满足初始条件 $\dot{\theta}_1 = 0$ 和 $\theta_1(0) = A$ 的解就是

$$\theta_1(t) = \underbrace{A\cos\omega t}_{\theta_0} + \frac{A^3}{192}(\cos\omega t - \cos 3\omega t) + \frac{\omega A^3}{16} t\sin\omega t.$$

我们看到 θ_1 等于线性化解 θ_0 加上一个 A^3 阶的小修正项:

$$\frac{A^3}{192}(\cos\omega t - \cos 3\omega t) + \frac{\omega A^3}{16} t\sin\omega t.$$

下一个迭代解可通过引入另一个变量 θ_2 并解下列方程而求得:

$$\ddot{\theta}_2 + \omega^2 \theta_2 = \omega^2 \frac{\theta_1^3}{3!}.$$

反复进行下去就会得到越来越精确的解.

---

① 我们并不担心一个函数序列是否收敛的问题,而只是指出,对于一个一般的方程,相应的迭代解随着近似函数项的增多往往是要么越来越糟,要么越来越好.——原注

虽然对单摆运动方程取一阶修正极大地提高了线性化解的精确度，但有一个问题潜伏在后面：修正项 $A^3 t\sin\omega t$ 随着时间而增大(图 4.26). 最终 $A^3 t\sin\omega t$ 会掌控 θ_1. 这意味着我们对精确解的第一个估计 θ_1 在 t 取

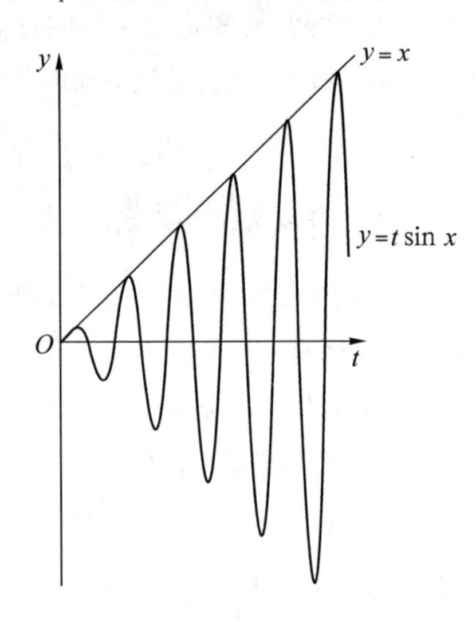

图 4.26 单摆运动的一阶修正项随时间呈线性增长.

大值时会不可救药地变得不精确：随着每一次摆动，误差逐渐积累，最后导致这个近似解完全崩溃. 这个经我们修正的解对于小时间值是非常好的，但是随着时间的增加它就变得没有价值了. 显然，单摆问题并非像初看上去那样简单①!

我们已经对近似非线性性的观念进行了有一定深度的研究. 因此现在应该是勇敢地奋起，去考察完全非线性方程的时候了.

① 事实上，真正的摆运动当然是周期性的，但它的周期与人们从开头几阶近似中推导出的周期并不一样. ——原注

4.6 定性方法:不求出解的解法

考虑非线性方程

$$y\frac{d^2y}{dt^2}+1=0.$$

这么简单的一个方程看起来当然应该有一个美妙的光滑解,但是这个解取什么形式呢?从代数上说,我们可以先在两边乘上导数$\frac{dy}{dt}$,然后关于 t 积分,从而构造出一个解:

$$\frac{dy}{dt}\frac{d^2y}{dt^2}=-\frac{1}{y}\frac{dy}{dt}$$

$$\Rightarrow\frac{1}{2}\left(\frac{dy}{dt}\right)^2=-\ln cy.$$

其中 c 是积分常数. 为继续做下去,我们进行一次换元 $cy=e^{-z^2}$,这就消去了对数项,把这第一个积分结果变换成

$$\frac{dz}{dt}=\frac{\pm c}{\sqrt{2}}e^{z^2}$$

$$\Rightarrow e^{-z^2}dz=\frac{\pm c}{\sqrt{2}}dt.$$

我们可利用函数 erf x 隐含地解出 z. 这里的 erf x 是用一个积分定义的:

$$\operatorname{erf}x=\frac{2}{\sqrt{\pi}}\int_0^x e^{-t^2}dt.$$

就像我们在前面看到的,把 e^{-z^2} 表示成一个幂级数,我们就可以推出关于 erf x 的一个幂级数展开式. 这又让我们可以将 $cy=e^{-z^2}$ 代回去而求出原来微分方程的一个解:

$$t=\pm\frac{1}{c}\sqrt{\frac{\pi}{2}}\operatorname{erf}\left(\sqrt{\ln\frac{1}{cy}}\right)+d.$$

其中,d 是另外的某个常数. 这个复杂的表达式在原则上包含了关于解的所有信息. 然而,关于这个解其实是干什么的或者说是什么样的,它并没有告诉我们很多,除非进行多得可怕的函数值计算,而即使这样也只是知

道在一个有限点集上的情况. 更重要的是,关于这个方程是否还存在其他的解,我们什么也推导不出来. 我们在求解这个方程上到底获得了多大程度的成功? 要继续讨论下去,后退一步问一问我们自己解方程实际上意味着什么是很有帮助的.

4.6.1 解微分方程意味着什么

到现在为止我们已经在关于未知量是线性或近似线性的方程的基础上进行了我们的研究. 线性方程的简单性在于这样的事实:如果一个方程有两个解,那么它们的线性组合也是这个方程的解. 对于一个二阶线性微分方程来说,事实上只有两个解是相互独立的. 换言之,如果我们能求得两个不同的解,它们互不为倍数,那么我们就能生成所有的解,于是问题就完全解决了. 举例来说,正如我们已经看到的,简谐运动方程的基本解是 $\cos\omega t$ 和 $\sin\omega t$,而它的最通用的解为 $A\cos\omega t+B\sin\omega t$. 所有的解都是"本质上相同的". 关于这个问题的故事就到此为止了. 是这样吗? 确切地说,以这种方式解一个微分方程到底意味着什么? 就像我们前面所看到的,这种线性问题的解可以借助于幂级数展开式来求得. 不同类型的线性方程和它们所对应的幂级数可举例如下:

$\frac{d^2x}{dt^2}+0=0$ 线性函数解 $x(t)=At+B$

$\frac{d^2x}{dt^2}+x=0$ 三角函数解 $x(t)=\sum_{n=0}^{\infty}(-1)^n\frac{t^{2n+1}}{(2n+1)!}$

$\frac{d^2x}{dt^2}-x=0$ 指数函数解 $x(t)=\sum_{n=0}^{\infty}\frac{x^n}{n!}$

$\frac{d^2x}{dt^2}+tx=0$ 艾里函数解 $x(t)=1+\sum_{n=0}^{\infty}\frac{3^{-2n}t^{3n}}{n\left(n-\frac{1}{3}\right)\left(n-\frac{4}{3}\right)\cdots\left(\frac{2}{3}\right)}$

$\frac{d^2x}{dt^2}+\frac{1}{t}\frac{dx}{dt}+x=0$ 贝塞尔函数解 $x(t)=\sum_{n=0}^{\infty}\frac{(-1)^n(t/2)^{2n}}{n!n!}$

在一种形式的意义上,这些方程已经被"解"出来了. 然而,令我们感兴趣的往往不是解的精确代数形式,而是解的一般性态,这些性态用幂级数可能表现不出来. 例如,一个指数函数解和一个正弦曲线解的主要差别是，一个是无限增大，而另一个则在两个固定值之间振荡. 这种定性的性态其实可以让我们更好地从直觉上理解一个解到底是怎么回事，而并不需要知道函数在每一处的准确值. 具有讽刺意味的是，仅给出一个解的幂级数，要确定这个解的这种定性性质却可能是非常困难的. 我们必须根据幂级数画出这个函数的图像，而对于 x 取大值时收敛速度慢的级数，这件事会变得很麻烦. 因此，就真正理解一个方程而言，即使给出一个线性问题的一个代数解，其作用可能也是有限的，而且如果方程变为非线性的，我们得到的信息就会更少. 于是我们将放弃寻求显式解，而代之以着手探求以下这种类型的问题：

- 一个特定微分方程的解的定性性态是什么？
- 是不是存在着什么解是有界的？
- 有什么解是周期的吗？
- 有什么解有着平稳点（即导数为零的点）吗？ 如果有，它们是什么类型的？
- 如果我们改变微分方程中的常数，解会怎样变化？

尽管这种处理过程对线性方程往往是很有用的，但在非线性微分方程（要得到它们的任何精确解通常极其困难）的研究中它是绝对必要的. 定性方法是我们唯一的希望. 不用说，"定性"无论如何也不意味着模糊混乱的论证：在我们的探索过程中，我们将发现某种有趣的、深刻的、精确的数学.

4.6.2 相空间与轨道

设一个非线性微分方程有一个解 $x=f(t)$. 那么观察这个解的一个有效而常见的方法是，把它画为一幅 x 随 t 变化的图像，这样，解在总体上的全局性态就一目了然了. 然而，还有一种思考这个问题的方法：设图像曲线从不与自己相交，那么只要给出导数 $\frac{\partial x}{\partial t}\equiv\dot{x}$ 在每一点 $x(t)$ 的值，我们就可以重新构造出整个解. 于是我们可以等价地画出一幅 $\dot{x}$ 随 x 变化的图像. x 随 t 变化的图像生活在位置空间，因为这幅图像标志了函数的位置.

出于不怎么明显的命名理由，$\dot{x}$ 随 x 变化的图像所驻扎的空间称为相空间①. 虽然相空间中的曲线看上去与位置空间中的完全不同，但位置空间曲线与相空间曲线就它们所包含的信息而言是完全等同的. 要看清这些思想是怎样付诸实施的，我们考虑一些常见函数从位置空间到相空间的“翻译”（图 4.27）.

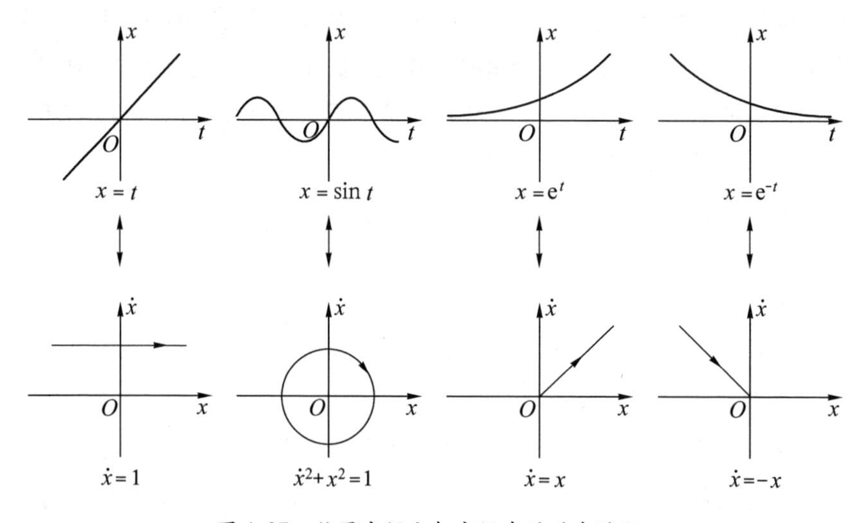

图 4.27　位置空间和相空间中的动态过程.

相空间表示法很有用的原因之一是，方程的解可以被认为具有某种与这些解相联系的流，在图像上用箭头表示. 这些箭头显示了变量 $x(t)$ 和 $\dot{x}(t)$ 随基本参数 t 的增大而变化的方向. 这使得我们可以容易地将解随时间增长的性态直观化：它变成了一个动态过程，从中我们可以看到解是怎样从一些初始条件开始演化的. 例如，在相空间中，我们看到一个指数式衰减的解随着时间的增长趋于一个固定值（原点），动态过程终止，而一个指数式增长的解则直奔无穷大. $x(t) = \sin t$ 这个解对应着相空间中沿着一个圆周的永恒流. 这是因为 $\sin t$ 是周期函数，而且绝不会衰减到零也不会趋于无穷大.

定性工作是这些思想的进一步扩展，目标是发现相空间的基本的底

① 对于周期解，点 $(x, \dot{x})$ 标志着轨道的既定“相（位）”. ——原注

座结构:是不是存在着闭路?流是不是趋于一个常值?是不是存在着不动点……?这可以告诉我们大量关于任何准确解是什么形式的信息:例如,如果在相空间中存在一个闭路,这就告诉我们这个微分方程有一个周期解.另外,在同一幅相图中画出大量的流,我们就可以一目了然地看到方程的性态是如何随着初始条件的改变而变化的.

4.6.3 画出相空间轨道图

那么我们怎样对一个给定的问题画出相空间呢?在前面的例子里这件事是很容易的,因为我们已经知道了解的精确形式.不幸的是,我们往往要将定性方法用于那些我们无法解的方程!相空间方法的威力在于,在许多情况下我们只要考察一下使流平稳即$\dot{x}=0$的小点集,就可以分析相空间的全局结构了,根本就没有必要来明确地求出任何解.

4.6.3.1 一阶非线性微分方程

我们从一个一阶方程着手.根据定义,它的导数项只含有一阶导数.一阶方程是很容易对付的,因为通过一些整理,它总可以重写成这样的形式:

$$\dot{x}(t)=f(x(t),t).$$

如果这个方程中没有显式时间相关量,那么我们就可以直接画出$\dot{x}$随x变化的图像,而相空间轨道图立即根据下述方程画出:

$$\dot{x}=f(x).$$

一阶系统的一个好例子来自放射性衰变,其中一个放射性质量体因发射出辐射粒子而导致的质量变化率$\dot{x}$与质量x成正比,因此有$\dot{x}=kx$,k是某个常数.在相空间中,这个方程就表示为一条斜率为k的经过原点的直线.

4.6.3.2 二阶非线性微分方程

在这一章中,我们到处都着重讨论了二阶微分方程,在这种方程所包含的项中至多求两次导数.现在我们将聚焦于没有显式时间相关量的二阶方程.既然流型完全由位置决定,那么经过每一点的流线必定是唯一的,除非流速为零,因此我们知道流线不会相交,除了在平稳点.这种类型的一般方程写为

$$\ddot{x}=f(x,\dot{x}).$$

虽然一个像这样一般的方程看起来真是复杂得令人绝望,甚至无法着手分析,但是有一个聪明的技巧可让我们把它转化成一个由两个联立的一阶微分方程构成的方程组.为实现这一点,我们定义一个新变量 $y(t)$ 如下:

$$\dot{x}(t)=y(t).$$

既然 $\ddot{x}(t)$ 与 $\dot{y}(t)$ 是一回事,那么我们现在就可以把原来的二阶微分方程转化成一个对两个变量都是一阶的方程:

$$\dot{y}=f(x,y).$$

原来的二阶微分方程现在就等于下面这对偶联的一阶方程,对它们必须联立求解:

$$\begin{pmatrix}\dot{x}\\\dot{y}\end{pmatrix}=\begin{pmatrix}y\\f(x,y)\end{pmatrix}.$$

这两个方程告诉了我们 x 和 y 相互依赖的确切方式,而相空间就是一些 y 随 x 变化的曲线图像.虽然这组重新表述的简单方程在实质上与原来的方程是一致的,但是它的美在于人们可以用矩阵方法来寻求解在流的平稳点(即 $\dot{x}=\dot{y}=0$ 的点)附近的性态.让我们接下来通过一个例子来看看这组重新表述的方程可以是多么丰富多产.我们先来处理一个我们熟悉的线性方程,但是它带着我们不熟悉的装扮.

4.6.3.3 披着虎皮的简谐运动

简谐运动由下述微分关系式所控制:

$$\ddot{x}(t)+x(t)=0.$$

请回忆这种方程的任何一个解都是在两个固定值之间来回振荡.通过定义一个新的坐标 $y(t)=\dot{x}$,我们可将这个二阶方程重新整理成一个由两个一阶方程构成的方程组,对这两个方程必须同时求解.既然简谐运动方程是线性的,那么我们就能借助于一个常数矩阵把导数 $(\dot{x},\dot{y})$ 同时与

(x,y)相联系：

$$\begin{pmatrix}\dot{x}\\ \dot{y}\end{pmatrix}=\begin{pmatrix}y\\ -x\end{pmatrix}=\begin{pmatrix}0&1\\ -1&0\end{pmatrix}\begin{pmatrix}x\\ y\end{pmatrix}.$$

现在我们遇到了一个美妙的一般性理论.从向量的角度看,这样的一个方程可以看成是下述线性方程的一个特例：

$$\dot{\boldsymbol{x}}=A\boldsymbol{x}.$$

其中 A 是任意常数方阵. 与一维的情况类似，我们可以借助于矩阵 A 的指数函数写出这个矩阵微分方程的一个通解. 矩阵 A 的指数函数是用指数函数的幂级数来定义的：

$$\boldsymbol{x}(t)=(\exp At)\boldsymbol{x}(0),\ \text{其中}\ \exp(At)=\sum_{n=0}^{\infty}\frac{t^n}{n!}A^n.$$

将这个结果应用于手头这个具体的简谐运动方程,在做了一些计算幂级数的工作后,我们求得

$$\boldsymbol{x}(t)=\begin{pmatrix}x(t)\\ y(t)\end{pmatrix}=\left(\exp\begin{pmatrix}0&t\\ -t&0\end{pmatrix}\right)\boldsymbol{x}(0)=\begin{pmatrix}\cos t&\sin t\\ -\sin t&\cos t\end{pmatrix}\begin{pmatrix}x(0)\\ y(0)\end{pmatrix}.$$

既然$\begin{pmatrix}\cos t&\sin t\\ -\sin t&\cos t\end{pmatrix}$是表示一个旋转的矩阵,那么我们就得出结论:$\boldsymbol{x}(t)$就是向量 $\boldsymbol{x}(0)$的一个旋转,在这种情况下 $\boldsymbol{x}(t)$的长度平方 $x(t)^2+y(t)^2$ 是个不随时间变化的常数. 于是我们看到,简谐运动系统的相空间轨道图(图 4.28)由一系列圆心在原点的圆周给出,这些圆周的半径由初始条件$(x(0),y(0))$决定.

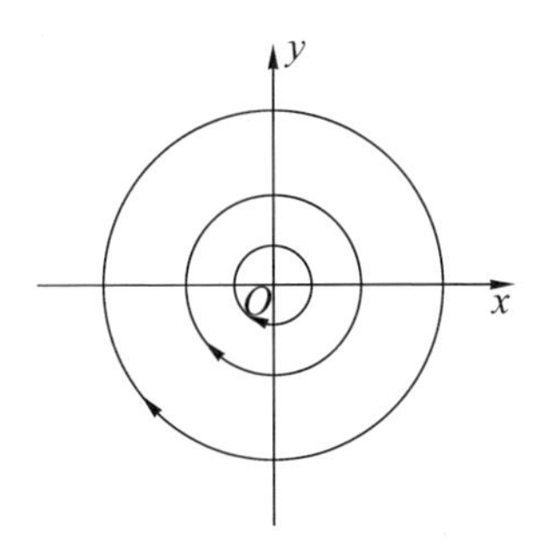

图 4.28　简谐运动的相空间.

4.6.3.4 非线性方程的例子

现在让我们考察上述例子的一个非线性推广：

$$\ddot{x}+x-x^2=0.$$

虽然这个方程没有直接的解析解，但我们可以通过画相空间轨道图来对这个方程的解的性态获得一个很好的了解. 我们定义$\dot{x}=y$，将这个系统转化为由两个一阶方程构成的方程组：

$$\dot{x}=y,$$

$$\dot{y}=-x+x^2.$$

要画出相图，先认真地思考一下它的真正意义其实是很有帮助的①. $x-y$相平面上的每条轨道都是这两个偶联方程的一个特解. 最简单的轨道是那些x和y都是常数的轨道，它们分别对应着一个*不动点*或称*平稳点*. 因此让我们首先考察这些最简单的情况. 要求出平稳点，我们只要解$\dot{x}=\dot{y}=0$，这立即让我们得到$x=0$或1和$y=0$这些值. 于是这就为我们提供了相图上的两个点(图4.29).

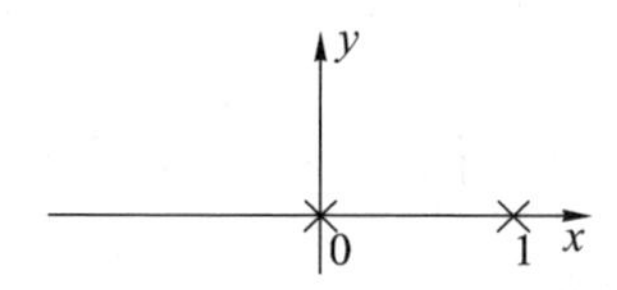

图4.29 相空间流的不动点.

现在让我们开始大胆地离开这些不动点，稍稍深入地探索一下相空间. 在平稳值附近，方程中的非线性项将非常小. 忽略这些非线性性，我们就可以求得平稳点周围的流的近似线性形式. 先让我们在坐标原点(0,0)附近探究这个方程. 在非常接近原点的地方，我们可以令$(x,y)=(\varepsilon,\eta)$，其中ε和η是非常小的变量. 然后我们将这代入原方程，并忽略新变量的所有平方项或更高次项，因为它们是如此之小. 这让我们得到方程

---

① 数学中的一条金科玉律是，在求解之前先要理解问题. 奇怪的是，这个看来显然的规则经常被忽略！——原注

$$\dot{\varepsilon}=\eta,$$

$$\dot{\eta}=-\varepsilon.$$

既然这些方程是线性的,那么我们可以很容易把它们解出来,得到

$$(x(t),y(t))=(\varepsilon(t),\eta(t))=(\lambda\sin t,\lambda\cos t),$$

其中 λ 是任意实数. 当然,随着我们走得越来越远离点(0,0),非线性项就开始改变这个解. 然而,对于很小的 λ,这是一个很好的近似解,而且我们看到流将大致上是围绕着原点的圆周.

第二个平稳值在 $(x,y)=(1,0)$. 在非常接近这个点的地方,我们可以定义新变量,使得 $(x,y)=(1+\varepsilon,\eta)$,其中 ε 和 η 仍然是非常小的变量. 将这些变量代入方程,并忽略所有的平方项,就让我们得到在(1,0)附近的线性化方程:

$$\dot{\varepsilon}=\eta,$$

$$\dot{\eta}=\varepsilon.$$

我们可以用指数方法来正式地解这个方程组,但是在这个例子中,只要审视一下这个方程就可以看出解是 $(\varepsilon,\eta)=(\lambda e^{t}+\mu e^{-t},\lambda e^{t}-\mu e^{-t})$,其中 λ 和 μ 是常数. 既然表达式 $(x,y)=(1+\varepsilon,\eta)$ 只是对于 ε 和 η 的小值才是一个有效的近似,那么我们必须在 t 取小值的前提下考虑问题,在这种情况下,ε 和 η 线性地增长. 因此在平稳点(1,0)周围,流线看上去就是直线. 这个解可以流向平稳点,也可以从平稳点流出,这依赖于 λ 和 μ 的具体取值. 让我们将这些信息画在相图上(图 4.30).

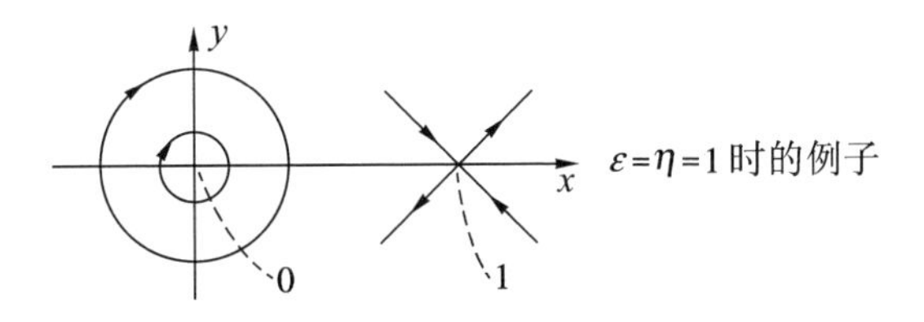

图 4.30 一个不动点附近的相空间流.

好,我们现在掌握了这个完全非线性方程的解在平稳值附近的小区域内的性态. 正如我们将要论述的,这些信息其实足以推断出整个相空间的形式! 支持这一大胆说法的论据是,给出这个二阶方程的任意初始数

据 $x(0)$ 和 $\dot{x}(0)$，解的整个演化过程就被唯一地确定了. 如果初始点没有对应着平稳值，那么有关的数据就会随着时间的变化流向另外某个点，而且，既然这个流是唯一确定的，那么经过点 $(x(0),\dot{x}(0))$ 的流线将只有一条. 于是我们得出下述结论：

- 流线不可能相交，除非在不动点处.

此外，我们不加证明地引述下面这个在直觉上看来是正确的定理：

- 在一条周期轨道内部的区域至少包含一个不动点. 而且，如果一条轨道进入一个有限区域而后来没有离开这个区域，那么在这个区域中至少也有一个不动点.

这种方法的美在于，在许多情况下，解在不动点附近的性态规定了它在整个相平面上的形式①：我们基本上用"连点成线"方法的一种改进形式就完成了这幅相轨道图(图 4.31).

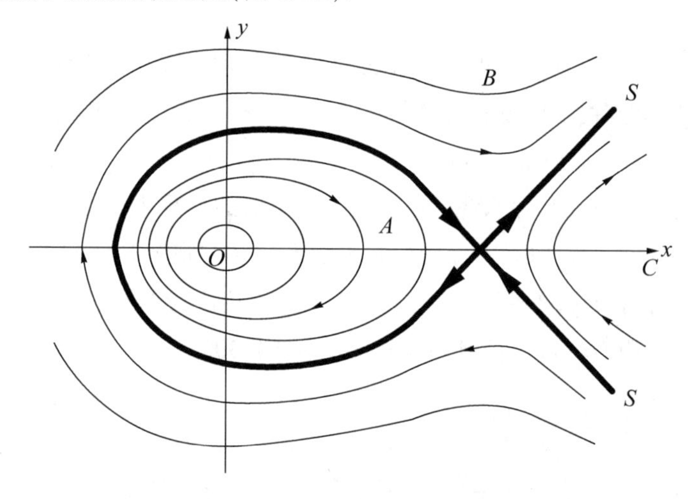

图 4.31　一幅完整的相空间轨道图.

① 我们将不专门详细论述那些会发生问题的情形：在那种情形下，如果存在着许多不动点，那么有时会有好几个"拓扑不同的"流，它们在不动点附近的性态却是一致的. 此外，对于混沌方程来说，开始在一起要多接近就有多接近的流线，最后可能会分离得要多远就有多远. 我们不考虑这种对初始条件具有敏感依赖性的方程，有关的理论很难. ——原注

从这幅图我们可以清楚地看出,相空间中有四个不同的区域. 在区域 A 中,所有的解都是周期的. 在区域 B 和 C 中,我们看到所有的轨道最终都流向无穷远处的什么地方;它们不可能形成闭路,因为在这些区域中没有平稳点①. 最后,有一条“极限”轨道 S,它将区域 B 中的轨道与区域 C 中的轨道分开. 由于这个原因,S 被称为分界线.

作为对这个例子的一个最后的评说,请注意将原方程乘以$\dot{x}$ 就能让我们对这个方程积分一次,这使得在每条轨道上$\dot{x}/2 + x/2 + x^2/3$ 是个常数. 将这些精确解曲线画到这幅相图上,与我们这幅图的定性形式是相符的.

4.6.4 不动点附近的一般流型

显然非线性微分方程在其不动点处的性态是十分重要的. 在不动点附近,方程大致是线性的,而我们可以解出适当的线性化方程,从而求出流在不动点处的近似形式. 在许多情况下,这个信息可被扩展而产生解在整个平面上的形式. 一般来说,如果在(x_0, y_0)有个不动点,那么我们就引入小变量来表示对于这个不动点的偏离程度,从而将那个偶联方程组线性化. 也就是说,令$(x, y) = (x_0 + \varepsilon, y_0 + \eta)$,代入得

$$\begin{pmatrix} \dot{\varepsilon} \\ \dot{\eta} \end{pmatrix} = A \begin{pmatrix} \varepsilon \\ \eta \end{pmatrix}, \quad A \text{ 是一个常数矩阵.}$$

我们可以写出用到这个常数矩阵的指数函数的解,但这是一件艰苦的工作. 如果我们能回想起我们在学习代数时遇到的一个思想,我们的日子就会好过得多. 这个思想是:如果我们选取自然的基坐标方向来描述问题,那么任何矩阵就会取一种特殊而简单的形式. 这些方向由特征向量 $\boldsymbol{v}$ 给出,$\boldsymbol{v}$ 由下式定义:

$$A\boldsymbol{v} = \lambda \boldsymbol{v}.$$

为了求出这些特殊方向,我们必须首先求出特征值 λ,它们满足

---

① 至于每一条流线走向无穷远的确切方向是什么,这个问题一般不容易回答. ——原注

$$|A-\lambda I|=0.$$

用这种普遍性理论进行的一种分析表明,矩阵在特征向量基上,根据其特征值是实根、虚根和重根而有着三种不同的“正规形”:

$$\underbrace{\begin{pmatrix}\lambda_1 & 0\\ 0 & \lambda_2\end{pmatrix}}_{\lambda_1\neq\lambda_2},\underbrace{\begin{pmatrix}\lambda & 1\\ 0 & \lambda\end{pmatrix}}_{\lambda_1=\lambda_2=\lambda},\underbrace{\begin{pmatrix}x & -y\\ y & x\end{pmatrix}}_{\lambda=x\pm iy}.$$

分别对这些情况求出解的形式是一件很容易的事,这就为我们给出了一张关于不动点周围各种类型的流的一览表(图 4.32).

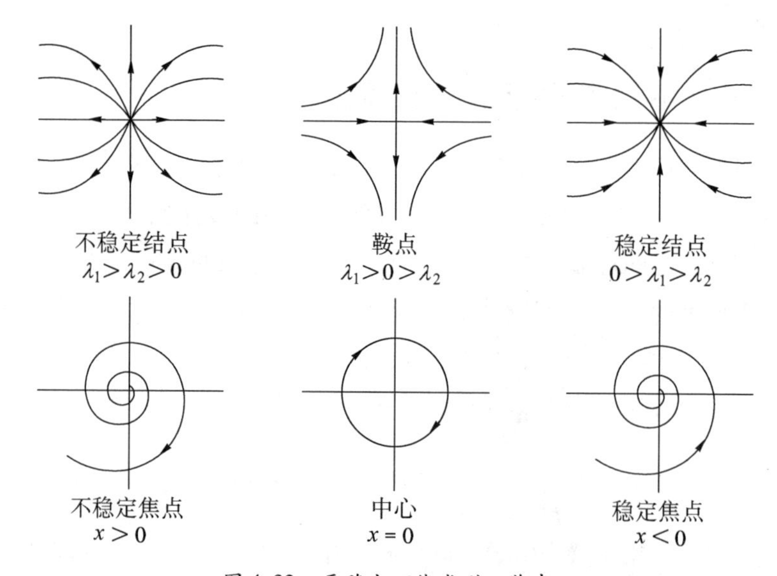

图 4.32　平稳点可能类型一览表.

这张一览表可用来以下述方法确定任何给定矩阵 A 的准确类型. 既然我们仅在二维空间中研究,那么很容易为一个一般矩阵 $A=\begin{pmatrix}a & b\\ c & d\end{pmatrix}$ 的特征值方程写出一个显式表达式:

$$|A-\lambda I|=0\Rightarrow\lambda^2-(\mathrm{tr}A)\lambda+\det A=0.$$

这个表达式涉及矩阵的行列式 $ad-bc$ 和对角线元素之和 $\mathrm{tr}A=a+d$(称为迹). 对于实特征值,我们要求 $(\mathrm{tr}\,A)^2-4\det\,A\geqslant 0$. 以行列式与迹为坐标建立一个笛卡儿坐标系,就为我们给出了一个确定平稳点类型的简单方法(图 4.33).

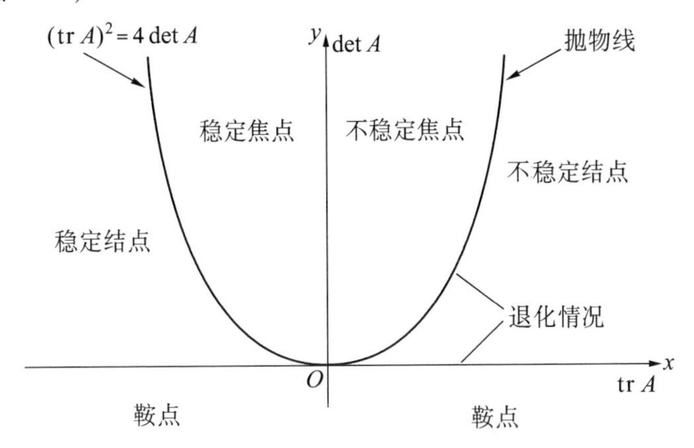

图 4.33 根据矩阵 A 确定平稳点的类型.

4.6.5 例子:猎食方程

我们用来自生物学的一个有趣例子——猎食方程来结束这一章. 这个例子特别有感染力,因为它表现了人们会怎样设法建立一个微分方程来作为现实世界系统的模型. 在一个捕食者与猎物共存的环境中,有两个相互竞争的物种:吃草的土豚和吃土豚的熊. 土豚在某特定时刻 t 的数量称为 $a(t)$,而熊的数量记作 $b(t)$①. 在这个系统中有两种独立的竞争形式. 首先,存在的熊越多,土豚的总数就增长得越慢,因为越来越多的土豚要被熊吃掉. 反之,存在的土豚越多,熊就能越快地捕捉到它们并吃掉它们,这导致了熊的总数的增长. 这些效应是非线性的,依赖于每个物种的数量. 在没有猎物或捕食者的情况下,控制每个物种增长率的方程是线性方程:没有熊会导致土豚总数的某种增加,而没有土豚会导致熊的总数的某种减少. 但增补了上述非线性项后这些方程变成了非线性方程. 插入一些表示这些过程中特定变化率的数,我们就能为这个系统建立一个模型如下:

① 我们将把 $a(t)$ 和 $b(t)$ 这两个量看成连续函数,而且不以动物数量为分数甚至无理数时的意义而自寻烦恼. ——原注

$$\dot{a} = 6a - 2ab,$$
$$\dot{b} = -2b + 3ab.$$

这个流的不动点是$(a,b)=(0,0)$和$(2/3,3)$. 容易证明在这些点周围的线性化处理产生了常数矩阵

$$A_{(0,0)} = \begin{pmatrix} 6 & 0 \\ 0 & -2 \end{pmatrix},\ A_{(2/3,3)} = \begin{pmatrix} 0 & -4/3 \\ 9 & 0 \end{pmatrix}.$$

这些矩阵已经是(或差不多是)前一节讨论过的正规形之一,参看一下我们的一览表即可知这两个平稳点周围的流的类型:我们在原点有一个鞍点,有着沿土豚轴向外的流;而在第二个平稳点我们有一个中心. 我们还注意到在这个场景中 $a=0$ 和 $b=0$ 这两根轴本身也是流线,所以它们始终分隔着相空间的各个象限(图 4.34).

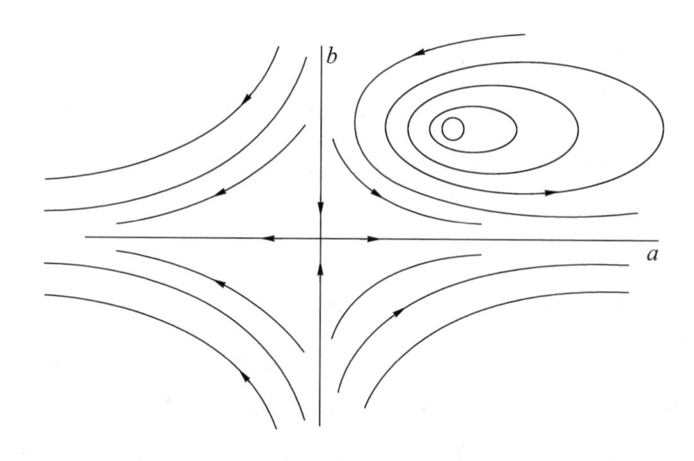

图 4.34 土豚–熊相空间.

既然有了相空间,就让我们来解释一下! 因为我们不可能让熊或土豚的数量为负数,所以解的与物理世界相关的部分是 $a>0, b>0$. 幸运的是,既然直线 $a=0$ 和 $b=0$ 本身也是流线,那么物理世界的流与非物理世界的流永远是分离的. 于是在物理世界的区域内,我们看到对于各自任意的初始数量,土豚和熊协调地生活着,每个物种的总数周期性地增加和减少:熊的数量有所增长就会导致土豚的数量增长有所减慢,而土豚的数量有所增长就会导致熊的数量也有所增长,这些过程总是处于一种不断重

复的波动状态.

4.6.6 相互竞争的食草动物

现在让我们考察一个据认为比较文明的例子:一个岛上有着一定数量的绒毛兔和卷毛羊. 既然这些动物生活在一个岛上,那么只有有限量的草可供食用;每个动物都要与其他任何一个动物竞争食物. 有关的控制方程大致上是下面这个样子:

$$\dot{r} = B_r r - R_r r^2 - R_s rs,$$

$$\dot{s} = B_s s - S_s s^2 - S_r rs.$$

在这个系统中,B_r 和 B_s 是表示每个物种繁殖率的数,R_r 是兔子与兔子竞争食物的能力,R_s 是兔子与羊竞争食物的能力. 对于羊的竞争能力,也用类似的符号表示. 让我们设法求出这个一般兔-羊流的不动点. 既然所有的常数都正的,那么我们可以看到

(1) 在原点处总有一个不动点. 此外,在$(B_r/R_r, 0)$处和$(0, B_s/S_s)$处总会有一个不动点. 很容易看出沿着这些轴的流被原点所排斥而被其他不动点所吸引.

(2) 至多还存在一个不在轴上的不动点,它在下面这个点处:

$$(r, s) = \left(\frac{B_r S_s - B_s R_s}{R_r S_s - R_s S_r}, \frac{B_s R_r - B_r S_r}{R_r S_s - R_s S_r}\right).$$

对于这个物理系统,我们要考虑的是位于象限 $r, s > 0$ 的流. 需要注意的第一点是:在这个区域,流线绝不可能走向无穷大. 关于这一点的理由是,当有着非常大量的兔子和羊时,二次项将如下掌控这个方程:

$$\dot{r} \sim -R_r r^2 - R_s rs < 0, \quad \dot{s} \sim -S_s s^2 - S_r rs < 0, \quad r, s > 0.$$

结果是,一旦这个岛上兔子和羊的数量足够大,那么它们的总数就必定开始下降. 因此在第一象限内没有流会趋向无穷大. 还有两个进一步的可能性.

(1) 第一象限内没有不动点

如果这个象限内部没有不动点,那么每条流线最终必定趋于轴上的一个不动点,在这个点处,有一个物种会灭绝. 要知道这件事为什么会必

定发生,我们假设流线与轴永不相交.既然流线既不能趋于无穷大也不能趋于这个区域内的一个点,那么对于一个连续解来说,其他的合理结果只能是:流线形成一个周期性的闭路或者进入一个有限区域而再也不从里面出来.然而,这种情况不可能发生,因为我们知道在任何闭路或者任何这种区域的内部什么地方至少存在一个不动点,这就与假设产生了矛盾.因此,所有的流线最终会在轴上的一个不动点处终止,于是有一个物种注定要灭绝.

(2) 第一象限内有一个不动点

为了探究当第一象限有第四个平稳值时的流,我们需要通过线性化过程来弄清楚这个内部不动点的性质.我们将忽略这个有点儿例行公事的计算的详细过程,直接跳到结果部分,这时有两个基本场景(图 4.35):

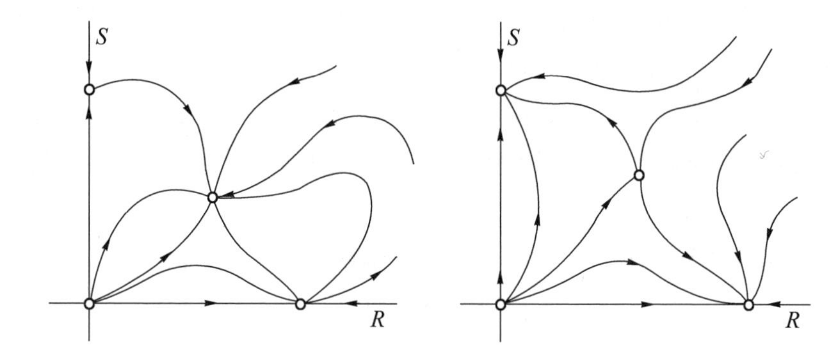

图 4.35 兔-羊相空间.

在第一幅图中,羊和兔子和平共处:所有的流线都趋于同一个不动点.因此,不管羊或兔子的初始数量是多少,这个演化过程总会到达一个唯一的最终状态.这是一个稳定的终点,因为任何背离这个不动点的流线终将再次回到这个不动点.在第二幅图中,当中的那个不动点是不稳定的:一对趋于这个平衡点的流线稍有分离,其分离程度早晚会扩大.因此,除了在一个点可极其勉强地共存外,羊和兔子简直不能一起生活:从本质上说,不管动物的初始数量是多少,要么是绒毛兔,要么是卷毛羊,总有一个物种要被命运驱向灭绝.

总之,我们看到,一个如前所讨论那样的猎食系统总是可以预测的,因为存在着关于动物总数的一个永久的增减循环. 任何一个物种都不可能灭绝. 而这里的竞争食草动物系统则暗藏着较大的凶残性:在许多情况下有一个物种将被驱向灭绝. 然而,假如这两个物种可以在一起生活的话,那么这个演化过程将只有一个可能的终点. 在我们这个系统中,这两种食草动物要么是势不两立的冤家,要么是和谐相处的睦邻.

第5章　概率

在所有用人类智能进行研究的领域中,数学是十分独特的,因为它讨论确定的事情,方法是在一些给定的具体而确切的初始前提下,作出同样具体而确切的陈述. 其他没有一门学科能享用这种奢华的肯定性. 例如,科学基本上是基于对物理世界的观察,然后创建理论以解释收集到的数据. 然而,没有一位科学家能诚实地宣称一个已建立的理论形成了一种绝对的真理,这种真理决不会在进一步的仔细审查下需要调整,更不会被全部推倒. 历史学中汇集了过去事件的有关事实,但对这些史实的解释总是有着争议. 最后,尽管宗教号称在普施绝对真理,但要说服一位对这种确定的东西抱怀疑的人也不是一件容易的事情！数学的美就在于,任何一位理智的读者都会认定一条数学陈述是成立还是不成立①:方程 $x^2-4=0$ 有两个实数解,这可以说是绝对没有问题的;而且我们当然用不着为 2 加上 3 所得到的结果而心烦得彻夜难眠;答数不就是 5 嘛. 那么,我们准备怎

① 事实上,对逻辑的一种深刻研究表明,给定任何一种算术形式系统,人们总可以写下一些不可判定的陈述:这意味着对这些陈述是成立还是不成立的证明不为这个原先产生这些陈述的系统所容纳！因此这个成立不成立的问题不可能有回答. 除了对最抽象的数学,这样的论题几乎没有什么影响. ——原注

样用数学去描述涉及随机因素的事件呢？在现实世界中，而且当然是在事物的人类尺度，偶然事件在生活中扮演了一个重要的角色. 概率论就是用数学对这些现象进行的研究. 让我们设法理解怎样可以用数学的确定性来描述随机的过程.

5.1 概率论的基本概念

我们遇到许多以日常生活为背景的情形，在这些情形中结局是未知的. 今天晚些时候会下雨吗？高速公路上会发生交通堵塞吗？去银行办理业务需要排队吗？我买彩票会中奖吗？从表面上看，这些问题中有一些可能看上去相当难，甚至不知道怎样着手回答. 这是因为它们实在要求过高！像通常那样，在考虑一个问题的数学提法时，我们应该从简单的情况着手，然后争取建立起自信心去对付复杂的情况.

因此让我们首先考虑掷一颗常规骰子这个合宜"干净"的例子. 虽然我们不能确切地预测结果，但我们可以准确地描述这个问题：存在着六个互不相关的可能结果，而且在骰子质量均匀的前提下，每种结果看来应该是等可能的. 我们用来征服一种偶然现象之随机性的方法并不是仅考察实际发生的结果，而是要考察所有可能的结果. 我们把这些可能的结果组成一个样本空间，记为 Ω：

$$\Omega=\{1,2,3,4,5,6\}.$$

对于样本空间中的每一个点我们指定一个概率，它确定的是，当这个随机事件的发生次数非常大时样本空间中每一个元素的发生次数在其中所占的分数. 既然在骰子质量均匀的情况下，每一个结果应该与其他任何一个结果有着同样的可能，那么平均来说，每一个点数就应该每 6 次出现 1 次. 于是概率就被写成分数 $P(1)=P(2)=\cdots=P(6)=\frac{1}{6}$. 掷这样的一颗骰子所得的某个结果称为 ω，它当然处在样本空间 Ω 中.

我们现在可以想象其中某些结果让我们特别感兴趣的情景. 于是一个重要的概念就是事件的概念，我们把它看作某个过程或试验的结果. 关于掷骰子的一个事件可以是"掷出一个奇数点"，在这种情况中，如果 $\omega=1,3$ 或 5，我们就成功了. 把导致这种成功的结果组成一个集合 $A=\{1,3,5\}$ 是非常明智的. 在一个基本的层次上，我们可以给这个集合 A 指定一个概率如下：

$$P(A) \equiv \frac{\text{使}A\text{中的事件可以发生的等可能方式的数目}}{\text{等可能的结局的总数}}.$$

我们知道一定有$0 \leqslant P(A) \leqslant 1$,而且当$A$仅包含不可能事件或者它是空集时$P(A)=0$. 如果$A$中的事件一定会发生,例如掷出的点数是正数,那么我们指定$P(A)=1$. 作为一个非平凡的例子,我们可以很容易看出事件A"骰子现出一个奇数点"和事件B"骰子现出一个素数点"的发生机会由$P(A)=P(B)=\frac{3}{6}=\frac{1}{2}$给出. 把"事件$A$和事件$B$同时发生"作为事件$C$. 只要对$C$的元素进行计数,然后除以样本空间的大小,即可知事件C的发生机会由$P(C)=\frac{2}{6}=\frac{1}{3}$给出(图5.1).

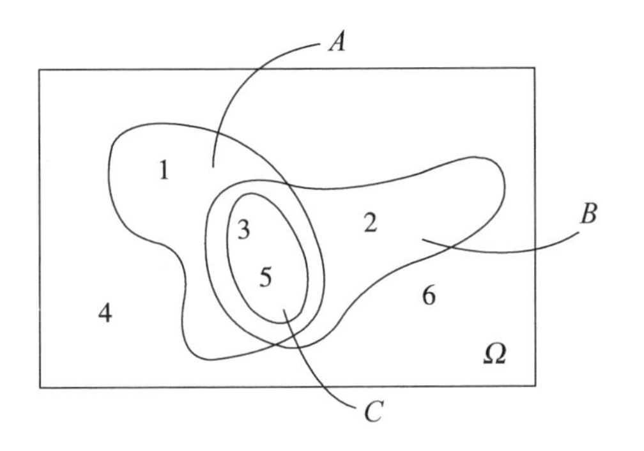

图5.1　基于掷一颗骰子的简单事件.

让我们用一个结局令人意外的例子来看看概率论的这些基本组合概念是怎样起作用的.

5.1.0.1　生日相同问题

假设有n个人参加一个聚会. 其中至少有两个人生日相同的概率是多少?

要着手回答这个问题,我们必须考虑怎样描述作为基础的样本空间Ω. 这一点是这样做到的:我们写下n个生日的所有可能的组合,一种组合就是样本空间的一个基本元素. 如果我们排除生日在闰年的可能,那么任何一个特定的生日可以发生在365天中的某一天. 我们假定对于每个人来说，生日在随便哪一天都是同样可能的①：

$$\Omega=\{(b_1,b_2,\cdots,b_n):1\leqslant b_i\leqslant 365\}.$$

这个样本空间真是非常大，它由 365^n 个不同的生日串组成，而每个生日串则由 n 个可能的生日排列而成. 我们对由这样一些可能事件(生日串)组成的子集 A 感兴趣：对于这些可能事件来说，一个生日串 ω 中至少有两个数 b_i 是相同的. 因此我们想要探究的这个子集就是：

$$A=\{(b_1,b_2,\cdots,b_n):\text{至少有一对 } i,j(i\neq j)\text{ 使得 } b_i=b_j\}.$$

既然各个不同的生日串$(b_1,b_2,\cdots,b_n)$是等可能地发生的，那么我们只需对集合 A 中的元素进行计数，然后除以可能生日串的总数，就能得到 $P(A)$. 事实上，直接对 A 进行计数是十分棘手的. 因此我们对一个较简单的相关集合进行计数，这个集合就是 $B=\{$由 n 个互不相同的生日排列而成的串$\}$. 显然，由实际的生日形成的任何一个结局ω 要么处在 A 中，要么处在 B 中，但不可能同时处在 A 和 B 中. 因此，集合 A 中可能事件的总数可通过关系式$|A|=|\Omega|-|B|$求得，这里$|\quad|$表示每个集合中的元素个数. 让我们完成对集合 B 的计数. 对于 B 中的每一个生日串，选择第一个数据 b_1 的方式有 365 种，选择第二个，b_2，有 364 种(因为它必须不同于第一个数据)，以此类推. 因此$|B|=365\times364\times\cdots\times(365-n+1)$，于是我们推出$|A|=|\Omega|-|B|=365^n-365\times364\times\cdots\times(365-n+1)$. 将这个数除以$|\Omega|$，我们得到概率

$$\begin{aligned}P(A)&=\frac{|A|}{|\Omega|}\\&=\frac{365^n-365\times364\times\cdots\times(365-n+1)}{365^n}\\&=1-\frac{364}{365}\times\frac{363}{365}\times\cdots\times\frac{365-n+1}{365}.\end{aligned}$$

概率论的一个很诡吊的特征是，答案常常就是以一个数的形式出现，如果不仔细考虑，很容易得出一个错误的答数. 由于这个原因，让我们检验一下我

① 生日的实际分布可能有某种季节上的变化，但假设它接近于均匀分布似乎还是合理的. ——原注

们的答案是否合理①. 显然,增大 n 的值,导致从 1 中减去的那个分数减小,这正如我们所预期的. 因此生日相同的概率随着 n 的增大而增大. 此外,当 n 变成 366 时,必定有两个人共享同一个生日,从数学上说就是概率为 1. 最后,如果 $n=2$ 时,那么从这个等式就得出 1/365,这当然是正确的.

现在让我们看看我们这个结果的一个有趣的特例:由于 $P(A)>\frac{1}{2}\Leftrightarrow n\geqslant 23$,所以当 n 大于或等于 23 时,有两个人生日相同的可能性就过半. 如果房间里有 70 个人,那么有两个人共享同一个生日的机会就大到 99.9%. 许多人对这些人数居然如此之小感到意外,这凸显了我们对随机事件的直觉可能很容易误导我们. 一幅反映了这个概率怎样随 n 而增大的图像由图 5.2 给出.

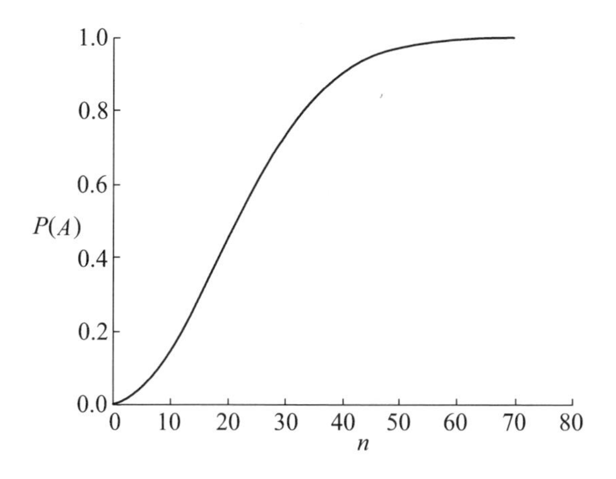

图 5.2　至少有两个人共享同一个生日的概率随人数 n 而变化的图像.

5.1.1　两个作为警示的例子

尽管你可能对前述结果感到意外,但概率论的基本概念还是很直观的. 这可能既是一件幸事又是一件祸事:说是前者,是因为很容易在一开始就认真投入这门学科的学习;说是后者,是因为当需要有更正规更严格

① 对答案调查研究一番,看看它们是否合理,这是高等数学的一个本质特征. ——原注

的推理时,人们往往会错误地依赖于含糊其词的论据,于是,人们很可能不幸地被引入歧途,就像下面的例子所揭示的那样.

5.1.1.1 比赛中止问题

设想阿瑟和鲍里斯进行一场斯诺克比赛,他们两人技艺相当. 谁先拿下 10 局谁胜,并可获得 1000 英镑的奖金. 然而,在比赛中,有几局打得时间过长,比赛不得不中止,这时的比分为 8:7,阿瑟领先. 现在问题来了:这笔奖金该如何分配?

一个明智的做法并不是根据已赛成绩来分配这一大笔钱,而应该是考虑比赛如果继续进行下去直到结束所会发生的所有可能的情况. 用 A 和 B 分别表示阿瑟和鲍里斯赢得一局,我们看到这些可能的续完情况是:

$$\underbrace{AA,ABA,ABBA,BAA,BABA,BBAA}_{\text{阿瑟胜}}\quad\underbrace{ABBB,BABB,BBAB,BBB}_{\text{鲍里斯胜}}$$

既然阿瑟在六种可能的续完情况中获胜,而鲍里斯是四种,这意思似乎是这笔奖金应该按 6:4的比例分配,即阿瑟得六成,鲍里斯得四成. 虽然鲍里斯有点倒霉,但这种看问题的方式其实是错误的,原因在于比赛的这些续完情况不是等可能的. 为什么? 因为比起一个四局的续完情况来,应该以某种方式给一个只有两局或三局的续完情况指派更大的权重. 要明白这一点,我们指出公正的做法是注意到余下可能要进行的比赛应该总是有四局. 因此我们对等可能续完情况的调研应该在这些四局的比赛上进行,并且根据有多少种四局比赛是阿瑟至少赢了其中两局,或者有多少种是鲍里斯至少赢了其中三局来分配这 1000 英镑的奖金. 关于四局比赛中每局谁赢的各种情况,可以分组如下:

1	4	6	4	1
AAAA	***AAAB***	***AABB***	*ABBB*	*BBBB*
	AABA	*ABBA*	*BABB*	
	ABAA	*ABAB*	*BBAB*	
	BAAA	*BABA*	*BBAB*	
		BAAB		
		BBAA		

现在我们很容易看出,事实上有四种续完情况可以产生用前述计数方法求得的 *AA* 即阿瑟先连赢两局的情况,因此这个结果发生的可能性实际上是(举例来说)*ABBA* 这个序列的四倍. 用正确的计数方法得出的结果是:阿瑟总共有 11 种情况能获胜,而鲍里斯有 5 种. 既然这些比赛续完情况显然是等可能的,那么公平的奖金分配比例就是11∶5. 历史上,这个问题首先是被帕斯卡所正确解决的,而且它表明在确定两个事件是不是等可能时必须万分小心.

5.1.1.2 门和山羊的问题

考虑一个在 $\sqrt{2}$频道播出的低成本电视游戏节目,叫做"这只山羊是幸运之星!",大奖就是一只山羊①. 节目场景中设置了三扇门,每扇门后是一个房间. 其中一个房间里放着这只山羊,另两个房间是空的. 你来到了决定性的关头:游戏节目主持人请你在这三个房间中挑选一个,方式是把一个山羊图案贴在这个房间的门上. 显然其余两个房间至少有一个是空的. 游戏节目主持人事先知道那只山羊放在哪个房间,现在他在余下的两扇门中有意打开了一扇空房间的门. 这时你可以做一个选择. 如果你能猜出哪个房间放有山羊,你就赢了. 哪一种做法对你最有利:是坚持你当前所选择的门不变呢? 还是应该改变主意,把你的山羊图案改贴到另一扇关着的门上呢?

既然现在只有两个房间供选择,并且你原先是随机地选择了你这扇门的,那么直觉似乎告诉我们,我们当前的选择赢得山羊的可能性与选择另一扇门是一样的. 因此改变主意是没有意义的. 这就**错了**. 每遇到这种情况,你应该总是改选另一扇门. 虽然这可能令人困惑,但下面的论证会让你明白情况就是这样:如果你坚持你的第一选择,那么当你这个第一次猜测是正确的时候,你就赢得了山羊. 这件事发生的可能性是三分之一. 如果你改变你的选择,那么只有当你的初始选择是错的时候你才能赢. 这

① 这个例子基于一个真实的游戏节目. 所述的这种策略导致了而且仍然导致着许多争论. 这里我们给出正确的论证……——原注

件事发生的可能性是三分之二. 因此,改换一扇门使你赢奖的机会翻了一番.

一旦我们理解了这个既狡猾又蛊惑的问题,我们就会遇到一个表面上的悖论:如果游戏节目主持人先是猜测应该打开哪扇门,然后打开这扇门,结果是一个空房间,那么这时你改变选择和坚持原来的选择而赢得山羊的可能性各是二分之一. 这两种情形的关键差别在于,在第二种情形中,你的两次选择之间有一个随机事件发生,但在第一种情形中没有.

正如这些例子所表明的,当我们试图用直觉思考概率论中的问题时,一定要非常小心,因为常识往往会误导我们. 要消除不确定性,我们必须设法用一种仔细而严谨的方式去定义概率论的概念.

5.2 严格的概率论

当我们潜心于诸如掷骰子、抽扑克牌之类的过程时，我们很清楚应该对各种事件指定什么概率. 可以想见的是，概率并不总是这样简单，因为不是所有的样本空间都包含着等可能的基本事件. 关于概率的一个更普遍的定义需要以一种一致的方式对 Ω 的每一个可能的子集指定一个概率，这些子集对应着各种可能事件的成功发生. 现代概率论从根本上说是建立在这种集合论方法的基础上的. 这种系统化构建方法的美在于，当我们考虑许多不同事件的发生条件是不是能被一个试验的某个特定结局 ω 所满足时，事情就变得简单了：要两个事件 A 和 B 同时发生，我们就需要结局 ω 同时处在对应着 A 和 B 的子集中. 于是我们需要这个结局处在交 $A\cap B$ 中. 如果我们要事件 A 和 B 至少有一个发生，那么我们就需要结局 ω 处在集合的联合体或者说并 $A\cup B$ 中的什么地方. 这些事件分别以概率 $P(A\cap B)$ 和 $P(A\cup B)$ 发生. 至于一个类似的问题，即如果事件 A 不发生，那么结局 ω 处在 A 的外面，这可写成整个样本空间除去 A，$\Omega\backslash A\equiv A^c$. 因此 A 不发生的概率由 $P(A^c)$ 给出，这里我们称 A^c 为 A 的补. 可以看到这些基本概念既自然又准确(图 5.3).

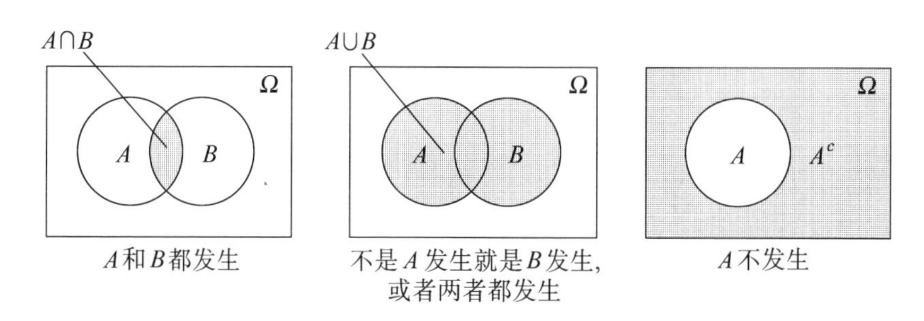

图 5.3　用集合的交、并和补得到事件.

当然，由于 Ω 中的所有事件都是相互关联的，我们不能给每个事件随意地指定概率. 这件事必须用一种一致的方式完成. 概率度量 $P(\cdot)$ 是这样一种给事件指定概率的方式，具体如下：

(1) 任何事件的发生次数应该是总次数的某个分数. 因此

$$0 \leqslant P(A) \leqslant 1.$$

(2) 肯定会有一些事情成为试验的结局. 因此我们有

$$P(\Omega) = 1.$$

(3) 如果一个事件 A 的发生与否同另一个事件 B 的发生与否没有关系,那么这两个事件被称为是*相互独立的*. 因此这两个事件同时发生的概率等于它们概率的积,即:

$$P(A \cap B) = P(A)P(B).$$

(4) 对于两个*互斥的*事件 A 和 B(即 $A \cap B = \varnothing$),我们有:其中任何一个事件发生的概率等于它们概率的和:

$$P(A \cup B) = P(A) + P(B).$$

这意味着 A 和 B 的发生条件不可能都被试验的某个结局所满足.

5.2.1 容斥公式

表示在韦恩图①上的互斥性质翻译成陈述就是,如果集合 A 与 B 不相交,那么我们把相应的概率加起来即可求得试验结局处在 A 或 B 中的概率. 如果 A 与 B 有重叠又会怎样呢? 把指定给 A 和 B 的两个概率加起来而得出的结果对于 $P(A \cup B)$ 来说是太大了,因为重叠的区域被计了两次(图 5.4). 因此我们发现结果应该是

$$P(A \cup B) = P(A) + P(B) - P(A \cap B).$$

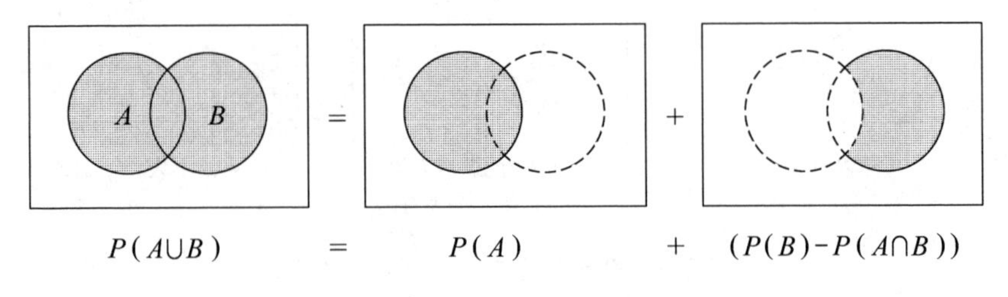

图 5.4 两个事件的并的概率.

---

① 不是所有的集合都可用一种令人满意的方式在韦恩图上表示出来. 我们将不在这种错综复杂的集合论问题上费心思. ——原注

事实上,这个方法可很容易地被推广开来,用于确定任意 n 个不同事件的并的概率,即下面的容斥公式:

$$
\begin{aligned}
P(A_1 \cup A_2 \cup \cdots \cup A_n) = & \sum_i P(A_i) - \sum_{i<j} P(A_i \cap A_j) \\
& + \sum_{i<j<k} P(A_i \cap A_j \cap A_k) \\
& - \sum_{i<j<k<l} P(A_i \cap A_j \cap A_k \cap A_l) \\
& + \cdots + (-1)^{n-1} P(A_1 \cap A_2 \cap \cdots \cap A_n).
\end{aligned}
$$

画几幅韦恩图,我们就可以确信,求和号下方出现的不等式使得我们没有把任何重叠部分计了两次. 要实际上证明这个结果,最简单的方法是对 $P(A_{n+1} \cup B_n)$ 用数学归纳法,其中 $B_n = A_1 \cup A_2 \cup \cdots \cup A_n$. 对应于 $P(A \cup B \cup C)$ 这种情况的韦恩图如图 5.5 所示.

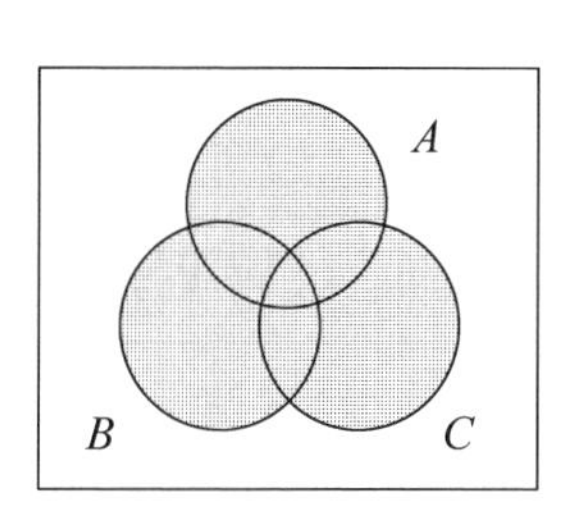

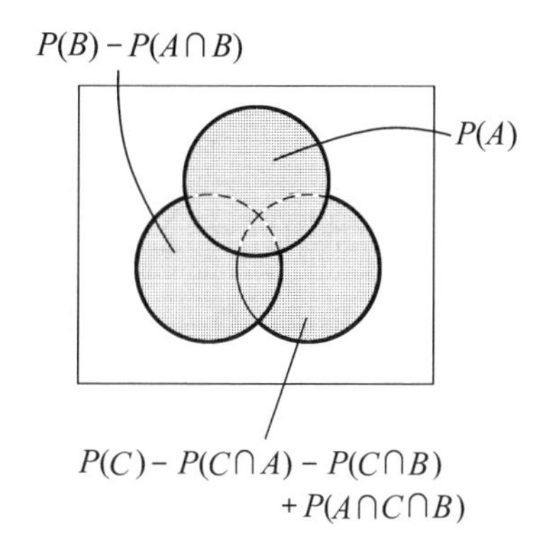

图 5.5　三个事件的并的概率.

集合概率论的这个简单结论在实际中是极其有用的,正如下面这个例子向我们所表明的.

5.2.1.1　外套问题

让我们考虑这样一个情景:有 n 位数学家参加一个聚会,他们脱下外套,放成一堆. 聚会结束,相互道别时,由于种种原因,他们各人从这堆外套中随机地取了一件穿上. 当他们都离去后,至少有一个人取了他自己外套的概率是多少呢? 为了最好地回答这个问题,我们需要把题目翻译成关于事件和概率度量的精确语言. 让我们把"第 i 个人取了他自己的外套"这个事件称为 A_i. 我们感兴趣的是事件 A:"这 n 个事件 A_i 中至少有一个事件发生". 于是,要让 A 的发生条件被满足,整个外套选择过程的实际结局 ω 必须至少属于 A_i 中的一个,我们可把这意思写成 $P(A)=P(A_1 \cup A_2 \cup \cdots \cup A_n)$. 我们需要求出这个并的概率. 作为第一步,我们必须给每个基本事件 A_i 指定某个概率. 显然每一个人取到自己外套的概率 $P(A_i)=\frac{1}{n}$. 某两位数学家 i 和 j 都取到自己外套的概率为 $\frac{1}{n} \times \frac{1}{n-1}$,以此类推. 由容斥公式推出:

$$P(A_1 \cup A_2 \cup \cdots \cup A_n)=\sum_i \frac{1}{n}-\sum_{i<j} \frac{1}{n(n-1)}+\sum_{i<j<k} \frac{1}{n(n-1)(n-2)}-\cdots+(-1)^{n-1} \frac{1}{n(n-1) \cdots 2 \cdot 1}.$$

通过计算这些和式(其中 $i,j,k,\cdots$ 从 1 变到 n,n 固定),我们看到,至少有一位客人取对外套的概率最终由下式给出:

$$P(A_1 \cup A_2 \cup \cdots \cup A_n)=\sum_{i=1}^{n} \frac{(-1)^{i-1}}{i!}=\frac{1}{1!}-\frac{1}{2!}+\frac{1}{3!}-\cdots+\frac{(-1)^{n-1}}{n!}.$$

对概率 $P(A)$ 当外套件数 $n \to \infty$ 时的变化情况,你一开始会怎样想? 有意思的是,请注意,至少有一位客人取对外套的概率随着 n 的增加其实只有很小的变化:

n	2	3	4	5	6	…	∞
P	0.5	0.667	0.625	0.633	0.631	…	0.632

在分析学的方法下,这种有无穷多位来宾的极限情况产生了一个概率 $1-\frac{1}{\mathrm{e}} \approx 0.63$. 对 $n=2$ 的情况进行一次快速的完备性测试,表明这个初始点是正确的.

5.2.2 条件概率

在上面的例子中,我们可以设想每个人依次取外套的某种过程. 在每一步,一个人选对外套这个主要事件的发生条件可能被满足也可能不被

满足. 提出下面这类问题是顺理成章的:假设有一半的客人已经选错了外套,那么至少还有一个人选对外套的概率是多少呢? 这是条件概率的一个例子,因为前一半客人对外套的选择显然影响到后一半客人对留下外套的选择. 这种条件约束为我们给出了事件对独立性的偏离程度. 如果我们定义 B 为事件"有一半人已经选错了外套",那么在假设 B 已经发生的条件下 A 发生的概率记为 $P(A|B)$,读作"A 在 B 已发生的条件下的概率". 显然,要让 A 的发生条件得到满足,最终的结局应同时处在 A 和 B 中. 把 B 看作已经发生,我们可以把我们自己限制在那些处在事件 B 中的基本结局上来考察 A 发生的机会(图 5.6).

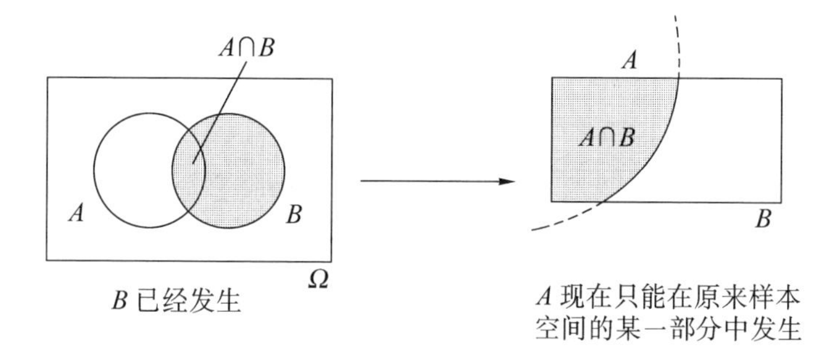

A∩B
A
B
Ω
B 已经发生
A
A∩B
B
A 现在只能在原来样本
空间的某一部分中发生

图 5.6　条件概率化为关于较小样本空间的问题.

由概率论的集合论方法可知,子集 $A\cap B$ 在 B 中所占据的比例为 $P(A\cap B)/P(B)$. 因此我们得出 A 在 B 已发生的条件下发生的概率 $P(A|B)$ 可以与 A 和 B 以如下方式相联系:

$$P(A|B)=\frac{P(A\cap B)}{P(B)}.$$

虽然这个条件概率公式在许多应用中使用起来很直接,但也存在着这样的情形:其中条件事件似乎是"在将来发生的",但仍然影响到当前的一个结果. 让我们用所谓贝叶斯统计中的一个例子来看一看这种情形是怎样产生的.

5.2.2.1　贝叶斯统计学家

假设当年有这样的情况:如果我在数学考试中得 A,那么我决定以

2/3 的概率成为一名统计学家；如果我没有得 A，那么我决定以 1/3 的概率成为一名统计学家. 已知我现在就是一名统计学家，那么我当年在数学考试中得 A 的概率是多少呢？

令 A 表示事件"我当年数学考试得 A"，这件事在我坐进考场之前以概率 p 发生，令 S 表示事件"我现在是一名统计学家". 我们想要求出的是

$$P(\text{已知我现在是统计学家，当年我得了 A}) \equiv P(A|S) = \frac{P(A\cap S)}{P(S)}.$$

不幸的是，这样给我们提供信息"方向不对"，因为我们知道

$$P(\text{已知我当年得 A，我现在成了统计学家}) \equiv P(S|A) = \frac{P(S\cap A)}{P(A)} = \frac{2}{3}.$$

然而，一切尚在：既然 $A\cap B$ 和 $B\cap A$ 这两个集合显然是一回事，那么我们可以将含有 $S\cap A$ 的表达式代入含有 $A\cap S$ 的表达式，得出

$$P(A|S) = \frac{P(A\cap S)}{P(S)} = \frac{P(S\cap A)}{P(S)} = \frac{P(A)P(S|A)}{P(S)} = \frac{2P(A)}{3P(S)}.$$

现在我们需要计算在我坐进考场之前我成为一名统计学家的概率 $P(S)$. 这种情况的发生概率是多少？既然无论我得 A 还是不得 A，交集 $A\cap A^c$ 总是空的，那么这就意味着 $S\cap A$ 与 $S\cap A^c$ 的交集也是空的；它们是互斥事件. 况且，既然 $P(A\cup A^c)=1$，我们就能推出 $P((S\cap A)\cup(S\cap A^c))=P(S)$. 我们因此而可以推出

$$P(S) = P(S\cap A) + P(S\cap A^c).$$

正如下面所示，这个表达式对于那些用到条件概率的探究是很适宜的：

$$P(S) = P(S|A)P(A) + P(S|A^c)P(A^c) = \frac{2p}{3} + \frac{1-p}{3} = \frac{1+p}{3}.$$

现在我们已经设法理清了适合于手头这个问题的所有相关信息. 通过代入，可得出最终答案：

$$P(A|S) = \frac{2P(A)}{3P(S)} = \frac{2p}{3(1+p)/3} = \frac{2p}{1+p}.$$

如通常那样,我们应该检验一下这个表达式,看它是不是合理. 既然 p 从 0 变到 1,我们看到 $P(A|S)$ 决不可能是负数,也决不可能大于 1,因此它没有超出"可允许的概率大小". 在 $p=0$ 和 1 的极端情况下,我们求得在我现在是一名统计学家的条件下我当年得 A 的概率分别是 0 和 1. 对这些结果的另一种解释方式是,在所有像我这样的统计学家中,有 $\frac{2p}{1+p}$ 的人当年在数学考试中得 A.

5.2.3 全概率定律和贝叶斯公式

在上面的例子中,我们遇到了事件 A 和 A^c 恰好把样本空间一分为二的思想. 我们可以很容易地扩展这种思想,即把样本空间 Ω 划分为若干个不相交的部分 B_i(图5.7),使得

$$B_1 \cup B_2 \cup \cdots \cup B_n = \Omega,$$
$$B_i \cap B_j = \varnothing,\text{ 当 } i \neq j \text{ 时}.$$

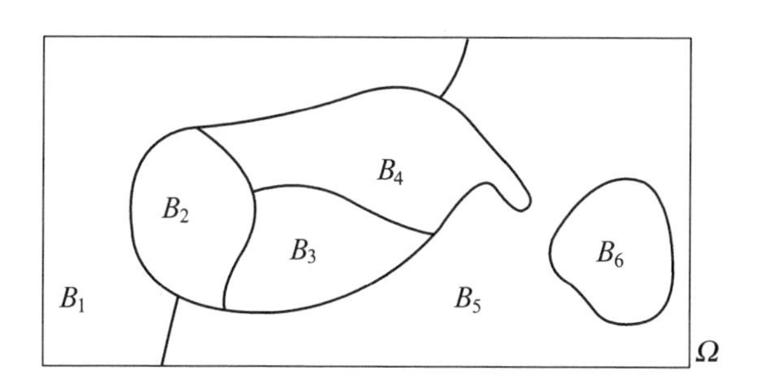

图 5.7 集合的一个划分.

这被称为集合 Ω 的一个划分. 某种事件的概率可以通过与构成这个划分的各个部分的重叠程度来确定,这就为我们给出了全概率定律:

$$P(A) = \sum_{i=1}^{n} P(A \mid B_i) P(B_i).$$

这个结论的证明很简单,它根据的是 B_i 不重叠地覆盖了整个集合 Ω 这件事实. 这意味着我们可以把对应于事件 A 与每一个 B_i 的交集的概率简单地加起来(图 5.8):

证明:

$$\sum_{i=1}^{n} P(A \mid B_i)P(B_i) = \sum_{i=1}^{n} P(A \cap B_i) = P\left(\bigcup_{i=1}^{n}(A \cap B_i)\right) = P(A).$$

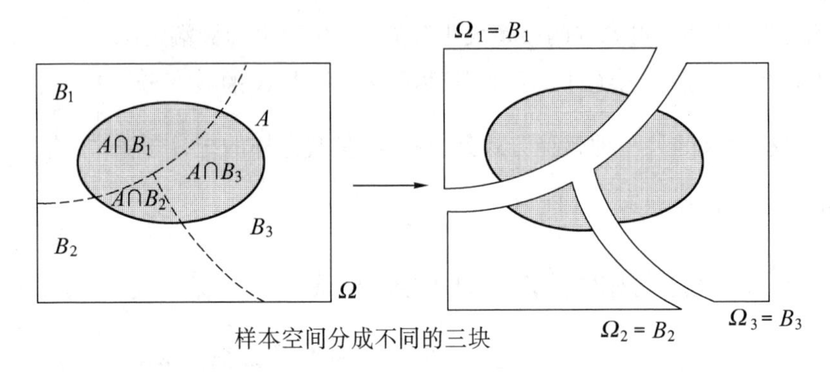

图 5.8　将一个问题分成一些较小部分的划分.

将全概率定律与关于条件概率的表达式 $P(B_i \mid A) = P(B_i \cap A)/P(A) = P(A \cap B_i)/P(A)$ 结合起来,我们立即求得贝叶斯公式:

$$P(B_i \mid A) = \frac{P(A \mid B_i)P(B_i)}{\sum_{j=1}^{n} P(A \mid B_j)P(B_j)}.$$

从本质上说,我们在前面的例子中就发现了 $B_1 = A, B_2 = A^c$ 时的贝叶斯公式. 现在我们可以很容易地处理这样的例子:这种例子中有着许多不同的可能性,它们都可以对结局产生影响. 一个有趣的问题涉及药物检测,正如我们在下面的例子中将看到的.

5.2.3.1　药物检测的可靠性

假设有一种可怕的疾病正在某个社区流行. 一个人可能已经得了这种病,也可能正处于这种病的潜伏期,也可能是健康者. 幸好有一种检测方法可采用. 如果这个人已经得病,那么这种方法以 99% 的有效率确诊是得了这种病. 如果这个人正处于潜伏期,那么检测结果仍有 95% 的机会呈阳性. 不幸的是,对于一名健康者来说,也存在着 1% 的小概率呈一种假阳性. 现假设已知一千个人当中有一个人得了这种病,而且每一千个人当中有 2 个人正处于潜伏期. 那么这种检测方法的有效程度如何:一个人检测结果呈阳性但实际上是健康者的概率是多少？

从表面上看，这种检测方法似乎给出了非常好的结果，因为它以很大的可能性让我们确诊一名病人，而以很小的可能性让我们偶尔对一名健康者得出一个错误的检测结果. 让我们不要依据这种含糊的评估，而是精确地分析一下这些结果好到什么程度. 我们可以用贝叶斯公式为这个看似复杂的问题提供一个快捷的答案，因为事件 D, C, H（分别表示一个人已得病，正处于潜伏期，是健康者）形成了样本空间 $\Omega = D \cup C \cup H$ 的一个划分；一个人总会处于而且仅处于这三种可能情形中的一种. 现在令“+”表示事件“对某个人检测呈阳性”. 我们想要求出一个人检测呈阳性而实际上是健康者的概率 $P(H|+)$. 将上述数据代入贝叶斯公式，得

$$
\begin{aligned}
P(H|+) &= \frac{P(+|H)P(H)}{P(+|H)P(H)+P(+|C)P(C)+P(+|D)P(D)} \\
&= \frac{0.01 \times (997/1000)}{0.01 \times (997/1000)+0.95 \times (2/1000)+0.99 \times (1/1000)} \\
&\approx 78\%.
\end{aligned}
$$

因此，检测呈阳性的人当中只有约 22% 才是真正的患病者！这是又一个表明涉及概率的陈述多么会产生误导的例子. 在这种情形下，最好是把钱花在改进这种检测方法上，而不是花在处理所有这些阳性结果上.

5.3 样本空间上的函数:随机变量

我们感兴趣的往往不是一个特定试验的结局,而是这个结局的某种函数.赌博给我们提供了一个最令人熟悉的例子:已知某种赔率和赌金,你在英国国家障碍赛马大会上下赌而赢得的金额,就是实际比赛结局的函数.一个与此不同的例子应该是一辆汽车的保养费用:这辆汽车的任何一个给定部件将需要修理这件事有着一定的发生概率,各部件的修理费用不同.我们通常更为关心的是给出付款总额的函数,而不是仅仅一张出问题部件的清单.在这一节中,我们开始探究事件空间上的函数的性质.相当令人困惑的是,这样的一种函数被称为*随机变量*,尽管它既非随机又非变量.遗憾的是,这是标准的术语,因此我们在这里将坚持使用这个名称.这些函数 X 被定义为实值函数,因此有

$$X:\Omega\to\mathbb{R}.$$

请回忆,作用在一个集合上的一个函数就是对这个集合中每个元素唯一地给出一个输出 $X(s)$ 的任何一种规则.集合中的元素完全可以是随便什么东西,但如果这个函数是实值函数,那么输出就必定总是一个实数(图 5.9).

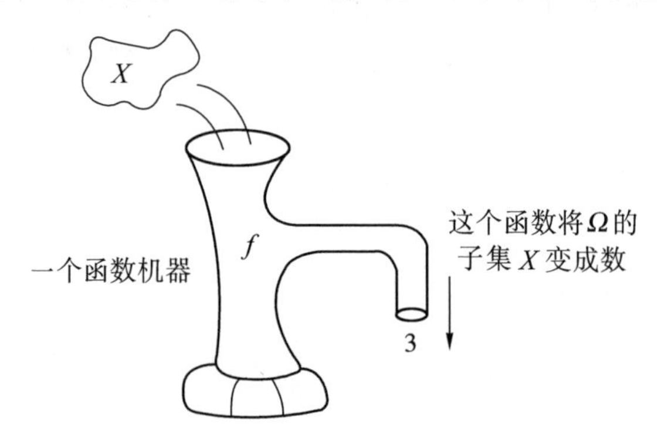

图 5.9　函数的一种表示.

在我们的情景中,随机变量(是函数!)X 的一个特定输出 x 的概率被称作 $p(x)$,它由下式定义:

$$p(x)\equiv P(X=x)=P(A).$$

其中 A 是由满足 $X(\omega)=x$ 的基本值 ω 所组成的集合.函数 $p(x)$ 被称为

概率质量函数，因为它为随机变量的每一个输出指定了一个概率“重量”或者说“质量”. 一个随机变量在所有可能输出 x 上的概率 $p(x)$ 之和必定恰好为1.

作为随机变量的一个简单例子，我们考虑把一枚硬币掷两次的游戏. 游戏玩好这样结算：每出现一个正面朝上我赢你1英镑，每出现一个反面朝上你赢我1英镑. 在这种情形中，由结局组成的样本空间 Ω 可以写成{正正，正反，反正，反反}. 描述我所赢金额的随机变量 $X(\omega)$ 依据结局 $\omega \in \Omega$ 的不同而可取三个值：

$$X(\text{正正})=2,\ X(\text{正反})=X(\text{反正})=0,\ X(\text{反反})=-2.$$

既然我们知道每个结局 ω 的概率是1/4，那么我们可以为这个随机变量的输出指定概率如下：$p(0)=1/2$，$p(2)=p(-2)=1/4$，而对其他的 x，$p(x)=0$.

一般地，我们可以这样来玩这个游戏：将这枚硬币连续掷 n 次. 这时，样本空间将含有 2^n 个可能的结局 ω，而随机变量 X 会取 $n+1$ 个不同的值. 显然有许多结局导致随机变量的同一输出. 在这种情况下，我们可以更明智地用随机变量的输出的分布，而不是对基础样本空间的描述，来描述问题. 在本章的其余部分，我们将到处把我们的精力集中在讨论各种重要的概率分布以及它们的性质上.

5.3.1 二项分布

作为对概率分布世界的一个非常简单的引导，我们考虑这样一种情形：其中我们进行一种只有成功和失败这两个结局的试验. 我们将把这个试验重复进行许多次，并记录下成功的次数. 我们的兴趣不在于试验结果的准确模式，而仅在于这个试验结束时的成功总次数. 这种总次数的分布被称作二项分布①. 让我们考察一个具体情况，即设想我们将一枚质量不均匀的硬币抛掷许多次. 出现正面朝上的概率为 p，而反面则以 $1-p$ 的概

① 如果这个试验有许多结局，那么稍作努力，对相应的二项分布进行推广，即为我们给出一种多项分布. ——原注

率朝上. 让我们将这个过程重复 n 次,从而产生了 n 个相互独立的结局. 于是正面朝上的次数 X 就是一个二项随机变量 $B(n,p)$. 我们唯一关心的是发生正面朝上的次数,而不是它们在什么时候发生,那会是一个涉及基础样本空间的问题. 显然,X 的取值范围是从 0 到 n 的整数集合,而且经一些思考我们即得知每一个值的发生概率由下式给出:

$$p(r)=\binom{n}{r}p^r(1-p)^{n-r},\quad \binom{n}{r}\equiv C_n^r=\frac{n!}{r!\,(n-r)!}.$$

其中 C_n^r 是从一组 n 个对象中选取 r 个对象的方式数,它同样也是我们在 n 次试验中获得 r 次成功的方式数. 对于每个三元自然数组 $(r;n,p)$,我们可以定义二项分布如下:

$$p(r)\equiv B(r;n,p)=\frac{n!}{r!\,(n-r)!}p^r(1-p)^{n-r}.$$

许多情形是用二项分布来描述的. 例如,假设一对夫妇将把一种遗传病传给他们的一个孩子这件事有着四分之一的发生概率,每个孩子因遗传获得这种病与其同胞兄弟姐妹经遗传获得这种病是相互独立的. 如果这对夫妇有 n 个小孩,那么得这种遗传病的孩子的个数可用二项分布 $B\left(r;n,\frac{1}{4}\right)$ 来作为模型. 比方说,如果他们有 5 个孩子,那么我们求得(比方说)2 个孩子得这种遗传病的概率是

$$p(2)=B\left(2;5,\frac{1}{4}\right)=\binom{5}{2}\left(\frac{1}{4}\right)^2\left(\frac{3}{4}\right)^3=\frac{135}{512}.$$

用一种类似的方式,我们可以把关于这个过程的整个概率分布计算出来.

i	0	1	2	3	4	5
$p(i)$	$\frac{243}{1024}$	$\frac{405}{1024}$	$\frac{270}{1024}$	$\frac{90}{1024}$	$\frac{15}{1024}$	$\frac{1}{1024}$
$\sum_{j=0}^{i}p(j)$	0.237	0.633	0.896	0.984	0.999	1

请注意,分布在所有可能的不同结局上的概率之和当然是 1. 虽然二项式定理在理论上是精确的,但是当人们需要在数值上算出二项式系数

时，就会产生实际操作上的麻烦，这是因为阶乘项很快就变得非常大，大到连计算机都会很快达到无法处理或不堪负担的程度. 有一个非常有用的表达式，能让我们对某个大整数 n 近似地算出 $n!$，那就是斯特林公式：

$$n! \sim \sqrt{2\pi n}n^n e^{-n}.$$

在这个表达式中，记号" ~ "表示两边之比当令 n 增大取极限时趋于1. 这时说两边是*渐近相等的*. 注意到这样一点是重要的，也是有趣的：正是因为两个表达式是渐近相等的，它们就不一定会在这个词的分析学意义下相互趋近，尽管在有些情况下它们可能会这样. 事实上，斯特林公式的两边之差随着 n 的增大而越来越大. 然而，既然两边之比可变得任意接近于1，于是*百分误差*随着 n 的增大而减小. 因此对于大的 n 来说，实际上两边"几乎是一样的". 斯特林公式往往对阶乘给出一个极好的近似，即使对非常小的 n 值，比如8，误差也只有1%左右. 随着 n 的增大，近似程度迅速地得到改进. 例如，当 $n=17$ 时，误差小于0.5%，而 $n=80$ 给出了一个大约0.1%的误差. 尽管百分误差如此迅速地减小，但是真误差竟然呈指数式增长（图5.10）.

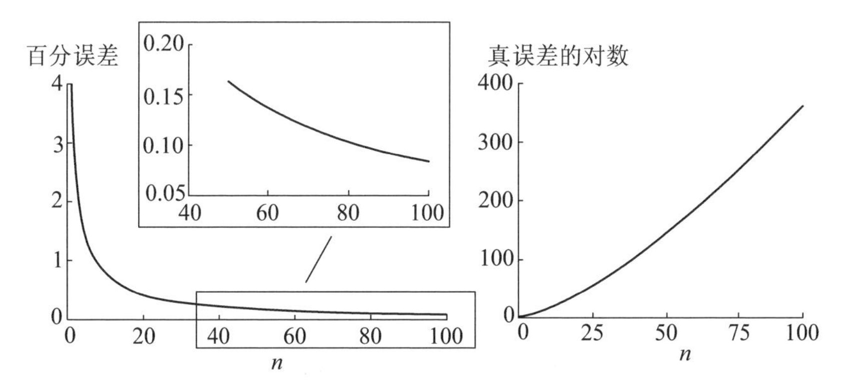

图5.10　对阶乘的斯特林近似的百分误差，以及真误差的对数.

斯特林对他这个结果的巧妙证明是在1730年发表的，但是我们在这里将不予介绍，因为这个证明方法与我们正在概率论中揭示的思想没有直接的联系. 因此让我们仅是使用这个近似公式，来看看它怎样可以应用于有关二项分布的问题. 假设我将一枚硬币掷 $2n$ 次. 我得到正面朝上和反面朝上的次数相等的概率是多少？精确的概率由二项分布给出，但对于大的 n 值，计算将几乎不可能. 使用斯特林近似公式，我们可以很容易地求得一个非常好的近似：

$$P(\text{正}=\text{反})=\frac{(2n!)}{n!n!}\left(\frac{1}{2}\right)^{2n}\sim\frac{\sqrt{2\pi 2n}(2n)^{2n}\mathrm{e}^{-2n}}{(\sqrt{2\pi n}n^{n}\mathrm{e}^{-n})^{2}}\left(\frac{1}{2}\right)^{2n}=\frac{1}{\sqrt{\pi n}}.$$

5.3.2 二项分布的泊松近似

作为准确地为 n 次相同试验中获得 r 次成功的概率构造模型的自然方式，我们得到了二项分布. 在许多场合下，我们感兴趣的是试验进行了很多次，但其中成功却发生得相当稀少的情况. 例如，一位生产厂商可能一心想把他生产的计算机处理器作一番检测后再发送到各销售商店. 已知每一个芯片可以有一个不能正常工作的小概率 p，那么在数量为 n 的一大批芯片中会有多少个出毛病呢？当然，这是一个可以用二项分布来精确地做模型的情况. 然而，由于芯片的数量很大，而出现一个故障芯片的概率很小，因此我们预期应该有某种关于出错芯片数量的近似表示式. 情况确实如此. 为了得到合适的近似式，我们首先考察每次试验都不成功（即不出现故障芯片）的准确概率分布：

$$B(0;n,p)=(1-p)^{n}.$$

两边取对数，得

$$\ln B(0;n,p)=n\ln(1-p)=n(-p-p^{2}/2-p^{3}/3+\cdots).$$

这个展开式对于任何 $|p|<1$ 成立，但对于远小于 1 的 $|p|$，我们可以忽略 p 的高阶项，求得近似式

$$B(0;n,p)\approx\mathrm{e}^{-np}.$$

出现 r 个故障芯片的概率是多少呢？幸运的是，我们可以求得一个把出现 r 个故障芯片的概率与出现 $r-1$ 个故障芯片的概率联系起来的精确表达式：

$$\begin{aligned}\frac{B(r;n,p)}{B(r-1;n,p)}&=\frac{n!\ p^{r}(1-p)^{n-r}}{r!\ (n-r)!}\cdot\frac{(r-1)!\ (n-(r-1))!}{p^{r-1}(1-p)^{n-(r-1)}n!}\\&=\frac{n-(r-1)}{r}\cdot\frac{p}{1-p}.\end{aligned}$$

现在我们可以利用 n 很大而 p 很小这个事实来简化这个关系式. 假定 n 足够大,于是对于任何固定的数 r,我们有 $n-(r-1)\approx n$. 类似地,对小的 p 值,我们得到$\frac{p}{1-p}\approx p$,从而得出

$$\frac{B(r;n,p)}{B(r-1;n,p)}\approx\frac{np}{r}.$$

接连应用这个近似式,直到第一项 $B(0;n,p)$,于是根据数学归纳法,我们求得

$$B(r;n,p)\approx \mathrm{e}^{-\lambda}\frac{\lambda^r}{r!}\equiv P(r;\lambda),\quad \lambda=np.$$

其中我们引进了符号 $P(r;\lambda)$,它是指二项分布的泊松近似. 对于给定的 r,这计算起来就比计算二项式系数容易得多了.

尽管我们的推导相当粗糙,但只要操作得更为仔细一点,我们就能很容易地推出关于这个近似好到什么程度的一个界限;结果是,当 n 很大而 $\frac{\lambda^2}{n}$远小于 1 时,这个近似极其理想. 让我们来看看我们这个结果是怎样应用于实际的.

5.3.2.1 噪声数据中的误差分布

假设我们按常规通过一个"噪声信道"①发送电子数据. 进一步假设一个给定字符出错的概率是小小的十万分之一,而且一个字符出错与其他字符出错是相互独立的. 那么在一个有一百万个字符的文档中字符出错的可能分布是什么呢?

既然这个问题是离散的,文档中的每一个字符不是出错就是正确,那么我们就可以用二项分布来求出关于文档中字符出错的准确概率分布. 然而,由于有关的参数要么极其大要么极其小,因此我们预期泊松近似将

① 噪声信道是指这样一种信道:在其中传输的数据并不总是以一种毫无差错的完美状态被接收到. 有着大量的数学理论在研究让我们可以正确地读出含有错误的信息的方法. ——原注

是一个非常好的东西. 我们取 $n=10^6$, $p=10^{-5}$, 从而得出 $\lambda=10$ 这个值. 在这种情况下, 我们可以给出有 r 个字符出错的近似概率为 $\frac{e^{-10}10^r}{r!}$. 我们知道这会是一个很好的近似, 因为 $\frac{\lambda^2}{n}=10^{-4}$ 是一个很小的数. 我们可以画出图像, 将这种情形下的准确概率分布与泊松近似作一番比较(图 5.11).

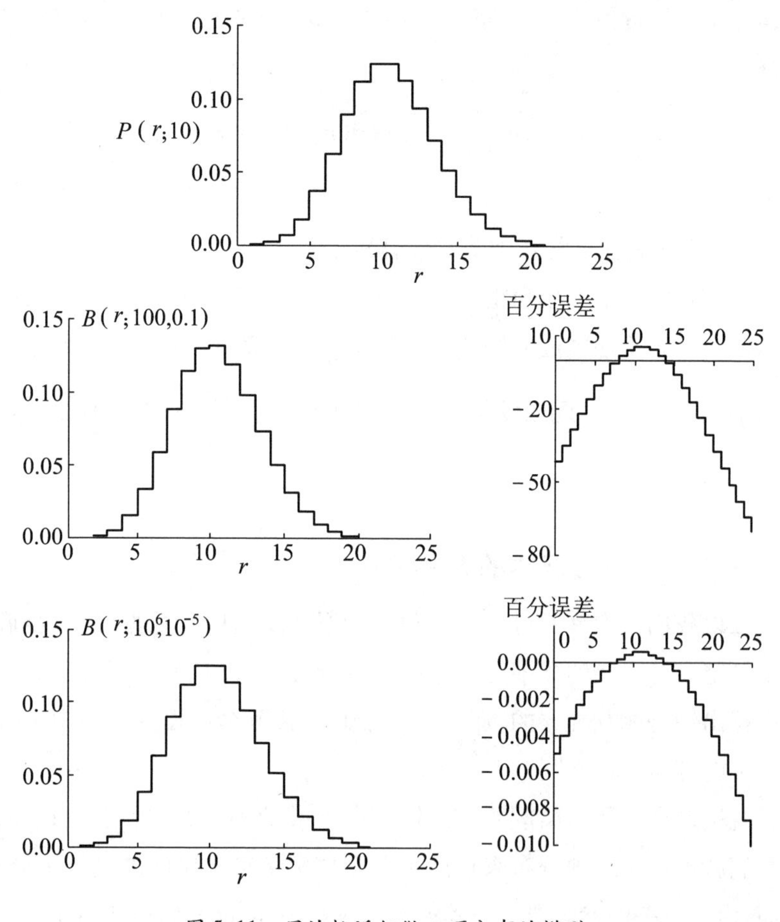

图 5.11　用泊松近似做二项分布的模型.

5.3.3　泊松分布

二项分布的泊松近似有一个非常有趣的性质: $r=0,1,2,\cdots$ 的所有

$P(r;\lambda)$之和等于1：

$$\sum_{r=0}^{\infty} e^{-\lambda} \frac{\lambda^r}{r!} = e^{-\lambda} \sum_{r=0}^{\infty} \frac{\lambda^r}{r!} = e^{-\lambda} e^{\lambda} = 1.$$

因此我们可以把表达式 $P(r;\lambda)$ 用来作为另一种随机变量的分布，这种随机变量取正整数值. 对于每一个正实数 λ，我们可以定义一个*泊松分布*：

$$P(n;\lambda) = e^{-\lambda} \frac{\lambda^n}{n!}.$$

二项分布产生于对同一试验重复进行多次，而泊松分布则用于描述事件发生在随机的时间点上的情形. 因此事件有着一个确定的发生顺序. 常见的例子可以是某种放射性材料中原子的自发衰减、某个总机交换台收到的电话转接请求，或者某家医院对心力衰竭病人的收治. 假设这种事件发生在一个时间点上的可能性与发生在其他任何时间点上完全一样，而且它们的发生是相互独立的，那么我们发现：

- 在任何给定的单位时间内发生 n 个事件的概率由泊松分布给出，其中泊松参数 λ 是事件的平均发生率.

请注意泊松分布不是描述事件发生时间的模型（因为事件可以发生在任何的时间点上），而是描述一个给定的时间间隔内事件发生数的模型. 让我们了解一下这个解释的缘由.

5.3.3.1 泊松分布的解释

假设我们确实有一个随机过程，其中事件自发地、相互独立地在不同的时刻发生. 此外，假设每个时间点发生一个事件的可能性与其他任何时间点一样. 以我们目前的知识储备，还不能处理这样一种情形：有可能发生一个事件的时间点构成了一个连续统集合，因此我们就必须把一个事件在任何已知特定点上的发生机会指定为绝对的零概率[①]. 为了把我们迄今所获得的对概率的基本理解应用于这种情形，我们将这个问题离散

① 既然存在着一个连续统点集，那么就休想写下任何含有求和式的概率表达式. 后面我们将借助于积分来解决这个问题. ——原注

化，方法是单单取一个单位时间，把它划分成 n 个相等的部分. 既然这个随机过程对不同的时间点不加区别，我们就可以有把握假设在任何一个给定的时间间隔内至少发生一个事件的概率可由一个固定的概率 p_n 给出. 于是其中至少发生一个事件的时间间隔的分布将以一个参数为 n 和 p_n 的二项分布为精确模型：我们正好有 r 个其中至少发生一个事件的时间间隔的概率由 $B(r;n,p_n)$ 给出. 下一步是令 n 趋于无穷大，使得对这个单位时间的划分越来越精细. 在这种情况下，在任何一个给定的时间间隔内至少发生一个事件的概率 p_n 就趋于零. 我们当然得检验这样一种极端的操作在什么情况下才是合理的. 请回忆二项分布的泊松近似只有当 $\lambda^2 \ll n$ 时才是一个好东西. 把这个结论推广到当前的情况，即可证明

$$B(r;n,p) \to P(r;\ \lambda)\text{，如果 } \lambda = \lim_{n\to\infty} np_n \text{ 是个有限数.}$$

既然在任何一个给定的时间细分间隔中发生不止一个事件的概率在大小级别上低于发生一个事件的概率，那么当我们取这个无穷极限时所有这些间隔可被认为其中至多只发生一个事件. 现在我们可以看出为什么 λ 被解释为一种发生率了：在一个长为 $1/n$ 的时间小间隔内单单发生一个事件的概率为 p_n 这个事实可以改而用这样的说法诠释：在一个长为 1 的时间段内应该有 np_n 个事件发生.

于是我们得出结论：如果事件的平均发生率是 λ，那么泊松分布就是一个单位时间内事件发生数的准确模型. 因此这种分布十分理想地适宜于涉及等待时间的问题：等待了一段长为 t 的时间而一个事件都没发生的概率为 $P(0;\lambda t)$. 把这个结论付诸实际是非常简单的：让我们假设我在一条有很多鱼的河里捕鱼，我白天的平均捕鱼率是每小时两条，那么我忙乎了一个小时而一条鱼也没捕到的概率就是 $P(0;2\times 1) = \mathrm{e}^{-2} \approx 0.14$.

5.3.4 连续型随机变量

随机变量是作用在某个样本空间上而产生出实数输出的函数. 在泊松随机变量的构建中，我们从作为二项分布之基础的离散样本空间悄悄地转到了一个在时间上连续的空间. 尽管泊松分布仍然只是对可数无穷多个可能情况给出概率，但它很自然地引导我们去考虑这样的

情形：其中的随机变量有一种连续的输出.例如，我们可能很想以某种方式检测第一个事件的发生时间，而不单单是某一给定时间间隔内的事件发生数.这里其实没有什么问题需要太担心的：从本质上讲，离散型随机变量至多有着与ℕ同样多的输出，而一个连续型随机变量可取与ℝ同样多的值.在第二种情形中，寻求随机变量取某个特定值的概率其实是没有意义的，因为可能的输出在原则上构成了一个连续统集合.鉴于只有一个单位的概率分配给各个点，因此有着不可数无穷多个点，它们的实际出现概率必须是零.如通常那样，从离散过程推广到连续过程，我们必须向微积分伸手.在概率论中，这方面的表现如下：我们不是去寻求单单某一个输出的出现概率，而是寻求试验所产生的结局落在某个介于两个实值之间的范围内的概率.这件事是通过对一种概率密度函数[①]$\rho(u)$进行积分来完成的，于是我们定义

$$P(a \leqslant X \leqslant b) = \int_a^b \rho(u)\,\mathrm{d}u.$$

如果我们假设这个分布是在整条实轴上取值，那么为了能有正确的概率总和，我们必须有

$$\int_{-\infty}^{\infty} \rho(u)\,\mathrm{d}u = 1.$$

任何取有限值且在全体实数上的积分等于1的非负函数$\rho(u)$，都被认为可以导致某个连续型概率分布，而且，必须注意到这些条件意味着当$|u| \to \infty$时$\rho(u)$必定比$1/u$更快地衰减到零.

我们下面将介绍三种重要的概率密度函数的例子.

5.3.4.1 正态分布

或许最简单的取有限正值且当$|u|$增大时迅速衰减的解析函数就是$\rho(u) = \mathrm{e}^{-u^2/2}$了.要将这个函数转变为一个概率密度函数，我们必须求出一个比例因子，使得它在实轴上的积分等于1.在"高斯积分"那一节中，

① 这里我们假定这种概率密度函数从一个点到另一个点的变化是光滑的.确实存在着完全不光滑的分布.这些对象我们将一律不予考虑.——原注

我们证明了

$$\int_{-\infty}^{+\infty} e^{-u^2/2} du = \sqrt{2\pi}.$$

因此$\rho(u) = e^{-u^2/2}/\sqrt{2\pi}$就是一个概率密度函数. 从这个简单的函数出发,通过在上述积分中进行变量代换$u \to v = \sigma u + \mu$(其中σ和μ是实数),我们就可以创建出整整一个谱系的概率密度函数$\rho(u;\mu,\sigma)$:

$$\frac{1}{\sqrt{2\pi}} \int_{-\infty}^{\infty} e^{-u^2/2} du = \frac{1}{\sqrt{2\pi\sigma^2}} \int_{-\infty}^{\infty} e^{-(v-\mu)^2/2\sigma^2} dv$$

$$= \int_{-\infty}^{\infty} \rho(v;\mu,\sigma) dv = 1,$$

其中

$$\rho(u;\mu,\sigma) = \frac{1}{\sqrt{2\pi\sigma^2}} e^{-(u-\mu)^2/2\sigma^2}.$$

而

$$P(a \leqslant X \leqslant b) = \frac{1}{\sqrt{2\pi\sigma^2}} \int_a^b e^{-(u-\mu)^2/2\sigma^2} du.$$

事实上这些分布是分布理论中最最重要的对象,它们对应于所谓的正态分布. 从许多方面看它们都被认为是最简单和最自然的分布,而且出现在范围广泛的各种应用中. 在本章的最后我们将看到,正态分布本质上是所有随机过程的基础.

正态分布的概率密度函数的图像是一条具有独特伸展性的"钟形"曲线. 既然正态分布的随机变量X落在某两点之间的概率由概率密度函数在这两点之间的积分或者说曲线下方这两点间区域的面积给出,那么我们可以看到,最有可能发生的结局聚集在某个中心值附近,而两端偏离这个平均值的概率则很小(图5.12).

尽管正态分布非常自然,但要计算输出落在两个给定实数之间的概率值实际上也是非常困难的,这是由于对$e^{-u^2/2}$的积分无法给出一个封闭形式. 然而,由于指数项的迅速衰减,我们可以对一个幂级数展开式进行积分以得到一个关于概率的级数. 在$\pm X$间的基本级数展开式称为$\mathrm{erf}X$:

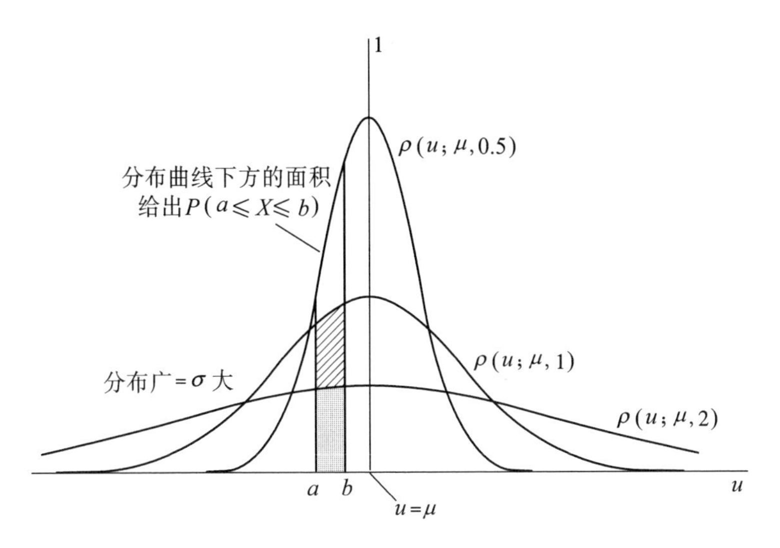

图 5.12　正态概率分布的特征形状.

$$
\begin{aligned}
\operatorname{erf} X &= \frac{1}{\sqrt{\pi}}\int_{-X}^{X} e^{-x^2}\,dx \\
&= \frac{2}{\sqrt{\pi}}\left(\int_0^X \sum_{n=0}^{\infty} \frac{(-x^2)^n}{n!}\,dx\right) \\
&= \frac{2}{\sqrt{\pi}}\sum_{n=0}^{\infty} \frac{(-1)^n X^{2n+1}}{n!(2n+1)}.
\end{aligned}
$$

值得提醒的是,对包含 $\operatorname{erf} X$ 的表达式进行代数运算一般是非常棘手的.

5.3.4.2　均匀分布

比起正态分布来在数值计算上比较容易处理的一个例子是均匀分布. 这种分布适用的情形是:我们知道其中的随机变量将肯定在某个固定的范围(例如[0,1])内取值,但是在这个范围内没有一个值会比其他任何值更有可能被取到. 一个例子可以是某个事件将在某一天中发生的时间. 在这种简单的情形中,概率密度函数呈一种台阶形状:

$$
\rho(u;a,b)=\begin{cases}\dfrac{1}{b-a}, & \text{如果 } a\leqslant u\leqslant b;\\ 0, & \text{其他情况.}\end{cases}
$$

尽管求出一个均匀分布的随机变量落在任何两个实数之间的概率是一件微不足道的事,但我们其实可以运用均匀分布的技术去解决一些有趣的问题,一个典型的例子就是蒲丰投针问题,这个问题叙述如下:

假设我们在一张纸上画了一些相隔距离均为 D 的平行线,然后我们在这些线上投掷了一根长度为 L 的细针,其中 $L \leqslant D$. 这根针与其中一条平行线相交的概率是多少呢?

如果注意到这根针落在纸上的位置完全由针尾到其上方第一条平行线的距离 x 和针相对于这些平行线的倾角 θ 所刻画,那么这个问题就很容易解决. 用一幅简单的草图即可表明,针与平行线相交的充要条件是 $\sin\theta \geqslant x/L$(图 5.13).

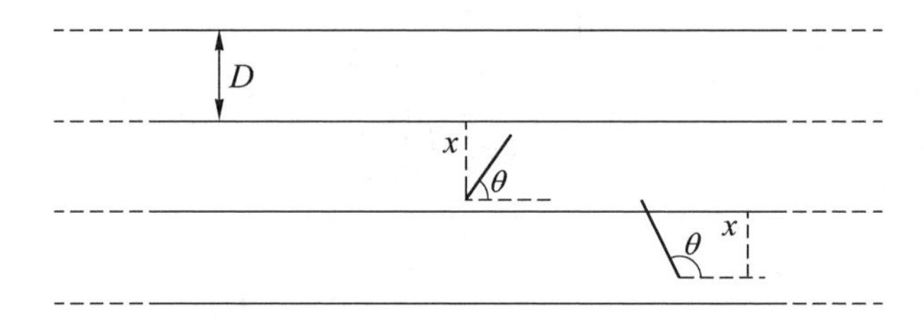

图 5.13　蒲丰投针问题.

现在我们需要刻画变量 θ 和 x 的随机性. 既然两条线之间没有什么受到偏爱的角度和点,那么我们可以有把握地假设 θ 和 x 是分别在 $[0,\pi]$ 和 $[0,D]$ 上呈均匀分布的两个随机变量的输出结果,其概率密度函数分别为 $\rho_\Theta(\theta;0,\pi)$ 和 $\rho_X(x;0,D)$. 接下来的一个观察结果是,所形成的角度以及与上方最近一条平行线的距离是相互独立的随机变量. 因此 θ 和 x 同时落在给定范围内的概率等于 θ 和 x 各自落在这些范围内的概率的乘积. 这使得我们能够将有关的积分合并起来:

$$\begin{aligned}P(\theta_0 \leqslant \theta \leqslant \theta_1, x_0 \leqslant x \leqslant x_1) &= \int_{\theta_0}^{\theta_1} \rho_\Theta(\theta;0,\pi)\,\mathrm{d}\theta \times \int_{x_0}^{x_1} \rho_X(x;0,D)\,\mathrm{d}x \\ &= \int_{\theta_0}^{\theta_1}\int_{x_0}^{x_1} \rho_X(x;0,D)\rho_\Theta(\theta;0,\pi)\,\mathrm{d}\theta\mathrm{d}x.\end{aligned}$$

现在我们可以进行一次二重积分以求得事件 I,即这根针与一条平行线相交的概率. 请回想这件事发生的充要条件是 $x \leqslant L\sin\theta$;因此对于每个 θ,我们对 x 从 0 到 $L\sin\theta$ 进行积分:

$$P(I) = \int_0^{\pi}\left(\int_0^{L\sin\theta}\frac{1}{\pi D}\mathrm{d}x\right)\mathrm{d}\theta = \int_0^{\pi}\frac{L\sin\theta}{\pi D}\mathrm{d}\theta = \frac{2L}{\pi D}.$$

蒲丰投针问题虽然有趣,但它并未提供一种值得广泛推荐的计算 π 值的方法.

5.3.4.3 伽马随机变量

为了结束这一节,我们将用一个例子来让我们进一步淌进连续型随机变量理论的海洋. 这个例子介绍了一种非常有趣的数学函数.

考虑这个看似不听话的积分:

$$\Gamma(\alpha) = \int_0^{\infty} \mathrm{e}^{-x}x^{\alpha-1}\mathrm{d}x.$$

尽管我们不能对这个表达式精确地积分,但我们可以把 $\Gamma(\alpha)$ 的值和 $\Gamma(\alpha-1)$ 的值通过进行一次分部积分而联系起来:

$$\begin{aligned}\Gamma(\alpha) &= [-\mathrm{e}^{-x}x^{\alpha-1}]_0^{\infty} + (\alpha-1)\int_0^{\infty}\mathrm{e}^{-x}x^{\alpha-2}\mathrm{d}x \\ &= (\alpha-1)\Gamma(\alpha-1).\end{aligned}$$

既然很容易算得 $\Gamma(1)=1$,那么只要 α 是一个自然数 n,我们就可以用数学归纳法推算出 $\Gamma(\alpha)$ 的值:

$$\Gamma(n+1) = n(n-1)(n-2)\cdots 2\cdot 1 = n!.$$

$\Gamma(\alpha)$ 称为*伽马函数*,它提供了一种从一个连续且可微的美妙函数 $\Gamma(\alpha)$ 获得难以对付的阶乘函数的非常有用的方法. 然而,既然函数 $\Gamma(\alpha)$ 对 α 的任何实值都有合理的定义,那么现在我们就可以理解 $\left(\frac{1}{2}\right)! \approx 1.77$ 甚至 $\pi! \approx 2.29$ 这类结果的意义了(这些值是用数值方法计算积分而求得的). 而且,既然这个函数是可微的,那么我们的复分析告诉我们,这个伽马函数或者说阶乘函数也可以唯一地扩展到复平面上. 这就允许我们定义像 $\mathrm{i}! = -155-498\mathrm{i}$ 这样的量,这在解微分方程中有着巨大的实用意义. 从许多方面看,伽马函数比阶乘函数更容易操作:既然$\Gamma(\alpha)$是连续而且可微的,那么我们就可以充分利用分析学工具对它进行讨论. 不管怎么说,借助于伽马函数,我们可以定义一个连续型随机变量,称为伽马随机变量$\Gamma(\alpha,\lambda)$. 它具有参数α,λ,概率密度函数则为

$$\rho(u;\alpha,\lambda)=\begin{cases}\lambda e^{-\lambda u}(\lambda u)^{\alpha-1}/\Gamma(\alpha), & u\geqslant 0,\\ 0, & u<0;\end{cases}\quad \alpha,\lambda>0.$$

从形式上说,这是一个好的概率分布,因为它总是取有限正值,在整个实轴$(-\infty,+\infty)$上的积分也是1.

5.3.5 概率在素数中的一个应用

概率和随机变量的一个令人意外的应用是在素数理论中. 请回忆由下式定义的黎曼ζ函数:

$$\zeta(s)=\sum_{n=1}^{\infty}\frac{1}{n^s},$$

其中,我们要求$s>1$,以使这个求和式收敛. $\zeta(s)$如此重要的原因就是它可以与素数以如下方式相联系:

$$\zeta(s)=\prod_p(1-1/p^s),$$

其中的无穷乘积式要取遍所有的素数. 我们可以用一个基于素数分布的随机变量来证明这个表达式! 为了不至于见不到作为证明基础的概率论内容,在下面的证明中我们将对有关的极限过程不予过分细究.

概率论式证明:

考虑这样一个随机变量X,它以$n^{-s}/\zeta(s)$的概率将自然数n作为输出而产生出来. 我们可以看到这是一个定义合理的概率分布,因为对所有作为结局的n求概率之和得到1,而且每个概率都是正值. 现在让我们考察事件A_k,即输出被第k个素数p_k整除. 既然任何能被p_k整除的整数都必定把p_k作为一个因子而包含着,我们就可以知道事件A_k的概率是

$$\begin{aligned}P(A_k)&=P(X=p_k,2p_k,3p_k,\cdots)\\&=\sum_{n=1}^{\infty}(np_k)^{-s}/\zeta(s)\end{aligned}$$

$$= p_k^{-s}\left(\sum_{n=1}^{\infty} n^{-s}\right)/\zeta(s)$$

$$= 1/p_k^s.$$

一个给定的输出同时被某两个素数 p_k 和 p_l 整除的概率是多少呢？它就是这个输出把这两个素数之积作为它的一个因子而包含着的概率：

$$P(A_k \cap A_l) = P(X = p_k p_l, 2p_k p_l, 3p_k p_l, \cdots)$$

$$= \sum_{n=1}^{\infty} (np_k p_l)^{-s}/\zeta(s)$$

$$= 1/(p_k p_l)^s.$$

请注意这两个事件同时发生的概率就等于它们各自发生的概率的积. 因此这两个事件是相互独立的. 现在让我们稍稍改变一下方向,问一问输出不被第 k 个素数整除的概率是多少. 它就是 $P(A_k^c) = 1 - P(A_k) = 1 - 1/p_k^s$. 由事件的独立性,我们推出

$$P(A_1^c \cap A_2^c \cap \cdots \cap A_N^c) = \prod_{k=1}^{N} (1 - 1/p_k^s).$$

但这只是输出不被前 N 个素数整除的概率. 有两种可能的情况会允许这种事件发生:要么输出是一个比第 N 个素数大的素数;要么它就是比任何素数都小的正整数 1. 因此我们推出

$$P(A_1^c \cap A_2^c \cap \cdots \cap A_N^c) = P(X = 1) + P(X = p_{N+1}, p_{N+2}, \cdots)$$

$$= 1^{-s}/\zeta(s) + \sum_{n=N+1}^{\infty} p_n^{-s}/\zeta(s).$$

既然当 $N \to \infty$ 时上式中的求和式趋于零,那么通过与 $\zeta(s)$ 的比较,我们推出

$$\prod_p (1 - 1/p^s) = 1/\zeta(s).$$

这个结果很好地展示了概率的应用范围之广,同时也凸显了在那些看似不相关的数学分支之间往往存在着的不同寻常且令人意外的联系.

5.3.6 平均化与期望

在本节中,我们迄今一直在忙于构建和描述概率分布. 一旦我们掌握

了关于一个试验的结局的概率分布,我们就可以在原则上确定随机变量的值出现在任何特定范围的概率. 虽然这非常完满,但从许多方面看,我们不是那么关心试验产生某个特定结果的概率,而是这个试验最有可能产生的结果范围. 关于一份电子文档中出错个数的例子充分反映了这非常重要的一点:比方说,如果这个文档非常长,那么出 20 个错与出 21 个错几乎没有什么实际上的差别,而且我们也不可能需要区别这两种结局. 我们可能只需要知道我们可以合理地预期发现多少个错. 一种用数量来表示这一点的方法应该是寻求在一次传输中的平均出错数. 我们怎样来预测这个平均数呢? 要着手回答这个问题,让我们首先思考一下平均数的含义. 假定我们有一列数: $a_1, \cdots, a_n$. 平均数就是在某种意义上代表 $\{a_1, \cdots, a_n\}$ 这整个集合的某个单独的数. 求这样一个数的最常见的方式如下:

$$m = \frac{a_1 + a_2 + \cdots + a_n}{n}.$$

这是算术平均的定义. 然而,在概率论中,我们所有的结局都被各自的概率先验地加了权;一个特定结局的发生机会越大,与这个结局相联系的概率也就越大. 我们当然应该把这个事实考虑在概率平均的定义之内,因此我们的平均应该建立在算术平均的基础上,只是每个事件要被它的发生概率加权. 我们把一个离散型随机变量 X 的期望 $\mathbf{E}[X]$ 定义为:

$$\mathbf{E}[X] = \sum_x xP(X = x),$$

其中的求和式要取遍这个随机变量的所有可能的输出,前提是这个随机变量只可以取离散值. 如果这个随机变量是连续型的,那么我们只要用对连续项的积分来代替对离散项的求和就能着手对付这个期望了①:

① 尽管这个定义看来相当简单,但由于这个期望是概率的一个加权和或者积分,这就产生了一个微妙之处:既然没有一种唯一的方式让我们写下这个加权和,我们就必须保证加出来的数与加项的顺序无关. 正如我们在分析学的讨论中所发现的,只要这些项的模的和或者积分是一个有限数,那么这一点就会成立. ——原注

$$\mathbf{E}[X] = \int_{-\infty}^{+\infty} x\rho(x)\,\mathrm{d}x.$$

“期望”这个名称取得很好:它是我们对一个试验从平均上说应该期望得到的结果. 直觉上很显然,随机变量之和的期望值正是由各个变量的期望值之和给出:

$$\mathbf{E}[X+Y] = \mathbf{E}[X] + \mathbf{E}[Y], \text{ 对于任何的 } X, Y.$$

常量的期望值显然是常数,而且由于上述定义对于概率和输出都是线性的,所以我们发现有

$$\mathbf{E}[aX+b] = a\mathbf{E}[X] + b, \quad a, b \text{ 是常数}.$$

最后,如果两个随机变量是相互独立的,那么积的期望可分解为期望的积:

$$\mathbf{E}[XY] = \mathbf{E}[X]\mathbf{E}[Y], \text{ 当 } X \text{ 和 } Y \text{ 相互独立时}.$$

现在我们来考察一下期望在实际应用中的情况. 考虑掷一颗质量均匀的骰子. 我们应该期望得到什么点数呢? 在这种情况下,每个点数同样都以 1/6 的概率出现. 如果 X 是输出骰子上所出现点数的随机变量,那么

$$\mathbf{E}[X] = \frac{1+2+3+4+5+6}{6} = 3.5.$$

但是我们决不可能把一颗骰子掷出个 3.5 点来! 正如我们就要看到的,可以证明,在一系列大量的试验中,我们应该期望得到平均为 3.5 点的结果. 这凸显了这样一个事实:期望是刻画整个概率分布的一个单独的数,它不一定是任何一个特定试验的结局.

5.3.6.1 在二项分布和泊松分布的试验中我们应该期望得到什么

现在让我们来思考二项分布的期望. 我们取 X 为一个以 n 和 p 为参数的二项分布随机变量,它对应着在 n 次相同的随机试验中的成功次数(每次试验成功的概率是 p). 成功的期望次数由下式给出:

$$\mathbf{E}[X] = \sum_{r=0}^{n} rP(X=r)$$

$$= \sum_{r=0}^{n} \frac{rn!}{r!(n-r)!} p^r (1-p)^{n-r}$$

$$= np \sum_{r=1}^{n} \frac{(n-1)!}{(r-1)!(n-r)!} p^{r-1} (1-p)^{n-r}$$

$$= np \sum_{s=0}^{n-1} B(s; n-1, p).$$

但是最后一行中的求和式正好等于1,因为它是在一个参数为 $n-1$ 和 p 的二项分布试验中发生某种特定事情的概率之和. 因此我们发现了人们对一个二项分布试验可以期望得到 np 次成功这个合理而简单的结果:

$$\mathbf{E}[X_B(n,p)] = np.$$

这样,如果我把一枚质量均匀的硬币掷 n 次,我就可以期望赢 $n \times 1/2$ 次.

虽然对于二项分布来说,对期望的计算结果在直觉上很明显,但是对于泊松分布就没有这么明显了. 因此让我们用我们的公式来求所期望的结果. 如果 $X_P(\lambda)$ 是一个服从泊松分布 $P(n;\lambda)$ 的随机变量,那么

$$\begin{aligned} \mathbf{E}[X_P(\lambda)] &= \sum_{n=0}^{\infty} n e^{-\lambda} \frac{\lambda^n}{n!} \\ &= e^{-\lambda}\left(\lambda + \frac{\lambda^2}{1!} + \frac{\lambda^3}{2!} + \frac{\lambda^4}{3!} + \cdots\right) \\ &= e^{-\lambda}\lambda\left(1 + \frac{\lambda}{1!} + \frac{\lambda^2}{2!} + \frac{\lambda^3}{3!} + \cdots\right) \\ &= \lambda e^{-\lambda} e^{\lambda} \\ &= \lambda. \end{aligned}$$

现在我们对于参数 λ 有了一个非常清楚的解释:它是我们应该期望在试验后获得的值,或者说我们在单位时间内应该看到的事件发生数. 我们回过头去看看那个关于文档中出错的例子. 请回忆在这一百万个字符中每个字符的出错概率都是 10^{-5}. λ 的值为10,即我们应该期望的出错数.

5.3.6.2 在正态分布的试验中我们应该期望得到什么

泊松分布和二项分布是离散型的,所以我们可以对它们的可能结局进行求和运算以求得它们的期望. 正态分布是连续型的,因此要求得一个

正态分布随机变量 $X \sim N(\mu,\sigma)$ 的期望,我们必须进行一个积分运算:

$$\begin{aligned}
\mathbf{E}[X] &= \frac{1}{\sqrt{2\pi\sigma^2}}\int_{-\infty}^{+\infty} x\mathrm{e}^{-(x-\mu)^2/2\sigma^2}\mathrm{d}x \\
&= \frac{1}{\sqrt{2\pi\sigma^2}}\int_{-\infty}^{+\infty} (v+\mu)\mathrm{e}^{-v^2/2\sigma^2}\mathrm{d}v \quad (v = x-\mu) \\
&= \frac{1}{\sqrt{2\pi\sigma^2}}\int_{-\infty}^{+\infty} \underbrace{v\mathrm{e}^{-v^2/2\sigma^2}}_{\text{奇函数}}\mathrm{d}v + \mu\int_{-\infty}^{+\infty} \underbrace{\frac{1}{\sqrt{2\pi\sigma^2}}\mathrm{e}^{-v^2/2\sigma^2}}_{N(0,\sigma)}\mathrm{d}v \\
&= 0 + \mu \times 1 \\
&= \mu.
\end{aligned}$$

于是我们看到,对于一个正态分布 $N(\mu,\sigma)$ 来说,参数 μ 对应着期望,而且在图像上对应着这个对称分布的中心.

5.3.6.3 收集问题

我们现在把有关期望的概念应用于一个我们很熟悉的问题:假设每一盒"脆又薄"牌早餐麦片里有一个塑料模型的麦片超级英雄. 一共有 n 种不同类型的英雄可以收集,而且每一盒中只有一个随意放入的英雄. 设想我足够幸运地收集到了 r 个英雄,那么我手中英雄的不同类型数的期望是多少? 为解决这个问题,我们引入一组 n 个随机变量 X_i:如果我收集到的英雄中有第 i 种类型的英雄,则 $X_i=1$;而如果第 i 种类型的英雄不在我这 r 个英雄中,则 $X_i=0$. 给出我这 r 个英雄中的不同类型数的随机变量就是 $N(n,r)=X_1+X_2+\cdots+X_n$. 有了这种样式的包装,这个随机变量的期望就取一种非常简单的形式. 我们首先考察每个 X_i 的期望值:

$$\begin{aligned}
\mathbf{E}[X_i] &= P(X_i=1)\times 1 + P(X_i=0)\times 0 \\
&= P(X_i=1) \\
&= P(\text{收集到的英雄中至少有一个第 } i \text{ 种类型的英雄}) \\
&= 1 - P(\text{收集到的英雄中不包含第 } i \text{ 种类型的英雄}) \\
&= 1 - \left(1-\frac{1}{n}\right)^r.
\end{aligned}$$

其中最后一行的产生是因为每个英雄小人都独立地以概率$\frac{1}{n}$是第 i 种类型的英雄. 既然 X_i 的期望值与 i 无关,那么我们发现所拥有的不同类型英雄的期望种数为

$$\mathbf{E}[N(n,r)]=\mathbf{E}[X_1+\cdots+X_n]=n\left(1-\left(1-\frac{1}{n}\right)^r\right).$$

因此,如果有 50 种类型的英雄小人要收集,而我现在已经有了 50 个,那么其中不同类型种数的期望值为 31. 要期望获得这 50 种英雄小人,就需要收集大约 225 个英雄小人. 最后,请注意这种计算的一个更需要一点技巧的版本告诉我们,只要打开如下数目的盒子,我们就可以期望获得一整套小人:

$$n\times\left(1+\frac{1}{2}+\frac{1}{3}+\cdots+\frac{1}{n}\right).$$

或许出乎意料的是,这个函数关于 n 的增长率竟然是随着 n 趋向无穷大也趋向无穷大,尽管它的加速度与$\frac{1}{n}$递减得一样快.

5.3.6.4 柯西分布

我们介绍柯西分布,以结束这个对期望的介绍. 如果一个随机变量 X 具有如下概率密度函数,则称它为柯西随机变量:

$$\rho(x)=\frac{1}{\pi(1+x^2)},\quad -\infty<x<+\infty.$$

尽管这个对称分布看起来可能非常仁厚,但柯西随机变量有着很多不寻常的性质,它们都出自这样一个事实:当 x 的值很大时,这个概率密度函数衰减得很缓慢. 例如,让我们考虑计算它的期望. 由于对于任何实数 a 来说,X 的输出 x 落在范围$[-a,0]$内的概率等于 x 落在范围$[0,a]$内的概率,我们可能会预期这个期望为零. 然而,这个期望并不存在,因为下列积分没有意义:

$$\mathbf{E}[X]=\int_{-\infty}^{+\infty}\frac{x}{\pi(1+x^2)}\mathrm{d}x=\frac{1}{2\pi}[\ln(1+x^2)]_{-\infty}^{+\infty}=\infty-\infty=???$$

因此非常大的值十分频繁地出现,以致没有什么“平均”值可被合理地说成是存在的.

5.3.7 离散程度与方差

在某些情况下,期望确实为我们给出了关于一个试验可能是什么结局的好想法. 例如,尽管有一百万个字符的电子文档有可能出一百万个错,但我们在直觉上相信而且正确地认为,几乎不可能会有一个比期望值 10 大好多的错误个数. 掷骰子的例子则与这个例子完全相反:尽管期望被证明是 3.5,但是 6 个点数以同样的可能性成为只掷一次的结果. 因此,如果我们准备只掷一次骰子,那么由期望所预测出的值基本上是没有用处的. 一个居间的情况是参数为 1/2 的二项分布. 将一枚质量均匀的硬币掷上很多次,我们应该期望得到 $n/2$ 次正面朝上,尽管会发生这种合理的情况:我们得到的正面朝上次数显著地大于或小于 $n/2$. 如果这枚硬币在质量上被做了手脚,使得正面朝上的概率是一个非常小的数 ε,那么可以想象,我们得到的正面朝上次数与 $n\varepsilon$ 这个期望结果有显著偏差的可能性将非常小. 我们这些数学家怎样从期望值出发用数量来确定这种偏差呢? 描述这种偏差的一个首先的尝试会是考察 $\mathbf{E}[X-\mu]$. 然而,它总是零,因为期望是线性的: $\mathbf{E}[X-\mu]=\mathbf{E}[X]-\mathbf{E}[\mu]=\mu-\mu=0$. 既然我们感兴趣的是与平均值的*偏差*,那么分布值是大于还是小于平均值并不特别重要. 因此我们定义:

$$\mathbf{Var}[X]=\mathbf{E}[(X-\mathbf{E}[X])^2].$$

这个量称为 X 的*方差*,它提供了分布值在平均值周围离散程度的一种切实的度量. 利用期望的线性性,我们可以推出关于方差的一个实用而有效的公式:

$$\begin{aligned}\mathbf{Var}[X]&=\mathbf{E}[(X-\mu)^2]\\&=\mathbf{E}[X^2-2\mu X+\mu^2]\\&=\mathbf{E}[X^2]-2\mu\mathbf{E}[X]+\mu^2\\&=\mathbf{E}[X^2]-2\mu\mu+\mu^2\\&=\mathbf{E}[X^2]-\mu^2.\end{aligned}$$

粗略地讲,方差大意味着随机变量有一个较广的分布,而方差小意味着一个较窄的分布. 要理解其中原因,请注意方差是一些正项的和,这是因为它是随机变量与平均值之差的平方的期望. 如果方差小,那么所有这些项对和的贡献也小. 于是人们可以期望 X 的大部分结局在平均值附近. 反过来,对于一个大方差来说,有许多结局必定与平均值的距离较大. 为了对有关的数获得一种感觉,请注意对于掷一颗质量均匀的骰子来说,相应随机变量的方差大约是 2.9,这一点很容易证明;而一个泊松分布随机变量的方差与其平均值相等,这一点由下面这个简短但巧妙的计算所证明:

$$\begin{aligned}\mathbf{Var}[X_P(\lambda)] &= \mathbf{E}\left[\sum_{n=0}^{\infty}\left(\mathrm{e}^{-\lambda}\frac{\lambda^n}{n!}\right)\times n^2\right]-(\mathbf{E}[X_P(\lambda)])^2\\ &= \mathrm{e}^{-\lambda}\sum_{n=1}^{\infty}\lambda\frac{\mathrm{d}}{\mathrm{d}\lambda}\left(\frac{\lambda^n}{(n-1)!}\right)-\lambda^2\\ &=\mathrm{e}^{-\lambda}\lambda\frac{\mathrm{d}}{\mathrm{d}\lambda}(\lambda\mathrm{e}^{\lambda})-\lambda^2\\ &=\lambda.\end{aligned}$$

对于正态分布 $N(\mu,\sigma)$ 来说,用分部积分法做一次积分运算即可证明方差是 σ^2. 因此正态分布完全由它们的平均值和方差所刻画,而泊松分布仅由它们的期望所确定.

在继续对方差和期望如何相互作用进行细致调研之前,让我们来看一看对这两个概念的一种颇为与众不同的考虑方法.

5.3.7.1 期望和方差的一种动力学解释

对于某种特定的理论,到其他的数学领域中去寻找它的类似对象,往往非常有用而且富有成果. 这不仅能有助于把问题概念化,而且能极其经常地让人们获得把两个学科联系起来的较深刻见解. 概率论和动力学这两门学科间就存在着这样一种类似. 假设我们有一个动力学问题,其中涉及一根轻杆,在沿杆各点 x_i 处系着各个质量为 m_i 的物体. 这根杆的总质量为 1,即 $\sum_i m_i=1$. 那么这根杆的质心由下式给出:

$$c = \sum_i m_i x_i.$$

而惯性矩由下式给出：

$$I = \sum_i m_i (x_i - c)^2.$$

既然这根杆的总质量为1,那么这两个表达式在数学上与关于期望和方差的表达式是一致的. 因此我们提取出下述动力学关联：

期望↔质心

方差↔惯性矩

5.4 极限定理

我们已经遇到了许多有着不同用途的不同概率分布. 尽管概率论的具体应用对一位概率论专家来说是极具吸引力的,但数学的超强威力在于它能够建立非常普遍的定理,这些定理将应用于各种各样的情形. 到目前为止,我们只是阐述了概率的原理,讨论了一些非常重要的特例,几乎还没有在概率论中建立这样的定理. 现在我们就介绍三个著名的极限定理,以试图弥补这个不足. 我们将看到,尽管作为任意随机变量之基础的各种分布可能在详情细节上有所不同,但在随机过程中有着足够有序的结构,使得人们可以就任何随机变量的性质建立起普遍的定理!

5.4.1 切比雪夫不等式

在前面关于期望的讨论中,我们说到方差是一种概率分布在平均值周围离散程度的一种度量. 切比雪夫不等式为我们提供了一种方法,这种方法利用方差准确地确定了随机变量与平均值的偏差至少为一给定值的最大概率. 不管所讨论的分布具体是什么,这个不等式总是成立. 而且,它的证明非常简单. 然而,我们首先要证明一个有趣的辅助结果,它称为马尔可夫不等式:

- 令 X 是一个任意的非负随机变量. 那么对任何实数 a,不管它有多大或多小,总有

$$P(X\geqslant a)\leqslant\frac{\mathbf{E}[X]}{a}.$$

证明:

让我们考察连续型随机变量的情形. 这个证明只是用到了这里的期望是对一系列正的东西求和(求积分)所得结果这个事实:

$$P(X\geqslant a)=\int_a^{+\infty}\rho(x)\mathrm{d}x=\frac{1}{a}\int_a^{+\infty}a\rho(x)\mathrm{d}x\leqslant\frac{1}{a}\int_a^{+\infty}x\rho(x)\mathrm{d}x\leqslant\frac{1}{a}\mathbf{E}[X].$$

我们可以用马尔可夫不等式来证明切比雪夫不等式,后者说的是:

- 令 X 是一个任意的随机变量,它的期望和方差都是有限数. 那么对

于任何正实数 a,不管它有多大或多小,总有

$$P(|X-\mathbf{E}[X]|\geqslant a)\leqslant\frac{\mathbf{Var}[X]}{a^2}.$$

<u>证明</u>:

$$\begin{aligned}P(|X-\mathbf{E}[X]|\geqslant a)&=P((X-\mathbf{E}[X])^2\geqslant a^2)\\&\leqslant\frac{\mathbf{E}[(X-\mathbf{E}[X])^2]}{a^2}\\&\equiv\frac{\mathbf{Var}[X]}{a^2}.\end{aligned}$$

真是太令人意外了,这个强大的定理就被我们这么容易地证明了. 作为它的一个应用实例,假设我们有一个分布,平均值为 75,方差为 30. 那么我们马上就可以为 X 大于 100 或小于 50 的概率设一个界限:$P(|X-75|\geqslant 25)\leqslant\frac{30}{25^2}=0.048$. 我们现在看到,从最乐观的角度看,这也是不大可能的,而且我们对这个分布除了平均值和方差外一无所知.

5.4.1.1 切比雪夫不等式给出了最好界限

切比雪夫不等式有着合理而实际的应用,但它也有着特殊的理论价值,因为它事实上给出了人们在不知道关于分布的更多信息的情况下可以获得的最好界限. 这样说的理由是,存在着随机变量使得这个不等式居然达到等式. 这样的一个例子由一个在 $-a,0,a$ 这三个数中取值的随机变量 X 给出,其中 $a>1$,是某个固定的常数,相应的概率如下:

$$P(X=a)=P(X=-a)=\frac{1}{2a^2},\ \ p(X=0)=1-\frac{1}{a^2}.$$

作为一个随机变量,它的定义是合理的,因为所有的概率都是正的,而且它们的和为 1. 特别是,$P(|X|\geqslant a)=\frac{1}{a^2}$. 好,这个随机变量的所期望的平均值显然是零,而通过直接的计算很容易得知它的方差为 1:

$$\begin{aligned}\mathbf{Var}[X]&\equiv\mathbf{E}[(X-\mathbf{E}[X])^2]\\&=\mathbf{E}[X^2]\end{aligned}$$

$$= P(X=a)a^2 + P(X=-a)(-a)^2 + P(X=0)0^2$$
$$= 1.$$

既然我们现在已经知道这个随机变量的期望和方差,那么在切比雪夫不等式的帮助下我们可以得出下列推理链:

$$\frac{1}{a^2} = P(|X| \geqslant a) = P(|X - \mathbf{E}[X]| \geqslant a) \leqslant \frac{\mathbf{Var}[X]}{a^2} = \frac{1}{a^2}.$$

于是在这种情况下,我们看到切比雪夫不等式达到了它的界限,因为上述一连串式子的两端相等.

5.4.1.2 将对平均值的偏差标准化

如果我们引入一个随机变量的*标准差*是 $\sigma = \sqrt{\mathbf{Var}[x]}$ 这概念,那么我们对方差发挥作用的方式就有了一种好得多的直感. 标准差的美在于它是量度任何随机变量对期望值的偏离程度的一种自然单位. 为了弄清楚为什么是这样,我们提出一个问题:一个随机变量以标准差的一个给定倍数偏离平均值的概率是多少? 我们从切比雪夫不等式着手:

$$P(|X - \mathbf{E}[X]| \geqslant k\sigma) \leqslant \frac{\mathbf{Var}[X]}{(k\sigma)^2} = \frac{1}{k^2}.$$

这个不等式告诉我们,X 处在平均值的"k 个标准差"之外的概率至多为 $1/k^2$,这居然是对任何的概率分布而言. 请注意这是一个"无因次"量,它并不涉及这个随机变量的方差. 还请注意如果 $k<1$,那么这个概率以一个大于 1 的数为上界. 由于所有的概率至多为 1,这是一个相当不值一提的上界! 因此只有当我们开始走得比从平均值算起的一个标准差还要远时,才有信息让我们获得. 我们把 $P(|X - \mathbf{E}[X]| \geqslant k\sigma)$ 记为 P^k,那么下表列出了少数几个值:

k	1	2	3	4	5	10
P^k	1	0.25	0.11	0.0625	0.04	0.01

因此,举例来说,一个随机过程将导致一个对平均值有 10 倍标准差的输出这件事决不会有大于百分之一的概率.

尽管这是一个有用的结论,但非常重要的是,请注意 $1/k^2$ 是这种概率的理论最大值. 在实践中,一个随机变量取值大于 k 倍标准差的概率往往远远小于 $1/k^2$:一个平均值为 μ、方差为 σ 的正态分布取一个小于 $\mu - k\sigma$ 或大于 $\mu + k\sigma$ 的值的概率 P_N^k 由下表近似给出:

k	1	2	3	4	5	10
P_N^k	0.317	0.0456	2.70×10^{-3}	6.33×10^{-5}	5.73×10^{-7}	1.52×10^{-23}

表中的数与 σ 的值没有关系,这是因为对眼下讨论的正态分布而言,一个结局处在平均值的 k 个标准差之外的概率其实并不依赖于标准差. 这是一个归结为在关于 P_N^k 的精确的积分表达式中进行一次变量代换的结果. 此外,正如我们曾经提到的,而且将要用中心极限定理来系统说明的,正态分布本质上是所有随机过程的基础. 由于这些原因,上面这张表为我们给出了一种非常有用的"经验性"近似法则,用于对现实统计数据进行似然分析之时:出现在几个标准差之外的数据我们通常可不予理会.

5.4.1.3 标准化随机变量

既然标准差是一个如此有用的概念,那么把我们的随机变量改造成一种标准化的形式,使得方差按比例被调整为 1,这常常是有助益的. 假设有一个随机变量 X,平均值为 μ,方差为 $\sigma^2 > 0$①,那么我们总可以对 X 进行调整,创建出一个随机变量 X^*,它的平均值为零,标准差为 1:

$$X^* = \frac{X - \mu}{\sigma}, \quad \sigma > 0.$$

这个从 X 到 X^* 的简单线性变换实质上是选择最自然的单位来量度随机变量 X 的输出. 我们总可以选择自然的单位这个事实不仅使得在处理随机变量时可减少麻烦,而且揭示了作为所有随机变量之基础的一些结果. 我们将在本章末的中心极限定理中遇到其中最伟大的结果.

① 如果 $\sigma = 0$,那么这个随机变量将以概率 1 取平均值. 换句话说,只有一个值可以让它取:这就不存在随机性了! ——原注

5.4.2 大数律

假设我们把某个随机试验进行许多次，并记下我们每一次试验的结果. 直觉告诉我们，经过足够多次的试验后，根据所谓的“平均律”，所记录结果的平均值会趋向于某个固定的极限. 无论结局呈怎样的分布，这都是实际情况. 大数律就是对这种实际情况的一种数学证明. 尽管这个道理看起来很显然，但它的证明完全是另外一回事. 幸运的是，只要我们知道了切比雪夫不等式，这个证明其实能非常简单地构想出来. 话虽这样说，但大数律仍然是概率论中的精彩亮点之一. 这正有助于说明重大的定理不一定要十分复杂①. 大数律的叙述和证明如下：

- 令 $X_1, X_2, \cdots$ 是一个独立同分布的随机变量序列，它们的期望为 μ，方差为有限数. 那么对于任何实数 ε，不管它有多小，我们发现有

$$\lim_{n\to\infty} P\left(\left| \frac{X_1 + \cdots + X_n}{n} - \mu \right| > \varepsilon \right) = 0.$$

<u>证明</u>：

令 $S_n = X_1 + \cdots + X_n$. 那么借助于切比雪夫不等式，我们看到有

$$P\left(\left| \frac{S_n}{n} - \mu \right| \geqslant \varepsilon \right) \leqslant \frac{\mathbf{Var}[S_n/n]}{\varepsilon^2}.$$

好，既然 S_n 是 n 个独立同分布随机变量的和，那么方差就可如下分解：$\mathbf{Var}[S_n/n] = \mathbf{Var}[X]/n$. 这意味着上述不等式的右边可化为 $\mathbf{Var}[X]/n\varepsilon^2$. 对于任意选定的 ε，当 n 趋于无穷大时，$\mathbf{Var}[X]/n\varepsilon^2$ 显然趋于零. 因此一系列等同试验的结果的平均值总是趋于期望 μ②.

这个定理的意义非常深刻. 有一个特别著名的有趣例子，兹介绍如下.

5.4.2.1 蒙特卡罗积分法

假设在一次数学研究的过程中，我们遇到了一个很不讨人喜欢的

① 尽管它们极其经常地是这样！——原注

② 对照大数律的不等式，用“趋于”一词似不确切. 但在概率论中，这种极限过程称为“依概率收敛”. ——译校者注

积分 $I = \int_a^b f(x)\,\mathrm{d}x$,用任何常规的方法都不能把它计算出来. 那么我们借助于大数律,就能求出它的值. 这种方法本质上是在一个平面区域中选择一些随机点,然后判断它们是在曲线 $y=f(x)$ 的上方还是下方. 由于这种积分过程的随机性,这种方法就用“蒙特卡罗”命名,要知道,蒙特卡罗以它那儿的卡西诺赌场而闻名天下. 怎样才有可能在积分与概率论之间铸造出这个链环呢? 为避免麻烦,让我们假设函数 $f(x)$ 总是正的,而且在区间 (a,b) 上取到一个最大值 M. 为了执行这个随机性方案,我们在 $x-y$ 平面上画一个矩形: $a \leqslant x \leqslant b, 0 \leqslant y \leqslant Y (Y \geqslant M)$. 在这个矩形上画出函数 $y=f(x)$ 的图像后,我们看到这条曲线把矩形正好分为两个部分:一个上部分 U 和一个下部分 L(图 5. 14).

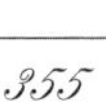

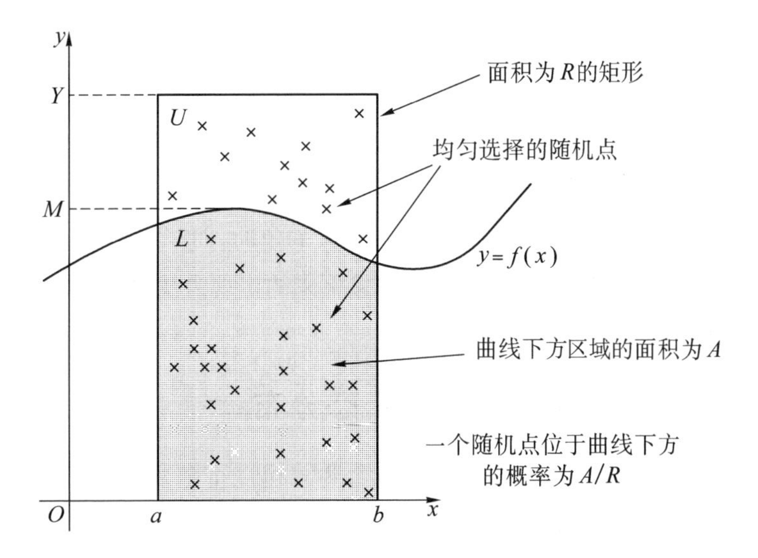

图 5. 14　用随机方法计算一个精确的积分.

现在我们在这个矩形内随机地、不带任何偏好地选择一个点 $\boldsymbol{r}_i=(x,y)$. 这个点位于下部分的概率 p 就是比率 A/R,其中 A 是 L 的面积, R 是矩形的面积. 但是积分的基本定义告诉我们,一个在两点之间的积分的值就是曲线下方这两点之间区域的面积. 于是积分的值 I 就由面积 A 给出. 我们因此而得到精确的概率论式表述:

$$p \equiv P(\boldsymbol{r}_i \in L) = \frac{1}{R}\int_a^b f(x)\,\mathrm{d}x.$$

现在考虑由一个由独立选择的这种随机点 $\boldsymbol{r}_i$ 组成的序列,以及一个由相应的随机变量 X_i 组成的集合:

$$X_i = \begin{cases} 1, & \text{如果 } \boldsymbol{r}_i \in L; \\ 0, & \text{其他情况}. \end{cases}$$

其中每个随机变量的期望就是

$$\mathbf{E}[X_i] = 1 \times P(\boldsymbol{r}_i \in L) + 0 \times P(\boldsymbol{r}_i \in U) = p.$$

将大数律应用于随机变量 X_i,结果有下列表述:

$$\text{当 } n \to \infty \text{ 时} \frac{1}{n}\sum_{i=1}^{n} X_i \to p \text{ ①}.$$

在上面那个包含积分的表达式中采用这个结果,我们推出

$$\int_a^b f(x)\,\mathrm{d}x = \lim_{n\to\infty} \frac{R}{n}\sum_{i=1}^{n} X_i \text{ ②}.$$

这是一种精确的表达. 在实践中,人们应该把足够多的项加起来,使得它们的和看来在乖乖地趋近于一个极限. 当然,所得结果会错得很离谱的可能性总是有一点的. 然而,当 n 取非常大的值时,对于任何合适的函数来说,发生这种情况的概率是很小的. 接下来的定理为我们给出了一种确定这个概率大小的方式.

5.4.3 中心极限定理和正态分布

有了大数律,我们现在可以确信,为求得一个随机变量的期望,我们只要把它测量许多次,然后取我们所得值的平均值就可以了. 然而,正如在述及蒙特卡罗积分法时所提到的,必须小心谨慎,因为这个定理绝对没有为我们给出需要进行多少次试验才能充分接近这个极限的任何指示:我们可以想象出非常不太可能的情形,在这种情形中试验接二连三地产生了不知有多少个存在高度偏向性的结果. 方差为我们给出了单个随机

① 同样,这里也是"依概率收敛". —译校者注

② 同上. 以下不注. ——译校者注

变量在其平均值周围离散程度的一种有用的量度，同样，我们需要确定一系列试验结果之和在极限情况下的偏离程度的某种量度. 换句话说，我们需要想办法去发现关于下述随机变量的分布的信息：

$$S_n = X_1 + \cdots + X_n.$$

令人惊奇的是这样一个事实：对于任何合适的随机变量 X_i，S_n 的标准化形式总是趋于一个正态分布. 这被普遍认为是一个非常令人意外的结果：所有的随机变量最终都注定要归于正态分布；在呈现着不确定性的外表下，随机过程在某种意义上是高度组织化的. 这确实是数学的伟大成果之一，它称为中心极限定理.

5.4.3.1 中心极限定理

- 设我们有一个独立同分布的随机变量序列 $X_1, X_2, \cdots$，它们的期望为有限数 μ，方差为有限的正数 σ^2. 考虑 $S_n = X_1 + \cdots + X_n$ 这个和的标准化形式 S_n^*：对于实数 a 和 b，我们发现有

$$P(a \leqslant S_n^* \leqslant b) \sim \frac{1}{\sqrt{2\pi}}\int_a^b \mathrm{e}^{-\frac{1}{2}x^2}\mathrm{d}x.$$

  既然被积函数就是一个平均值为 0 而方差为 1 的标准正态分布 $N(0,1)$ 的概率密度函数，那么我们可以说当 n 趋于无穷大时 $S_n^* \to N(0,1)$.

可惜，这个定理的一般性证明要涉及概率论的一些重量级比本章所介绍的要更高的技巧和定理. 但是，既然我们将以完全信赖的态度承认这个结论确实成立，那么我们可以自我作主地用一个特例来检验它. 在这个特例中，X_i 是一个二项分布随机变量，成功的概率为 $\frac{1}{2}$. 在这种情况下，$S_n = B\left(n, \frac{1}{2}\right)$. 这个特殊的结果称为棣莫弗-拉普拉斯定理. 即使是这个定理，证明起来无论如何也不是一件容易的事. 然而，它确实有趣地展示了许多数学技巧，值得我们花精力去理解.

棣莫弗-拉普拉斯定理的证明：

二项随机变量 $S_n=B\left(n,\frac{1}{2}\right)$的平均值为$\frac{n}{2}$，标准差为$\frac{\sqrt{n}}{2}$. 于是我们发现有

$$S_n^*=\frac{S_n-\frac{n}{2}}{\frac{\sqrt{n}}{2}} \qquad (*)$$

现在假设 S_n 取值 r，而按比例调整后得到的随机变量 S_n^* 取值 x_r. x_r 的值是通过换算关系式(*)确定的，这个关系式我们用两种形式表示：

$$r=\frac{n}{2}+\frac{\sqrt{n}x_r}{2}, \qquad (**)$$

$$n-r=\frac{n}{2}-\frac{\sqrt{n}x_r}{2}. \qquad (**)$$

现在我们需要确定 $S_n^*=x_r$ 的概率. 当然，这与 $S_n=r$ 的概率是一回事，而后者我们可从概率质量函数 $B\left(\frac{1}{2},n\right)$读出：

$$P(S_n^*=x_r)=P(S_n=r)=\frac{n!}{r!(n-r)!}\times\frac{1}{2^n}.$$

现在我们可以推导出这个表达式的一种渐近形式，方法是用斯特林公式把阶乘转换为幂：

$$P(S_n^*=x_r)\sim\frac{1}{\sqrt{2\pi}}\left(\frac{n}{r(n-r)}\right)^{\frac{1}{2}}\left(\frac{n/2}{r}\right)^r\left(\frac{n/2}{n-r}\right)^{n-r}.$$

为了简化这个表达式，我们现在可以代入将 r 和 x_r 联系起来的表达式(**)：

$$P(S_n^*=x_r)\sim\underbrace{\frac{1}{\sqrt{2\pi}}\left(\frac{n}{r(n-r)}\right)^{\frac{1}{2}}}_{\alpha(n,r)}\underbrace{\left(1+\frac{x_r}{\sqrt{n}}\right)^{-r}\left(1-\frac{x_r}{\sqrt{n}}\right)^{-n+r}}_{\beta(n,r)}.$$

我们要用某种方式简化这个关系式. 为了达到这个目的，我们可以采用一些机智的操作来证明 $\alpha(n,r)$部分和$\beta(n,r)$部分各自趋于定义合理的极限.

首先，再次通过表达式(**)，我们看到对于很大的 n，

$$\alpha(n,r)=\left(\frac{n}{r(n-r)}\right)^{\frac{1}{2}}=\left(\frac{n}{\left(\frac{n}{2}+\frac{\sqrt{n}x_r}{2}\right)\left(\frac{n}{2}-\frac{\sqrt{n}x_r}{2}\right)}\right)^{\frac{1}{2}}\sim\frac{2}{\sqrt{n}}.$$

这个表达式的右边有一个简单的解释. 要明白这一点,考虑关系式

$$r=\frac{n}{2}+\frac{\sqrt{n}x_r}{2}\Rightarrow r+1=\frac{n}{2}+\frac{\sqrt{n}x_{r+1}}{2}.$$

对两式做减法,我们得

$$1=\frac{\sqrt{n}}{2}(x_{r+1}-x_r)\Rightarrow\Delta x\equiv x_{r+1}-x_r=\frac{2}{\sqrt{n}}.$$

因此 $\alpha(n,r)$ 的渐近形式对应着当 r 增加 1 时 x_r 的变化量.

$$\alpha(n,r)=x_{r+1}-x_r\equiv\Delta x_r.$$

现在考虑 $\beta(n,r)$ 项的极限. 为了简化操作,我们取对数,以消除幂:

$$\ln\beta(n,r)=-r\ln\left(1+\frac{x_r}{\sqrt{n}}\right)+(r-n)\ln\left(1-\frac{x_r}{\sqrt{n}}\right).$$

既然我们把 n 取为一个大数,那么我们就可以利用当 $|x|<1$ 时 $\ln(1+x)=x-x^2/2+x^3/3-\cdots$ 这个结果把这些对数展开. 进行这个展开,舍弃幂次高于 x_r^2 的项,消去 r,并再次借助于(**)的第一式,做少量代数运算,便产生了如下结果:

$$\ln\beta(n,r)\sim-\frac{x_r^2}{2}$$

$$\Rightarrow\beta(n,r)\sim e^{-\frac{x_r^2}{2}}.$$

现在我们就要到达目的地了! 把 $\alpha(n,r)$ 和 $\beta(n,r)$ 的渐近表达式放在一起,我们推出

$$P(a\leqslant S_n^*\leqslant b)=\sum_{a\leqslant x_r\leqslant b}P(S_n^*=x_r)\sim\sum_{a\leqslant x_r\leqslant b}\frac{1}{\sqrt{2\pi}}e^{-\frac{x_r^2}{2}}\Delta x_r.$$

请回忆积分按定义是一种和的极限,我们看到有

$$P(a\leqslant S_n^*\leqslant b)\sim\frac{1}{\sqrt{2\pi}}\int_a^b e^{-\frac{x^2}{2}}dx.$$

尽管我们只考察了关于一种二项分布的结果,但中心极限定理所呈

献的真谛是清晰的：

- 任何含有大量独立同分布事件的随机过程都将以一个正态分布为模型.

我们不一定需要知道作为一个系统之基础的精确概率过程；一旦有足够多的样本，平均值和方差就足以让我们能准确地预测出变化多端的概率. 这一点是非常有用的：尽管在“干净的”数学环境下，我们往往可以给出一种精确的概率分布，但是现实生活几乎从来就不是这么简单的. 例如，一位工程师会对某种材料的强度感兴趣，一位助产士会对婴儿们的体重感兴趣，一位社会学家会对每年因疾病而失去的工作日天数感兴趣. 虽然没有显然的机制来预测一系列结局的可能性，但是中心极限定理告诉我们，只要有足够多的样本，我们就可以用正态分布来做这个系统的模型. 我们对概率论讨论至此，这句话为我们提供了一个合适的结论.

第 6 章 理论物理

在本书各处,我们已经阐述了基础数学的许多方面,并看到了怎样把它们应用于种类繁多的有趣问题. 虽然许多人出于他们自己的原因而乐于研究这样的数学结构,但其他人则更愿意接受大自然之手的引导:宇宙提供了一个充满着物理现象的大狩猎场;要猎获的目标就是设法写下一种数学理论,它不仅解释了一个系统的某种特定性质,而且预言了我们可能尚未得知的进一步性态. 这里,我们在理论物理的名义下仍然在做数学,但是在设法准确地写下使得大自然如钟表那样滴答走动的数学部件. 自然界的钟表运转机构竟然可以被大美大简的数学如此精确地模型化,真是让人叹为观止. 随着我们对宇宙内部活动的探索越来越深入,我们将不断地为数学上那些意外的峰回路转而惊诧万分,它们把我们引到了纯粹数学中看似不相干的新分支之间的结合点.

配备了在前面各章中开发出来的工具,我们便着手对支撑着宇宙基本活动的数学进行一次闪电之旅. 我们将看到,宇宙的运行方式在总体上其实与我们通常对大自然的直觉是不相符的. 当我们离开了我们日常生活中熟悉的长度、速度和能量的尺度,我们就会发现需要用异乎寻常的新数学来描述基本的物理学. 我们将考察四个不同的理论:

- 牛顿动力学
- 电磁学
- 相对论

• 量子理论

这些理论中的每一个应该被看作是一种基本的量子引力理论的某种近似,但是迄今人们对量子引力理论还是不甚了了,尽管有成群的理论物理学家目前正在努力修正这个问题. 解决一个给定物理问题所需要的特定理论,依赖于所考虑系统的长度、速度和能量的尺度. 这可以非常粗略地用一幅“图”来表示(图 6.1).

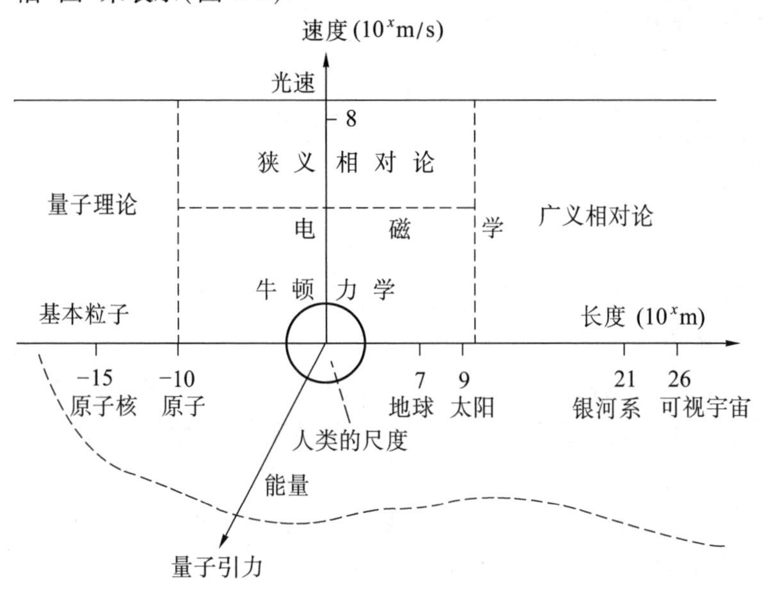

图 6.1　普适理论的图示.

牛顿的物理学与我们通常对大自然的直觉是一致的,这是因为它在我们以日常生活为基础与之相互作用的尺度上描述了这个世界的活动. 由于我们在人类的尺度上接连不断地揭示出可触知的物理学结果,牛顿物理学的结论对我们来说似乎非常合理. 然而,其他的理论却在远远超越我们个人经验的体系中成为有用. 这些体系涉及高速度和很大或很小的长度. 由于这个原因,实在是没有任何理由要它们的运作与我们对那种居中状态的先入之见相符合. 事实上,在成为一位理论物理学家的过程中,有一部分磨练就是强迫自己开始真正相信由基础数学作出的物理学预言! 请放心,我们将在这里讨论的所有理论结果已按惯例在多种情形下以一种正规的基准得到验证.

6.1 牛顿的世界

牛顿的万有引力定律告诉我们有一种力叫做引力,它存在于任何两个物体之间.因此在你与地球之间,地球与太阳之间,或者你与这本书之间,都存在着这种力.值得注意的事实是,这种力是万有的:它作用在任何物体之间.另外,这种力的实际强度纯粹由物体的质量所决定,与用来制作这个物体的材料无关.更令人意外的是,物体所产业的这种引力还与这个物体的形状无关:每个物体有一个唯一的质心.这是一个单独的点,就引力的拉拽作用而言,这个物体的所有质量都等效地集中在这一点上.牛顿的万有引力定律告诉我们,两个质量分别为 m 和 M 的物体之间的引力由下式给出:

$$F=\frac{GMm}{r^2},$$

其中 r 是这两个物体质心间的距离,G 称为牛顿引力常量,取值为 $G\approx 6.67\times10^{-11}\,\mathrm{Nm^2kg^{-2}}$.这是一个非常合理的方程:假设有某个球状物体,比方说太阳,它有个特定的"拉拽能力"P.这个引力拉拽作用的大小应该仅依赖于离太阳的距离,这是因为太阳基本上是球形的,没有哪个方向具有突出地位.由于这个原因,拉拽能力 P 必定均匀地分布在每个以太阳为球心的半径为 r 的假想球面上.这些球面的面积为 $A=4\pi r^2$,因此我们发现这个力与 $\frac{1}{r^2}$ 成正比:

$$P\propto\frac{1}{r^2}.$$

常量 G 由实验测定,它是这里比例因子中的不变成分①.对于几乎最极端的引力情况,牛顿的万有引力定律提供的结果也是完全符合观察数据的,其精确程度高得足以能发送卫星去与太阳系边缘上的行星相遇.现在我们将考察牛顿万有引力定律的最成功也是最伟大的预言之一:行星围绕

① 当然,这不是这个方程的一个证明,而只是说明它正确的一种方式.自然界的定律你是不可能"证明"的.——原注

我们太阳运动的轨道.

6.1.1 行星的绕日运动

让我们试着解决下面这个古老的问题:我们怎样来描述行星的绕日运动? 我们假设太阳和地球处在配备着欧几里得纯量积的$\mathbb{R}^3$中①,而且存在着一个向量$\boldsymbol{r}(t)$将它们的中心连接起来. 是什么控制着行星的运动呢? 是牛顿第二运动定律,并结合牛顿的万有引力定律. 用向量形式,方程 $F=ma$ 表示为

$$\underbrace{-\frac{GMm}{r^2}\hat{\boldsymbol{r}}}_{F}=\underbrace{m\ddot{\boldsymbol{r}}}_{ma},$$

其中$\hat{\boldsymbol{r}}$是$\boldsymbol{r}$方向上的单位长度向量,r是$\boldsymbol{r}$的长度,即行星与太阳的距离. 出现负号是因为引力把行星拉向太阳. 既然我们已经写出了运动方程,那么我们就可以试着把它解出来以确定行星做绕日运动的路径$\boldsymbol{r}(t)$. 在试图把这个解构造出来之前,我们应该努力把这个问题化成一种尽可能简单的形式. 我们怎样来简化向量问题呢? 回答是为这些向量采用一组恰当的基. 首先要注意的是,所有的运动将在$\mathbb{R}^3$的某个平面子集中发生. 其次要注意公式中包含着这个向量的大小r. 因此精明的做法是采用极坐标,在这种坐标系中坐标或者说分量将是(r,θ)的形式. 这个坐标系的基向量是$\boldsymbol{e}_r$和$\boldsymbol{e}_\theta$,因此有$\boldsymbol{r}=r\boldsymbol{e}_r$(图 6.2).

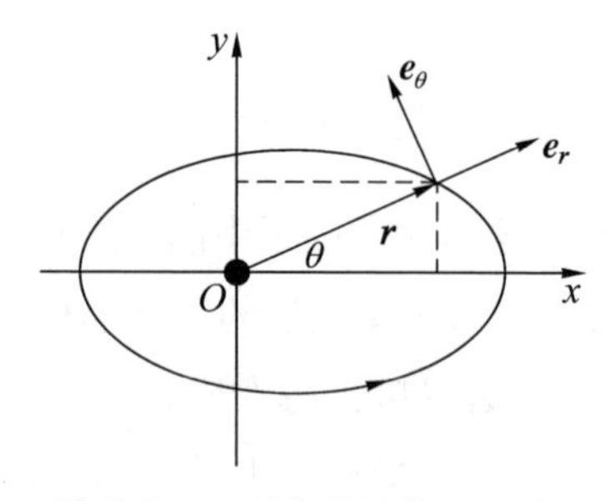

图 6.2 一颗行星的绕日运动.

① 实际上,这一点只是近似成立:引力往往会使空间略有弯曲. 牛顿的理论是这个精确理论在低能量情况下的一种近似. ——原注

6.1.1.1　变换运动方程

既然我们已经选好了一个恰当的坐标系,那么我们必须重写我们的运动微分方程,以准确地把有关项包含在内. 这并不是一个直截了当的过程,因为在整个运动过程中,单位基向量 $\boldsymbol{e}_r$ 和 $\boldsymbol{e}_\theta$ 的方向不是固定的:它们随着 θ 的变化而变化. 这使得写出加速度 $\ddot{\boldsymbol{r}}$ 的极坐标形式将是一件复杂的事,因为向量的分量和基向量本身将处于加速状态. 不过我们仍可以借助于链式法则对位置向量 $\boldsymbol{r} = r\boldsymbol{e}_r$ 求导两次而得出 $\ddot{\boldsymbol{r}}$:

$$\dot{\boldsymbol{r}} = \dot{r}\boldsymbol{e}_r + r\dot{\boldsymbol{e}}_r,\quad \ddot{\boldsymbol{r}} = \ddot{r}\boldsymbol{e}_r + 2\dot{r}\dot{\boldsymbol{e}}_r + r\dot{\boldsymbol{e}}_r.$$

要运用这个表达式,就必须确定基向量 $\boldsymbol{e}_r$ 随时间的变化率. 一幅几何图(图 6.3)显示了位置的总体变化是怎样与坐标变化相关联的.

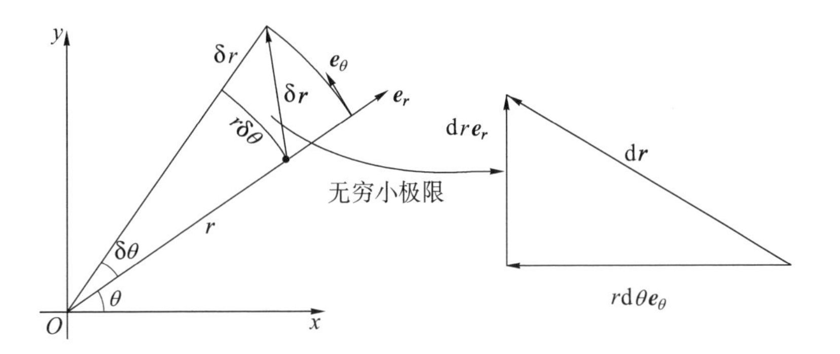

图 6.3　在极坐标中,基向量不是固定的.

由此我们推导出:

$$\mathrm{d}\boldsymbol{r} = \mathrm{d}r\boldsymbol{e}_r + r\mathrm{d}\theta\boldsymbol{e}_\theta$$

$$\Rightarrow \dot{\boldsymbol{r}} = \dot{r}\boldsymbol{e}_r + r\dot{\theta}\boldsymbol{e}_\theta$$

将关于 $\dot{\boldsymbol{r}}$ 的这个推导结果与通过直接求导而求得的代数结果相比较,我们得知有 $\dot{\boldsymbol{e}}_r = \dot{\theta}\boldsymbol{e}_\theta$. 另外,我们可以对正交关系式 $\boldsymbol{e}_r \cdot \boldsymbol{e}_\theta = 0$ 求导而证明 $\dot{\boldsymbol{e}}_\theta = -\dot{\theta}\boldsymbol{e}_r$. 这让我们最终得出加速度的极坐标表达式:

$$\ddot{\boldsymbol{r}} = (\ddot{r} - r\dot{\theta}^2)\boldsymbol{e}_r + \left(\frac{1}{r}\frac{\mathrm{d}}{\mathrm{d}t}(r^2\dot{\theta})\right)\boldsymbol{e}_\theta = -\frac{GM}{r^2}\boldsymbol{e}_r.$$

这就是控制着地球或其他任何物体的绕日运动的方程.

6.1.1.2 问题的解

既然我们已经有了这个在一个恰当坐标系下的方程,那么就让我们求出它的一个解.虽然这是一个向量问题,但是令这个方程的两个分量在等号左右两边的部分各自对应相等,我们就可以把这个系统简化成两个普通的标量方程.令等号左右两边的 $\boldsymbol{e}_\theta$ 分量相等而得出的方程解起来非常简单:

$$\frac{1}{r}\frac{\mathrm{d}}{\mathrm{d}t}(r^2\dot{\theta})\boldsymbol{e}_\theta = 0\boldsymbol{e}_\theta$$

$$\Rightarrow r^2\dot{\theta} = 常量 = h.$$

常量 h 可以解释为做绕日运动的物体的角动量.第二个方程通过令等号左右两边的 $\boldsymbol{e}_r$ 分量相等并利用结论 $h = r^2\dot{\theta}$ 而求得,它就远不那么简单了:

$$\ddot{r} - \frac{h^2}{r^3} = -\frac{GM}{r^2}.$$

为了求出行星的径向运动,我们需要解出这个二阶非线性常微分方程.正如我们已经在前面章节中讨论过的,要精确地解出这样一种方程通常是不可能的.对我们来说幸运的是,在这种情况下有一个技巧可以让我们把它转换为一个线性方程,这个方程我们能够精确地解出来.这里凸显了数学的一个振奋人心的特征:对于一个困难的问题,总存在着从适当的角度看待就可以使它简单的可能性.在目前这种情形下,那个技巧就是如下把时间导数变为关于 θ 的导数:

$$\dot{r} = \frac{\mathrm{d}r}{\mathrm{d}t} = \frac{\mathrm{d}r}{\mathrm{d}\theta}\frac{\mathrm{d}\theta}{\mathrm{d}t} = \frac{\mathrm{d}r}{\mathrm{d}\theta}\dot{\theta}.$$

接下来我们创建一个新的变量 $u = \dfrac{1}{r}$,这就把太阳向无穷远送去.我们可以用链式法则对这个新变量 u 求导:

$$\frac{\mathrm{d}u}{\mathrm{d}\theta} = -\frac{1}{r^2}\frac{\mathrm{d}r}{\mathrm{d}\theta}.$$

经过一两行代数运算,就把原来的微分方程变换为

$$\frac{d^2u}{d\theta^2}+u=\frac{GM}{h^2}.$$

这不过是一个关于 u 的非齐次线性方程,我们有着把它完全解出来的技术:首先我们求出相应齐次方程的通解,然后我们加上完全方程的任何一个特解. 相应的齐次方程 $\frac{d^2u}{d\theta^2}+u=0$ 只不过是一个简谐运动方程,解是 $u_0=A\cos\theta+B\sin\theta$. 同时,很容易看出一个特解,即常数 $u_1=\frac{GM}{h^2}$. 于是我们可写下最通用的解:

$$u=\frac{GM}{h^2}+A\cos\theta+B\sin\theta,$$

其中 A 和 B 是某两个常数. 从形式上说,我们现在已经完全"解决"了这个问题:任何做绕日运动的物体都按照这个方程运动. 尽管这显然是个成功,但我们现在还应该设法解释这些解是什么样子. 用一点儿三角学知识,并且重新定义 $\theta=0$ 轴,那么把这个解变换为下列形式就是一道(有点难度的)代数练习题:

$$h^2=GMr(1+e\cos\theta),$$

其中 e 是某个常数. $-1\leqslant\cos\theta\leqslant1$ 这个事实现在蕴涵着有三种不同类型的解.

(1) 如果 $-1<e<1$,那么上式右边永远不会等于零. 因此这个运动是周期性的,与太阳的距离 r 在 $h^2/(1+e)GM$ 与 $h^2/(1-e)GM$ 之间变化. 可以直接证明这条运动路径实际上是个椭圆,太阳则位于这个椭圆的一个焦点①. 不同的 e 值给出不同形状的椭圆. 特别是当 $e=0$ 时,这是一个圆(图 6.4).

如果你相信牛顿引力的话,那么任何绕日运动的周期性轨道都将是椭圆. 像地球这样的物体是在一条相当小的椭圆轨道上运行,只要 365 天就沿轨道绕行一周. 冥王星则运行在一条大得多的椭圆轨道上,沿轨道绕

① 对于椭圆 $\frac{x^2}{a^2}+\frac{y^2}{b^2}=1$,它的焦点是点 $(\pm\sqrt{a^2-b^2},0)$. 椭圆上任一点到这两个焦点的距离之和是一个常数. ——原注

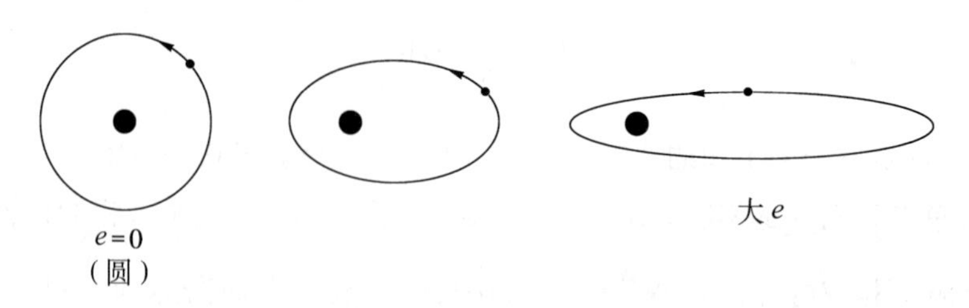

图 6.4 围绕太阳的椭圆轨道.

太阳一周需 248 年. 或许最极端的已知轨道要数哈雷彗星的轨道了. 这个由岩石和冰构成的冷团块每 76 年从太阳附近经过一次,然后还要运行到远远超出太阳系边缘的地方.

(2) 如果 $e<-1$ 或 $e>1$,那么我们看到,对于角度 θ,存在着一个值 $\theta=\theta_0$,使得$1+e\cos\theta_0$ 等于零. 然而,既然左边非零,那么当 θ 趋于 θ_0 时,我们必须还要让 r 在这个极限过程中趋于无穷大. 相应的轨道是双曲线,物体沿这条轨道从无穷远以方位角 θ_0 逼近太阳,从太阳附近掠过,然后扬长而去,以 $\theta=2\pi-\theta_0$ 的方位角飞向无穷远,再也不回来了(图 6.5).

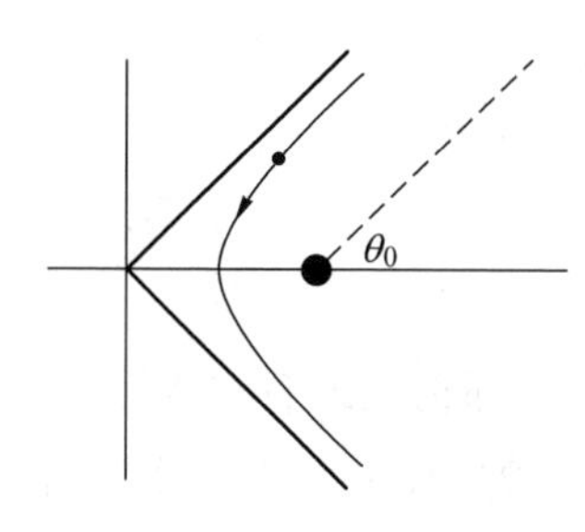

图 6.5 一条双曲线路径.

(3) 有一种极限情况发生在 $e=\pm1$ 的时候,它相当于椭圆轨道与双曲线轨道之间的边界线. 既然我们已经学过了圆锥曲线,你可能会预料到,在这种情况下方程取抛物线的形式.

这些解的历史重要性怎么强调也很难说过分:一个控制苹果落地运动的相当简单的方程,用来以近乎完美的准确性预言了行星的绕日运动. 有了牛顿数学的武装,甚至天国也落入了人类的掌控范围,它化成了钟表运转机构,中规中矩地走动着. 从这个意义上说,牛顿的万有引力定律确实是无所不包的.

6.1.1.3　牛顿的反引力

牛顿引力总是起吸引作用:任何两个质量体都将向对方施加一个把它们拉到一起的力. 提出这样一个问题是很好玩的:假设有一个反引力系统,其中的行星受到的是太阳的排斥力,但是在其他方面服从同样的平方反比律,那么在这个系统中,行星运行的可能轨道是什么? 在这样一个系统中,行星的角动量仍然保持不变,但是在径向运动方程中,GM/h^2 的符号改变了. 于是轨道由下列方程描述:

$$-h^2 = GMr(1 + e\cos\theta).$$

这些轨道只能是双曲线. 与前面吸引力的情况(在那里轨道方程的左边是正的)进行比较,即可证明一颗反引力行星在它的运行过程中不可能围绕着太阳转(图 6.6).

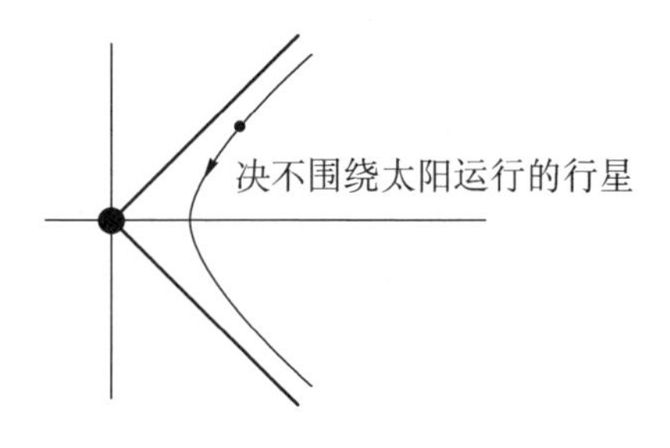

图 6.6　反引力行星在双曲线轨道上受到排斥力.

6.1.2　证明能量守恒

能量守恒的概念对我们来说是熟悉的:能量不能被创造也不会被消灭,只是从一种形式转化为另一种形式. 例如,如果我丢下一只球,那么它的势能就转化成动能. 当这只球撞到地面上时,动能又转化成声和热. 这个原理在一颗行星的绕日运动轨道上是怎样表现的呢? 当这颗行星在离太阳最远或者说最高的点上时,它的引力势能最大. 当它继续着它的旅程向太阳靠近时,势能减小,而行星的速度则增大,当来到最接近太阳的点时,速度达到最大. 于是我们看到,动能与势能之间进行着一种连续的交换(图 6.7).

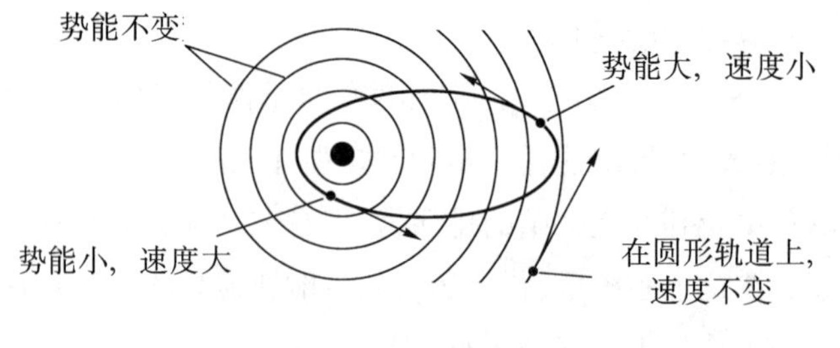
势能不变
势能大，速度小
势能小，速度大
在圆形轨道上，
速度不变

图 6.7　在一条轨道上能量是守恒的.

在空间的每个点上，由于太阳引力的拉拽作用而导致的势能有多大呢？既然引力仅依赖于离太阳的距离，那么势能也应如此. 因此等势线是圆周. 于是，在一条圆周形轨道上，物体的势能将到处保持固定. 现在让我们考虑另一种极端的运动：在这种运动中，由于某种灾难性的原因，行星被迫就地停止. 这颗行星将慢慢地开始以垂直于等势线的方向向内朝着太阳落去，逐渐获得越来越快的速度. 但是行星获得这种速度的迅速程度将如何呢？这依赖于当我们越来越接近太阳时的势① 的减小率. 或者说，依赖于等势线的梯度 $\nabla\phi$，这就像一只球从山上滚下来的速度依赖于山坡的陡峭程度一样. 因此作用在这颗行星上的力是

$$\boldsymbol{F} = -m\ \nabla\phi = -m\frac{\mathrm{d}\,\phi}{\mathrm{d}r}\boldsymbol{e}_r,$$

其中ϕ是太阳的引力势，m 为行星的质量. 既然牛顿万有引力定律告诉我们这个力与 r^2 成反比，那么我们看到，质量为 M 的太阳（其实是任何球状物体）的标量引力势必定与 r 成反比：

$$\phi = \frac{GM}{r}.$$

这个推理实际上蕴涵着能量在每一条轨道上都是守恒的. 让我们来看看这是为什么. 行星由于它的绕日运动而在某一给定时刻所具有的总能量由动能 T 与势能 $m\phi$之和给出：

$$E = T(r) + m\,\phi(r).$$

① 单位质量的物体位于一力场中某一点时所具有的势能，称为这个力场在这一点的势. ——译校者注

我们希望证明这个总能量 E 并不随时间而改变. 证明这一点的第一步是考虑势能的变化率,方法是求关于时间的导数:

$$m\frac{\mathrm{d}\phi}{\mathrm{d}t}=m\frac{\mathrm{d}\phi}{\mathrm{d}r}\frac{\mathrm{d}r}{\mathrm{d}t}=-\boldsymbol{F}\cdot\boldsymbol{v}.$$

我们解释一下上式中的向量点积部分. 请注意

$$\boldsymbol{F}=-m\ \nabla\phi=-m\frac{\mathrm{d}\phi}{\mathrm{d}r}\boldsymbol{e}_r+0\boldsymbol{e}_\theta\quad\text{和}\quad\boldsymbol{v}=\frac{\mathrm{d}r}{\mathrm{d}t}\boldsymbol{e}_r+r\frac{\mathrm{d}\theta}{\mathrm{d}t}\boldsymbol{e}_\theta.$$

把它们点乘即给出 $-m\frac{\mathrm{d}\phi}{\mathrm{d}r}\frac{\mathrm{d}r}{\mathrm{d}t}$,这是因为单位向量 $\boldsymbol{e}_\theta$ 与 $\boldsymbol{e}_r$ 总是相互垂直的. 将这个积转换成向量形式,就让我们发现了这些项的一个简单解释:$\boldsymbol{F}\cdot\boldsymbol{v}$ 只不过是作用在物体上的力所做功的功率,或等价地说,即为动能的变化率$\frac{\mathrm{d}T}{\mathrm{d}t}$. 我们得出结论:

$$m\frac{\mathrm{d}\phi}{\mathrm{d}t}=-\frac{\mathrm{d}T}{\mathrm{d}t}\Rightarrow\frac{\mathrm{d}E}{\mathrm{d}t}=0.$$

于是我们证明了在一条轨道上的总能量是常量,这多亏了下面这个将力用势ϕ来表示的特殊形式:

$$\boldsymbol{F}=-m\frac{\mathrm{d}\phi}{\mathrm{d}r}\boldsymbol{e}_r.$$

事实上,运用一系列类似的操作,这个结论可以被推广开来,让我们得到一个具有普遍性的陈述:

- 如果一个力可以写成 $\boldsymbol{F}=-m\ \nabla\phi$,其中$\phi$是任意的标量函数,那么一个在这个力场中运动的物体的总能量是个常量. 这种力称为保守力.

6.1.3 其他类型的力导致行星灾难

现在我们知道任何标量势都可以用来定义一种力,它导致了一个能量守恒定律. 鉴于这种能量原理是如此自然,提出这样的问题是一个好主意:有没有其他仍然让能量保持守恒的有趣的引力理论可让我们来创建?特别是,是不是有一个好理由来解释为什么牛顿的关于现实物质世界的

势是一种与众不同的特殊情况？我们将在三维空间中进行研究（因为这样在观测上看来是合理的），并且考虑在各个方向上等作用的力，因而它们只是模 $|\boldsymbol{r}|$ 的函数：

$$\boldsymbol{F}_n = -m\frac{C}{r^n}\boldsymbol{e}_r = -m\ \nabla\phi_n,$$

其中 C 为某个正常数. 相应的势（对其求梯度后即导致这些力）就是

$$\phi_n = -\frac{C}{(n-1)r^{n-1}}.$$

在牛顿的理论中，$n=2$. 我们将看到，这个现实的宇宙被认为是与众不同的特殊情况，是因为只有它才能允许绕着一个太阳转的地球式稳定轨道存在. 要弄清楚为什么会是这样，让我们考虑在一个具有这些奇特引力定律之一的奇特星系中，一颗奇特的行星绕一个奇特的太阳的运动. 让我们强加一个宽松的约束 $n>1$，以使在离这个太阳很远的地方能量的性态良好. 另外，我们考察这样特殊情况，就是这颗行星以角动量 $h=r^2\dot{\theta}$ 做圆周运动，以让我们少点麻烦. 于是行星的总动能为 $m(r\dot{\theta})^2/2$，而总势能由 $m\phi_n$ 给出. 代入角动量表达式，我们得到总能量

$$E = -\frac{mC}{(n-1)r^{n-1}} + m\frac{h^2}{2r^2}.$$

为了在一条圆周形轨道上运行，这颗奇特行星的能量必须呈一种最小能量配置，否则，它会"滚"到另一条能量值较低的轨道上去. 因此我们需要寻找满足$\frac{\mathrm{d}E}{\mathrm{d}r}=0$ 的特殊半径 r，即

$$\frac{\mathrm{d}E}{\mathrm{d}r} = \frac{mC}{r^n} - m\frac{h^2}{r^3} = 0.$$

容易看出，在这个太阳系中只存在一条圆周形轨道，它的半径 r_0 满足

$$\frac{C}{r_0^{n-3}} = h^2.$$

让我们进一步研究一下这条轨道的性质：它是处于能量的最高点还是最低点？这样就会让我们知道邻近轨道从能量方面来说是否更讨人喜欢. 为求出答案，我们需要再一次对能量方程求导：

$$\frac{d^2E}{dr^2}=\frac{m}{r^4}\left(\frac{-Cn}{r^{n-3}}+3h^2\right).$$

计算这个量在 r_0 处的值,我们看到

$$\left.\frac{d^2E}{dr^2}\right|_{r=r_0}=\frac{mh^2}{r_0^4}(3-n)\begin{cases}<0, \text{如果 } n>3;\\ =0, \text{如果 } n=3;\\ >0, \text{如果 } n<3.\end{cases}$$

于是当 $n<3$ 时,我们有一个最小值;而当 $n>3$ 时有一个最大值. 当 $n=3$ 时,对泰勒级数的更多项作一番研究,我们可以看到事实上不存在稳定的半径值. 既然当 r 趋向无穷大时能量趋于零,那么我们可以画出能量随半径变化的图像,如图 6.8 所示.

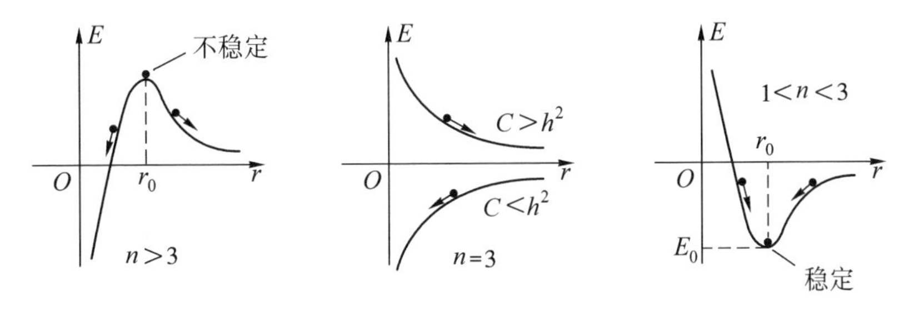

图 6.8　其他引力理论中能量的图像.

这种图像的美在于,我们可以把它们看作"势山",行星从上面自由地滚落到最低点,这个点对应着一种最小能量配置. 在这条圆周形轨道上,行星应该处在这幅势山图的稳定点上. 如果这颗行星受到轻微的撞击(或许是被彗星撞了一下),那么它的能量就会偏离这个稳定值. 于是行星将沿山坡"滚"下,或者是返回原来的稳定值,或者是离原来的稳定值扬长而去,这依赖于这个值是一个最小能量点还是一个最大能量点. 显然,对于 $n>3$ 的情况,行星的轨道是不稳定的:稍微一推,将导致这颗行星要么落进太阳,要么向无穷远飞去. 如果 $n=3$,那么本来就不存在圆周形轨道:这颗行星要么沿螺旋线落进太阳,要么向外直奔无穷远,这依赖于角动量的总体规模. 对于 $n<3$,圆周形轨道是稳定的:如果行星被轻轻推离最小能量轨道,那么它将在这条势曲线的凹底上来回滚动. 这时轨道会有轻微的变形,但是偏离不会随时间增大.

总之,我们证明了可以有稳定轨道解的唯一理论由下式给出:

$$\phi = -\frac{C}{r^{n-1}}, 其中 1 < n < 3.$$

在其他的理论中,行星灾难是不可避免的:所有围绕奇特太阳的圆周形轨道都注定要消亡①. 从某种意义上说,正是我们的存在要求我们具有一种 $1 < n < 3$ 的引力理论.

6.1.4 地球、太阳和月亮?

我们在行星和彗星怎样绕太阳运动的研究上取得了很好的进展. 它们以时钟般的精确性沿着经典的几何路径永恒地运动. 成功让我们颇感自信,我们会说:“让我们试着求出关于月亮绕地球运动,而这两者又在绕太阳的轨道上运动的方程吧”. 很遗憾,不可能精确地解出这个系统. 虽然对于两个物体——比如地球和太阳——相互围着转的运动来说,牛顿的万有引力方程是可以解出的,但三体问题——比如地球、太阳和月亮——一般是不能解的. 要明白为什么这种说法是有道理的,我们来看看这幅描写两个物体和三个物体相互牵制着运动的图(图 6.9).

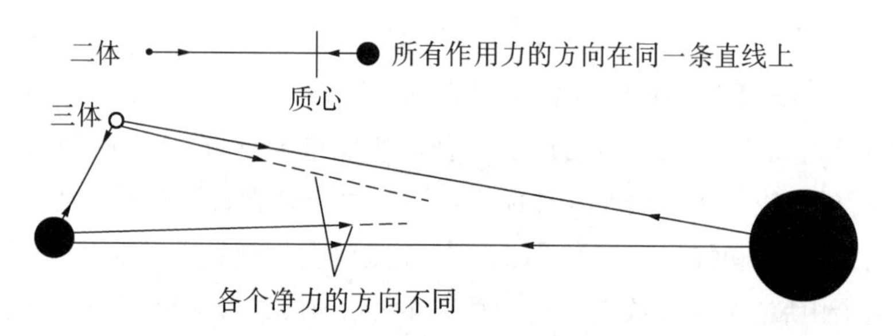

图 6.9 关于三体问题的引力方程没有一种有效的解法.

在只有两个物体的情况下,所有引力的吸引作用方向是沿着连接这两个物体的连线,这就使得这个系统很容易解:它本质上化成了一个一维问题. 然而,对于地球、太阳和月亮这个系统来说,地球与太阳之间有一个

① 作为一个有趣的话题,在某些情况下可能会有圆周形轨道,但是它们不会以这个奇特的太阳为中心,甚至会穿过它! ——原注

拉拽作用,地球与月亮之间也有一个,月亮与太阳之间也有一个. 所有这些力在各个不同的时刻都指向完全不同的方向,这就使所得出的非线性方程不可能解出. 虽然它们的运动完全由牛顿万有引力定律决定,但我们不可能找到某个准确地告诉我们地球和月亮在未来某个时刻 t 将在何处的函数. 有两种方法可以让我们采用. 首先我们可以说月亮与地球、太阳比起来是太轻了,以至于它的影响将是一个扰动对非线性二体问题的影响. 于是我们可利用微分方程那一章中讨论过的一种将扰动部分展开成幂级数的方法来解决这个新问题. 可惜的是,近似解的误差会随时间增长,就像那个并不简单的单摆例子一样. 因此我们只能用这种方法预言未来有限的一段时间内的运动,再往下就必须取新的修正项. 第二个可采用的方法是用一台计算机对方程进行数值积分. 同样,既然计算机不能对方程进行精确积分,解的误差也会随时间积累.

因此三体问题是不可预言的:虽然这个方程总是以一种确定性的方式演化,但初始条件中极其小的变化所产生的影响会随时间增长. 任何两组初始数据,无论它们有多么接近,最终都将导致在状态上完全不同的解. 这种类型的性态称为混沌的,它是描述大自然的方程的一种基本特征. 从某种意义上说,这就是世界为什么会如此奇妙的原因. 对物理系统的准确长期预报是不可能作出的,因为初始条件在测量上的微小变化最终将导致这个非线性系统的状态发生巨大的差异. 生活真是不可预测[1]! 不管怎么说,混沌动力学的研究太过复杂,不宜在这里讨论,无论是数值计算方面的还是其他方面的. 因此我们把注意力从牛顿引力上移开,投向现实世界的另一个方面.

① 即使没有把量子力学中的不确定性(这一点我们稍后讨论)考虑在内. ——原注

6.2 光、电、磁

磁体是具有一种神奇性质的铁块、钴块或镍块:如果我们把它拿着靠近另一块这样的金属,两者之间就会有一种看不见的力在相互作用. 就某些方面而言,这种性态与引力的性态非常相似:如果你丢下一大块东西,它将被地球所吸引,被一种看不见的力所拉拽. 然而,在其他方面,磁性与引力相差很大:磁性可以导致吸引作用,也可以导致*排斥*作用. 另外,磁力显然比引力强大多了,因为一块相当小的磁性材料作用在一块铁上的力大于整个地球对这块铁的吸引力! 要用实验来演示这一点,我们只需用一块小磁铁从地上吸起一根针. 磁性显然胜过了地球引力. 而且,引力的拉拽作用对所有的东西都有影响,而磁体则显然要讲究得多. 大多数物体看来根本不理会磁性的影响:一块大到可以吸起一辆汽车的磁铁,对附近一棵树上落下的苹果却起不了任何作用. 虽然如此,引力其实与磁性同样令人惊奇;磁体只不过是看上去神秘得多,这也仅仅是因为我们每天都在经受着引力,对它的作用已经习以为常了.

另一种奇特的,有时甚至是壮观的自然现象是*电*. 电可以在物体上积聚起来或者说被收集在一起. 例如,一个塑料制品,比方说一把梳子,常常会带上静电,于是会吸引一定距离外的微粒物质,如灰尘. 另外,电可以像流体那样流动:一道闪电就是这方面的一个好例子. 闪电往往与树和建筑物相互作用,造成不幸的后果,而且由于它可以施加*电力*,会令人真的毛发直竖.

在 19 世纪,一个经历了较长过程的发现表明,电和磁实际上是同一个基本物理现象——*电磁性*的两个不同方面. 例如,沿一个线圈流动的电会产生磁性,这个性质被用来制造威力强大的电磁体,而在磁体附近移动一根导线就会产生电流. 这两个概念是相互依存的. 我们自然可以利用数学来描述这些现象. 这样得到的关于电与磁的*统一*理论为现代理论物理学铺平了道路.

6.2.1 静电

物质的与带电有关的状态可以有三种:带正电、带负电和不带电. 与牛顿万有引力定律十分相似的是,两个带电量分别为 q_1 与 q_2 的点状物体之间的相互作用力如下:

$$\boldsymbol{F}=\frac{q_1q_2C}{r^2}\hat{\boldsymbol{r}},$$

其中 C 为一个常量,$\hat{\boldsymbol{r}}$为这两个物体的连线方向上的单位向量. 这个关于两个带电粒子间相互作用的结论叫做库仑定律. 由于牛顿万有引力定律与库仑定律在数学上的相似性,电磁性中的这个内容可以被提炼成静电势这个概念也就不足为奇了. 一个带电量为 q 的粒子的势由下式给出:

$$\phi=-\frac{qC}{r}.$$

据此,电力场或简称电场 $\boldsymbol{E}$ 就通过取梯度 $\boldsymbol{E}=-\nabla\phi$而求得. 在一个电场 $\boldsymbol{E}$ 中,一个带电量为 Q 的粒子所受到的力为 $Q\boldsymbol{E}$.

当然,一般情况下我们往往不会遇到只有单单一个电荷在起作用的电场,而是分布着许多带电粒子. 对于这种分散的布局,我们要怎样做才能求出电力场 $\boldsymbol{E}$ 呢? 相当简单! 在任何一个没有电荷的空间区域内,静电力的大小按$\frac{1}{r^2}$分布. 这意味着进入这个小区域的电力线与离开这个区域的电力线数目相等. 换言之,这个力场的散度为零:

$$\nabla\cdot\boldsymbol{E}=0.$$

既然 $\boldsymbol{E}=-\nabla\phi$,于是我们发现这个散度为零就意味着

$$\nabla\cdot(\nabla\phi)\equiv\nabla^2\phi=0.$$

正如我们先前所知道的,拉普拉斯方程 $\nabla^2\phi=0$ 是一个线性微分方程. 因此,描述许多电荷的作用的势,可将各个电荷的势简单地加起来而求得. 在电荷是连续分布的情况下,这个方程需要有一个依赖于分布密度 ρ 的非齐次项:

$$\nabla^2\phi=-4\pi C\rho.$$

6.2.1.1　关于一个磁体的方程

作为一个简单的例子，让我们考虑两个带相反电荷 q 和 $-q$ 的点状粒子所产生的电场. 这两个带电粒子被一个非常小的向量 $\boldsymbol{\varepsilon}$ 所分离，这或许是由于一小段金属的内部排斥力. 这对相互靠近的相反电荷叫做偶极子. 我们令这两个电荷间的相隔距离越来越小，同时增加电荷的大小 $|q|$，并保持乘积 $q|\boldsymbol{\varepsilon}|=p$ 为常数. 这就是关于一个磁体的基本模型，其中 q 为"北极"，$-q$ 为"南极"(图 6.10).

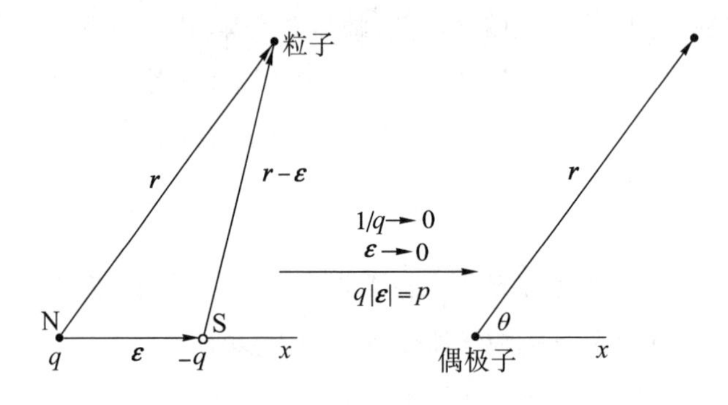

图 6.10　一个偶极子的形成.

要弄清楚我们这个基本磁体的性质，我们只需计算整个系统的静电势，因为这可以用来得到整个力场. 由拉普拉斯算子的线性性，这个势由电荷 q 和 $-q$ 各自所导致的势之和给出：

$$\phi = C\left(\frac{q}{|\boldsymbol{r}|} + \frac{-q}{|\boldsymbol{r}-\boldsymbol{\varepsilon}|}\right).$$

既然 $\boldsymbol{\varepsilon}$ 不会精确地等于零，那么括号中的两个部分不会完全消去. 因此势不为零，从而一定存在某个电磁力. 为求得有关的精确值，我们采用笛卡儿坐标，并假设位移是沿着 x 轴方向的，因此有 $\boldsymbol{\varepsilon}=(\varepsilon,0,0)$，

$$|\boldsymbol{r}-\boldsymbol{\varepsilon}| = |(x-\varepsilon,y,z)| = \sqrt{(x-\varepsilon)^2+y^2+z^2}.$$

注意到 $r^2=x^2+y^2+z^2$，我们将括号展开，得

$$\frac{1}{|\boldsymbol{r}-\boldsymbol{\varepsilon}|} = (x^2+y^2+z^2-2x\ \varepsilon+\varepsilon^2)^{-\frac{1}{2}}$$

$$=\frac{1-\frac{1}{2}\left(-\frac{2x\varepsilon}{r^2}\right)+O(\varepsilon^2)}{r}$$

$$=\frac{1}{r}+\frac{x\varepsilon}{r^3}+O(\varepsilon^2).$$

为了构建关于这个磁体的解,我们取 $\varepsilon\to0$ 和 $q\to\infty$ 时的极限,同时保持乘积 $q|\varepsilon|$ 等于某个常数. 在这个极限过程中,我们可以忽略 $O(\varepsilon^2)$ 项,这就终于为我们提供了这个系统的总势,它取下列形式:

$$\phi=-C\frac{q\varepsilon x}{r^3}=-C\frac{p\cos\theta}{r^2}.$$

于是,我们为我们这个关于一个磁体的模型求出了静电势. 根据这个简单的表达式,并利用 $\boldsymbol{E}=-\nabla\phi$,我们就可以求出空间中任何地方的力线. 推导出在这样一个偶极子(磁体模型)的周围,任何一个带电粒子将沿着下式所代表的曲线运动,是微分学的一道相当有挑战性的练习题:

$$\frac{\sin^2\theta}{r}=k=常数.$$

这些曲线的样子我们十分熟悉(图 6.11).

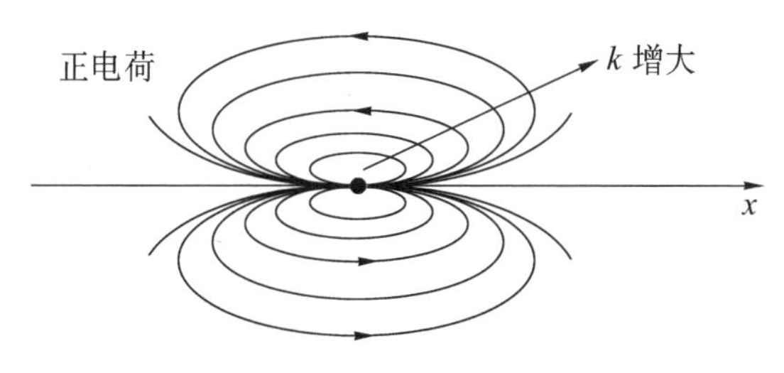

图 6.11　一个偶极子周围的力场.

可以被天然磁化的材料中含有行为像偶极子那样的原子组态. 当一大块这样的材料中大多数偶极子排列成同一方向时,这块材料就变成了磁体.

6.2.2　电流与磁性

库仑定律讨论的是静电:一个固定的点状带电物体产生一个电场 $\boldsymbol{E}$,它把一种力施加在其他所有的带电粒子上,这种力按照一种平方反比律而变化,这与存在于任何两个质量体之间的引力作用完全相同. 然而,正如我们前面稍微有所提及的,实验断定,仅有电并不足以解释许多涉及带电粒子运动的物理现象. 还需要一个新的概念——磁场 $\boldsymbol{B}$. 这个磁力场不同寻常地只对已经处于运动状态的带电粒子起作用,而且尽管这样,也只是在一个与带电粒子运动方向垂直的方向上产生加速度! 对于一个在背景电场 $\boldsymbol{E}$ 和背景磁场 $\boldsymbol{B}$ 中运动的带电量为 q 的粒子,洛伦兹力定律告诉我们这一切是怎样运作的:

$$m\ddot{\boldsymbol{r}} = q(\boldsymbol{E} + \dot{\boldsymbol{r}} \times \boldsymbol{B}).$$

这是带电粒子竟然与原来导致它运动的力相互作用的一个例子,并且速度越快,力可能越大. 让我们考察一种只有一个恒定磁场 $\boldsymbol{B}$ 而没有电场的简单情形. 于是有

$$m\ddot{\boldsymbol{r}} = q\dot{\boldsymbol{r}} \times \boldsymbol{B}.$$

既然 $\boldsymbol{B}$ 是一个常向量,那么我们可以对这个表达式进行积分,得出

$$m\dot{\boldsymbol{r}} = q\boldsymbol{r} \times \boldsymbol{B} + \boldsymbol{c},$$

其中 $\boldsymbol{c}$ 是一个常向量. 这样,沿磁场方向的速度便是一个常量,而在与磁场方向垂直的平面中,速度总是垂直于位置向量. 我们因此而推出,电荷围绕着恒定磁场的磁力线做螺旋运动.

但是,到底是什么东西才可以产生这种恒定磁场呢? 到目前为止,我们在怎样可以着手创建一个特定的磁场,或者说怎样由一种给定的电荷位形来确定一个磁场的问题上一直相当含糊. 在下一节中,我们将显示电场 $\boldsymbol{E}$ 和磁场 $\boldsymbol{B}$ 是怎样在一个共同的数学框架下同时生存的.

6.2.3 关于电磁波的麦克斯韦方程

在 18 世纪和 19 世纪,借助于大量的实验信息,关于电磁性的理论得到了缓慢的发展. 有了那么几条规则和那么几个方程,而且,尽管电与磁显然以某些方式相互影响,但在其他情况下,它们似乎毫不相关. 然而,麦克斯韦注意到它们可以统一在一个共同的框架下:电磁理论. 这是数学的一个美丽分支. 从本质上说,电场 $\boldsymbol{E}$ 和磁场 $\boldsymbol{B}$ 是通过四个联立的向量偏微分方程而相互作用的. 虽然这看起来可能有点高深,但如果我们使用向

量微积分符号 ∇, $\nabla\cdot$, $\nabla\times$,这些方程的某种对称性就变得明显了. 设电荷密度为 ρ,电流密度为 $\boldsymbol{j}$,则麦克斯韦方程如下给出:

$$\nabla\cdot\boldsymbol{E}=\frac{\rho}{\varepsilon_0},\quad \nabla\cdot\boldsymbol{B}=0,$$

$$\nabla\times\boldsymbol{E}=-\frac{\partial\boldsymbol{B}}{\partial t},\quad \nabla\times\boldsymbol{B}=\frac{1}{c^2}\frac{\partial\boldsymbol{E}}{\partial t}+\mu_0\boldsymbol{j}.$$

其中 c 是光速,ε_0 和 μ_0 是普适常量. 物质,比如一个产生电流 $\boldsymbol{j}$ 的电离子流,其效应是引进了非齐次项,否则这是一个线性方程组. 请注意方程 $\nabla\cdot\boldsymbol{B}=0$ 是这样一个被观测到的事实的数学表达:不存在单个磁极的磁场:磁体总是有一个南极和一个北极. 不过,某些未经检验的高能物理学理论预言:这样的*磁单极子*应该是存在的. 这种粒子确实会非常稀少,或许偶尔会在宇宙线中发现. 如果有一个这样的粒子碰巧让地球遇上,而且被辨识出来,这将大大有助于证实一种量子引力理论.

6.2.3.1 真空中电磁波方程的解

麦克斯韦理论的美妙特征之一是,即使在真空中,电场和磁场也能相互作用. 而且,当 $\rho=0$, $\boldsymbol{j}=\boldsymbol{0}$ 时,$\boldsymbol{E}$ 与 $\boldsymbol{B}$ 之间的关系变成了线性的. 这相当于电场和磁场通过一种真空环境传播,并让我们在数学上得到了下述简化:

$$\nabla\cdot\boldsymbol{E}=0,\quad \nabla\cdot\boldsymbol{B}=0,$$

$$\nabla\times\boldsymbol{E}=-\frac{\partial\boldsymbol{B}}{\partial t},\quad \nabla\times\boldsymbol{B}=\frac{1}{c^2}\frac{\partial\boldsymbol{E}}{\partial t}.$$

让我们试着解这个真空环境下的方程,看一看 $\boldsymbol{E}$ 和 $\boldsymbol{B}$ 发生了什么情况:眼下的任务是要把 $\boldsymbol{E}$ 和 $\boldsymbol{B}$ 相互解脱出来. 做到这一点的方法是分别对每个向量方程求导,然后把它们相互代换,以消除一个变量,这就像人们解一个联立的代数方程组时所采用的方法那样. 首先我们取第三个方程的旋度和第四个方程的时间导数,求得

$$\nabla\times(\nabla\times\boldsymbol{E})=-\frac{\partial}{\partial t}(\nabla\times\boldsymbol{B}),\quad \frac{\partial}{\partial t}(\nabla\times\boldsymbol{B})=\frac{1}{c^2}\frac{\partial^2\boldsymbol{E}}{\partial t^2}.$$

这就让我们可以把 $\boldsymbol{B}$ 从这个方程组中完全消除,得

$$\nabla \times (\nabla \times \boldsymbol{E}) + \frac{1}{c^2}\frac{\partial^2 \boldsymbol{E}}{\partial t^2} = \boldsymbol{0}.$$

要求出 $\boldsymbol{E}$,我们必须解这个方程,这就要求我们去对付样子令人讨厌的 $\nabla \times (\nabla \times \boldsymbol{E})$ 项. 为了帮助我们得到一个显式解,让我们做一个简化 $\boldsymbol{E} = (0,0,E(x,y))$. 于是

$$\nabla \times \boldsymbol{E} = \begin{vmatrix} \boldsymbol{i} & \boldsymbol{j} & \boldsymbol{k} \\ \frac{\partial}{\partial x} & \frac{\partial}{\partial y} & \frac{\partial}{\partial z} \\ 0 & 0 & E \end{vmatrix} = \left(\frac{\partial E}{\partial y}, -\frac{\partial E}{\partial x}, 0\right).$$

再用一下 $\nabla \times$,容易得出下面这个结果:

$$\nabla^2 E = \frac{\partial^2 E}{\partial x^2} + \frac{\partial^2 E}{\partial y^2} = \frac{1}{c^2}\frac{\partial^2 E}{\partial t^2}.$$

这正是二维*波动方程*,其中 c 解释为波速. 对一个任意的电场 $\boldsymbol{E}$ 重复同样的计算,让我们得到了一个关于电场的一般波动方程. 如果我们在麦克斯韦方程中消去 $\boldsymbol{E}$,那么以一种类似的方式,可求得一个关于磁场的完全同样的结果.

$$\nabla^2 \boldsymbol{E} = \frac{1}{c^2}\frac{\partial^2 \boldsymbol{E}}{\partial t^2}, \quad \nabla^2 \boldsymbol{B} = \frac{1}{c^2}\frac{\partial^2 \boldsymbol{B}}{\partial t^2}.$$

它们只不过是*波动方程*的三维版本. 因此,我们的方程意味着

- 电磁辐射以波的形式在真空中以某个固定的速度 c 传播.

这种电磁辐射就是光. 光以波的形式传播这一事实是一个非常有用而且符合直觉的结果. 光从太阳出发,以速度 c 在太空中传播,来到地球. 这种外来辐射的能量与光线的波长 λ 成反比,而波长可以相差很大.

辐射	λ(m)	
γ 射线	10^{-13}	$\sim 10^{-10}$
X 射线	10^{-10}	$\sim 10^{-8}$
紫外线	10^{-8}	$\sim 4\times 10^{-7}$
可见光	4×10^{-7}	$\sim 8\times 10^{-7}$
红外线	8×10^{-7}	$\sim 10^{-2}$
微波	10^{-3}	$\sim 10^{-1}$
无线电波	10^{-2}	$\sim 2\times 10^{3}$

当然,把电磁辐射的整个频谱划分为这些波段在本质上是人为的,其依据是对不同频率电磁波的特定技术应用. 每一种电磁波只不过是光线的一种表现形式,只是具有某个特定的频率. 一个非常重要的特征是,既然 c 是麦克斯韦方程中的一个常数,那么每一种波都以完全相同的速度 c 在真空中传播:一种 γ 射线绝不可能跑得比一种微波快. 这个性质间接地导致了狭义相对论的形成,这种理论对时空结构本身作出了深刻的阐述. 我们将在下一节探讨这些思想.

6.3 相对论与宇宙的几何

假设你正以每小时20英里的速度驾车穿过一个小城镇. 你正专心思考有关的数学问题,不料追尾撞上了一辆正以每小时18英里的速度在你前面行驶的汽车. 这次撞车不是很严重,因为你的行驶速度只是比前面那辆汽车快每小时2英里. 现在假设把你前面那辆汽车换为一辆因交通堵塞而停在那儿排长队的汽车. 那这次撞车就会糟糕多了! 显然,一次两车相撞造成的损坏程度依赖于这两辆车的相对速度.

现在假设你正以一个固定的速度沿着一条又长又平直的道路驾车穿过一片毫无特点的沙漠. 你的速度有多快呢? 如果没有车外的静止物体作为参照,这往往是很难回答的. 假设你的车发动机声音很小而且开起来很平稳,那么对于你是以每小时100英里的速度在行驶,还是你确实正以每小时10英里的速度行驶,甚至你的车就是停在那里的,你基本上不会感到有什么差别. 然而,当车子由于变速或在一个路口转弯而开始加速的时候,你就能感到运动带来的效应了. 运动的这些特性在主题公园的模拟乘车历险项目(即让游客坐在某种做小幅度前后移动的座位上看动作片)中得到了利用. 这种影片令人信服地给出了真的在向前运动的幻觉,但其实这些椅子必须做前后移动以制造出所要求的加速效应.

由于加速带来了这种明确的效应,为保证实验结果的一致性,牛顿物理学的实验应该在一种非加速的参考系中进行. 我们选择采用的非加速的或者说惯性的特定参考系将不会对任何力学实验的结果发生影响. 让我们来看看为什么情况确实如此. 考虑两个非加速的参考系,它们以某个恒定的速度 $\boldsymbol{v}$ 做相对运动. 这两个参考系的坐标由一种所谓的伽利略变换相联系(图6.12):

$$\boldsymbol{r}' = \boldsymbol{r} - \boldsymbol{v}t.$$

对这个将两种坐标联系起来的式子求导,推出

$$\dot{\boldsymbol{r}}' = \dot{\boldsymbol{r}} - \boldsymbol{v}$$

$$\Rightarrow \ddot{\boldsymbol{r}}' = \ddot{\boldsymbol{r}}.$$

因此,一个参考系中的一位观察者所感觉到的加速效应,与那个运动着的参考系中的另一位观察者所感觉到的是一样的. 既然是加速度产生了唯一可觉察的效应,那么每个参考系对于实验来说是等价的.

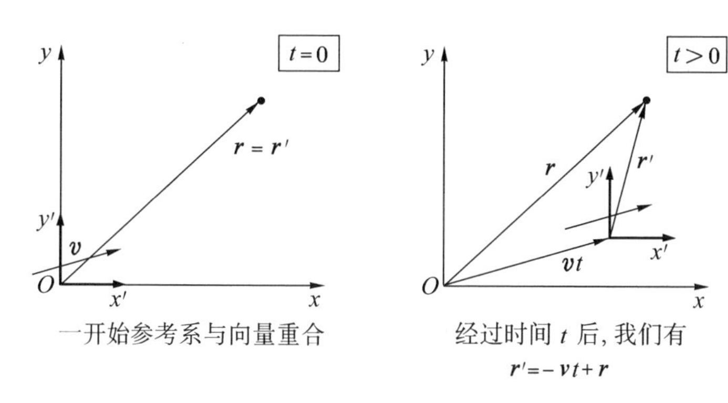

图 6.12 伽利略变换.

一切都令人满意,但是我们觉得应该可以提出这样一个问题:一个物体的绝对速度是什么? 就看看你吧,读者朋友,你行进得有多快? 或许你正在一列以每小时 100 英里的速度行驶的火车上,或者是静止不动地坐在一间屋子里. 但是这些关于速度的说法仅仅是相对于地球表面而言的,而地球本身则在围着地轴自转. 一个太空站中的航天员会认为你的速度完全是另一回事. 使事情更复杂的是,地球在围着太阳公转,因此坐在太阳上的某个人会观察到你大致上是在某个大椭圆上运动,太阳则位于这个椭圆的焦点. 但太阳又围着银河系中心(银心)旋转,而银河系则在本星系群中不停地穿行……要找到一个固定的参考点来锁定物体的绝对位置真是非常困难.

这些问题,虽然有着哲学上的可探讨性,但直到麦克斯韦方程被提出来之后才被认为具有压倒性的重大意义,因为这些方程在伽利略变换下并不是不变的! 这是因为在方程中明确地引进了光速. 但是这个光速所依据的是哪一个参考系? 人们认定,必定存在着某个应得到优先考虑的参考系,方程中出现的常数 c 就是据它而测定的. 但这个参考系是什么? 为了试图解开这个谜团,19 世纪后期的科学家们设想实际上存在着某种背景物质,称为"以太",它"处于安息状态". 所有的物质都存在于以太之中，而所有的运动都要相对于以太而确定. 人们试图确定地球在以太中穿行的速度，结果发现了一个极其令人意外的结论：

- 对于任何观察者来说，不管他们相对于光源的运动状态如何，任何光的速度在他们看来总是一样的.

无可否认，$c=186\ 000$ 英里/秒这个速度相当大，但是它永不变化这个事实有着戏剧性的含义. 例如，如果有几个飞来飞去兜风的外星人以每秒 10 000 英里的速度飞临 51 区①，并把它们的信号灯一开一关地不停闪烁，那么下面的人类会测得这些光信号的速度仍然为 c，而不是人们所预期的 $c+10\ 000$！ 而且，这些外星人看到它们的灯光以速度 c 离飞碟而去. 太空中一颗路过的卫星以速度 c 接收到这些光信号. 在未来的某个时刻，这些光信号按照麦克斯韦方程的波动解模式在银河系中传播了几千年后，将以速度 c 到达一颗遥远的行星. 这全然与牛顿关于时间、空间以及相对速度的观点相矛盾. 按牛顿的观点，空间是欧几里得空间 $\mathbb{R}^3$，而时间只是在这个空间背景下欢快地滴答走动. 绝对时空的观念消亡了，我们被引到爱因斯坦的相对性原理前面：

- 物理学定律必须在同一个立足点上对待匀速运动的所有状态②.

不管空间和时间是什么，它们必须让光束表现得总是以速度 c 传播. 狭义相对论这门学科就是对这些结果会导致什么推论的一种研究. 因此现在正是数学家介入此事的时候了.

6.3.1 狭义相对论

让我们假设有两个非加速的（惯性的）参考系 S 和 S'，它们相对在做

---

① 51 区是位于美国内华达州的一个秘密军事基地，据说是专门研制空军飞行器的. 在一些科幻小说中，这个基地被描述为美国研究不明飞行物（UFO）和外星人的专门机构. ——译校者注

② 这句话的原文是 The laws of physics must treat all states of constant motion on an equal footing. 这不同于我们常见的叙述：物理学定律在不同惯性参考系中形式保持不变. 根据下文，这个陈述似乎还蕴涵了光速不变性——译校者注

匀速运动. 我们希望求出 S 的坐标[1](x,t)与 S'的坐标(x',t')是怎样相互联系的. 首先我们假设它们的原点 $x=x'=0$ 在某个时刻正好重合,这个时刻一般设为 $t=t'=0$. 让我们考虑一个在参考系 S 中做匀速运动的物体. 在反映 ct 怎样随 x 变化的空间–时间坐标图上,它将描出一条直线. 这里我们采用两个量的组合 ct,是因为它与长度 x 有着同样的量纲. 类似地,如果我们从 S'的角度来考虑这个运动,那么这个物体在反映 ct'怎样随 x'变化的坐标图上也将描出一条直线. 既然光在各个参考系中以等速度 c 传播,那么无论在 S 还是在 S'的空间–时间坐标图上,一束光线都将描出一条与 x 轴成 45°角的直线(图 6.13).

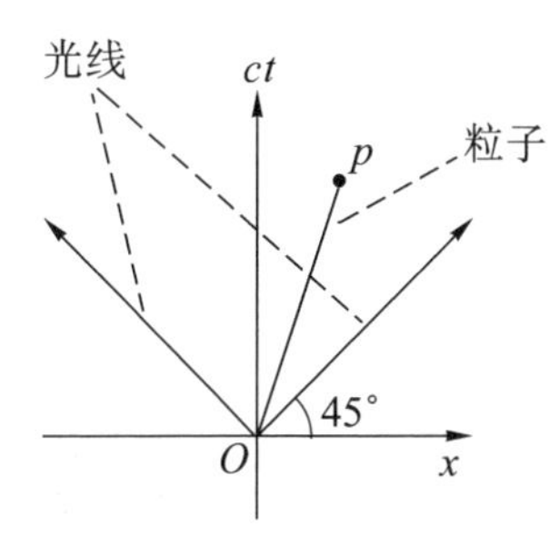

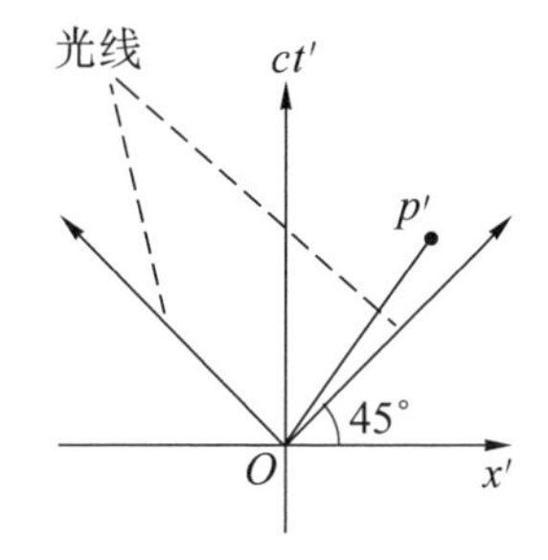

图 6.13　光线总是描出一条与空间轴成 45°角的直线.

我们准备怎样把各个参考系的坐标联系起来呢? 既然伽利略变换不适用,我们就必须寻找一个用以替代的规则,把一个参考系的坐标与另一个参考系的坐标联系起来:$\boldsymbol{x}'=L(\boldsymbol{x})$. 有着一系列的推导方法可以让我们把这个结果用一种数学方法推出来,尽管人们还可以采用具有更多物理学成分的论证方法. 我们给出下面这些数学论证:

- 既然 S 中的直线与 S'中的直线是一个样,那么不管这个变换是什么,它必定是线性的. 在这种情况下,我们可以把它写成一个作用在由空间坐标和时间坐标构成的向量上的常数矩阵:

① 为简单起见,我们只考虑一个空间维度,但是有关的结果可以很容易地推广到任意维的空间,比方说三维或十维的空间. ——原注

$$\begin{pmatrix} x' \\ ct' \end{pmatrix} = \underbrace{\begin{pmatrix} A & B \\ C & D \end{pmatrix}}_{L} \begin{pmatrix} x \\ ct \end{pmatrix},$$

其中 A,B,C 和 D 为常数.

- 假设我们考虑 S 中一束光线的运动. 它的运动图像与 x 轴成 45° 角,即这束光线的空间-时间坐标满足 $x = ct$. 既然光在 S'中必定也以速度 c 运动,那么我们就有 $x' = \pm ct'$. 我们可以把这些表达式代入上述线性变换,从而给出约束条件

$$A + B = \pm(C + D).$$

- 从这个线性变换可推出,对于一个一般的非加速运动,有

$$\begin{aligned} x'^2 - c^2t'^2 &= (Ax + Bct)^2 - (Cx + Dct)^2 \\ &= (A^2 - C^2)x^2 + (B^2 - D^2)c^2t^2 + 2(AB - CD)xct. \end{aligned}$$

在运动粒子是一束光线这种特殊情况下,我们有 $x'^2 - c^2t'^2 = 0$. 这就给了我们一个关于 A,B,C,D,x 和 t 的二次关系式. 既然这个粒子在 S'的空间-时间坐标图上描出的直线是一束光线之运动图像的充要条件是 $x = \pm ct$,我们就可以将与 x 和 t 有关的项作为因子从这个方程提出来,这意味着

$$0 = (A^2 - C^2) + (B^2 - D^2) \pm 2(AB - CD).$$

这就让我们有了下面这个简单的关系式:

$$AB - CD = 0^{①}.$$

既然 A,B,C,D 只是常数,那么我们可以将这个一般的表达式再次代入上面那个对任何线性运动(不仅仅是光线的情况)给出它在

---

① 请注意$0 = (A^2 - C^2) + (B^2 - D^2) \pm 2(AB - CD)$中的 ± 号,这里的 + 号和 − 号必须同时成立,这是因为 $x = ct$ 和 $x = -ct$ 都必须满足 $0 = x'^2 - c^2t'^2 = (A^2 - C^2)x^2 + (B^2 - D^2)c^2t^2 + 2(AB - CD)xct$. 而 A,B,C,D 是固定的常数,因此必须有 $AB - CD = 0$. 这一点还可这样证明:$A + B = \pm(C + D)$ 等价于$(A + B)^2 = (C + D)^2$,而通过考虑 S 中的光束 $x = -ct$,用$\begin{pmatrix} x' \\ ct' \end{pmatrix} = \begin{pmatrix} A & B \\ C & D \end{pmatrix}\begin{pmatrix} x \\ ct \end{pmatrix}$可得$(A - B)^2 = (C - D)^2$. 将$(A + B)^2 = (C + D)^2$ 与$(A - B)^2 = (C - D)^2$ 联立,即可得 $AB - CD = 0$. ——译校者注

各个参考系中坐标之联系的式子. 再次利用等式 $A+B=\pm(C+D)$①,我们求得

$$x'^2-c^2t'^2=(A^2-C^2)(x^2-c^2t^2).$$

- 可以合理地假设 A^2-C^2 项至多可能依赖于 S 和 S' 这两个参考系的相对速度 v②,而且还是连续地依赖于这个量. 让我们记这个项为 $k(v)=A^2-C^2$. 现在进一步考察一些相对性方面的因素. 既然 S 看到 S' 以相对速度 v 运动,那么根据对称性,参考系 S' 一定也看到参考系 S 以速度 $-v$ 离它而去. 因此对于我们的光线来说,有

$$x'^2-c^2t'^2=k(v)(x^2-c^2t^2),$$
$$x^2-c^2t^2=k(-v)(x'^2-c^2t'^2)$$
$$\Rightarrow x^2-c^2t^2=k(-v)(k(v)(x^2-c^2t^2)).$$

于是我们必须要有 $k(-v)k(v)=1$. 既然在空间上取什么方向不应该有什么物理学上的重大关系,我们就选定 $k(-v)=k(v)$. 注意到 $k(0)=1$(这对应着两个参考系以同样速度运动的情况),我们由连续性推出 $k(v)=1$,因而 S' 和 S 中任何线性运动的坐标通过下列公式相联系:

$$x^2-c^2t^2=x'^2-c^2t'^2.$$

因此我们得到限制这个线性变换的又一个约束条件:

$$A^2-C^2=1$$
$$\Rightarrow B^2-D^2=-1.$$

- 联系到 S' 的空间原点 $x'=0$ 其实具有运动方程 $x-vt=0$,我们就有了足够的信息来准确地确定出联系两个坐标系的线性变换的形式:

$$x'=\gamma(v)(x-vt),$$
$$ct'=\gamma(v)\left(ct-\frac{vx}{c}\right),$$

① 这里似不必用到 $A+B=\pm(C+D)$,因为有了 $AB-CD=0$,即有 $A^2-C^2=-(B^2-D^2)$,从而可立即推出下面的式子. ——译校者注

② 它还能依赖于什么呢? ——原注

$$\text{其中}\quad \gamma(v)=\left(1-\frac{v^2}{c^2}\right)^{-\frac{1}{2}}.$$

这就是著名的洛伦兹变换,它非常简练地概括了由光速不变性所得出的推论.

洛伦兹变换告诉我们怎样将一个参考系中一个事件的坐标与另一个运动着的参考系中一个事件的坐标联系起来. 这些变换方程有着若干个几乎难以置信的有趣推论,现在它们在粒子加速器和电子设备上令人司空见惯地得到证实. 首先,不仅空间是相对于观察者而言的,而且时间也是:不存在据以测量任何事物的"绝对"时间,因为时间 t' 随着两个坐标系 S' 与 S 的相对速度的变化而变化:牛顿的那种认为存在着一个在背景空间中永远不停地滴答行走而且一切事件可与之相联系的通用时间的思想一去不复返了. 这样,你对于时间的观念不同于一位相对你做运动的观察者. 运动的基本效应可总结如下:

- 运动物体的长度在运动方向上总是显得收缩了.
- 被一个运动物体所测定的时间总是显得慢了.

让我们通过一个思想实验①来展示这些奇怪的观点是如何产生的.

6.3.1.1 长度收缩与时间延缓

假设我们生活在太空深处,有一艘太空飞船想要经过我们这个超太空的入口通道. 为了让这个通道起到检查作用,飞船必须完全进入通道,再从这里进入超太空飞行. 我们测得我们的通道有750英尺长. 当航天员接近我们时,他发出一个信号,告诉我们这样的信息:他的飞船长1000英尺,大约正以 $\frac{\sqrt{3}}{2}c$ 的速度飞行. 于是 $\gamma=2$. 我们会看到什么? 随着他飞船的临近,我们用洛伦兹变换把这个运动参考系中的坐标与我们参考系中的坐标联系起来. 在某个时刻 t,按我们的观察,这艘飞船的前端 F 和尾端

① 尽管思想实验进行起来简单迅速而且代价很小,但更重要的是这些结论也已经被实验所证实,只不过是在一个略微小一点的规模上和在不同的环境下. ——原注

B 变换为

$$F' = 2(F - vt),\ B' = 2(B - vt).$$

对这两式做减法，我们得到

$$F - B = \frac{F' - B'}{2}.$$

因此，虽然这位航天员测得他的飞船长为 $F' - B' = 1000$ 英尺，但我们看到的这个长度是$\frac{1000}{2} = 500$ 英尺，所以这艘太空飞船连头带尾地处在这个超空间设施中还绰绰有余. 这位航天员记录的故事则与我们不同：他处于静止状态，而我们以$\frac{\sqrt{3}}{2}c$ 的速度接近他. 根据同样的逻辑，航天员只看到了一个长为$\frac{750}{2} = 375$ 英尺的超太空设施. 它太短了，短了 625 英尺. 这些长度都实实在在地收缩了.

现在假设我们配有了一台标准的星系钟，它走得非常准. 当这位航天员飞入通道时，我们从我们在通道边上的固定位置每秒钟发射一个光脉冲. 接连的两个光脉冲在我们参考系中的坐标为(x,t)和$(x,t+1)$. 那么在这位航天员的运动参考系中又会发生什么情况呢？运用洛伦兹变换，我们可以看到两个光脉冲之间的时间差 $\Delta t'$ 为

$$c\Delta t' = ct_1' - ct_2' = 2\left(ct - \frac{vx}{c}\right) - 2\left((ct+1) - \frac{vx}{c}\right) \Rightarrow \Delta t' = 2.$$

因此，我们确信航天员测出的脉冲间隔是 2 秒，而我们测出的脉冲间隔只是 1 秒. 从我们的角度看，这位航天员经历了一段比我们所经历的要慢的时间. 运动参考系中的时间被延缓了.

重要的是要注意到这些结论只依赖于 $\gamma(v)$，这是速度平方的一个函数. 因此，如果这艘太空飞船以同样大小的速度朝相反方向飞行，我们的结论完全不变：如果一个物体向你而来或者离你而去，那么长度收缩，时间延缓. 把这些令人思维混乱的观点想通的办法是，要认识到再也没有什么关于同时性的严格观念了：在我们的参考系中可能同时发生的两个事件，在另一个参考系中并不一定也同时发生. 这些思想有一种非常美妙的

数学表述,它的根基在几何和群论.

6.3.1.2 作为一种时空旋转的洛伦兹变换

时间延缓而长度收缩. 不同的观察者测量着好像同时发生的不同事件,但实际上不存在像绝对长度或绝对时间这样可以让两个做相对运动的观察者共同遵照的东西. 我们应该怎样来了解这样一个宇宙中所发生的情况呢? 虽然像这样的一些结论似乎把事情不可救药地弄复杂了,但事实上却存在着一个很简单的指导原则:尽管一个时空事件的时间分量和空间分量会发生变化,但连接两个事件的平方"距离"在洛伦兹变换下总是不变:

$$c^2t'^2 - x'^2 = c^2t^2 - x^2.$$

这个结论可以类比于这样一种陈述:在普通$\mathbb{R}^2$中的一个旋转下,一个物体的长度受到了保护,使得X^2+Y^2总是不变,尽管各个分量X和Y会发生变化:

$$\begin{pmatrix} X' \\ Y' \end{pmatrix} = \begin{pmatrix} \cos\theta & \sin\theta \\ -\sin\theta & \cos\theta \end{pmatrix}\begin{pmatrix} X \\ Y \end{pmatrix},\ 0\leqslant\theta\leqslant 2\pi$$

$$\Rightarrow X'^2 + Y'^2 = X^2 + Y^2.$$

我们可以利用这种类比性,把洛伦兹变换写作一种"把时间转进空间的旋转":

$$\begin{pmatrix} x \\ ct \end{pmatrix} = \begin{pmatrix} \cosh\phi & \sinh\phi \\ \sinh\phi & \cosh\phi \end{pmatrix}\begin{pmatrix} x' \\ ct' \end{pmatrix},\ \sinh\phi = \gamma\frac{v}{c},\ \cosh\phi = \gamma$$

$$\Rightarrow x^2 - c^2t^2 = x'^2 - c^2t'^2.$$

可以容易地证明,这种表示形式与我们早先推得的洛伦兹变换的形式在代数上是等价的,不过它给了我们一个对基础数学结构的重要的深刻认识:洛伦兹变换是旋转的一种向双曲函数的推广. 这件事的真谛在于:

- 光速不变性意味着关于距离和时间的所有观念都依赖于观察者:不存在绝对的空间,也不存在绝对的时间;时间和空间被密不可分地编织进了一种时空结构. 要把一个参考系中的事件与另一个参考系中的事件联系起来,我们只要在时空中进行一个双曲型旋转.

由于这些都相当于变更到一个运动着的参考系，因此这种“旋转”就得到了“洛伦兹递升”这个名称.

这种矩阵形式给了我们一种把接连两个洛伦兹变换复合起来的简单方法，即只要把相关的矩阵乘起来即可. 让我们来看一下具体的操作. 假设我们在地球上观察到一架外星人飞行器正以某个速度 U 向地球飞来. 这个不明飞行物接着以某个相对于这些外星人为 U' 的速度向地球发射了一枚导弹. 我们看到这枚导弹飞来的速度是多少呢？我们必须小心谨慎，因为我们不能像在一个伽利略宇宙中那样就把这两个速度加起来而得到 $U+U'$：我们必须采用洛伦兹变换. 为求得这种情况下的答案，我们必须将下面这两个洛伦兹变换（相应速度分别为 U 和 U'）复合起来：

$$L_U=\begin{pmatrix}\cosh\phi & \sinh\phi\\ \sinh\phi & \cosh\phi\end{pmatrix},\quad L_{U'}=\begin{pmatrix}\cosh\phi' & \sinh\phi'\\ \sinh\phi' & \cosh\phi'\end{pmatrix},$$

其中 $\tanh\phi=U/c$，$\tanh\phi'=U'/c$. 将这两个矩阵相乘，并借助于某种“双曲函数倍角公式”，得

$$L_UL_{U'}=\begin{pmatrix}\cosh(\phi+\phi') & \sinh(\phi+\phi')\\ \sinh(\phi+\phi') & \cosh(\phi+\phi')\end{pmatrix}.$$

这个积产生了一个洛伦兹变换，其中的“双曲角”只不过是把那两个矩阵中的“双曲角”直接相加而得到的，而导弹飞来的速度 V 在我们地球上的人看来由 $V/c=\tanh(\phi+\phi')$ 给出. 这就让我们求得了一个用 U 和 U' 表示 V 的表达式：

$$\tanh(\phi+\phi')=\frac{\tanh\phi+\tanh\phi'}{1+\tanh\phi'\tanh\phi}\Rightarrow\frac{V}{c}=\frac{\dfrac{U+U'}{c}}{1+\dfrac{UU'}{c^2}}.$$

于是，标准的伽利略相对速度 $U'+U$ 以相对性因子 $\dfrac{1}{1+\dfrac{UU'}{c^2}}$ 为比例因子而缩小了. 这个因子实际上为我们提供了最大可能速度的一个上界. 要明白这一点，请注意

$$1-\frac{V}{c}=1-\frac{\frac{U+U'}{c}}{1+\frac{UU'}{c^2}}=\frac{\left(1-\frac{U}{c}\right)\left(1-\frac{U'}{c}\right)}{1+\frac{UU'}{c^2}}>0，如果 U,U'<c.$$

这个式子让我们看到了怎样在狭义相对论的世界里把两个速度加起来. 请放心,我们可以明确地证明,当速度 U 和 U'相比于奇快无比的 186 000 英里/秒来说较小时,将这些速度直接相加就会得出极其精确的结果. 因此,如果限制在低速范围,我们完全可以信赖牛顿运动定律. 反之,最极端的情况是,这个不明飞行物以光速向地球飞来,而且向我们这颗行星发射了也是以光速飞行的光子鱼雷. 这时,我们看到这枚光子鱼雷飞来的速度是$(c+c)/(1+c^2/c^2)=c$:仍然不过是光速. 这就是相对性原理——光总是以光速 c 传播.

6.3.1.3 作为时空对称群的洛伦兹变换

洛伦兹变换有一个非常美妙的数学结构:它们构成了一个对称群. 请回忆,形式上说,一个结构如果可以被证明满足那四条群"规则"或者称群公理,才有资格取得"群"这个名称. 让我们看看在我们这种情况中这是怎样操作的:首先对于每个实数ϕ,定义下列变换 $L(\phi)$:

$$L(\phi)=\begin{pmatrix}\cosh\phi & \sinh\phi\\ \sinh\phi & \cosh\phi\end{pmatrix}.$$

其次我们发现

(1) 洛伦兹变换集是封闭的. 因为将两个变换复合起来总是为我们给出又一个洛伦兹变换:

$$L(\phi)L(\phi')=L(\phi+\phi'),$$

其中的双曲角ϕ可以在$(-\infty,+\infty)$中任意取值.

(2) 存在一个恒等变换,对应于$\phi=0$,它由下式给出:

$$L(0)=\begin{pmatrix}1 & 0\\ 0 & 1\end{pmatrix}.$$

(3) 每个洛伦兹变换 $L(\phi)$的作用结果都可以被一个具有负速度参数的洛伦兹变换 $L(-\phi)$所逆转,即有

$$L(\phi)L(-\phi)=L(-\phi)L(\phi)=L(0).$$

(4) 矩阵乘法满足结合律,即一个乘积中括号的位置不会影响结果. 这蕴涵着洛伦兹变换也满足结合律.

既然所有这些规则都已经被满足,我们就得知洛伦兹变换可以被提升到一个对称群的地位,我们称之为*洛伦兹群*. 正如平面在由平移、反射和旋转所构成的对称群的作用下保持不变那样,时空平面在洛伦兹群的作用下也保持不变. 在欧几里得几何中,圆是保持不变的,而在一种"双曲"几何中,双曲线是保持不变的曲线(图 6.14).

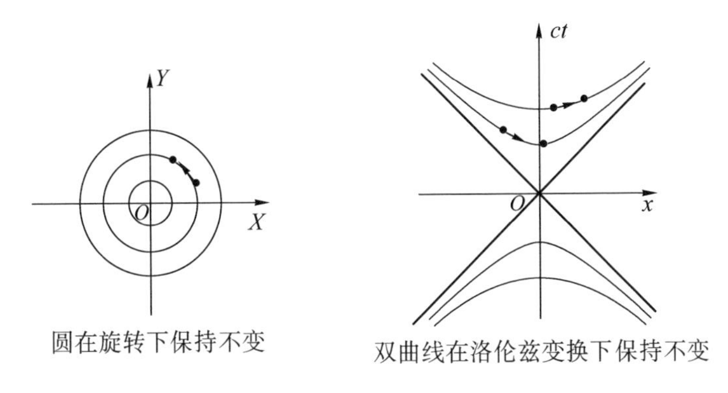

图 6.14 双曲线保持不变是双曲几何的主要特征.

这种看待时空结构的方式是极其重要的,而且可以归结为这样的陈述:两个邻近的点(x, ct)和$(x+\mathrm{d}x, ct+c\mathrm{d}t)$之间的*固有距离* $\mathrm{d}s$ 正由毕达哥拉斯定理的狭义相对论版本给出①:

$$\mathrm{d}s^2=(c\mathrm{d}t)^2-\mathrm{d}x^2.$$

于是相对论就化为对加有这种距离关系的向量空间的研究,这种空间叫做*闵可夫斯基空间*. 作为一个总结性的评语,我们指出这些结构有着这样的有趣性质:两个时空"事件"之间的平方距离可以为正、为负或为零. 关于这一点的物理解释是:光线总是沿着零长度的曲线②传播,而任何两个

① 这些结论很容易推广到有三个空间维度的情形,就如同$\mathbb{R}^2$的对称可以被扩展而给出$\mathbb{R}^3$的对称那样. ——原注

② 请注意这是在闵可夫斯基空间中. ——译校者注

被一个负平方距离隔开的“事件”，只可能被运行得比光速还快的粒子连接起来，尽管这与当前的物理学理论不相容. 于是，假设你位于时空中的原点，你就只能与位于你的未来光锥内的其他观察者交往. 这个未来光锥被光子信号可以传播到的区域所围. 在这个光锥之外的任何人或任何东西，完全超出了你的影响范围(图 6.15).

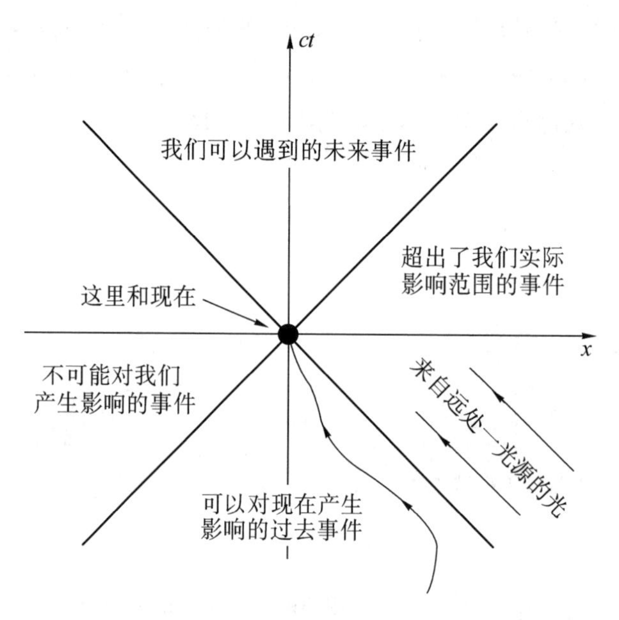

图 6.15　这个光锥决定了哪些事件你可以与之相互作用而哪些事件你不可以.

6.3.1.4　相对论性动量

我们现在已经扩展了我们关于时间和空间的观念，并创建了一种精妙的结构，在这个结构中我们可以根据粒子所处的时间和位置在逻辑上相容地进行有意义的推断. 然而，我们应该怎样来理解这种粒子的运动呢？在牛顿动力学中，我们有着各种各样已被充分理解的物理原理，例如弹性碰撞过程中的能量守恒和动量守恒. 我们当然不想抛弃这些我们熟悉的思想，但我们必须思考怎样将它们适当地纳入我们的狭义相对论框架. 我们将首先考察动量的概念，而且为简单起见，我们将考虑沿一条直线的运动. 在牛顿的世界里，动量应该记为 $p = mv$，其中 m 为所考虑粒子的质量. 由于在洛伦兹变换下,时间与空间相混合了,因此我们将不得不把这个动量扩展成一个向量,它有一个"空间"分量和一个"时间"分量:$P(v) = (P_x(v), P_t(v))$. 但我们应该怎样进行下去? 我们唯一可以合理期望的是在非常低的速度下(这时相对论效应将很小)这个空间分量符合牛顿动量的概念. 最简单的做法是从空间方向上没有动量这种情况入手. 于是我们写 $P(0) = (0, P_t(0))$. 在一个洛伦兹变换下,这两个分量相互混合,得

$$P(v) = \left(\gamma(v)\frac{v}{c}P_t(0), \gamma(v)P_t(0)\right).$$

对于非常低的速度,我们希望 $P(v)$ 的空间分量在速度取一阶无穷小的情况下等于 mv. 请注意 $P_t(0)$ 不可能是速度的一个函数(因为它是未经洛伦兹变换的动量的一个分量). 因此我们必须选择 $P_t(0) = mc$. 我们断定狭义相对论性动量的唯一在逻辑上相容的形式是

$$P(v) = (\gamma(v)mv, \gamma(v)mc).$$

其中的空间分量 $P_x(v)$ 就是对通常牛顿动量表达式的一个简单修正,但我们还必须设法理解时间分量 $\gamma(v)mc$ 的意义. 对于非常低的速度,我们可以将 $\gamma(v)$ 展开,得

$$P_t(v) = mc\left(1 - \frac{v^2}{c^2}\right)^{-\frac{1}{2}} = mc\left(1 + \frac{v^2}{2c^2} + O\left(\left(\frac{v^2}{c^2}\right)^2\right)\right).$$

这蕴涵着,v 取到二阶无穷小,有

$$cP_t(v) = mc^2 + \frac{1}{2}mv^2.$$

右边第二项无非是粒子的牛顿动能. 我们断定表达式 $cP_t(v)$ 就是自由粒子能量的狭义相对论版本 E. 在相对论性粒子的一次碰撞中,我们只需要让相对论性动量的向量总和守恒. 这就把牛顿的"能量守恒"和"动量守恒"这两个不同的概念结合进一个单一的整体了. 这是非常有趣的,因为它意味着粒子有着内能,即使它处于静止状态. 对于一个处于静止状态的粒子,我们可以读出爱因斯坦关于能量的著名表达式:

$$E = mc^2.$$

这个结果真是相当了不起.它意味着原子的质量可以转化为能量,然后用到其他地方去.实验已证明情况确实如此:核反应或者将物质转换为另一种类型的粒子,或者将物质一起湮没,从而将质量转换成纯粹的能量①.现在已经人人皆知,藏在很小一点儿质量中的能量真是大得惊人:1 千克物质在湮没时可以释放出大约10^{17}焦耳的能量,这些能量足以把 2000 亿吨冰的温度升到沸点.

6.3.2 广义相对论和引力

狭义相对论告诉我们,物理学的舞台不再是欧几里得空间,而是四维的闵可夫斯基空间.在这个空间中,坐标之差为无穷小量($\mathrm{d}t,\mathrm{d}x,\mathrm{d}y,\mathrm{d}z$)的两个时空点之间的距离 $\mathrm{d}s$ 由一个四维距离关系给出:

$$\mathrm{d}s^2=(c\mathrm{d}t)^2-\mathrm{d}x^2-\mathrm{d}y^2-\mathrm{d}z^2.$$

尽管这看上去似乎并不十分复杂,但它远远不是相对论故事的结束!如果你设法将引力加进这幅图景,那么一个自然的结论便是:物质的存在导致时空本身翘曲起来或者说变弯曲了,就像在一张橡胶床垫上放了一个重物,床垫就会变形.于是在引力作用下,东西下落,并在弯曲的时空面上描出一条直线路径.在这里,一个弯曲空间中的一条直线被定义为两点之间距离最短的路径(这条路径可能是唯一的,也可能不是唯一的).关于这种直线的一个我们熟悉的例子就是球面上连接两个点的大圆,比如地球上飞机所循的飞行路径(图 6.16)

描述这种效应的理论就是爱因斯坦那美丽的广义相对论.在这个理论中,“引力”被一个弯曲的时空面所代替,在这个面上,粒子沿着直线路径“下落”.事实上,借助于二次型,我们已经有了描述相关曲面的技术.虽然我们不准备详尽地探究任何细节,但是我们指出,闵可夫斯基空间可以被局部地描述为一个简单的二次曲面:

① 这种能量作为光子而产生,光子的相对论性动量是($E/c,E/c$).——原注

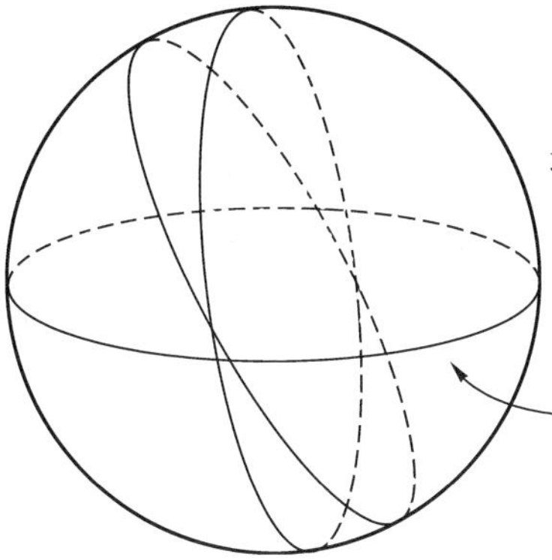

球面上两点之间的
最短距离由大圆给出

赤道

图 6.16　一个球面上的直线.

$$ds^2 = (cdt, dx, dy, dz)\begin{pmatrix}1 & 0 & 0 & 0\\ 0 & -1 & 0 & 0\\ 0 & 0 & -1 & 0\\ 0 & 0 & 0 & -1\end{pmatrix}\begin{pmatrix}cdt\\ dx\\ dy\\ dz\end{pmatrix}.$$

广义相对论告诉我们,这个用来描述平直闵可夫斯基空间的 4 ×4 常数矩阵由一个更为复杂的对称矩阵所代替,它的元素一般是坐标(ct, x, y, z)的函数. 随着空间中的物质含量变得越来越大,这个二次型,或者称“度规”,就会越来越偏离这个常数的平直空间度规. 广义相对论的实质内容已在一个非常高的精确度上得到实验的验证,这是一个关于这个二次型的相当难的耦合非线性偏微分方程组,它描述的正是宇宙怎样按照它所含物质的情况发生弯曲. 爱因斯坦广义相对论方程的最极端的解当然是那些关于黑洞的解. 在这些黑洞的边界上,时空变得如此弯曲,以至于掉进去的任何东西再也不可能逃出来. 一旦进入黑洞,任何物体都注定要被黑洞中心的一个无穷大引力压得粉碎. 虽然这听起来有点离奇,但人们确信黑洞相当普遍地出现在宇宙各处. 确实,间接的观察表明,看来很可能有一个巨大的黑洞潜伏在我们这个星系的中心,而且由于它吞噬着周围的物质和能量,正逐渐变得越来越大. 即使这样,你也不必为此担惊受怕,吓得晚上睡不着觉,因为我们离这个银河系中心有好长好长一段路呢!

6.3.2.1 施瓦氏黑洞

出于好玩，我们现在不加证明地写下一个像太阳这样的单一球状质量体对宇宙曲率的影响. 这是牛顿关于太阳的引力定律的广义相对论版本. 这个太阳将使时空发生扭曲，而不是提供一种力施加在平直空间中的粒子上. 为描述这个太阳的引力，我们必须描述基础曲面的曲率. 既然这种翘曲效应是对称的，那么那个有趣的距离结构将只依赖于离这个太阳中心的距离：

$$\mathrm{d}s^2=\left(1-\frac{2GM}{c^2r}\right)(c\mathrm{d}t)^2-\left(1-\frac{2GM}{c^2r}\right)^{-1}\mathrm{d}r^2.$$

这个解的效应是使粒子和光线在接近这个质量体时路径发生弯曲或者说扭曲（图 6.17）.

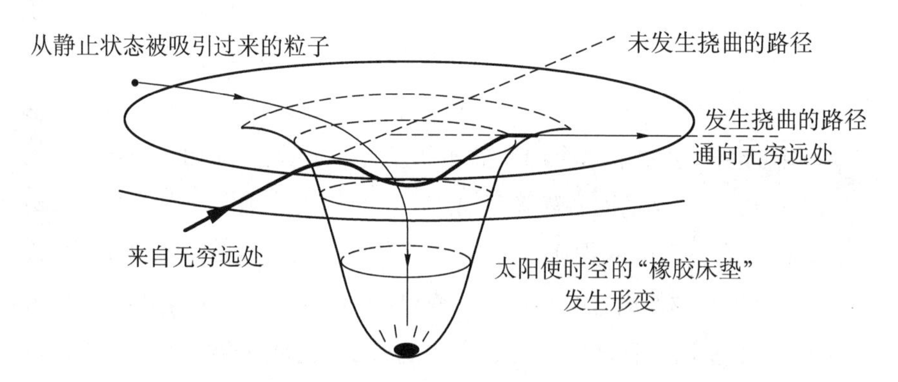

图 6.17　时空中的一个质量体使自由下落粒子的路径发生扭曲.

正如人们所预料的那样，对于一个离这个质量体非常远的距离 r 来说，这个关于 $\mathrm{d}s^2$ 的表达式趋近于闵可夫斯基空间下的表达式. 因此引力的效应非常小，时空是近似平直的. 当我们接近这个质量体时会发生什么情况呢？对于一个半径 R 很小而质量 M 很大，使得 $\frac{R}{M}\leqslant\frac{2G}{c^2}\approx1.5\times10^{-27}$ 米/千克的质量体来说，我们看到一些非常离奇的事情发生了：值 $r=\frac{2GM}{c^2}$ 大于这个质量体的半径，这意味着空间中有着一个这样的球面，在这个球面上的每个点处，$\mathrm{d}r^2$ 前面的系数变成无穷大，而 $(c\mathrm{d}t)^2$ 前面的系数变成零. 接近这个壁垒便导致大毁灭,因为它实实在在地导致了让一个远在$r=\infty$处的观察者看来是无穷大的时间延缓:接近这个黑洞的任何东西会显得慢了下来,直至扎扎实实地僵在那儿,然后逐渐在视野中消失. 说来有趣,在穿越这道壁垒下落的物体的参考系或称事件视界中,跨过这个临界点毫无障碍,尽管这样一来它就实质上把自己从这个宇宙的其余部分开除出去了. 而且,一旦进入这个施瓦氏黑洞,引力是如此的强大,以致不可能有什么力可以让这个物体避免被拉向它一开始就注定的命运,它将被一种无穷大的引力撕成碎片,压得粉碎. 从本质上说,在这个视界内部,时间与空间互换了角色,而你被不由分说地拉到$r=0$:在这个视界内部,你不可能阻止在空间中的运动,就像我们在黑洞之外不可能阻止时间的前进一样. 有趣的是,在原则上黑洞可以有任意的大小. 例如,一个与地球同样质量的黑洞至多像一个直径为1厘米的玻璃弹子那样大. 要将太阳变成一个黑洞,它所有的二百万亿亿亿千克物质不得不被压进一个直径仅为5千米的球,而一只不起眼的苹果必须被压成一个半径约为原子半径的一百亿亿分之一的小点. 这种极端的引力状态可以有如此简单的①数学描述,这是令人感到非常满意的.

① 也就是说,如此可循迹跟踪的. ——原注

6.4 量子力学

现在我们可以将我们的注意力转向超微小的、原子尺度的物理. 这个微观世界的确奇特之极,迄今为止讨论过的"经典物理学"在解释这里所发生的各种物理现象上完全是茫然无措. 以最简单的程度说,在非常小的长度尺度上,力学具有概率的或者说统计的特征,这意味着我们对任何实验的结果都不可能以什么确定无疑的把握作出预言,即使在理论上也不可能. 此外,粒子既以粒子的方式又以像波那样的方式同时表现着它的性态,我们下面即予讨论.

6.4.1 量子化

一个原子是由一个非常重的带正电荷的核和核周围一群极其轻的带负电荷的电子构成的. 既然两个电荷之间的经典库仑力就像两个质量体之间的引力那样取平方反比律形式,那么假设每个原子就像一个迷你型太阳系是很自然的,只是太阳代之以原子核,而行星代之以电子. 遗憾的是,这会导致一个非常大的困难:既然电子环绕着中央的原子核运行,那么它们就是在不停地做加速运动;根据麦克斯韦方程,这样就会产生电磁射线,这种射线会带着能量辐射出来. 因此电子会失去能量,并非常迅速地沿螺旋线飞进原子核. 没有一种物质会是稳定的!

幸运的是,这种灾难性的情况并没有发生,电子往往稳定地处在它们绕核运行的轨道上. 对于这个理论与实际之间的冲突,化解方案来自仔细观察,这就导致了能量从来只是以离散方式一份一份地(每一份均为有限量)从一个原子中失去的结论:对于一种辐射出来的电磁波,存在着一个它可以具有的最小能量. 这迫使我们推出,光从来只是一份一份地出现,每一份均为有限量,称为量子. 单独的一份光叫做光子,它的性态就像一个小粒子. 于是辐射的本质就是发射一系列孤立的光子,每个光子含有一份大小精确的能量:$E=h\nu$,其中 ν 是所发射光在总体上的频率,而 $h=6.6252\times10^{-34}$焦耳·秒,这是一个极其小的普适常量,称为普朗克常量. 另外,既然电子只能以光子规模一份一份地发射它的能量,那么角动量同样

限于取离散值 $0, \frac{\hbar}{2}, \hbar, \frac{3\hbar}{2}, 2\hbar, \cdots$，其中 $\hbar$ 读作“h-bar”，它等于 $h/2\pi$. 因此人们完全不可能找到一个角动量为 $\frac{3}{4}\hbar$ 的电子. 在经典物理学中，能量和角动量可以取一个连续统集合中的任何实数值；而在量子世界中，只有这个集合的一个离散子集才能被允许取到. 这是原子世界的一个本质特征，尽管从我们所生活的这个大尺度经典世界的角度看这可能很反常.

- 所有已知粒子具有的能量和角动量都取量子化的值. 这些值以 $\frac{\hbar}{2}$ 的整数倍出现.

6.4.1.1 波粒二象性

下面这个双缝实验十分恰当地展现了粒子物理学那压倒一切的悖论本性（至少以我们已形成先入之见的宏观世界观点看是悖论）. 考虑一束电子（即环绕原子核运行的非常之轻且极其微小的带电粒子，把它们移出这个环境后就成为电）. 我们发射这束电子，让它们穿过一块挡板上的一条非常窄的缝. 在这条缝后面放着某种有照相功能的屏幕，我们观察粒子撞击到这个屏幕上后形成的分布情况. 产生的照片上将有许多点子，这些点子对应着各个电子撞击到屏幕上的位置. 在屏幕的中央，撞击点将最为密集，随着与中央距离的增大，撞击点便迅速稀疏下来.

现在让我们假设再开一条缝，与先前那条缝非常接近，然后在一定距离外向这两条缝发射电子，使得电子可以穿过其中的任一条. 出现在屏幕上的图样可以说真是令人意外，因为它由一系列明区（有许多电子在这里撞击到屏）和暗区（这里几乎没有电子与屏接触）组成（图 6.18）.

事实上，如果你分析一下这个双缝实验中明条纹和暗条纹的准确密度，那么得到的图样就好像各从一条缝发源的两个水波在这个屏幕上发生相互干涉：当一个波谷与一个波峰相遇时，波就自我抵消；而一个波峰与一个波峰相遇或一个波谷与一个波谷相遇，就导致这个波的放大. 从电子的角度看，撞击点的密度似乎在交替地加强和减弱. 我们因此而得出结论：这束电子的行为多少有点像波，而不像粒子流. 或许当这个电子束中

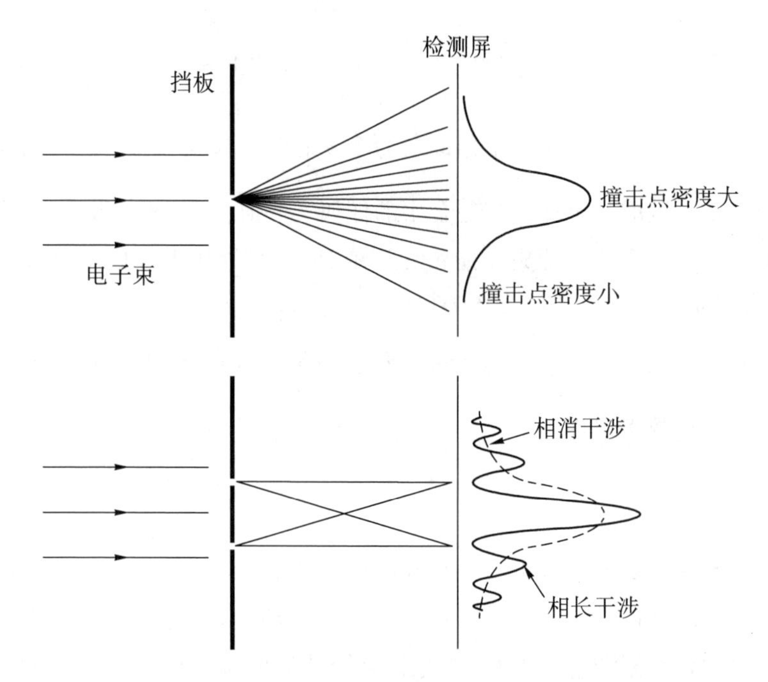

图 6.18　关于未被观察粒子的双缝实验.

有很多电子时,这并不是太不能让人接受的.

现在让我们进行另一个实验,在这个实验中,我们向这些缝发射电子时是每次发射一个,从而一个点一个点地逐步形成这张照片. 实际结果超乎寻常:最后形成的图样就好像我们用一大束粒子进行实验所得到的那样,有着交替出现的明区和暗区. 把这个实验结果推进到它的逻辑结论,我们看到每个单电子与自身发生了干涉:就好像这个电子同时穿过了两条缝,而从各条缝出来的东西,其行为就好像一个能与来自另一条缝的波发生干涉的波! 因此,说不定单电子到头来其实也是“物质材料”的波.

现在到了关键时刻. 如果我们最后在电子接近缝时观察每一条缝,那么我们看到,每个电子其实只是穿过其中的一条缝,因此表现得就像粒子. 而且,如果我们看着电子穿过缝,那么在所形成照片上的点子分布情况证明根本没有发生干涉(图 6.19).

电子是波还是粒子? 当任由电子发生状态演变而不予观察时,它似

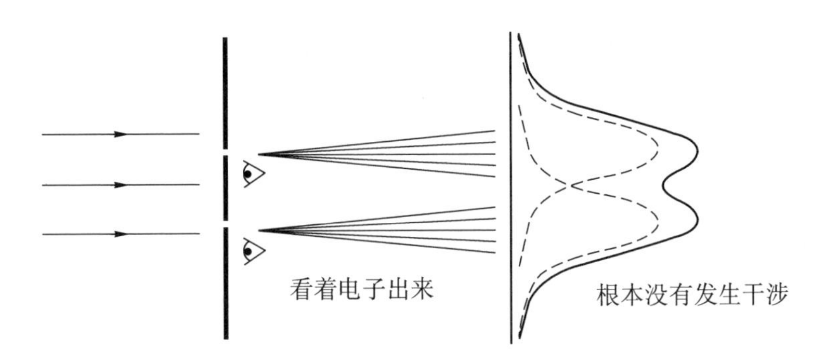

图 6.19　关于被观察粒子的双缝实验.

乎表现得就像一个波;但是当我们观察电子的位置时,它表现得就像一个粒子. 要提请注意的是,简单的观察过程应该对一个系统的性态多少造成一些变化,更不用说像这样一个效应强烈的观察过程了. 况且,这种极其奇怪的性态已在质量或能量的每一个已知组分上得到了显现:无论你喜欢它还是不喜欢它,整个宇宙看来就是按照这种方式运行的. 这个特点可以总结如下:

- 当物质小粒子发生状态演变而不被观察时,那么它们演变得就好像是一种概率波,这种波的行为就好像它是关于位置、动量、能量等等的所有可能性的一个叠加. 观察使得这些可能性中的一个被选定,这样选定之后,这种物质的行为就像一个经典意义上的粒子了.

我们可以用下面这个典型说法来理解双缝实验:当未被观察时,这个粒子穿过第一条缝的可能性与穿过第二条缝的可能性发生了干涉;而当被观察时,这些可能性中的一个被选定,于是有关的结果与我们关于物质粒子性态的牛顿式直觉相符合.

6.4.2　量子力学的数学系统

历史证明,写出一个将基本粒子这些怪异性质囊括其中的数学系统是一个大问题. 有两个不同的特征必须被包括进来:

(1) 我们希望有某种类型的波动方程来作为未被观察粒子的性态的模型,所有的可能性都被叠加在其中.

（2）我们需要某种相当于测量的运算操作，经过这个运算操作，粒子便处于某种确定的状态. 某些测量只能得出可能经典结果的一个离散子集.

我们提出的数学系统用到了我们在本书中经常遇到的数量大得令人意外的思想，而且还引进了少数新的思想. 每一件事都基于一个复波动方程. 我们首先给出关于这个基本波动方程所取形式为什么合理的一个说明，然后详细介绍那些作为量子力学基础的正式规则.

6.4.2.1 基本方程

像双缝实验这样的实验断定，应该有一个起码的波动方程作为量子力学的物理学基础. 对于一个不被任何势所约束的自由粒子，首先就可以猜想这样的一个方程会是

$$\frac{\partial^2}{\partial t^2}\psi = A\,\frac{\partial^2}{\partial x^2}\psi,$$

其中 $\psi(x,t)$ 是某个变量，而 A 必定是常量，这是因为对于一个自由波来说，根本不存在必须优先考虑的时间或者空间位置①. 我们必须再次考虑一个非常重要的思想：既然这个方程是用来作为一个物理系统的模型的，那么方程两边的量纲或者说单位应该匹配. 例如，如果方程的左边是一个用厘米计量的量，而右边却用秒计量，那就很荒唐了. 显然，这个方程的左边是用 $[T]^{-2}[\psi]$ 计量，而右边用 $[A][L]^{-2}[\psi]$ 计量，这里我们用方括号表示"……的量纲"，而 $[T]$ 和 $[L]$ 分别是时间和长度的量纲. 因此，选择这样一个方程就迫使我们去选择一个取如下量纲的常量 A：

$$[A]=[L]^2[T]^{-2}.$$

有着哪些量纲完整的自然常量可用来构造 A？可以肯定，一个量子力学方程应该以某种方式包含着普朗克常量 $\hbar$. 唯一的另一个无论怎么说都

① 请回忆在波动方程中，A 的物理意义是波速的平方，即 $A=c^2$，其中 c 是波速. 显然对于一个自由波来说，波速不会随时间或位置变化. ——译校者注

与这个问题相关的常量是粒子的质量①. 因此 A 必须是一个只包含 $\hbar$ 和 m 的表达式,即 $A \equiv A(\hbar, m)$. 为求出这样一个常量的合适量纲,我们必须首先求出普朗克常数的量纲. 既然它是通过关系式 $E=\hbar\omega$ 定义的 $\left(\text{其中} E\right.$ 是能量,$\left.\frac{\omega}{2\pi}\text{是频率}\right)$,我们就推出 $[\hbar]=[E]/[\omega]=[E][T]$. 然而,这完全不是这个故事的结束,因为爱因斯坦告诉我们,一个粒子的能量通过著名的关系式 $E=mc^2$ 与它的质量相联系. 既然这个方程两边的单位必须匹配,那么我们得出结论:

$$[E]=[\text{质量}][\text{速度}]^2=[M]([L]/[T])^2$$
$$\Rightarrow [\hbar]=[M][L]^2[T]^{-1}.$$

请注意我们正在努力只用 $\hbar$ 和 m 这两个量以及一些无量纲的数值因子来构造一个量纲为 $[L]^2[T]^{-2}$ 的常量 A. 现在我们看到这是不可能的. 因此我们不得不有这样的结论:或者另外有着某个特殊的自然常量,我们对它一概不知,或者我们假设的这个波动方程形式其实在逻辑上是不能相容的. 既然对于第一种可能性我们没什么太多的办法,那么为了继续做下去,我们只得设法以某种方式改造这个方程. 一个次好的猜想应该是选择一个介于波动方程与拉普拉斯方程之间的方程,或者说著名的扩散方程:

$$\frac{\partial}{\partial t}\psi=B\frac{\partial^2}{\partial x^2}\psi,$$

其中 B 是一个满足 $[B]=[L]^2[T]^{-1}$ 的常量. 现在它可以借助于普朗克常量和粒子质量用下列关系式构造出来了:

$$B=\frac{\beta\hbar}{m},$$

其中 β 只是某个无量纲的实数.

虽然从物理学量纲的角度看,这个微分方程现在是合理了,但它的作

① 在某一种相对论中,我们可以假设 $A=c^2$. 这确实是这种理论的出发点;这一点在练习中间接提到. ——原注

用能像波动方程那样吗？物理上的波形解取三角函数 $\cos(kx-\omega t)$ 与 $\sin(kx-\omega t)$ 叠加的形式，其中 ω/k 是波沿 x 轴传播的经典速度. 实验发现，在量子世界中，这些约束必须被重新解释为：

$$能量=\hbar\omega,\quad 动量=\hbar k.$$

这些关系式是量子化方法的具体表现. 现在让我们利用所有这些信息来假设我们有一个一般的量子力学波形解：

$$\psi=X\cos(kx-\omega t)+Y\sin(kx-\omega t).$$

寻常的做法是，我们已知一个方程，设法求出它的解. 不寻常的是，在我们这种情况下，我们希望迫使我们的方程具有这个解. 这是反问题的一个例子：已知某些解，合适的方程是什么？把这个波形解代入我们的扩散方程，产生了两个对于数 X 和 Y 的约束：

$$\omega Y=Bk^2X,\quad \omega X=-Bk^2Y.$$

将这两个表达式做除法，我们得到 $X^2=-Y^2$ 和 $B^2=-\omega^2/k^4$ 这两个结果，从而推出 B 是纯虚数，而 ψ 是一个复解①：

$$\psi\propto\cos(kx-\omega t)+\mathrm{i}\sin(kx-\omega t)=\mathrm{e}^{\mathrm{i}(kx-\omega t)}.$$

现在求常量 β. 既然粒子自由地运动，那么总能量就等于动能. 我们可以利用这个信息来证明 $|\beta|=\frac{1}{2}$，其中借助了量子力学的能量关系式：

$$|\beta|=\frac{m}{\hbar}|B|=\frac{m}{\hbar}\frac{\omega}{k^2}=m\frac{\hbar\omega}{(\hbar k)^2}=m\frac{能量}{动量^2}$$
$$=m\frac{能量}{(m\times 速度)^2}=\frac{1}{2}\frac{能量}{动能}=\frac{1}{2}.$$

因此我们最后得到的方程为

$$\frac{\partial}{\partial t}\psi=\pm\mathrm{i}\frac{\hbar}{2m}\frac{\partial^2}{\partial x^2}\psi.$$

---

① 从 $X^2=-Y^2$ 应还可推出 $\psi\propto\cos(kx-\omega t)-\mathrm{i}\sin(kx-\omega t)=\mathrm{e}^{-\mathrm{i}(kx-\omega t)}$. 但这里是在物理上提出一个方程，而不是在数学上推导一个方程. 因此取了一种比较“标准”的形式. ——译校者注

如果我们将这个方程遍乘以 $\hbar$[①]，那么方程两边就明显地取了能量的量纲. 这样，想一个法子把这个方程推广到波不是自由自在地传播而是被某个势能项 V 所约束的情形就变得容易了：我们只要把 $V\psi$ 加到这个方程上便可. 现在让我们给出量子力学的规则，我们将用以解释变量 ψ 的意义.

6.4.3 量子力学的基本设置

- 一个系统的量子态完全由一个无量纲的波函数 $\psi(x,t)$ 所规定. 这是一个满足薛定谔波动方程的复函数，薛定谔方程就是我们在前一节所创建的方程：

$$\mathrm{i}\hbar\frac{\partial\psi}{\partial t}=-\frac{\hbar^2}{2m}\frac{\partial^2\psi}{\partial x^2}+V(x,t)\psi,$$

  其中 $V(x,t)$ 是一个势能项. 这个方程实质上为我们给出了将经典关系式"总能量 = 动能 + 势能"编制成量子力学形式的结果.

  请注意，既然这个方程关于 ψ 是线性的，那么所需要的叠加原理就自然被包括进来了：如果 ψ_1 和 ψ_2 是合适的解，那么线性组合 $\alpha\psi_1+\beta\psi_2$ 也是，其中 α 和 β 是复数.

- 这个波动方程的解释是：如果在时刻 t 观察某个粒子，$|\psi(x,t)|^2\delta x$ 就是在以 x 为中心的非常小的区域 δx 里发现这个粒子的概率. 既然粒子不管怎么说总要处在某个地方，那么在区域 $(-\infty,+\infty)$ 发现这个粒子的概率就为 1，这就让我们得到了如下的归一化结果：

$$\int_{-\infty}^{+\infty}|\psi(x,t)|^2\mathrm{d}x=1.$$

---

① 按照下一节给出的薛定谔方程，这里似应说将方程各项乘以 $\mathrm{i}\hbar$ 为好. 此外，如果取解 $\psi=C\mathrm{e}^{\mathrm{i}(kx-\omega t)}$（其中 C 是一个复常数）代入方程，并利用动能 $=\frac{\text{动量}^2}{2m}$，即 $\hbar\omega=\frac{(\hbar k)^2}{2m}$，即可知方程右边的 ± 号可改为仅取 + 号. ——译校者注

从概率论的角度看，$|\psi(x,t)|^2$ 就相当于一个概率密度函数.

- 对任何一个可测的量，例如能量、动量或者角动量，存在着一个相应的微分算符[1] $\mathcal{D}$，它作用在这个波函数上. 既然这个理论是概率性的，我们就不能准确地预言这个可观察量将取什么值. 我们在“概率”那一章中看到，有一个非常有用的概念，即随机变量的期望. 我们可借用这个概念，认为对于一个可观察量的一系列实验的期望平均结果或简单地说期望由下式给出：

$$\mathbf{E}[\mathcal{D}] = \int_{-\infty}^{+\infty} \psi^* \mathcal{D}\psi \mathrm{d}x = \int_{-\infty}^{+\infty} (\mathcal{D}\psi)^* \psi \mathrm{d}x,$$

其中 * 表示复共轭. 使上式中两个积分相等的算符称为厄米[2] 算符，这种算符非常重要，因为它们为我们给出的只会是实期望值. 在量子力学中，所有相当于实可观察量的算符必定是厄米算符，因为我们从来就只是观察物理量的实数值. 我们举出下面这两个厄米算符的例子：

$$动能算符 \leftrightarrow -\frac{\hbar^2}{2m}\frac{\partial^2}{\partial x^2}$$

$$动量算符 \leftrightarrow -\mathrm{i}\hbar\frac{\partial}{\partial x}$$

- 一个测量结果的发生概率是什么？经过观察，波函数被“挤压”到算符$\mathcal{D}$的一个随机本征函数上，而且这次测量结果的经典值由相应的本征值给出. 这些本征函数是以一种非常类似于我们定义特征向量的方法通过下列关系式定义的：

$$\mathcal{D}u_\lambda(x,t) = \lambda u_\lambda,$$

其中 u_λ 是对应于本征值 λ 的本征函数. $\mathcal{D}$类似于一个矩阵，而 u 类似于一个向量. 然而，既然函数是一种“无限维向量”，那么我们预期会有无穷多个本征值. 在本征函数有可数无穷多个的情况下，我们可以把它们记为 $u_n(x,t)$，其中 n 是正整数. 这些本征函数于

① 数学的标准译名为“算子”，这里用的是物理学的标准译名. ——译校者注
② 数学的标准译名为“埃尔米特”，这里用的是物理学的标准译名. ——译校者注

是构成了一个无限维空间的一组基向量;ψ 是这个空间中的某个普通向量. 利用傅里叶级数展开,任何函数都可以写成 $\sin(nt)$ 与 $\cos(nt)$ 这两部分的和. 作为这种展开的一个直接推广,波函数也可以写成一个以本征函数为基的级数,其中的本征函数满足正交性关系:

$$\int_{-\infty}^{+\infty} (u_n(x,t))^* u_m(x,t)\mathrm{d}x = \begin{cases} 0, & n \neq m; \\ 1, & n = m. \end{cases}$$

我们可以把波函数显式地表示为

$$\psi(x,t) = \sum_{n=1}^{\infty} a_n(t) u_n(x,t).$$

对系统的观察迫使波函数以概率 $|a_n|^2$ "塌倒"在一个本征函数 $u_n(x,t)$ 上. 对可能测量结果①的这种"离散化"自然地得到了

$$P(\psi(x,t) \to u_n(x,t)) = |a_n|^2.$$

尽管这个系统看上去可能很奇怪,但它确实很有效用,并且把有趣的数学中许多相当高级的组成部分拉到了一起. 让我们看一下它的一些必然推论.

6.4.3.1 陷进一维盒子的粒子

作为这个理论中一种基本设置的一个例子,让我们研究一下关于一个粒子的能量的量子力学. 这个粒子被约束在一条固定实数线段——比方说 $0 < x < 1$——中运动,但在其他地方自由运动. 我们可以把这种设置看作一个"一维盒子". 为这个系统建立模型的最简单方法就是解 $V=0$ 时的薛定谔方程,然后加上这样的边界条件:波函数在这个盒子的边缘为零. 当 $V=0$ 时,薛定谔方程化成扩散方程

$$\mathrm{i}\hbar \frac{\partial \psi}{\partial t} = -\frac{\hbar^2}{2m}\frac{\partial^2 \psi}{\partial x^2}.$$

① 如果有不可数无穷多个本征函数,比如动量算符 $p = -\mathrm{i}\hbar\frac{\partial}{\partial x}$,那么可能测量结果就组成了一个连续统集合,对此我们不予详细讨论. ——原注

我们可以用分离变量技巧来解这个扩散方程，即设 $\psi(x,t)=f(t)\chi(x)$. 这蕴涵着

$$\mathrm{i}\hbar\frac{1}{f}\frac{\partial f}{\partial t}=-\frac{\hbar^2}{2m}\frac{1}{\chi}\frac{\partial^2\chi}{\partial x^2}=E.$$

在这种情况下，我们可以将分离常数 E 解释为这个粒子的能量，因为薛定谔方程的右边是经典观念下的势能与动能之和. 通用的可分离解由一个叠加式给出：

$$\psi(x,t)=\sum_n\exp\left(-\frac{\mathrm{i}E_nt}{\hbar}\right)\left(A_n\cos\left(\sqrt{\frac{2mE}{\hbar^2}}x\right)+B_n\sin\left(\sqrt{\frac{2mE}{\hbar^2}}x\right)\right).$$

请注意与时间相关的部分的复数模是 1. 这意味着它不会影响到任何与时间无关的算符的期望. 这个解于是被称为定态的.

既然我们有了这个通解，我们就可以选择这些常数的值，使得波函数在 $x=0$ 处和 $x=1$ 处为零，这将迫使这个解处在盒子里. 这些约束要求我们对每个 n 令 $A_n=0$，还要求我们选定一组取限定值的能量 E_n：

$$E_n=\frac{\hbar^2\pi^2n^2}{2m},\quad n=1,2,3,\cdots$$

于是这个波函数的空间部分就成为

$$\chi(x)=\sum_{n=1}^{\infty}a_n\sqrt{2}\sin(n\pi x).$$

这个粒子被测量时，它将以概率 $|a_n|^2$ 具有动能 E_n. 这是我们的第一个量子力学结果：动能的可能值被量子化了.

当然，到这里这个解没有考虑波函数的任何初始组态. 现在让我们设这个粒子的状态是事先设定的，即波函数所取的初始形式为：

$$\psi(0,x)=\begin{cases}\sqrt{3}(x-1), & 0<x<1;\\ 0, & \text{其他}.\end{cases}$$

这是一个可以接受的初始选择，因为

(a) 它满足边界条件：当 $x=0,1$ 时，波函数为零.

(b) 它已被归一化：在整条实轴上的平方积分等于 1.

这个选择要求我们令

$$\sqrt{3}(x-1)=\sum_{n=1}^{\infty}a_n\sqrt{2}\sin(n\pi x).$$

我们可在两边都乘上一个归一化本征函数 $\sqrt{2}\sin(m\pi x)$,然后从 0 到 1 积分. 这让我们得到

$$a_n=\int_0^1\sqrt{3}(x-1)\sqrt{2}\sin(n\pi x)\,\mathrm{d}x=\sqrt{6}\frac{(-1)^n}{n\pi},\quad n=1,2,3,\cdots$$

既然我们有了用本征函数表示的波函数,那么我们就可以读出这个粒子处于第 n 个本征态的概率是 $|a_n|^2$. 我们最有可能在最低能态发现这个粒子,这个能态对应于 $n=1$,发现概率大约是 60%. 这就产生了两个值得注意的要点:

(1) 粒子必定取某个能量值,这时对所有结果的出现概率求和必定等于 1. 我们可以通过对 $|a_n|^2$ 求和明确地验证这一点:

$$\sum_{n=1}^{\infty}|a_n|^2=\frac{6}{\pi^2}\sum_{n=1}^{\infty}\frac{1}{n^2}=1.$$

这里我们采用在"分析"那一章用到的一个结果来算出 $\frac{1}{n^2}$ 的和.

(2) 粒子将以一个正比于 $\frac{1}{n^2}$ 的概率处于一个能量为"基态"(最低能量)组态能量之 n^2 倍的能态. 因此,我们偶尔会观察到这个粒子具有相对于基态来说非常高的能量. 我们已经考虑了一个将粒子约束在 0 和 1 之间的无穷大势垒. 对于一个高但有限的势垒,我们观察到*量子隧道效应*. 在这里粒子随机地达到一个高能量,使它能越过一个将系统约束在较低能态的势垒. 换句话说,没有一个势垒可以高到足以有完全把握约束住任何粒子.

对系统的测量迫使波函数进入一个特定的状态. 让我们假设已经测得了这个粒子的能量,它实际上是处于基态. 那么波函数的空间部分就成为

$$\chi_0(x)=\sqrt{2}\sin(\pi x).$$

请注意,就能量而言,粒子现在处于一个确定的状态,因此将作为一个经典的粒子发生不确定的状态演变. 于是,如果它陷进了一个盒子,那么它将一直留在这个盒子中.

6.4.3.2 动量本征态

知道了能量的情况并没有给我们带来关于粒子动量的任何信息. 于是让我们设法测出粒子的动量. 这要求我们把波函数展开成用动量算符的本征函数表示的形式. 已知这个算符取 $-\mathrm{i}\hbar\dfrac{\partial}{\partial x}$的形式,我们可以得到它的本征函数 ψ_p 如下:

$$-\mathrm{i}\hbar\frac{\partial\psi_p}{\partial x}=p\psi_p$$

$$\Rightarrow\psi_p=\mathrm{e}^{\mathrm{i}px/\hbar}.$$

这意味着动量的可能值 p 构成了一个连续谱. 我们仍然可以把波函数展开成用这些本征函数表示的形式,但是我们将必须在 p 值上进行积分,而不是在离散的 n 值上进行一次求和:

$$\chi_0(x)=\frac{1}{2\pi\hbar}\int_{-\infty}^{+\infty}a(p)\mathrm{e}^{\mathrm{i}px/\hbar}\mathrm{d}p.$$

这个表达式中选择 $2\pi\hbar$ 作为归一化因子,是因为可以证明本征函数 $\mathrm{e}^{\mathrm{i}px/\hbar}$ 满足正交性关系①②:

$$\int_{-\infty}^{+\infty}\mathrm{e}^{\mathrm{i}px/\hbar}\mathrm{d}p=\begin{cases}0, & x\neq 0;\\ 2\pi\hbar, & x=0.\end{cases}$$

有了这个正交性,我们可以在两边乘以 $\mathrm{e}^{-\mathrm{i}p'x/\hbar}$,然后在整条实轴上求关于 x 的积分,从而把系数 $a(p)$ 剥离出来. 求得的系数由下式给出:

$$\int_{-\infty}^{+\infty}\mathrm{e}^{-\mathrm{i}px/\hbar}\chi_0\mathrm{d}x=a(p)=\sqrt{2}\int_0^1\sin(\pi x)\mathrm{e}^{-\mathrm{i}px/\hbar}\mathrm{d}x.$$

将其中的正弦项展开成指数形式,这就给出了系数 $a(p)$:

$$a(p)=-\frac{2\sqrt{2}\hbar^2\pi}{(p^2-\hbar^2\pi^2)}\cos(p/2\hbar)\mathrm{e}^{-\mathrm{i}p/(2\hbar)}.$$

---

① 要理解这个结论,我们必须稍稍推广一下函数的概念;这个问题在关于分布的练习中有所论及. ——原注

② 确切地说,下式应该写成$\int_{-\infty}^{+\infty}\mathrm{e}^{\mathrm{i}px/\hbar}\mathrm{d}p=2\pi\hbar\delta(x)$,其中 $\delta(x)$ 就是第 4 章练习(79)引入的广义函数——狄拉克 δ 函数. 这里给出的一些积分,其实都是广义函数的傅里叶变换或逆变换. ——译校者注

于是粒子在以 p 为中心的小区域 δp 中取动量值的概率由 $|a(p)|^2 \delta p/(2\pi\hbar)$ 给出.

6.4.3.3 推广到三维空间

我们所遇到的所有积分表达式都可以自然地转化为立体上的三维积分. 例如,三维空间中的一个粒子将于某个时刻 t 被发现处于一个以 $\boldsymbol{x}_0$ 为中心的非常小立体 δV 内的概率大约是 $|\psi(\boldsymbol{x}_0,t)|^2\delta V$. 它将被发现处于某个一般性立体 V 内的精确概率就是:

$$P(\text{粒子在时刻 } t \text{ 处于立体 } V \text{ 中}) = \int_V |\psi(\boldsymbol{x},t)|^2 \mathrm{d}V.$$

而且,如果运用向量演算的语言,三维空间的薛定谔方程和某些可观察量会取简单的形式,例如:

$$\mathrm{i}\hbar\frac{\partial\psi}{\partial t} = -\frac{\hbar^2}{2m}\nabla^2\psi + V\psi.$$

$$\text{动能算符} \quad \leftrightarrow -\frac{\hbar^2}{2m}\nabla^2$$

$$\text{动量算符} \quad \leftrightarrow -\mathrm{i}\hbar\nabla$$

$$\text{角动量算符} \leftrightarrow -\mathrm{i}\hbar x \times \nabla$$

一个很容易扩展到三维空间的美妙结果就是关于一维盒子中粒子的结果. 请设想这样一种情形:一个粒子被约束在一个以(0,0,0)和(1,1,1)为对顶点的三维立方体中. 既然拉普拉斯算子 $\nabla^2 = \frac{\partial^2}{\partial x^2} + \frac{\partial^2}{\partial y^2} + \frac{\partial^2}{\partial z^2}$ 是一个线性算子,那么通过分离变量 $\chi(x,y,z) = X(x)Y(y)Z(z)$ 并仿效对于一维盒子的分析来导出三维定态 χ_{lmn} 和能量 E_{lmn} 就是一件很简单的事了. 这就有

$$E_{lmn} = \frac{\hbar^2\pi^2}{2m}(l^2 + m^2 + n^2);$$

$$\chi_{lmn} = \sqrt{8}\sin(l\pi x)\sin(m\pi y)\sin(n\pi z), \quad l,m,n = 1,2,3,\cdots$$

6.4.4 海森伯不确定性原理

我们已经看到,对于一个可观察量的测量 $\mathcal{O}$ 迫使波函数落到一个本征函数 u_λ 上. 假设已进行了一次测量. 如果现在我们想用算符 $\mathcal{O}'$ 测量另

一个量,那会发生什么情况呢？如果运气很好,本征函数 u 恰巧也是算符 $\mathcal{D}'$的一个本征函数,那么万事大吉:我们只需要读出$\mathcal{D}'$的相应本征值以求得观察结果.然而,如果 u 不是这个新算符的本征函数,那么我们对于这个新可观察量处在状态 u 时的情况就什么也不能推断出来.在一种中间状态下,我们可能知道其中一个可观察量的值处在某个范围之内.那么这对另一个可观察量的限制有多大呢？既然这些问题涉及一个随机算符的分布,那么它们就毫不令人意外地直接联系到基础微分算符的*方差*了.在量子理论的研究中,我们通常要用到一个可观察量的*不确定度* $\Delta\mathcal{D}$,它就是方差的平方根,或者说标准差:

$$(\Delta\mathcal{D})^2=\mathbf{E}[(\mathcal{D}-\mathbf{E}[\mathcal{D}])^2].$$

一个相关的对象是*对易式*:

$$[\mathcal{D}_1,\mathcal{D}_2]\equiv \mathrm{i}(\mathcal{D}_1\mathcal{D}_2-\mathcal{D}_2\mathcal{D}_1).$$

这是衡量两个测量不相容程度的一个指标.如果对易式为零,那么这两个测量就是完全相容的,而且$\mathcal{D}_1$和$\mathcal{D}_2$的值可以被同时得知.如果对易式不为零,那么这两个量不能被同时精确地得知:我们对$\mathcal{D}_1$的值知道得越准确,我们对$\mathcal{D}_2$知道得就越不准确,即使我们尽了最大努力;反之亦然.这些概念结合起来就产生了一个著名的结果:*海森伯的不确定性原理*:

$$\Delta\mathcal{D}_1\Delta\mathcal{D}_2\geqslant\frac{1}{2}\left|\mathbf{E}[[\mathcal{D}_1,\mathcal{D}_2]]\right|.$$

<u>证明</u>:根据 $\Delta\mathcal{D}$和期望的定义,我们有

$$(\Delta\mathcal{D}_1)^2=\int\psi^*(\mathcal{D}_1-\mathbf{E}[\mathcal{D}_1])^2\psi\mathrm{d}x,\ (\Delta\mathcal{D}_2)^2=\int\psi^*(\mathcal{D}_2-\mathbf{E}[\mathcal{D}_2])^2\psi\mathrm{d}x.$$

既然对应于可观察量的算符是实的,我们就可推出①

$$(\Delta\mathcal{D}_1)^2=\int((\mathcal{D}_1-\mathbf{E}[\mathcal{D}_1])\psi)^*(\mathcal{D}_1-\mathbf{E}[\mathcal{D}_1])\psi\mathrm{d}x$$

① 算符类似于矩阵,其演算有以下性质:(1)$(AB)C=A(BC)$(即满足结合律);(2)$(AB)^*=B^*A^*$(这里的$*$相当于矩阵运算中的“共轭转置”);(3)$\mathcal{D}$为厄米算符的充要条件是$\mathcal{D}^*=\mathcal{D}$;(4)$A^*A=|A|^2$.既然波函数 ψ 类似于向量,而向量是一种特殊的矩阵,因此它也可以被看作一个算符.有了这些,下面的证明至少在形式上就容易理解了,何况我们在这个证明过程中还补充了一些式子.——译校者注

$$= \int \left| (\mathcal{D}_1 - \mathbf{E}[\mathcal{D}_1])\psi \right|^2 \mathrm{d}x,$$

$$(\Delta\mathcal{D}_2)^2 = \int ((\mathcal{D}_2 - \mathbf{E}[\mathcal{D}_2])\psi)^* (\mathcal{D}_2 - \mathbf{E}[\mathcal{D}_2])\psi \mathrm{d}x$$

$$= \int \left| (\mathcal{D}_2 - \mathbf{E}[\mathcal{D}_2])\psi \right|^2 \mathrm{d}x.$$

现在我们可以用柯西-施瓦茨不等式的复函数版本

$$\left| \int ((\mathcal{D}_1 - \mathbf{E}[\mathcal{D}_1])\psi)^* ((\mathcal{D}_2 - \mathbf{E}[\mathcal{D}_2])\psi) \mathrm{d}x \right|^2$$

$$\leqslant \int \left| (\mathcal{D}_1 - \mathbf{E}[\mathcal{D}_1])\psi \right|^2 \mathrm{d}x \int \left| (\mathcal{D}_2 - \mathbf{E}[\mathcal{D}_2])\psi \right|^2 \mathrm{d}x$$

来为我们提供一个上界：

$$\left| \mathbf{E}[(\mathcal{D}_1 - \mathbf{E}[\mathcal{D}_1])(\mathcal{D}_2 - \mathbf{E}[\mathcal{D}_2])] \right|^2$$

$$= \left| \int \psi^* (\mathcal{D}_1 - \mathbf{E}[\mathcal{D}_1])(\mathcal{D}_2 - \mathbf{E}[\mathcal{D}_2])\psi \mathrm{d}x \right|^2$$

$$= \left| \int ((\mathcal{D}_1 - \mathbf{E}[\mathcal{D}_1])\psi)^* ((\mathcal{D}_2 - \mathbf{E}[\mathcal{D}_2])\psi) \mathrm{d}x \right|^2$$

$$\leqslant \int \left| (\mathcal{D}_1 - \mathbf{E}[\mathcal{D}_1])\psi \right|^2 \mathrm{d}x \int \left| (\mathcal{D}_2 - \mathbf{E}[\mathcal{D}_2])\psi \right|^2 \mathrm{d}x$$

$$= (\Delta\mathcal{D}_1)^2 (\Delta\mathcal{D}_2)^2.$$

经过一些简单的整理，并引入缩简符号 F 和 C，我们看到有

$$(\mathcal{D}_1 - \mathbf{E}[\mathcal{D}_1])(\mathcal{D}_2 - \mathbf{E}[\mathcal{D}_2]) = F/2 - \mathrm{i}C/2,$$

其中$F = (\mathcal{D}_1 - \mathbf{E}[\mathcal{D}_1])(\mathcal{D}_2 - \mathbf{E}[\mathcal{D}_2]) + (\mathcal{D}_2 - \mathbf{E}[\mathcal{D}_2])(\mathcal{D}_1 - \mathbf{E}[\mathcal{D}_1])$，

$C = [\mathcal{D}_1, \mathcal{D}_2]$.

因为$\mathcal{D}_1$与$\mathcal{D}_2$必定是厄米算符，你可以直接证明 F 和 C 也都是厄米算符. 这蕴涵着 F 有一个实数期望值，而 $\mathrm{i}C$ 有一个虚数期望值. 于是，结果发现那个积分的模平方就是实部和虚部的平方和. 因此有结论：

$$(\Delta\mathcal{D}_1)^2 (\Delta\mathcal{D}_2)^2 \geqslant \frac{|\mathbf{E}[F]|^2}{4} + \frac{|\mathbf{E}[C]|^2}{4} \geqslant \frac{|\mathbf{E}[C]|^2}{4}.$$

两边取平方根，并代去 C，即得结论.

6.4.4.1 不确定性在起作用

让我们来看一看对于一个粒子的位置和动量这两个基本可观察量

(它们分别对应于粒子的粒子性和波动性),不确定性原理是怎样在起作用的. 相应的算符由 x 和 $-\mathrm{i}\hbar\frac{\partial}{\partial x}$给出. 我们发现

$$\begin{aligned}\left[x,-\mathrm{i}\hbar\frac{\partial}{\partial x}\right]\psi &= \mathrm{i}x\left(-\mathrm{i}\hbar\frac{\partial}{\partial x}\psi\right)-\mathrm{i}\left(-\mathrm{i}\hbar\frac{\partial}{\partial x}(x\psi)\right)\\ &= \hbar\left(x\frac{\partial\psi}{\partial x}-\frac{\partial(x\psi)}{\partial x}\right)\\ &= -\hbar\psi.\end{aligned}$$

于是我们看到①

$$\Delta x\Delta p\geqslant\frac{\hbar}{2}.$$

这意味着,即使在原则上,我们也不可能同时知道一个粒子的位置和动量. 当我们增加我们对动量的认识的准确性时,我们对位置的认识就变得不那么准确,即使我们尽了最大努力. 在我们精确地知道动量这种极端的情形下,我们可能就对位置一无所知,这个粒子在随便什么地方都完全有可能. 在一种不那么极端的情况下,如果我们知道粒子的动量处于某些界限之内,那么对粒子位置认识的准确性同样也被限制. 不确定性清楚地告诉我们,量子性粒子是一个非常鬼鬼祟祟的家伙:如果你不盯着它在干什么,它什么事都可能做得出来,直到你想对它看上一眼. 即使这样,只要你看了一下,这个粒子的其他信息就会被一件不确定性大氅所遮盖.

6.4.5 接下来是什么

尽管薛定谔方程在量子理论对化学的实际应用中已成为常规性的工具,但它实际上有着一个严重的缺点. 要明白这一点,我们指出其中的时间导数只是一阶的,而空间导数却是二阶的. 在我们对狭义相对论的阐述中,我们看到时间和空间必须以一个同样的立足点得到对待,因为洛伦兹变换就是将时间旋转进空间. 因此这里给出的量子理论公式系统不可能在洛伦兹变换下保持不变,于是这个方程对于那些相对于试验装置高速

① 请注意$\int\psi^*(-\hbar\psi)\mathrm{d}x=-\hbar\int\psi^*\psi\mathrm{d}x=-\hbar\int|\psi|^2\mathrm{d}x=-\hbar$. ——译校者注

运动着的粒子来说就失效了. 这显然是一个非常重要的问题,必须予以解决,因为亚原子粒子能够很容易地达到可与光速相比拟的速度. 控制这种高速粒子运动的方程是由伟大的狄拉克发现的. 值得注意的是,他的这个方程需要用四元数系 $\mathbb{H}$ 来描述,而且这产生了一个奇怪的预言,就是电子完全不是以人们可能想象到的方式与空间结构相互作用:把一个电子旋转 360 度不会使它回到原来的状态,而旋转 720 度却会!

另一个问题就是质量为零的光粒子的量子传播问题. 光是由电荷的运动产生的. 这种电荷周围的电磁场有着相当于空间每一点上 $\boldsymbol{E}$ 和 $\boldsymbol{B}$ 的值的无穷多个自由度. 一个关于这种系统的适当的量子理论要求我们对整个电磁场考虑量子理论效应. 结果得到的理论,是由整整一代理论物理学家所构建的,如今它已是正在有效运作的现代物理学的一个精髓部分. 然而,它导致了很多很多的数学困难,而且并不是所有这些困难都得到了充分理解.

最后一个已露端倪的问题是量子引力理论的构建,在这种理论中量子力学与广义相对论将得到统一. 不幸的是,这两个理论看来从根本上是不相容的;然而每一个理论分别在对于小尺度现象和大尺度现象的预言上却是准确得令人钦佩. 构建量子引力理论是一个相当困难的任务,而且已经导致发明和发展了很多奇异而美妙的数学. 但是我们离为这种理论建立一个完整系统还非常遥远,因为每克服一个障碍似乎就会产生好几个障碍. 其实已经有一种说法:我们真的需要某种新的、21 世纪的数学来解释最高层次上的自然. 谁能知道这会把我们引向何方呢?

附录 A　给读者的练习

关于练习的一个说明

在这个附录里,配合本书主要章节所讲述的材料,我们提供了一套形式多样、内容扎实的练习.我们希望这些练习,从书中主要内容的完全常规性的应用或验证,到难度较大、涉及更广的例子,能以一种令人愉悦的方式让读者对较高级的数学内容有深入了解.我们努力使这些练习尽可能灵活多变,尽可能生动有趣.此外,通过这些练习,也介绍了许多正文中没有讲到的结果.由于这个原因,它们形成了这本为未来数学工作者所写的书的一个不可分割的部分.

应当指出,从许多方面说,数学是一种非常需要动手实践的、互动的艺术形式.想要学会一门外语,却从没说过一句口语;想要成为一名艺术家,却只是在欣赏别人的作品;想训练成马拉松运动员,却老是在观看赛跑录像.这些做法都是不可能成功的.同样,没有实实在在研究例子和解决问题的丰富经历,是不可能成为数学家的.作为一种智力追求,数学要求最高水平的清晰思维和理解能力;这些素质只有经过长期重复的练习才能养成.因此,任何一位认真学习数学的学生,都应该将尽可能多的努力用在解决尽可能多种多样的问题上.幸运的是,不像许多其他形式的练习,解决数学问题是相当迷人的.希望这些练习会对你既有用又刺激.

A.1 数

(1) 给定通常的计数序列 1,2,3,4,5,6,…,用 + 和 × 的定义证明

$$2+2=4, \qquad 2\times 2=4, \qquad (n+2)\times 3=n\times 3+6.$$

(2) 根据$\mathbb{Z}$ 的算术性质,证明对于任何整数 m,n,有

$$n\times 0=0,$$
$$n\times m=0\Rightarrow n=0 \text{ 或 } m=0,$$
$$n^2+m^2=0\Rightarrow m=n=0,$$
$$n\times(-m)=-(n\times m),$$
$$-(n+m)=(-n)+(-m).$$

(3) 证明对于任何整数 m 和 n,方程 $n+x=m$ 总有一个唯一的整数解 x.

(4) 证明对于任何非零有理数 p 和 q,方程 $px=q$ 总有一个唯一的有理数解 x.

(5) 根据有理数的基本算术性质,证明对于任何有理数 p 和 q,有

$$\frac{1}{p\times q}=\frac{1}{p}\times\frac{1}{q}, \qquad \frac{1}{-p}=-\frac{1}{p}.$$

(6) 举出无理数的一个不满足某条域公理的特点,从而证明无理数集不能成为一个域.

(7) 证明对于任何实数 x 和 y,有

$$x<y\Rightarrow -y<-x,$$
$$0<1,$$
$$0<x\Rightarrow 0<\frac{1}{x},$$
$$0<x<y\Rightarrow\frac{1}{y}<\frac{1}{x}.$$

(8) 证明不存在最小的正有理数.

(9) 证明每一个正有理数 q 可以写成一个和：$q=\frac{1}{n_1}+\frac{1}{n_2}+\cdots+\frac{1}{n_N}$，其中 $n_1,\cdots,n_N$ 是不同的自然数. 由此推出，对于任一个给定的自然数，总可找到一个自然数 N，使得 $1+\frac{1}{2}+\frac{1}{3}\cdots+\frac{1}{N}$ 大于这个自然数.

(10) 证明平方数的集合是可数无穷集.

(11) 下面哪些集合总是可数集？

(a) 平面上一些不相交直线的集合.

(b) 平面上一些不重叠圆盘的集合.

(c) 平面上一些不相交圆周的集合.

(12) 构造一个显式的置换函数 $\rho(n)$，它把自然数集以一种一一对应的方式映射到下列集合：

(a) 偶数集.

(b) 整数集加上介于 0 和 1 之间的全部有理数.

(c) 区间 $[m,n]$ 中的全部有理数，这里 m,n 是一对任意的有理数.

(d) $\mathbb{N}\times\mathbb{N}$.

(e) $\mathbb{N}\times\mathbb{N}\times\mathbb{N}$.

(13) 证明序偶 (a,b) 和 (c,d) 相等的充要条件是 $\{\{a\},\{a,b\}\}=\{\{c\},\{c,d\}\}$. 这为我们提供了序偶的一种集合论描述.

(14) 构造一个可逆函数 $f(x)$，它把 $\mathbb{R}$ 以一种一一对应的方式映射到 $\mathbb{R}^3$，从而证明 $\mathbb{R}^3$ 与 $\mathbb{R}$ 大小相同.

(15) 在实数轴上任意一个区间（定义为任意两个给定实数之间所有点的集合）与整条实数轴本身之间构造一个可逆函数.

(16) 明确地写出一个含有 5 个元素的集合的幂集.

(17) 说一个集合 S 是无穷集，是指我们可以找到一个由 S 的不同元素 $s_1,s_2,s_3,\cdots$ 组成的子集①. 证明根据这个定义可以推出 S 是无穷集的充要条件是可在 S 与它的一个真子集②之间建立一个一一对应. 说明对

① 这句话的意思似乎是，我们可以从 S 中一个一个地取出元素，永远取不完. 换句话说，S 有一个与自然数集成一一对应的子集. ——译校者注

② 一个集合 S 的真子集是指 S 的一个没有把 S 的所有元素都包含在内的子集. ——原注

于自然数和实数来说情况确实如此.

(18) 是否存在一个集合 S,使得 $|\mathcal{P}(S)| = |\mathbb{N}|$?

(19) 用数学归纳法证明下列等式:

$$1+2+3+\cdots+n=n(n+1)/2,$$

$$1+2^2+3^2+\cdots+n^2=\frac{n(n+1)(n+2)}{6},$$

$$1+2^3+3^3+\cdots+n^3=\left(\frac{n(n+1)}{2}\right)^2=(1+2+3+\cdots+n)^2,$$

$$\frac{1}{1\times 2}+\frac{1}{2\times 3}+\frac{1}{3\times 4}+\cdots+\frac{1}{n(n+1)}=\frac{n}{n+1}.$$

(20) 用数学归纳法证明 $3^{3n+1}+2^{n+1}$可被 5 整除.

(21) 定义符号$\binom{n}{k}$为$(a+b)^n$ 的展开式中 $a^k b^{n-k}$项的系数,其中 n 为任意自然数. 证明

$$\binom{n}{k}=\binom{n-1}{k-1}+\binom{n-1}{k}.$$

然后用数学归纳法证明

$$\binom{n}{k}=\frac{n!}{k!(n-k)!}.$$

这就证明了二项式定理:

$$(a+b)^n=\sum_{k=0}^{n}\frac{n!}{k!(n-k)!}a^k b^{n-k}.$$

(22) "在任何一个由 n 匹马组成的集合中,所有的马颜色都一样." 对这一断言居然有如下的"证明". 错在哪里呢?

"证明":考虑一个只有 1 匹马的集合. 这个集合中的马显然颜色一样,那就是这匹马本身的颜色. 现假设在任何一个由 n 匹马组成的集合中,所有马的颜色都一样. 取一个由 $n+1$ 匹马组成的集合. 在这个集合中随意取走一匹马,余下一个由 n 匹马组成的集合. 根据假设,所有这 n 匹马颜色一样. 由于这个结论与我们取走哪一匹马无关,这就推出我们原来那个 $n+1$ 匹马的集合中所有马的颜色也是一样的. 根据数学归纳法原

理,上述断言得证.

(23) 证明 $(a)\Rightarrow(b)\Rightarrow(c)\Rightarrow(a)$,从而得出下面这几条是等价的结论:

(a) 数学归纳法原理.

(b) 如果 S 是 $\mathbb{N}$ 的一个子集,$1\in S$,而且只要对每一个 $m<n$ 都有 $m\in S$ 就会有 $n\in S$,那么 $S=\mathbb{N}$.

(c) 每一个非空正整数集合都有一个最小元素.

(24) 证明关于实数的阿基米德性质:对于任意的自然数 n,总存在一个实数 ε,使得 $0<\varepsilon<\frac{1}{n}$. 这个结果在实分析中是很重要的.

(25) 证明 $\sqrt{3}$是实数.

(26) 证明 $\sqrt{3}$, $\sqrt{5}$, $\sqrt{6}$是无理数. 计算 $(\sqrt{2}+\sqrt{3})^2$ 并推出 $\sqrt{2}+\sqrt{3}$是无理数.

(27) 证明对于任何一个素数 p, $\sqrt{p}$是无理数. 从而证明 $\sqrt{n}$是无理数,除非 n 是一个完全平方数. 进而证明当且仅当 $\sqrt{n}$和 $\sqrt{m}$都是有理数时, $\sqrt{n}+\sqrt{m}$才是有理数.

(28) 设 p,q 是有理数,证明由 $p+\sqrt{2}q$ 形式的数组成的集合满足所有的域公理,从而它形成一个域. 这个域是有序的吗? 证明由 $\sqrt{3}p+\sqrt{2}q$ 形式的数组成的集合不是一个域.

(29) 分别考虑下列实数序列,它们的第 n 项都记为 a_n(n 是自然数). 不小于一个序列中任何一项的最小实数是什么(如果有的话)? 这个最小实数是不是会在这个序列中找到? 它是有理数吗?

$$a_n=\frac{2}{n};$$

$$a_n=\sin n;$$

$$a_n=n^{1/n};$$

$$a_{n+1}=\frac{a_n^2+3}{2a_n},\quad a_1=3.$$

重做这道题目,这次是找不大于一个序列中任何一项的最大实数.

(30) 利用实数的基本公理证明,对于任何的自然数 m,n,我们总可以求得一个实数 x,它是方程 $x^n=m$ 的解.

(31) 证明对任何的正自然数 m,n,商 $\frac{m+2n}{m+n}$ 是 $\sqrt{2}$ 的一个比 $\frac{m}{n}$ 更好的有理数近似值. 从 $\frac{1}{1}$ 开始,构造出一个越来越接近 $\sqrt{2}$ 的有理数数列的前几项.

(32) 证明任何两个有理数之间存在着无穷多个无理数. 证明与之相对的结论也成立:任何两个无理数之间存在着无穷多有理数.

(33) 用实数的基本公理证明每一个实数有一个十进小数展开式.

(34) 证明由所有代数数组成的集合形成一个有序域.

(35) 把复数 $-1,\mathrm{i},1+\mathrm{i},1-\mathrm{i}$ 和 $1-\sqrt{3}\mathrm{i}$ 标在复平面上. 把这些数转换成 (r,θ) 的形式. 把这些复数的复共轭标在你的复平面上. 在笛卡儿坐标系中,复共轭的几何解释是什么?

(36) 对于 $z\in\mathbb{C}$,证明等式 $|z-z_0|=a$ 描绘了一个以 z_0 为圆心,以 a 为半径的圆周. 在复平面上,一条直线的用 $z,\bar{z}$ 来表示的一般表达式是什么?

(37) 描述一下复平面上由下列方程所描述的点集的轨迹:

$|z-1|<2$,

$z-\bar{z}=3\mathrm{i}$,

$|z+\mathrm{i}|=2zx^2=\bar{z}^2$,

$|z+1|+|z-1|=4$,

$|z+2|<|z+3|$.

(38) 假设 a 和 b 是复平面上一个正方形的对角顶点,求出表示另两个顶点的复数.

(39) 把下面的复数简化为 $x+\mathrm{i}y$ 的形式,并计算它们的模:

i^2+1,

$\left(\frac{1+\mathrm{i}}{1-\mathrm{i}}\right)^2$,

$(\mathrm{i}+\sqrt{3})^2$,

$\dfrac{(2-\mathrm{i})(3-\mathrm{i})+\mathrm{i}(1+\mathrm{i})}{2\mathrm{i}+1}+\dfrac{12+\mathrm{i}}{5\mathrm{i}}$,

arccos2,

$\ln(-\mathrm{e})$.

(40) 对于任意的复数 $z=z+\mathrm{i}y$,求实数 a,b 使 $\sqrt{z}=a+\mathrm{i}b$,从而解出一般二次方程 $z^2+(a+\mathrm{i}b)z+(c+\mathrm{i}d)=0$,其中 a,b,c,d 为实数.

(41) 证明对于任意的复数 $z=x+\mathrm{i}y$,我们有 $-|z|\leqslant x\leqslant|z|$ 和 $-|z|\leqslant y\leqslant|z|$.

(42) 证明对任意的复数 z_1 和 z_2,有 $|z_1z_2|=|z_1||z_2|$ 和 $|z_1+z_2|\leqslant|z_1|+|z_2|$. 从几何上解释这个结果.

(43) 用棣莫弗定理求出方程 $z^5=1$ 的所有复数解. 把这些解标在复平面上.

(44) 证明对任何自然数 n,方程 $z^n=1$ 的解分布在复平面上以原点为圆心的单位圆周上. 取 $n=3,4$ 和 6,从而求出数 π 的三个近似值.

(45) 如果 $\omega^n=1,\omega\neq1$,证明 $\sum\limits_{k=0}^{n-1}\omega^k=0$.

(46) 计算 $\left(\dfrac{1+\sqrt{3}\mathrm{i}}{2}\right)^7$.

(47) 证明交比 $\{-1+2\mathrm{i},\mathrm{i},1,2-\mathrm{i}\}$ 和 $\{-1,\mathrm{i},1,-\mathrm{i}\}$ 位于复平面的实轴上. 证明交比 $\{z,-1,\mathrm{i},1\}$ 是实数的充要条件是 $|z|=1$.

(48) 证明复数集形成一个域. 这个域可以是有序的吗?

(49) 求下列多项式方程的所有解:

$z^2-3z+2=0$,

$z^2+8z+1=0$,

$z^2+3\mathrm{i}z-2=0$,

$z^3+2z+1=0$,

$z^3+6z^2+11z+6=0$.

(50) 设 $f(x)$ 是一个 n 次多项式,且对某个有理数 $p/q\,(q>0)$ 有

$f(p/q)\neq 0$,证明 $f(p/q)\geqslant 1/q^n$.

(51) 证明下列矩阵确实满足四元数的代数规则:

$$\mathbf{1}=\begin{pmatrix}1&0\\0&1\end{pmatrix},\ \mathbf{i}=\begin{pmatrix}0&1\\-1&0\end{pmatrix},\ \mathbf{j}=\begin{pmatrix}0&\mathrm{i}\\\mathrm{i}&0\end{pmatrix},\ \mathbf{k}=\begin{pmatrix}\mathrm{i}&0\\0&-\mathrm{i}\end{pmatrix}.$$

(52) 把

$$\frac{1}{6}(5-\mathbf{i}-\mathbf{j}-\mathbf{k}-2\mathbf{ij}+\mathbf{ik}-3\mathbf{kj})\times\frac{\mathbf{i}+\mathbf{j}+2\mathbf{k}}{\mathbf{1}+2\mathbf{j}+3\mathbf{k}}$$

化为 $a\mathbf{1}+b\mathbf{i}+c\mathbf{j}+d\mathbf{k}$ 的简单形式.

(53) 写出前20个素数,并证明哥德巴赫猜想对它们成立. 在这个素数序列中,小于任意给定数 N 的素数的个数用 $N/\ln N$ 来作为近似值,近似程度好不好?

(54) 对每个自然数 k,求一个函数,它利用素因数分解的唯一性把集合$\mathbb{N}^k$ 中的每一个元素映射成一个自然数①. 考察$|\mathbb{N}^k|$的含义.

(55) 找出所有边长为整数的直角三角形:利用 $\sin\theta$ 和 $\cos\theta$ 的由 $t=\tan\theta$ 表示的表达式,证明自然数 a,b,c 为方程 $a^2+b^2=c^2$ 之解的充要条件是,存在一个非负整数集合$\{u,v\}$,使得我们有

$$a=u^2-v^2,\ b=2uv,\ c=u^2+v^2.$$

在 uv 平面上画出 a,b,c 的轨迹.

(56) 证明我们总能几乎解出费马大定理中的方程:对于任何正实数 ε和任何自然数 n,我们总能求得整数 a,b,c,使得

$$\left|\frac{a^n+b^n}{c^n}\right|<\varepsilon.$$

(57) 求出数偶(7429,49735),(1479,507),(2386,3579)的最大公因数.

(58) 证明对于任何一个自然数,当且仅当它的各位数字之和能被9整除时,它才能被9整除. 推导出一个关于11的可整除性的类似结果.

(59) 证明对任何一个自然数 n,总存在一个自然数 N,使得 N,

① 而且把不同的元素映射成不同的自然数. ——译校者注

$N+1,\cdots,N+n$ 都不是素数. 这证明了在素数序列中有着要多大就可以多大的前后项之差.

(60) 埃拉托色尼筛法是一种快速生成素数的基本方法. 为运用这个筛法,我们把从 2 开始的自然数一个接一个地写成一个数列 2,3,4,5,6,7,…. 2 是第一个素数;既然比 2 大的自然数如果能被 2 整除就不会是素数,那么我们就可以把这个数列中的数每隔一个剔除一个:它们都不可能是素数. 数列中下一个数是 3,我们可以看到这也是一个素数,因为它不能被 2 整除. 因此我们在原来的数列中每隔两个数就剔除一个数. 数列中下一个数 4 已被剔除. 于是 4 不可能是素数,所以我们就转而检验 5. 它不能被 2 或 3 整除,因此 5 必定也是一个素数. 把这个过程继续下去,看看你把 100 以下的所有素数都生成出来能有多快.

(61) 证明每一个整数 $n>1$ 要么是一个素数要么有一个小于 $\sqrt{n}+1$ 的素因数.

(62) 检验一个数 n 是否为素数的一种蛮干式的方法是,用所有小于 $\sqrt{n}+1$ 的素数去试除 n. 如果我打算用这种方法去试着生成前 N 个素数,那么与埃拉托色尼的方法相比,我们这种算法的速度如何?

(63) 设 p_n 是第 n 个素数,用欧几里得算法和数学归纳法证明 $p_n < 2^{2^n}$. 这个上界与前 5 个素数的实际值的接近程度如何?

(64) 证明 $4n+1$ 形式的数的乘积总是 $4n+1$ 形式. 证明每一个素数都可以写成 $4n+1$ 形式或 $4n-1$ 形式. 推出 $4n-1$ 形式的素数有无穷多个. 证明 $6n-1$ 形式的素数也有无穷多个.

(65) 证明:如果 q^n-1 是素数,那么 $q=2$,而且 n 也是素数. 数 $M_n=2^n-1$ 称为梅森数,求出最小的使 M_n 不是素数的素数 n.

(66) 求满足方程 $2u+3v=1$ 和 $7u+11v=1$ 的整数解 u 和 v.

(67) 将下列表达式化为模整数的形式:

$7^6 \pmod 3$,

$1000001^2 \pmod 4$,

$16^{30} \pmod{31}$,

$27!(\bmod 29)$,

$(1+2+2^2+\cdots+2^{100})(\bmod 5)$.

(68) 求解下列模算术方程:

$3x+6\equiv 0(\bmod 8)$,

$5x\equiv 2(\bmod 7)$,

$x^2-1\equiv 0(\bmod 16)$,

$x^2-1\equiv 0(\bmod 17)$.

(69) 设我们有下列方程组:

$x\equiv a_i(\bmod n_i)$, $i=1,\cdots,r$(如果 $i\neq j$,那么 n_i 与 n_j 互素).

证明一个同时满足所有方程的解是

$$x\equiv N_1x_1+\cdots+N_rx_r,$$

其中$(n_1\cdots n_r)x_i\equiv n_ia_i(\bmod n_i)$.

中国剩余定理说,这些解总是存在的,而且是在 $\bmod(n_1\cdots n_r)$下唯一的. 证明情况正是这样.

求下列联立方程的整数解:

$\{x\equiv 4(\bmod 7), x\equiv 1(\bmod 5), x\equiv 3(\bmod 4)\}$,

$\{x\equiv 6(\bmod 9), x\equiv 3(\bmod 4)\}$.

(70) 对不同的 m 和 p 验证费马小定理成立.

(71) 利用费马小定理,并注意到我们总可以把任何奇素数 p 写成 $p=2n+1$,证明:如果一个自然数 m 与 p 互素,那么

$$m^{(p-1)/2}\equiv 1 \text{ 或者 } m^{(p-1)/2}\equiv -1(\bmod p).$$

对每一个 $m<p(p=3,5,7,11)$算出这个幂.

(72) 求$\frac{24}{385},\frac{7}{9},\frac{1}{2},\sqrt{3}$的连分数展开式.

(73) 常见的斐波那契序列定义为 $a_1=1, a_2=1, a_n=a_{n-1}+a_{n-2}$. 用数学归纳法证明

$$a_n=\frac{\left(\frac{1+\sqrt{5}}{2}\right)^n-\left(\frac{1-\sqrt{5}}{2}\right)^n}{\sqrt{5}}.$$

斐波那契用这个过程来模拟一对兔子的第 n 代后代有几只.

(74) 考虑高斯整数集 $\mathbb{Z}_i = \{n + im: n, m \in \mathbb{Z}\}$,其中 $i^2 = -1$. 这种数是整数在复数中的一种推广. 证明集合 $\mathbb{Z}_i$ 在加法和乘法下是封闭的. 求出 4 个这样的高斯整数 z: $\frac{1}{z}$ 也是高斯整数. 这些高斯整数是哪些自然数的推广?

如果一个高斯整数 $z = n + im$ 的因数只有 $\pm 1, \pm i, \pm z, \pm iz$,那么它被称为高斯素数. 证明:如果 $n^2 + m^2$ 是素数,那么 $z = n + im$ 就是一个高斯素数. 求出所有的模小于 10 的高斯素数,并把它们标在复平面上. 证明每一个 $|z| > 1$ 的高斯整数 z 可以表示成高斯素数的积. 找出一个反例来证明高斯整数的素因数分解不是唯一的.

(75) 假设我要整箱购买鸡蛋,而这些箱装鸡蛋只有三种规格:每箱 6 只、每箱 9 只和每箱 20 只. 因此我所买鸡蛋的只数受到某种限制,比方说我要买 7 只鸡蛋是不可能的. 在这些不可能买到的鸡蛋只数中,最大的数是哪一个? 现在假设这些箱装鸡蛋有 n 种规格,每箱所装鸡蛋的只数分别为 $a_1, a_2, \cdots, a_n (n > 1)$. 证明:如果数集 $\{a_1, a_2, \cdots, a_n\}$ 没有大于 1 的公因数,那么在我不可能买到的鸡蛋只数中总有一个最大的数.

(76) 对前 5 个素数验证威尔逊定理.

(77) 在模为 13 的整数集中,求出每个元素的乘法逆元素. 在模为 12 的整数集中,哪些元素有乘法逆元素?

(78) 证明模为 p 的整数集成为一个域的充要条件是 $p > 1$ 且为素数.

(79) 用素数(3,13)产生一个 RSA 加密方案. 用这个方案对你的姓名加密. 检验一下你能不能解密.

A.2 分析

(1) 我投资 1 美元,为期 10 年. 在年利率、月利率或即时复利率为 5% 的条件下,我分别会获得多少利息?

(2) 假设我想用 10 年的时间获得 1 美元的利息. 在年利率是 3%,

5% 或 10% 的条件下，我分别要投资多少钱呢？

（3）证明关于 $f(x)=(x-1)^2=0$ 的牛顿-拉弗森序列对于每一个实数初始猜测都收敛. 如果初始猜测是个复数，这个结论还成立吗？

（4）对于满足 $x>1$ 的任何实数 x，考虑下面这个用迭代方式定义的序列：

$$a_{n+1}=\frac{a_n^2+x}{2a_n},\ \ a_1=1.$$

证明这个序列是递增的，而且每一项都小于 x. 推导出当 n 趋于无穷大时，这个序列趋于一个极限，并求出这个极限的值. 这个牛顿-拉弗森序列对应于什么方程？

（5）用计算机生成芒德布罗集的一幅近似图.

（6）用计算机按下述方式研究一下关于方程 $z^3=1$ 的牛顿-拉弗森过程：将复平面上以原点为中心、边长为 4 的正方形分成 100×100 的网格. 在每一个网格中取一个点作为牛顿-拉弗森过程的起始点. 这个方程在理论上有 3 个根. 经过 100 次迭代后，根据第 100 个迭代结果是接近第一个理论解、第二个理论解，还是第三个理论解，分别给相应的起始点涂上蓝色、红色或黄色. 根据得出的结果，试预测方程 $z^4=1$ 和 $z^5=1$ 的某些定性性质.

（7）以最显然的方式把下面列出的开头几项扩展成序列，并写出各个序列的通项公式：

$$\frac{1}{3},\frac{1}{5},\frac{1}{7},\cdots$$

$$\frac{1}{2\times3},\frac{1}{3\times4},\frac{1}{4\times5},\cdots$$

$$\frac{1}{2}-\frac{1}{4}+\frac{1}{8}-\cdots$$

仍以这些项为开头几项，用其他方式扩展成序列，求出相应的通项公式.

（8）给出各种通项公式如下，写出相应序列的开头几项：

$$\frac{n}{2+\sqrt{n}},$$

$$\frac{n}{n^2+1},$$

$$\frac{n^2-1}{n!},$$

$$\frac{n!}{n^{10}},$$

$$\frac{n(n+1)(n+2)}{(2n+6)^2},$$

$$\frac{(0.9\mathrm{i})^2}{2},$$

$$\frac{(1-\mathrm{i})^n}{\sqrt{2}}.$$

猜测每个序列的极限情况,证明它们或者趋于一个极限或者发散到无穷大.

(9) 证明对任何固定的自然数 A 和 B,有

$$\lim_{n\to\infty}\frac{n!}{n^n}=0,$$

$$\lim_{n\to\infty}\frac{A^n}{n!}=0,$$

$$\lim_{n\to\infty}\frac{n^B}{(A+1)^n}=0,$$

$$\lim_{n\to\infty}A^{\frac{1}{n}}=0,$$

$$\lim_{n\to\infty}(A^n+B^n)^{\frac{1}{n}}=\max(A,B).$$

(10) 证明:如果 $\lim\limits_{n\to\infty}a_n=A$, $\lim\limits_{n\to\infty}b_n=B$,那么

$$\lim_{n\to\infty}(a_n\pm b_n)=A\pm B,$$

$$\lim_{n\to\infty}(a_nb_n)=AB,$$

$$\lim_{n\to\infty}(a_n/b_n)=A/B,\text{如果 } b_n\neq 0.$$

从而证明 $\lim\limits_{n\to\infty}P(n,N)/Q(n,N)$ 是它们的 n^N 项系数之比,其中 $P(n,N)$ 和

$Q(n,N)$是任意的两个关于 n 的 N 次多项式.

(11) 对于任意的实数序列 a_n 和 b_n,定义一个复数序列 $z_n = a_n + ib_n$. 假设$\lim\limits_{n\to\infty} a_n = A$,而$\lim\limits_{n\to\infty} b_n = B$. 证明

$$\lim_{n\to\infty} z_n = A + iB.$$

(12) 给定一个序列$\{a_n\}$,子序列是指从中任意取出无穷多项而形成的一个序列$\{a_{m_1}, a_{m_2}, \cdots\}$,其中 $m_1 < m_2 < m_3 < \cdots$. 此外,如果对每一个 n 都有 $L < a_n < U$,其中 L 和 U 是两个固定的数,那么$\{a_n\}$就是有界的. 显然,要么在 L 与$(U-L)/2$ 之间有$\{a_n\}$的无穷多项所形成的一个子序列;要么在$(U-L)/2$ 和 U 之间有$\{a_n\}$的无穷多项所形成的一个子序列. 反复进行这种对分法,从而证明从任何有界的实数序列中总可以构造出一个收敛的子序列. 这就是著名的波尔查诺-魏尔斯特拉斯定理.

(13) 创建波尔查诺-魏尔斯特拉斯定理在复数中的一个推广.

(14) 利用有理数的可数性,构造出一个实数序列,使得对于满足$0 < x < 1$ 的任何实数 x,我们总可以从这个实数序列中选取出一个子序列收敛于 x.

(15) 证明对于任何收敛的实数序列$\{a_n\}$,一定存在实数 L 和 U,使得对每一个 n 都有 $L < a_n < U$. 还请证明在这样的 U 中总存在一个最小数,在这样的 L 中总存在一个最大数.

(16) 证明任何递减的正实数序列必定趋于一个极限.

(17) 设$|z|$是一个复数,证明$\lim\limits_{n\to\infty} |z|^n = 0$ 的充要条件是$|z| < 1$.

(18) 证明

$$\frac{1}{n+1}\ln(n+1) - \ln n < \frac{1}{n}.$$

假设我们定义

$$a_n = 1 + \frac{1}{2} + \frac{1}{3} + \cdots + \frac{1}{n} - \ln n.$$

证明$\{a_n\}$是一个递减的正项序列. 推导出存在一个实数 γ,它是这个序列的极限. 数 γ 被称为欧拉常数. 虽然 γ 在各种各样的应用中很令人感兴趣,但连它是不是有理数都没人知道.

（19）设 s_n 表示单位圆的内接正 n 边形的边长，用毕达哥拉斯定理证明，内接正 $2n$ 边形的边长由 $s_{2n}=\sqrt{2-\sqrt{4-s_n^2}}$ 给出. 再证明外切正 n 边形的边长由 $c_n=2s_n/\sqrt{4-s_n^2}$ 给出. 证明以内接正 4 边形（正方形，$n=2$）周长为起始的序列的极限

$$\lim_{n\to\infty}2^n\underbrace{\sqrt{2-\sqrt{2+\sqrt{2+\cdots+\sqrt{2}}}}}_{n\text{次开平方}}=\pi.$$

对于一个给定的内接多边形，计算边长 s_n 和 c_n，看看它们趋于 π 的速度有多快.

（20）借助于收敛的一般准则，证明序列 $a_n=\left(1+\frac{1}{n}\right)^n$ 当 n 趋于无穷大时收敛于一个极限.

（21）用几何方法对 $\frac{1}{3}+\frac{1}{9}+\frac{1}{27}+\cdots+\frac{1}{3^n}+\cdots$ 和 $\frac{1}{4}+\frac{1}{16}+\frac{1}{64}+\cdots+\frac{1}{4^n}+\cdots$ 求和. 用关于几何级数的公式检验你的答案.

（22）用比较判别法确定下列级数中哪几个是收敛的，哪几个是发散的：

$\sum\limits_{n=2}^{\infty}\frac{1}{\ln n}$,

$\sum\limits_{n=1}^{\infty}\frac{1}{n^2\ln n}$,

$\sum\limits_{n=1}^{\infty}\frac{\sqrt{n}}{n!}$,

$\sum\limits_{n=1}^{\infty}\frac{n}{(n+1)^2}$,

$\sum\limits_{n=1}^{\infty}\sin(1/n)$,

$\sum\limits_{n=1}^{\infty}\frac{\sin n}{n^2}$.

（23）下列实数级数中哪几个级数可由交错级数判别法判定为收

敛. 如果其中某个级数被判定为收敛,那么这个级数是绝对收敛的吗?

$$\sum_{n=1}^{\infty} \frac{(-1)^n}{n^2 \ln n},$$

$$\sum_{n=1}^{\infty} \frac{(-2)^n}{n^2},$$

$$\sum_{n=1}^{\infty} \frac{(-1)^n}{\tan n},$$

$$\sum_{n=1}^{\infty} \frac{(-1)^n}{n \ln n},$$

$$\frac{1}{2}-\frac{2}{3}+\frac{1}{4}-\frac{2}{5}+\frac{1}{6}-\frac{2}{7}+\frac{1}{8}\cdots$$

(24) 用交错级数判别法证明 $\int_0^{\infty} \cos(x^2)\,\mathrm{d}x$ 是存在的.

(25) 用比率判别法判定下列各实数级数是收敛还是发散:

$$\sum_{n=1}^{\infty} \frac{n!}{n^n},$$

$$\sum_{n=1}^{\infty} \frac{100^n}{n!},$$

$$\sum_{n=1}^{\infty} \frac{1+2(-1)^n}{n},$$

$$\sum_{n=1}^{\infty} \frac{n!}{(2n)!},$$

$$\sum_{n=1}^{\infty} \frac{(n!)^3}{2^n (2n)!},$$

$$\sum_{n=1}^{\infty} \frac{1}{n \ln n}.$$

(26) 考察下列复数级数的敛散性:

$$\sum_{n=1}^{\infty} \frac{1}{(1+\mathrm{i})^n},$$

$$\sum_{n=1}^{\infty} \mathrm{e}^{\frac{\mathrm{i}n\pi}{3}},$$

$$\sum_{n=1}^{\infty}\left(\frac{1-\mathrm{i}}{1+\mathrm{i}}\right)^{n},$$

$$\sum_{n=1}^{\infty}\frac{\mathrm{i}^{n}}{n},$$

$$\sum_{n=1}^{\infty}\frac{1}{(2\mathrm{i})^{n}},$$

$$\sum_{n=1}^{\infty}\frac{1}{n^{2\mathrm{i}}}.$$

（27）证明：如果一个复数级数 $\sum\limits_{n=1}^{\infty} a_n$ 绝对收敛，那么 $\left|\sum\limits_{n=1}^{\infty} a_n\right| \leqslant \sum\limits_{n=1}^{\infty}|a_n|$.

（28）证明级数 $\sum\limits_{n=1}^{\infty}\dfrac{1-2(-x)^{n}}{n!}$ 对任何实数 x 都绝对收敛. 从而求出这个级数所收敛到的函数 $f(x)$.

（29）画出下面这个函数 $f(x)$ 的图像，x 取所有实数：

$$f(x)=\lim_{n\to\infty}\frac{x^{2n}\sin\left(\frac{1}{2}\pi x\right)+x^{2}}{x^{2n}+1}.$$

（30）通过检视，求出当实变量 x 趋于 x_0 时下列各函数的极限：

$f(x)=x^{2}$，$x_0=1$；

$f(x)=\dfrac{1}{x-1}$，$x_0=0$；

$f(x)=\dfrac{x^{2}+1}{x^{2}-1}$，$x_0=\dfrac{1}{2}$.

（31）在下列实数极限的例子中，已经为我们给出了 $\lim\limits_{x\to a}f(x)=l$ 的值. 现在对每个函数求相应的 δ 值，使得只要有 $|x-a|<\delta$，就有 $|f(x)-l|<0.01$.

$$\lim_{x\to 2}\frac{x}{2}=1,$$

$$\lim_{x\to 0}\frac{x^{2}+1}{x^{3}-1}=-1,$$

$$\lim_{x\to 16}\sqrt{x}=4,$$

$$\lim_{x\to 0}(\sin x+\cos x)=1.$$

(32) 猜测下列实函数的极限,并完全用 $\varepsilon-\delta$ 语言来证明你的猜测是对的:

$$\lim_{x\to 1}(x^2+x+1),$$

$$\lim_{x\to 3}\frac{x+1}{x^2+1},$$

$$\lim_{x\to 2}\left(\sqrt{x}+\frac{1}{\sqrt{x}}\right),$$

$$\lim_{x\to\infty}\frac{\sin x}{x}.$$

(33) 说 $\lim\limits_{x\to 1}\sqrt{x}=1$ 为什么是正确的,而说 $\lim\limits_{x\to 0}\sqrt{x}=0$ 为什么是不正确的?

(34) 证明下面这些极限都被合理地定义,并求出各个极限:

$$\lim_{x\to 0}\frac{\sin x}{x};$$

$$\lim_{x\to 0}\left(x\sin\frac{1}{x}\right);$$

$$\lim_{x\to 0}f(x),\text{其中 }f(x)=\begin{cases}1, & \text{如果 } x\neq 0,\\ 0, & \text{如果 } x=0;\end{cases}$$

$$\lim_{x\to 0}f(x),\text{其中 }f(x)=\begin{cases}0, & \text{如果 } x\in\mathbb{Q},\\ x, & \text{如果 } x\notin\mathbb{Q}.\end{cases}$$

其中哪些函数是连续地变化到极限的?

(35) 下列函数在哪些 x 值处是连续的?

$$\frac{|x|}{x},$$

$$\frac{x^2+1}{x^4+1},$$

$$\frac{x+1}{x^3+1},$$

$$\frac{1}{x},$$

$$\sqrt{(x-2)(10-x)},$$

$$\frac{1}{\sqrt{1+\sin x}},$$

$$\sin(\sin(x^3+\cos(x^7+1))).$$

（36）找出两个不连续的函数，但是它们的和却是连续的. 找出两个不连续的函数，但是它们的积却是连续的.

（37）找出一个函数 $f(x)$，它在任何实数 x 处都是不连续的，但 $|f(x)|$ 却是处处连续的.

（38）用介值定理证明，对于下列各式，分别存在着相应的实数 x，使得它们成立：

$$\frac{a}{x-1}+\frac{b}{x-2}=0(a,b>0),$$

$$x^{100000}+\frac{100}{2-3x^2-|\sin x|}=51,$$

$$x^{(x^x)}=2\cos x.$$

（39）证明任何奇次实系数多项式至少有一个实数解.

（40）设实函数 $f(x)$ 和 $g(x)$ 在 $x=a$ 处都是可微的，证明下列等式：

$$(f+g)'(a)=f'(a)+g'(a),$$

$$(fg)'(a)=f'(a)g(a)+f(a)g'(a).$$

你利用了实数极限的哪些性质？

（41）如果 $f(x)$ 在 $x=a$ 处可微且非零，证明

$$\left(\frac{1}{f}\right)'(a)=\frac{-f'(a)}{(f(a))^2}.$$

（42）用微分中值定理当 h 和 H 非常小时的近似形式 $g(x+h)\approx g(x)+hg'(x)$ 和 $f(X+H)\approx f(X)+Hf'(X)$，从定义

$$f(g(x))'=\lim_{h\to 0}\frac{f(g(x+h))-f(g(x))}{h}$$

出发，验证链式法则 $f(g(x))'=f'(g(x))g'(x)$.

(43) 将下列复合函数$f(g(x))$展开,并对之求导,以具体地展示链式法则对它们是成立的:

$f(x)=x$, $g(x)=x^2$;

$f(x)=x$, $g(x)=1$;

$f(x)=x^2$, $g(x)=x^3+x^2+3x+4$.

(44) 作出下列函数在 $x=1$ 处的切线. 证明这条切线的斜率等于函数在那一点的导数.

$f(x)=x^2+1$,

$f(x)=\frac{1}{x}$,

$f(x)=2$.

(45) 求下列函数的导数:

$\frac{1}{1+x}$,

$\frac{x^2+1}{x^2-1}$,

$\sqrt{x}$,

$(x^3+x^2+x)^{1/3}$.

(46) 证明:如果$f(x)$在 $x=a$ 处是可微的,那么除了$f(a)=0$ 这种情况外,$|f(x)|$在 $x=a$ 处也是可微的.

(47) 假设我们有一个函数$f(z)$,对每一个 $z\in\mathbb{C}$ 有$f(z)\in\mathbb{R}$. 分别考虑沿着实轴和沿着虚轴的极限性态,证明:如果$f'(z)$在任何点 z 处都存在,那么 $f'(z)=0$.

(48) 在下列各种情况中,求出满足 $0<\theta<1$ 的 θ 的精确值,使得微分中值定理中的那个等式成立:

$f(x)=x^3$, $a=2$, $\delta x=0.1$;

$f(x)=x^3$, $a=1$, $\delta x=1000$;

$f(x)=\frac{1}{x}$, $a=-1$, $\delta x=0.1$;

$f(x)=x^2$, $a=1$, $\delta x=0.1$.

（49）下列各个分式在指定处如果可以有个值的话，请用洛必达法则算出这个值：

$$\left.\frac{x^4-1}{x^2-1}\right|_{x=\pm1},\quad \left.\frac{x}{\sqrt{\cos x-1}}\right|_{x=0},\quad \left.\frac{\sin(\sin x)}{\sin x}\right|_{x=0},\quad \left.\frac{(x^2+1)^2}{(x^2-1)^2}\right|_{x=1}.$$

（50）构造一组上和与下和（通过分割成等宽的矩形），求出 x^2 从 0 到 1 的积分的上下界. 你的近似值与精确的分析学结果有多接近呢？证明

$$\int_0^a x^2\mathrm{d}s=\frac{a^3}{3}.$$

（51）下列函数中哪些函数在[0,1]上是可积的？如果可积，计算相应的积分.

$$f(x)=\begin{cases}x, & 0\leqslant x<0.5,\\ x-0.5, & 0.5\leqslant x\leqslant 1;\end{cases}$$

$$f(x)=\begin{cases}x, & 0\leqslant x\leqslant 0.5,\\ x-0.5, & 0.5<x\leqslant 1;\end{cases}$$

$$f(x)=\begin{cases}1, & x=0,\\ 0, & x>0;\end{cases}$$

$$f(x)=\begin{cases}0, & x\in\mathbb{Q},\\ 1, & x\notin\mathbb{Q};\end{cases}$$

$$f(x)=\begin{cases}0, & x\notin\mathbb{Q},\\ 1/q, & x=p/q,p\in\mathbb{Z},q\in\mathbb{N},q\text{ 与 }p\text{ 互素}.\end{cases}$$

（52）用微积分基本定理求出下列函数从 1 到 2 的积分：

$$x^{\pi},\ \sin^n x\cos x,\ x\exp(-x^2),\ \frac{1}{x\ln x},\ \frac{1}{x\ln x\ln(\ln x)}.$$

（53）设我们对一个递减的正实数序列 $a(1)>a(2)>\cdots>a(n)>\cdots>0$ 的通项有个函数形式 $a(n)$. 证明和式 $\sum\limits_{n=1}^{\infty}a(n)$ 收敛的充要条件是实积分 $\int_1^{\infty}a(x)\mathrm{d}x$ 是个有限的数. 这个判别级数是否收敛的有效方法叫做积分判别法.

（54）用上题中的积分判别法研究下列级数的敛散性：

$$\sum_{n=2}^{\infty} \frac{1}{n\ln n},\quad \sum_{n=1}^{\infty} n\exp(-n^2),\quad \sum_{n=1}^{\infty} \frac{1}{n^p}.$$

注意,积分取什么有限值与这个收敛级数的实际值无任何关系.

（55）求 x^x 的导数,方法是令 $y(x)=x^x$,然后取对数.

（56）证明 $\sum_{n=2}^{\infty} \frac{1}{(\ln n)^k}$ 对于任何 $k \geqslant 1$ 都发散,但 $\sum_{n=2}^{\infty} \frac{1}{(\ln n)^n}$ 却收敛.

（57）用积分判别法证明 $\int_1^{\infty} \frac{\exp y}{y^y}\mathrm{d}y$ 存在,从而再次利用积分判别法和变量代换证明 $\sum_{n=2}^{\infty} \frac{1}{(\ln n)^{\ln n}}$ 收敛.

（58）证明 $\exp x$ 对 x 的所有实数值是连续的.

（59）将 $\exp X$ 看作一个关于 X 的幂级数,利用四元数 $\mathbf{1},\mathbf{i},\mathbf{j},\mathbf{k}$ 的矩阵表示,对于任何四元数 q 求出 $\exp q$.

（60）已知处处可微的双曲函数 $\sinh x$ 和 $\cosh x$ 互为导数,且有 $\sinh 0=0,\cosh 0=1$. 求这两个函数关于原点的泰勒级数的完整形式. 双曲函数与三角函数有什么函数关系？

（61）求下列函数关于原点的泰勒级数的前四项：

$$\sin(\cos x),\quad \exp\left(1-\sqrt{1-x^2}\right),\quad \frac{1}{\sqrt{1\sin x}}.$$

（62）求函数 $\exp x,\sin x,\ln x$ 关于点 $x=1$ 的泰勒级数的前四项.

（63）借助关于原点的泰勒级数展开式,计算下列极限：

$$\lim_{x\to 0}\frac{\ln(1+x)}{x},\quad \lim_{x\to 0}\left(\frac{1}{x^2}-\frac{1}{1-\cos^2 x}\right),\quad \lim_{x\to 0}\frac{x}{1-\exp x}.$$

（64）用泰勒定理导出二项式定理.

（65）将下列各级数分别与一个在某点计值的函数的泰勒展开式相联系,求出这些级数的值：

$$1+\frac{1}{\pi}+\frac{1}{\pi^2\times 2!}+\frac{1}{\pi^3\times 3!}+\cdots$$

$$\frac{1}{1\times 2}+\frac{1}{2\times 3}+\frac{1}{3\times 4}+\frac{1}{4\times 5}+\cdots$$

$$1-x^4+x^8-x^{12}+x^{16}+\cdots$$

（66）利用泰勒级数求下列积分的值，保留三位小数：

$$\int_0^1 \sin(x^2)\,\mathrm{d}x,\ \int_0^1 \exp(-x^2)\,\mathrm{d}x.$$

（67）推导出任何具有性质$f(a^2)=2f(a)$的实值函数的性质. 如果这个函数只定义在有理数上，同样的结论是否成立？

（68）求下列函数的在$-\pi<x\leqslant\pi$范围内的傅里叶级数：

$$f(x)=x,\ f(x)=x^3,\ f(x)=\begin{cases}0, & \text{当} -\pi<x<0 \text{时},\\ 1, & \text{当} 0\leqslant x\leqslant\pi \text{时}.\end{cases}$$

从而求出π的各次幂的级数展开式.

（69）证明对于任何的$z,w\in\mathbb{C}$，有

$$\exp(z+w)=\exp z\exp w,$$

$$\sin(z+w)=\sin z\cos w+\cos z\sin w,$$

$$\cos(z+w)=\cos z\cos w-\sin z\sin w.$$

（70）求下列幂级数的收敛半径：

$$\sum_{n=0}^{\infty} z^n,\ \sum_{n=0}^{\infty}\left(\frac{z}{2}\right)^n,\ \sum_{n=0}^{\infty}\frac{(n!)^2z^n}{(2n)!},\ \sum_{n=0}^{\infty} n!z^n,\ \sum_{n=0}^{\infty} z^{n!},\ \sum_{n=0}^{\infty} n^a z^n.$$

（71）举出有下列收敛半径的幂级数的例子：0，1，π，∞.

（72）分别找出这样的幂级数：在它的收敛圆周上，(a)处处收敛，(b)处处不收敛，(c)只在一点收敛，(d)除了一点外处处收敛.

（73）设某个幂级数$\sum_{n=0}^{\infty} a_n z^n$的收敛半径为$R$，并设这个收敛半径是用比率判别法求得的. 求下列各级数的收敛半径：

$$\sum_{n=0}^{\infty} a_n z^{2n},\ \sum_{n=0}^{\infty} a_n^2 z^n,\ \sum_{n=0}^{\infty} a_n^{\frac{1}{2}} z^{2n},\ \sum_{n=0}^{\infty} na_n z^{n-1}.$$

（74）求下列函数在单位圆盘上的最大模和最小模：

$$z,\ z^2+1,\ \sin z,\ \cos z,\ \exp z.$$

（75）下列函数中哪些函数在复平面上是多值函数？求出它们所有的值.

$$\exp(z^{\frac{1}{2}}),\ \frac{z^{\frac{1}{2}}-1}{z^{\frac{1}{2}}+1},\ \frac{1}{z^2+1},\ n^z,\ z^z.$$

(76) 证明虽然 $\exp z$ 是单值函数,但对于任何复数 a,方程 $\exp z=a$ 的解 z 有许多个. 在复平面上标出这个方程的解.

(77) 用对数来计算 1^{i} 和 i^{i} 的主值.

A.3 代数

(1) 用高斯消元法解下列联立方程组. 将你的解代入每个方程,验证它们是否正确.

$$\begin{aligned} x+y+z&=9, \\ x+2y-z&=15, \\ -5x+y+9z&=2. \end{aligned} \qquad \begin{aligned} x+y+z&=3, \\ x-y-z&=-1, \\ x+y-z&=1. \end{aligned} \qquad \begin{aligned} x+y+z&=1, \\ x+2y+2z&=2, \\ x+3y+3z&=3. \end{aligned}$$

(2) 对于 a 的每个实数值,解出

$$\begin{aligned} x+y+z&=1, \\ x+ay+a^2z&=1, \\ x+a^2y+az&=1. \end{aligned}$$

请注意 $a=0$ 和 $a=1$ 时的特解.

(3) a,b 和 c 取哪些值时,下面这个方程组有解?从几何上看,在这种情况下发生了什么?

$$\begin{aligned} x+y+z&=1, \\ x+2y+z&=4, \\ 2x+y+z&=4, \\ ax+by+cz&=1. \end{aligned}$$

(4) 设 a,b,c,d 为实数. 它们取哪些值时,下列方程组有唯一解、无穷多解或者无解?

$$\begin{aligned} x+y+z&=1, \\ (b+c)x+(c+a)y+(a+b)z&=2d, \\ bcx+cay+abz&=d^2. \end{aligned}$$

如果有解,请求出所有的解.

(5) 在$\mathbb{R}^3$的下列子集中,哪一些是向量空间? 其中x,y,z是向量$\boldsymbol{r}$的标准坐标.

$\{\boldsymbol{r}:x>0\}$,

$\{\boldsymbol{r}:x=y\}$,

$\{\boldsymbol{r}:x+y+z=1\}$,

$\{\boldsymbol{r}:x+y+z=0 \text{ 且 } y=z\}$.

(6) 下列由关于单变量x的连续函数f组成的集合中,哪些在加法和标量乘法下形成向量空间?

$\{f:f(x)>0\}$,

$\{f:\text{当 } x\to\infty \text{ 时 } |f(x)|\to 0\}$,

$\{f:\text{当 } x\to 0 \text{ 时 } |f(x)|\to 0\}$,

$\{f:\text{当 } x\to\infty \text{ 时 } |f(x)|\to\infty\}$,

$\{f:\text{如果 } x>y \text{ 则 } f(x)>f(y)\}$,

$\{f:f(x)=f(-x)\}$,

{偶数次多项式},

{解全为实数的n次多项式},

$\left\{f:\dfrac{\mathrm{d}^2f}{\mathrm{d}x^2}+f(x)=\sin x\right\}$.

(7) 求一多项式,它的解构成域$\mathbb{Z}_n$上的一个向量空间.

(8) 下列哪些向量组可成为$\mathbb{R}^3$的一组基?

$(1,1,1),(1,0,-1),(1,1,0)$;

$(1,0,-2),(1,0,1),(0,2,-1)$.

(9) 已知$\{\boldsymbol{i},\boldsymbol{j},\boldsymbol{k},\boldsymbol{l}\}$是$\mathbb{R}^4$的标准基. 下列哪些向量组可成为$\mathbb{R}^4$的一组基?

$\{\boldsymbol{i}+\boldsymbol{j}+\boldsymbol{k},\boldsymbol{i}+\boldsymbol{j},\boldsymbol{j}-\boldsymbol{l},\boldsymbol{i}-\boldsymbol{l}\}$,

$\{\boldsymbol{i}+\boldsymbol{j},\boldsymbol{j}+\boldsymbol{k},\boldsymbol{k}+\boldsymbol{l},\boldsymbol{l}+\boldsymbol{i}\}$.

(10) 设$\{\boldsymbol{e}_1,\boldsymbol{e}_2,\dots,\boldsymbol{e}_n\}$是某向量空间$V$的一组基. 下列哪些向量组也可成为一组基?

$\{e_1+e_2, e_2+e_3, \cdots, e_{n-1}+e_n, e_n\}$,

$\{e_1+e_2, e_2+e_3, \cdots, e_{n-1}+e_n, e_n+e_1\}$,

$\{e_1-e_2, e_2-e_3, \cdots, e_{n-1}-e_n, e_n\}$,

$\{e_1-e_2, e_2-e_3, \cdots, e_{n-1}-e_n, e_n-e_1\}$.

(11) 对于任意向量 $\boldsymbol{r}=x\boldsymbol{u}_1+y\boldsymbol{u}_2+z\boldsymbol{u}_3$,写出这个向量在一组新基 $\{\boldsymbol{v}_1,\boldsymbol{v}_2,\boldsymbol{v}_3\}$ 下的表达式. 原来的基和新的基列出如下:

$$\boldsymbol{u}_1=(1,0,0), \boldsymbol{u}_2=(0,1,0), \boldsymbol{u}_3=(0,0,1),$$

$$\boldsymbol{v}_1=(1,-1,0), \boldsymbol{v}_2=(0,1,-1), \boldsymbol{v}_3=(1,1,1);$$

和

$$\boldsymbol{u}_1=(3,0,0), \boldsymbol{u}_2=(1,1,1), \boldsymbol{u}_3=(-1,0,1),$$

$$\boldsymbol{v}_1=(1,1,0), \boldsymbol{v}_2=(1,0,1), \boldsymbol{v}_3=(0,1,1).$$

从而写出向量空间中同一个向量从基 $\boldsymbol{u}$ 下的坐标到 $\boldsymbol{v}$ 下的坐标的映射.

(12) 在下列每对向量中添加两个向量,分别将它们扩充为 $\mathbb{R}^4$ 的一组基:

$(1,0,0,0),(1,1,0,0)$;

$(1,1,1,1),(1,-1,1,-1)$;

$(1,2,3,4),(2,3,4,5)$;

$(1,1,0,0),(0,1,1,0)$.

(13) 假设我们有向量空间 V 的两个子空间 U_1 和 U_2,那么我们定义 U_1 与 U_2 的和 U_1+U_2 如下:

$$U_1+U_2=\{\boldsymbol{u}_1+\boldsymbol{u}_2 : \boldsymbol{u}_1\in U_1, \boldsymbol{u}_2\in U_2\}.$$

证明 U_1+U_2 确实是个向量空间.

(14) $\mathbb{R}^4$ 中的下列子空间之和的维数是多少? 其中 (x_1,x_2,x_3,x_4) 是向量 $x\in V$ 的标准坐标.

$U_1=\{\boldsymbol{v}: x_1+x_2+x_3=0\}$, $\quad U_2=\{\boldsymbol{v}: x_2+x_3+x_4=0\}$;

$U_1=\{\boldsymbol{v}: x_1=0\}$, $\quad U_2=\{\boldsymbol{v}: x_2=0\}$;

$U_1=\{\boldsymbol{v}: x_1+x_2+x_3+x_4=0\}$, $\quad U_2=\{\boldsymbol{v}: x_1=x_4\}$.

（15）设 U_1 和 U_2 是某个有限维向量空间 V 的两个子空间，那么有

$$\dim U_1 + \dim U_2 = \dim(U_1 + U_2) + \dim(U_1 \cap U_2).$$

证明这个结论，并用上个问题中列出的各对子空间验证这个结论.

（16）如果向量空间 V 的每个向量可被唯一地写成子空间 U_1 的一个向量与子空间 U_2 的一个向量的和，那么 V 被定义为子空间 U_1 和 U_2 的直和 $U_1 \oplus U_2$.

证明 V 是子空间 U_1 与 U_2 的直和的充要条件是

$$V = U_1 + U_2 \text{ 且 } U_1 \cap U_2 = \{\mathbf{0}\}.$$

（17）设 U_1 与 U_2 是某向量空间 V 的子空间. 证明只有当 $U_1 \subseteq U_2$ 或者 $U_1 \supseteq U_2$ 时，$U_1 \cup U_2$ 才有可能是 V 的子空间. 举一个反例说明这个必要条件并不是充分条件.

（18）设 V_1, V_2, V_3 均为某向量空间 V 的子空间. 证明：如果 $V_1 \subseteq V_3$，那么有

$$(V_1 + V_2) \cap V_3 = V_1 + (V_2 \cap V_3).$$

（19）设 V 是一向量空间，W 是 V 的一个子空间. 对任意 $\boldsymbol{x} \in V$，我们可以定义陪集 $[W + \boldsymbol{x}]$ 为 $\{\boldsymbol{w} + \boldsymbol{x} : \boldsymbol{w} \in W\}$. 我们还可以定义一个商向量空间 V/W 为由陪集 $[W + \boldsymbol{x}]$ 所组成的集合，并配有如下定义的加法和标量乘法：

$$[W + \boldsymbol{x}] + [W + \boldsymbol{y}] = [W + (\boldsymbol{x} + \boldsymbol{y})],$$

$$\boldsymbol{\lambda}[W + \boldsymbol{x}] = [W + \boldsymbol{\lambda x}].$$

证明由这些规则所定义的商向量空间确实是个向量空间.

（20）证明商向量空间 V/W 的维数等于 $\dim V - \dim W$.

（21）一般情况下，一个方阵的行列式等于它的特征值的积. 而且，我们有

$$\mathrm{tr}A = \sum_{i=1}^{n} a_{ii} = \sum_{i=1}^{m} d_i \boldsymbol{\lambda}_i,$$

其中 $\mathrm{tr}A$ 称为迹（A 的对角线元素之和），而 d_i 为特征方程 $\det(A - \boldsymbol{\lambda} I)$ 的根（即特征值）$\boldsymbol{\lambda}_i$ 的重数.

用下面的矩阵验证上述这两个结论：

$$\begin{pmatrix}1&0&0\\0&2&0\\0&0&-1\end{pmatrix},\ \begin{pmatrix}1&-1&0\\0&1&-1\\-1&0&1\end{pmatrix},\ \begin{pmatrix}1&2&3\\-1&2&3\\0&1&1\end{pmatrix}.$$

（22）证明：如果 $A\boldsymbol{u}=\lambda\boldsymbol{u}$，那么 $P(A)\boldsymbol{u}=P(\lambda)\boldsymbol{u}$，其中 P 为任意多项式. 请推导出所有的实对称矩阵都满足它们自己的特征多项式. 凯莱-哈密顿定理说这个结论其实对所有的方阵都成立.

（23）方阵的迹和行列式是非常重要的量，因为它们在关于这个矩阵的基发生变化时保持不变. 请证明情况正是这样.

（24）证明任何 3×3 的实值矩阵至少具有一个实特征值.

（25）证明对于任何同阶的 n 阶方阵，我们有

$$\mathrm{tr}(A_1A_2\cdots A_n)=\mathrm{tr}(A_nA_1\cdots A_{n-1}).$$

（26）满足下述条件的复值矩阵 U 被定义为酉矩阵：

$$UU^+=I,$$

其中 U^+ 为 U 的复共轭的转置. 证明酉矩阵的特征值的模为 1.

（27）求下列矩阵的逆阵：

$$\begin{pmatrix}0&1\\-1&0\end{pmatrix},\begin{pmatrix}-1&1&1\\1&-1&1\\1&1&-1\end{pmatrix},\begin{pmatrix}1&2&3\\2&3&4\\3&4&5\end{pmatrix},\begin{pmatrix}1&2&4&8\\0&1&2&4\\0&0&1&2\\0&0&0&1\end{pmatrix},\begin{pmatrix}2&3&0&0&0\\4&-1&0&0&0\\0&0&1&0&0\\0&0&0&2&4\\0&0&0&3&-1\end{pmatrix}.$$

（28）通常将实数集和向量空间 $\mathbb{R}^1$ 都表示为一条无穷直线. 比较定义实数和定义向量空间的公理，看看它们在哪些构造方式上有所不同.

（29）证明过原点的任何一个平面都是 $\mathbb{R}^3$ 的一个二维向量子空间. 为什么不过原点的平面不是 $\mathbb{R}^3$ 的向量子空间？

（30）证明复数集在加法运算下形成一个一维复向量空间和二维实向量空间. 证明四元数集在加法运算下形成一个四维实向量空间.

（31）考虑一个从 U 到 V 的线性映射 $A\boldsymbol{u}=\boldsymbol{v}$. 这个映射的秩被定义为解空间 $\{A\boldsymbol{u}:\boldsymbol{u}\in U\}$ 的维数，而这个映射的零化度就是 U 中被映成 $\boldsymbol{0}\in V$ 的元素所组成的子集的维数.

秩-零化度公式告诉我们

$$秩(A)+零化度(A)=\dim U.$$

试证明这个公式.

(32) 求出下列线性映射及其转置(如果不是对称的话)的秩和零化度,并用这些实例验证秩-零化度公式:

$$\begin{pmatrix}1&0&-1\\0&1&-1\\-1&-1&0\end{pmatrix},\begin{pmatrix}0&1&1\\1&0&1\\1&1&0\end{pmatrix},\begin{pmatrix}1&-2&0\\-2&2&-2\\0&-2&-2\end{pmatrix},\begin{pmatrix}2&5&2\\1&2&2\\3&4&0\end{pmatrix},\begin{pmatrix}1&2&3\\0&1&-2\\2&6&2\end{pmatrix}.$$

比较各个矩阵与其转置的秩和零化度.

(33) 设 $\boldsymbol{a}\cdot\boldsymbol{b}=0$,其中 $\boldsymbol{a},\boldsymbol{b}$ 为 $\mathbb{R}^3$ 中的非零向量. 证明我们可以找到一个向量 $\boldsymbol{y}$,使得 $\boldsymbol{b}=\boldsymbol{a}\times\boldsymbol{y}$①,其中 $\boldsymbol{a}\cdot\boldsymbol{y}=0$. 由此证明任何一个向量 $\boldsymbol{r}\in\mathbb{R}^3$ 都能以一种唯一的方式表示为

$$\boldsymbol{r}=\lambda\boldsymbol{a}+\boldsymbol{a}\times\boldsymbol{y},\ \lambda\in\mathbb{R}.$$

求出关于 λ 和 $\boldsymbol{y}$ 的表达式,并从几何上解释这个结论.

(34) 证明一个 $n\times n$ 实矩阵为可逆的充要条件是它的行向量形成 $\mathbb{R}^n$ 的一组基.

(35) 将下列二次方程化为矩阵形式:

$$ax^2+by^2+cz^2=1,$$

$$(x-y-z)^2=1,$$

$$2x^2+3zy+4y^2-4yz-2z^2=-1,$$

$$(x+2y)^2+3z^2=xy.$$

(36) 分别将三维空间中绕 x 轴、y 轴和 z 轴的 $\pi/2$ 旋转 R_x,R_y 和 R_z 表示为矩阵形式. 写出以其中一根轴为轴的反射矩阵. 证明这四个矩阵可用来生成顶点在$(\pm1,\pm1,\pm1)$的立方体的任何一个顶点置换. 一共有多少个这样的置换?

(37) 我们可以借助关于 exp 的幂级数展开将矩阵 A 的指数函数定

① $\boldsymbol{a}\times\boldsymbol{y}$ 是 $\boldsymbol{a}$ 和 $\boldsymbol{y}$ 的向量积,又称叉积. 关于向量积的定义,请参见本书附录 C“基本数学知识”的 C.4.1“向量的运算”. ——译校者注

义为

$$\exp A = I + A + \frac{A^2}{2!} + \frac{A^3}{3!} + \cdots$$

其中 I 为单位矩阵. 计算当 $A = \theta R_2(\pi/2)$ 时这个幂级数展开式的值,其中 $R_2(\pi/2)$ 是一个二维的 $\pi/2$ 旋转. 由此验证矩阵公式

$$\exp\begin{pmatrix} 0 & \theta \\ -\theta & 0 \end{pmatrix} = \begin{pmatrix} \cos\theta & 0 \\ 0 & \cos\theta \end{pmatrix} + \begin{pmatrix} 0 & \sin\theta \\ -\sin\theta & 0 \end{pmatrix}.$$

怎样把这个结果推广到三维空间中的旋转?

请注意 $\exp(AB)$ 一般不等于 $\exp(BA)$.

(38) 利用关于 $\sin\theta$ 和 $\cos\theta$ 的幂级数展开式的矩阵版本,就下列矩阵计算 $\sin A$ 和 $\cos A$ 的值:

$$A = \begin{pmatrix} 1 & 0 \\ 0 & 1 \end{pmatrix}, \quad A = \begin{pmatrix} 0 & 1 \\ -1 & 0 \end{pmatrix}.$$

(39) 画出下列三维二次型的草图,要包括所有的关键信息,例如与 x 轴、y 轴、z 轴的交点和取较大坐标值时的图形:

$x^2 + 2y^2 + 3z^2 = 1$,

$x^2 + y^2 = 1$,

$x^2 - y^2 - 2z^2 = 1$,

$x^2 - 2y^2 - 2z^2 = -1$.

(40) 通过求相应矩阵的特征值,定性地确定下列二次型所表示的曲面的形状:

$x^2 + 2xy + y^2 + 4xy + 4z^2 = 1$,

$x^2 - 2xy - y^2 + z^2 = 1$.

然后精确地求出特征向量以画出准确的草图.

(41) 设 M 是一个实对称矩阵,它的最小特征值和最大特征值分别为 $\lambda_{\min}$ 和 $\lambda_{\max}$. 证明对于任何向量 $\boldsymbol{v}$,有

$$\lambda_{\min} \leqslant \frac{\boldsymbol{v}^{\mathrm{T}} M \boldsymbol{v}}{\boldsymbol{v}^{\mathrm{T}} \boldsymbol{v}} \leqslant \lambda_{\max}.$$

(42) 证明对于任意实数 $\varepsilon > 0$ 和方阵 A,我们总可以找到一个 δ,使

得 A 与 $A+\delta I$ 有着模之差小于 ε 的特征值. 构造一个反例,说明对任意小的 δ,特征值的重数可能发生改变.

(43) 通过明确的计算证明,在线性变换 A 之下,一个单位正方形将被变换为一个面积为 $\det A$ 的平行四边形. 再对三维空间的一个立方体进行同样的计算.

(44) 下面这些从单变量实值函数空间到其自身的映射 A 中,哪一些是线性映射?

$A(f(x))=f(x+1)$,

$A(f(x))=f(x)+1$,

$A(f(x))=f(\lambda x)(\lambda\in\mathbb{R})$,

$A(f(x))=f^2(x)$,

$A(f(x))=f(f(x))$.

(45) 单纯形法要求我们在其上考虑最值的那个区域应该是凸的,这就是说,这个区域中的任意两点可以被一条不会越过边界的直线所连接. 证明我们可以用分析的语言等价地定义凸集如下:

设 U 为 $\mathbb{R}^n$ 的一个子集,如果对任意的 $\boldsymbol{p},\boldsymbol{q}\in U$ 和对任何满足 $0<\alpha<1$ 实数 α,我们有 $\alpha\boldsymbol{p}+(1-\alpha)\boldsymbol{q}\in U$,那么 U 就是一个凸集.

举出平面上凸四边形和非凸四边形的例子.

(46) 证明指数函数曲线是凸的. 对数函数曲线是凸的吗?

(47) 证明任何平面凸多边形的外角和为 2π.

(48) 假设我们有一个凸区域 $\mathcal{D}$,被边界 $x,y,z\geqslant 0$, $x+2y+3z=1$ 所围. 通过遍查 $f=x+y+z$ 在区域 $\mathcal{D}$ 各顶点的值,求 f 在 $\mathcal{D}$ 上的最大值和最小值.

用单纯形法将这个问题从头到尾再做一遍.

(49) 用单纯形法求解下述最优化问题:

$$\begin{aligned} \text{求最大值:}\quad & -6x-3y. \\ \text{约束条件:}\quad & x+y\geqslant 1, \\ & 3x-2y\geqslant 1, \\ & 0\leqslant x\leqslant 2, \\ & y\geqslant 0. \end{aligned}$$

(50) 设布洛托上校手下有三个排，他的敌方索伯男爵只有两个排. 有两场战斗要打，双方都可以把手下兵力以排为单位按自己的意愿一分为二，分别去参加这两场战斗. 例如，索伯男爵可以对每场战斗各派一个排去，也可以把两个排全部投入某一场战斗；而布洛托上校可以不派、派一个排、派两个排或派三个排去参加第一场战斗，其余则派去参加另一场战斗. 对于每一场战斗，谁投入的兵力多谁胜(并认为失败方的兵力全部被歼灭)，由于这个胜利而得一分；此外，每歼灭敌方一个排就再加一分. 失败方失一分，而且每损失一个排就再失一分. 如果双方兵力相等，即平局，双方都不得分. 这样，布洛托上校的得分就依赖于他自己的兵力分配和敌方的兵力分配，如下表：

	(2,0)	(1,1)	(0,2)
(3,0)	3	1	0
(2,1)	1	2	-1
(1,2)	-1	2	1
(0,3)	0	1	3

假设布洛托上校对他这四种兵力分配的采用概率分别为 p_1, p_2, p_3, p_4，而索伯男爵对他那三种兵力分配的采用概率分别为 q_1, q_2, q_3. 将这个问题改造成一个单纯形法问题，并注意由于这个问题的对称性，我们有：$p_1 = p_4, p_2 = p_3, q_1 = q_3$. 计算每位指挥官的最优分配.

(51) 证明欧氏纯量积和多项式纯量积满足纯量积的所有形式规则.

(52) 算出前四个勒让德多项式. 明确地验证它们关于多项式纯量积是正交的.

(53) 证明函数 $C_n(x) = \cos(nx)$ 在 $-\pi$ 到 π 的积分下是正交的. 这些函数可以用来作为偶解析函数空间的一组基.

(54) 找出所有次数小于等于 3 且在多项式纯量积下长度为 1 的多项式. 它们代表了一个半径为 1 的“圆周”.

(55) 集合 X 上的一个度量是一个函数 $d: X \times X \to \mathbb{R}$，它满足以下条

件:对于所有的点 $x,y,z\in X$ 来说,我们有

- $d(x,y)\geqslant 0$,且 $d(x,y)=0$ 的充要条件是 $x=y$;
- $d(x,y)=d(y,x)$;
- (三角不等式)$d(x,z)\leqslant d(x,y)+d(y,z)$.

有度量就意味着空间有一个距离结构. 证明对一个向量空间 V 上的任何纯量积来说,下列函数是 V 上的一个度量:

$$d(x,y)=\sqrt{(x-y)\cdot(x-y)}.$$

(56) 证明下列函数是实值可积函数空间上的度量:

$$d(f,g)=\int_0^1|f(x)-g(x)|\,\mathrm{d}x,$$

$$d(f,g)=\max_{x\in[0,1]}|f(x)-g(x)|.$$

(57) 二维空间的旋转具有这样的性质:它们将圆周 $x^2+y^2=d^2$ 映为自身. 求出二维空间中将双曲线 $x^2-y^2=d$ 变换为自身的矩阵的最一般形式. 证明这种矩阵的全体形成一个群. 为什么$(x,y)\rightarrow\sqrt{x^2+y^2}$是 x 和 y 两点间距离的一个合理定义,而$(x,y)\rightarrow\sqrt{|x^2-y^2|}$却不是?

(58) 求出三维空间中绕 x 轴和绕 z 轴的 $\pi/4$ 旋转所对应的矩阵. 从几何上证明,它们的复合效应也是一个旋转,其旋转轴相对于 x 轴和 z 轴的倾角均为 $\arccos\left(1/\sqrt{5-2\sqrt{2}}\right)$. 明确地证明这根旋转轴是绕 x 轴和绕 z 轴的旋转矩阵之积的一个特征向量.

(59) 描述三维空间中的下列曲面,其中 $\hat{\boldsymbol{a}}$ 是一个与向量 $\boldsymbol{a}$ 同方向的单位向量,而 d 是一个正实数:

$$|\boldsymbol{r}-\boldsymbol{a}|=d,$$

$$|\boldsymbol{r}-(\boldsymbol{r}\cdot\hat{\boldsymbol{a}})\hat{\boldsymbol{a}}|=d,$$

$$|\boldsymbol{a}|+\boldsymbol{r}\cdot\hat{\boldsymbol{a}}=|\boldsymbol{r}-\boldsymbol{a}|,$$

$$|\boldsymbol{r}|=d-\boldsymbol{r}\cdot\hat{\boldsymbol{a}}.$$

(60) 描述三维空间中的下列曲面,其中 $\boldsymbol{u}$ 是一个不平行于向量 $\boldsymbol{a}$ 的单位向量:

$$\boldsymbol{r}\cdot(\boldsymbol{a}\times\boldsymbol{u})=1,$$

$$|\boldsymbol{r}|=\frac{1-\boldsymbol{r}\cdot(\boldsymbol{a}\times\boldsymbol{u})}{|\boldsymbol{a}\times\boldsymbol{u}|}.$$

(61) 求出三维空间中围成一个正四面体的4个平面的方程.

(62) 解下列关于$\boldsymbol{r}$的向量方程:

$$\boldsymbol{r}\cdot\boldsymbol{r}-\boldsymbol{a}\cdot\boldsymbol{r}=1,$$

$$|\boldsymbol{r}|\boldsymbol{a}=\boldsymbol{r}+\boldsymbol{c}.$$

(63) 解下列关于$\boldsymbol{r}\in\mathbb{R}^3$的向量方程,其中$\boldsymbol{a},\boldsymbol{b},\boldsymbol{c}$为常向量,$\lambda$为一实数:

$$\lambda\boldsymbol{r}+(\boldsymbol{r}\cdot\boldsymbol{a})\boldsymbol{b}=\boldsymbol{c},$$

$$\boldsymbol{r}\times\boldsymbol{a}+\lambda\boldsymbol{r}=\boldsymbol{b},$$

$$(\boldsymbol{r}\times\boldsymbol{a})\times\boldsymbol{b}=\boldsymbol{a}\times\boldsymbol{b}.$$

(64) 证明下列恒等式对于任何三向量组$\boldsymbol{a},\boldsymbol{b},\boldsymbol{c}\in\mathbb{R}^3$成立:

$$\boldsymbol{a}\times(\boldsymbol{b}\times\boldsymbol{c})=(\boldsymbol{a}\cdot\boldsymbol{c})\boldsymbol{b}-(\boldsymbol{a}\cdot\boldsymbol{b})\boldsymbol{c},$$

$$\boldsymbol{a}\times(\boldsymbol{b}\times\boldsymbol{c})+\boldsymbol{c}\times(\boldsymbol{a}\times\boldsymbol{b})+\boldsymbol{b}\times(\boldsymbol{c}\times\boldsymbol{a})=\boldsymbol{0}.$$

化简下列向量表达式:

$$(\boldsymbol{a}\times\boldsymbol{b})\cdot(\boldsymbol{c}\times\boldsymbol{d})+(\boldsymbol{b}\times\boldsymbol{c})\cdot(\boldsymbol{a}\times\boldsymbol{d})+(\boldsymbol{c}\times\boldsymbol{a})\cdot(\boldsymbol{b}\times\boldsymbol{d}).$$

(65) 求满足下列方程组且长度最短的向量$\boldsymbol{u}\in\mathbb{R}^3$:

$$A\boldsymbol{u}-B\boldsymbol{v}=\boldsymbol{c},$$

$$\boldsymbol{u}\cdot\boldsymbol{v}=C.$$

其中$\boldsymbol{c}$为一常向量,A,B,C为正的实常数. 这个联立向量方程的解的几何解释是什么?

(66) 设V为一配有纯量积的向量空间. 注意对于任意非零向量$\boldsymbol{v}$和$\boldsymbol{n}$,向量$\boldsymbol{v}-\frac{\boldsymbol{v}\cdot\boldsymbol{n}}{\boldsymbol{n}\cdot\boldsymbol{n}}\boldsymbol{n}$与$\boldsymbol{n}$正交.

请利用这件事证明这样一个结论:如果$\boldsymbol{e}_1,\boldsymbol{e}_2,\cdots,\boldsymbol{e}_n$为两两正交的单位向量,而$\boldsymbol{v}$不是这些向量的线性组合,那么我们可以找到一个正交集$\{\boldsymbol{e}_1,\boldsymbol{e}_2,\cdots,\boldsymbol{e}_n,\boldsymbol{e}_{n+1}\}$,使得我们可以把$\boldsymbol{v}$唯一地表示为它们的线性组合. 这个过程称为格拉姆-施密特正交化. 由此用数学归纳法证明,任何有限维的纯量积空间都有一组正交的单位向量基.

(67) 将下列各对向量扩充为$\mathbb{R}^3$的正交基:

$(1,1,0),(1,0,-1)$;

$(1,2,3),(-1,2,2)$.

(68) 用格拉姆-施密特正交化方法从下列各向量出发求一组正交基:

$(1,2,0)$,

$(1,0,2)$,

$(1,1,-1)$.

(69) 设我们有一个由向量$\boldsymbol{a},\boldsymbol{b},\boldsymbol{b}-\boldsymbol{a}$构成的等边三角形. 证明它的垂心(三条高的交点)为

$$\boldsymbol{c}=\frac{1}{2}(\boldsymbol{a}+\boldsymbol{b})+\frac{1}{2\sqrt{3}}\boldsymbol{k}\times(\boldsymbol{b}-\boldsymbol{a}),$$

其中$\boldsymbol{k}$是垂直于这个三角形所在平面的单位向量.

(70) 设我们有一个三角形. 以这个三角形的每条边为底边向外各生成一个等边三角形. 拿破仑证明了这三个等边三角形的重心形成一个等边三角形. 利用向量证明这个结论.

(71) 证明对于任何四面体,连接对边中点的直线共点.

(72) 证明对于任意复数$z_1,z_2,\cdots,z_n,w_1,w_2,\cdots,w_n$,我们有

$$\left|\sum_{i=1}^{n}z_iw_i\right|^2\leqslant\left(\sum_{i=1}^{n}|z_i||w_i|\right)^2\leqslant\left(\sum_{i=1}^{n}|z_i|^2\right)\left(\sum_{i=1}^{n}|w_i|^2\right).$$

(73) 集合X上的一个关系是指由$X\times X$的序偶(x,y)组成的一个子集. 如果序偶(x,y)属于这个关系,那么我们说x与y有关系,记为$x\sim y$;否则,就说x与y没有关系. 典型的例子有适用于实数集的$<$,$>$和$=$,以及适用于三角形集合的"与……相似".

一个关系可以进一步被定义为一个等价关系,如果它满足下列三个性质(自反性、对称性和传递性)的话:

$x\sim x$,

$x\sim y\Rightarrow y\sim x$,

$x\sim y$且$y\sim z\Rightarrow x\sim z$.

下面哪些是等价关系？

$\sim$ 定义为"大于"，$X=\mathbb{R}$；

$\sim$ 定义为"等于"，$X=\mathbb{R}$；

$\sim$ 定义为"不等于"，$X=\mathbb{R}$；

$\sim$ 定义为"是……的兄弟"，$X=\{$人类$\}$；

$\sim$ 定义为"是……的一个相似三角形"，$X=\{$平面三角形$\}$；

$\sim$ 定义为"是……的一个旋转"，$X=\{$立方体$\}$.

（74）已知集合 X 上的一个等价关系 $\sim$，定义 $x\in X$ 的等价类 $[x]$ 为

$$[x]=\{y\in X: y\sim x\}.$$

证明对于任何 x,y，我们有：要么 $[x]=[y]$，要么 $[x]\cap[y]=\varnothing$. 这说明我们总可以毫无问题地将 X 分解为一个个互不相交的等价类.

（75）具体地算出一个等边三角形和一个正五边形的顶点置换. 证明它们都可以由一个旋转和一个反射生成.

（76）含有 n 个元素的*二面体群* D_{2n} 群是一个由 x,y 两个元素生成的群，对它来说下列表达式成立：

$$x^n=e,\ \ y^2=e,\ \ yxy^{-1}=x^{-1}.$$

证明所有正 n 边形的由旋转和反射构成的群都是二面体群.

（77）证明 $\mathbb{Z}$，$\mathbb{Q}$，$\mathbb{R}$，$\mathbb{C}$ 在加法运算下都是群，而且其中每一个群是紧随其后的那个群的一个子群. 证明上述集合在乘法运算下都不是群. 求出每个集合的在乘法运算下成为群的子集.

（78）集合 S 上的一个*置换*是指 S 到其自身的一个双射，或者说1－1函数. 证明由 n 个对象组成的一个集合的所有置换在函数复合下构成一个群. 这些群称为对称群 S_n.

（79）集合 S 上的一个*对换*是指 S 上的这样一个置换：它让 S 中的两个元素交换，而将其他元素保持不动. 证明 S_n 中的每个元素不能既表示为奇数个对换的复合又表示为偶数个对换的复合. 证明 S_n 中所有的偶置换① 构成一个群，而奇置换不行.

① 即可表示成偶数个对换之复合的置换. ——译校者注

(80) 设对称群 S_n 作用于集合 $\{x_1, x_2, \cdots, x_n\}$. 证明 S_n 由以下元素生成(用一种自明的记号):

$$s_n:(x_1 \to x_2 \to \cdots \to x_n \to x_1)\text{(一个“}n\text{ 循环”)}$$

和

$$s_2:(x_1 \to x_2 \to x_1)\text{(一个对换)}.$$

将 n 循环 s_n 化为 $n-1$ 个对换的复合.

(81) 证明单位四元数的集合 $\{\pm\mathbf{1}, \pm\mathbf{i}, \pm\mathbf{j}, \pm\mathbf{k}\}$ 在乘法运算下构成一个有限群.

(82) 一个*群表*是指一个 $n \times n$ 阵列,其中列出了一个 n 阶有限群的所有 n^2 个可能的元素偶的运算结果. 两个 n 阶有限群为同构(在结构上等同)的充要条件是,将表值适当地重新编号后,它们具有相同的群表. 作出 S_3(即由 3 个对象的置换构成的群)和一个由 2 个元素生成的 6 阶群的群表. 证明这两个群同构.

(83) 明确地写出所有含有两个、三个和四个元素的群.

(84) 群 G 中两个元素 g, h 的换位子 $[g, h]$ 定义为 $[g, h] = ghg^{-1}h^{-1}$. 证明所有的换位子构成 G 的一个子群. 求出单位四元数群 $\{\pm\mathbf{1}, \pm\mathbf{i}, \pm\mathbf{j}, \pm\mathbf{k}\}$ 的换位子.

(85) 8 阶有限群有 5 个,把它们找出来.

(86) 设 H 和 K 为 G 的子群. 证明 $|HK||H \cap K| = |H||K|$.

(87) 证明 1 的 n 个复根在乘法运算下构成一个循环群.

(88) 证明函数集合

$$\{f(x, a, b) = ax + b : a \neq 0, a, b \in \mathbb{R}\}$$

在函数的复合下构成一个群,这是一个仿射变换群.

(89) 下列哪一条陈述对于一个群 G 来说总是正确的?

(a) G 有一个 2 阶元素.

(b) G 只有一个元素 g 满足 $g^2 = e$.

(c) G 只有一个元素 g 满足 $g^2 = g$.

(d) G 只有一个元素 e 使得对任意 g 有 $eg = g$.

(e) G 的每个元素只有一个逆元素.

对于每条陈述,要么证明它成立,要么给出一个反例.

(90) 证明对任何的$f,g,h\in G$,我们有

(a) $(g^{-1})^{-1}=g$,

(b) $(gh)^{-1}=h^{-1}g^{-1}$,

(c) $fh=gh\Rightarrow f=g$,

(d) $hf=hg\Rightarrow f=g$.

对于每种情况,凡用到群公理时要予以特别注意.

(91) 不用柯西定理证明每一个偶数阶群都有一个2阶元素.

(92) 默比乌斯变换$T(z)$是下列形式的一个映射:

$$T(z)=\frac{az+b}{cz+d}.$$

它作用于扩充复平面 $\mathbb{C}\cup\infty$,这个平面包括一个"无穷远点"∞.由于默比乌斯变换的缘故,我们可以非正规地这样处理:$\infty=1/0$.

证明所有这种变换在映射复合下构成一个群,同时证明默比乌斯变换是由下列三种简单形式的映射生成的:

平移:$M_1(z)=z+\lambda$;

旋转/伸缩:$M_2(z)=\lambda z$;

反演:$M_3(z)=\dfrac{1}{z}$.

(93) 分析一个正四面体的旋转群.

(94) 证明三维空间中只有五种正多面体.正多面体主要特征是:每个面都是同类型的正多边形.

(95) 对一维空间的"墙纸群"作一番分析.

(96) 找出一些常规的墙纸图案,确定它们的对称类型.

A.4 微积分与微分方程

(1) 设有一辆有轨电车在时刻0从一个车站开出,在时刻1到达下一个车站.在这两站之间,它的速度由下式给出:

$$v(t)=\sin^{3/2}(t(t-1)).$$

把这段运行过程分为五个部分,以近似地求出这两个车站之间距离

的上界和下界.

（2）根据积分的基本原理(即不用微积分基本定理)证明

$$\int_a^b \sin x\mathrm{d}x = \cos a - \cos b.$$

（3）已知一个放射性质量体的衰变率与其剩余质量成比例,求出它衰减到一半质量时所需的时间. 如果要衰减掉质量的99%,将用多长时间?

（4）解下列二阶线性微分方程,其中一个′表示对 x 求导一次:

$y'' + 3y = 5$,

$y'' - 2y' + y = \mathrm{e}^x - \mathrm{e}^{-x}$,

$y'' = x\mathrm{e}^x$,

$y'' + 2y' + y = t\sin x$,

$y'' + \omega^2 y = \cosh x$.

（5）用乘积求导法则 $(fg)' = f'g + g'f$ 和微积分基本定理推导出分部积分法.

（6）解下列一阶微分方程,其中一个′表示对 x 求导一次:

$y' + y = \mathrm{e}^{-x}$, $y(0) = 1$,

$y' + y = x\mathrm{e}^x$, $y(0) = 1$,

$y' = x^2(1 + y^2)$,

$y' = \dfrac{x}{y}$,

$y'y^2 = x$, $y(0) = 0$.

（7）解一阶微分方程

$$y' + \frac{y}{\sqrt{1+x^2}} = \sqrt{1+x^2} - x, \quad y(0) = 0.$$

画出解的图像.

（8）设有一张大蹦床,大蹦床中心的一个竖直位移 x 所导致的恢复力由下式给出:

$$\ddot{x} = -4x.$$

设在这张蹦床上有一只蚂蚁在上下蹦跳，使蹦床产生了一个竖直方向的力 $\mu\sin\lambda t$. μ 和 λ 取什么值，可使这只蚂蚁最终能跳到任何高度？

(9) 关于函数 $f(t)$ 的导数的一种离散近似值由下式给出：

$$\left.\frac{\mathrm{d}f}{\mathrm{d}t}\right|_{t=t_0}\approx\frac{f(t_0+\Delta t)-f(t_0)}{\Delta t},$$

其中 Δt 是一个很小的数. 证明导数的另一种近似值由下式给出：

$$\left.\frac{\mathrm{d}f}{\mathrm{d}t}\right|_{t=t_0}\approx\frac{f(t_0+\Delta t)-f(t_0-\Delta t)}{2\Delta t}.$$

对于上述每一种情况，求出二阶导数的相应形式. 从而求出 Δt 的值，使得这些表达式对于下列函数在点 $t=0$ 和 $t=1$ 的一阶导数和二阶导数来说误差在 1% 以内：

$$t,\ t^n,\ \ln(1+t/2),\ \exp t,\ \exp(-t).$$

(10) 令 $t=n\Delta$，其中 $\Delta=1/N$，利用关于导数的一种离散近似值将下列微分方程转化为离散形式：

$$\frac{\mathrm{d}^2f}{\mathrm{d}t}+\lambda t^2f=0(\lambda\text{ 是常数}).$$

已知 $f(t)$ 的初始值，而且已知它的一阶导数为 1，计算当 $N=10$ 时由这个方程推出的 $f(1)$ 的值. 探究 λ 的符号对解的影响.

(11) 证明：如果 $u_{n+1}=\lambda u_n$，则 $u_n\propto\lambda^n$. 通过猜这种形式的解，求出下列差分方程的通解：

$$u_{n+2}=\omega^2u_n,$$
$$u_{n+2}+3u_{n+1}+2u_n=0.$$

将这些解与相应微分方程的解进行比较.

(12) 已知 $y_1=x$ 是下列二阶微分方程的一个解，试设 $f=y_1v$（v 是某个函数），从而求出它的另一个解：

$$x^2\frac{\mathrm{d}^2y}{\mathrm{d}x^2}+(2-x)\left(y-x\frac{\mathrm{d}y}{\mathrm{d}x}\right)=0.$$

(13) 求一个二阶线性微分方程，使得 $y_1=x^2$ 和 $y_2=x^2\tan x$ 都是它的解.

(14) 一枚导弹与水平面成 θ 角以速度 U 发射. 如果忽略空气阻力

的影响,这枚导弹什么时候落到地面?如果风对运动的阻力由 $-\varepsilon Mv^2$ 给出(其中 M 是这枚导弹的质量,v 是速度,ε 是一个很小的数),探究取一阶修正的效果.

(15) 设有一枚火箭,初始质量为 M,每单位时间燃烧 f 个质量单位的燃料. 推进器以速度 U 向后喷射燃料. 这枚火箭在大气中运行,导致了一个大小为其速度 k 倍的运动阻力. 再设火箭初始质量的 $(1-q)$ 部分是燃料. 如果忽略重力的作用,证明当所有燃料都用完时,火箭的速度为

$$v=\frac{Uf}{k}(1-q^{k/f}).$$

(16) 求下列二阶线性微分方程的通解:

$$y''-3y'+2=x\mathrm{e}^{-x}.$$

(17) 解方程

$$x\sin xy'+(\sin x+x\cos x)y=x\mathrm{e}^{x}.$$

(18) 解下面这两个联立的微分方程:

$$\ddot{x}+2x+y=\cos t,\ \ddot{y}+2x+3y=2\cos t.$$

要求在 $t=0$ 处满足下列条件:

$$x=\dot{y}=1,\ y=\dot{x}=0.$$

(19) 推导出下列关于两个以时间为自变量的向量函数 $\boldsymbol{u}$ 和 $\boldsymbol{v}$ 的微分向量恒等式:

$$\frac{\mathrm{d}}{\mathrm{d}t}(\boldsymbol{u}\cdot\boldsymbol{v})=\dot{\boldsymbol{u}}\cdot\boldsymbol{v}+\boldsymbol{u}\cdot\dot{\boldsymbol{v}}\quad(\boldsymbol{u},\boldsymbol{v}\in\mathbb{R}^n),$$

$$\frac{d}{\mathrm{d}t}(\boldsymbol{u}\times\boldsymbol{v})=\dot{\boldsymbol{u}}\times\boldsymbol{v}+\boldsymbol{u}\times\dot{\boldsymbol{v}}\quad(\boldsymbol{u},\boldsymbol{v}\in\mathbb{R}^3).$$

(20) 对于固定向量 $\boldsymbol{a}$ 和 $\boldsymbol{b}$,计算下列各式在 n 维空间中的值:

$$\nabla\cdot\boldsymbol{r},\ \nabla(\boldsymbol{a}\cdot\boldsymbol{r}),\ \nabla\cdot(\boldsymbol{a}(\boldsymbol{r}\cdot\boldsymbol{b})),\ \nabla((\boldsymbol{a}\cdot\boldsymbol{r})(\boldsymbol{b}\cdot\boldsymbol{r})),\ \nabla(|\boldsymbol{r}|^n).$$

(21) 证明在以 $\boldsymbol{e}_r$ 和 $\boldsymbol{e}_\theta$ 为基向量的平面极坐标下,位置向量 $\boldsymbol{r}=r\boldsymbol{e}_r$ 关于时间的一阶导数和二阶导数由下式给出:

$$\boldsymbol{v}=\dot{r}\boldsymbol{e}_r+r\dot{\theta}\boldsymbol{e}_\theta,$$

$$\boldsymbol{a}=(\ddot{r}-r\dot{\theta}^2)\boldsymbol{e}_r+(2\dot{r}\dot{\theta}+r\ddot{\theta})\boldsymbol{e}_\theta.$$

(22) 证明

$$\nabla(\phi\psi)=\phi\nabla\psi+\psi\nabla\phi,$$

$$\nabla\cdot(\phi\boldsymbol{v})=\phi\nabla\cdot\boldsymbol{v}+\boldsymbol{v}\cdot\nabla(\phi),$$

$$\nabla\times(\phi\boldsymbol{v})=\phi\nabla\times\boldsymbol{v}+\nabla\phi\times\boldsymbol{v},$$

$$\nabla(\boldsymbol{u}\times\boldsymbol{v})=\nabla\boldsymbol{u}\times\boldsymbol{v}+\boldsymbol{u}\times\nabla\boldsymbol{v}.$$

(23) 证明

$$\nabla\cdot(\nabla\times\boldsymbol{v})=0,$$

$$\nabla\times(\nabla\times\boldsymbol{v})=\nabla(\nabla\cdot\boldsymbol{v})-\nabla^2\boldsymbol{v}.$$

(24) 求出下列函数关于其每个自变量的偏导数:

$$f(x,y)=x^2,$$

$$f(x,y)=x^2+y^2,$$

$$f(x,y)=\cos y\sin(xy),$$

$$f(x,y,z)=\exp(zx^2+y^2)\sin x\cos y.$$

(25) 用基本原理证明

$$\frac{\mathrm{d}}{\mathrm{d}x}\int_0^x f(x,y)\mathrm{d}y=f(x,x)+\int_0^x\frac{\partial f}{\partial x}\mathrm{d}y$$

和

$$\frac{\mathrm{d}}{\mathrm{d}x}\int_{h(x)}^{g(x)}f(y)\mathrm{d}y=f(g(x))\frac{\mathrm{d}g}{\mathrm{d}x}-f(h(x))\frac{\mathrm{d}h}{\mathrm{d}x}.$$

(26) 用基本原理证明

$$\frac{\mathrm{d}}{\mathrm{d}x}\int_0^c f(x,y)\mathrm{d}y=\int_0^c\frac{\partial f}{\partial x}\mathrm{d}y.$$

利用这个结果计算下列积分的值:

$$I_n=\int_0^\infty y^n\mathrm{e}^{-xy}\mathrm{d}y\quad(x>0,n\in\mathbb{N}).$$

(27) 求下列导数的值:

$$\frac{\mathrm{d}}{\mathrm{d}t}\int_1^{t^2}\mathrm{d}x,\ \frac{\mathrm{d}}{\mathrm{d}t}\int_{\ln t}^{\ln t^2}\exp x\mathrm{d}x,\ \frac{\mathrm{d}}{\mathrm{d}t}\int_1^2\sin(t/x)\mathrm{d}x,\ \frac{\mathrm{d}}{\mathrm{d}t}\int_t^{t^2}\ln(t/x)\mathrm{d}x.$$

(28) 伽马函数由下式定义:

$$\Gamma(p)=\int_0^\infty x^{p-1}\mathrm{e}^{-x}\mathrm{d}x,\ p>0.$$

通过变换积分变量 $x = y^2$ 计算 $\Gamma(1/2)$的值,从而求出 $\Gamma(n+1/2)$的一个关于任何自然数 n 的表达式.

(29) 贝塔函数由下式定义:

$$\mathrm{B}(p,q) = \int_0^1 x^{p-1}(1-x)^{q-1}\mathrm{d}x,\ p,q>0.$$

通过变换积分变量,证明 $\mathrm{B}(p,q) = \mathrm{B}(q,p)$. 通过把 $\Gamma(p)$和 $\Gamma(q)$结合成一个极坐标下的二重积分,证明

$$\frac{\Gamma(p)\Gamma(q)}{\Gamma(p+q)} = \mathrm{B}(p,q).$$

从而计算下列积分的值,其中 m 和 n 是自然数:

$$\int_0^1 x^n(1-x)^m\mathrm{d}x,\ \int_0^1 \frac{\mathrm{d}x}{\sqrt{1-x^2}},\ \int_0^1 \frac{\mathrm{d}x}{\sqrt{1-x^{1/n}}}.$$

(30) 利用关系式 $p\Gamma(p) = \Gamma(p+1)(p>0)$,导出 $\Gamma(p)$在负整数上的一种自然推广. 用这种方法计算 $\Gamma(-1/2)$ 的值.

(31) 通过考虑 $\mathrm{B}(n,n)$,推导出

$$\Gamma(2n) = \frac{1}{\sqrt{\pi}}2^{2n-1}\Gamma(n)\Gamma\left(n+\frac{1}{2}\right).$$

(32) 计算下式的值:

$$I = \frac{\mathrm{d}^2}{\mathrm{d}x^2}\int_x^{g(x)}\int_0^x f(u,v)\mathrm{d}u\mathrm{d}v.$$

(33) 设 A 是一个方阵. 证明线性方程

$$\ddot{\boldsymbol{x}} + A^2\boldsymbol{x} = 0$$

的一个解由下式给出:

$$\boldsymbol{x} = \sin(At)\boldsymbol{x}_0.$$

其中 $\boldsymbol{x}_0$ 是一个常向量,而一个矩阵 M 的正弦函数定义为

$$\sin M = M - \frac{1}{3!}M^3 + \frac{1}{5!}M^5 - \cdots$$

通解是什么? 试用这种方法解下列非齐次方程:

$$\ddot{\boldsymbol{x}} + A^2\boldsymbol{x} = \boldsymbol{c}.$$

(34) 解释为什么一个二元函数 $f(x,y;\lambda)$的最大值和最小值可在

满足

$$\frac{\partial f}{\partial x}=\frac{\partial f}{\partial y}=\frac{\partial f}{\partial \lambda}=0$$

的点求到. 从而证明函数 $f(x,y)$ 在约束 $g(x,y)=0$ 下的最小值由 $F(x,y;\lambda)$ 的最小值给出,这里

$$F(x,y;\lambda)=f(x,y)-\lambda g(x,y).$$

这种求函数在变量受约束情况下的平稳点的方法叫做拉格朗日乘子法.

(35) 用拉格朗日乘子法求出与抛物线 $y+x^2=1$ 相交的半径最小的圆周. 用图验证你的结论.

(36) 如果函数 $f(x,y,z)$ 满足

$$f(\lambda x,\lambda y,\lambda z)=\lambda^n f(x,y,z),$$

则被称为 n 次齐次函数.

证明欧拉定理. 这个定理说, n 次齐次函数 $f(x,y,z)$ 满足

$$x\frac{\partial f}{\partial x}+y\frac{\partial f}{\partial y}+z\frac{\partial f}{\partial z}=nf.$$

给出这种齐次函数的两个例子.

(37) 解释为什么实线性系统 $\mathcal{D}(f(x))=0$ 的解等于 $\mathcal{D}(f(z))=0(z\in\mathbb{C})$ 的解的实部.

(38) 设一根长 $3L$ 的弦两端固定且张紧,两个小质量体(质量为 m)系在弦上离端点距离为 L 的地方. 以垂直于弦的方向轻推小质量体. 证明每个小质量体的运动方程由下式给出:

$$Lm\ddot{y}_1+T(2y_1-y_2)=0,\ Lm\ddot{y}_2+T(2y_2-y_1)=0.$$

解这两个方程,并求出当 y_1 和 y_2 以相同的频率振荡时的解. 如果加上与速度成比例的阻尼项,对解会有什么影响?

(39) 用 $f(x,y,z)=2xyz+x^2y+x^2z$ 在单位立方体上的积分验证散度定理. 这个单位立方体的一个顶点在原点,相应的三条棱分别沿着 x 轴、y 轴和 z 轴的正方向放置.

(40) 将散度定理应用于 $\psi\nabla\phi$,以证明格林定理:

$$\int_V (\phi \nabla^2 \psi - \psi \nabla^2 \phi) \mathrm{d}V = \int_S (\phi \nabla \psi - \psi \nabla \phi) \cdot \boldsymbol{n} \mathrm{d}A.$$

(41) 证明在三维空间中有

$$\int_S \frac{(\boldsymbol{r}-\boldsymbol{a}) \cdot \boldsymbol{n} \mathrm{d}A}{|\boldsymbol{r}-\boldsymbol{a}|^3} = \begin{cases} 4\pi, & \text{如果 } \boldsymbol{a} \in V; \\ 0, & \text{如果 } \boldsymbol{a} \notin V. \end{cases}$$

(42) 设 $\boldsymbol{F}(\boldsymbol{r}) = (x^3+3y+z^2, y^3, x^2+y^2+3z^2)$,并设 S 是 $1-z=x^2+y^2$ 的满足 $0 \leqslant z \leqslant 1$ 的表面. 计算面积分 $\int_S \boldsymbol{F} \cdot \boldsymbol{n} \mathrm{d}A$ 的值.

(43) 计算下列函数在原点的$\frac{\partial^2 f}{\partial x \partial y}$和$\frac{\partial^2 f}{\partial y \partial x}$:

$$f(x,y) = \frac{xy(x^2-y^2)}{x^2+y^2},\ f(0,0)=0.$$

(44) 一般地说,当二阶偏导数$\frac{\partial^2 f}{\partial x \partial y}$和$\frac{\partial^2 f}{\partial y \partial x}$是连续函数时,它们相等. 验证对于下列函数来说情况确实如此:

$$x^n+y^m,\ x^n y^m,\ \exp(x^2+y^2+y),\quad \sin(x\cos y).$$

(45) 计算下列积分的值:

$$\int_{y=0}^{1} \left(\int_{x=0}^{1} \frac{x^2-y^2}{(x^2+y^2)^2} \mathrm{d}x \right) \mathrm{d}y \quad \text{和} \quad \int_{x=0}^{1} \left(\int_{y=0}^{1} \frac{x^2-y^2}{(x^2+y^2)^2} \mathrm{d}y \right) \mathrm{d}x.$$

(46) 计算下列平面积分的值:

$$\int_{u=0}^{1} \int_{v=0}^{1} \mathrm{d}u \mathrm{d}v,\ \int_{u=v}^{1} \int_{v=0}^{u^2} \frac{1}{u^2+v^2} \mathrm{d}u \mathrm{d}v,\ \int_{u=0}^{1} \int_{v=0}^{\exp u} \exp(-u) \mathrm{d}u \mathrm{d}v.$$

(47) 一个单位圆盘上每点的密度等于这点到圆心的距离. 求这个圆盘的质量.

(48) 一个由坐标(r,θ,χ)定义的单位球面上每点的密度与 $r^2\theta$ 成比例. 求它的质量.

(49) 求椭球$\frac{x^2}{a^2}+\frac{y^2}{b^2}+\frac{z^2}{c^2}=1$ 的体积. 求这个椭球在 $x=a/2$ 与 $x=-a/2$ 之间部分的体积.

(50) 设一个闭曲面 S_1 完全位于另一个闭曲面 S_2 的内部,并设以这些曲面为界面的立体内部有一个向量场 $\boldsymbol{V}(\boldsymbol{r})$,其散度和旋度均为零. 证

明下述面积分不管是在 S_1 上的还是在 S_2 上的,均为同一个值:

$$I=\int |\boldsymbol{V}|^2\boldsymbol{V}\times\boldsymbol{n}\mathrm{d}A-2(\boldsymbol{r}\times\boldsymbol{V})\cdot\boldsymbol{n}\mathrm{d}A.$$

(51) 求下列曲线在 $x=0$ 和 $x=1$ 的切向量的方程:

$f(x,y)\equiv y^2-x^2=1$,

$f(x,y)\equiv y^4+xy+x=2$.

对每一种情况证明切向量与 $\nabla f(x,y)$ 正交.

(52) 设 $\phi=x^2y\cos(x)$. 求它在点 $x=y=1$ 和 $x=y=-1$ 的切向量的斜率.

(53) 给出 $\mathbb{R}^3$ 中两个非定常向量场的例子,要求它们的散度和旋度均为零.

(54) 泰勒定理可推广到多元函数. 在有着性态足够良好的导数的前提下,我们可以写

$$f(x+\delta x,y+\delta y)=\sum_{n=0}^{\infty}\frac{1}{n!}\sum_{n=0}^{\infty}\frac{n!}{r!(n-r)!}(\delta x)^r(\delta y)^{n-r}\frac{\partial^n f(x,y)}{\partial^r x\partial^{n-r}y}.$$

写出这个表达式的到三阶偏导数为止的所有项,并与一维的泰勒展开式比较.

(55) 将下列乘积中的每个因子函数在原点明确地展开,以检验把这些乘积作为二元函数而展开的二维泰勒级数,到三阶导数为止:

$$\sin x\cos y,\quad \sin x\cos(y^2),\quad \exp x\exp y.$$

(56) 在热力学理论中,有四个基本的变量 P,V,T,S. 它们是独立的变量,只是系统中的任何变化必须通过下列微分关系相联系:

$$T\mathrm{d}S-P\mathrm{d}V=\mathrm{d}U,\quad U\text{ 为某个函数}.$$

通过取 $U,U+PV,U-TS,U+PV-TS$ 的导数,推出下述麦克斯韦热力学方程,其中的下标指明了在求导时被认为是常数的变量:

$$\left(\frac{\partial T}{\partial V}\right)_S=-\left(\frac{\partial P}{\partial S}\right)_V,\quad\left(\frac{\partial T}{\partial P}\right)_S=\left(\frac{\partial V}{\partial S}\right)_P,$$

$$\left(\frac{\partial V}{\partial T}\right)_P=-\left(\frac{\partial S}{\partial P}\right)_T,\quad\left(\frac{\partial P}{\partial T}\right)_V=\left(\frac{\partial S}{\partial V}\right)_T.$$

(57) 证明在二维极坐标 $x=r\cos\theta,y=r\sin\theta$ 下,拉普拉斯算子作用在

一个函数 f 上的形式可变换为

$$\frac{\partial^2 f}{\partial x^2}+\frac{\partial^2 f}{\partial y^2}=\frac{1}{r}\frac{\partial}{\partial r}\left(r\frac{\partial f}{\partial r}\right)+\frac{1}{r^2}\frac{\partial^2 f}{\partial \theta^2}.$$

求出 $\nabla^2 f=0$ 的解,要求它们纯粹是 r 的函数.

(58) 在二维空间的一个无限带形 $0\leqslant x\leqslant 1$ 上解拉普拉斯方程,要求解 $\phi(x,y)$ 满足下列边界条件: $\phi(x,0)=1$, $\phi(0,y)=\phi(1,y)=\exp(-y)$ 和当 $y\to\infty$ 时 $\phi\to 0$. 在同一区域解扩散方程,并设"温度" $\phi(x,y,t)$ 在边界上是固定的. 令 t 趋向无穷大取极限,比较这两个解.

(59) 给出拉普拉斯算子在二维极坐标下的表达式,求出可让 $\nabla^2 f=0$ 的可分离解 $f(r,\theta)=R(r)\Theta(\theta)$ 满足的方程. 从而在由所有 $r>1$ 的点构成的有孔平面上解扩散方程,要求解满足边界条件 $T(r=1)=1$ 和当 $r\to\infty$ 时 $T\to 0$.

(60) 在由所有介于 $r=1$ 与 $r=2$ 之间的点构成的圆环上解扩散方程,要求在圆环的内圈和外圈上的温度固定为 T_1 和 T_2.

(61) 证明一个三维向量 $\boldsymbol{r}$ 的标准笛卡儿坐标 x,y,z 可以用球极坐标 r,θ,χ 如下写出:

$$x=r\cos\theta\sin\chi,\quad y=r\sin\theta\sin\chi,\quad z=r\cos\chi.$$

其中, χ 是向量 $\boldsymbol{r}$ 相对于 z 轴的角度, θ 是 $\boldsymbol{r}$ 在 xy 平面上的投影与 x 轴所形成的角度.

(62) 证明拉普拉斯算子的三维球极坐标表示式为

$$\nabla^2\phi=\frac{1}{r^2}\frac{\partial}{\partial r}\left(r^2\frac{\partial\phi}{\partial r}\right)+\frac{1}{r^2\sin\theta}\frac{\partial}{\partial\theta}\left(\sin\theta\frac{\partial\phi}{\partial\theta}\right)+\frac{1}{r^2}\frac{1}{\sin^2\theta}\frac{\partial^2\phi}{\partial\chi^2}.$$

证明 $\phi=\dfrac{1}{r}$ 是三维空间中方程 $\nabla^2\phi=0$ 的一个解,这个解通常称为拉普拉斯方程的基本解.

(63) 设在时间 $t=0$ 时三维向量函数 $\boldsymbol{E}(t)$ 和 $\boldsymbol{B}(t)$ 取值 $\boldsymbol{E}_0$ 和 $\boldsymbol{B}_0$,它们是相互正交的单位向量. 再设当时间为正时,这些函数根据下列这两个偶联的方程演化:

$$\frac{\mathrm{d}\boldsymbol{E}}{\mathrm{d}t}=\boldsymbol{E}_0+\boldsymbol{B}\times\boldsymbol{E}_0,\ \frac{\mathrm{d}\boldsymbol{B}}{\mathrm{d}t}=\boldsymbol{B}_0+\boldsymbol{E}\times\boldsymbol{B}_0.$$

解这些方程. 当 $t\to\infty$ 时,这两个向量会发生什么情况?

(64) 给出拉普拉斯算子在三维球极坐标下的表达式,求出可让$\mathbb{R}^3$中$\nabla^2 f=0$ 的可分离解$f\left(r,\theta,\chi\right)=R(r)\Theta(\theta)X(\chi)$满足的方程. 证明 $\Theta(\theta)$是勒让德多项式.

(65) 在半径为 1 的球面的内部和外部解拉普拉斯方程,要求在这个球面上,解所确定的标量场取一个常值. 探究当这个标量场在球面上取值$|\cos\theta|$时的解.

(66) 求向量场 $\boldsymbol{v}=(yz,zx,xy)$ 在半球面 $x^2+y^2+z^2=1\,(z>0)$ 上的积分.

(67) 通过对二维和三维极坐标形式的比较,推出一个笛卡儿坐标为(w,x,y,z)的四维向量 $\boldsymbol{r}$ 的角坐标表示法. 把这个表示法推广到 n 维空间.

(68) 求出下列三维空间中的标量场被拉普拉斯算子作用后的结果:

$$\arctan(x/y),\ \frac{1}{\sqrt{x^2+y^2+z^2}},\ \ln(x^2+y^2+z^2).$$

(69) 求下列微分方程的幂级数解:

$y''+xy'+x^2y=0$,

$(1+x^2)y''+y=0.$

(70) 考虑由下列幂级数定义的单参数函数族 $F(a,x)$,其中 a 是一个非零实数:

$$F(a,x)=1+\frac{1}{a}\frac{x}{1!}+\frac{1}{a(a+1)}\frac{x^2}{2!}+\frac{1}{a(a+1)(a+2)}\frac{x^3}{3!}+\cdots$$

证明这些函数遵循下述迭代关系:

$$G(a,x)=\cfrac{1}{1+\cfrac{xG(a+1,x)}{(a-1)a}},\ G(a,x)=\frac{F(a,x)}{F(a-1,x)}.$$

证明

$$\sinh x = xF(3/2, x^2/4) \quad 和 \quad \cosh x = F(a, x^2/4).$$

从而推导出

$$\tanh x = \cfrac{x}{1 + \cfrac{x^2}{3 + \cfrac{x^2}{5 + \cfrac{x^2}{7 + \cfrac{x^2}{9 + \cdots}}}}}$$

(71) 设$\boldsymbol{u}(t)$是三维空间中一个关于时间的单位向量函数,且$|\dot{\boldsymbol{u}}| = 1$,证明:

$$\boldsymbol{u} \times (\dot{\boldsymbol{u}} \times \ddot{\boldsymbol{u}}) = -\dot{\boldsymbol{u}}.$$

(72) 用柯西-黎曼方程求$\mathbb{C}$上的解析函数$f(z) = u(x,y) + \mathrm{i}v(x,y)$,其中$u(x,y)$取下列形式:

$$xy, \quad \frac{x}{x^2+y^2}, \quad \arctan(x/y), \quad \sin x \cosh y + x^2 + y^2.$$

对于每种情况,将求得的函数f直接写成$z = x + \mathrm{i}y$的一个函数.

(73) 证明对任何复解析函数$f = u + \mathrm{i}v$,u等于常数所代表的曲线和v等于常数所代表的曲线相交成直角,除非在u和v的平稳点处.

(74) 对于a和b的哪一些值,二次方程$u(x,y) = x^2 + 2axy + by^2$是一个复解析函数$f(z)$的实部?在这些情况下,求出函数$f(z)$.

(75) 用微积分基本定理求下列各积分的值,其中$\boldsymbol{r}$是一个时变向量①:

$$\int \dot{\boldsymbol{r}} \cdot \boldsymbol{r}\,\mathrm{d}t, \quad \int \ddot{\boldsymbol{r}} \cdot \dot{\boldsymbol{r}}\,\mathrm{d}t, \quad \int \boldsymbol{r} \times \ddot{\boldsymbol{r}}\,\mathrm{d}t.$$

(76) 定义在复平面上的超几何方程是

$$z(1-z)\frac{\mathrm{d}^2F}{\mathrm{d}z^2} + (c - (a+b+1)z)\frac{\mathrm{d}F}{\mathrm{d}z} = abF.$$

通过代入幂级数展开式$F(a,b,c;z) = \sum_{n=0}^{\infty} a_n z^n$,证明

① 请注意在任何的基向量为常量的坐标系中,一个向量$\boldsymbol{v}$的积分定义为这样一个向量:它的分量就是$\boldsymbol{v}$的分量的积分. ——原注

$$a_{n+1}=\frac{(a+n)(b+n)}{(c+n)(1+n)}a_n,\ n=0,1,\cdots$$

进一步证明:如果 a 和 b 都不是负整数,那么把 a_n 解出来就是

$$a_n=a_0\frac{\Gamma(a+n)\Gamma(b+n)}{\Gamma(c+n)\Gamma(1+n)}.$$

(77) 设 $F(a,b,c;z)$是超几何方程的一个解. 证明

$$zF(1,1,2;z)=-\ln(1-z),$$

$$2zF(1/2,1,3/2;z^2)=\ln\left(\frac{1+z}{1-z}\right),$$

$$zF(1/2,1,3/2;-z^2)=\arctan z.$$

(78) 设非负函数$f(t)$在区间$[a,b]$内有一个唯一的转向点 $t_0$①. 验证:如果

$$I(\lambda)=\int_a^b g(t)\mathrm{e}^{-\lambda f(t)}\mathrm{d}t,\ \lambda>0,$$

那么,

$$I(\lambda)\sim g(t_0)\mathrm{e}^{-\lambda f(t_0)}\left(\frac{2\pi}{\lambda|f''(t_0)|}\right)^{1/2},\ 当\ \lambda\to\infty\ 时.$$

这种近似积分方法是拉普拉斯发现的.

(79) 考虑下列函数序列:

$$f_n(x)=\frac{n}{\sqrt{\pi}}\mathrm{e}^{-n^2x^2}.$$

计算其中每一个函数在整条实数轴上的积分值. 画出$f_1(x)$和$f_2(x)$的草图. 证明当 n 取足够大的值时,对于任何正的 ε,只要 $x\neq0$,就有$|f_n(x)|<\varepsilon$.

现定义 $\delta(x)=\lim\limits_{n\to\infty}f_n(x)$. 尽管这不是一个函数,因为它在原点无意义,但对它进行积分却表现良好. 证明

$$\int_{-\infty}^{\infty}\delta(x)\mathrm{d}x=1.$$

① 转向点是指$f'(t_0)=0$ 而$f''(t_0)\neq0$ 的点 t_0,即极值点. 但这里似应规定$f''(t_0)>0$,即 t_0 是$f(t)$在$[a,b]$上的最小值. ——译校者注

验证:对于任何当$|x|$很大时下降得足够快的函数$f(x)$,有

$$\int_{-\infty}^{\infty} f(x)\delta(x)\mathrm{d}x = f(0).$$

这个例子引入了狄拉克δ函数$\delta(x)$,它是一种广义函数或称分布的例子,在数学中相当重要.

(80) 亥维赛德分布$H(x)$定义为

$$\int_{-\infty}^{\infty} H(x)f(x)\mathrm{d}x = \int_{0}^{\infty} f(x)\mathrm{d}x.$$

证明$H(x)$可被定义为下列函数序列当$n\to\infty$时的极限:

$$h_n(x) = \begin{cases} 1, & x > 1/n, \\ nx, & 0 < x < 1/n, \\ 0, & x < 0. \end{cases}$$

画出前三个函数 $h_1(x)$,$h_2(x)$,$h_3(x)$的草图.

(81) 使用分部积分法,证明亥维赛德分布的导数等于狄拉克δ函数,因为对于任何趋向无穷远时衰减到零的函数$g(x)$,都有

$$\int_{-\infty}^{\infty} H'(x)g(x)\mathrm{d}x = \int_{-\infty}^{\infty} \delta(x)g(x)\mathrm{d}x.$$

(82) 考虑一个一般的二阶线性微分方程

$$\mathcal{D}(y(t)) = f(t),\ \ y(0) = a, \dot{y}(0) = b\,(t \geqslant 0).$$

证明这个方程的一个解由以下积分给出:

$$y(t) = y_0(t) + \int_0^{\infty} G(t;\xi)f(\xi)\mathrm{d}\xi.$$

其中$y_0(t)$是齐次问题$\mathcal{D}(y(t))=0$(初始条件是$y_0(0)=a$,$\dot{y}_0(0)=b$)的任意一个解,而格林函数$G(t;\xi)$是方程

$$\mathcal{D}(G(t;\xi)) = \delta(t-\xi),\ \ G(0;\xi)=0, \dot{G}(0;\xi)=0$$

的解. 虽然解的这种格林函数表示看起来复杂,但是它实际上把问题做了相当的简化,因为方程$\mathcal{D}(G(t;\xi))=\delta(t-\xi)$除了原点的一个小邻域外,处处都化成了齐次方程.

(83) 考虑算子$\mathcal{D} = \frac{\mathrm{d}^2}{\mathrm{d}t^2} + \omega^2$,它对应于简谐运动. 再考虑关于这个算

子的格林函数方程

$$\mathcal{D}(G(t;\xi))=\delta(t-\xi).$$

求出这个格林函数方程在区域$t>\varepsilon$和$t<-\varepsilon$的解的一般形式,其中ε是任意正数.现在将这个方程在$-\varepsilon$和ε之间积分.令$\varepsilon\to 0$,对这个积分方程取极限,迫使$G(t;\xi)$处处连续且$G(0;\xi)=\dot{G}(0;\xi)=0$,从而化成

$$G(t;\xi)=\begin{cases}0, & 0\leqslant t<\xi,\\ \dfrac{1}{\omega}\sin(\omega(t-\xi)), & 0<\xi\leqslant t.\end{cases}$$

于是解

$$\ddot{y}+\omega^2 y=\mathrm{e}^{-t},\ \ y(0)=\dot{y}(0)=0.$$

(84) 通过代入,证明二阶方程$\mathcal{D}(y)=f$的一个解由下式给出:

$$y(t)=+\int_a^b G(t;\xi)f(\xi)\mathrm{d}\xi.$$

其中格林函数的一般形式如下:

$$G(t;\xi)=\begin{cases}y_2(\xi)y_1(t)/W, & t<\xi;\\ y_1(\xi)y_2(t)/W, & t>\xi.\end{cases}$$

其中W定义为$y_1(\xi)\dot{y}_2(\xi)-y_2(\xi)\dot{y}_1(\xi)$,而$y_1$和$y_2$是相应齐次方程的两个独立的解.

(85) 利用∇^2的极坐标表示,解关于一个径向函数$\phi(r)$的二维和三维的泊松方程$\nabla^2\phi(r)=\delta(r)$.

(86) 证明帕塞瓦尔恒等式,这个恒等式描述如下:设

$$f(x)=\frac{a_0}{2}+\sum_{n=1}^{\infty}(a_n\cos nx+b_n\sin nx)\quad(-\pi\leqslant x\leqslant\pi),$$

那么,

$$\frac{1}{\pi}\int_{-\pi}^{\pi}(f(x))^2\mathrm{d}x=\frac{a_0^2}{2}+\sum_{n=1}^{\infty}(a_n^2+b_n^2).$$

(87) 通过代入,证明对于任何可微函数$f(x)$,函数$f(x+ct)$和$f(x-ct)$的确满足波动方程.

(88) 对于黏度非常大的不可压缩流体的流动,纳维-斯托克斯方程

化为

$$\nabla p=\mu\ \nabla^2\boldsymbol{u},\quad \nabla\cdot\boldsymbol{u}=0.$$

考虑黏滞平面流 $\boldsymbol{u}=u_r\boldsymbol{e}_r+u_\theta\boldsymbol{e}_\theta$，它流经一个沿 z 轴放置的截面为圆的长柱体. 利用三维向量恒等式 $\nabla^2\boldsymbol{u}=-\nabla\times(\nabla\times\boldsymbol{u})$ 证明

$$u_r\sim U\cos\theta,\ u_\theta\sim U\sin\theta,\ \text{当 } r\to\infty \text{ 时}.$$

其中 U 是上游速度. 请说明这个流是可逆的.

（89）伯格方程由下式给出：

$$\frac{\partial u}{\partial t}+u\frac{\partial u}{\partial x}-\nu\frac{\partial^2 u}{\partial x^2}=0,$$

其中 ν 为一常数. 求这个方程的一个行波解 $u=f(\xi)$，其中 $\xi=x-vt$，v 是某个速度参数.

（90）有一根两端固定的一维弦，长为 L，证明其能量由下列方程给出：

$$E(t)=\frac{1}{2}\rho\int_0^L(y_t^2+c^2y_x^2)\mathrm{d}x.$$

其中 ρ 是这根弦的线密度，c 是沿这根弦的波速. 借助于帕塞瓦尔恒等式，对一根一般的固定弦求这个积分.

（91）考虑一根两端固定的单位长度的弦. 它满足下列初始条件：

$$y(x,0)=0,\ \frac{\partial y}{\partial t}=4Vx(1-x)\quad (V\ll 1).$$

然后让它自由振动. 通过考虑这样形成的系统的能量，证明

$$\sum_{n\text{为奇数}}\frac{1}{n^6}=\frac{\pi^6}{960}.$$

（92）考虑扩散方程

$$\frac{\partial u}{\partial t}=\frac{\partial^2 u}{\partial x^2}.$$

设在 $t=n\Delta t$ 和 $x=j\Delta x$ 的解 $u(t,x)$ 记为 u_j^n，其中 $\Delta t=1/N$ 而 $\Delta x=1/M$，N 和 M 是某两个大整数. 证明扩散方程可以被离散化为

$$u_j^{n+1}=u_j^n+\frac{M^2}{2N}(u_{j+1}^n-2u_j^n+u_{j-1}^n).$$

利用这个被称为欧拉离散化的方法，在给定的初始条件 $u(x,0)=\exp(-x^2)$ 下，将这个扩散方程在 $-1\leqslant x\leqslant 1$ 上推演十个时间步.

（93）假设在一个港口，水波的速度 v 和频率 f 只依赖于海的深度 d、驱动波前进的风的压强 P 和水的密度 ρ. 那么 v 和 f 随 d,P 和 ρ 而变化的函数分别是什么呢？

（94）假设函数 $w(z)$ 满足下面这个复平面上的二阶线性微分方程：

$$\frac{\mathrm{d}^2w}{\mathrm{d}z}+p(z)\frac{\mathrm{d}w}{\mathrm{d}z}+q(z)w=0.$$

用 $z=1/u$ 定义一个新的复变量. 证明这个微分方程变换成

$$\frac{\mathrm{d}^2w}{\mathrm{d}u^2}+\left(\frac{2u-p}{u^2}\right)\frac{\mathrm{d}z}{\mathrm{d}u}+\frac{qw}{u^4}=0.$$

（95）对单摆运动方程取二阶修正，求相应的近似解.

（96）考虑受扰动的单摆系统

$$\ddot{x}+x-\varepsilon x^3=0,\ x_0=a_0^2,\ x_1'(0)=0.$$

对于足够小的 ε，可以证明这个系统存在周期解（为什么?）. 对于这些周期解，我们可以假设它们的有效频率是对未被扰动时的频率 1 施加一个小扰动的结果：

$$\omega=1+\varepsilon\omega_1+O(\varepsilon^2),$$

$$x(\varepsilon,t)=x_0(t)+\varepsilon x_1(t)+O(\varepsilon^2).$$

把这些表达式代入控制方程，并假设解具有周期性，证明取一阶修正有 $\omega=1-\frac{3}{8}\varepsilon a_0^2$.

（97）假设一台起重机吊起一个质量体，使得系在这个质量体上的钢缆竖直部分的长度 l 以 $l=l_0-vt$ 缩短，其中 v 是一个很小的定常速度. 在这个单摆系统被吊起的过程中，这个质量体做着小小的振荡. 钢缆长度的均匀缩短，导致单摆运动方程中的 ω 成为一个时变函数. 对这个方程取关于 ω 的二阶修正，并求相应的近似解.

（98）大致画出下列这对方程的相空间轨道图：

$$\dot{x}=-x+y-xy,\ \dot{y}=-x-y+xy.$$

(99) 把下列各个二阶方程转化为它们的相空间版本：

$\ddot{x}+\dot{x}=0$,

$\ddot{x}+\dot{x}+x^2=0$,

$\ddot{x}-x+x^3=0.$

求出平稳点,并大致画出这些非线性系统的相空间轨道图.

(100) 单摆的运动方程由下式给出：

$$\ddot{\theta}+\omega^2\sin\theta=0,\ \omega=\sqrt{\frac{g}{l}}.$$

在区间 $-4\pi\leqslant\theta\leqslant4\pi$ 上画出 $\dot{\theta}$ 随 θ 变化的相空间轨道图. 证明在运动过程中 $\dot{\theta}^2-2\omega^2\cos\theta$ 始终是一个常数. 验证这个结论符合相空间中的轨道.

A.5 概率

(1) 就下列试验描述关于结局的样本空间：

- 测量一碗水的温度.
- 将一枚硬币掷两次.
- 不断地掷一枚硬币,直到接连出现两次正面朝上为止.
- 不断地掷一颗骰子,直到掷出一个 6 点为止.
- n 个队参加一届淘汰制杯赛,对阵名单由抽签决定. 决赛比完后,将实际进行了哪几场比赛记录备案.
- 把一副牌洗一下,洗好后观察牌的排列顺序.
- 把一副牌随机地洗一下,然后去掉相继的偶数点牌和相继的人头牌,哪些牌留了下来?

(2) 将一枚硬币掷三次. 样本空间是什么? 确定下列事件的概率：

- 没有出现正面朝上.
- 首次正面朝上出现在最后一掷.
- 只出现了一次正面朝上.
- 没有接连两次正面朝上的情况出现.

假设将这枚硬币掷 $2n$ 次. 出现正面朝上的次数与出现反面朝上的次数相等的概率是多少? 用斯特林公式确定当 n 很大时这个概率的性态.

(3) 考虑掷一对骰子. 关于结局的样本空间是什么? 计算掷出的骰子点数之和(a)是奇数(b)是偶数(c)能被 7 整除的概率.

(4) 一个袋子中放有 4 个白球和 4 个黑球,随机地从袋中取出两个球. 令 X 表示这两个球中的白球个数. 求:

- 样本空间.
- X 的期望.
- X 的方差.
- 概率质量函数.

(5) 一个房间里要有多少个人才能保证其中有 n 个人生日相同?

(6) 假设一个房间里有 n 个人,其中有两个人星座相同的概率是多少? 有两个人"完美匹配"的概率是多少? 这里我们称一个星座同星座循环圈上与其相对的那个星座是"完美匹配"的.

(7) 一个房间里有 10 个人,我从他们当中选 3 个人组成一个委员会,有多少种选法? 如果一个房间里有 m 个人,从他们当中选 n 个人组成一个委员会,有多少种选法?

(8) 假设有 10 个人参加一场赛跑. 如果没有发生比赛成绩相同的情况,那么奖给前三名的金牌、银牌和铜牌可能有多少种分配法? 如果参加赛跑的有 m 个人,预定要有 n 块奖牌奖给前 n 名,那么可能有多少种分配法?

(9) 假设要从 5 对夫妻中选 3 个人组成一个委员会. 如果这个委员会中必须要有一对夫妻,那么有多少种选法? 如果这个委员会中不能有夫妻,那么有多少种选法?

(10) 一名图书销售商订了 a 册 A 书,b 册 B 书, c 册 C 书. 假设每一种书作为新书是没什么差别的,那么把这些书排列在一层书架上可以有多少种方式? 如果把这些书排列在一层可旋转的圆形展示架上,可以有多少种方式?

(11) 用英文字母可以构造出多少个含 1 个元音字母和 3 个辅音字

母的英文单词?

(12) 假设从一副牌中抽取 5 张牌. 这手牌是对子、三条或四条的概率分别是多少? 已知这手牌含有一个对子,那么它还含有三条(与对子不同点数)的概率是多少?

(13) 假设有 N 对夫妻围着一张圆桌男女交错而坐. 那么没有一个人与其配偶是邻座的概率是多少?

(14) 一届由 2^n 名运动员参加的网球赛有 n 轮淘汰赛. 假设所有的运动员水平相当,请计算对两名随机选出的队员来说发生下列情况的概率:

(a) 在第一轮相遇.

(b) 在决赛相遇.

(c) 任何一轮都不相遇.

(15) 假设有一只缸 A,其中装有 n 个红球和 m 个黑球. 另一只缸 B 中装有 m 个红球和 n 个黑球. 随机地从 A 中选取一个球放入 B 中,再从 B 中随机地选取一个球放回 A 中. 那么球在这两只缸中的分布发生变化的概率是多少? 如果是从 A 中取两个球放入 B 中,然后从 B 中取两个球放回 A 中,那么发生变化的概率是多少?

(16) 假设不断地掷一枚质量均匀的硬币,直到第一次出现正面朝上为止. 如果这时是掷到第 n 次,那么你会获得 2^n 英镑. 你玩这个游戏应该付多少钱?

(17) 考虑那个关于三扇门和一只山羊的游戏节目. 假设有太多的参与者赢得了山羊,而主持人未来仍将事先知道山羊在哪扇门后面. 而且,现在当游戏参加者作出选择后他根本就不一定非要打开一扇门——他可以打开,也可以不打开,由他自己决定. 从这个节目要长期举办下去的角度考虑,主持人应当采取什么样的最佳策略以使被赢走的山羊数目最少? 而对于参与者来说,最佳策略又是什么?

(18) 对任意集合 A,B 和 C 证明下列恒等式:

$A \cup B = B \cup A$,

$A \cap B = B \cap A$,

$$A\cup(B\cup C)=(A\cup B)\cup C,$$

$$A\cap(B\cap C)=(A\cap B)\cap C,$$

$$A\cup(B\cap C)=(A\cup B)\cap(A\cup C),$$

$$A\cap(B\cup C)=(A\cap B)\cup(A\cap C).$$

上述六个恒等式组成了集合代数的基本法则.

(19) 设 A,B 和 C 为事件,请解释下列事件是什么:

$$A\cup B\cup C,$$

$$A\cup C^c,$$

$$A\cap B^c\cap C^c,$$

$$A\cap B\cap C.$$

(20) 证明关于 Ω 的子集 A 和 B 的德摩根律:

$$(A\cup B)^c=A^c\cap B^c,\ (A\cap B)^c=A^c\cup B^c.$$

将这些结论推广到 n 个集合的并的补集和 n 个集合的交的补集.

(21) 一个集合 A 的指示函数 $I_A(\omega)$ 是一个从 A 到 $\{0,1\}$ 的函数,它使得

$$I_A(\omega)=\begin{cases}1, & \text{如果 } \omega\in A;\\ 0, & \text{如果 } \omega\notin A.\end{cases}$$

一个集合 Ω 的两个子集 A 和 B 的对称差 $A\Delta B$ 定义为 Ω 中要么属于 A 要么属于 B 但不同时属于这两个子集的元素所构成的集合. 用 $I_A(\omega)$ 和 $I_B(\omega)$ 来表示 $I_{A\cap B}(\omega)$,$I_{A\cup B}(\omega)$ 和 $I_{A\Delta B}(\omega)$.

(22) 对于 Ω 的任意子集 A,B,C,下列哪些表达式是正确的?

$$A\Delta B=B\Delta A,$$

$$(A\Delta B)\Delta C=A\Delta(B\Delta C),$$

$$A\cup(B\Delta C)=(A\cup B)\Delta(A\cup C),$$

$$A\cap(B\Delta C)=(A\cap B)\Delta(A\cap C).$$

(23) 对于任何事件 $A,B,C\in\Omega$,求下列事件的集合论式的表达式:

- 只有 A 发生.
- A 和 B 都发生,但是 C 不发生.
- 事件 A 和 B 中至少有一个发生.

- 事件 A,B,C 中至少有两个发生.
- 事件 A,B,C 中只有一个发生.
- 事件 A,B,C 都不发生.

(24) Ω 的两个子集的差 $A-B$ 就是 Ω 的在 A 中但不在 B 中的元素所构成的集合. 证明下列恒等式:

$$A-B=A\cap B^c,\ A\Delta B=(A-B)\cup(B-A).$$

(25) 对于任何两个事件 A 和 B,证明

$$P(A\cup B)\geqslant P(A)+P(B)-1.$$

(26) 证明

$$P(\bigcup_{i=1}^{n}A_i)\leqslant\sum_{i=1}^{n}P(A_i),\ P(\bigcap_{i=1}^{n}A_i)\geqslant 1-\sum_{i=1}^{n}P(A_i^c).$$

(27) 由 Ω 的子集所构成的一个集合 $\mathscr{F}$ 如果满足下述条件,就称为一个 σ 域:

(a) $\varnothing\in\mathscr{F}$.

(b) 如果 $A_1,A_2,\cdots\in\mathscr{F}$,那么 $\bigcup_{i=1}^{\infty}A_i\in\mathscr{F}$.

(c) 如果 $A\in\mathscr{F}$,那么 $A^c\in\mathscr{F}$.

证明一个 σ 域 $\mathscr{F}$ 中的任何一对集合的交也在 $\mathscr{F}$ 中. 还请证明 $\mathscr{F}$ 中任何一对集合的差和对称差也在 $\mathscr{F}$ 中.

(28) 找出 $\Omega(|\Omega|>4)$ 的 σ 域的两个例子,它们分别有 2 个和 4 个元素.

(29) 设有一名赌徒,手头有一笔钱,共 k 美元. 他与一个朋友反复玩一种游戏,即掷一枚硬币:如果正面朝上,这名赌徒就赢 1 美元;否则,他给他朋友 1 美元. 假设这个朋友能够无限期地把这个游戏下去. 请计算这个赌徒在把他手中的钱翻一番之前输得精光的概率.(提示:设已知赌徒手头最初有 k 美元而后来输得精光的概率为 P_k,考虑用 P_{k+1} 和 P_{k-1} 表示 P_k,以得出一个递推关系.)

(30) 设有一只老鼠,坐在与山顶距离为 n 的山坡上. 这座山又高又陡,老鼠想努力爬到山顶. 但是它每分钟要么以概率 p 向上爬过 1 个距离

单位,要么失足滚下 2 个距离单位. 通过构建一个递推关系,求出这只老鼠最终到达山顶的概率.

(31) 证明

$$\binom{2n}{n} \sim \frac{2^{2n}}{\sqrt{\pi n}}.$$

计算 $n=1,2,4$ 和 8 时的误差.

(32) 假设在一个由 N 个人组成的样本中,有 m 个人患上了一种非传染性的疾病. 尽管一个已患病的人在活着时没有表现出任何症状,但是他在任何一天意外地突然死去的概率是 1/2. 已知一个随机选择的人已经存活了两天,那么他明天死去的概率是多少? 他需要存活多长时间才能有 95% 的把握认为他没有患上这种疾病?

(33) 假设我发到一手扑克牌,一共 5 张. 已知其中有 2 张红花色人头牌,求下列事件的概率:

- 我手中所有的牌都是红花色.
- 我手中所有的牌都是人头牌.
- 我手中有一对 Q.

(34) 假设一个样本空间 Ω 含有 n 个元素,那么有多少种划分 Ω 的方法?

(35) 关于疾病传播的一种简单的波利亚模型如下:考虑一只瓮,一开始只有一个白球和一个黑球. 从这只瓮中随机取出一个球,然后放入两个球,颜色与取出球相同. 将这个过程重复许多次. 你是不是预期经过长时间后某一种颜色的球会在数量上占绝对优势? 计算当瓮中有了 N 个球时其中 m 个是黑球的概率.

(36) 加起来等于一给定数 n 的自然数 a,b,c 所组成的有序三元组有多少个?

(37) 假设掷两颗骰子,令 A_1 和 A_2 分别为第一颗和第二颗骰子掷出奇数点的事件. 证明它们相互独立. 设 A_3 为这两颗骰子掷出的点数之和是偶数的事件. 判断下列事件集合中的事件是不是相互独立:

$\{A_1, A_3\}$,

$\{A_1, A_2, A_3\}$,

$\{A_1 \cap A_2, A_3\}$,

$\{A_1, A_2^c, A_3\}$.

(38) 假设一场考试将以同样的概率由 A,B,C,D 这四位考官中的一位出题. 如果由考官 A 出题,那么这些题目将很难,学生只有 1/10 的概率能获得通过. 考官 B 和 C 出题规矩,这使得通过的概率成为 1/2,而考官 D 出题容易,这把通过的概率提高到3/5. 结果这场考试我没通过,那么我可以把此归咎于考官 A 的概率是多少? 之后我知道我的女朋友通过了,那么她应该感谢考官 D 的概率是多少?

(39) 一位侦探收到了关于一起盗窃案的两个相互矛盾的密报:线人 A 提供的情报符合事实的概率为 p,他告诉侦探说某起盗窃案将在本月发生;而另一名线人 B 所独立提供的情报符合事实的概率为 q,他告诉侦探说这起盗窃案在本月将不会发生. 已知在缺乏情报的情况下这起盗窃案在每个月还是以同样的可能性发生. 计算这起盗窃案将在本月发生的概率.

(40) 考虑一种彩票,预期每星期销售 1000 万张. 发行这种彩票的博彩公司打算让每张彩票以同样的概率 p 独立地赢得大奖. 如果没人赢得大奖,那么彩民们将会失去兴趣,不再购买. 如果有 2 个以上的人赢得大奖,那么博彩公司将会失去兴趣,不再经营这种彩票. 应该把 p 的值设为多少才能使这种彩票的经营时间最长?

(41) 设有 3 名嫌犯 A,B,C,他们被认为以同样的可能性犯了某一项罪,而且其中任何一名嫌犯如果确实犯了罪的话,都会以相同的概率 p 在审讯中招认. 已知嫌犯 A 在审讯中不承认犯罪,那么他是清白的概率是多少? 如果 A 不承认犯罪,那么要求 p 的值为多少时才能以 95% 的把握认为他无罪? 如果有 n 个嫌疑分子,这些结果会有什么变化?

(42) 假设一家航空公司按惯例让它的各次航班超额订出机票,这种做法是基于这样一种假设:对于任何给定的航班,乘客中总有一些人不会前来. 再假设根据以往的经验,有 5% 的乘客将不会前来搭乘航班. 对于一次有 N 个座位的航班,这家航空公司可以超额订出多少张机票而仍然能有 95% 的把握让每位前来乘机的旅客登机入座？

现在假设每售出一张机票可为公司盈利 100，而每一位订了票但到达机场后却不能取到登机牌的愤怒乘客将使公司损失 X. 求使得这种超额订票政策预期能让公司盈利的 X 值.

（43）假设一个国会由 100 名保守党人和 120 名自由党人组成. 假设这些保守党人当中有 n 名是女性. 要使得从这个国会中随机选择的一名议员为某性别的事件与这名议员是某党派的事件相互独立，这些自由党人当中必须有多少名女性？对于 n 的不同值，研究这个数值的变化情况.

（44）假设我掷十枚硬币，恰好有三枚正面朝上的概率是多少？

（45）设 X 和 Y 是随机变量，它们期望都是有限数. 证明 $\mathbf{E}[X+Y] = \mathbf{E}[X] + \mathbf{E}[Y]$.

（46）设随机变量 A 和 B 在 0 与 1 之间均匀分布. 求二次方程

$$x^2 + Ax + B = 0$$

有实根的概率. 现在改而假设 $B = 1$，A 则服从期望为 0、方差为 1 的正态分布，还是求这个方程有实根的概率. 在已知这个方程的根是实数的前提下，上述两种情况下这两个根都是正数的概率分别是多少？上述两种情况下两根之和的期望值分别是多少？

（47）在下述两种情况下求 $\mathbf{E}[\exp(-x^2)]$：

（a）X 服从标准正态分布.

（b）X 服从泊松分布，平均发生率为 λ.

（48）设 X 是一个在 $(0,1)$ 上均匀分布的随机变量. 求 $\mathbf{E}[X^n]$ 和 $\mathbf{Var}[X^n]$. 当 n 增大取极限时，你求出的这些表达式合理吗？

（49）一个带有参数 λ 的指数分布具有如下定义的概率密度函数：

$$f(x) = \begin{cases} \lambda\exp(-\lambda x), & x \geqslant 0; \\ 0, & x < 0. \end{cases}$$

证明这确实是一个随机变量，并求出它的期望和方差. 这种指数分布用来作为排队过程中到达时间 x 的模型. 求到达时间 x 出现在第一个时间单位中的累积概率.

（50）证明指数分布是无记忆的，即

$$P(X>s+t\mid X>t)=P(X>s),\quad \forall s,\ t>0.$$

(51) 设顾客在银行排队等候的时间 X 以平均值 $\lambda=20$ 分钟的指数分布为模型. 一位顾客排队等候超过 10 分钟的概率是多少? 已知一位顾客已经排队等候了 10 分钟,那么他总共的排队时间超过 20 分钟的概率是多少?

(52) 假设我可以把我的电脑一直用到发生一次死机的时间服从平均值为 2 小时的指数分布. 我可以从上午 9 点到下午 5 点一直用电脑工作而不出问题的概率是多少? 假设我的电脑升级到了一个新的水平,使得平均值改进为 3 小时. 这样是不是明显地改进了我把它从早用到晚而不需要重新启动的概率? 对这种情形作指数分布的假设是不是合理?

(53) 假设一辆六轮卡车如果有一个轮子爆胎就必须立刻停车,而一辆八轮卡车要有两个轮子爆胎才必须立即停车. 已知对于一条特定的道路,轮子爆胎事件以概率 p 相互独立地发生,确定使得一辆八轮卡车比一辆六轮卡车更可取的 p 值.

(54) 假设一个试验会产生 r 个可能的结局,它们的概率分别为 $p_1,\cdots,p_r$. 假设将这个试验重复进行 n 次,每次试验的结果相互独立地产生,并假设第 i 个结局发生了 n_i 次. 证明这一系列试验发生这种结局的概率由下式给出:

$$P(n_1,n_2,\cdots,n_r;p_1,p_2,\cdots,p_r)=\frac{n!}{n_1!n_2!\ \cdots n_r!}p_1^{n_1}p_2^{n_2}\cdots p_r^{n_r}.$$

明确地证明这些表达式提供了一种概率分布. 这种分布称为多项分布. 证明当 $n=2$ 时多项分布化为二项分布.

(55) 对于多项分布 $P(n_1,n_2,\cdots,n_r;p_1,p_2,\cdots,p_r)$,求

$$\mathbf{E}[n_i],\ \mathbf{Var}[n_i],\ \mathbf{Cov}[n_i,n_j]$$①.

(56) 对于每个正整数 n,定义 χ^2 分布 $\chi^2(n)$ 为 $\Gamma\left(\frac{1}{2}n,\frac{1}{2}\right)$. 假设 $X_1,\cdots,X_n$ 是相互独立的 $N(0,1)$ 随机变量. 证明

① 这称为随机变量 n_i 与 n_j 的协方差,其定义见练习(77). ——译校者注

$$X_1^2 + X_2^2 + \cdots + X_n^2 \sim \chi^2(n).$$

(57) 令 X 和 Y 为离散型随机变量,它们在 $\{x_1, \cdots, x_n\}$ 中取值,概率质量函数分别为 f_X 和 f_Y. 证明

$$-\mathbf{E}[\ln f_Y(X)] \geqslant -\mathbf{E}[\ln f_X(X)],$$

式中取等号的充要条件是 $f_Y = f_X$. 一个概率质量函数为 f_X 的随机变量 X 的熵定义为

$$-\mathbf{E}[\ln f_X(X)].$$

证明这个熵小于或等于 $\ln n$,其中 n 是这个随机变量的所有状态的个数. 取等号的充要条件是这个随机变量是均匀分布的:$f_X(x_i) = 1/n$.

(58) 始终保留关于 p 的一阶修正和二阶修正,重新推出对于二项分布的泊松近似. 确定取到这些阶的最终修正结果.

(59) 假设有 520 个人,每人都有一副洗过了的纸牌. 各人将自己手上的这副牌切一下并取上面第一张牌后,正好有 10 个人取到黑桃 A 的概率是多少? 利用泊松近似来计算这个概率的近似值.

(60) 假设一种放射性物质的每个原子在任何时刻以同样的可能性独立地发生衰变,每次衰变事件都产生一个光子. 假设这种物质的一个质量为 M 的大质量体平均每秒发射出 1000 个光子. 求在下一秒发射的光子数小于 500 或大于 1500 的概率的一个近似值.

(61) 一根长度为 L 的杆以均匀分布的概率相互独立地在两点发生断裂. 求这两个断裂点的距离小于 l 的概率.

(62) 在一个半径为 1 的圆周上以均匀分布的概率相互独立地选择两个点. 求连接这两点的线段比顶点在这个圆周上的等边三角形的边更长的概率. 这个结果依赖于圆周半径吗?

(63) 证明对于任何具有有限方差的随机变量 X,有

$$\mathbf{Var}[X] = \min_a \mathbf{E}[(X-a)^2].$$

(64) 对于 c 的哪些值,下列函数是 $\mathbb{N}$ 上的概率质量函数?

$f(x) = cp^x, \ 0 \leqslant p \leqslant 1;$

$f(x) = c/x^2.$

（65）考虑一个概率密度函数为$f(x)$的随机变量X和一个实函数$g(x)$. 犯糊涂统计学家的定律说：

$$\mathbf{E}[g(X)]=\int_{-\infty}^{+\infty}g(x)f(x)\,\mathrm{d}x.$$

为什么说根据定义这个结论是不成立的？对于离散型随机变量，这个定律应该怎样叙述？

（66）一个随机变量X的累积分布函数F定义为

$$F(a)=P(X\leqslant a)\text{，对于任何 } a\in\mathbb{R}.$$

证明$F(a)$是a的一个非减函数. 再请证明

$$\lim_{a\to\infty}F(a)=1,\ \lim_{a\to-\infty}F(a)=0.$$

（67）证明一个随机变量X的概率密度函数$f(x)$和累积分布函数$F(x)$由下式相联系：

$$\frac{\mathrm{d}F(x)}{\mathrm{d}x}=f(x).$$

从而证明，对ε的小正值，有

$$P\left(a-\frac{\varepsilon}{2}\leqslant X\leqslant a+\frac{\varepsilon}{2}\right)\approx\varepsilon f(a).$$

（68）求在(a,b)上均匀分布的随机变量X的累积分布函数. 通过求$2X<a+b$和$3X<a+b$的累积概率来检验你的答案.

（69）设X和Y是在$(0,1)$上均匀分布的相互独立的随机变量. 求$X+Y$和$X-Y$的概率密度函数. 这些结果从直觉上看合理吗？

（70）设X和Y是服从泊松分布的随机变量，平均发生率分别为μ和λ. 求随机变量$X+Y$和$X-Y$的分布.

（71）利用对于二项分布的正态分布近似，确定将一枚质量均匀的硬币掷50次结果正面朝上与反面朝上的出现次数相等的概率. 将近似值与准确结果作比较.

（72）设在以一个氢原子的原子核为原点的笛卡儿坐标系中，这个氢原子中的电子具有速度$\boldsymbol{v}=(u,v,w)$，而位置在$\boldsymbol{r}=(x,y,z)$. 在一种简单的原子模型中，关于电子位置的概率密度函数由下式给出：

$$f(\boldsymbol{r})\propto\exp\left(-\frac{1}{2\sigma^2}(x^2+y^2+z^2)\right),$$

其中 σ 为实数. 求出上式中的比例常数. 证明关于 $|\boldsymbol{\nu}|$ 的概率密度函数由下式给出：

$$f(|\boldsymbol{\nu}|)=\sqrt{\frac{2}{\pi}}\frac{|\boldsymbol{\nu}|^2}{\sigma^3}\exp\left(-\frac{1}{2\sigma^2}|\boldsymbol{\nu}|^2\right).$$

(73) 一个离散型随机变量 X 的概率母函数 $p(z)$ 定义为

$$p(z)=\mathbf{E}[z^r]=\sum_{r=0}^{\infty}z^rP(X=r)=\sum_{r=0}^{\infty}p_rz^r,\ z\in\mathbb{C}.$$

证明对任意的 $z\in\mathbb{C}$，概率母函数 $p(z)$ 收敛. 再请证明

$$p_n=\left.\frac{\mathrm{d}^np(z)}{\mathrm{d}z^n}\right|_{z=0},$$

这表明概率母函数可以用来表示任何离散型随机变量，这让我们可以利用许多分析学技巧来操作随机变量. 其中之一就是阿贝尔引理：

$$\mathbf{E}[X]=\lim_{z\to1}\frac{\mathrm{d}p}{\mathrm{d}z},$$

$$\mathbf{E}[X(X-1)]=\lim_{z\to1}\frac{\mathrm{d}^2p}{\mathrm{d}z^2}.$$

当 X 是掷一颗骰子得到的点数时，以及当 X 是一个泊松分布随机变量时，求相应的概率母函数. 就这两种情况分别验证阿贝尔引理.

(74) 设 $X_1,\cdots,X_n$ 是一组相互独立的随机变量，它们的概率母函数分别为 $p_1(z),\cdots,p_n(z)$. 证明 $X_1+\cdots+X_n$ 的概率母函数是 $p_1(z)p_2(z)\cdots p_n(z)$.

(75) 设 $X_1\sim N(\mu_1,\sigma_1^2)$，$X_2\sim N(\mu_2,\sigma_2^2)$. 证明 $X_1+X_2\sim N(\mu_1+\mu_2,\sigma_1^2+\sigma_2^2)$. 用概率母函数验证这个结论.

(76) 证明对任何一个随机变量 X 都有 $\mathbf{Var}[a+X]=\mathbf{Var}[X]$.

(77) 一对随机变量 X 和 Y 的协方差由下式给出：

$$\mathbf{Cov}[X,Y]=\mathbf{E}[(X-\mathbf{E}[X])(Y-\mathbf{E}[Y])].$$

证明

$$\mathbf{Var}[X+Y]=\mathbf{Var}[X]+\mathbf{Var}[Y]+2\mathbf{Cov}[X,Y].$$

两个随机变量 X 和 Y 的相关系数 $\rho(X,Y)$ 定义为

$$\rho=\frac{\mathbf{Cov}[X,Y]}{\sqrt{\mathbf{Var}[X]\mathbf{Var}[Y]}},$$

证明 $-1 \leqslant \rho \leqslant 1$. 找出相关系数分别为 $-1, 0, 1$ 的各对随机变量. 对于一对随机变量 X 和 Y,求出当 $X+Y$ 的方差为最小时的相关系数值.

(78) 证明对于任何随机变量 X 和 Y,柯西-施瓦茨不等式成立:

$$\mathbf{E}[(XY)^2] \leqslant \mathbf{E}[X^2]\mathbf{E}[Y^2].$$

从而证明任何两个随机变量的相关系数介于 -1 和 1 之间.

(79) 设 $f(x)$ 是一个凸函数,而 X 是一个离散型随机变量. 证明

$$\mathbf{E}[f(X)] \geqslant f(\mathbf{E}[X]).$$

这个结论称为*詹生不等式*. 就 $f(X)=\exp X$ 和 $f(X)=-\ln X$ 这两种情况验证这个结论. 当 $f(X)=1/X$ 时,这个结论是不是成立?

(80) 有两根金属杆,它们的长度 A 和 B 未知. 一台测量仪器测量长度时会发生平均值为 0、方差为 σ^2 的误差. 假设各次测量的误差是相互独立地发生的. 证明:如果去测量 $A+B$ 和 $A-B$,然后取它们的和与差,那么在确定长度 A 和 B 时误差会减小. 关于测量的独立性假设在什么时候将是个十分有用的假设?

(81) 假设我们有一个试验,它产生一种取实数值的结局,相应的随机变量 X 服从某种*未知*的分布. 假设我们将这个试验进行 n 次,并记下结果 $x_1, x_2, \cdots, x_n$. 切比雪夫不等式告诉我们,对于 X 的平均值的一个好估计将是 $x_1, x_2, \cdots, x_n$ 这些数的平均数 $\bar{x}$. 假设我们提供了一个关于 X 的方差的估计 s^2:

$$s^2 = \frac{1}{n}\sum_{i=1}^{n}(x_i-\bar{x})^2.$$

请注意有 $x_i-\bar{x}=(x_i-\mu)-(\bar{x}-\mu)$. 利用这一点证明

$$\mathbf{E}[s^2] = \frac{n-1}{n}\sigma^2.$$

这说明如果一个分布产生了一组样本数 $x_1, x_2, \cdots, x_n$,那么对它的方差的一个较好估计由下式给出:

$$s^2 = \frac{1}{n-1}\sum_{i=1}^{n}(x_i-\bar{x})^2.$$

将一颗骰子掷上 10 次,并记下结果. 上述这些估计值与实际上的理

论值的接近程度如何?

(82) 假设我们用蒙特卡罗法计算一个函数$f(x)$在 0 与 1 之间的积分 I,这里$0\leqslant f(x)\leqslant 1$. 考虑一个在$(0,1)$上均匀分布的随机变量 U. 证明

$$\mathbf{E}[f(U)+f(1-U)]=2I.$$

求出 $X=(f(U)+f(1-U))/2$ 的方差,从而证明这种计算积分的随机方法比正文所描述的方法更好.

(83) 用切比雪夫不等式和马尔可夫不等式为掷一颗骰子发生下列事件的概率确定一个界限:

(a) 掷出的点数大于平均值.

(b) 掷出的点数为 3 或 4.

(84) 马尔可夫不等式只是对于非负的随机变量才普遍成立. 举出两个违反马尔可夫不等式的随机变量实例.

(85) 就二项分布和正态分布验证马尔可夫不等式和切比雪夫不等式.

(86) 假设某地区凡进行选举时出来投票者人数平均来说是该地区人口的 30%,方差为 10%. 在出来投票者人数的概率分布未知的情况下,为下列事件的发生概率确定界限:

(a) 该地区人口的至少 60% 出来投了票.

(b) 该地区人口的 20% 到 40% 出来投了票.

如果说把出来投票者人数假定为服从正态分布是合理的,平均值和方差同上,那么请在关于分布的这个假定下,为上述两种不同的出来投票者人数的出现概率各求出一个更好的界限. 这里的数据用相对的百分数给出,而不是用绝对的人数给出,请对这件事发表你的看法.

(87) 设在 100 条主要干道上的交通事故是相互独立地发生的,每天发生的事故数服从平均发生率为 λ 的泊松分布. 用中心极限定理确定在一给定日发生 50 起以上交通事故的概率.

(88) 设 X 和 Y 是相互独立的随机变量. 证明对任何函数 f 和 g,有

$$\mathbf{E}[f(X)g(Y)]=\mathbf{E}[f(X)]\mathbf{E}[g(Y)].$$

(89) 假设有一颗在质量上被做了手脚的骰子,将它掷 100 次,出现

了13次奇数点,87次偶数点.那么再掷一次出现偶点数的概率是多少?你在这里援引了什么定律?这样采用是不是合理?

(90)一个概率密度函数为$f(x)$的连续型随机变量X的k阶矩μ_k定义为

$$\mu_k=\mathbf{E}[X^k]=\int_{-\infty}^{\infty}x^kf(x)\mathrm{d}x.$$

矩母函数$M_X(t)$定义为

$$M_X(t)=\mathbf{E}[\exp(Xt)].$$

证明$\mu_k/k!$是矩母函数在$t=0$处的展开式中t^k的系数.求二项分布、泊松分布和正态分布的矩母函数.

(91)证明对于任意实数a,任何一个随机变量X的矩母函数$M_X(t)$具有下列性质:

$$M_{aX}(t)=M_X(at),$$
$$M_{a+X}(t)=\exp(at)M_X(t),$$
$$M_{X+Y}(t)=M_Y(t)M_Y(t).$$

有了这些结论,矩母函数就能以一种简单的方式被用来证明许多关于分布的结论.已知一个分布由它的各阶矩所唯一地决定(为什么?),请证明下列结论:

- 两个相互独立的正态分布随机变量之和也是一个正态分布随机变量.
- 泊松分布是二项分布当$n\to\infty$时的极限.
- 正态分布是泊松分布当$\lambda\to\infty$时的极限.(提示:考虑$Z=(X-\lambda)/\sqrt{\lambda}$,其中$X$是一个泊松分布随机变量.)

A.6 理论物理

(1)一个电量为+2的点电荷和一个电量为-1的点电荷相隔单位距离,固定不动.求净场强为零的点,并画出等势线.

(2)证明在一个质量为M的密度均匀球体的外部,引力场等同于一个位于这个球体中心、质量为M的点状物体的引力场.这个结论对不均匀的质量体也成立，它相当于一个位于这个物体质心的点状质量体. 试说明或证明这一结论.

(3) 解关于引力势的泊松方程，这个引力势由以下物体所导致：(i)一个半径为 a 的均匀球；(ii)一个内、外半径分别为 a 和 b 的均匀球壳.

验证(ii)的解可以通过将(i)的两个解叠加而求得. 证明在一个球内部的一个球状空洞里(这两个球不一定是同心球)，力是常量.

(4) 证明在一个均匀空心球的内部，引力场为零.

(5) 假设真空中有两个密度为 ρ、半径为 r 的球，置于一个光滑的平面上，相隔距离为 d. 除了这两个球所导致的引力外，忽略其他所有的力. 计算它们从静止到相撞所经过的时间. 它们在相撞时运动得有多快？首先代入数值，算出与一系列相隔距离相对应的经过时间.

(6) 一名桨手想划船渡过一条流速为 V 的湍急河流. 这条河的宽度为 d，河对岸的渡口在上游，其方向与垂直过河的路线成 θ 角. 要到达这个渡口，这名桨手在静水中划船前进的速度必须达到怎样的水平？

(7) 有一条 400 米跑道，是用两条各长 100 米的直道将两段圆弧形弯道连接起来构成的. 假设一名赛跑运动员在无风时能以速度 V 赛跑. 他从一条直道的开头处起跑，当时风速是 U，风向与跑道成 θ 角. 计算他这次赛跑的总时间. 他总是能跑完全程吗？

(8) 一个矿井必须有多深，才能使位于井底的一台落地式大摆钟相比于地面上的钟每天少 1 秒？

(9) 通过估计地球的有关数值常量，确定让一个从地面竖直向上发射的粒子能逃向无穷远的逃逸速度. 估计大气层逸散到太空中预期要经过多长时间.

(10) 假设一名外星人在一个很大的距离外朝着地球从静止开始下落. 如果忽略空气阻力，那么它撞到地球时的速度将是多少？假设空气阻力由函数 $\exp(-\lambda^2(r-R_0))$ 给出，其中 r 大于地球的半径 R_0. 这对最终的撞击速度有什么影响？

(11) 把一个物体的绕日运动方程准确地化为 $h^2 = GMr$

$(1+e\cos\theta)$的形式. 验证当 e 介于 1 和 -1 之间时这些运动路径是椭圆.

(12) 求一个关于引力的理论,在这个理论中,穿过太阳的圆周形轨道是存在的.

(13) 准确地计算出一个做绕日运动的物体的势能和动能. 证明它们的和是个常量.

(14) 经过一段时间的刻苦研究,开普勒得到下面这三条关于行星绕日运动的定律:

(a) 天空中运行的每颗行星都描出椭圆轨道,太阳位于这个椭圆的一个焦点上.

(b) 连接太阳和行星的径向量在相同的时间内扫过相同的面积.

(c) 每颗行星的轨道周期的平方与椭圆轨道半长轴长度的立方成正比.

证明这三条定律(它们均早于牛顿的工作)蕴涵着牛顿的万有引力定律.

(15) 证明在一个保守力场中,一个粒子从一点运动到另一点所做的总功与所取路径无关. 在二维笛卡儿坐标系中创建一个保守力场,并验证如果沿着一个正方形一对对角之间的两条路径运动,情况确实如此. 举出一个反例,表明在一个非保守力的作用下,从一点运动到另一点所做的功一般依赖于所取的路径.

(16) 在一个具有以下势的保守力场中,一个质量为 m 的粒子沿着实轴运动:

$$\phi=\frac{b}{x^2+a^2},\ 其中\ a,b\ 是正常数.$$

求达到稳定平衡的位置. 假设这个粒子从这个位置以速度 v 发射,求使得这个粒子振荡的 v 值,和让它逃向正无穷远或负无穷远的 v 值.

(17) 考虑这样的两个引力理论,其中的引力分别具有如下的势:

$$\phi_n=-\frac{1}{r^n},\ n=2,4.$$

求这两个理论中的平稳点 r_0. 创建一个新变量 ξ,使得 $r(t)=r_0+\xi(t)$. 求各个理论中关于 $\xi(t)$ 的微分方程. 考虑对平稳点的一个扰动,使得初始构形由 $\xi(0)=\varepsilon,\dot{\xi}(0)=0$ 给出,其中 ε 是一个很小的数. 求各个解的长期性态,以证明其中一个理论中的引力场具有稳定轨道,而另一个则否.

(18) 假设由于某种令人意外的原因,地球突然停止了公转. 计算它经过多长时间会落进太阳. 现在假设地球并没有停止,而是慢了下来,切速度减小到 V. 能让地球在绕太阳的一条周期性轨道上维持运行的最小 V 值是多少?

(19) 假设一只羽毛球在空中飞行时所受到的阻力 F 与其速度的平方成正比:$F=-k^2v^2$. 如果把这只羽毛球以速度 v_0 直接向上打去,求出它所达到的最大高度(用 g 和比例常数 k 表示). 如果阻力 $F=-k^2(1-\mathrm{e}^{-\varepsilon v})v^2$(其中 ε 是一个小实数),研究对这个解的修正结果.

(20) 证明牛顿第二定律在伽利略变换下保持不变.

(21) 等效原理称,$F=ma$ 中的 m 等同于出现在牛顿万有引力定律 $F=GmM/R^2$ 中的 m. 你会设计一个怎样的实验来验证这个观点(它看来是正确的).

(22) 明确地证明代换 $u=1/r$ 把方程

$$\ddot{r}+\frac{h^2}{r^3}=-\frac{GM}{R^2}$$

变换成

$$\frac{\mathrm{d}^2u}{\mathrm{d}\theta}+u=\frac{GM}{h^2}.$$

(23) 证明位力定理:由 N 个粒子组成的一个系统,在这些粒子本身的(牛顿)引力下发生状态演变,这个系统满足方程

$$\frac{1}{2}\ddot{I}=2T+V,$$

其中 T 是这个系统的总动能,V 是这个系统的总势能,而 I 是极转动惯量,它的定义是

$$I=\sum_{i=1}^{N}m_i\boldsymbol{r}_i\cdot\boldsymbol{r}_i,$$

其中的向量 $\boldsymbol{r}$ 以系统的质心为起点.

(24) 1826 年,奥伯斯注意到夜晚的天空实际上是黑的. 他意识到这个观察结果与下面这些看似合理的假设不一致:

- 宇宙中恒星的平均空间密度是均匀的.
- 恒星平均来说有着相同的绝对亮度. 这个平均值不随时间变化.
- 我们的空间是欧几里得空间.

奥伯斯根据这些假设推出,夜晚的天空应该是亮得炫目①! 通过考虑离地球的距离在 R 和 $R+\delta R$ 之间的恒星所发出的光,重新构造出他的论证.

这三个假设中哪一个是不成立的?

(25) 有一天,一位天文学家通过他的望远镜进行观察,注意到有一颗遥远的新彗星. 过了一个星期他再次观察这颗彗星时,意识到它正运行在一条将与地球相撞的路线上! 而且,这颗彗星在空中所对的张角②自上次观察以来增加了一个小小的百分数 x. 假设这位天文学家只知道牛顿动力学,而且他足够细致,考察到那个初始角度的三阶项,那么他会算出到这颗彗星与地球撞击还有多长时间? 探究一下:假设这颗彗星进入我们的太阳系后才被首次观察到,那么忽略狭义相对论效应是不是合理?

(26) 按照洛伦兹变换明确地代换变量 $(x,ct)\to(x',ct')$,从而证明真空中麦克斯韦方程在洛伦兹变换下保持不变.

(27) 电荷守恒定律告诉我们,在一个给定的空间范围中,净电荷既不能被创造也不能被消灭. 假设电荷密度可以写成 $\rho(\boldsymbol{x},t)$. 那么一个体积为 V 的立体中的总电荷量 $q(t)$ 由下述体积分给出:

$$q(t)=\int_V \rho(\boldsymbol{x},t)\mathrm{d}V.$$

求总电荷量关于时间 t 的导数,从而推出空间任意一点上总电荷量的变

---

① 牛顿根据他关于宇宙的理论也意识到了这个问题. ——原注

② 即地球上的观察点对彗星(作为一条线段)所张成的角. ——译校者注

化率与电流密度 $\boldsymbol{j}$ 以如下方式相联系：

$$\frac{\partial \rho}{\partial t}+\nabla \cdot \boldsymbol{j}=0.$$

这个结果从直觉上看是不是合理?

（28）假设地球的质心以等速度通过一个惯性参考系 S. 地球又以角速度 $\boldsymbol{\omega}$ 绕着地轴 $\boldsymbol{e}_\phi$ 自转. 现在考虑一个位于赤道的实验室，它相当于一个旋转着的参考系 S'. 如果一个粒子以速度 $\frac{\partial \boldsymbol{r}}{\partial t}$ 通过参考系 S'，并且以速度 $\boldsymbol{v}_S$ 通过参考系 S. 证明

$$\boldsymbol{v}_S=\frac{\partial \boldsymbol{r}}{\partial t}+\boldsymbol{\omega}\times\boldsymbol{r}=\left(\frac{\partial}{\partial t}+\boldsymbol{\omega}\times\right)\boldsymbol{r}.$$

从而推出惯性参考系中的加速度 $\boldsymbol{a}_S$ 由下式给出：

$$\boldsymbol{a}_S=\ddot{\boldsymbol{r}}+\dot{\boldsymbol{\omega}}\times\boldsymbol{r}+2\boldsymbol{\omega}\times\dot{\boldsymbol{r}}+\boldsymbol{\omega}\times(\boldsymbol{\omega}\times\boldsymbol{r}).$$

上式右边的后三项是粒子在实验室参考系 S' 中所感受到的视在力，其起因是这个参考系是非惯性的. 它们分别称为欧拉力、科里奥利力和离心力.

（29）设地球以等角速度自转，并设科里奥利力是一个小扰动. 通过将牛顿运动定律应用于惯性参考系，对于一枚在纬度为 θ 的地方以速度 u 竖直向上发射的火箭，求出对火箭轨道的一阶修正结果.

（30）考虑一个带电量为 $+q$ 的粒子，它位于笛卡儿坐标系中的 $\boldsymbol{r}=(0,0,1)$ 处，并假设平面 $z=0$ 是一个静电势为零的“汇”. 解这个系统以求区域 $x>0$ 中的静电势. 为此，请先探究真空中由 $(0,0,1)$ 处的一个 $+q$ 电荷和 $(0,0,-1)$ 处的一个 $-q$ 电荷构成的“映像”系统.

（31）一个电磁波在真空中以 $\boldsymbol{B}_x=\lambda\boldsymbol{E}_x$ 沿 z 轴方向传播. 证明存在 $\lambda(\in\mathbb{C})$ 的一个值，使得 $\boldsymbol{E}$ 的大小是常数且绕着 z 轴稳定地旋转.

（32）假设两个理想导体分别位于 $z=0$ 和 $z=a$. 求麦克斯韦方程的一个平面波解，这个解不依赖于 x 和 y.

（33）通过明确的计算，证明在有磁体的情况下，任何带电粒子都会沿着下述曲线运动：

$$\frac{\sin^2\theta}{r}=k.$$

(34) 假设磁荷存在,在这种情况下磁场强度的散度会与“磁荷”密度 ρ_m 成正比,而且电场的旋度会涉及磁单极子流 $\boldsymbol{j}_m$:

$$\nabla\cdot\boldsymbol{B}=\frac{\rho_m}{\varepsilon_0},\quad \nabla\times\boldsymbol{E}=-\frac{\partial\boldsymbol{B}}{\partial t}+\mu_0\boldsymbol{j}_m.$$

证明在这种情况下,麦克斯韦方程在一种取以下形式的对偶变换下保持不变:

$$\boldsymbol{E}'=\boldsymbol{E}\cos\theta+\boldsymbol{B}\sin\theta,$$

$$\boldsymbol{B}'=-\boldsymbol{E}\sin\theta+\boldsymbol{B}\cos\theta,$$

其中 θ 是某个抽象的角参数,它可以取任何值.

(35) 假设磁单极子存在,从理论上探究“磁偶极子”的性质.

(36) 严格地验证两个洛伦兹变换的积为我们提供了将相对论性速度相加时的因子. 假设一名板球投球手以每小时 25 千米的速度跑向一名击球手,并以每小时 100 千米的速度投出一个板球. 按击球手的观察,这个因子对球速的影响化成百分数是多少?

(37) 验证洛伦兹变换下的不变曲线确实是双曲线.

(38) 证明:如果按照一位处于惯性参考系中的观察者的看法,事件 A 与 B 的发生地点之间的固有时空距离是负的,而且 A 在 B 之前发生,那么对于每一位观察者来说,A 都将在 B 之前发生. 证明如果 A 与 B 的固有距离是正的,那么情况就不是这样.

(39) 设一个静止质量为 M 的放射性粒子在静止状态下自发地蜕变为另外两个静止质量分别为 M_1 和 M_2 的粒子. 假设在任何一个没有外力的给定系统中,相对论性动量的每个分量各自是守恒的,证明这次衰变的两个产物的能量由下式给出:

$$E_1=c^2\frac{M^2+M_1^2-M_2^2}{2M},\quad E_2=c^2\frac{M^2-M_1^2+M_2^2}{2M}.$$

(40) 在狭义相对论中,向量 $\boldsymbol{v}=(v_t,v_x)$ 的长度由下式给出:

$$|\boldsymbol{v}|^2=v_t^2-v_x^2.$$

更一般地,我们可以如下定义两个向量的点积:

$$\boldsymbol{u}\cdot\boldsymbol{v}=u_tv_t-u_xv_x.$$

为什么这并不代表前面在代数中定义的纯量积?

(41) 如果一把梯子以 $\gamma(v)=3$ 的速度进入一间长为5米的车库,那么要让车库能完全容纳这把梯子,梯子至多只能有多少长?

(42) 假设一列太空火车从一个月台发车,启动速度相对于月台为 $c/2$. 如果这列太空火车要把它相对于月台的速度增加到光速的75%,99%,99.9%,那么它必须要把它相对于自身瞬时静止参考系的速度增加到一半光速的多少倍?

(43) 宇宙微波背景(CMB)是一种在太空中到处均匀分布的漫射性非常强而且温度非常低的光子气. 这种大爆炸残余物的存在使得光在太空中传播的速度稍低于 c. 这件事对狭义相对论产生了什么影响?

(44) 快子是一种假设的粒子,它运动得比光还快. 证明在狭义相对论中,这种粒子将具有负质量.

(45) 证明在任何时刻,一个惯性参考系 S 中只有一个平面,这个平面上所有的钟与另一个惯性参考系 S' 中的一致. 证明这个平面的运动速度由下式给出:

$$\frac{c^2}{v}\left(1-\left(1-\frac{v^2}{c^2}\right)^{1/2}\right).$$

(46) 克鲁斯卡尔-塞凯赖什坐标 u,v 定义为:对于 $r>2M$,

$$u=\left(\frac{r}{2M}-1\right)^{1/2}\mathrm{e}^{r/4M}\cosh(t/4M),$$

$$v=\left(\frac{r}{2M}-1\right)^{1/2}\mathrm{e}^{r/4M}\sinh(t/4M);$$

而对于 $r<2M$,

$$u=\left(1-\frac{r}{2M}\right)^{1/2}\mathrm{e}^{r/4M}\sinh(t/4M),$$

$$v=\left(1-\frac{r}{2M}\right)^{1/2}\mathrm{e}^{r/4M}\cosh(t/4M).$$

证明这些坐标把关于施瓦氏黑洞的线元变换成

$$ds^2 = -\frac{32M^3}{r}e^{-r/2M}(dv^2 - du^2).$$

请注意在这些坐标中,关于点 $r=2M$ 什么奇异性也没有,而且光线沿着 $dv = \pm du$ 传播,就像在狭义相对论中那样. 这说明施瓦氏解中的奇异性其实是所选坐标造成的,这有点儿类似于标准平面极坐标中原点的"奇异性".

(47) 设有一颗行星,质量为 M. 求使得从这颗行星表面以光速发射的火箭根据牛顿万有引力定律不能够逃向无穷远的行星最大半径. 将这个结果与广义相对论中的施瓦氏半径作比较.

(48) 证明波动方程

$$\frac{\partial^2 \phi}{\partial x^2} = \frac{1}{c^2}\frac{\partial^2 \phi}{\partial t^2}$$

在洛伦兹变换下变为一个新的波动方程.

(49) 在狭义相对论中,一个以速度 $v(t)$ 在一维惯性参考系 S 中运动的粒子的固有加速度定义为

$$A = \frac{d}{dt}(\gamma(v)c, \gamma(v)v(t)),$$

其中 t 是惯性参考系 S 的时间坐标. 假设一个粒子在 S 的原点从静止出发,在之后的运动过程中,其固有加速度的空间部分(即第二个分量)保持为常量 g. 证明 t 时刻的速度 $v(t)$ 由下式给出:

$$v(t) = gt\left(1 + \frac{g^2t^2}{c^2}\right)^{-1/2}.$$

请注意取零阶修正,这个结果就与由牛顿运动学得出的标准结果一致. 用上述表达式对速度 $v(t)$ 积分,以证明 t 时刻的位置由下式给出:

$$x(t) = \frac{c^2}{g}\left(\left(1 + \frac{g^2t^2}{c^2}\right)^{1/2} - 1\right).$$

证明对 c^2 取零阶修正,这个结果就与运动学结果一致. 取一阶修正的结果是什么?

(50) 有一名以相对于惯性参考系 S(它的时间坐标为 t)的速度 v 运动的观察者,他测量的时间 τ 由下式给出:

$$\frac{\mathrm{d}t}{\mathrm{d}\tau}=\gamma(v).$$

由此证明,在上题中做加速运动的粒子看来,τ 时刻它在 S 中的速度和位置由下式给出:

$$v(t)=c\tanh\frac{g\tau}{c},$$

$$x(t)=\frac{c^2}{g}\left(\cosh\frac{g\tau}{c}-1\right).$$

证明这种表达在 $v\to 0$ 的极限情况下有良好定义.

(51) 假设在未来某个时候,一艘星际飞船从地球出发,去访问离我们最近的恒星,它与地球的距离大约是 1 光年. 火箭推进器将以一个等于 g 的加速度推着星际飞船前进,以模拟地球的生存环境,直至航行了一半距离. 然后推进器会施以加速度 $-g$(这时乘客们转移到飞船的另一头),使飞船的速度减慢下来,直至它到达离我们最近的那颗近邻星. 在飞船上的乘客们看来,这次航行用了多长时间? 而在地球上那些兴致勃勃的观察者们看来,又是用了多长时间? 飞船一到达这颗恒星,便放乘客们下船,立即返程,以同样的方式飞回地球. 计算这次来回航行在飞船驾驶员看来所用的总时间,以及在他那位待在地球上的兄弟看来所用的总时间①.

(52) 许多年来,人们以为,由于物体在运动方向上长度收缩,在一个运动着的惯性参考系中,圆看上去是椭圆. 罗杰·彭罗斯爵士证明这是不对的:一个惯性参考系中的圆在任何惯性参考系中看上去总是圆. 对这种说法进行一番研究.

(53) 半径为 R 的球面可以通过以下约束条件嵌入$\mathbb{R}^3$:

① 这个效应有时被称为双生子佯谬. 请注意既然地球上的观察者根本就感觉不到加速度,那么就存在着一种听任时间差积累起来的不对称性. 还要指出,通过发送一台原子钟以很高的速度环球飞行,这个效应已在地球上得到验证:这台钟着陆后,相对于保留在实验室里的一台同样的钟来说,它走过的时间少了.——原注

$$x^2+y^2+z^2=R^2,$$

其中 x,y,z 是笛卡儿坐标. 求出这个球面上两个邻近点之间的小距离 $\mathrm{d}s$，要求用坐标 x,y 的变化量来表示. 用极坐标重写这个表达式.

(54) 一个三维球面可以通过以下约束条件嵌入$\mathbb{R}^4$：

$$x_1^2+x_2^2+x_3^2+x_4^2=R^2.$$

求出这个球面上两点之间的距离 $\mathrm{d}s^2$，要求用那四个定义位置的坐标中三个坐标的小变化量 $\mathrm{d}x_1,\mathrm{d}x_2,\mathrm{d}x_3$ 来表示. 通过定义一种径向坐标 $r^2=x_1^2+x_2^2+x_3^2$，证明在球极坐标系中，一个三维球面上两点之间的这种距离由下式给出：

$$\mathrm{d}s^2=\frac{\mathrm{d}r^2}{1-\frac{r^2}{R^2}}+r^2(\mathrm{d}\theta^2+\sin\theta\mathrm{d}\,\phi^2).$$

(55) 证明：根据量纲，把下列四个自然界基本常量中的任何三个设为 1 是相容的：

名　称	符号	标准值
牛顿引力常量	G	$6.673\times10^{-8}\mathrm{cm}^3/(\mathrm{g}\cdot\mathrm{s}^2)$
光速	c	$2.998\times10^{10}\mathrm{cm/s}$
普朗克常量	$\hbar$	$1.054\times10^{-27}\mathrm{g}\cdot\mathrm{cm}^2/\mathrm{s}$
玻尔兹曼常量	k	$1.38\times10^{-23}\mathrm{J/K}$

设前三个常量为 1，为这个宇宙推导出基本的长度标度、质量标度和时间标度(这些称为普朗克单位).

(56) 按照广义相对论，一颗绕日运动的行星的轨道方程由牛顿方程($\varepsilon=0$)的一个小扰动给出：

$$\frac{\mathrm{d}^2u}{\mathrm{d}\theta^2}+u=a(1+\varepsilon u^2),\quad a=\frac{GM}{h^2}.$$

在牛顿的理论中，这个方程的解由下式给出：

$$u=a(1+e\cos(\theta-\theta_0)),$$

其中 θ_0 是近日点的位置. 证明按相对论的修正结果，接连两个近日点之间的夹角在取一阶修正的情况下即由 $2\pi a^2\varepsilon$ 给出. 这个结果得到广义相

对论的第一个验证的确认,这个验证是观察离太阳最近的水星.

(57) 在量子力学中,我们可以把 $\psi^*\psi$ 看作一个概率密度 ρ. 求"概率流"$\boldsymbol{j}$,使得下式成立,从而让概率局部地守恒:

$$\frac{\partial\rho}{\partial t}+\nabla\cdot\boldsymbol{j}=0.$$

(58) 量子谐振子具有势 $U(x)=\frac{1}{2}m\omega^2x^2$,其中 ω 可解释为这个系统的经典频率. 写出关于这个系统的能量本征值的方程. 通过一个变量代换 $\xi^2=m\omega x^2/\hbar$ 并设 $\varepsilon=2E/\hbar\omega$,证明

$$-\frac{\mathrm{d}^2\chi}{\mathrm{d}\xi^2}+\xi^2\chi=\varepsilon\chi.$$

证明这个方程当 $\varepsilon=1$ 时的解χ_1 是$\chi_1=\mathrm{e}^{-\xi^2/2}$,从而对于取$\chi=f(\xi)\chi_1$ 形式的高能解,求出有尽头的递归关系. 开头的四个解是什么?

(59) 研究一个陷在一维势阱中的粒子的能量本征态解,这个势阱由下式描述:

$$U(x)=\begin{cases}U, & |x|\geqslant a;\\ 0, & |x|<a.\end{cases}$$

先在区域$|x|>a$ 和$|x|<a$ 解这个系统,然后应用波函数及其导数在边界$|x|=a$ 上的连续性.

(60) 可认为氢原子在三维空间中创建了一个纯径向势 $U(r)=\frac{-e^2}{4\pi\varepsilon_0 r}$. 求关于轨道电子的能量本征态的表达式.

(61) 假设我们向间距为 d 的一对狭缝发射一束波长为 λ 的电子. 这束电子打在这对狭缝后面距离为 D 的一个屏幕的同一点上,入射路径间的夹角是 θ. θ,d,D 和 λ 要满足怎样的条件,才能使得相长干涉和相消干涉发生? 用一些实际数值对这个结果作一番考察.

(62) 求下列一维微分算符的本征函数:

$$\mathcal{D}=a\frac{\mathrm{d}}{\mathrm{d}t^2}+b\frac{\mathrm{d}}{\mathrm{d}t}+c,$$

其中 a,b,c 是常数.

(63) 假设一个粒子被约束在一个以值 $x = \pm 1$ 为边界的一维盒子中. 而且,初始波函数与 x^2-1 成比例. 求这个粒子被观察时处在它最低能态的概率.

(64) 对于一个可观察量$\mathcal{O}$,证明

$$\mathbf{E}(\mathcal{O}^2)=(\Delta\mathcal{O})^2+\mathbf{E}(\mathcal{O})^2.$$

一个粒子在受势$\frac{1}{2}kx^2(k>0)$支配的一维空间中运动. 用期望以及位置和动量的不确定性表示能量 E 的不确定性. 由此证明

$$\mathbf{E}(E)\geqslant\frac{1}{2}\hbar\sqrt{\frac{k}{m}}.$$

(65) 如果两个量子力学算符$\mathcal{D}_1$和$\mathcal{D}_2$的对易式$[\mathcal{D}_1,\mathcal{D}_2]$为零,那么它们是同时可观察的. 证明在三维空间中我们可以同时观察一个粒子的角动量和动能.

(66) 在三维空间中,角动量算符由下式给出:

$$\boldsymbol{L}=\boldsymbol{x}\times\boldsymbol{p}=-\mathrm{i}\hbar\boldsymbol{x}\times\nabla.$$

用 ∇的笛卡儿坐标表示来证明

$$[L_1,L_2]=\mathrm{i}\hbar L_3,\ [L_3,L_1]=\mathrm{i}\hbar L_2,\ [L_2,L_3]=\mathrm{i}\hbar L_1.$$

这证明我们不能同时观察一个粒子的角动量的两个分量. 但是,请证明

$$[L_3,L_1^2+L_2^2+L_3^2]=0.$$

这个结果该如何解释?

(67) 在非相对论性量子力学中,我们建立联系 $\boldsymbol{p}\leftrightarrow-\mathrm{i}\hbar\nabla$和 $E\leftrightarrow\mathrm{i}\hbar\frac{\partial}{\partial t}$. 而且,狭义相对论告诉我们,$P=(E,\boldsymbol{p})$是动量的相对论形式(采用令 $c=1$ 的单位). 我们可以推出

$$p=\mathrm{i}\hbar\left(\frac{\partial}{\partial t},-\frac{\partial}{\partial x}\right)$$

是动量算符的相对论形式. 将这个向量平方并且作用于一个波函数,以推出描述二维空间中相对论性波动的克莱因-戈尔登方程:

$$\left(-\frac{\partial^2}{\partial t^2}+\frac{\partial^2}{\partial x^2}+m^2\right)\phi=0.$$

(68) 克莱因-戈尔登方程是二阶的. 将这个方程分解为两个一阶矩阵方程,作用在一个二维向量 ψ 上,这就在一个同样的立足点上来对待时间和空间的坐标了:

$$\left(\left(-M_0 \frac{\partial}{\partial t} + M_1 \frac{\partial}{\partial x}\right) + \mathrm{i}mI\right)\left(\left(-M_0 \frac{\partial}{\partial t} + M_1 \frac{\partial}{\partial x}\right) - \mathrm{i}mI\right)\psi = 0,$$

其中 I 是二阶单位矩阵,i 是 -1 的平方根. 求矩阵 M_0 和 M_1. 这样得到的四维时空方程是电子的动力学的模型,它是由狄拉克发现的.

附录 B 阅读进阶

本书包含着高等数学中许多论题的入门知识. 对于这些主题中的每一个,可供阅读的文献非常多,至于这些主题的延伸内容,文献就更多了. 如果你想在某个有趣的领域进行深入探究的话,那么下面这些书提供了良好的起点①. 当然,这份书目并不完全,其他还有许多教科书,用来代替下面所列的书,将有同样好的作用.

数

大多数大学数论教程仅讨论素数的性质和数论中的代数构造. 实数和复数的性质通常在分析教程中阐述.

- 有一本书对各种各样的数构造(有限的和无限的)作了大众娱乐化的讨论,它就是 Conway 和 Guy 的 *The Book of Numbers*(Copernicus 出版).

---

① 请注意,以研究性数学为背景的教科书常常被冠以"introductory"(引导性的)和"elementary"(初等的)这类形容词;被如此描述的教科书,其内容可能远远超出了本书的范围! ——原注

- 对于数的一个优秀的直观性介绍由 R. Burn 的 *Numbers and Functions: Steps to Analysis* 给出(C. U. P. ①出版).
- 有一本书全面覆盖了数论在大学本科水平上的基本内容,它就是 G. James 和 J. Tyrer-James 的 *Elememtary Number Theory* (Springer 出版).
- 有一本导向研究生水平的较高级教科书,它就是 Swinnerton-Dyer 的 *A Brief Guide to Algebraic Number Theory*(C. U. P. 出版).

分析

大学的分析教程主要分为实分析和复分析这两类. 下面为每一类给出推荐读物.

- 一个详细而全面的实分析教程由 A. Kolmogorov 和 S. Fomin 的 *Introductory Real Analysis* 给出(Dover 出版).
- 有一本更高级的实分析教科书,它就是 J. Burkill 和 H. Burkill 的 *A Second Course in Mathematical Analysis*(C. P. U. 出版).
- 有两本优秀的复分析教科书,它们是 H. Priestley 的 *An Introduction to Complex Analysis*(O. U. P. ②出版)和 L. Ahlfors 的 *Complex Analysis: An Introduction to the Theory of Analytic Functions of One Complex Variable*(McGraw-Hill 出版). 与本书所讨论的内容相比,这两本教科书覆盖了更多的复分析论题,但对基本概念还是作了很好的入门性介绍.

代数

大学代数教程常常分为线性代数和群论(及有关概念)这两个部分. 大多数的书专门讨论这些论题中的这个或那个,但也有一些两者都包括.

- 有一本书对代数的所有基本内容在大学本科水平上作了全面的介

① 即剑桥大学出版社. ——译校者注

② 即牛津大学出版社. ——译校者注

绍,它就是 P. Cohn 的 *Algebra*: Vol. 1(John Wiley and Sons 出版). 这本内容详尽的书覆盖了本书所讨论的所有代数论题,而且还有许多延伸内容和其他论题.

- 有一本书专门讨论线性代数的发展,它就是 G. Strang 的 *Linear Algebra and Its Applications*(Thompson 出版).
- S. Lang 的 *Undergraduate Algebra*(Springer 出版)更多地关注抽象代数中的群论方面. 一个更为全面的研究由同一作者的 *Algebra*(Addison-Wesley 出版)给出.
- 有一本书对群论及其与几何的关系作了合宜的直观性介绍,它就是 R. Burn 的 *Group: A Path to Geometry*(C. U. P. 出版).

微积分与微分方程

本书这一章所覆盖的数学论题范围很广. 有许多微积分教科书,内容都非常充实,而且这里论及的许多思想可以通过一个更为形式化和更为复杂的视角予以呈现.

- 对于微积分的一个非常全面的讨论由 M. Spivak 的 *Calculus*(C. U. P. 出版)给出.
- 许多专门讨论偏微分方程的教科书极其高深,但是 I. Rubinstein 的 *Partial Differential Equations in Classical Mathematical Physics*(C. U. P. 出版)以一种容易理解的方式论述并扩展了本书中的许多论题.
- 有一本书对于非线性微分方程的主要有关思想作了极好的介绍,它就是 P. Glendinning 的 *Stability, Instability and Chaos: An Introduction to the Theory of Nonlinear Differential Equations*(C. P. U. 出版). 这本著作介绍了这里所讨论的所有关于非线性性的思想,并且自然地引进了关于非线性性的一些更加高级的概念.
- 关于微积分与微分方程对流体动力学研究的应用,有一本书作了合宜的介绍,它就是 D. Acheson 的 *Elememtary Fluid Dynamics*(O. U. P. 出版). 还有一本书对流体动力学这整门学科作了更为深入的研究,它就是 G. Batchelor 的经典教科书 *An Introduction to Fluid Dynamics*(C. U. P. 出版).

- 关于解扰动方程和现实世界系统的许多思想在 C. Lin 和 L. Segal 的 *Mathematics Applied to Deterministic Problems in the Natural Sciences*(MacMillan 出版)中有着详细的介绍和讨论.

概率

概率论的基本内容是非常独立自足的,因此对于概率论就有着许多极好的入门性读物.

- S. Ross 的 *A First Course in Probability*(Prentice 出版)与 G. Grimmett 和 D. Welsh 的 *Probability: An Introduction*(O. U. P. 出版)这两本书都提供了对于概率论基本内容的可读性描述.
- 有一本教科书,内容更加充实,但可读性仍然很强,它就是 W. Feller 的 *An Introduction to Probability Theory and Its Applications*①(John Wiley and Sons 出版). 这本书不但清晰地论述了基本概念,而且还描述了许多比较能直接理解的概率论应用.

理论物理

本书的这最后一章包含了或许是最为广泛的一系列论题,但是这些论题可被粗略地划分为牛顿动力学、相对论、电动力学和量子力学.

- Landau 和 Lifschitz 撰写了一套包罗极其广泛的理论物理教科书②. *The Classical Theory of Fields*, *Mechanics* 和 *Quantum Mechanics* (*Non-Relativistic Theory*) (Butterworth-Heinemann 出版)这三卷如果说让你对于其中包括的大多数论题阅读起来有难度的话,那么它们至少会对你会产生一种激励性.

---

① 有中译本:《概率论及其应用(第 3 版)》,[美]威廉·费勒著,胡迪鹤译,人民邮电出版社(2006). ——译校者注

② 这套书一共有 10 卷. ——译校者注

- 狭义相对论在 J. Taylor 的 *Special Relativity*（O. U. P. 出版）中得到了全面的论述. 这门学科在 W. Rindler 的 *Relativity*：*Special*，*General and Cosmological*（O. U. P. 出版）中也有很好的描述；这本书还讨论了广义相对论.
- 有两本讨论量子力学的书可以推荐，它们是 A. Rae 的 *Quantum Mechanics*（Institute of Physics Publishing 出版）和 J. Sakurai 的 *Modern Quantum Mechanics*（Addison-Wesley 出版）. 这两本教科书说实在都有点儿高深，但它们对量子力学这门学科所作的入门性引导真的是十分合宜.
- 有一套关于物理学大多数领域的著名而精彩的系列讲义，它就是 R. Feynman 的 *Feynman Lectures on Physics*①（Pearson/Addison-Wesley 出版）.

① 有中译本：《费恩曼物理学讲义》，共 3 卷，[美]费恩曼等著，郑永令等译，上海科学技术出版社（2005—2006）. ——译校者注

附录 C 基本数学知识

这里我们概述一下作为本书背景知识的基本数学概念,主要是为了让你有一个地方可以迅速查阅.罗列在这里的几乎所有的概念是怎样被自然地推导出来的,以及促使这些概念产生的动因是什么,这些都在本书各处给出,尽管对这些推导和动因具有某种程度的熟悉至少是有用的,而且有时在某些场合这种熟悉也是最好能具有的.然而在任何阶段,决不会要求用到超出本附录范围的知识.

C.1 集合

C.1.1 符号

一个(可数的)集合 A 是由任意对象 $a_1, a_2, a_3, \cdots, a_n$ 组成的一个有限的或无穷的集体,写作

$$A = \{a_1, a_2, a_3, \cdots, a_n\}.$$

对象 a_i 称为集合 A 的元素或成员,我们说 A 包含每个元素.

- 如果 a 是集合 A 的一个元素,那么我们记作 $a \in A$.
- 如果集合 A 的所有元素也是集合 B 的元素,那么集合 A 就是集合 B 的一个子集,记作 $A \subseteq B$. 如果 B 既包含 A 的所有元素也包含不被 A 所包含的元素,那么 A 就是 B 的一个真子集,记作 $A \subset B$.

- 不包含任何元素的集合称为空集$\varnothing$. 规定空集是任何集合的子集.

C.1.2 集合的运算

有四种基本方式可以用来对集合进行操作,以生成其他集合.

- 两个集合的并集:设

$$A=\{a_1,\cdots,a_n,c_1,\cdots,c_r\},\ B=\{b_1,\cdots,b_m,c_1,\cdots,c_r\},$$

其中元素 a_i,b_i 和 c_i 各不相同,那么 A 和 B 的并集就是由 A 和 B 的所有各不相同的元素组成的集合:

$$A\cup B=\{a_1,\cdots,a_n,b_1,\cdots,b_m,c_1,\cdots,c_r\}.$$

- 两个集合的交集:设

$$A=\{a_1,\cdots,a_n,c_1,\cdots,c_r\},\ B=\{b_1,\cdots,b_m,c_1,\cdots,c_r\},$$

其中所有的 a_i,b_i 和 c_i 各不相同,那么 A 和 B 的交集就是由既出现在 A 中又出现在 B 中的元素组成的集合:

$$A\cap B=\{c_1,\cdots,c_r\}.$$

如果 A 和 B 没有公共元素,那么 A 和 B 的交集就是空集$\varnothing$.

- 已知 $A=\{a_1,\cdots,a_n\}$,我们可以用一个元素 b 来增广 A,从而创建一个更大的集合 $B=\{a_1,\cdots,a_n,b\}$.
- 全集 Ω 是由一给定理论中所有可能对象组成的集合. 对于任何集合 A,我们定义补集 A^c 为由所有在 Ω 中但不在 A 中的元素组成的集合. 于是有

$$A^c\cap A=\varnothing,\ A^c\cup A=\Omega.$$

C.2 逻辑和证明

在本书中,我们采用关于“真”和“蕴涵”的标准概念如下:

- 我们假设任何给定的数学陈述 p 非真即假.
- 逻辑蕴涵“$\Rightarrow$”:
  - 假设我们有两个数学陈述 p 和 q,那么 $p\Rightarrow q$(读作 p 蕴涵 q)的意思就是:如果 p 为真,那么 q 亦为真;如果 p 为假,那么 q 可以为真,也可以为假.
  - 蕴涵符号的箭头可以反过来写:$p\Leftarrow q$(读作 p 被 q 所蕴涵)在意

思上等价于 $q \Rightarrow p$. 如果 $p \Rightarrow q$ 且 $q \Rightarrow p$,那么我们写 $p \Leftrightarrow q$. 它的意思是:p 为真蕴涵 q 为真且被 q 为真所蕴涵. 因此,只要有 $p \Leftrightarrow q$,那么 p 和 q 要么同为真,要么同为假.

- 请注意 $p \Rightarrow q$ 本身就是一个数学陈述,因此它可以为真,也可以为假.

C.2.1 证明的形式

我们将使用的证明方法主要有四种. 它们会在本书正文中通过例子引导出来,但是我们在这里对其主要思想给出一个简单的概要.

- 直接证明法

  证明中有一种直接的步骤,其形式是:p 为真,并且 $p \Rightarrow q$ 也为真,因此 q 为真.

- 间接证明法

  假设我们要证明 $p \Rightarrow q$. 如果我们能够证明"q 为假 $\Rightarrow p$ 为假",那么我们就能推出 $p \Rightarrow q$. 举个例子:要证明"x^2 是偶数 $\Rightarrow x$ 是偶数",我们只要证明"x 是奇数 $\Rightarrow x^2$ 是奇数"即可.

- 反证法

  假设我们要证明一个陈述 p 为真,那么我们就假设 p 为假. 用直接证明法我们推导出"p 为假 $\Rightarrow q$",其中 q 是一个假的陈述. 这就意味着陈述"p 为假"不可能为真,因此 p 为真.

- 反例证法

  假设我们要证明一个陈述 $p(x)$ 对于每一个 x 都为真. 如果我能找到一个 x 使得 $p(x)$ 为假,那么这个陈述就为假. 例如,假设我要证明系里每一位教授的年龄都大于 50 岁. 要否定这个陈述,我只要找到一位年龄小于或等于 50 岁的教授即可.

C.3 函数

两个集合 X 和 Y 之间的一个函数 $f: X \to Y$ 是任何一种为 X 中每一个元素 x 指定 Y 中一个元素 y 的规则. 我们记 $y = f(x): x \in X$.

- 如果对于函数 $f(x)$ 有 $f(x_1) \neq f(x_2)$,除非 $x_1 = x_2$,那么称 $f(x)$ 为一

一对应.

- 函数$f(x)$的图像是由所有序偶$(x,f(x))$组成的集合
- 函数$f(x)$在一点x的切线是任何一条与f的图像在点$(x,f(x))$接触但不与图像上任何与此点紧邻的点接触的直线. 一条在每点只有一条切线的曲线被称为是光滑的.

C.3.1 复合函数

按序将两个函数f和g复合,其结果写作

$$fg(x)=f(g(x)).$$

这意思是:首先求$g(x)$的值,然后把求得的结果放入函数f. 函数复合满足结合律,因此加括号的顺序是无关紧要的:

$$f(g(h(x)))=(fg)(h(x))=fgh(x).$$

C.3.2 阶乘

定义阶乘函数为

$$n!=n\times(n-1)\times(n-2)\times\cdots\times 1,\ n\text{ 为任何自然数.}$$

作为一种特殊情况,我们定义$0!=1$.

C.3.3 幂、指数和二项式定理

- 称n重积$\underbrace{a\times a\times\cdots\times a}_{n\text{个}a}$为$a$的$n$次幂,写作$a^n$. a的其他幂可利用算术以一种自然的方式定义出来.
- 当取数的一般幂时,下列规则成立:

$$a^0=1,\ \text{当 } a\neq 0 \text{ 时};$$

$$a^m\times a^n=a^{m+n},\ \frac{1}{a^n}=a^{-n},\ (a^m)^n=a^{mn},\ \text{对于任何的 } a(\neq 0),m,n.$$

- 二项式定理告诉我们,对于任何实数n,

$$(1+x)^n=1+nx+\frac{n(n-1)}{2!}x^2+\frac{n(n-1)(n-2)}{3!}x^3+\cdots(\text{当且仅当}|x|<1).$$

这个级数的第$r+1$项由下式给出:

$$\frac{n(n-1)\cdots(n-r+1)}{r!}x^r.$$

当幂次n为正整数时,这个二项式级数展开到有限个项即终止.

- 多项式就是任何取下列形式的表达式：

$$a_n x^n + a_{n-1} x^{n-1} + \cdots + a_1 x + a_0 = 0.$$

一个多项式的次数是使得 a_n 不为零的最大的 n.

C.3.4　指数、e 和自然对数

- 定义指数函数 $\exp x$ 为下列无穷和：

$$\exp x = 1 + x + \frac{x^2}{2!} + \frac{x^3}{3!} + \cdots = \sum_{n=0}^{\infty} \frac{x^n}{n!},\ x \text{ 取任意值}.$$

对于数 e≈2.71828，我们发现有

$$e^x = \exp x.$$

- （自然）对数 $\ln x$ 是一个满足下述规则的函数，它只对 $x > 0$ 有定义：

$$\ln(\exp x) = 1.$$

对数的基本性质如下：

$$\ln(ab) = \ln a + \ln b,\quad \ln(a/b) = \ln a - \ln b,\ a\ln b = \ln(b^a).$$

在 $-1 < x \leqslant 1$ 这个限制范围上，对数可以表示成一个无穷和：

$$\ln(1+x) = x - \frac{x^2}{2} + \frac{x^3}{3} - \frac{x^4}{4} + \cdots = \sum_{n=1}^{\infty} (-1)^{n+1} \frac{x^n}{n}.$$

C.3.5　三角函数

对于任意实数 x，定义三角函数 $\sin x$ 和 $\cos x$ 如下：

$$\sin x = x - \frac{x^3}{3!} + \frac{x^5}{5!} - \cdots = \sum_{n=1}^{\infty} (-1)^{n+1} \frac{x^{2n+1}}{(2n+1)!},$$

$$\cos x = 1 - \frac{x^2}{2!} + \frac{x^4}{4!} - \cdots \sum_{n=1}^{\infty} (-1)^{n+1} \frac{x^{2n}}{(2n)!}.$$

这两个函数都是周期函数，周期为 2π（其中 π 是 3.1412…），而且它们在 -1 和 1 之间连续变化. 它们服从下列代数关系：

- $\cos^2 x + \sin^2 x = 1.$
- $\cos(x+y) = \cos x \cos y - \sin x \sin y.$
- $\sin(x+y) = \sin x \cos y + \cos x \sin y.$
- $\sin(-x) = -\sin x, \cos(-x) = \cos x.$
- 对于角度 x 的小值，我们有

$$\sin x \approx x,\quad \cos x \approx 1.$$

- 对于任何非零的 $\cos x$,定义正切函数 $\tan x$ 为 $\tan x = \dfrac{\sin x}{\cos x}$.

- 如果函数 $f(x)$ 的切线与 x 轴所成之角为 θ,那么定义这条切线的斜率为 $\tan\theta$.

C.3.6 双曲函数

双曲函数 $\sinh x$ 和 $\cosh x$ 是通过下列表达式定义的:

$$\sinh x = \mathrm{i}\sin(\mathrm{i}x), \cosh x = \cos(\mathrm{i}x), \text{ 其中 } \mathrm{i} = \sqrt{-1}.$$

这些函数服从下列基本关系:

- $\cosh^2 x - \sinh^2 x = 1$.
- $\cosh(x+y) = \cosh x\cosh y + \sinh x\sinh y$.
- $\sinh(x+y) = \sinh x\cosh y + \cosh x\sinh y$.

C.4 向量和矩阵

三维空间中的任何点都可以用三个实数来标记,这些实数表示这个点相对于某个原点而言在三个不同方向上的偏移量. 习惯上选一个笛卡儿坐标系,其中的三个基向量 $\boldsymbol{i}, \boldsymbol{j}, \boldsymbol{k}$ 是固定的,具有单位长度,而且互相垂直. 在这种情况下,空间中每一个点相当于一个向量 $\boldsymbol{v}$:

$$\boldsymbol{v} = x\boldsymbol{i} + y\boldsymbol{j} + z\boldsymbol{k}, \text{写作 } \boldsymbol{v} = \begin{pmatrix} x \\ y \\ z \end{pmatrix}.$$

实数 x, y, z 称为 $\boldsymbol{v}$ 的笛卡儿坐标.

- 我们可以把向量 $\boldsymbol{v}$ 看成一条从原点连到所考虑点的长度为 $\sqrt{x^2+y^2+z^2}$ 的箭头线.
- 我们定义 x 轴为点 $(x,0,0)$ 全体所组成的集合,并且类似地定义 y 轴和 z 轴. $x-y$ 平面是点 $(x,y,0)$ 全体所组成的集合,并类似地定义 $y-z$ 平面和 $x-z$ 平面.

C.4.1 向量的运算

向量可以相加,也可以按实数比例因子放大或缩小. 结果表达式是一个分量一个分量地计算出来的：

$$\boldsymbol{u}+\boldsymbol{v}=\begin{pmatrix}u\\v\\w\end{pmatrix}+\begin{pmatrix}x\\y\\z\end{pmatrix}=\begin{pmatrix}u+x\\v+y\\w+z\end{pmatrix},\quad \lambda\boldsymbol{v}=\begin{pmatrix}\lambda x\\\lambda y\\\lambda z\end{pmatrix}.$$

运用纯量积，可以对两个向量进行运算而给出一个实数：

$$\boldsymbol{u}\cdot\boldsymbol{v}=(u\ v\ w)\begin{pmatrix}x\\y\\z\end{pmatrix}=ux+vy+wz.$$

纯量积可以用来求向量的长度和向量之间的夹角：

- 向量 $\boldsymbol{v}$ 的长度由 $|\boldsymbol{v}|=\sqrt{\boldsymbol{v}\cdot\boldsymbol{v}}$ 给出. $\boldsymbol{v}$ 方向上的单位向量记为 $\hat{\boldsymbol{v}}=\boldsymbol{v}/|\boldsymbol{v}|$.
- 两个向量间的夹角 θ 通过下式给出：

$$\boldsymbol{u}\cdot\boldsymbol{v}=|\boldsymbol{u}||\boldsymbol{v}|\cos\theta.$$

这蕴涵着两个非零向量相互垂直的充要条件是它们的纯量积为零.

另一种对两个三维向量进行运算的方式是运用向量积. 这把两个向量转换成另一个与原来这两个向量垂直的向量. 我们定义

$$\boldsymbol{u}\times\boldsymbol{v}=\begin{vmatrix}\boldsymbol{i}&\boldsymbol{j}&\boldsymbol{k}\\u&v&w\\x&y&z\end{vmatrix}\equiv(vz-wy)\boldsymbol{i}+(wx-uz)\boldsymbol{j}+(uy-vx)\boldsymbol{k}.$$

向量积关于向量 $\boldsymbol{u}$ 和 $\boldsymbol{v}$ 是反对称的，因为有

$$\boldsymbol{u}\times\boldsymbol{v}=-\boldsymbol{v}\times\boldsymbol{u}.$$

C.4.2 极坐标

$x-y$ 平面上的位置向量 $\boldsymbol{r}$ 可以通过下列关系式在平面极坐标下写成一个简单表达式：

$$x=r\cos\theta,\quad y=r\sin\theta.$$

其中 r 是这个向量的长度，θ 是这个向量与 x 轴所成的角. 我们定义 $\boldsymbol{e}_r$ 是指向 $\boldsymbol{r}$ 方向的单位向量，而 $\boldsymbol{e}_\theta$ 是垂直于 $\boldsymbol{e}_r$ 的单位向量，它指向角度 θ 增加的方向. 于是有

$$\boldsymbol{r} = r\boldsymbol{e}_r.$$

C.4.3 矩阵

一个(3×3)矩阵就是数的一个阵列:

$$M = \begin{pmatrix} a_{11} & a_{12} & a_{13} \\ a_{21} & a_{22} & a_{23} \\ a_{31} & a_{32} & a_{33} \end{pmatrix}.$$

这个矩阵的第 i 行第 j 列上的元素记为 M_{ij}. 矩阵可以相加,这种相加是一个元素一个元素地进行的,也可以按一个比例因子放大或缩小,从而给出一个新矩阵. 更有甚者,可以把两个矩阵相乘而给出另一个矩阵,也可以把矩阵作用于向量而给出向量.

- 对于一个数 λ 和两个矩阵 M,N,如果有 $A=M+N$ 和 $B=\lambda M$,那么

$$A_{ij} = M_{ij} + N_{ij},\ B_{ij} = \lambda M_{ij}.$$

- 给定两个矩阵 M 和 N,定义 $\boldsymbol{m}_i$ 是由 M 的第 i 行上的数从左往右而构成的行向量,而 $\boldsymbol{n}_j$ 是由 N 的第 j 列上的数从上到下而构成的列向量. 那么积 $A=MN$ 也是一个矩阵,它的元素定义为

$$A_{ij} = \boldsymbol{m}_i \cdot \boldsymbol{n}_j.$$

乘法的顺序很重要:对于两个一般的矩阵,$MN \neq NM$.

- 给定一个向量 $\boldsymbol{v}$ 和一个行向量为 $\boldsymbol{m}_i$ 的矩阵 M,我们定义

$$M\boldsymbol{v} = \begin{pmatrix} \boldsymbol{m}_1 \cdot \boldsymbol{v} \\ \boldsymbol{m}_2 \cdot \boldsymbol{v} \\ \boldsymbol{m}_3 \cdot \boldsymbol{v} \end{pmatrix}.$$

就这一点看,矩阵 M 是一个函数,它把一个向量 $\boldsymbol{v}$ 映成一个新的向量 $\boldsymbol{v}'$. 改变乘法顺序毫无意思,因为 $\boldsymbol{v}M$ 没有意义.

有两个重要的方式可让我们由一个矩阵得到一个标量.

- 定义 3×3 矩阵的迹为其对角线(从左上到右下)元素之和.

$$\mathrm{tr}M = M_{11} + M_{22} + M_{33}.$$

一般地说,一个 $n \times n$ 矩阵的迹就是所有这种对角线元素之和.

- 3×3 矩阵的行列式由下式给出:

$$\det M \equiv \begin{vmatrix} a & b & c \\ d & e & f \\ g & h & i \end{vmatrix} = a(ei - fh) + b(gf - di) + c(dh - eg).$$

2×2 矩阵的行列式由下式给出：

$$\det M \equiv \begin{vmatrix} a & b \\ c & d \end{vmatrix} = ad - bc.$$

- 二维旋转矩阵就是任何取如下形式的矩阵：

$$R(\theta) = \begin{pmatrix} \cos\theta & \sin\theta \\ -\sin\theta & \cos\theta \end{pmatrix}.$$

旋转矩阵乘以向量$\begin{pmatrix} x \\ y \end{pmatrix}$产生一个向量，这个向量就是将原向量逆时针旋转 θ 角度而得到的：

$$R\begin{pmatrix} x \\ y \end{pmatrix} = \begin{pmatrix} x\cos\theta + y\sin\theta \\ -x\sin\theta + y\cos\theta \end{pmatrix}$$

C.5 微积分

C.5.1 微分

- 定义函数 $f(x)$ 在 x 点的变化率或者说导数$\frac{\mathrm{d}y}{\mathrm{d}x}$为 $f(x)$ 在 x 点的切线的斜率. 如果在 x 点的切线不唯一，那么在 x 点的导数就没有定义.
- 函数的导数本身也是一个函数，它有它自己的导数. 一个函数的 n 阶导数写作$\frac{\mathrm{d}^n f}{\mathrm{d}x^n}$.

一些常见函数的导数如下：

$f(x)$	↔	$\frac{\mathrm{d}y}{\mathrm{d}x}$	
c		0	c 是一个常数
x^n		nx^{n-1}	$n \neq 0$

$\exp x$	$\exp x$	
$\ln x$	$1/x$	$x>0$
$\sin x$	$\cos x$	
$\cos x$	$-\sin x$	
$\sinh x$	$\cosh x$	
$\cosh x$	$\sinh x$	

关于求函数乘积和复合函数的导数,有着一般的方法.

- 对两个函数$f(x)$和$g(x)$的积可以用乘积法则求导:

$$\frac{\mathrm{d}}{\mathrm{d}x}(f(x)g(x))=f(x)\frac{\mathrm{d}g(x)}{\mathrm{d}x}+\frac{\mathrm{d}f(x)}{\mathrm{d}x}g(x).$$

- 一个函数的函数的导数由如下的链式法则给出:

$$\frac{\mathrm{d}f(g(x))}{\mathrm{d}x}=\frac{\mathrm{d}f(g)}{\mathrm{d}g}\frac{\mathrm{d}g(x)}{\mathrm{d}x}.$$

C.5.2 积分

定义函数$y=f(x)$在$x=a$和$x=b$之间的积分为这个函数的图像下方区域的面积,记为

$$\text{面积}=\int_a^b f(x)\,\mathrm{d}x.$$

积分是求导的逆过程,因此有

$$\int_a^b \frac{\mathrm{d}f}{\mathrm{d}x}\mathrm{d}x=f(b)-f(a).$$

某些表达式的积分可以通过下式用分部积分法求得:

$$\int_a^b f(x)\frac{\mathrm{d}g}{\mathrm{d}x}\mathrm{d}x=(f(b)g(b)-f(a)g(a))-\int_a^b g(x)\frac{\mathrm{d}f}{\mathrm{d}x}\mathrm{d}x.$$

C.5.3 位置、速度和加速度

如果一个粒子沿着一条轨道$x(t)$运动,那么它的速度v和加速度a由下式给出:

$$v=\frac{\mathrm{d}x}{\mathrm{d}t},\quad a=\frac{\mathrm{d}v}{\mathrm{d}t}=\frac{\mathrm{d}^2x}{\mathrm{d}t^2}.$$

一个质量为m的物质粒子的加速度由牛顿第二运动定律所决定:

$$F=ma,$$

其中 F 是作用在这个粒子上的力.

C.5.4 简谐运动

如果作用在一个粒子上的力与这个粒子的位移(从一给定点算起)成比例,那么它的运动就由如下的简谐运动方程所控制:

$$\frac{\mathrm{d}^2x}{\mathrm{d}t^2}+\omega^2x=0.$$

这个方程的完全解由任何如下形式的组合给出:

$$x(t)=A\cos\omega x+B\sin\omega x,\ A,B \text{ 是常数}.$$

附录 D　字母与符号

D.1　希腊字母表

小　　写	大　　写	拉丁文转写	名　　称
α	A	*a*	alpha
β	B	*b*	beta
γ	Γ	*g*	gamma
δ	Δ	*d*	delta
ε	E	*e*	epsilon
ζ	Z	*z*	zeta
η	H	*e*	eta
θ	Θ	*th*	theta
ι	I	*i*	iota
κ	K	*k*	kappa
λ	Λ	*l*	lambda
μ	M	*m*	mu
ν	N	*n*	nu
ξ	Ξ	*x*	xi
ο	O	*o*	omicron
π	Π	*p*	pi
ρ	P	*r*	rho
σ	Σ	*s*	sigma

（续表）

小　写	大　写	拉丁文转写	名　称
τ	Τ	*t*	tau
υ	Υ	*u*	upsilon
φ	Φ	*ph*	phi
χ	Χ	*kh*	chi
ψ	Ψ	*ps*	psi
ω	Ω	*o*	omega

D.2　数学符号

这里我们对本书各处所用的数学符号给出一个总览. 同类符号及其相应的解释作为一组放在一起. 作为一种普遍采用的规则,在符号上画一条斜线就给出了这个符号的否定形式.

- a) $A \Rightarrow B$;　b) $A \Leftarrow B$;　c) $A \Leftrightarrow B$(iff).
  - a）陈述 A 为真蕴涵陈述 B 为真. 等价地说,如果 A 为真,那么 B 也为真.
  - b）陈述 A 为真被陈述 B 为真所蕴涵. 等价地说,如果 B 为真,那么 A 也为真.
  - c）陈述 A 为真蕴涵陈述 B 为真且被 B 为真所蕴涵. 等价地说,A 为真的充要条件是 B 为真. 这一点有时被写成"当且仅当",或者用简略符号 iff.
- a) $A = B$; b) $A \equiv B$; c) $A \approx B$; d) $A(x) = O(B(x))$; e) $A(x) \sim B(x)$.
  - a）A 等于 B.
  - b）根据定义 A 恒等于 B.
  - c）A 近似于 B. 这不是一个精确的术语,只是准备用在描述性的论述中.
  - d）$A(x)$ 与 $B(x)$ 同阶,这意思是说,$A(x)$ 至多与 $mB(x)$ 一样大,其中 m 是某个固定的常数.
  - e）$A(x)$ 与 $B(x)$ 渐近相等. 这意思是说,当 x 的值增大时 $A(x)$ 和 $B(x)$ 的比值趋于 1.

- a) $A < B$； b) $A \leqslant B$； c) $A \ll B$.

  a) A 严格小于 B.

  b) A 小于或等于 B.

  c) A 远小于 B. 这不是一个精确的术语，只是准备用在描述性的论述中.

  在上面的表述中用"大于"代替"小于"，即可得符号 >，⩾和≫的解释.

- $A = \sum_{n=1}^{N} a_n = a_1 + a_2 + a_3 + \cdots + a_N$.

  A 是表达式 a_n 的和，其中 n 从 1 取到 N（包括 N）.

- $A = \prod_{n=1}^{N} a_n = a_1 \times a_2 \times a_3 \cdots \times a_N$.

  A 是表达式 a_n 的积，其中 n 是从 1 取到 N（包括 N）.

- a) $\mathbb{N}$； b) $\mathbb{Z}$； c) $\mathbb{Q}$； d) $\mathbb{R}$； e) $\mathbb{C}$.

  这些符号的读法就是大声地读出字母 N，Z，Q，R 和 C. 它们表示下列数集.

  a) 自然数集 $\{1,2,3,\cdots\}$. 这些是用来计数的数.

  b) 整数集 $\{\cdots,-3,-2,-1,0,1,2,3,\cdots\}$. 这些是表示整量的数.

  c) 有理数集 $\left\{\frac{p}{q}: p \in \mathbb{Z}, q \in \mathbb{N}\right\}$. 这些是可以表示为分数的数.

  d) 实数集. 尽管给出严格定义很麻烦，但可以说实数本质上就是任何能展开成小数的数.

  e) 复数集. 任何一个复数 z 都可以表示成 $x + \mathrm{i}y$，其中 x 和 y 是实数，而 $\mathrm{i}^2 = -1$. 一个复数 z 的模 $|z|$ 由关系式 $|z|^2 = x^2 + y^2$ 所定义. 这个模表示复平面上原点到 z 点的距离.

- ∞

  这个符号代表着并被称为无穷大. 更准确地说，这是与计数数集合的大小相联系的无穷大. 请注意 ∞ 不是数，因此不能用在标准的代数表达式中.

译者后记

大约是2004年春天，经北京航空航天大学李心灿先生介绍，有幸接触到了《数学桥》原书，粗翻一遍，感觉该书既熟悉又陌生. 熟悉的是书的内容，主要是大学本科阶段所授的数学内容，而这些都是我曾经学习过的. 陌生的是该书对这些内容的叙述和处理方式是独到的. 我认为大学生在学习数学时，如果把课本与本书结合起来学习，或者以本书作为主要参考书，我相信数学学习将变得轻松和愉悦.

2004年秋天与上海科技教育出版社签订了翻译合同之后就组织同事和研究生共同翻译该书. 由于时间过去了很多年，翻译的第一手稿件已经遗失，竟然无法记起各位翻译者翻译的是具体哪些章节. 我的同事杨志辉博士、刘喜波博士肯定参与了翻译，记忆中研究生刘雪、朱红霞、刘旭丽，本科生黄伊霞、王新丽、赵颖也翻译或者录入了部分内容. 其他没有提到的翻译者，敬请原谅我的健忘.

由于翻译人员众多，水平参差不齐. 本书的翻译质量肯定大有问题. 幸好出版社的编辑朱惠霖老师不计得失，不辞辛劳，对本书的初译稿进行了全面细致的审校，本书才得以付印. 在此对朱老师表示真诚的感谢.同时也感谢出版社对我们的宽容.

此中译本肯定还有缺点和错误,都是我们翻译者水平有问题,说明我们还可以进步.

邹建成

2010年4月21日于北京市西黄村

A Mathematical Bridge:
An Intuitive Journey in Higher Mathematics
by
Stenphen Fletcher Hewson
Copyright © 2003 by World Scientific Publishing Co. Pte. Ltd
This book, or parts thereof, may not be reproduced in any form or by any means,
electronic or mechanical, including photocopying, recording
or any information storage and retrieval system
now known or to be invented,
without written permission from the Publisher
Simplifed Chinese Edition Copyright © 2022
by Shanghai Scientific & Technological Education Publishing House
ALL RIGHTS RESERVED
上海科技教育出版社业经
World Scientific Publishing Co. Pte. Ltd. 授权
获得本书中文简体字版版权